第2版

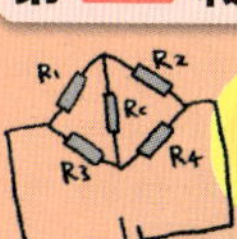

みんなが欲しかった！

電験三種 理論の教科書&問題集

TAC出版開発グループ 編著

はしがき

電験三種の内容は難しく，学習範囲が膨大です。かといって中途半端に薄い教材で学習して負担を軽減しようとすると，説明不足でかえって多数の書籍を購入しなければならなくなり，理解に時間がかかってしまうという問題がありました。

そこで，本書では教科書と問題集を分冊にし，十分な紙面を設けて，他書では記述が省略される基礎的な内容も説明しました。

1．教科書

紙面を大胆に使ってたくさんのイラストを載せています。電験三種の膨大な範囲をイラストによって直感的にわかるように説明しているため，学習スピードを大幅に加速することができます。

2．問題集

過去に出題された良問を厳選して十分な量を収録しました。電験三種では似た内容の問題が繰り返し出題されます。しかし，過去問題の丸暗記で対応できるものではないので，教科書と問題集を何度も交互に読み理解を深めるようにして下さい。

なお，本シリーズでは科目間（理論，電力，機械，法規）の関連を明示しています。これにより，ある科目の知識を別の科目でそのまま使える分野については，学習負担を大幅に軽減できます。

皆様が本書を利用され，見事合格されることを心よりお祈り申し上げます。

2020年9月

TAC出版開発グループ

●第２版刊行にあたって

本書は『みんなが欲しかった！　電験三種理論の教科書＆問題集』につき，試験傾向に基づき，改訂を行ったものです。

本書の特長と効果的な学習法

1 「このCHAPTERで学習すること」「このSECTIONで学習すること」をチェック！

学ぶにあたって，該当単元の全体を把握しましょう。全体像をつかみ，知識を整理することで効率的な学習が可能です。

また，重要な公式などを抜粋しているので，復習する際にも活用することができます。

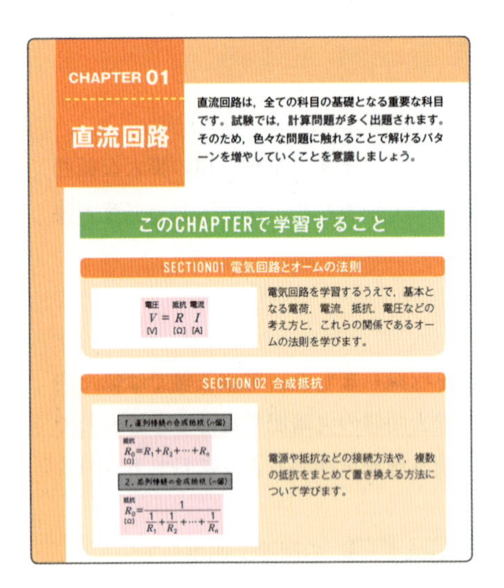

CHAPTER 01

直流回路

直流回路は，全ての科目の基礎となる重要な科目です。試験では，計算問題が多く出題されます。そのため，色々な問題に触れることで解けるパターンを増やしていくことを意識しましょう。

このCHAPTERで学習すること

SECTION01 電気回路とオームの法則

電圧 V [V] = 抵抗 R [Ω] 電流 I [A]

電気回路を学習するうえで，基本となる電荷，電流，抵抗，電圧などの考え方と，これらの関係であるオームの法則を学びます。

SECTION 02 合成抵抗

1．直列接続の合成抵抗（n個）

抵抗 $R_0=R_1+R_2+\cdots+R_n$ [Ω]

2．並列接続の合成抵抗（n個）

抵抗 $R_0=\dfrac{1}{\dfrac{1}{R_1}+\dfrac{1}{R_2}+\cdots+\dfrac{1}{R_n}}$ [Ω]

電源や抵抗などの接続方法や，複数の抵抗をまとめて置き換える方法について学びます。

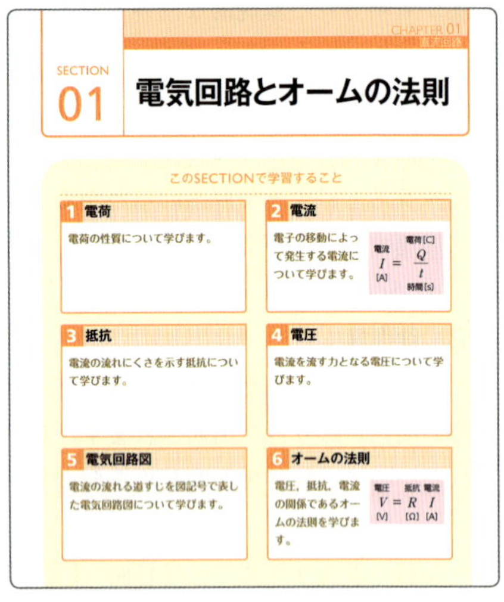

CHAPTER 01 直流回路

SECTION 01 電気回路とオームの法則

このSECTIONで学習すること

1 電荷：電荷の性質について学びます。

2 電流：電子の移動によって発生する電流について学びます。 電流 I [A] $=\dfrac{Q}{t}$ 電荷[C]／時間[s]

3 抵抗：電流の流れにくさを示す抵抗について学びます。

4 電圧：電流を流す力となる電圧について学びます。

5 電気回路図：電流の流れる道すじを図記号で表した電気回路図について学びます。

6 オームの法則：電圧，抵抗，電流の関係であるオームの法則を学びます。 電圧 V [V] = 抵抗 R [Ω] 電流 I [A]

2　シンプルで読みやすい「本文」

1　電荷　重要度★★★

磁石にN極とS極があるように，電気にも＋(プラス)の電気と－(マイナス)の電気があります。電荷(でんか)とは，物質が帯びている電気のことです。プラスの性質を持つ電荷を正電荷(せいでんか)，マイナスの性質を持つ電荷を負電荷(ふでんか)といいます。同じ性質を持つ電荷は反発し合い，異なる性質を持つ電荷は引き合います。

論点をやさしい言葉でわかりやすくまとめ，少ない文章でも理解できるようにしました。カラーの図表をふんだんに掲載しているので，初めて学習する人でも安心して勉強できます。

3　「板書」で理解を確実にする

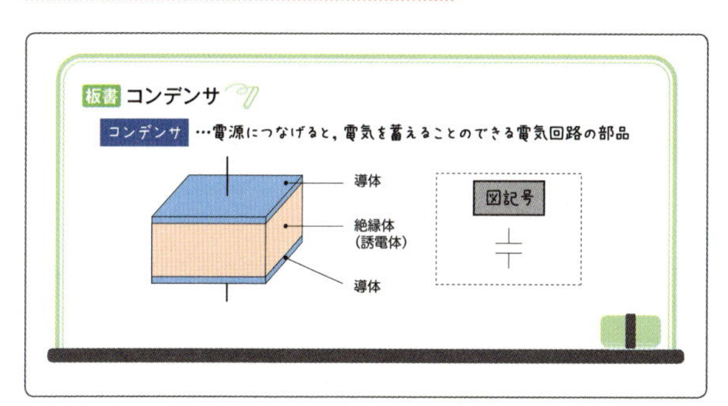

フルカラーの図解やイラストなどを用いてわかりにくいポイントを徹底的に整理しています。

本文，板書，公式をセットで反復学習しましょう。復習する際は板書と公式を重点的に確認しましょう。

4　重要な「公式」をしっかりおさえる

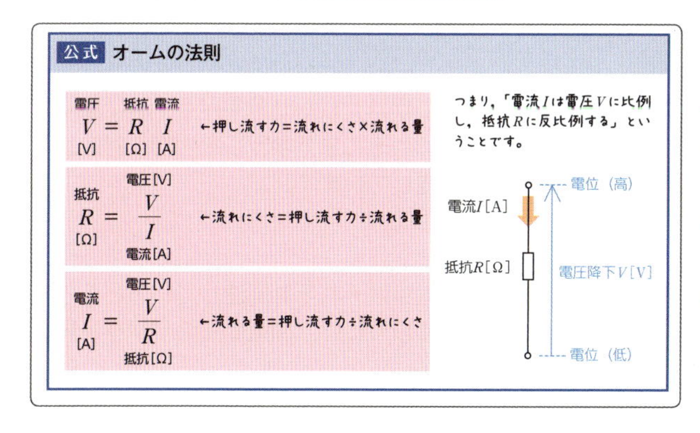

電験は計算問題が多く出題されます。重要な公式をまとめていますので，必ず覚えるようにしましょう。問題を解く際に思い出せなかった場合は，必ず公式に立ち返るようにしましょう。

5　かゆいところに手が届く「ひとこと」

本文を理解するためのヒントや用語の意味，応用的な内容など，補足情報を掲載しています。プラスαの知識で理解がいっそう深まります。

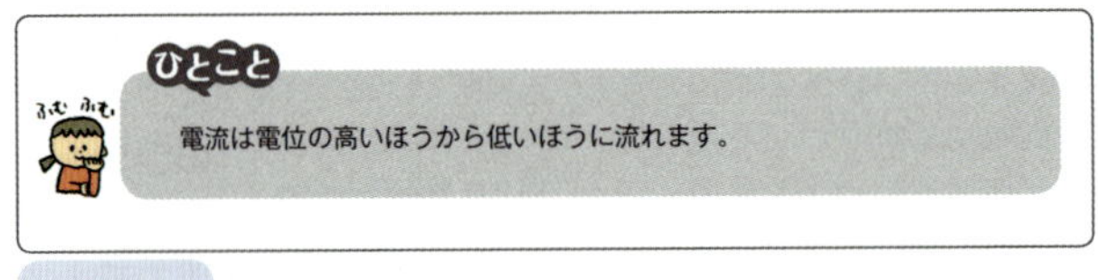

←ほかの科目の内容を振り返るときはこのアイコンが出てきます。

6　学習を助けるさまざまな工夫

●重要度

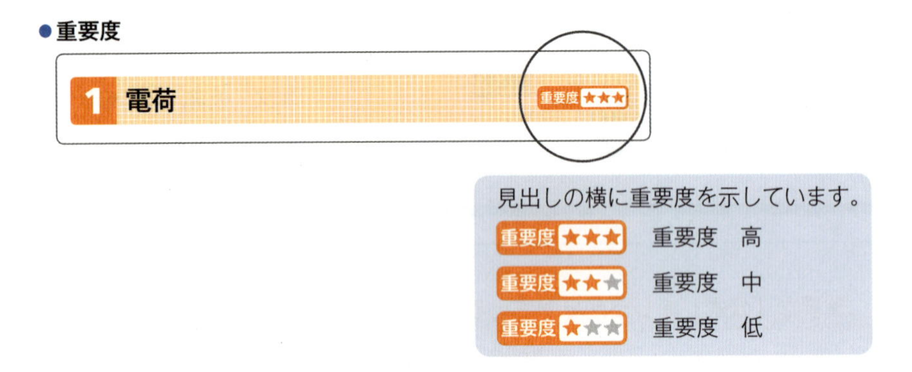

●問題集へのリンク

本書には，教科書にリンクした問題集がセットになっています。教科書中に，そこまで学習した内容に対応した問題集の番号を記載しています。

●科目間リンク

電験の試験科目４科目はそれぞれ関連しているところがあります。関連する項目には，関連箇所のリンクを施しています。

7　理解したことを確認する「基本例題」

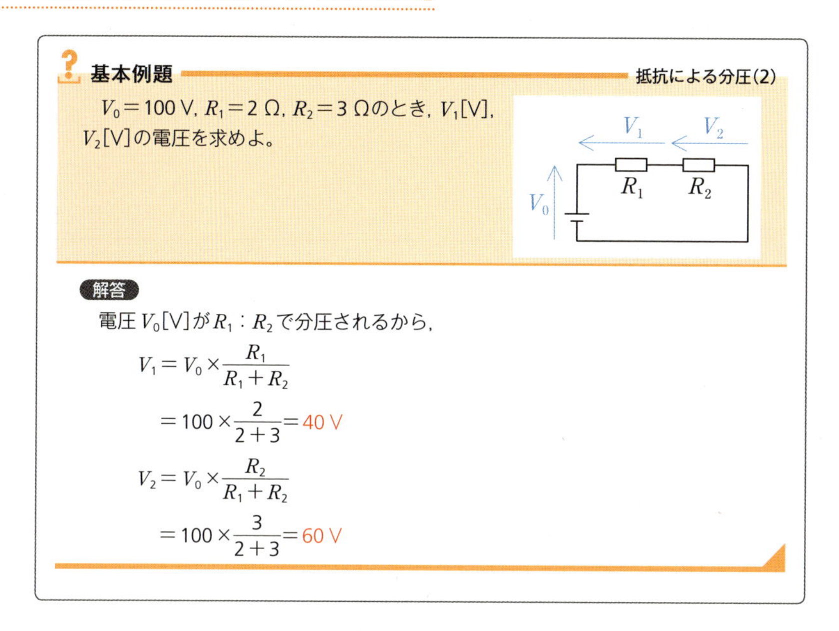

基本例題　　抵抗による分圧(2)

$V_0 = 100$ V, $R_1 = 2$ Ω, $R_2 = 3$ Ωのとき，V_1[V]，V_2[V]の電圧を求めよ。

解答

電圧 V_0[V]が $R_1 : R_2$ で分圧されるから，

$$V_1 = V_0 \times \frac{R_1}{R_1 + R_2}$$

$$= 100 \times \frac{2}{2+3} = 40 \text{ V}$$

$$V_2 = V_0 \times \frac{R_2}{R_1 + R_2}$$

$$= 100 \times \frac{3}{2+3} = 60 \text{ V}$$

知識を確認するための基本例題を掲載しています。簡単な計算問題や，公式を導き出すもの，過去問のなかでやさしいものから出題していますので，教科書を読みながら確実に答えられるようにしましょう。

8　重要問題を厳選した過去問題で実践力を身につけよう！

本書の問題集編は，厳選された過去問題で構成されています。教科書にリンクしているので，効率的に学習をすることが可能です。

レベル表示
問題の難易度を示しています。AとBは必ず解けるようにしましょう。
・A　平易なもの
・B　少し難しいもの
・C　相当な計算・思考が求められるもの

難易度 A **合成抵抗(2)**　　教科書 SECTION 02

問題02　抵抗値が異なる抵抗R_1[Ω]とR_2[Ω]を図1のように直列に接続し，30 Vの直流電圧を加えたところ，回路に流れる電流は6 Aであった。次に，この抵抗R_1[Ω]とR_2[Ω]を図2のように並列に接続し，30 Vの直流電圧を加えたところ，回路に流れる電流は25 Aであった。このとき，抵抗R_1[Ω]，R_2[Ω]のうち小さい方の抵抗[Ω]の値として，正しいのは次のうちどれか。

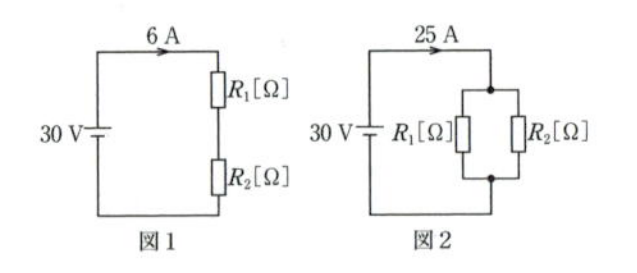

(1)　1　　(2)　1.2　　(3)　1.5　　(4)　2　　(5)　3

H21-A6

出題
実際にどの過去問かが分かるようにしています。なお，B問題のなかで選択問題はCと記載しています。

問題集の構成
徹底した本試験の分析をもとに，重要な問題を厳選しました。1問ずつの見開き構成なので，解説を探す手間が省け効率的です。

	①	②	③	④	⑤
学習日					
理解度 (○/△/×)					

6

チェック欄
学習した日と理解度を記入することができます。問題演習は全体を通して何回も繰り返しましょう。

教科書編とのリンク

教科書編の対応するSECTIONを示しています。教科書を読み，対応する問題番号を見つけたらその都度問題を解くことで，インプットとアウトプットを並行して行うことができます。

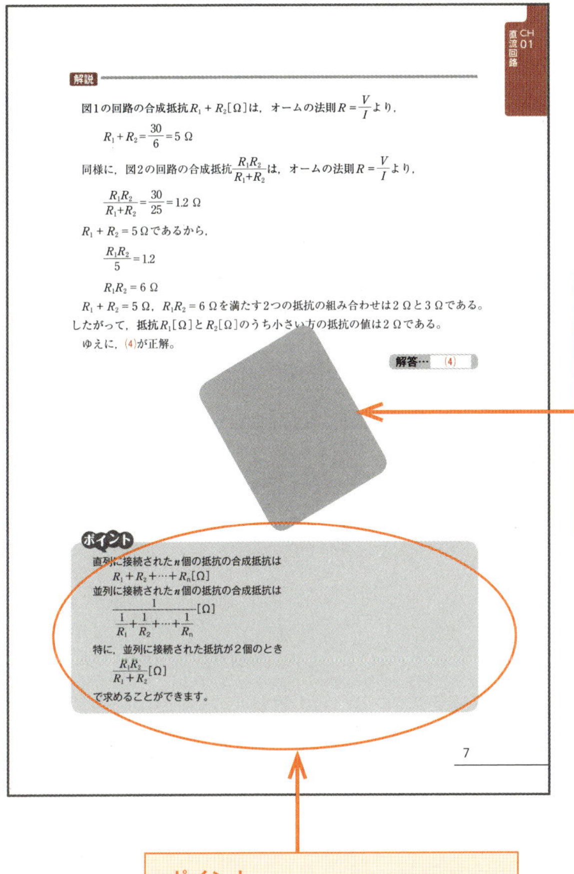

CH 01 直流回路

解説

図1の回路の合成抵抗 R_1+R_2[Ω]は，オームの法則 $R=\dfrac{V}{I}$ より，

$$R_1+R_2=\frac{30}{6}=5\ \Omega$$

同様に，図2の回路の合成抵抗 $\dfrac{R_1R_2}{R_1+R_2}$ は，オームの法則 $R=\dfrac{V}{I}$ より，

$$\frac{R_1R_2}{R_1+R_2}=\frac{30}{25}=1.2\ \Omega$$

$R_1+R_2=5\ \Omega$ であるから，

$$\frac{R_1R_2}{5}=1.2$$

$$R_1R_2=6\ \Omega$$

$R_1+R_2=5\ \Omega$，$R_1R_2=6\ \Omega$ を満たす2つの抵抗の組み合わせは2 Ωと3 Ωである。したがって，抵抗 R_1[Ω]と R_2[Ω]のうち小さい方の抵抗の値は2 Ωである。

ゆえに，(4)が正解。

解答… (4)

ポイント

直列に接続された n 個の抵抗の合成抵抗は

$$R_1+R_2+\cdots+R_n\,[\Omega]$$

並列に接続された n 個の抵抗の合成抵抗は

$$\frac{1}{\dfrac{1}{R_1}+\dfrac{1}{R_2}+\cdots+\dfrac{1}{R_n}}\,[\Omega]$$

特に，並列に接続された抵抗が2個のとき

$$\frac{R_1R_2}{R_1+R_2}\,[\Omega]$$

で求めることができます。

7

こたえかくすシート

問題と解答解説が左右に収録されています。問題を解く際には，こたえかくすシートで解答解説を隠しながら学習すると便利です。

ポイント

問題を解く際のポイントや補足事項をまとめました。

電験三種試験の概要

試験日時，出題形式

試験日時	9月上旬の日曜日　9時15分～17時30分
出題形式	マークシートによる五肢択一式

受験資格

受験資格	なし

申込方法，申込期間，受験手数料，合格発表

申込方法	郵送またはインターネット
申込期間	5月下旬～6月上旬
受験手数料	5200円（インターネットによる申し込みは4850円）
合格発表	10月下旬

試験当日持ち込むことができるもの

- 筆記用具
- 電卓（関数電卓は不可）
- 時計

試験実施団体

一般財団法人電気技術者試験センター
https：//www.shiken.or.jp/

※上記は出版時のデータです。詳細は試験実施団体にお問い合わせください。

試験科目，合格基準

試験科目	内容	出題形式	試験時間
理論	電気理論，電子理論，電気計測及び電子計測に関するもの	A問題14問 B問題３問（選択問題を含む）	90分
電力	発電所及び変電所の設計及び運転，送電線路及び配電線路（屋内配線を含む。）の設計及び運用並びに電気材料に関するもの	A問題14問 B問題３問	90分
機械	電気機器，パワーエレクトロニクス，電動機応用，照明，電熱，電気化学，電気加工，自動制御，メカトロニクス並びに電力システムに関する情報伝送及び処理に関するもの	A問題14問 B問題３問（選択問題を含む）	90分
法規	電気法規（保安に関するものに限る。）及び電気施設管理に関するもの	A問題10問 B問題３問	65分

・合格基準…すべての科目で合格基準点（目安として60点）以上

科目合格制度

・一部の科目のみ合格の場合，申請により２年間試験が免除される

過去５年間の受験者数，合格者数の推移

	H27年	H28年	H29年	H30年	R1年
申込者（人）	63,694	66,896	64,974	61,941	59,234
受験者（人）	45,311	46,552	45,720	42,976	41,543
合格者（人）	3,502	3,980	3,698	3,918	3,879
合格率	7.7%	8.5%	8.1%	9.1%	9.3%
科目合格者(人)	13,389	13,457	12,176	12,335	13,318
科目合格率	29.5%	28.9%	26.6%	28.7%	32.1%

目 contents 次

第1分冊 教科書編

CHAPTER 04

交流回路

CHAPTER 05

三相交流回路

CHAPTER 06

過渡現象とその他の波形

CHAPTER 07

電子理論

CHAPTER 08

電気測定

第2分冊　問題集編

教科書と問題集が分解できる！
セパレートBOOK

『みんなが欲しかった！　電験三種 理論の教科書＆問題集』は，かなりページ数が多いため，「１冊のままだと，バッグに入れて持ち運びづらい」「問題集を解きながら教科書を見るのにページを行ったりきたりしないといけない」という方もいらっしゃると思います。

そこで，本書は教科書と問題集に分解して使うことができるつくりにしました。

第１分冊：教科書編
第２分冊：問題集編

２分冊の使い方

★セパレートBOOKの作りかた★

白い厚紙から，色紙のついた冊子を取り外します。

※色紙と白い厚紙が，のりで接着されています。乱暴に扱いますと，破損する危険性がありますので，丁寧に抜きとるようにしてください。

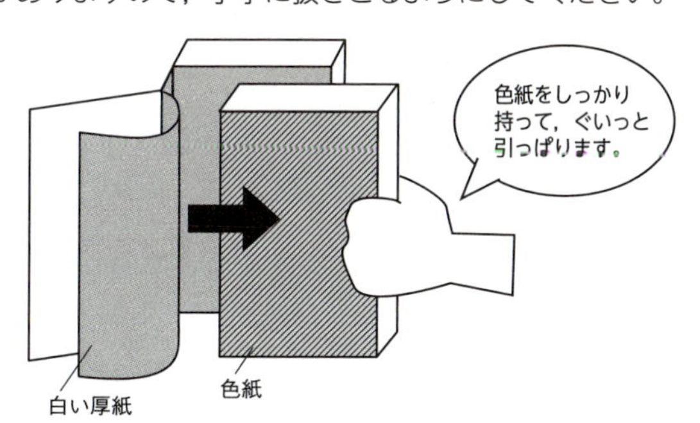

※抜きとるさいの損傷についてのお取替えはご遠慮願います。

電験三種の試験科目の概要

電験三種の試験では電気についての理論，電力，機械，法規の４つの試験科目があります。
どんな内容なのか，ざっと確認しておきましょう。

理論

内容

電気理論，電子理論，電気計測及び電子計測に関するもの

ポイント

理論は電験三種の土台となる科目です。すべての範囲が重要です。合格には，❶直流回路，❷静電気，❸電磁力，❹単相交流回路，❺三相交流回路を中心にマスターしましょう。この範囲を理解していないと，ほかの科目の参考書を読んでも理解ができなくなります。一発合格をめざす場合は，この５つの分野に８割程度の力を入れて学習します。

電力

内容

発電所及び変電所の設計及び運転，送電線路及び配電線路（屋内配線を含む。）の設計及び運用並びに電気材料に関するもの

ポイント

重要なのは，❶発電（電気をつくる），❷変電（電気を変成する），❸送電（電力会社のなかで電気を輸送していく），❹配電（電力会社がお客さんに電気を配分していく）の４つです。
電力は，知識問題の割合が理論・機械に比べて多いので４科目のなかでは学習負担が少ない科目です。専門用語を理解しながら，理論との関連を意識しましょう。

4科目の相関関係はこんな感じ

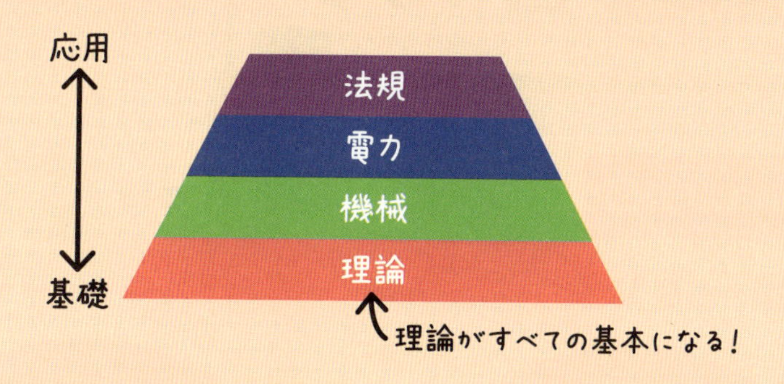

機械

内容

電気機器，パワーエレクトロニクス，電動機応用，照明，電熱，電気化学，電気加工，自動制御，メカトロニクス並びに電力システムに関する情報伝送及び処理に関するもの

ポイント

「電気機器」と「それ以外」に分けられ，「電気機器」が重要です。「電気機器」は❶直流機，❷変圧器，❸誘導機，❹同期機の４つに分けられ，「四機（よんき）」と呼ばれるほど重要です。他の３科目と同時に，一発合格をめざす場合は，この四機に全体の７割程度の力を入れて，学習します。

法規

内容

電気法規（保安に関するものに限る。）及び電気施設管理に関するもの

ポイント

法規は４科目の集大成ともいえる科目です。法規を理解するために，理論，電力，機械という科目を学習するともいえます。ほかの３科目をしっかり学習していれば，学習の内容が少なくてすみます。

過去問の演習にあたりながら，実際の条文にも目を通しましょう。特に「電気設備技術基準」はすべて原文を読んだことがある状態にしておくことが大事です。

理論の学習マップ

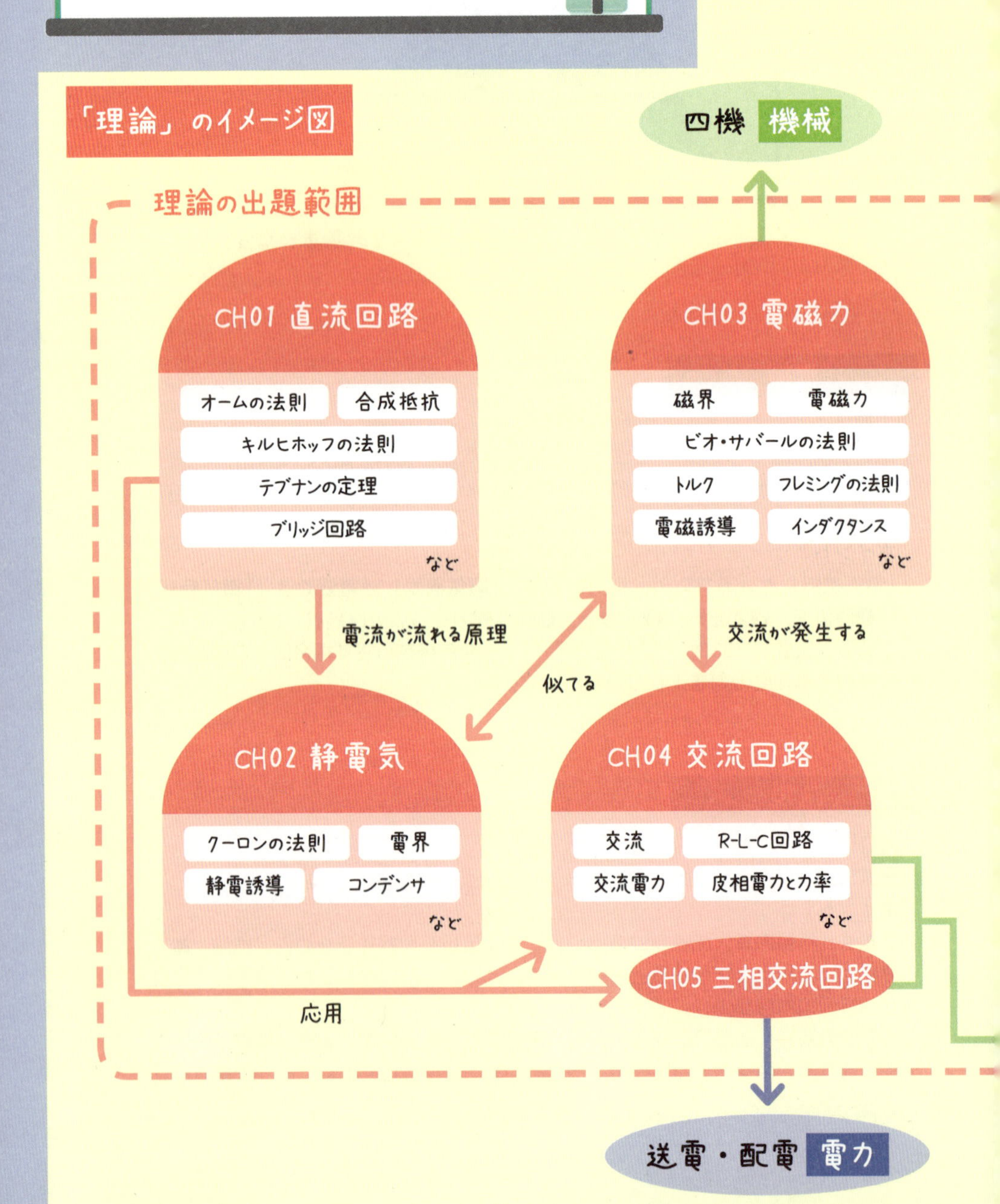

「理論」のイメージ図
四機 機械
理論の出題範囲
CH01 直流回路
オームの法則
合成抵抗
キルヒホッフの法則
テブナンの定理
ブリッジ回路
など
CH03 電磁力
磁界
電磁力
ビオ・サバールの法則
トルク
フレミングの法則
電磁誘導
インダクタンス
など
電流が流れる原理
似てる
交流が発生する
CH02 静電気
クーロンの法則
電界
静電誘導
コンデンサ
など
CH04 交流回路
交流
R-L-C回路
交流電力
皮相電力と力率
など
CH05 三相交流回路
応用
送電・配電 電力

理論で学習する内容とほかの試験科目の関係をざっと確認しましょう。
また，次のページからは学習のコツもまとめました。

CH06 過渡現象とその他の波形

非正弦波交流
過渡現象
微分回路・積分回路
など

→ 変圧器 機械

CH07 電子理論

半導体
ダイオード
トランジスタ
整流回路
など

→ パワーエレクトロニクス 機械

CH08 電気測定

電力と電力量の測定
など

全科目に関連 → 「電力」科目 「機械」科目 「法規」科目

→ 交流機 機械（変圧器，誘導機，同期機）

学習のコツ

教材の選び方

勉強に必要なもの

あとノートも

各科目の学習にあたっては，まずは勉強に必要なものを用意しましょう。必要なものは，教科書，問題集，そして電卓です。

問題を解く過程を残しておくためにもノートも用意しましょう。

電卓について

○

×

電卓については，試験会場に持ち込むことができるのは，計算機能（四則計算機能）のみのものに限られ，プログラム機能のある電卓や関数電卓は持ち込めません。

電卓の選び方

- 「00」と「√」は必須
- メモリーキーも必須
- 10ないし12桁程度あるとよい

必須なのは「00」と「√」です。電験の問題は桁数が多く，ルートを使った計算も多いからです。

メモリー機能と戻る機能があると便利です。桁数は10桁以上，12桁程度あるとよいでしょう。

教科書

教科書の選び方

- 読み比べて選ぶ
- 初学者は丁寧な解説のあるものを選ぶ

教科書については，一冊に全科目がまとまっているものもあれば，科目ごとに分冊化されているものもあります。試験日までずっと使うものですので，読み比べて，自分に合ったものを選ぶとよいでしょう。

TAC出版の書籍なら…

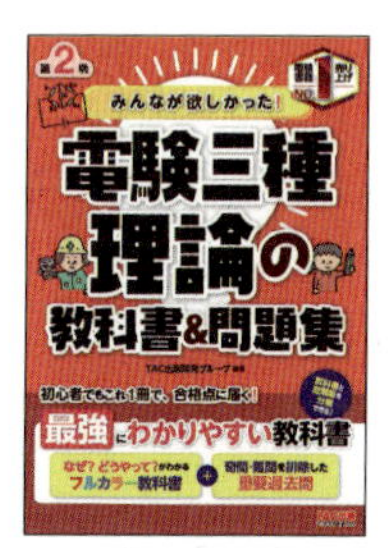

理論の教科書&問題集(本書)

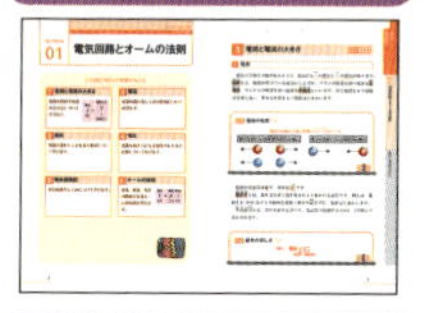

☆全科目そろえる!
☆長期間使えるものを選ぶ!

物理や電気の勉強をこれまであまりしてこなかった人は，丁寧な解説のある教科書を選びましょう。

問題集

TAC出版の書籍なら，教科書と問題集がセット!

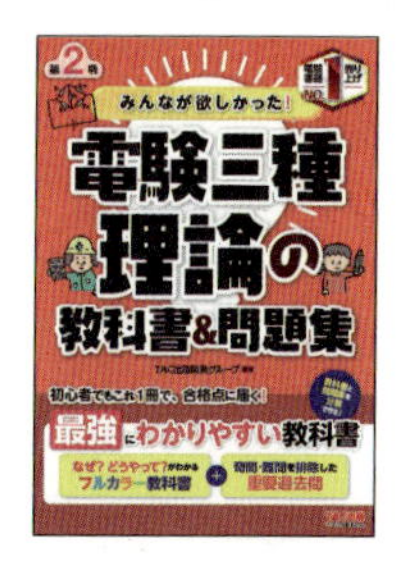

理論の教科書&問題集(本書)

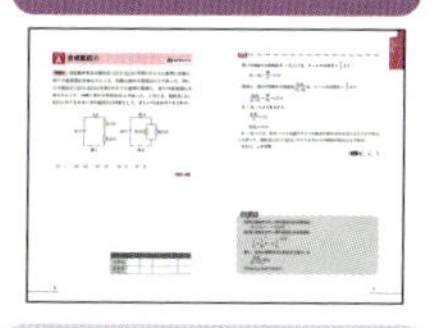

☆教科書に対応したものを選ぶ
☆教科書を読んだら，必ず問題を解く!

教科書に対応している問題集が1冊あると便利です。教科書を読み，該当する箇所の問題を解くというサイクルができるようにしましょう。

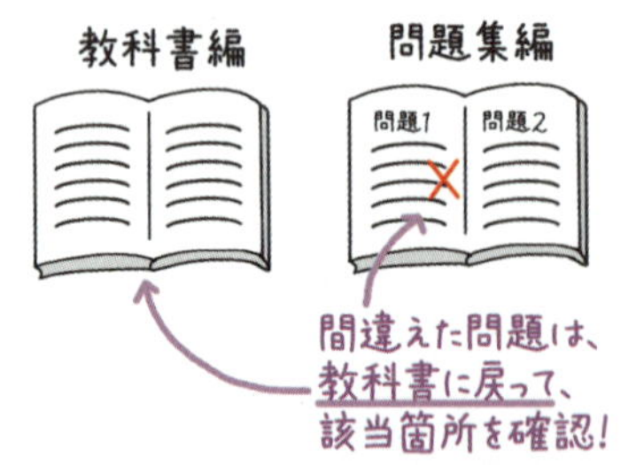

間違えた箇所は必ず教科書に戻って確認しましょう。

その他購入するもの

TAC出版の書籍なら…

電験三種合格へのはじめの一歩

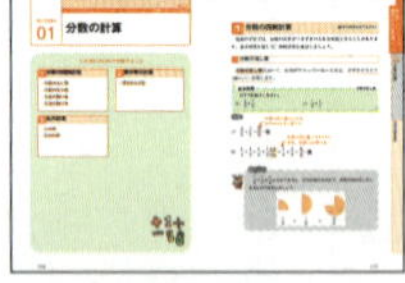

☆数学の知識が身につくものを!

電験はとても難しい試験です。問題を解くためには，高校の数学や物理の知識が必要です。もし，いろいろな教科書を読んでみて，なんだかよくわからないという場合は，基本的な知識を学習しましょう。

実力をつけるために

TAC出版の書籍なら…

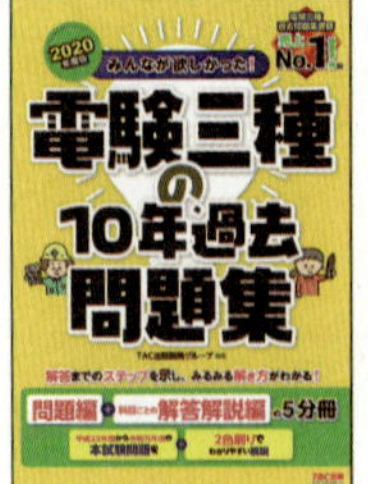

電験三種の10年過去問題集

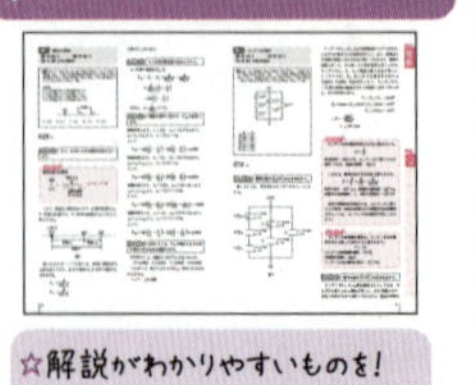

☆解説がわかりやすいものを!

教科書と問題集で学習したら，1回分の過去問を通して解きましょう。
過去問は最低５年分，できれば10年分解いておくとよいでしょう。

勉強方法のポイント

ポイント（1）

× テキストを全部読んでから、問題を解く

○ テキストをちょっと読んだら、それに対応する問題を解く

そのつど解く！

電験の難しいところは，過去問を丸暗記しても合格できないということです。過去問と似た問題が出題されることはありますが，単に数字を変えただけの問題が出題されるわけではないからです。一つひとつの分野を丁寧に勉強して，しっかりと理解することが合格への近道です。

ポイント（2）

- 過去問丸暗記ではなく理解する
- 教科書は何度も読む
- じっくり読むというよりは，何度も読み返す
- 問題を解くときは，ノートに計算過程を残す

学習の際は，公式や重要用語を暗記するのではなく，しっかりと理解するようにしましょう。疑問点や理解したところを教科書やノートにメモするとよいでしょう。
また，教科書は何回も読みましょう。一度目はざっくりと，すべてをじっくり理解しようとせず，全体像を把握するようなイメージで。

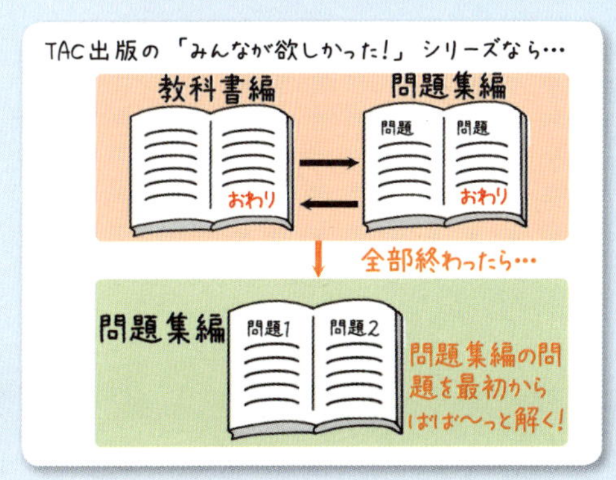

こまめに過去問を解くようにしましょう。一度教科書を読んだだけでは解けない問題も多いので，同じ問題でも繰り返し解きましょう。

memo

memo

執筆者

澤田隆治（代表執筆者）
青野　晃
田中真実
山口陽太

装丁

黒瀬章夫（Nakaguro Graph）

イラスト

matsu（マツモト　ナオコ）
エイブルデザイン

みんなが欲しかった！電験三種シリーズ

みんなが欲しかった！ 電験三種 理論の教科書&問題集 第2版

2018年3月1日 初 版 第1刷発行
2020年10月10日 第2版 第1刷発行
2021年2月22日 第2刷発行

編著者 TAC出版開発グループ
発行者 多田敏男
発行所 TAC株式会社 出版事業部
(TAC出版)

〒101-8383
東京都千代田区神田三崎町3-2-18
電話 03(5276)9492(営業)
FAX 03(5276)9674
https://shuppan.tac-school.co.jp

組 版 株式会社 グラフト
印 刷 株式会社 光邦
製 本 株式会社 常川製本

ISBN 978-4-8132-8861-9
N.D.C. 540.79

TAC電験三種講座のご案内

お手持ちの教材がそのまま使用可能!
「教科書&問題集なし」コースでお得に受講できます!!

TAC電験三種講座のカリキュラムでは、「みんなが欲しかった!電験三種 教科書&問題集」を教材として使用しておりますので、既にお持ちの方でも「教科書&問題集なし」コースでお得に受講する事ができます。独学ではわかりにくい問題も、TAC講師の解説で本質と基本の理解度が深まります。また、学習環境や手厚いフォロー制度で本試験合格に必要なアウトプット力が身につきますので、ぜひ体感してください。

こんな方にオススメ!

- 教科書に書き込んだ内容を活かしたい!
- ほかの解き方も知りたい!
- 本質的な理解をしたい!
- 講師に質問をしたい!

TACだからこそ提供できる合格ノウハウとサポート力!

TAC電験三種講座 5つの特長

POINT 1 電験三種を知り尽くしたTAC講師陣!

「試験に強い講師」「実務に長けた講師」様々な色を持つ各科目の関連性を明示した講義を行います!

石田 聖人（いしだ まさと） 講師
4科目完全合格本科生
渋谷校・収録 担当

電験は範囲が広く、たくさんの公式が出てきます。「基本から丁寧に」合格を目指して一緒に頑張りましょう!

入江 弥憲（いりえ みつのり） 講師
4科目完全合格本科生
梅田校 担当

電験三種を合格するための重要なポイントを絞って解説を行うので、初めて学ぶ方も全く問題ありません。一緒に合格を目指して頑張りましょう!

酒谷 秀俊（さかたに ひでとし） 講師
演習本科生 新宿校 担当

問題を解くポイントをわかりやすくナビゲートしますので、一緒に勉強して合格の栄冠を勝ち取りましょう!

尾上 建夫（おのえ たけお） 講師
演習本科生 収録 担当

合否の分け目は無駄な時間をかけず、計画的かつ効率的に学習できるかどうかです。共に頑張っていきましょう!

佐藤 祥太（さとう しょうた） 講師
演習本科生 収録 担当

講義では、問題文の読み方を丁寧に解説することより、今まで身に付いた知識から問題までを橋渡しできるようお手伝い致します。

POINT 2 1年間で全科目合格を目指すカリキュラム

分析結果を基に全科目を正しい順序で1年以内に一通り学習する最強の学習方法!

- 十分な学習時間を用意し、学習範囲を基礎的なものに絞ったカリキュラム
- 過去問に対応できる知識の運用まで教えます!
- 1年で4科目を駆け抜ける!

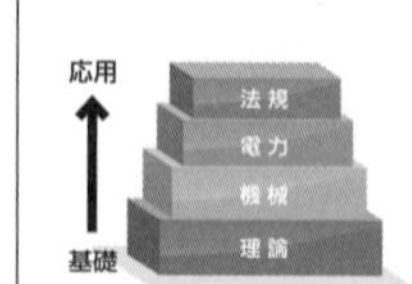

講義ボリューム

	理論	機械	電力	法規
TAC	18	19	17	9
他社例	4	4	4	2

丁寧な講義でしっかり理解!
※4科目完全合格本科生の場合

はじめてでも安心! 効率的に無理なく全科目合格を目指せる!

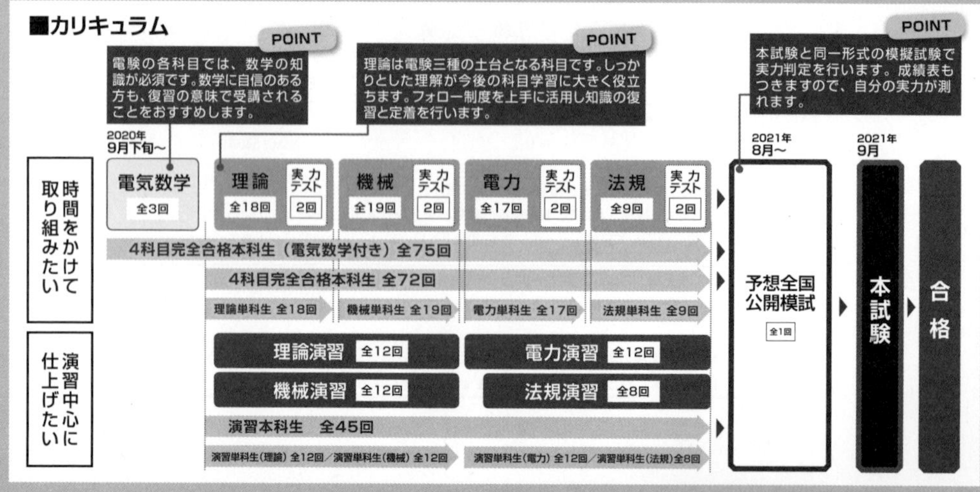

※コース・料金、日程等の詳細はTAC電験三種講座のホームページをご覧ください。

売上No.1*の実績を持つわかりやすい教材!

「みんなが欲しかった!シリーズ」を使った講座なのでお手持ちの教材も使用可能!

TAC出版の大人気シリーズ教材を使って学習します。
教科書で学習したあとに、厳選した重要問題を解く。解けない問題があったら教科書で復習することで効率的に実力がつき、全科目の合格を目指せます。

*紀伊國屋PubLineデータ、M&J BA-PROD、三省堂 本 DAS-P、TSUTAYA　DB WATCHを基に弊社で集計(2019.1〜2020.5)
みんなが欲しかった! シリーズの「電験三種 はじめの一歩」、「電験三種 理論の教科書 & 問題集」、「電験三種 電力の教科書 & 問題集」「電験三種 機械の教科書 & 問題集」、「電験三種 法規の教科書 & 問題集」、「電験三種の10年過去問題集」

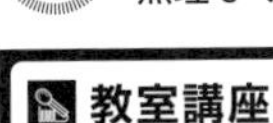

自分の環境で選べる学習スタイル!

無理なく学習できる! 通学講座だけでなくWeb通信・DVD通信講座も選べる!

教室講座
日程表に合わせてTACの教室で講義を受講する学習スタイルです。欠席フォロー制度なども充実していますので、安心して学習を進めていただけます。

ビデオブース講座
教室の講義を収録したDVDをTAC各校舎のビデオブースで視聴する学習スタイルです。ご自宅で学習しにくい環境の方にオススメです。

Web通信講座
インターネットを利用していつでもどこでも教室講義と変わらぬ臨場感と情報量で集中学習が可能です。時間にとらわれず、学習したい方にオススメです。

DVD通信講座
教室講義を収録した講義DVDで学習を進めます。DVDプレーヤーがあれば、外出先でもどこでも学習可能です。

合格するための充実のサポート。安心の学習フォロー!

講義を休んだらどうなるの? そんな心配もTACなら不要! 下記以外にも多数ご用意!

質問制度 無料

様々な学習環境にも対応できるよう質問制度が充実しています。

- 講義後に講師に直接質問
- 校舎での対面質問
- 質問メール
- 質問カード
- オンライン質問

Webフォロー 標準装備
受講している同一コースの講義を、インターネットを通じて学習できるフォロー制度です。弱点補強等、講義の復習や、欠席フォローとして、様々にご活用できます!

- いつでも好きな時間に何度でも繰り返し受講することができます。
- 講義を欠席してしまったときや復習用としてもオススメです。

自習室の利用 本科生のみ 無料

家で集中して学習しにくい方向けに教室を自習室として開放しています。

i-support 無料

インターネットでメールでの質問や最新試験情報など、役立つ情報満載!

最後の追い込みもTACがしっかりサポート!

2021年8月実施予定 予想全国公開模試 全1回

全国順位も出る! 実力把握に最適!

本試験さながらの緊張感の中で行われる予想全国公開模試は受験必須です! 得点できなかった論点など、弱点をしっかり克服して本試験に挑むことができ、TAC渋谷校、梅田校、名古屋校などの会場で実施予定です。またご自宅でも受験することができます。予想全国公開模試の詳細は、2021年5月下旬に発行予定のリーフレットをご覧ください。

2021年8月実施予定 直前対策

直前期に必要な知識を総まとめ!

科目の直前予想と重要問題の演習で直前の総仕上げを行います。
詳細は、2021年5月下旬に発行予定のリーフレットをご覧ください。

※4科目完全合格本科生(電気数学付き)/4科目完全合格本科生/演習本科生には、「予想全国公開模試」が含まれておりますので、お申込みの必要はありません。

TAC出版 書籍のご案内

TAC出版では、資格の学校TAC各講座の定評ある執筆陣による資格試験の参考書をはじめ、資格取得者の開業法や仕事術、実務書、ビジネス書、一般書などを発行しています！

TAC出版の書籍

＊一部書籍は、早稲田経営出版のブランドにて刊行しております。

資格・検定試験の受験対策書籍

- 日商簿記検定
- 建設業経理士
- 全経簿記上級
- 税　理　士
- 公認会計士
- 社会保険労務士
- 中小企業診断士
- 証券アナリスト
- ファイナンシャルプランナー(FP)
- 証券外務員
- 貸金業務取扱主任者
- 不動産鑑定士
- 宅地建物取引士
- マンション管理士
- 管理業務主任者
- 司法書士
- 行政書士
- 司法試験
- 弁理士
- 公務員試験(大卒程度・高卒者)
- 情報処理試験
- 介護福祉士
- ケアマネジャー
- 社会福祉士　ほか

実務書・ビジネス書

- 会計実務、税法、税務、経理
- 総務、労務、人事
- ビジネススキル、マナー、就職、自己啓発
- 資格取得者の開業法、仕事術、営業術
- 翻訳書 (T's BUSINESS DESIGN)

一般書・エンタメ書

- エッセイ、コラム
- スポーツ
- 旅行ガイド (おとな旅プレミアム)
- 翻訳小説 (BLOOM COLLECTION)

書籍の正誤についてのお問合わせ

万一誤りと疑われる箇所がございましたら、以下の方法にてご確認いただきますよう、お願いいたします。

なお、正誤のお問合わせ以外の書籍内容に関する解説・受験指導等は、**一切行っておりません。**
そのようなお問合わせにつきましては、お答えいたしかねますので、あらかじめご了承ください。

1 正誤表の確認方法

TAC出版書籍販売サイト「Cyber Book Store」の
トップページ内「正誤表」コーナーにて、正誤表をご確認ください。

CYBER BOOK STORE TAC出版書籍販売サイト

URL:https://bookstore.tac-school.co.jp/

2 正誤のお問合わせ方法

正誤表がない場合、あるいは該当箇所が掲載されていない場合は、書名、発行年月日、お客様のお名前、ご連絡先を明記の上、下記の方法でお問合わせください。
なお、回答までに1週間前後を要する場合もございます。あらかじめご了承ください。

文書にて問合わせる

●郵送先　〒101-8383 東京都千代田区神田三崎町3-2-18
TAC株式会社 出版事業部 正誤問合わせ係

FAXにて問合わせる

●FAX番号　**03-5276-9674**

e-mailにて問合わせる

●お問合わせ先アドレス　**syuppan-h@tac-school.co.jp**

※お電話でのお問合わせは、お受けできません。また、土日祝日はお問合わせ対応をおこなっておりません。
※正誤のお問合わせ対応は、該当書籍の改訂版刊行月末日までといたします。

乱丁・落丁による交換は、該当書籍の改訂版刊行月末日までといたします。なお、書籍の在庫状況等により、お受けできない場合もございます。
また、各種本試験の実施の延期、中止を理由とした本書の返品はお受けいたしません。返金もいたしかねますので、あらかじめご了承くださいますようお願い申し上げます。

TACにおける個人情報の取り扱いについて
■お預かりした個人情報は、TAC(株)で管理させていただき、お問い合わせへの対応、当社の記録保管および当社商品・サービスの向上にのみ利用いたします。お客様の同意なしに業務委託先以外の第三者に開示、提供することはございません(法令等により開示を求められた場合を除く)。その他、個人情報保護管理者、お預かりした個人情報の開示等及びTAC(株)への個人情報の提供の任意性については、当社ホームページ(https://www.tac-school.co.jp)をご覧いただくか、個人情報に関するお問い合わせ窓口(E-mail:privacy@tac-school.co.jp)までお問合せください。

(2020年10月現在)

2分冊の使い方

★セパレートBOOKの作りかた★

白い厚紙から，色紙のついた冊子を取り外します。
※色紙と白い厚紙が，のりで接着されています。乱暴に扱いますと，破損する危険性がありますので，丁寧に抜きとるようにしてください。

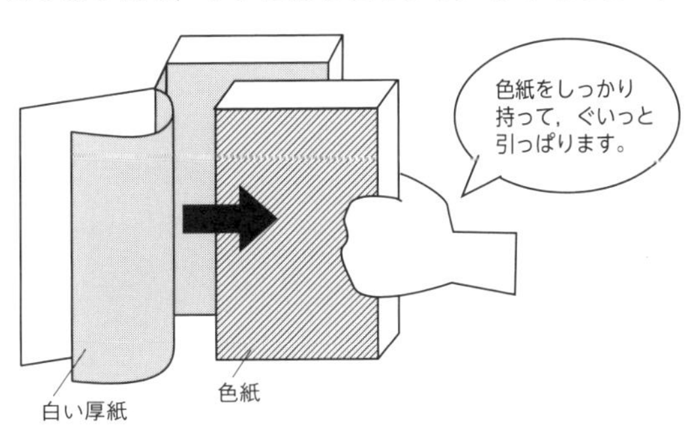

※抜きとるさいの損傷についてのお取替えはご遠慮願います。

CHAPTER 04 交流回路

CHAPTER 05 三相交流回路

CHAPTER 06 過渡現象とその他の波形

CHAPTER 07 電子理論

CHAPTER 08 電気測定

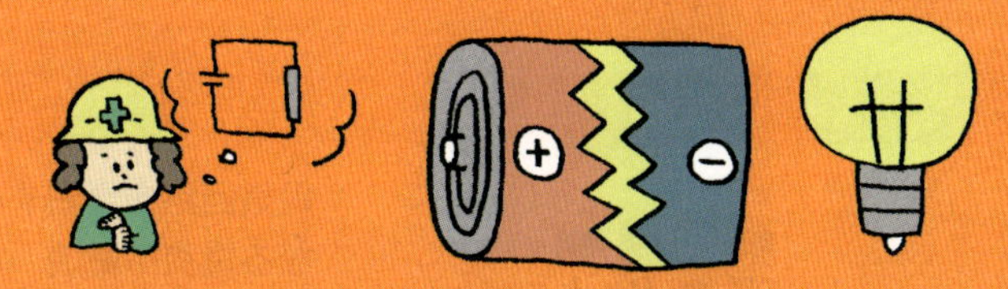

CHAPTER 01

直流回路

CHAPTER 01

直流回路

直流回路は，全ての科目の基礎となる重要な科目です。試験では，計算問題が多く出題されます。そのため，色々な問題に触れることで解けるパターンを増やしていくことを意識しましょう。

このCHAPTERで学習すること

SECTION 01 電気回路とオームの法則

電圧　抵抗　電流

$$V = R\ I$$

[V]　[Ω]　[A]

電気回路を学習するうえで，基本となる電荷，電流，抵抗，電圧などの考え方と，これらの関係であるオームの法則を学びます。

SECTION 02 合成抵抗

1．直列接続の合成抵抗（n個）

抵抗

$$R_0 = R_1 + R_2 + \cdots + R_n$$

[Ω]

2．並列接続の合成抵抗（n個）

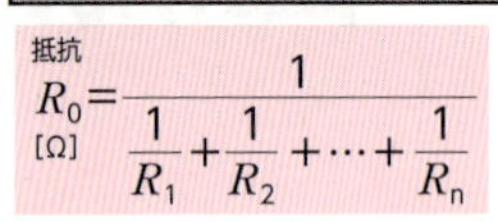

電源や抵抗などの接続方法や，複数の抵抗をまとめて置き換える方法について学びます。

第１分冊

教科書編

第 1 分冊

教科書編

目 contents 次

第1分冊 教科書編

CHAPTER 04

交流回路

CHAPTER 05

三相交流回路

CHAPTER 06

過渡現象とその他の波形

CHAPTER 07

電子理論

CHAPTER 08

電気測定

CHAPTER 01

直流回路

CHAPTER 01

直流回路

直流回路は，全ての科目の基礎となる重要な科目です。試験では，計算問題が多く出題されます。そのため，色々な問題に触れることで解けるパターンを増やしていくことを意識しましょう。

このCHAPTERで学習すること

SECTION 01 電気回路とオームの法則

電圧　抵抗　電流

$$V = R I$$

[V]　[Ω]　[A]

電気回路を学習するうえで，基本となる電荷，電流，抵抗，電圧などの考え方と，これらの関係であるオームの法則を学びます。

SECTION 02 合成抵抗

1．直列接続の合成抵抗（n個）

抵抗

$$R_0 = R_1 + R_2 + \cdots + R_n$$

[Ω]

2．並列接続の合成抵抗（n個）

抵抗

$$R_0 = \frac{1}{\frac{1}{R_1} + \frac{1}{R_2} + \cdots + \frac{1}{R_n}}$$

[Ω]

電源や抵抗などの接続方法や，複数の抵抗をまとめて置き換える方法について学びます。

SECTION 03 導体の抵抗の大きさ

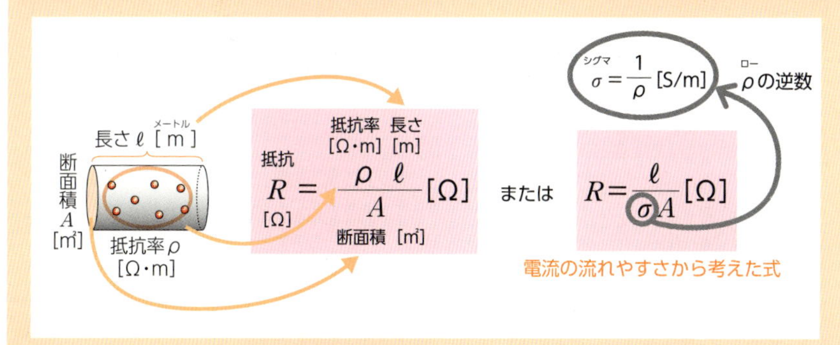

抵抗の大きさの求め方や抵抗の温度変化について学びます。

SECTION 04 キルヒホッフの法則

流れ込む電流の和＝流れ出る電流の和
$(I_1 + I_2)$　$(I_3 + I_4 + I_5)$

起電力の総和＝電圧降下の総和
$(E_1 + E_2)$　$(R_1 I + R_2 I)$

２つのキルヒホッフの法則について学びます。

SECTION 05 複雑な電気回路

右図の回路で抵抗 R を接続したときに流れる電流 I は，

$$I = \frac{E_0}{R_0 + R}$$

電流 I [A]　起電力 [V]　抵抗 [Ω]

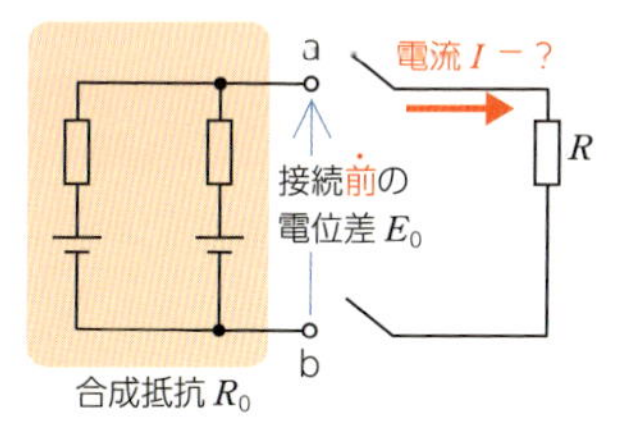

①E_0…開放電圧（抵抗Rを接続する前のab間の電位差）
②R_0…ab間からみた回路網内部の合成抵抗

回路に複数の電源がある場合や，電源と抵抗が複雑に並んでいるときに，整理するための公式や定理について学びます。

SECTION 06 電力と電力量

$$\underset{[\mathrm{W}]}{\overset{電力}{P}} = \underset{[\mathrm{V}]}{\overset{電圧}{V}}\ \underset{[\mathrm{A}]}{\overset{電流}{I}} = \underset{[\Omega]}{\overset{抵抗}{R}}\ \underset{[\mathrm{A}]}{\overset{電流}{I^2}} = \frac{V^2\ (電圧[\mathrm{V}])}{R\ (抵抗[\Omega])}$$

$$\underset{[\mathrm{W \cdot s}]}{\overset{電力量}{W}} = \underset{[\mathrm{W}]}{\overset{電力}{P}}\ \underset{[\mathrm{s}]}{\overset{時間}{t}}$$

$$\underset{[\mathrm{J}]}{\overset{ジュール熱}{Q}} = \underset{[\mathrm{W}]}{\overset{消費電力}{P}}\ \underset{[\mathrm{s}]}{\overset{時間}{t}} = \underset{[\Omega]}{\overset{抵抗}{R}}\ \underset{[\mathrm{A}]}{\overset{電流}{I^2}}\ \underset{[\mathrm{s}]}{\overset{時間}{t}}$$

電力と電力量，熱量などについて，その求め方を学びます。

傾向と対策

出題数

2～5問／22問中

・計算問題中心

	H22	H23	H24	H25	H26	H27	H28	H29	H30	R1
直流回路	2	4	2	3	2	5	3	2	3	2

ポイント

直流回路の計算問題は，簡単な問題から難しい問題まで幅広く出題されます。難しいと感じられる問題でも，簡単な問題の組み合わせでできている場合がほとんどです。そのため，簡単な問題から解けるようにし，テブナンの定理などを使った難しい問題に挑戦しましょう。また，直流回路で学ぶ内容は，交流回路で応用できるので，しっかりと学習しましょう。

SECTION 01

電気回路とオームの法則

このSECTIONで学習すること

1 電荷

電荷の性質について学びます。

2 電流

電子の移動によって発生する電流について学びます。

$$\underset{[A]}{\overset{電流}{I}} = \frac{Q \ (電荷[C])}{t \ (時間[s])}$$

3 抵抗

電流の流れにくさを示す抵抗について学びます。

4 電圧

電流を流す力となる電圧について学びます。

5 電気回路図

電流の流れる道すじを図記号で表した電気回路図について学びます。

6 オームの法則

電圧，抵抗，電流の関係であるオームの法則を学びます。

$$\underset{[V]}{\overset{電圧}{V}} = \underset{[\Omega]}{\overset{抵抗}{R}} \ \underset{[A]}{\overset{電流}{I}}$$

1 電荷

重要度★★★

I 電荷とは

磁石にN極とS極があるように，電気にも＋の電気と－の電気があります。**電荷**とは，物質が帯びている電気のことです。プラスの性質を持つ電荷を**正電荷**，マイナスの性質を持つ電荷を**負電荷**といいます。同じ性質を持つ電荷は反発し合い，異なる性質を持つ電荷は引き合います。

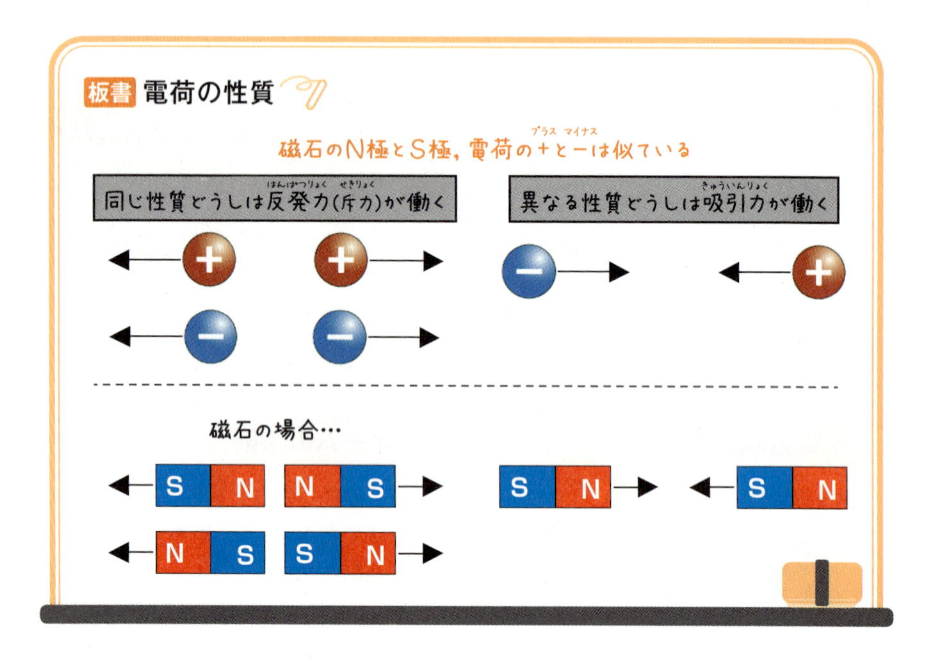

電荷の量記号はQ，単位はC（クーロン）です。

II 量記号と単位記号

量記号とは，量を文字式で表す場合に使われます。たとえば，電荷を1Cや5Cなどと具体的な数値と単位で記さずに，電荷Q[C]と表します。

単位記号とは，単位を表す記号です。量記号と区別するため[　]で囲んで表示します。

板書 記号の示し方

(例)　電荷 Q [C]
量記号　単位記号

ひとこと

量を1Cや5Cなどのように数値と単位を組み合わせて書く場合は，量記号と単位記号を区別する必要がないので[　]は不要です。

また，[C]や[A]のように人名に由来する単位は，一文字目が大文字で表記されます。

2 電流

重要度★★★

I 電流とは

電流（量記号：I，単位：A）は，電子が移動することで発生します。小さな粒子である電子は，ひと粒ひと粒が－の電気を帯びています。それらが移動すると，負電荷を運ぶことになり，電流が流れます。

電子の移動は負電荷の移動なので，電流の向きと電子の移動は逆です。電流は，電池の＋極から－極に向かって流れます。一方で，電子は電池の－極（負極）から供給され続け，＋極（正極）に向かって移動します。

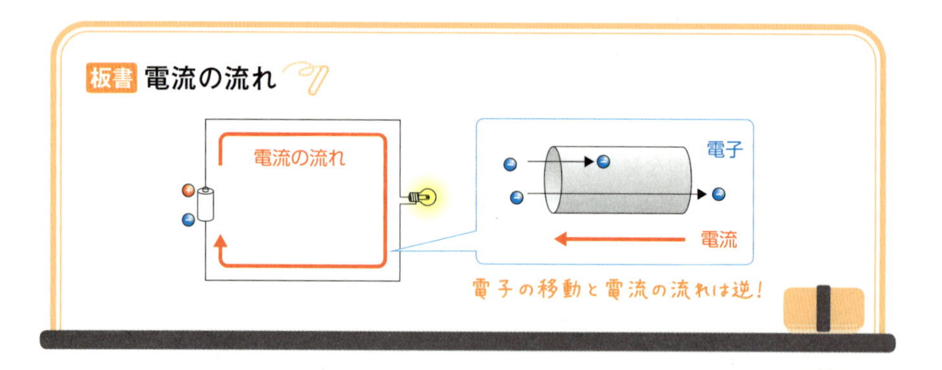

逆である理由は，電子が発見される前に電流の向きを決めてしまい，今さら電流の向きを変更できないからだと言われています。

ある断面に流入した電荷は，増減することなく，その断面から同じ量だけ流出します。したがって，ある断面に流入する電流は，増減することなく流出します。これを**電流の連続性**といいます。

II 電流の大きさ

電流の量記号は I，単位は **A**（アンペア）です。

電流の大きさは，ある断面を1秒間にどれくらいの電荷（でんか）が移動したかで決まります。

したがって，次の公式が成り立ちます。

公式 電流の大きさ

t秒間にQ[C]の正電荷が通過したとき，電流I[A]は，

電流[A]　電荷[C]　時間[s]

$$I = \frac{Q}{t}$$

基本例題 電流の大きさ

4秒間に，2Cの正電荷が通過したとき，いくらの電流が流れているか答えなさい。

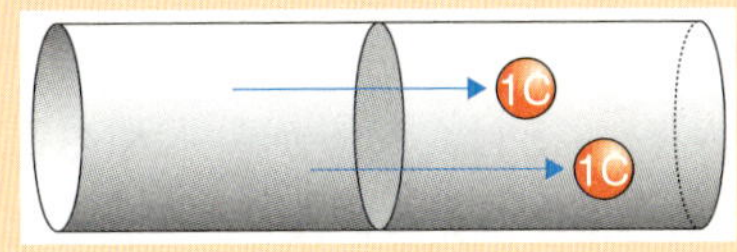

解答

2C÷4秒＝0.5A

3 抵抗

重要度★★★

抵抗（ていこう）（量記号：R，単位：Ω（オーム））とは，電流の流れにくさのことです。電流を流れにくくする部品（抵抗器）のことを指すこともあります。

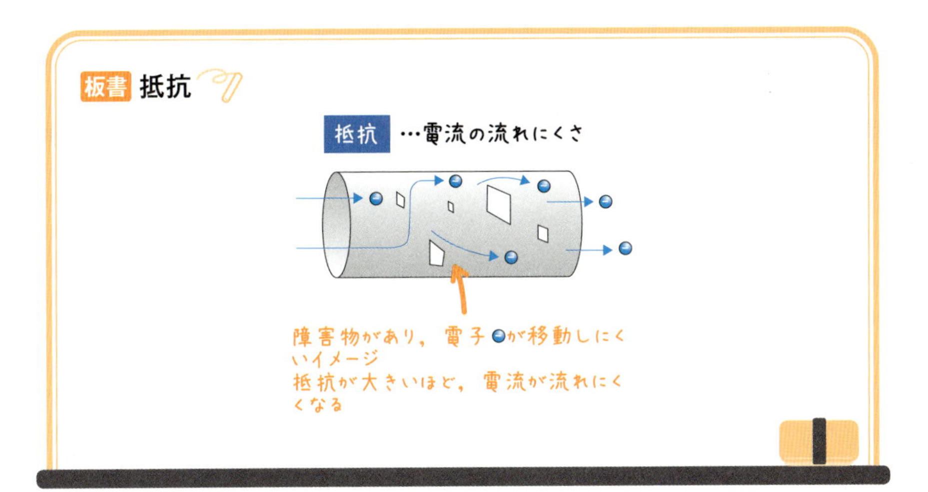

板書 抵抗
抵抗 …電流の流れにくさ
障害物があり，電子⊖が移動しにくいイメージ
抵抗が大きいほど，電流が流れにくくなる

4 電圧

重要度★★★

I 電圧と起電力

電圧（量記号：V，単位：V）とは，＋極から－極へ電流を押し流す力をいいます。押し流す力である電圧が大きいほど，電流はよく流れます。乾電池のような，電圧の元となる力を**起電力**（量記号：E，単位：V）といいます。

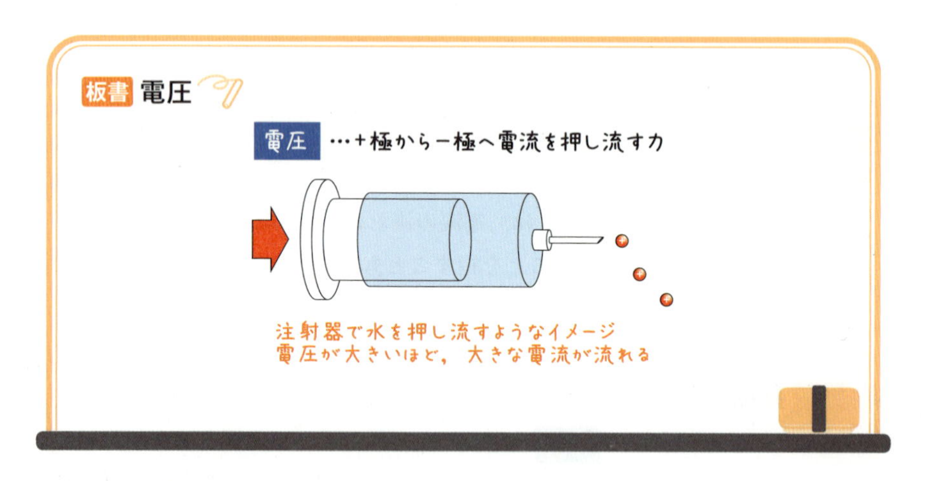

板書 電圧
電圧 …＋極から－極へ電流を押し流す力
注射器で水を押し流すようなイメージ
電圧が大きいほど，大きな電流が流れる

ひとこと

正確には，電圧は電位の差です。

Ⅱ 電圧（電位差）と電位

電気は，形がなく想像しにくいので，水にたとえられることがあります。図の水位が異なる二つのタンクの場合は，高いほうから低いほうへ水が流れます。二つのタンクの水位が同じだと，水は流れません。

これを電気の世界で考えたとき，電気の位置の高さを**電位**（でんい）（単位：V（ボルト））と呼びます。電圧は，電位の差であると考え，電流は電位の高いところから低いほうへ流れるようなイメージを持つことができます。

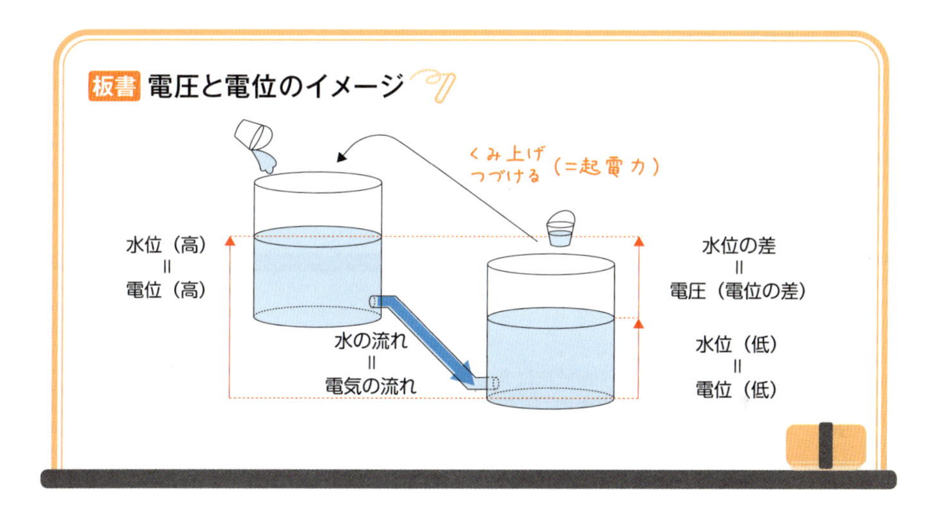

ひとこと

同じ電位であれば，電流は流れないと考えてください。

III 電圧降下

電流を押し流す力である電圧は，抵抗を通るたびに弱くなります。これを**電圧降下**（でんあつこうか）といいます。抵抗の両端子において，電流が入る側の端子における電位（高）と，電流が出ていく側の端子における電位（低）に差ができ，電位が降下した状況をさします。

なお，**端子**（たんし）とはほかの電源や電気機器と接続できる部分のことです。

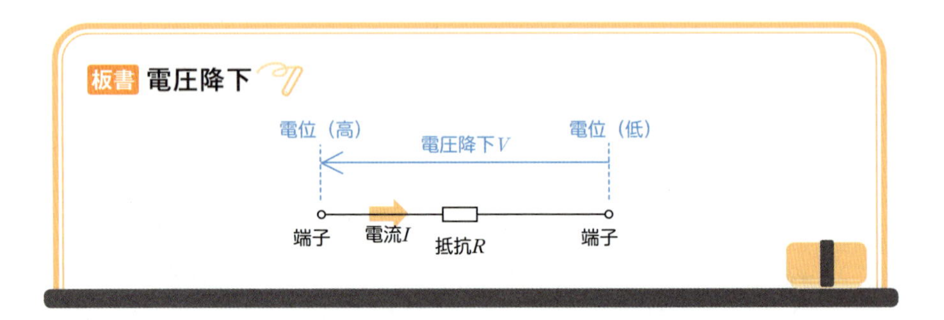

電圧降下は，電子が抵抗にある障害物に衝突して，エネルギーが失われると考えることもできます。

5 電気回路図

重要度★★★

電流の流れる道すじを**電気回路**(でんきかいろ)といい，これを図記号で表したものを**電気回路図**(でんきかいろず)といいます。**図記号**(ずきごう)は，電線，スイッチ，直流電源，抵抗などを示す記号です。

板書 さまざまな図記号

図記号	名称	説明	図記号	名称	説明
	直流	電流計など他の図記号と組み合わせて使います。		接地(アース)	基準の電位(0V)として考えます。
	スイッチ	回路をつないだり切ったりします。		可変抵抗器(かへんていこうき)	抵抗を変えられる抵抗器です。
	直流電源(定電圧源(ていでんあつげん))	起電力を表します。		すべり抵抗器	矢印の接続位置によって抵抗を変えられる抵抗器です。
	抵抗器	抵抗を表します。	A	電流計	電流の大きさを測ります。
	可変直流電源	起電力の大きさを変えられる電源です。	V	電圧計	電圧の大きさを測ります。
	定電流源(ていでんりゅうげん)	負荷の大きさに関わらず一定の電流を供給できる電源です。		検流計	電流の向きを測定します。

電気回路図を用いると，次のように，電気回路を簡単に表現することができます。

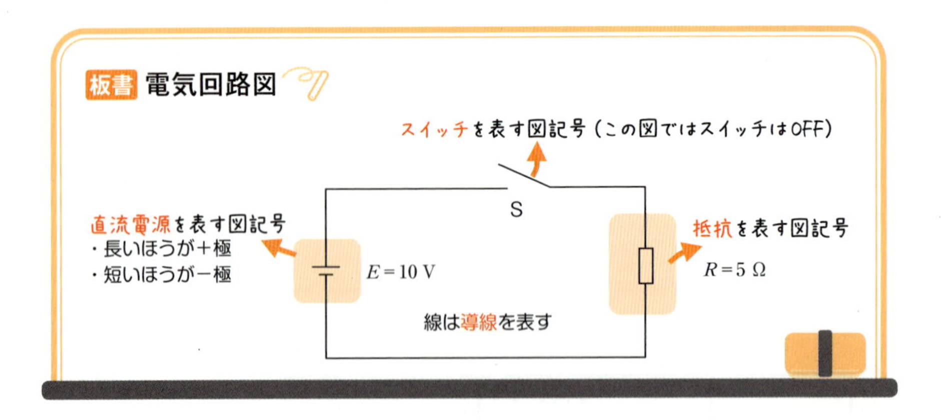

次の図のように，スイッチをONにすると，電流は電源の＋極から－極に向かって流れます。電源を通過すると電位が上昇します。この働きを**起電力**といいます。他方で，抵抗を通過すると電位が降下します。この働きを**電圧降下**といいます。

回路図において，起電力や抵抗を通過しない限り，電位は変化しないと考えます。

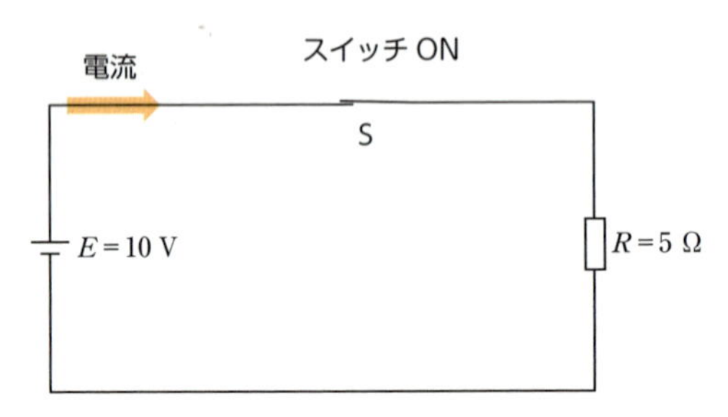

回路図の電線は，電流を導く線であることから**導線**（どうせん）と呼ばれ，導線を等しい電位ごとに色分けすると，次のようになります。

【電位分布図】

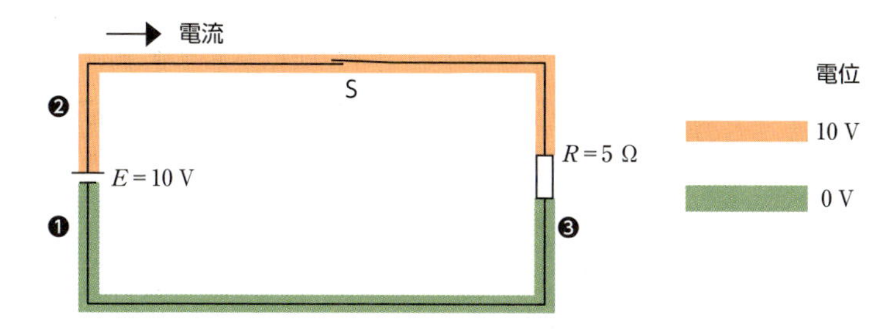

仮に，❶電源の－極側を電位0 Vとすると，❷電源を通過することで電位は10 Vだけ押し上げられ，電位は10 Vになります。❸抵抗を通過すると，電圧降下により電位は下がります。なお緑色の導線の電位はどこでも等しいので，0 Vにまで電位が下がったとわかります。

電流は電位の高いほうから低いほうに流れます。

6 オームの法則

重要度★★★

電圧V，抵抗R，電流Iには，以下のような関係があります。

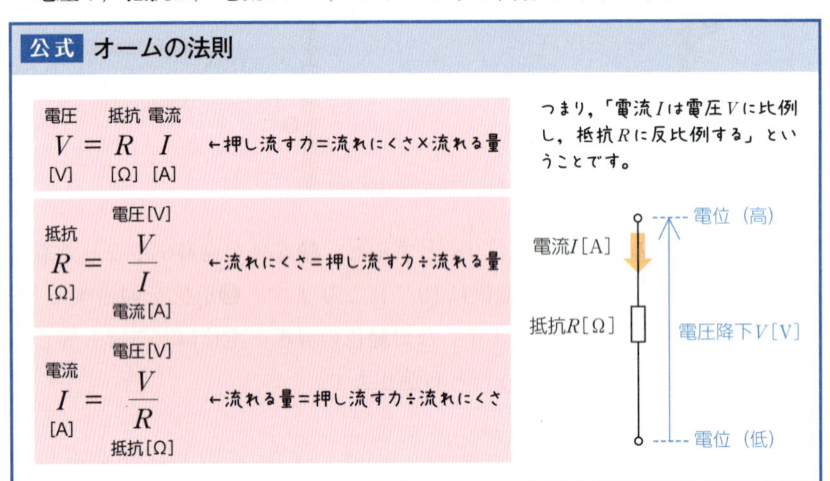

基本例題　オームの法則(1)

以下の回路のように，抵抗Rの両端に20 Vの電圧を加えると，4 Aの電流Iが流れた。抵抗R[Ω]の数値を求めよ。

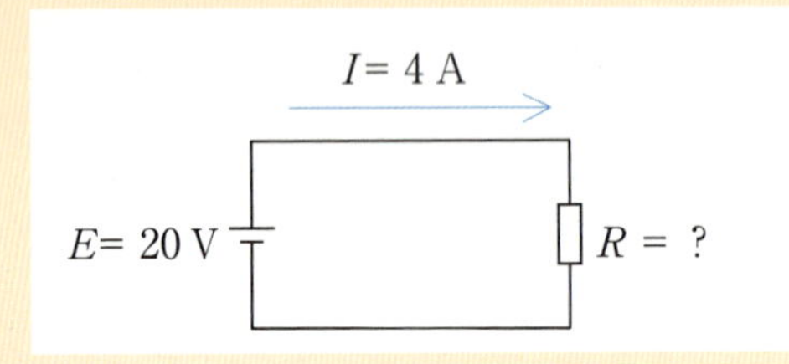

解答

オームの法則$R = \frac{V}{I}$より

$R = 20\text{ V} \div 4\text{ A}$

$= 5\ \Omega$

【電位分布図】

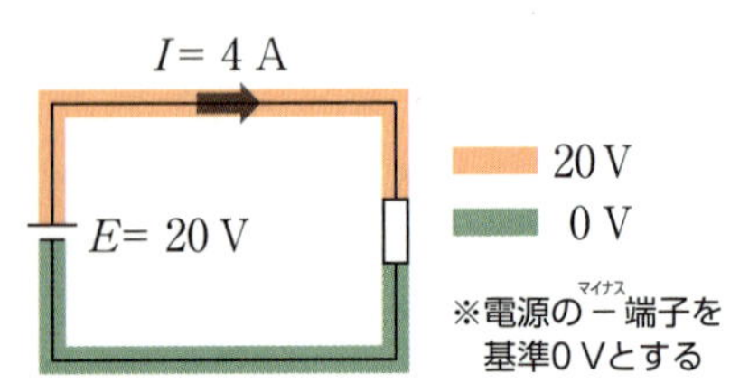

基本例題　　オームの法則(2)

図において以下の値を求めよ。電源の$-$(マイナス)端子を基準0Vとする。

(1)　各点a，eの電位V_a，V_e

(2)　a－e端子における電圧（電位の差）V_{ae}

(3)　b－c間，c－d間の電圧降下V_{bc}，V_{cd}

(4)　各点b，c，dの電位V_b，V_c，V_d

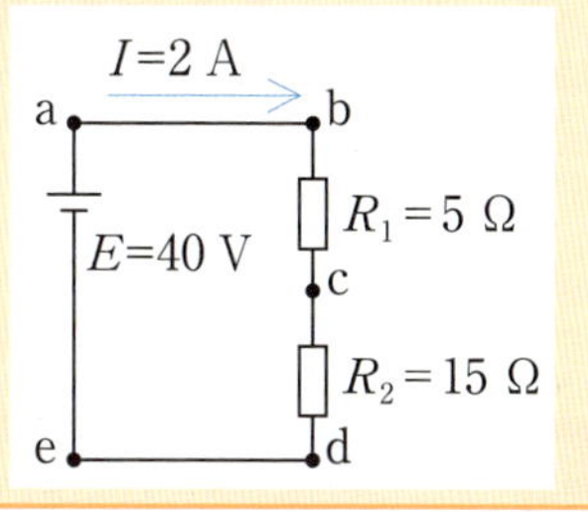

解答

(1)　起電力が40Vで，電源の$-$(マイナス)端子が0Vであるから，

$V_a=40\text{ V}$，$V_e=0\text{ V}$

(2)　電圧V_{ae}は，a点とe点における電位の差であるから，

$V_{ae}=V_a-V_e$
$=40-0=40\text{ V}$

(3)　オームの法則$V=RI$より，

電圧降下$V_{bc}=R_1I=5\times2=10\text{ V}$

電圧降下$V_{cd}=R_2I=15\times2=30\text{ V}$

(4)　b点とa点は同電位だから，

$V_b=40\text{ V}$

c点での電位V_cは電位V_bより，V_{bc}だけ降下しているから，

$V_c=V_b-V_{bc}=40-10=30\text{ V}$

d点での電位V_dは電位V_cより，V_{cd}だけ降下しているから，

$V_d=V_c-V_{cd}=30-30=0\text{ V}$

【電位分布図】

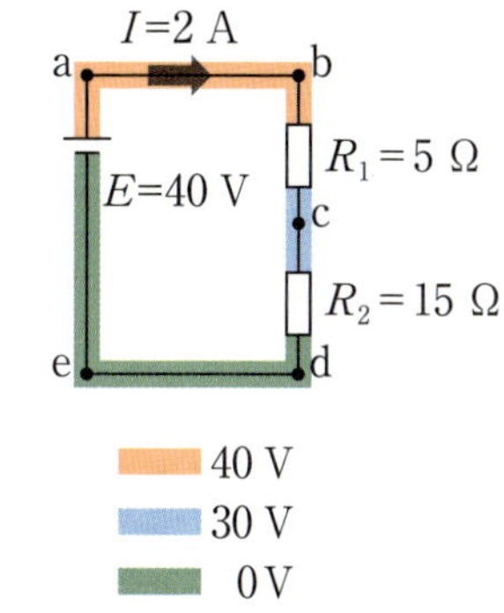

SECTION 02

合成抵抗

このSECTIONで学習すること

1 直列接続と並列接続

電源や抵抗などの接続方法である直列接続と並列接続について学びます。

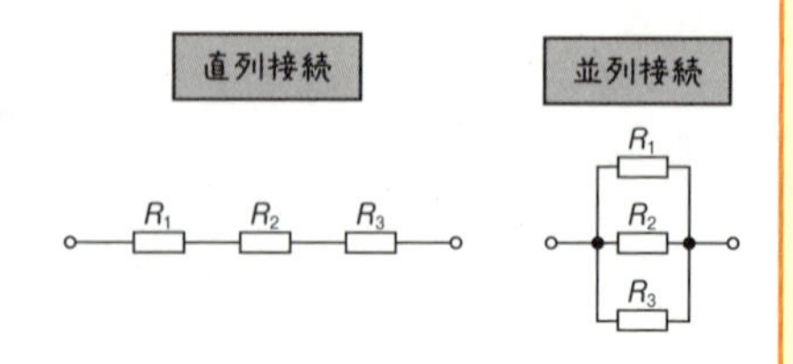

2 合成抵抗

複数の抵抗をまとめて置き換える合成抵抗と，その計算方法について学びます。

1．直列接続の合成抵抗（n個）

抵抗
$$R_0 = R_1 + R_2 + \cdots + R_n$$
[Ω]

2．並列接続の合成抵抗（n個）

抵抗
$$R_0 = \frac{1}{\frac{1}{R_1} + \frac{1}{R_2} + \cdots + \frac{1}{R_n}}$$
[Ω]

3 分圧と分流

分圧と分流について学びます。

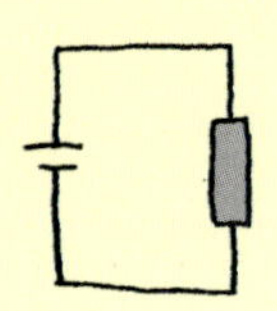

1 直列接続と並列接続

重要度★★★

直列接続（ちょくれつせつぞく）とは，抵抗を「数珠（じゅず）つなぎ」のように一列につなげる方法です。並列接続（へいれつせつぞく）とは，電流が枝分かれするようなつなぎ方で，抵抗の端子（たんし）どうしをつなげる方法です。直並列接続（ちょくへいれつせつぞく）とは，直列接続と並列接続を組み合わせた接続方法をいいます。

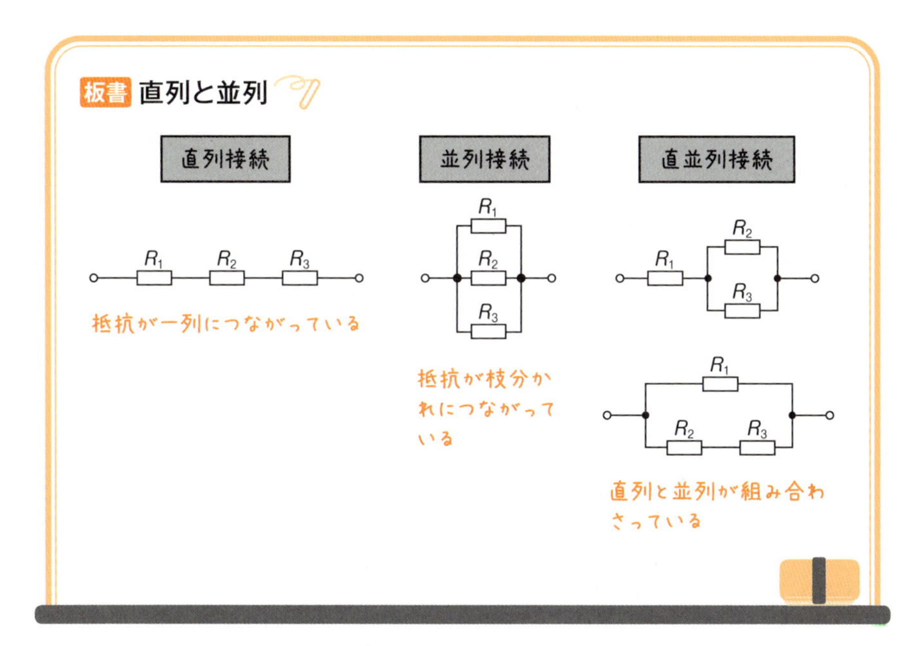

回路図では，線がクロスしているだけではつながっていることにはなりません。つながっていることを表すには，●が必要です。

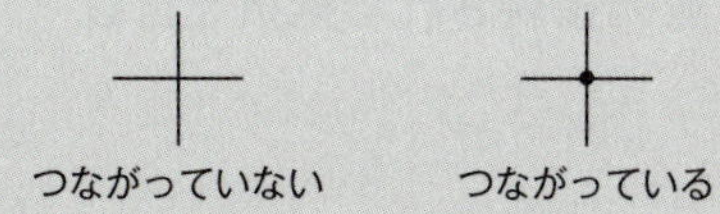

I 直列接続

直列接続された各抵抗には電流の連続性から同じ大きさの電流が流れます。

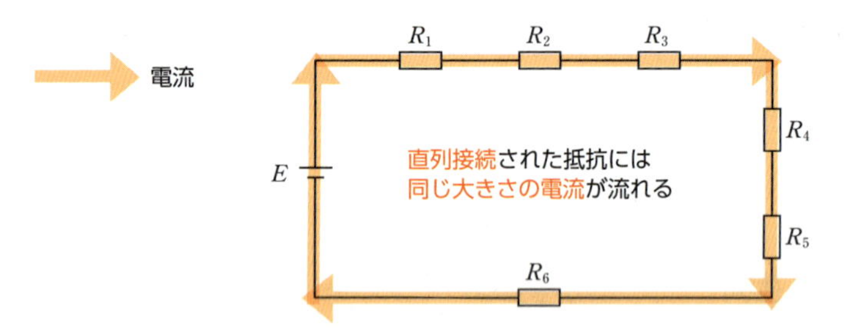

II 並列接続

並列接続の場合，並列接続された各抵抗による電圧降下は等しくなります。

電位は抵抗や電源を通過しない限り変化しないので，導線を等しい電位ごとに色分けした**電位分布図**を書くと次のようになります。

電位分布図より，並列接続された各抵抗の両端子の電位差，すなわち並列接続された各抵抗による電圧降下が等しいのがわかります。

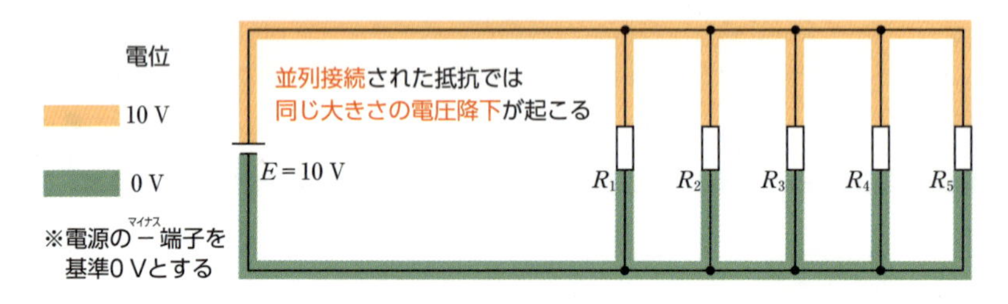

板書 直列接続された抵抗・並列接続された抵抗を含む電気回路のポイント

直列接続 …各抵抗に流れる電流は等しい

並列接続 …各抵抗による電圧降下は等しい

2 合成抵抗

複数の抵抗をひとまとめにして，置き換えができる抵抗を合成抵抗（ごうせいていこう）といいます。合成抵抗R_0[Ω]は次のように求めます。

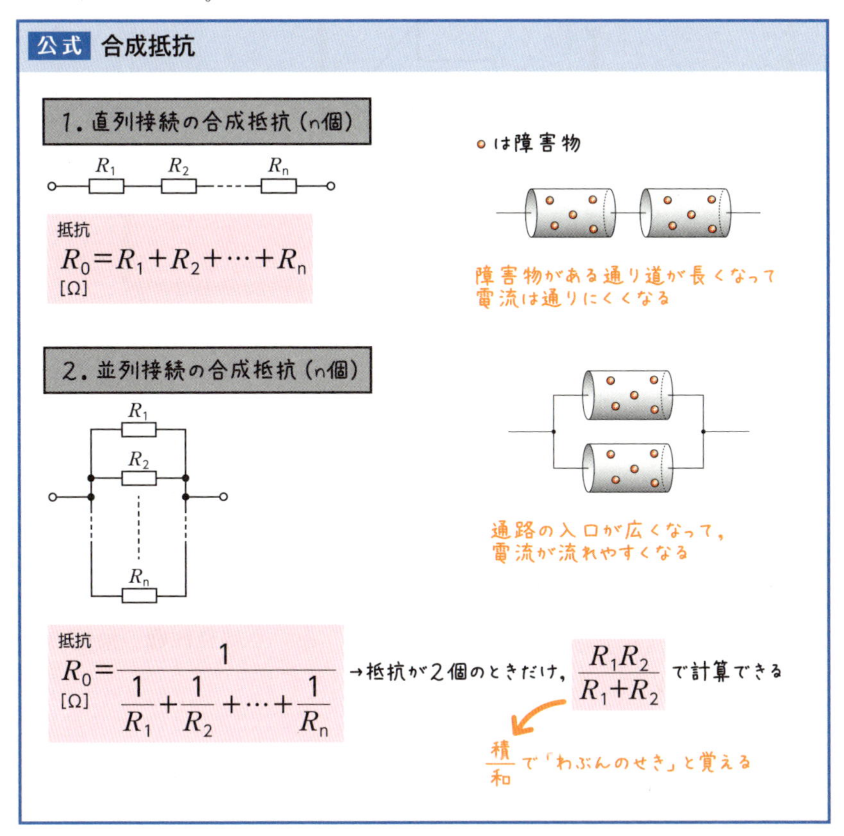

I 直列接続された抵抗の合成抵抗

回路図1のように直列接続された複数の抵抗を，回路図2のように1つの抵抗に置き換えて，回路図1と回路図2で等しい大きさの電流が流れるようにします。

このとき，回路図2は回路図1の等価回路（とうかかいろ）であるといいます。ここで，どのような抵抗R_0に置き換えると2つの回路図が**等価**になるかを考えます。

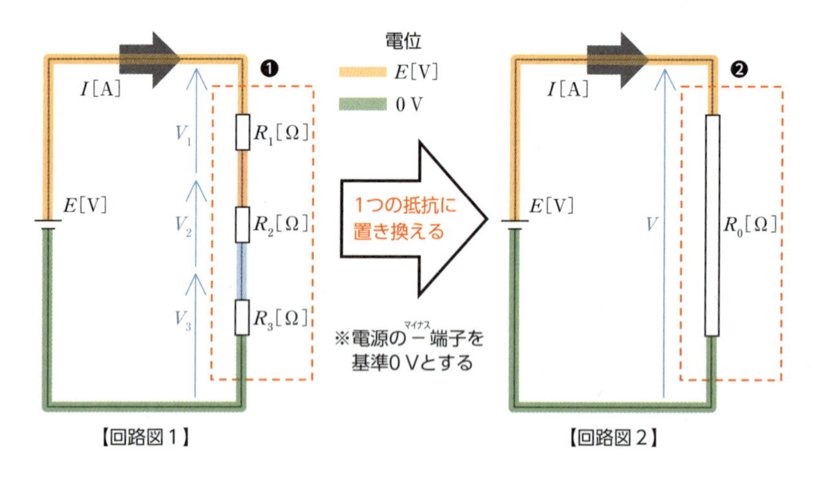

まず回路図1において，抵抗R_1[Ω]，R_2[Ω]，R_3[Ω]による電圧降下をそれぞれV_1[V]，V_2[V]，V_3[V]とすると，オームの法則より以下の式が成り立ちます。

$$\begin{cases} V_1 = R_1 I\,[\mathrm{V}] \\ V_2 = R_2 I\,[\mathrm{V}] \\ V_3 = R_3 I\,[\mathrm{V}] \end{cases}$$

各電圧降下V_1[V]，V_2[V]，V_3[V]の合計は，赤い点線範囲❶の両端の電位差Eに等しいので，次の等式を導くことができます。

$$\begin{aligned} E &= V_1 + V_2 + V_3 \\ &= R_1 I + R_2 I + R_3 I \\ &= (R_1 + R_2 + R_3) I\,[\mathrm{V}] \cdots ① \end{aligned}$$

次に回路図2において，オームの法則より，以下の式が成り立ちます。

$$V = R_0 I\,[\mathrm{V}]$$

電圧降下Vは，赤い点線範囲❷の両端の電位差Eに等しいので，次の等式を導くことができます。

$$\begin{aligned} E &= V \\ &= R_0 I\,[\mathrm{V}] \cdots ② \end{aligned}$$

①＝②であるから，比較すると，合成抵抗$R_0 = R_1 + R_2 + R_3$[Ω]となり，

合成抵抗は各抵抗の合計となります。これは，抵抗の数がn個であっても成り立ちます。

合成抵抗の公式は覚えるだけでなく，何度も自分で導く練習をしましょう。

Ⅱ 並列接続された抵抗の合成抵抗

並列接続された複数の抵抗を1つの抵抗に置き換えて，2つの回路に等しい大きさの電流が流れるようにします。ここで，どのような抵抗R_0[Ω]に置き換えると2つの回路図が等価になるかを考えます。

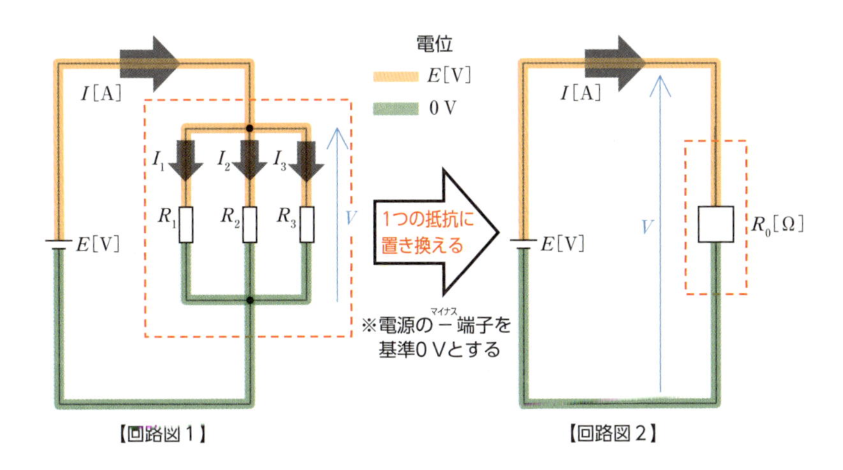

【回路図1】　【回路図2】

まず回路図1において，

$$I = I_1 + I_2 + I_3 \text{[A]} \quad \cdots ①$$

が成り立ちます。

I_1[A]，I_2[A]，I_3[A]はオームの法則より，それぞれ次のように表されます。

$$I_1 = \frac{V}{R_1}\text{[A]},\ I_2 = \frac{V}{R_2}\text{[A]},\ I_3 = \frac{V}{R_3}\text{[A]}$$

これを①に代入すると，次のようになります。

$$I = I_1 + I_2 + I_3$$
$$= \frac{V}{R_1} + \frac{V}{R_2} + \frac{V}{R_3}$$
$$= V \times \left(\frac{1}{R_1} + \frac{1}{R_2} + \frac{1}{R_3}\right) [\mathrm{A}] \quad \cdots ②$$

次に回路図2において，I[A]はオームの法則より，次のように表されます。

$$I = \frac{V}{R_0}$$
$$= V \times \frac{1}{R_0} [\mathrm{A}] \quad \cdots ③$$

②＝③なのでこれを比較すると，

$$\frac{1}{R_0} = \frac{1}{R_1} + \frac{1}{R_2} + \frac{1}{R_3} [\mathrm{S}] \quad \cdots ④$$

であることがわかります。

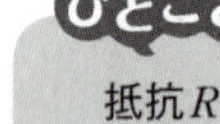

抵抗Rの逆数$\frac{1}{R}$をコンダクタンスGといい，電流＝電圧×コンダクタンスとなります。単位は[S]（ジーメンス）です。

さらに両辺の逆数を取っても等式④は成り立つので，

$$\frac{1}{\left(\frac{1}{R_0}\right)} = \frac{1}{\left(\frac{1}{R_1} + \frac{1}{R_2} + \frac{1}{R_3}\right)}$$

左辺に$\frac{R_0}{R_0}$を掛けても等式は成立するので，

$$左辺 = \frac{1}{\left(\frac{1}{R_0}\right)} = \frac{1 \times R_0}{\left(\frac{1}{R_0}\right) \times R_0} = R_0 [\Omega]$$

したがって，

$$R_0 = \frac{1}{\frac{1}{R_1} + \frac{1}{R_2} + \frac{1}{R_3}} [\Omega]$$

となり，合成抵抗R_0[Ω]は並列に接続された「各抵抗の逆数の和」の逆数であることがわかります。

ひとこと

$I=I_1+I_2+I_3$が成立する理由

ある断面に流入する電荷と，そこから流出する電荷は等しく，電荷が消滅したり湧き出したりすることはありません。したがって，ある断面に注目したとき，t秒間に流入する電荷Qと，t秒間に流出する電荷がQ_1, Q_2, Q_3であるならば，$Q=Q_1+Q_2+Q_3$の関係があります。

両辺をt秒で割ると，

$$\frac{Q}{t}=\frac{Q_1}{t}+\frac{Q_2}{t}+\frac{Q_3}{t}$$

となります。これは，1秒あたりに通過する電荷量，つまり電流を意味するので，$I=I_1+I_2+I_3$の関係が成り立ちます。

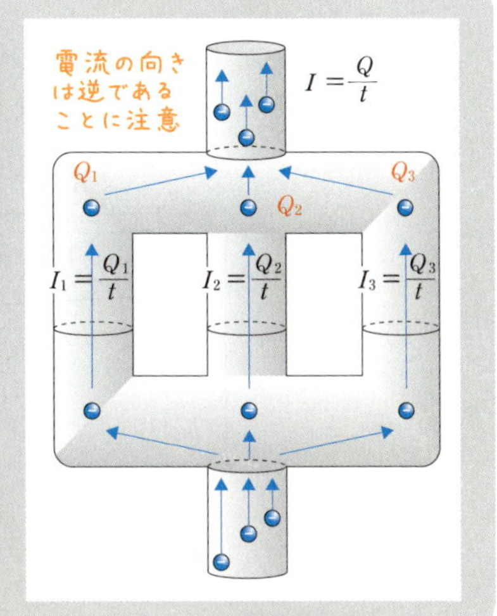

問題集 問題01 問題02 問題03 問題04 問題05

3 分圧と分流

重要度★★★

I 抵抗の直列接続と分圧

抵抗は直列につながれると，電圧降下によって，電圧を分ける機能があります（分圧（ぶんあつ））。回路全体の電圧を各抵抗の抵抗値で比例配分します。

ひとこと

オームの法則から導くことができます。

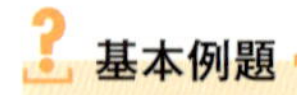

基本例題

抵抗による分圧(1)

直列に接続された抵抗による分圧を考察する。以下の空欄を埋めよ。

(1) 直列に接続された抵抗R_1[Ω], R_2[Ω], R_3[Ω]に流れる電流の大きさがI[A]であるとき，オームの法則より，V_1＝[(ア)], V_2＝[(イ)], V_3＝[(ウ)]と表すことができる。

(2) V_1,[V] V_2[V], V_3[V]の比は，[(ア)]：[(イ)]：[(ウ)]となり，すべての項をI[A]で割ると，$V_1 : V_2 : V_3 = R_1 : R_2 : R_3$となる。

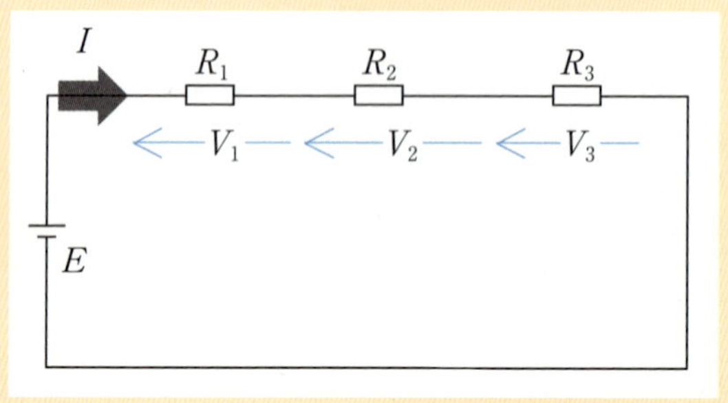

(3) 電圧降下は，抵抗による電位の降下を意味する。電源電圧の起電力をE[V]とすると，R_1[Ω], R_2[Ω], R_3[Ω]による電圧降下V_1[V], V_2[V], V_3[V]の合計は，E[V]である。これを$R_1 : R_2 : R_3$の比で分圧すると，

$$V_1 = E \times \frac{R_1}{R_1 + R_2 + R_3} \text{[V]}$$

$$V_2 = E \times \frac{\boxed{\text{(エ)}}}{R_1 + R_2 + R_3} \text{[V]}$$

$$V_3 = E \times \frac{\boxed{\text{(オ)}}}{R_1 + R_2 + R_3} \text{[V]}$$

と表すことができる。

解答

(ア) $R_1 I$　(イ) $R_2 I$　(ウ) $R_3 I$　(エ) R_2　(オ) R_3

基本例題 抵抗による分圧(2)

$V_0=100$ V, $R_1=2$ Ω, $R_2=3$ Ωのとき, V_1[V], V_2[V]の電圧を求めよ。

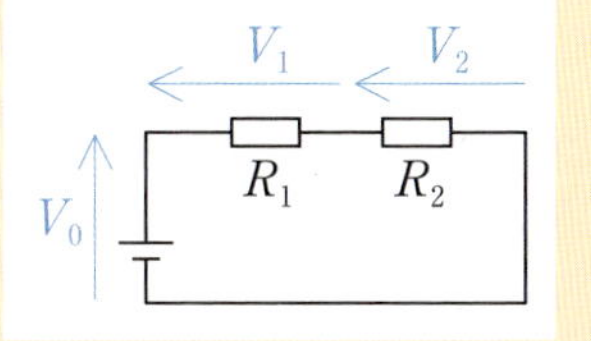

解答

電圧 V_0[V]が $R_1:R_2$ で分圧されるから,

$$V_1=V_0\times\frac{R_1}{R_1+R_2}$$
$$=100\times\frac{2}{2+3}=40\text{ V}$$
$$V_2=V_0\times\frac{R_2}{R_1+R_2}$$
$$=100\times\frac{3}{2+3}=60\text{ V}$$

II 抵抗の並列接続と分流

抵抗の並列接続回路では，電流を分け合う**分流**(ぶんりゅう)が起こります。各抵抗に流れる**分路電流**(ぶんろでんりゅう)は，抵抗値の逆比例配分（たとえば，$\frac{1}{R_1}:\frac{1}{R_2}:\frac{1}{R_3}$）で求められます。

公式 分路電流（分流の式）

電流が分かれる比率

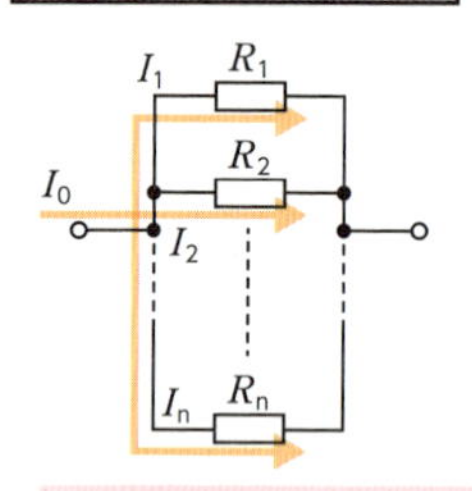

電流 [A]

$$I_1 : I_2 : \cdots : I_n = \frac{1}{R_1} : \frac{1}{R_2} : \cdots : \frac{1}{R_n}$$

抵抗 [Ω]

2つの抵抗の場合の分路電流

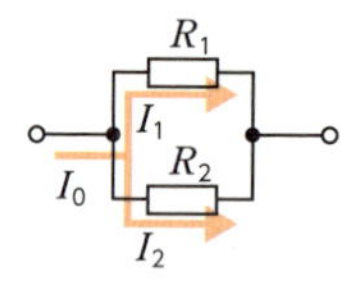

$$分路電流 = 分流前の電流 \times \frac{反対側の抵抗}{抵抗の和}$$

$$I_1 = I_0 \times \frac{R_2}{R_1 + R_2}$$

$$I_2 = I_0 \times \frac{R_1}{R_1 + R_2}$$

基本例題　抵抗による分流(1)

並列に接続された抵抗による電流の分流を考察する。以下の空欄を埋めよ。

(1)　次の回路の電位分布を見ると，並列接続されたR_1, R_2, R_3の両端子の各電位差はすべて$V = E - 0 =$ ［（ア）］[V]である。電圧とは電位差のことであるから，並列接続された各抵抗に加わる電圧はすべて等しいといえる。

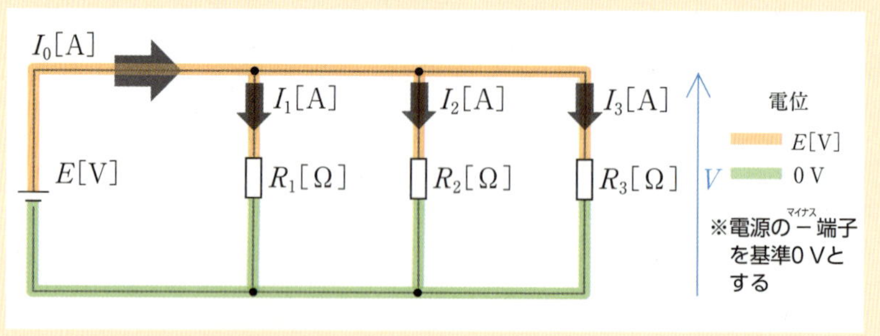

(2)　オームの法則より，電圧Vと抵抗R_1, R_2, R_3を用いて，$I_1 =$ ［（イ）］, $I_2 =$ ［（ウ）］, $I_3 =$ ［（エ）］と表すことができる。

(3) I_1, I_2, I_3の比は，[(イ)]：[(ウ)]：[(エ)]となり，すべての項をVで割ると，$I_1 : I_2 : I_3 = \frac{1}{R_1} : \frac{1}{R_2} :$ [(オ)]となる。I_1, I_2, I_3はI_0がこの比で分流したものだから，

$$I_1 = I_0 \times \frac{\frac{1}{R_1}}{\frac{1}{R_1}+\frac{1}{R_2}+\frac{1}{R_3}} [\mathrm{A}]$$

$$I_2 = I_0 \times \frac{\boxed{(カ)}}{\frac{1}{R_1}+\frac{1}{R_2}+\frac{1}{R_3}} [\mathrm{A}]$$

$$I_3 = I_0 \times \frac{\frac{1}{R_3}}{\frac{1}{R_1}+\frac{1}{R_2}+\frac{1}{R_3}} [\mathrm{A}]$$

と表すことができる。

解答 (ア)E　(イ)$\frac{V}{R_1}$　(ウ)$\frac{V}{R_2}$　(エ)$\frac{V}{R_3}$　(オ)$\frac{1}{R_3}$　(カ)$\frac{1}{R_2}$

基本例題　抵抗による分流(2)

電流$I_0 = 100$ A，$R_1 = 2\ \Omega$，$R_2 = 3\ \Omega$のとき，分路電流I_1，I_2を求めよ。

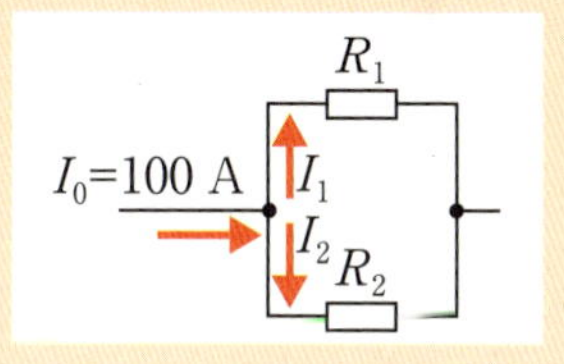

解答

2つの抵抗が並列接続されている場合，分路電流＝分流前の電流×$\frac{反対側の抵抗}{抵抗の和}$となるから，

$$I_1 = I_0 \times \frac{R_2}{R_1 + R_2} = 100 \times \frac{3}{2+3} = 60\ \mathrm{A}$$

$$I_2 = I_0 \times \frac{R_1}{R_1 + R_2} = 100 \times \frac{2}{2+3} = 40\ \mathrm{A}$$

問題集 問題06 問題07

SECTION 03

導体の抵抗の大きさ

このSECTIONで学習すること

1 抵抗率と導電率

抵抗率と導電率の概念と，抵抗率と導電率から抵抗を求める方法について学びます。

2 抵抗温度係数

温度が変化したとき，抵抗値がどう変化するのかについて学びます。

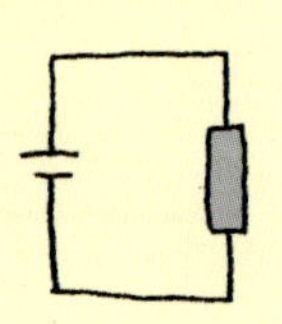

1 抵抗率と導電率

重要度★★★

抵抗率（量記号：ρ（ロー），単位：$\Omega\cdot\mathrm{m}$（オーム・メートル））とは，断面積1 m^2，長さ1 mの導体が持つ抵抗値です。導体は，断面積が広いほど電流が流れやすくなり，長いほど電流が流れにくくなります。

また，抵抗率の逆数を**導電率**（どうでんりつ）（量記号：σ（シグマ），単位：S／m（ジーメンス毎メートル））といいます。

公式 導体の抵抗の大きさ

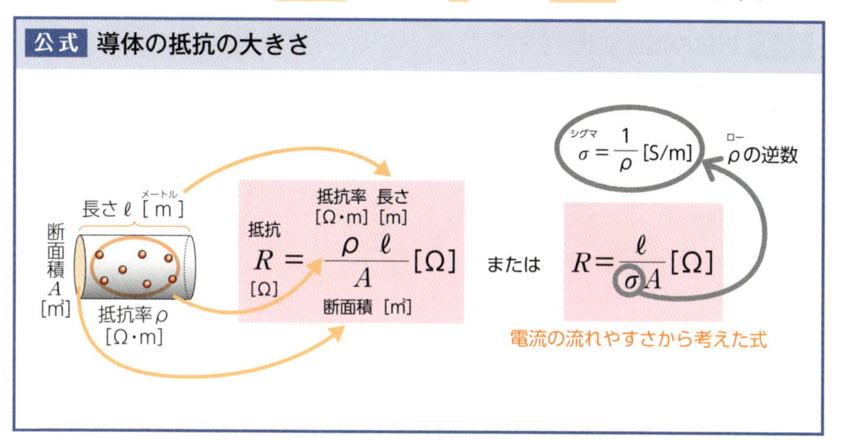

基本例題 抵抗率と抵抗

断面積5.02 mm^2，長さ100 mの標準軟銅の抵抗R[Ω]を求めよ。ただし，標準軟銅の抵抗率ρは，1.72×10^{-8} Ω·mである。

解答

5.02 ㎟　100 m

$$R=\rho\times\frac{100}{5.02\times10^{-6}}$$

$$=1.72\times10^{-8}\times\frac{100}{5.02\times10^{-6}}$$

$$\fallingdotseq 0.343\ \Omega$$

2 抵抗温度係数

温度が1℃変化したときの抵抗値の変化の割合を**抵抗温度係数**といい，α（アルファ）で表します。

t_1[℃]のときの抵抗をR_1[Ω]とすると，t_2[℃]のときの抵抗R_2[Ω]は，抵抗温度係数α_1を用いて，次のように表すことができます。

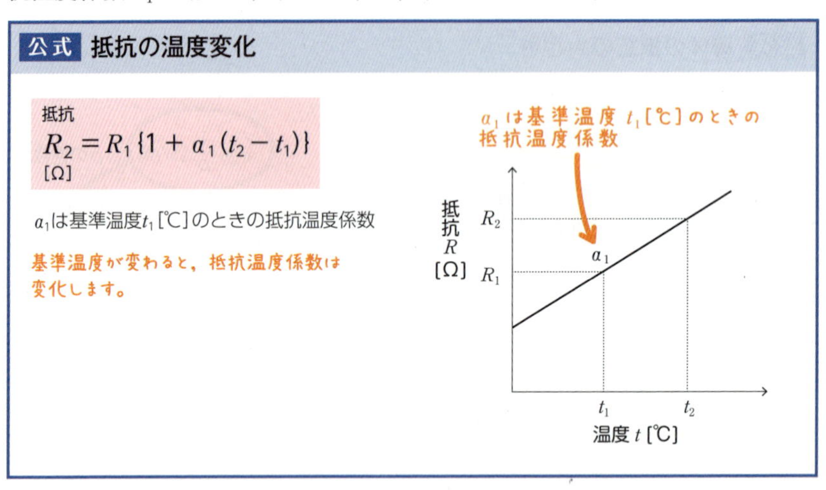

導体の抵抗は，温度が上がると大きくなるので，抵抗温度係数は正の値となります。

ひとこと

温度が高くなると原子の熱振動が激しくなり，電子の移動を邪魔するので，電気が通りにくくなります。そのため，温度が上昇すると導体の電気抵抗は大きくなります。

問題集 問題08

SECTION 04

キルヒホッフの法則

このSECTIONで学習すること

1 キルヒホッフの第一法則（電流則）

流れ込む電流の和＝流れ出る電流の和
$(I_1 + I_2)$　$(I_3 + I_4 + I_5)$

2 キルヒホッフの第二法則（電圧則）

起電力の総和＝電圧降下の総和
$(E_1 + E_2)$　$(R_1 I + R_2 I)$

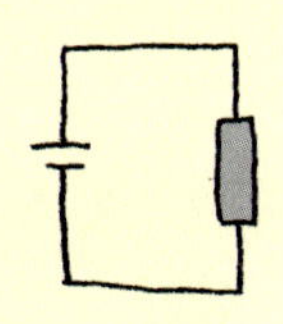

1 キルヒホッフの第一法則（電流則）

ある点に流れ込む電流の和と，そこから流れ出る電流の和は同じです。これをキルヒホッフの第一法則（電流則）といいます。

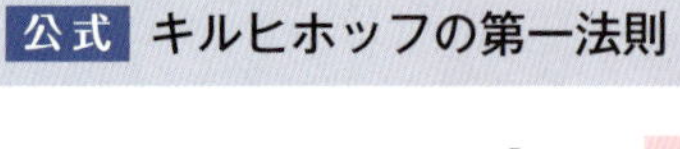

公式　キルヒホッフの第一法則

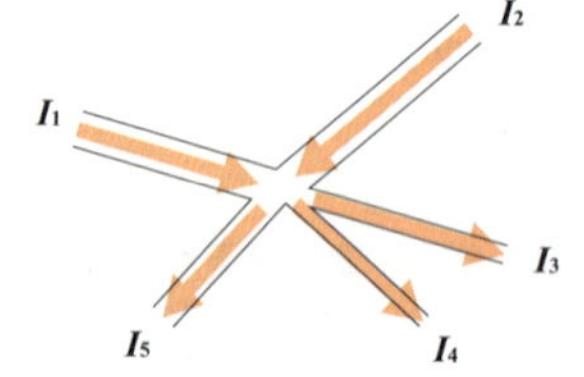

流れ込む電流の和＝流れ出る電流の和
(I_1+I_2)　　$(I_3+I_4+I_5)$

これを別の表現にすると…

$I_1+I_2-I_3-I_4-I_5=0$

出て行く電流には－（マイナス）をつける

2 キルヒホッフの第二法則（電圧則）

回路中の任意の閉回路（一周しているループ）において，起電力の総和と電圧降下の総和は等しくなります。これをキルヒホッフの第二法則（電圧則）といいます。

公式　キルヒホッフの第二法則

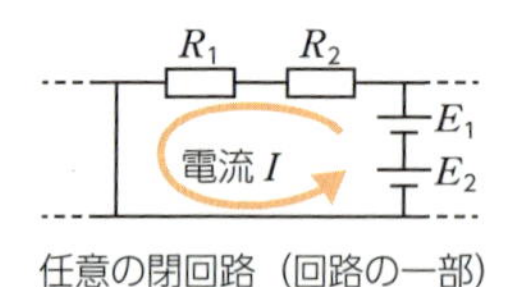

任意の閉回路（回路の一部）

起電力の総和＝電圧降下の総和
(E_1+E_2)　　(R_1I+R_2I)

ひとこと

もしも，電源が逆向きにあるときは，単純にマイナスします。

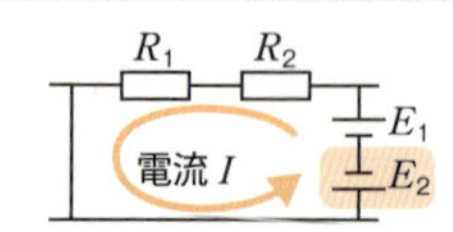

$E_1-E_2=R_1I+R_2I$

基本例題 キルヒホッフの法則(H20A7)

図のように，2種類の直流電源と3種類の抵抗からなる回路がある。各抵抗に流れる電流を図に示す向きに定義するとき，電流I_1[A]，I_2[A]，I_3[A]の値として，正しいものを組み合わせたのは次のうちどれか。

	I_1	I_2	I_3
(1)	−1	−1	0
(2)	−1	1	−2
(3)	1	1	0
(4)	2	1	1
(5)	1	−1	2

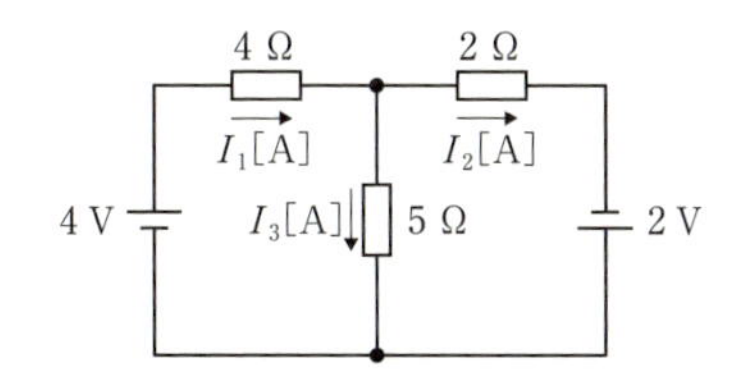

解答

回路図において緑色の節点に注目すると，キルヒホッフの第一法則より，流れ込む電流と出て行く電流は等しいから，

$I_1 = I_2 + I_3$[A] …①

オレンジ色のループに注目すると，キルヒホッフの第二法則より，起電力の和と電圧降下の和は等しいから（なお，自分で決めたループと逆向きの電流はマイナスをつけて計算する）

$$\begin{cases} 4 = 4I_1 + 5I_3 & \cdots② \\ 2 = 2I_2 - 5I_3 & \cdots③ \end{cases}$$

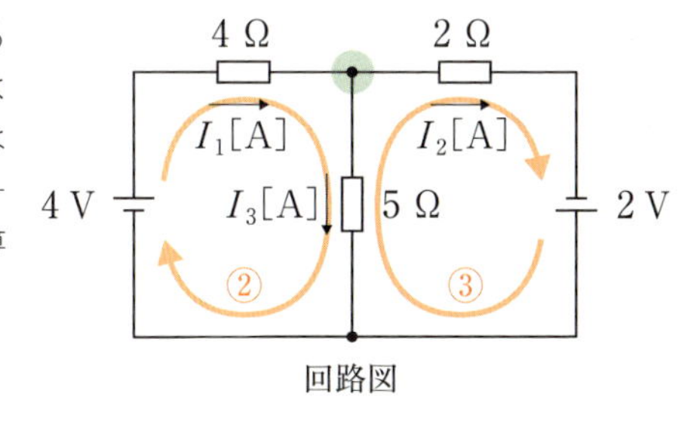

回路図

②に①を代入して

$4 = 4(I_2 + I_3) + 5I_3$

$4 = 4I_2 + 9I_3$ …②'

②'と③×2より

$$\begin{array}{rl} & 4 = 4I_2 + 9I_3 \quad \cdots②' \\ -) & 4 = 4I_2 - 10I_3 \quad \cdots③\times 2 \\ \hline & 0 = 19I_3 \end{array}$$

したがって，$I_3 = 0$ A，$I_2 = 1$ A

これと①より$I_1 = 1$ A

よって，(3)が正解。

 問題09 問題10 問題11

SECTION 05

複雑な電気回路

このSECTIONで学習すること

1 短絡と開放

電気回路における短絡と開放について学びます。

2 重ね合わせの理（重ねの理）

回路に複数の電源がある場合の，電流の計算方法について学びます。

電気回路が複雑なとき，電源が単独にあるとして別々に電流を求めて合計することができる

3 電池の内部抵抗とテブナンの定理（等価電圧源定理）

電池の内部抵抗と，テブナンの定理を使って複数の抵抗や電源を合成する方法を学びます。

4 ミルマンの定理（全電圧の定理）

ミルマンの定理を使って，電源と抵抗が並列になっている回路の全電圧を計算する方法を学びます。

それぞれの枝路に流れる電流の合計に並列の合成抵抗を乗じたもの

5 ブリッジ回路

ブリッジ回路と，その平衡の条件について学びます。

6 抵抗のΔ−Y変換

Δ接続とY接続の等価交換について学びます。

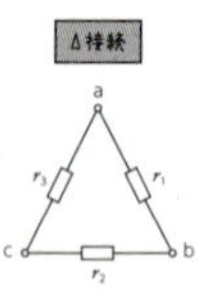

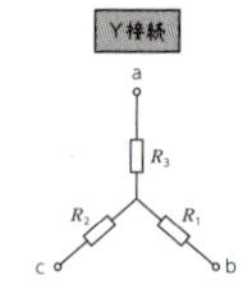

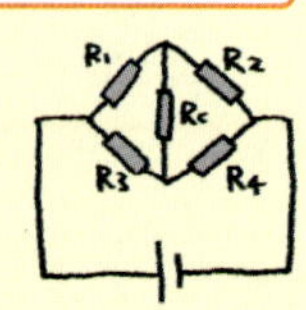

1 短絡と開放

I 短絡

電気回路において，短絡（たんらく）とは❶電気回路の2点以上を導線で接続すること，または，❷導線に置き換えることを意味します。短絡すると抵抗0Ωの経路がつくられることになります。

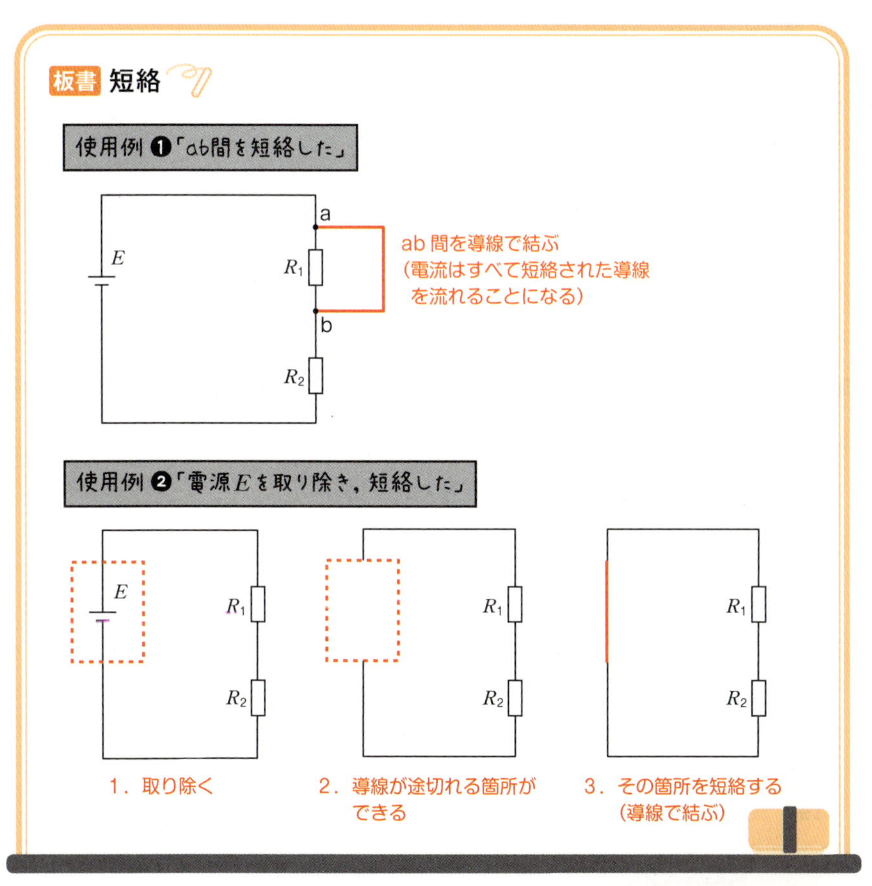

問題集 問題12 問題13 問題14

Ⅱ 開放

開放（かいほう）とは電気回路の導線を切り取ることをいいます。開放すると電流の通り道がなくなるので，無限大の抵抗が接続されたことと同じ意味になります。

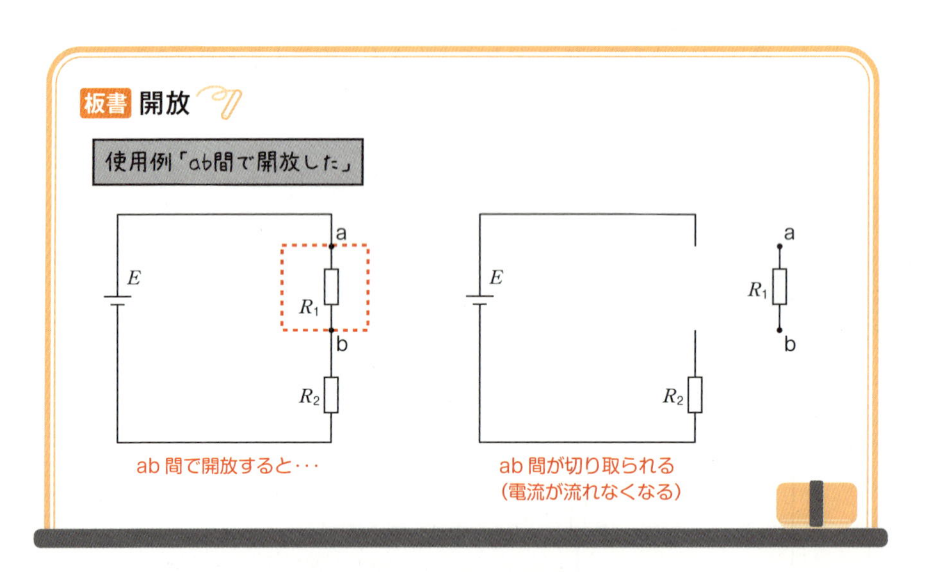

2 重ね合わせの理（重ねの理） 重要度★★★

重ね合わせの理（かさねあわせのり）とは，複数の電源が回路網（かいろもう）にあるとき（図2），回路網の任意の枝路（えだみち）に流れる電流は，各電源が単独にあるとき（図1－1，図1－2）に，それぞれの枝路に流れる電流を合計したものに等しいことをいいます。

ひとこと

網のように複雑な電気回路を**回路網**といいます。

ひとこと

枝路とは，枝のように分岐した電流の通り道（導線）のことをいいます。

公式 重ね合わせの理

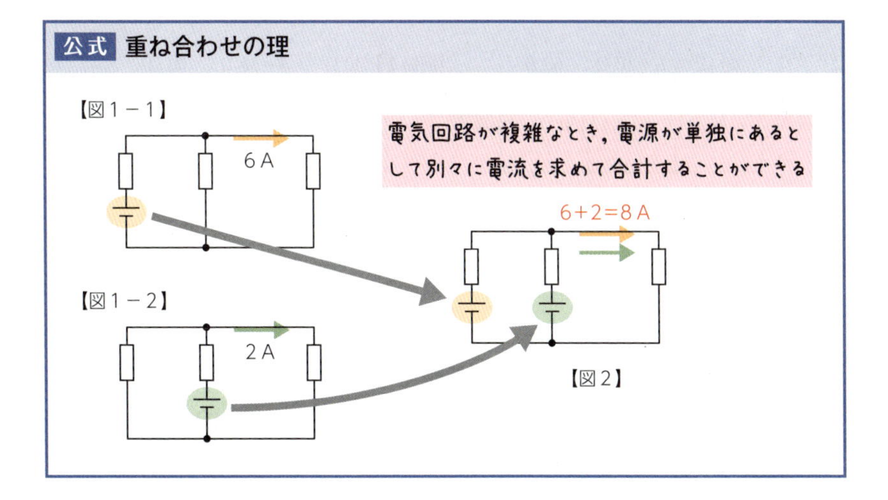

ひとこと

【図1－1】や【図1－2】は，【図2】のうち残したい電源以外の電源を取り除いて短絡した回路図です。

基本例題　　重ね合わせの理(H25A6改)

図の直流回路において，抵抗$R = 10$ Ωに流れる電流Iを求めよ。

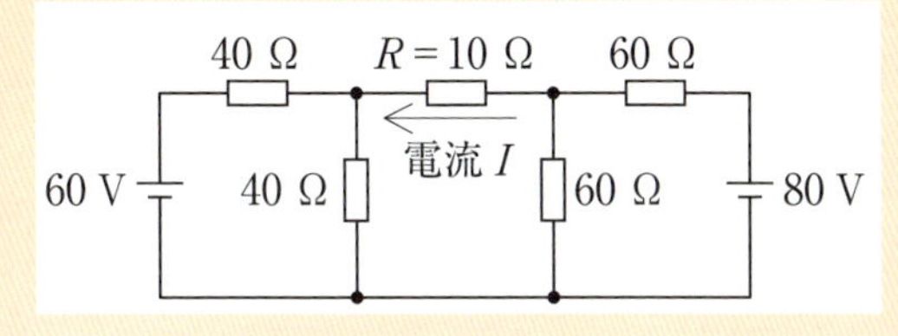

解答

電源が２つあるため，重ね合わせの理を利用して，2つの回路に分ける。

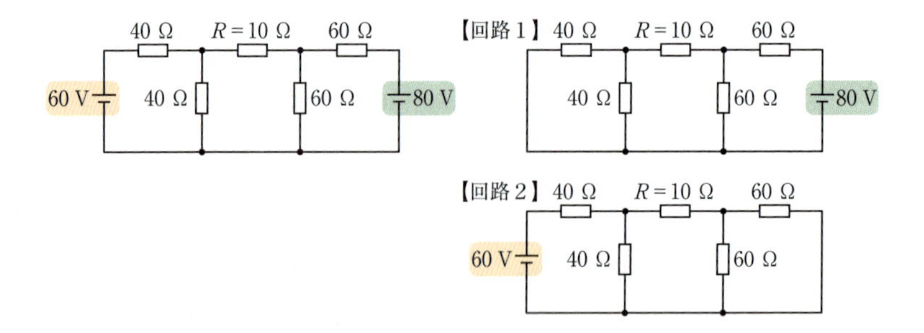

【回路1】

緑色の部分は，電源からみて並列だから，合成抵抗$R_{緑1}$を求めると，

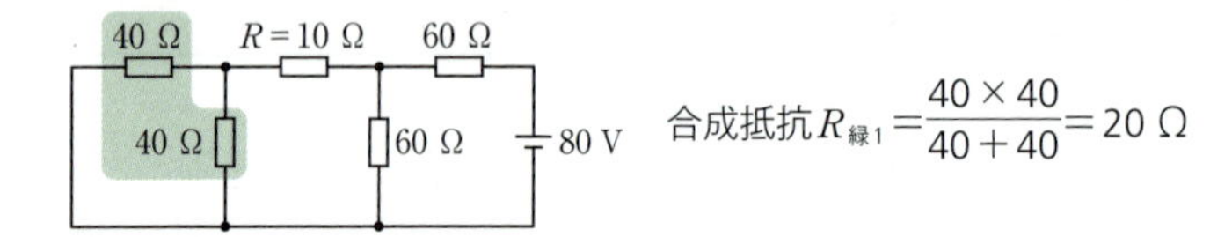

$$合成抵抗R_{緑1}=\frac{40\times40}{40+40}=20\ \Omega$$

よって，回路図aのように書き直せる。直列の合成抵抗$R_{緑2}$を求めると，

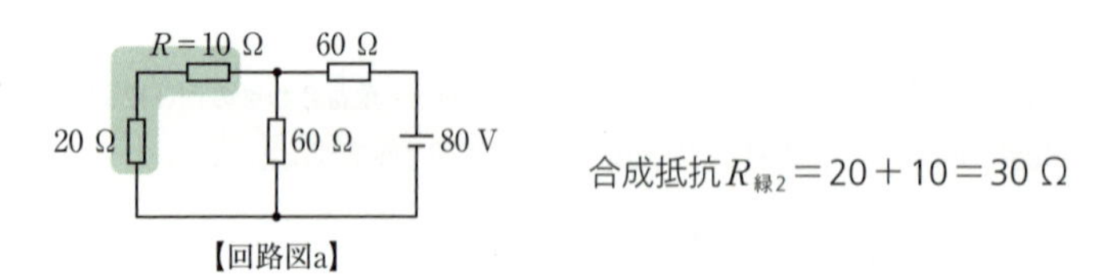

【回路図a】

$$合成抵抗R_{緑2}=20+10=30\ \Omega$$

よって，さらに回路図bのように書き直せる。この回路の全抵抗R_1を求め，30 Ωの抵抗がある枝路に流れる電流I_1を求めると

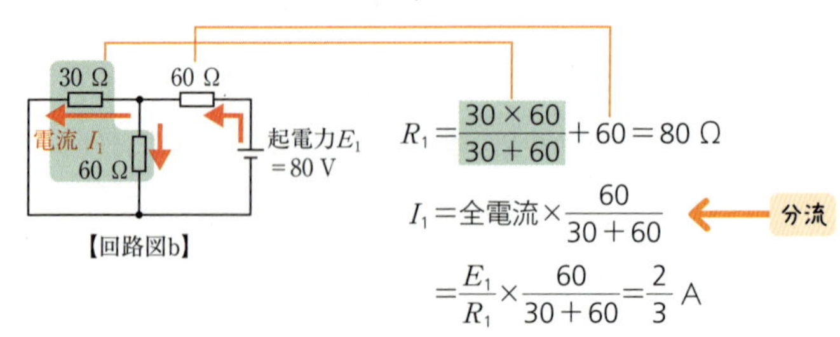

【回路図b】

$$R_1=\frac{30\times60}{30+60}+60=80\ \Omega$$

$$I_1=全電流\times\frac{60}{30+60}$$

$$=\frac{E_1}{R_1}\times\frac{60}{30+60}=\frac{2}{3}\ \text{A}$$

【回路2】

同様の計算を，60 Vの電源についても行うと，

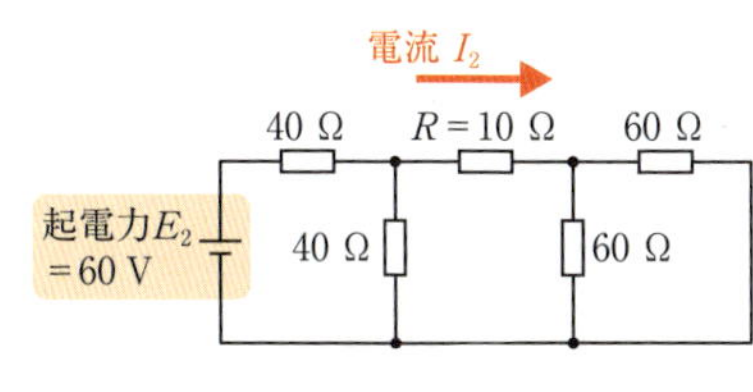

$$全抵抗R_2=\frac{40\times\left(10+\frac{60\times60}{60+60}\right)}{40+\left(10+\frac{60\times60}{60+60}\right)}+40$$

$$=60\ \Omega$$

$$I_2=\frac{E_2}{R_2}\times\frac{40}{40+\left(10+\frac{60\times60}{60+60}\right)}$$

$$=\frac{60}{60}\times\frac{40}{40+\left(10+\frac{60\times60}{60+60}\right)}$$

$$=\frac{1}{2}\ \mathrm{A}$$

【回路1】＋【回路2】

重ね合わせの理より（電流I_1と電流I_2は逆方向であることに注意して）

$$I=I_1+(-I_2)=\frac{2}{3}+\left(-\frac{1}{2}\right)=\frac{1}{6}\ \mathrm{A}$$

ひとこと

ここでは，練習のために重ね合わせの理を利用しましたが，後述するテブナンの定理を利用するともっと早く解けます。

3 電池の内部抵抗とテブナンの定理（等価電圧源定理） 重要度★★★

I 電池の内部抵抗

電池のような電源は，起電力E[V]と内部抵抗r[Ω]の直列回路で表現することができます。電池に外部抵抗R[Ω]を接続したとき，電流が内部抵抗を通るので，内部抵抗r[Ω]による電圧降下が生じて，端子電圧は起電力よりも少し弱まります。

内部抵抗が無視できるほど小さいときは，ないものとして扱うことがあります。電池の内部抵抗は次式で求められます。

公式　電池の内部抵抗

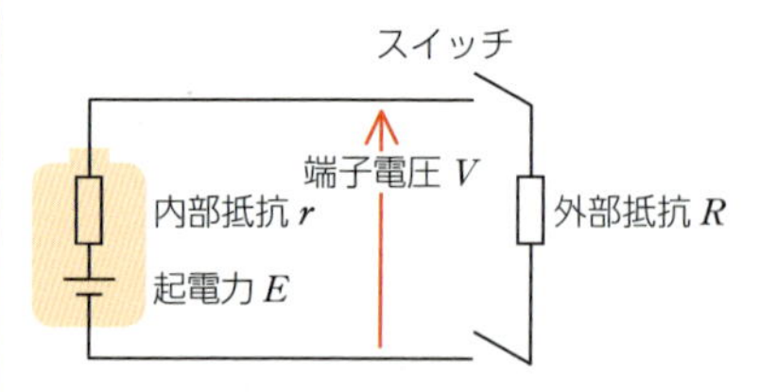

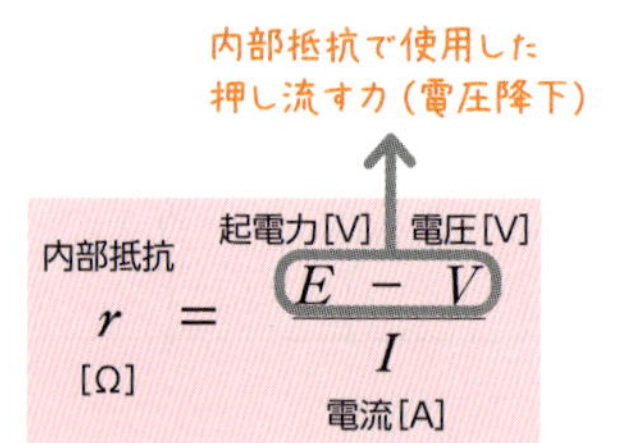

ひとこと

スイッチを開いた状態での端子abの電圧を開放電圧（かいほうでんあつ）といいます。

スイッチを開いたとき

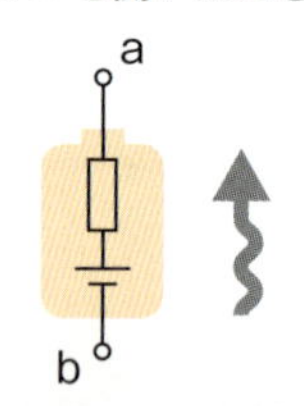

押し流そうとする起電力はあるが
通り道がなく電流が進まない

内部抵抗に電流が流れていないので
電圧降下が起こらず
端子abの電圧は，起電力に等しい

基本例題　　電池の内部抵抗(1)：開放電圧

開放電圧に関する考察である。以下の空欄を埋めよ。

(1)　図1のようにab間が開放された回路を考える。このとき，電流は流れないので$I = 0$ Aである。オームの法則より，内部抵抗rによる電圧降下V_rは，

$$V_r = rI = \boxed{\text{(ア)}} \text{[V]}$$

となる。

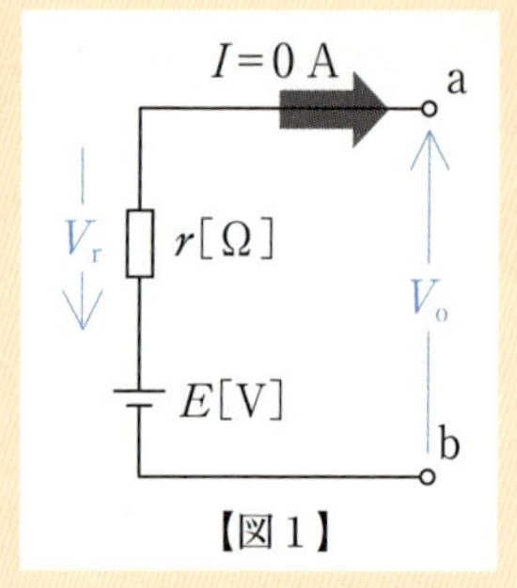

【図1】

(2) したがって，電源の一極を基準0Vとすると電位分布は図2のようになる。ab間の電圧V_oは，a点とb点の電位差だから，

$V_o = E - 0 =$ (イ) [V]

となる。

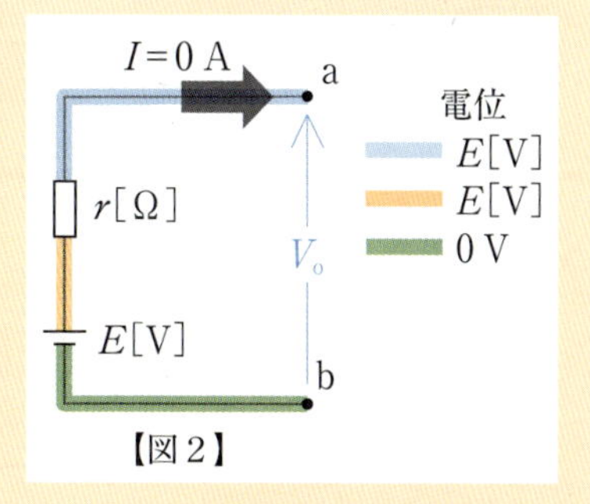

【図2】

(3) 以上から，開放電圧V_oと内部起電力Eは等しい。

解答

(ア)0　(イ)E

基本例題　電池の内部抵抗(2)：内部抵抗と外部抵抗

電池に外部抵抗Rを接続した場合のab間の端子電圧に関する考察である。以下の空欄を埋めよ。

(1) オームの法則より内部抵抗rによる電圧降下V_rは，

$V_r =$ (ア) [V]　…①

となる。

(2) キルヒホッフの第二法則（電圧則）より$E = V_r + V_o$だから，これを整理して，

$V_o =$ (イ) [V]　…②

②式に①式を代入して，

$V_o = E - V_r =$ (ウ) [V]

したがって，電流Iが流れていない場合は，電圧降下が生じないため，端子電圧V_oと内部起電力Eは等しいが，本問のように電流Iが流れている場合，内部抵抗rによる電圧降下によって，端子電圧Vは内部起電力EよりもrIだけ低下する。

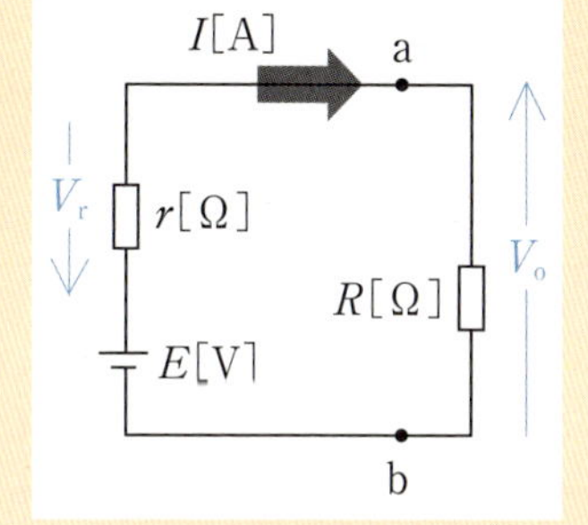

(3) 起電力Eは抵抗値の比で分圧されるから，

$V_o =$ (エ) [V]

となって，rがRに比べて非常に小さい場合，端子電圧V_o≒内部起電力Eとなる。

解答

(ア) rI　(イ) $E - V_r$　(ウ) $E - rI$　(エ) $E \times \dfrac{R}{r+R}$

基本例題　電池の内部抵抗(3)

電池の内部抵抗に関する考察である。以下の空欄を埋めよ。

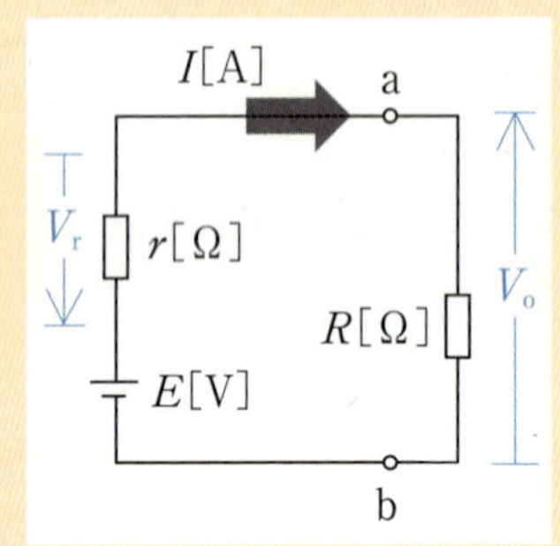

(1)　図のようにab間に外部抵抗Rが接続された回路を考える。このとき，オームの法則より，内部抵抗rをV_r, Iで表すと，

$$r = \boxed{(ア)}\ [\Omega] \quad \cdots ①$$

(2)　キルヒホッフの第二法則（電圧則）より$E = V_r + V_o$だから，これを整理して

$$V_r = \boxed{(イ)}\ [V] \quad \cdots ②$$

(3)　①式に②式を代入すると，内部抵抗rは次式のように求められる。

$$r = \frac{V_r}{I} = \boxed{(ウ)}\ [\Omega]$$

解答

(ア) $\dfrac{V_r}{I}$　(イ) $E - V_o$　(ウ) $\dfrac{E - V_o}{I}$

Ⅱ テブナンの定理

回路網中のある抵抗に流れる電流を求めたいとき，**テブナンの定理**が役に立ちます。

図のように，電源を含む回路網において，端子ab間に抵抗Rを接続したとき，この抵抗に流れる電流Iは，次のように求めることができます。

公式 テブナンの定理

右図の回路で抵抗 R を接続したときに流れる電流 I は，

$$I = \frac{E_0}{R_0 + R}$$

（電流 I [A]，起電力 E_0 [V]，抵抗 R_0+R [Ω]）

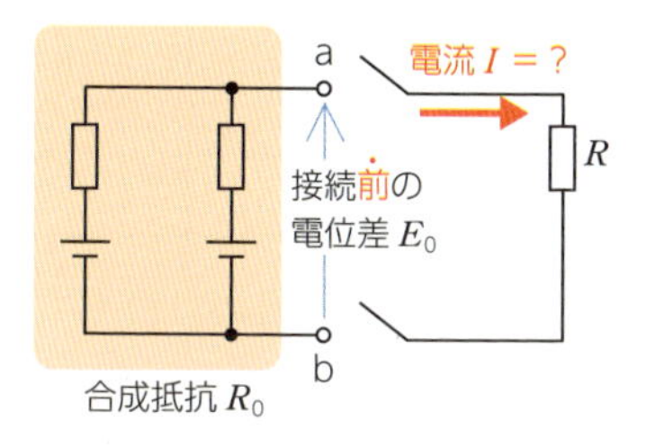

①E_0…開放電圧（抵抗Rを接続する前のab間の電位差）
②R_0…ab間からみた回路網内部の合成抵抗

テブナンの定理は，求めたい電流が通る枝路を切り取り，それ以外の複雑な回路網を，1つの電池に変換しているにすぎません。

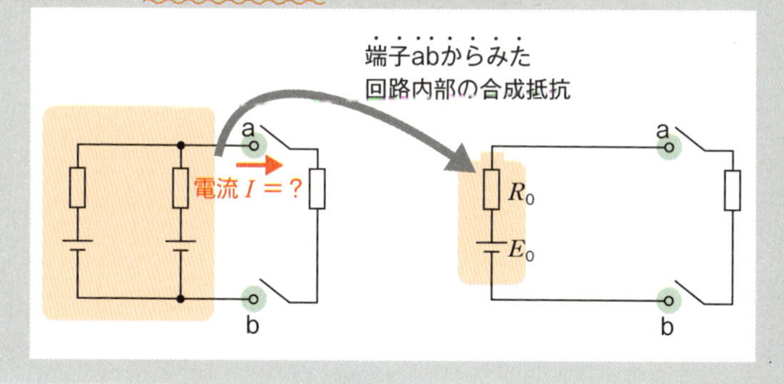

問題15

III テブナンの定理が成り立つ理由

テブナンの定理がなぜ成り立つかを説明します。

回路図1があり，抵抗Rに流れる電流Iを求めたいとします。

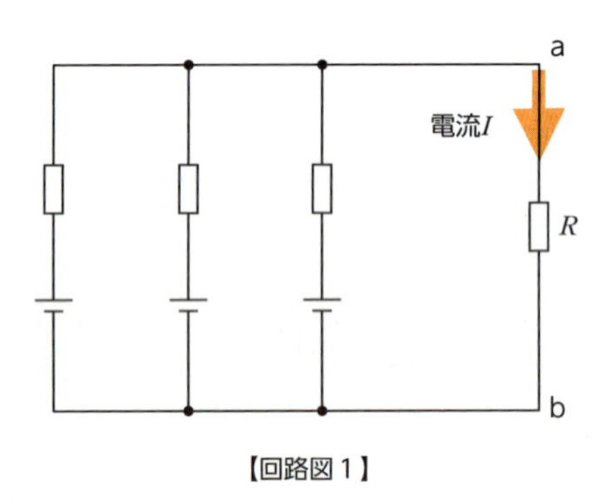

【回路図 1】

これを，多数の電源と抵抗が含まれた複雑な能動回路Aと受動回路Bに分けたときの開放電圧をV_{ab}[V]とします。なお，電源を含む回路を**能動回路**（のうどうかいろ）といい，電源を含まない回路を**受動回路**（じゅどうかいろ）といいます。

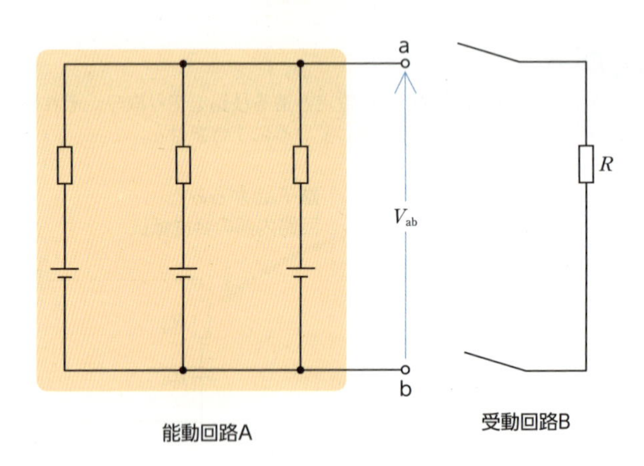

【回路図 2】

回路図3は，回路図1に開放電圧 V_{ab} と等しい大きさの起電力 E_0, E'_0 を互いに逆向きに追加したものです。このようにしても，抵抗 R に流れる電流 I には影響がありません。

なぜなら，追加した起電力は互いに打ち消し合うので，抵抗 R の両端子間の電位差に影響しないからです。

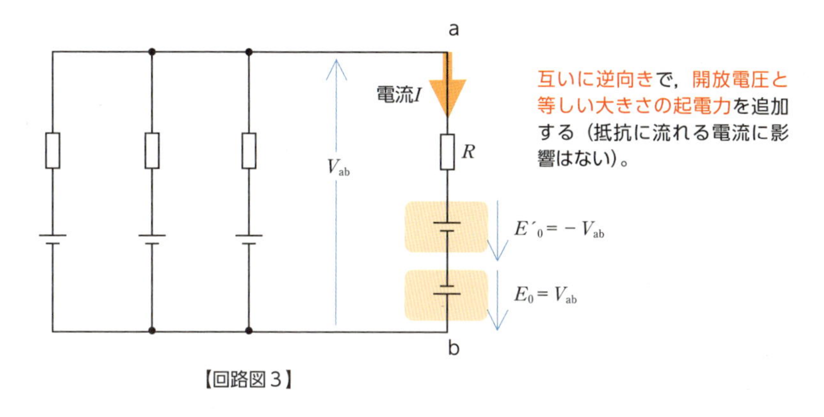

【回路図3】

このときに流れる電流 I を重ね合わせの理を使って求めます。回路図3を回路図4－1と回路図4－2に分けます。

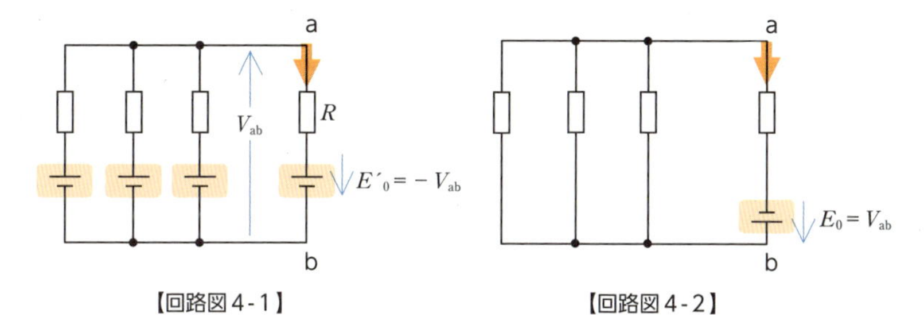

【回路図4-1】　【回路図4-2】

回路図4－1において，抵抗 R に流れる電流 I' は0Aとなります。仮に能動回路Aがどんなに複雑であっても，開放電圧 V_{ab} と大きさが等しく逆向きの起電力 E'_0 を接続しているので，抵抗 R に電流は流れません（回路図5）。

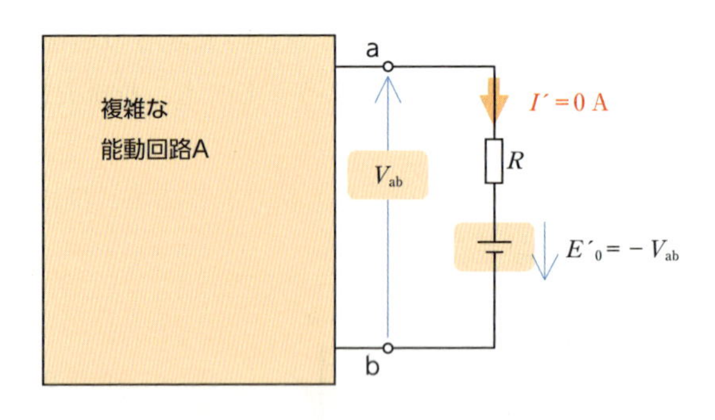

【回路図5】

回路図6は回路図4－2と同じ回路です。端子abよりも左側の合成抵抗をR_0[Ω]とすると，抵抗Rに流れる電流I''は，$I''=\dfrac{E_0}{R_0+R}$となります。

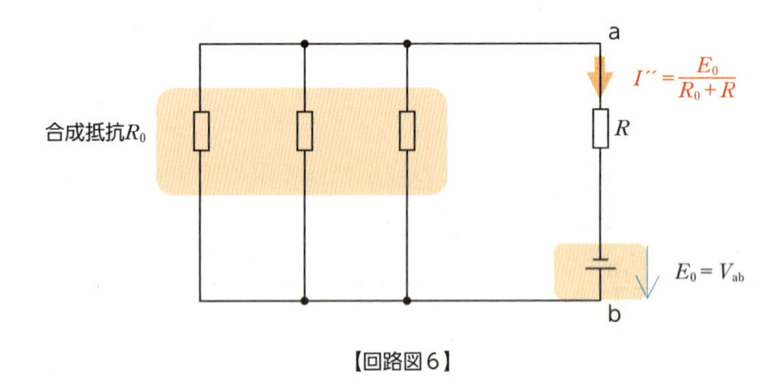

【回路図6】

重ね合わせの理より，回路図3に流れる電流Iは次のようになります。

$$I=I'+I''=0+\frac{E_0}{R_0+R}=\frac{E_0}{R_0+R}$$

これは，回路図1に流れる電流Iと等しいので，結局，回路図6に流れる電流I''を求めるのと同じことになります。

また，回路図6は，回路図7においてスイッチを閉じた回路と等価です。

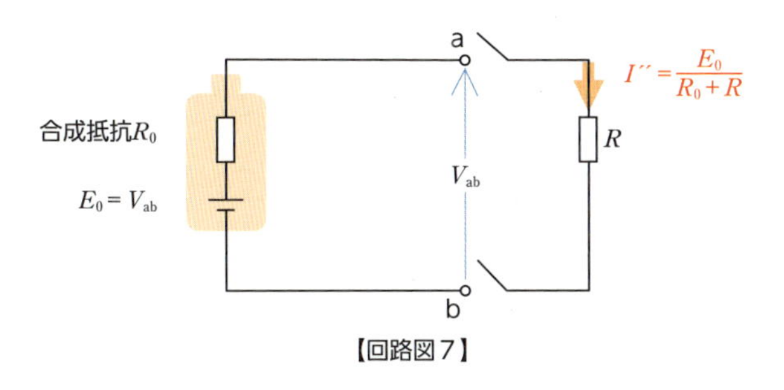

【回路図7】

したがって，複数の電源と抵抗等からなる回路網は，単一の内部抵抗R_0と起電力E_0を持つ電圧源（等価電圧源）に書き直すことができます。

以上から，テブナンの定理が成り立つことがわかります。

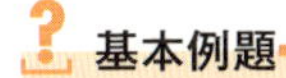

基本例題　テブナンの定理(H13A10)

図のような直流回路において，$2R$[Ω]の抵抗に流れる電流I[A]の値として，正しいのは次のうちどれか。

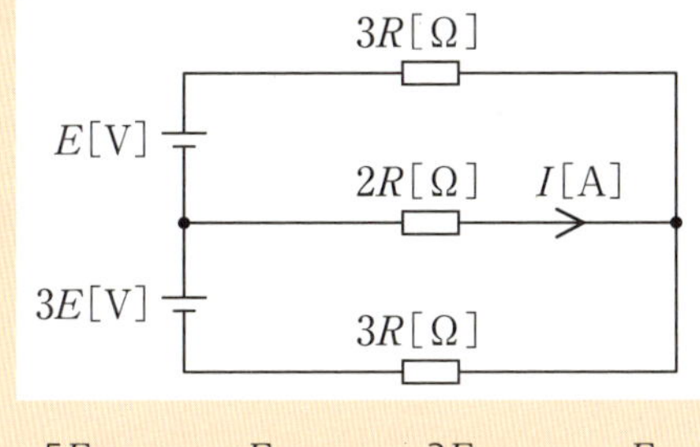

(1) $\frac{2E}{7R}$　(2) $\frac{5E}{6R}$　(3) $\frac{E}{6R}$　(4) $\frac{3E}{4R}$　(5) $\frac{E}{2R}$

解答

特定の枝路の電流を求める問題なので，テブナンの定理を利用する。

STEP 1　E_0を求める

まず，求める電流が流れる枝路を切りはなし，下図の点aと点bの電位V_aとV_bの差を求める。

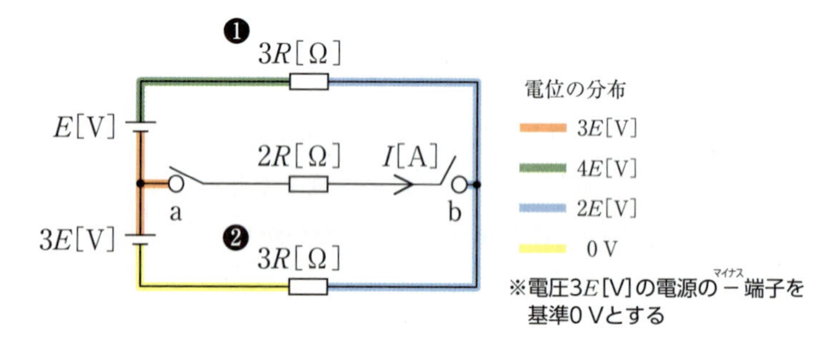

点aは，電源$3E$[V]のプラス端子と直接つながっているから，$V_a = 3E$[V]

点bでは，2つ目の電源により$3E + E$[V]の電位まで上がった後（緑），さらに，2つの等しい抵抗❶❷で分圧され，電位が半分に下がっているから　$V_b = 2E$[V]

よって，開放電圧　$V_{ab} = 3E - 2E = E$[V]

STEP 2　R_0を求める

端子abから見ると，切り離した枝路以外の部分の抵抗は並列だから，

$$合成抵抗R_0 = \frac{3R \times 3R}{3R + 3R} = \frac{3}{2}R[\Omega]$$

STEP 3　公式に代入する

$$I = \frac{E}{\frac{3}{2}R + 2R}$$

← テブナンの定理　$I = \dfrac{E_0}{R_0 + R}$

$$= \frac{2E}{3R + 4R} = \frac{2E}{7R}[\mathrm{A}]$$

↑ 分母と分子に2をかけた

よって，(1)が正解。

問題集　問題16　問題17

4 ミルマンの定理（全電圧の定理）

重要度★☆☆

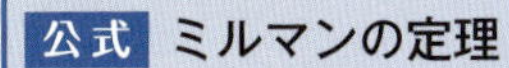ミルマンの定理は，電源と抵抗が並列になっている回路の全電圧を求める定理のことです。

公式 ミルマンの定理

端子 ab 間の電圧は次のようになる

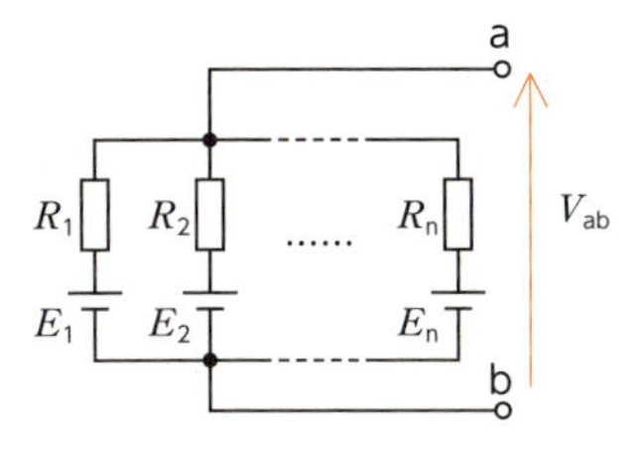

それぞれの枝路に流れる電流の合計に

$$\text{電圧}\ V_{ab}\ [\mathrm{V}] = \frac{\dfrac{E_1}{R_1}+\dfrac{E_2}{R_2}+\cdots+\dfrac{E_n}{R_n}}{\dfrac{1}{R_1}+\dfrac{1}{R_2}+\cdots+\dfrac{1}{R_n}}$$

並列の合成抵抗を乗じたもの

$$\times\frac{1}{\dfrac{1}{R_1}+\dfrac{1}{R_2}+\cdots+\dfrac{1}{R_n}}$$

ひとこと

ミルマンの定理は，（全）電圧＝（全）電流×（全）抵抗であり，オームの法則と似ていて覚えやすい定理です。

次の回路のように，求めたい全電圧 V_{ab} の方向と逆向きの起電力がある場合は，$-\dfrac{E_1}{R_1}$，$-\dfrac{E_3}{R_3}$ などと符号をマイナスにします。また，起電力が枝路にない場合は，$E_4=0\,\mathrm{V}$ として $\dfrac{E_4}{R_4}=0\,\mathrm{A}$ と考えます。

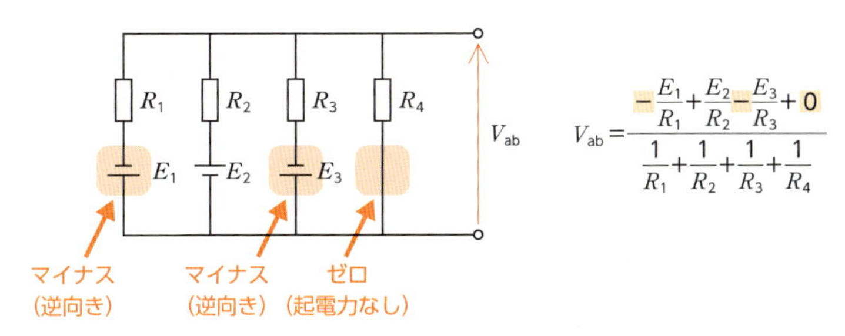

$$V_{ab}=\frac{-\dfrac{E_1}{R_1}+\dfrac{E_2}{R_2}-\dfrac{E_3}{R_3}+0}{\dfrac{1}{R_1}+\dfrac{1}{R_2}+\dfrac{1}{R_3}+\dfrac{1}{R_4}}$$

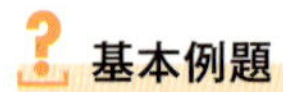 基本例題

端子電圧の値が $V_{ab}=\dfrac{\dfrac{E_1}{R_1}+\dfrac{E_2}{R_2}+\dfrac{E_3}{R_3}}{\dfrac{1}{R_1}+\dfrac{1}{R_2}+\dfrac{1}{R_3}}$ [V]で表せることを導きなさい。

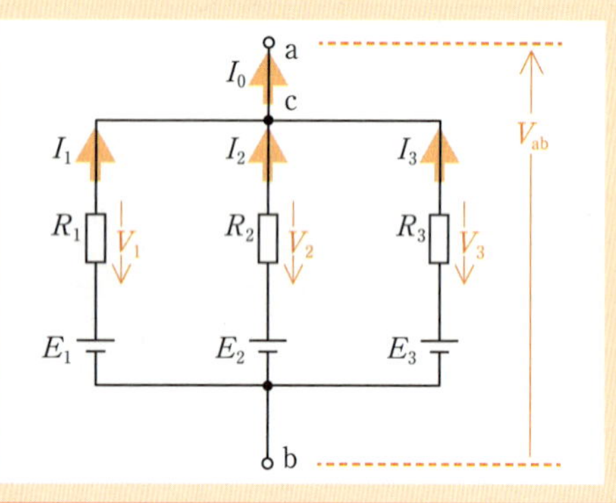

解答

キルヒホッフの第一法則（電流則）をc点に適用すると，

流入する電流の合計（$I_1+I_2+I_3$）と流出する電流（I_0）の合計が等しいから，

$$I_1+I_2+I_3=I_0\text{[A]}$$

しかし，この回路は開放状態であり，a点で回路が途切れている。よって，c点からa点のほうへ電流が流れていくことはできない。したがって，$I_0=0$ Aであるため

$$I_1+I_2+I_3=0\text{ A} \quad \cdots①$$

R_1にかかる電圧V_1は，

$$V_1=E_1-V_{ab}\text{[V]}$$

これとオームの法則$I=\dfrac{V}{R}$から，R_1を流れる電流I_1は

$$I_1=\frac{V_1}{R_1}=\frac{E_1-V_{ab}}{R_1}\text{[A]} \quad \cdots②$$

同様に，

$$I_2=\frac{V_2}{R_2}=\frac{E_2-V_{ab}}{R_2}\text{[A]} \quad \cdots③$$

$$I_3=\frac{V_3}{R_3}=\frac{E_3-V_{ab}}{R_3}\text{[A]} \quad \cdots④$$

②，③，④式を，①式の$I_1+I_2+I_3=0$ Aに代入すると，

$$\frac{E_1-V_{ab}}{R_1}+\frac{E_2-V_{ab}}{R_2}+\frac{E_3-V_{ab}}{R_3}=0\text{ A}$$

$$\left(\frac{E_1}{R_1}-\frac{V_{ab}}{R_1}\right)+\left(\frac{E_2}{R_2}-\frac{V_{ab}}{R_2}\right)+\left(\frac{E_3}{R_3}-\frac{V_{ab}}{R_3}\right)=0\text{ A}$$

足し算と引き算の結果ゼロになるということは，プラスの項$\left(\frac{E_1}{R_1}+\frac{E_2}{R_2}+\frac{E_3}{R_3}\right)$とマイナスの項$\left(-\frac{V_{ab}}{R_1}-\frac{V_{ab}}{R_2}-\frac{V_{ab}}{R_3}\right)$の絶対値が等しいということだから，

$$\frac{V_{ab}}{R_1}+\frac{V_{ab}}{R_2}+\frac{V_{ab}}{R_3}=\frac{E_1}{R_1}+\frac{E_2}{R_2}+\frac{E_3}{R_3}$$

$$V_{ab}\left(\frac{1}{R_1}+\frac{1}{R_2}+\frac{1}{R_3}\right)=\frac{E_1}{R_1}+\frac{E_2}{R_2}+\frac{E_3}{R_3}$$

$$V_{ab}=\frac{\frac{E_1}{R_1}+\frac{E_2}{R_2}+\frac{E_3}{R_3}}{\frac{1}{R_1}+\frac{1}{R_2}+\frac{1}{R_3}}\text{[V]}$$

となる。

ひとこと

抵抗Rの逆数である$\frac{1}{R}$を**コンダクタンス**（量記号：G　単位：[S（ジーメンス）]）といいます。ミルマンの定理はコンダクタンスを用いて，

$$V_{ab}=\frac{\frac{E_1}{R_1}+\frac{E_2}{R_2}+\frac{E_3}{R_3}}{\frac{1}{R_1}+\frac{1}{R_2}+\frac{1}{R_3}}$$

$$=\frac{\left(\frac{1}{R_1}\right)E_1+\left(\frac{1}{R_2}\right)E_2+\left(\frac{1}{R_3}\right)E_3}{\frac{1}{R_1}+\frac{1}{R_2}+\frac{1}{R_3}}$$

$$=\frac{G_1E_1+G_2E_2+G_3E_3}{G_1+G_2+G_3}\text{ [V]}$$

と表すこともできます。

5 ブリッジ回路

重要度★★★

I ブリッジ回路（ホイートストンブリッジ）の平衡条件

ブリッジ回路とは，直並列回路の中間点を橋渡ししている回路をいいます。斜めに向かい合った抵抗を掛け算した値が等しいとき，橋の部分（bd間）には電流が流れません。このようになる条件を，**ブリッジの平衡条件**（へいこうじょうけん）といいます。

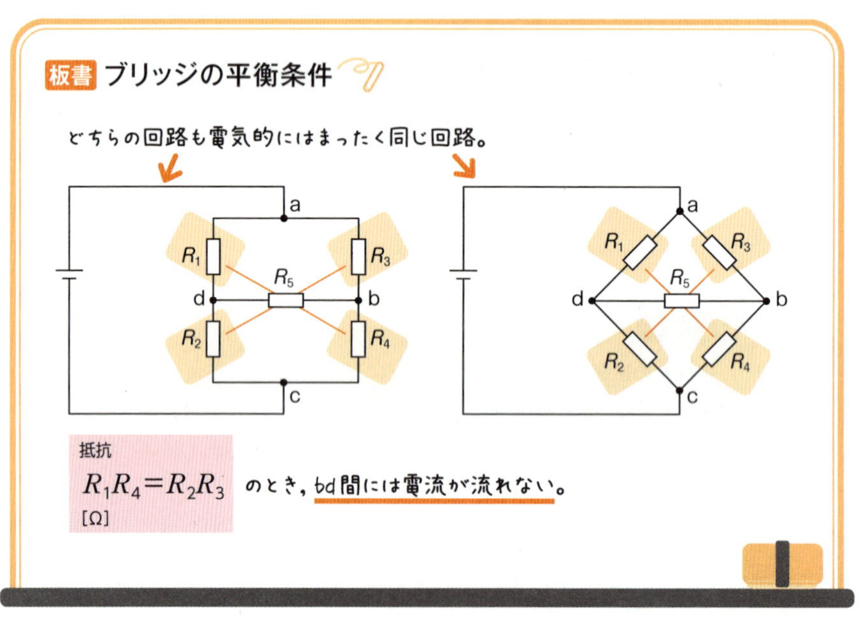

ブリッジ回路の問題で「bd間の電位差が0のとき」「bd間に電流が流れていないとき」という表現がある場合，ブリッジの平衡条件$R_1R_4 = R_2R_3$が成り立っています。

Ⅱ ブリッジ回路の平衡条件の導き方

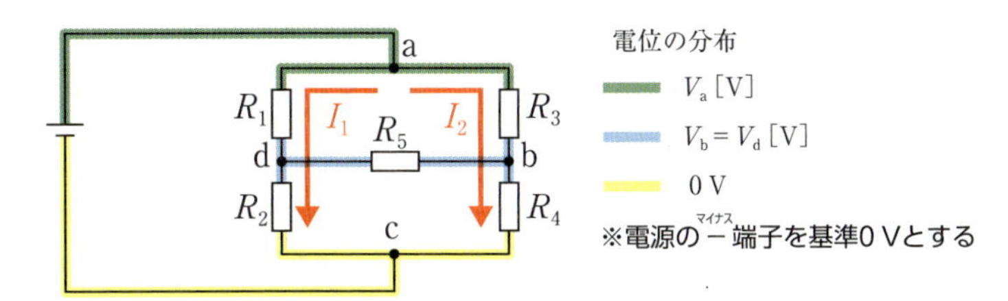

bd間で電流が流れないということは，電流I_1と電流I_2は図のように流れ，節点bとdでの電位V_bとV_dは等しい（R_5の両端子で電位が同じ）といえます。

ということは，R_1とR_3による電圧降下$V_{ad} = V_{ab}$，R_2とR_4による電圧降下$V_{dc} = V_{bc}$が成り立つはずだから，これとオームの法則より，①式と②式が成り立ちます。

$$V_{ad} = V_{ab} \quad \Rightarrow \quad R_1I_1 = R_3I_2 \quad \cdots①$$

$$V_{dc} = V_{bc} \quad \Rightarrow \quad R_2I_1 = R_4I_2 \quad \cdots②$$

①÷②を行なっても，両辺は等しいから，次の式が成り立ちます。

$$\frac{R_1\cancel{I_1}}{R_2\cancel{I_1}} = \frac{R_3\cancel{I_2}}{R_4\cancel{I_2}} \quad \Rightarrow \quad \frac{R_1}{R_2} = \frac{R_3}{R_4} \quad \cdots①÷②$$

よって，$R_1R_4 = R_2R_3$となり，ブリッジ回路の平衡条件が導けました。

ひとこと

ブリッジ回路の平衡条件は利用できるだけでなく，証明できるようにしておきましょう。

Ⅲ スイッチの開閉に関わらず全電流が一定となる条件

また，図のような直流回路において，スイッチSを開閉しても，電源からブリッジ回路に向かって流れる電流が一定のとき，ブリッジの平衡条件$R_1R_4 = R_2R_3$が成立します。

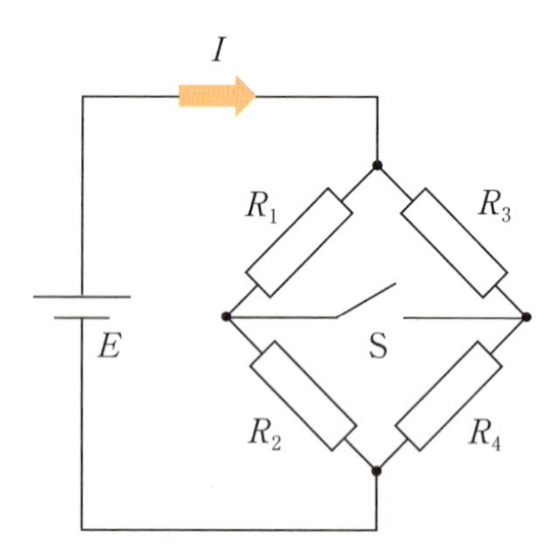

スイッチSの開閉によらず電流が一定

↓

ブリッジの平衡条件が成立

（発展）なぜブリッジ回路の平衡条件が成り立つのか？

スイッチSを開閉して回路に流れる電流が変化しないということは，スイッチの開閉前後の合成抵抗が等しいということです。

まず，スイッチが開いているとき合成抵抗R_{op}は，

$$R_{op}=\frac{(R_1+R_2)(R_3+R_4)}{(R_1+R_2)+(R_3+R_4)}\cdots①$$

次に，スイッチが閉じているときの合成抵抗R_{cl}は，

$$R_{cl}=\frac{R_1R_3}{R_1+R_3}+\frac{R_2R_4}{R_2+R_4}\cdots②$$

スイッチ開閉前後で抵抗値は変わらないとき，①式＝②式として，

$$\frac{(R_1+R_2)(R_3+R_4)}{(R_1+R_2)+(R_3+R_4)}=\frac{R_1R_3}{R_1+R_3}+\frac{R_2R_4}{R_2+R_4}$$

$$\frac{R_1R_3+R_1R_4+R_2R_3+R_2R_4}{R_1+R_2+R_3+R_4}=\frac{R_1R_3(R_2+R_4)+R_2R_4(R_1+R_3)}{(R_1+R_3)(R_2+R_4)}$$

右辺を展開し，両辺の分母を払うと次のように計算できます。

$$(R_1R_3+R_1R_4+R_2R_3+R_2R_4)(R_1R_2+R_1R_4+R_2R_3+R_3R_4)$$
$$=(R_1+R_2+R_3+R_4)(R_1R_2R_3+R_1R_3R_4+R_1R_2R_4+R_2R_3R_4)$$

両辺でこれらを展開し，R_1^2とR_1の項について整理すると次のようになります。

$$R_1^2(R_2R_3+R_3R_4+R_2R_4+R_4^2)$$
$$+R_1(R_2R_3^2+R_3^2R_4+R_2R_3R_4+R_3R_4^2+R_2^2R_3+R_2R_3R_4+R_2^2R_4+R_2R_4^2)$$
$$+R_2^2R_3^2+R_2R_3^2R_4+R_2^2R_3R_4+R_2R_3R_4^2$$
$$=R_1^2(R_2R_3+R_3R_4+R_2R_4)$$

$+R_1(R_2R_3R_4+R_2^2R_3+R_2R_3R_4+R_2^2R_4+R_2R_3^2+R_3^2R_4+R_2R_3R_4$
$+R_2R_3R_4+R_3R_4^2+R_2R_4^2)+R_2^2R_3R_4+R_2R_3^2R_4+R_2R_3R_4^2$

非常に複雑な計算となりますが，左辺と右辺にてR_1^2とR_1についてまとめると，マーカー部分の項だけ残り，次のようになります。

$$R_1^2R_4^2+R_2^2R_3^2=2R_1R_2R_3R_4$$
$$R_1^2R_4^2-2R_1R_2R_3R_4+R_2^2R_3^2=0$$
$$(R_1R_4-R_2R_3)^2=0$$
$$\therefore R_1R_4=R_2R_3$$

よって，スイッチ開閉で電流が一定ならばブリッジの平衡条件が成立すると言えます。しかし，導出は極めて複雑なので結果のみ把握しておきましょう。

問題集 問題18 問題19 問題20 問題21 問題22

6 抵抗のΔ（デルタ）－Y（スター）変換

重要度★★★

図のような接続をそれぞれ**Δ（デルタ）接続**（Δ結線または三角結線），**Y（スター）接続**（Y結線または星型（ほしがた）結線）といいます。この2種類の接続は，相互に等価変換できます。

変換をすると，複雑な回路が簡単になることがあります。

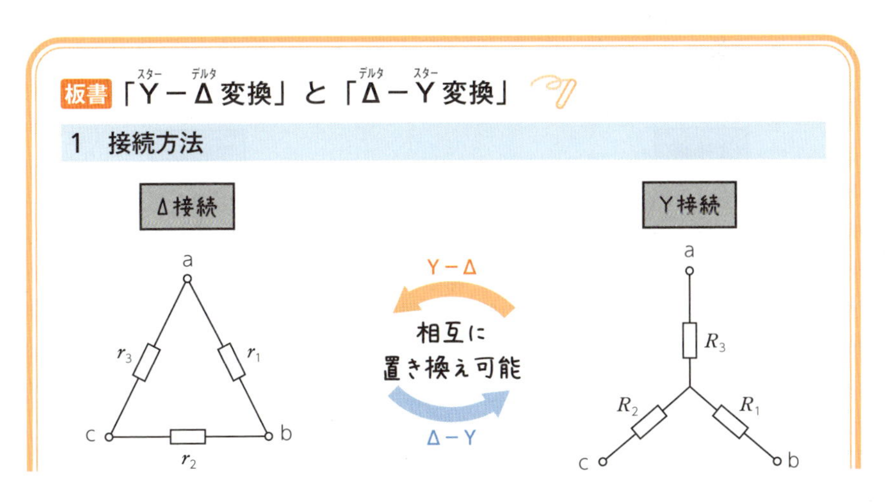

2 等価変換

Y－Δ変換

Y接続で隣り合う抵抗の積の和

$$r_1 = \frac{R_1R_2+R_2R_3+R_3R_1}{R_2}$$

r_1に対面するY接続の抵抗

$$r_2 = \frac{R_1R_2+R_2R_3+R_3R_1}{R_3}$$

$$r_3 = \frac{R_1R_2+R_2R_3+R_3R_1}{R_1}$$

Δ－Y変換（重要）

Δ接続でR_1をはさむ抵抗の積

$$R_1 = \frac{r_1r_2}{r_1+r_2+r_3}$$

Δ接続の抵抗の和

$$R_2 = \frac{r_2r_3}{r_1+r_2+r_3}$$

$$R_3 = \frac{r_3r_1}{r_1+r_2+r_3}$$

和分のはさみ積と覚える

ひとこと

相互に等価変換するには，端子ab，端子bc，端子caのどの端子からみても，合成抵抗がすべて等しいような抵抗に置き換える必要があります。

特に，抵抗値がすべて等しいとき，$r=3R$，$R=\frac{r}{3}$の関係が成り立ちます。

Δ接続

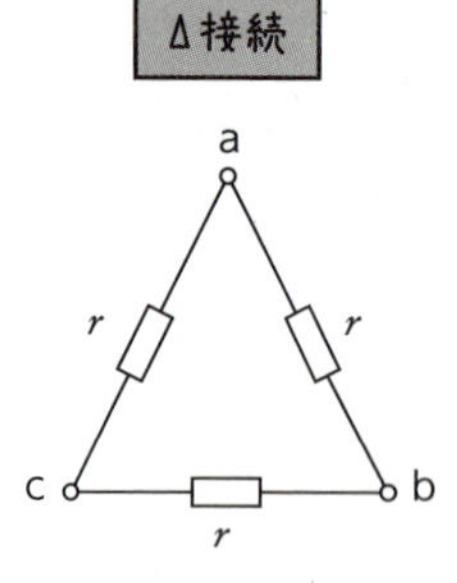

Y接続

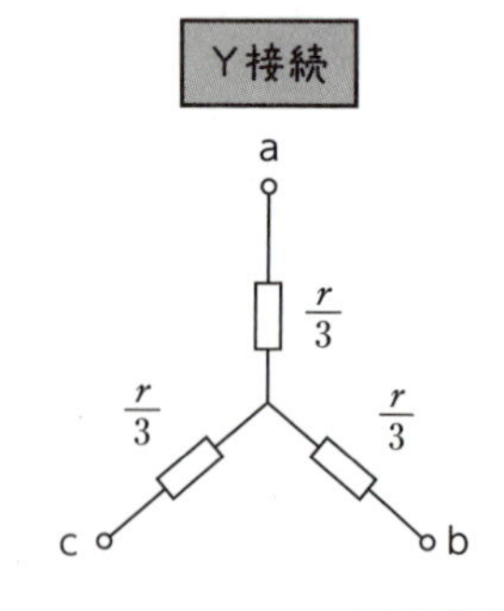

問題集 問題23

ひとこと

(発展)Y－Δ変換とΔ－Y変換の導出

Δ－Y変換

端子ab, bc, ca間の抵抗がΔ結線とY結線で等しくなるので次の式が成り立ちます。

$$R_1+R_3=\frac{r_1(r_2+r_3)}{r_1+(r_2+r_3)}\cdots①$$

$$R_1+R_2=\frac{r_2(r_1+r_3)}{r_2+(r_1+r_3)}\cdots②$$

$$R_2+R_3=\frac{r_3(r_1+r_2)}{r_3+(r_1+r_2)}\cdots③$$

(①＋②＋③)÷2より,

$$R_1+R_2+R_3=\frac{r_1 r_2+r_2 r_3+r_3 r_1}{r_1+r_2+r_3}\cdots④$$

④－③より $R_1=\dfrac{r_1 r_2}{r_1+r_2+r_3}\cdots⑤$

④－①より $R_2=\dfrac{r_2 r_3}{r_1+r_2+r_3}\cdots⑥$

④－②より $R_3=\dfrac{r_3 r_1}{r_1+r_2+r_3}\cdots⑦$

Y－Δ変換

⑤×⑥より

$$R_1 R_2=\frac{r_1 r_2^2 r_3}{(r_1+r_2+r_3)^2}\cdots⑧$$

⑥×⑦より

$$R_2 R_3=\frac{r_1 r_2 r_3^2}{(r_1+r_2+r_3)^2}\cdots⑨$$

⑦×⑤より

$$R_3 R_1=\frac{r_1^2 r_2 r_3}{(r_1+r_2+r_3)^2}\cdots⑩$$

⑧＋⑨＋⑩より

$$R_1 R_2+R_2 R_3+R_3 R_1=\frac{r_1 r_2 r_3}{r_1+r_2+r_3}\cdots⑪$$

⑪と⑥より,

$$R_1 R_2+R_2 R_3+R_3 R_1=r_1 R_2$$

$$\therefore r_1=\frac{R_1 R_2+R_2 R_3+R_3 R_1}{R_2}$$

同様に,

$$r_2=\frac{R_1 R_2+R_2 R_3+R_3 R_1}{R_3}$$

$$r_3=\frac{R_1 R_2+R_2 R_3+R_3 R_1}{R_1}$$

SECTION 06

電力と電力量

このSECTIONで学習すること

1 電力

電力と，その計算方法について学びます。

$$\underset{[\mathrm{W}]}{\overset{電力}{P}} = \underset{[\mathrm{V}]}{\overset{電圧}{V}}\ \underset{[\mathrm{A}]}{\overset{電流}{I}} = \underset{[\Omega]}{\overset{抵抗}{R}}\ \underset{[\mathrm{A}]}{\overset{電流}{I^2}} = \frac{V^2\ (電圧[\mathrm{V}])}{R\ (抵抗[\Omega])}$$

2 電力量

電力量と，その計算方法について学びます。

$$\underset{[\mathrm{W\cdot s}]}{\overset{電力量}{W}} = \underset{[\mathrm{W}]}{\overset{電力}{P}}\ \underset{[\mathrm{s}]}{\overset{時間}{t}}$$

3 ジュール熱

抵抗に電圧を加えて電流が流れたときに発生するジュール熱について学びます。

$$\underset{[\mathrm{J}]}{\overset{ジュール熱}{Q}} = \underset{[\mathrm{W}]}{\overset{消費電力}{P}}\ \underset{[\mathrm{s}]}{\overset{時間}{t}} = \underset{[\Omega]}{\overset{抵抗}{R}}\ \underset{[\mathrm{A}]}{\overset{電流}{I^2}}\ \underset{[\mathrm{s}]}{\overset{時間}{t}}$$

1 電力

重要度★★★

電力（量記号：P，単位：W（ワット））とは，1秒あたりの供給または消費される電気エネルギーを表し，電圧と電流の積で求められます。電力には以下のような関係があります。

公式 電力

$$P = VI = RI^2 = \frac{V^2}{R}$$

電力 P [W]，電圧 V [V]（V = RI），電流 I [A]，抵抗 R [Ω]，電流 I [A]，電圧 V [V]（V^2 = $(RI)^2$），抵抗 R [Ω]

PはPower（パワー）（仕事率）の頭文字からきています。

基本例題 電力の公式

電力の公式に関する考察である。以下の空欄を埋めよ。

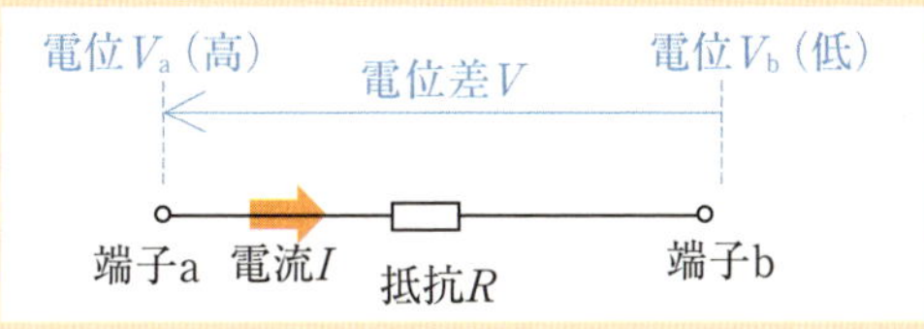

(1) 抵抗Rに電位差Vを与えると電流Iが流れる。

(2) 電力Pは次の式で表すことができる。

P=［(ア)］[W] …①

(3) オームの法則より，$V=RI$だからこれを式①に代入して変形すると，

$P=VI=RI\times I$=［(イ)］[W]

(4) オームの法則より，$I=\frac{V}{R}$でもあるから，これを式①に代入して変形すると，

$P=VI=V\times\frac{V}{R}$=［(ウ)］[W]

解答

(ア) VI　(イ) RI^2　(ウ) $\frac{V^2}{R}$

基本例題

電力の公式(H26A7)

図に示す直流回路において，抵抗R_1＝5 Ωで消費される電力は抵抗R_3＝15 Ωで消費される電力の何倍となるか。その倍率として，最も近い値を次の(1)～(5)のうちから一つ選べ。

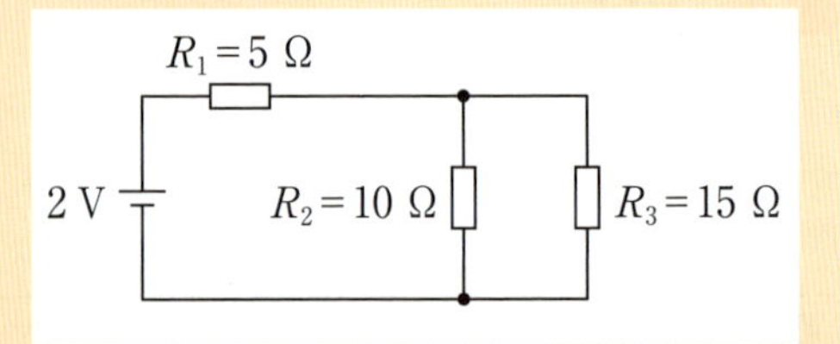

(1) 0.9 (2) 1.2 (3) 1.5 (4) 1.8 (5) 2.1

解答

抵抗R_1に流れる電流をI_1とすると，抵抗R_3に流れる電流I_3は，

$$I_3 = \frac{R_2}{R_2 + R_3} I_1$$

R_2とR_3で分流

$$= \frac{10}{10 + 15} I_1 = 0.4 I_1 \,[\mathrm{A}]$$

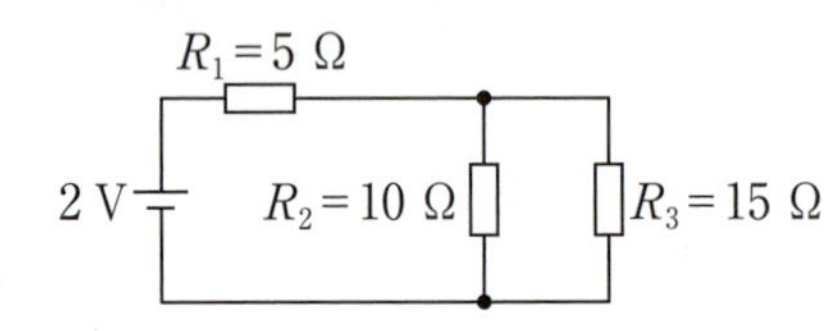

ここで，抵抗R_1で消費される電力をP_1とし，抵抗R_3で消費される電力をP_3とすると

$$P_1 = R_1 I_1^2 = 5 I_1^2 \,[\mathrm{W}]$$

$$P_3 = R_3 I_3^2 = 15 \times (0.4 I_1)^2 = 2.4 I_1^2 \,[\mathrm{W}]$$

したがって，抵抗R_1で消費される電力P_1と抵抗R_3で消費される電力P_3の比$\frac{P_1}{P_3}$は，

$$\frac{P_1}{P_3} = \frac{5 I_1^2}{2.4 I_1^2} \fallingdotseq 2.1$$

よって，(5)が正解。

問題集 問題24

2 電力量 重要度★★★

電力量（量記号：W，単位：W･s（ワット秒））とは，電力P[W]と時間t[s（秒）]の積で表され，消費される電気エネルギーのことをいいます。電力P[W]と時間T[h（時）]の積である[W･h（ワット時）]という単位を利用することもあります。

公式 電力量

電力量		電力	時間
W	=	P	t
[W･s]		[W]	[s]

WはWork（ワーク）（仕事）の頭文字からきています。
単位の[s]はsecond（セカンド）（秒）
[h]はhour（アワー）（時間）を表します。

ひとこと
電力量の単位W･sはJ（ジュール）で表されることもあります。
1[W･s]＝1[J]

3 ジュール熱 重要度★★★

抵抗Rに，電圧Vを加えて電流Iをt秒間流すと，熱エネルギーが発生します。これを**ジュール熱**といい，ジュール熱Q[J]は，次の式で表すことができます。

公式 ジュールの公式

ジュール熱		消費電力	時間		抵抗	電流	時間
Q	=	P	t	=	R	I^2	t
[J]		[W]	[s]		[Ω]	[A]	[s]

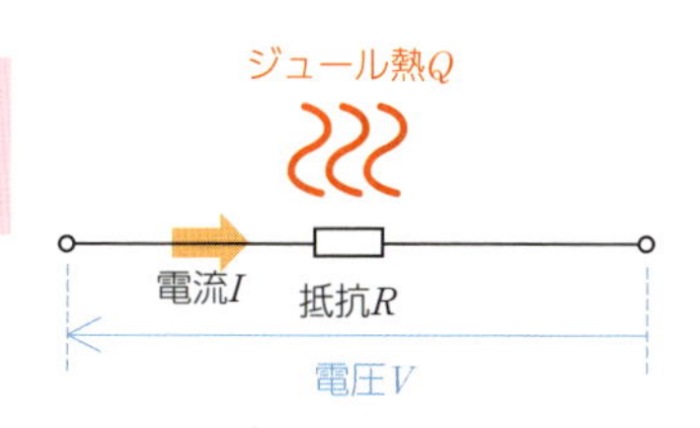

I 熱と運動

導体などの物質は原子や分子から構成されていて，これらは不規則な運動をしています。これを**熱運動**（ねつうんどう）といい，この熱運動のエネルギーを**熱エネルギー**といいます。また，移動した熱エネルギーを**熱**（ねつ）または**熱量**（ねつりょう）といいます。

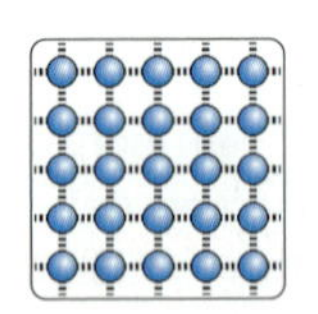

原子は不規則な熱運動をしている
これが熱エネルギー

II ジュール熱が発生する理由

電流が流れるということは，導体中を電子が移動していることを意味します。電子は，電源の＋極に引き寄せられて加速したり，移動中に抵抗を構成する原子（陽イオン）にぶつかって減速したりして進みます。

電子の移動時に起こる衝突によって，抵抗を構成する原子の熱運動が激しくなり，熱が発生します。

熱運動が激しくなる

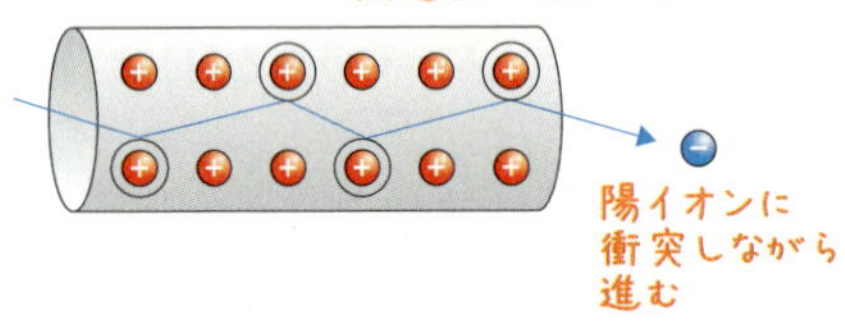

陽イオンに
衝突しながら
進む

ひとこと

イオンとは電気を帯びた粒子のことです。自由電子を放出した原子は正の電荷を持ちます。この正の電荷を持つイオンを**陽イオン**（よう）といいます。

CHAPTER 02

静電気

CHAPTER 02

静電気

静電気が及ぼす力や，生じさせる電界，電気を蓄えることができるコンデンサの仕組みについて考えます。計算問題が多く出題されますので，法則をしっかりと理解できるようにしましょう。

このCHAPTERで学習すること

SECTION 01 静電気に関するクーロンの法則

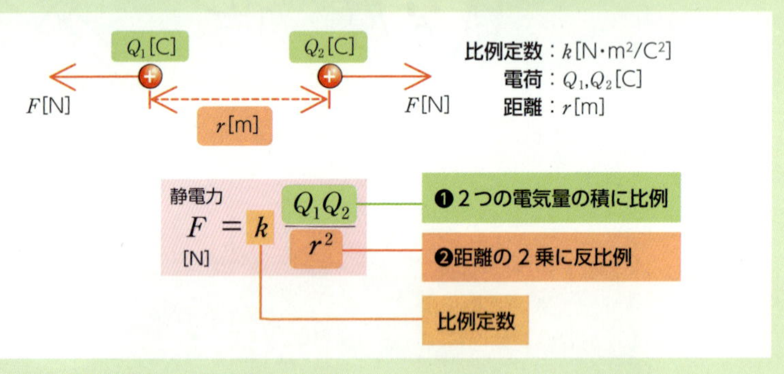

静電気とその性質について学びます。

SECTION 02 電界

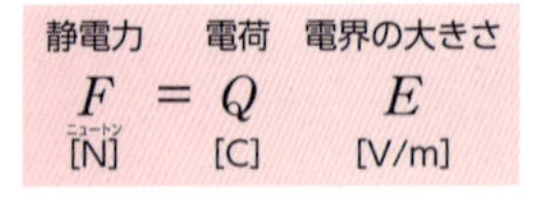

電界とは何か，また電気力線の考え方を学びます。

SECTION 03 電界と電位

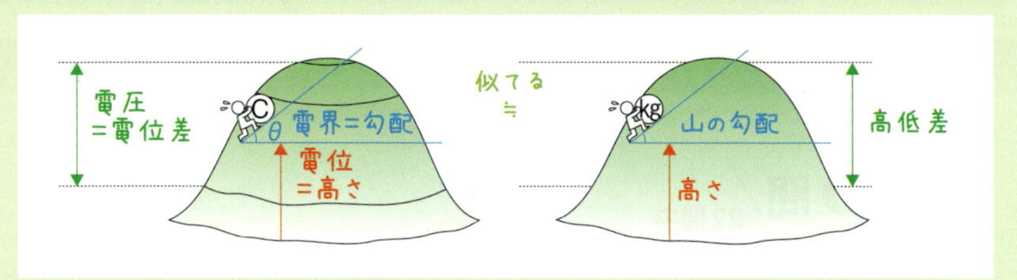

電位と電界と電圧の関係について学びます。

SECTION 04 コンデンサ

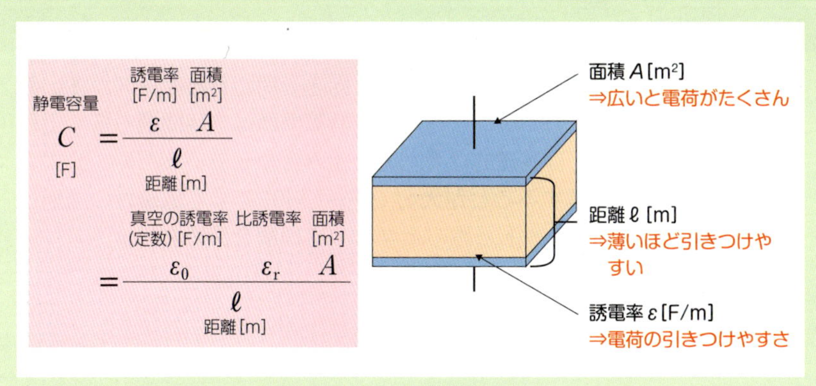

コンデンサの仕組みと静電容量について学びます。

傾向と対策

出題数

4～5問/22問中

・計算問題中心

	H22	H23	H24	H25	H26	H27	H28	H29	H30	R1
静電気	4	4	4	4	5	4	5	2	4	4

ポイント

静電気の力や電界の計算問題は，大きさと向きを問われるケースが多いので，注意しましょう。コンデンサを用いた計算問題は応用問題も多く出題されますが，ほとんどは基礎的な考え方を組み合わせているため，公式の意味をしっかりと理解することが大切です。CH03で学ぶ電磁力の法則と類似する部分もあるため，しっかりと学習して理解を深めましょう。

SECTION 01

静電気に関するクーロンの法則

このSECTIONで学習すること

1 静電気

静電気の概念について学びます。

2 静電誘導

導体に電荷を近づけたときにおこる現象について学びます。

3 静電気に関するクーロンの法則

静電力とその性質について学びます。

1 静電気

重要度★★★

静電気とは，物質が帯びている電気のことです。また，**帯電**（電気を帯びている）とは，正電荷か負電荷のどちらかの電荷が多い状態にあることをいいます。

また，帯電している物体を**帯電体**，大きさが無視できる帯電体を**点電荷**といいます。

2 静電誘導

静電誘導とは，導体に電荷を近づけると，反対の符号を持つ電荷が現れる現象をいいます。**導体**とは，電気を通しやすい物質のことです。

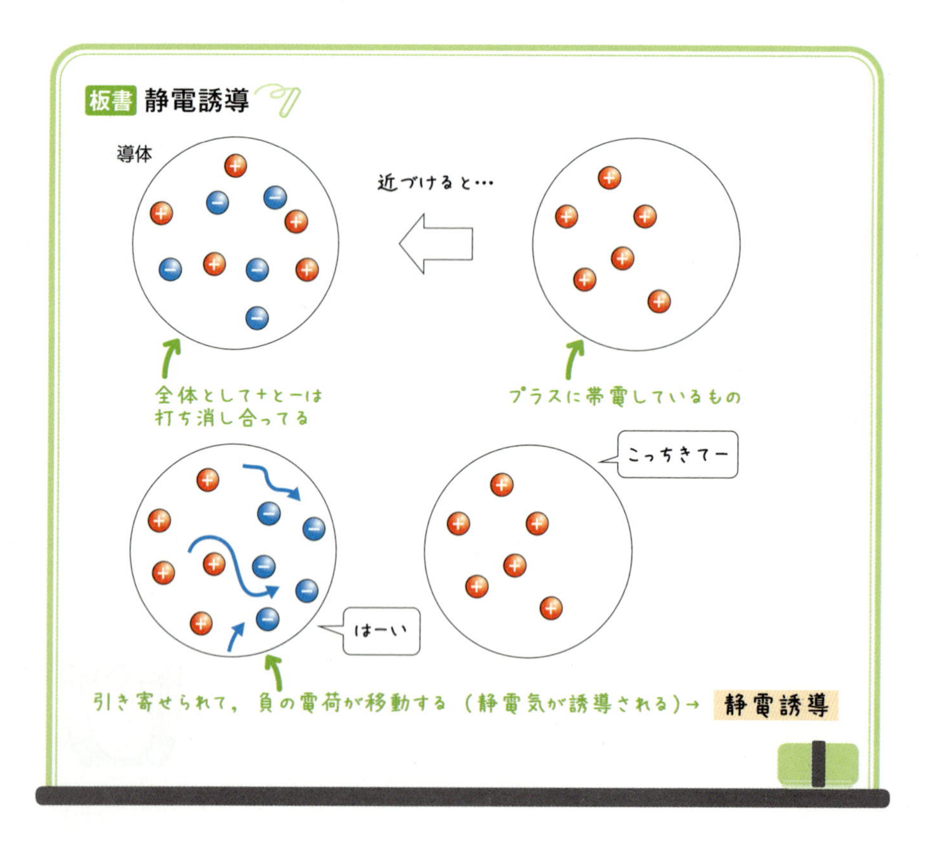

3 静電気に関するクーロンの法則

同種の電荷は反発し合い，異種の電荷は引き合います。このように，帯電した物体や電荷の間に働く力を**静電力**（せいでんりょく）（量記号：F，単位：N）といいます。

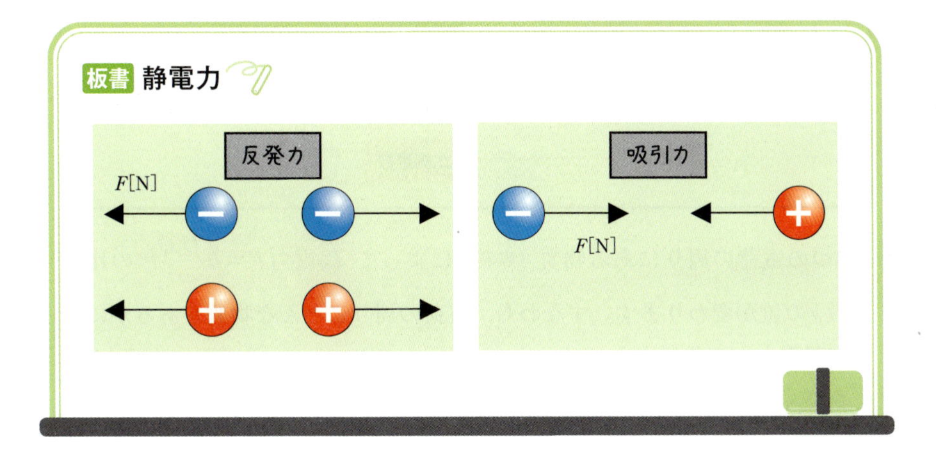

I 静電力の向き

静電力の向きは，2つの点電荷を結ぶ一直線上に働き，同種の電荷であれば反発する方向に，異種の電荷であれば引き合う方向に働きます。

II 静電力の大きさ

2つの点電荷 Q_1[C]，Q_2[C]が及ぼし合う静電力の大きさ F[N]は

$F=k\dfrac{Q_1Q_2}{r^2}$ で表すことができ，❶2つの点電荷の電気量 Q_1[C]，Q_2[C]の積に比例し，❷距離 r[m]の2乗に反比例します。これをクーロンの法則といいます。

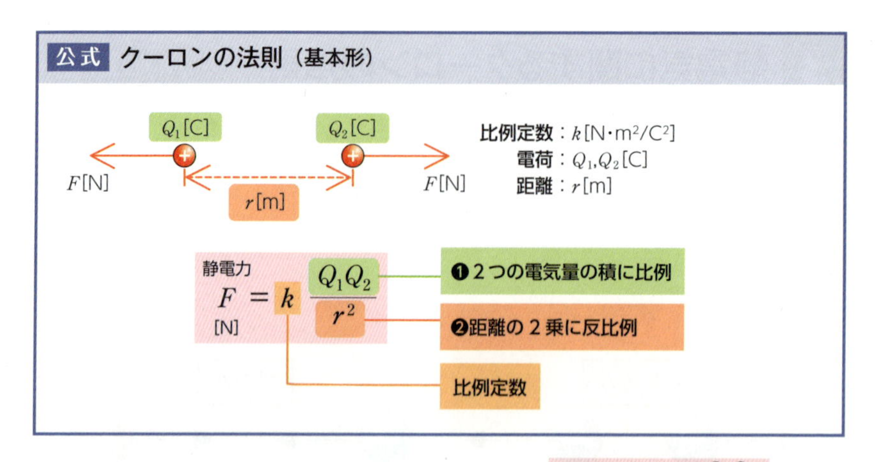

2つの電荷の周りにある物質（媒質）によって 静電力$F=k\dfrac{Q_1Q_2}{r^2}$ の比例定数kの値が変わります。すなわち，電荷の周りにどんな物質があるかによって静電力が変化します。

真空中における具体的な数字をあてはめたとき，真空中での静電力は 静電力$F=9\times10^9\dfrac{Q_1Q_2}{r^2}$ と表すことができます。

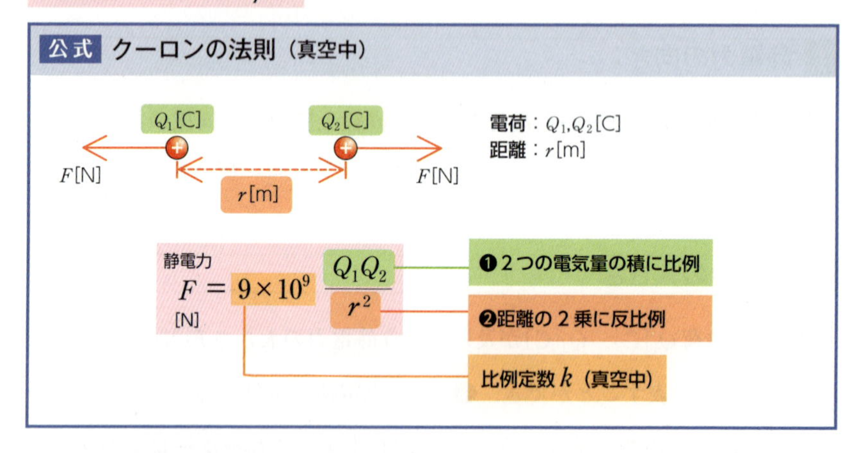

ひとこと

2つの点電荷の電気量が大きいほど大きな力が働き，点電荷が離れるほど力は小さくなります。周りの媒質によっても静電力が変化します。

基本例題　クーロンの法則(1)

真空中において，直線上に20 cm離れた位置に，2×10^{-6} Cと6×10^{-6} Cの2つの正電荷がある。いくらの反発力が働くか答えよ。

解答

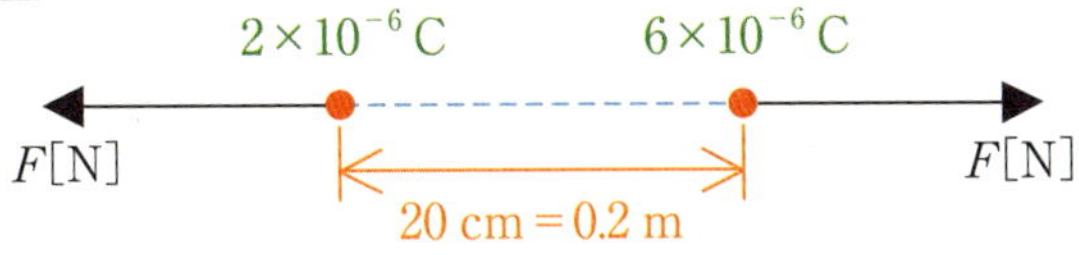

クーロンの法則より，静電力Fは，

$$F=9\times10^{9}\times\frac{(2\times10^{-6})\times(6\times10^{-6})}{0.2^{2}}$$
$$=9\times10^{9}\times\frac{12\times10^{-12}}{4\times10^{-2}}$$
$$=9\times3\times10^{-1}$$
$$=2.7\ \mathrm{N}$$

よって，2.7 Nの反発力が働く。

基本例題　クーロンの法則(2)（H17A1改）

真空中において，図に示すように一辺の長さが30 cmの正三角形の各頂点に2×10^{-8} Cの正の点電荷がある。この場合，各点電荷に働く力の大きさF[N]の値として，最も近いのは次のうちどれか。

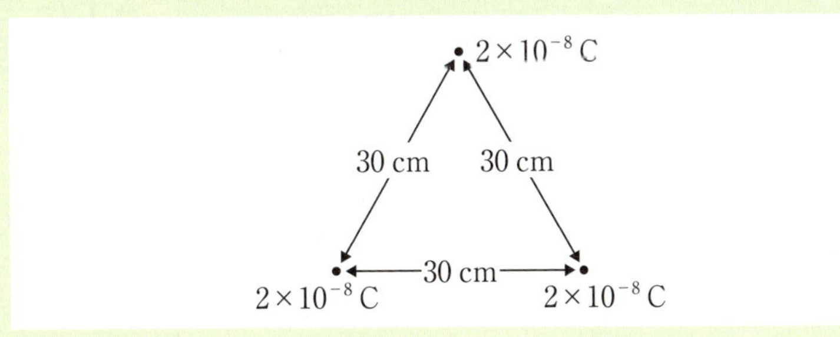

(1)　6.92×10^{-5}　(2)　4.00×10^{-5}　(3)　3.46×10^{-5}
(4)　2.08×10^{-5}　(5)　1.20×10^{-5}

解答

各点電荷は同量の正電荷だから，すべての点電荷に同じ大きさの静電力が働く。

クーロンの法則より，静電力F_{AB}，F_{AC}は，

$$F_{AB}=F_{AC}$$
$$=9\times10^{9}\times\frac{(2\times10^{-8})^2}{0.3^2}$$
$$=4\times10^{-5}\,\mathrm{N}$$

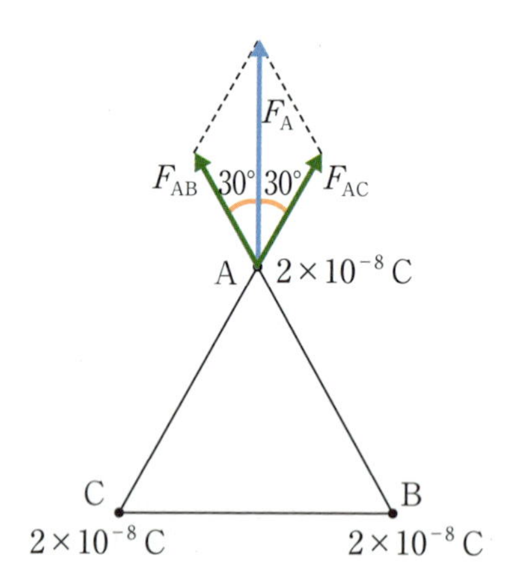

正電荷Aに働く静電力F_Aは，F_{AB}とF_{AC}を合成して，

$$F_A=2F_{AB}\cos30^\circ$$
$$=2\times(4\times10^{-5})\times\frac{\sqrt{3}}{2}\fallingdotseq6.92\times10^{-5}\,\mathrm{N}$$

よって，(1)が正解。

ひとこと

右図の比率は，試験に非常によく出るので，計算スピードアップのために覚えてしまいましょう。

上の例題では，$F_{AB}\times\sqrt{3}$で計算できます。

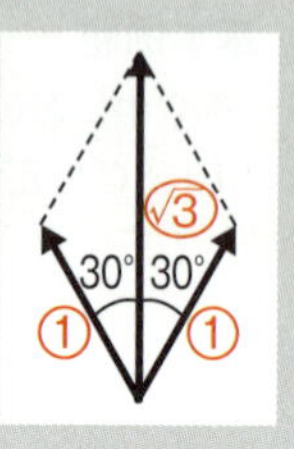

ひとこと

[N]は，力Fの単位です。以下を復習した上で，反発しあったり，引き付けあったりする力である静電力をイメージしてみましょう。

力F[N]とは何ですか？

力F[N]は，以下の公式で求められます。

公式 運動方程式

力		質量		加速度
F	=	m	×	a
[N]		[kg]		[m/s^2]

ある物体に一定の力をかけたとき，物体は加速します。

物体の質量が小さければ加速度は大きくなり，大きければ加速度は小さくなります。

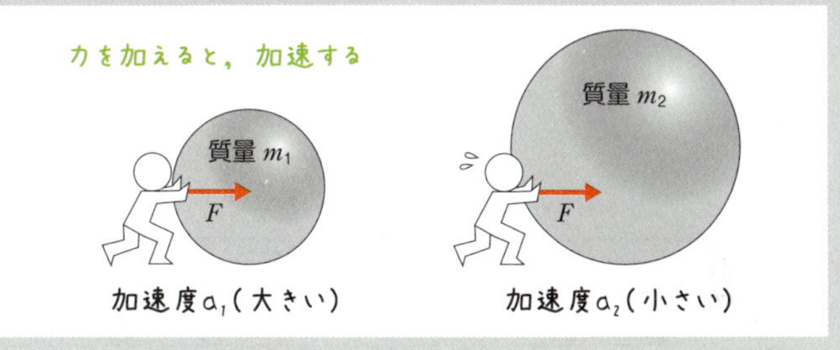

力の単位は，質量[kg]×加速度[m/s^2]＝力[kg·m/s^2]となります。しかし，毎回この単位を書くのは手間がかかるので，[kg·m/s^2]を[N]という単位で表現します。次に，速さと加速度について復習します。

速さv[m/s]はどのように求めますか？

速さv[m/s]は，以下の公式で求められます。sは英語のセカンドで秒を意味するので，以下の式は秒速です。

公式 速さ

速さ		移動距離		時間
v	=	x	÷	t
[m/s]		[m]		[s]

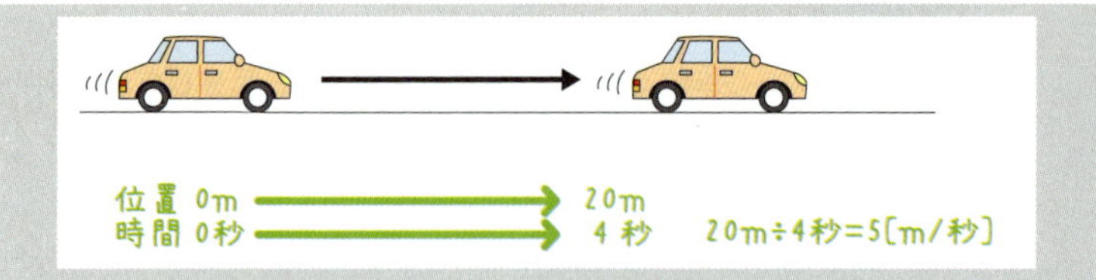

速さと速度の違い

速さではどちらの向きに進んでいるのかわかりません。そこで，速さと向きを合わせて持つ量を速度(そくど)とします。たとえば，後ろ向きに進んでいるときは，負の符号をつけて表現します。

加速度[m/s²]とは何ですか？

速度が時間とともに変化して，加速したり，減速したりしているとき，加速度a[m/s²]は，以下の公式で求められます。

公式 加速度

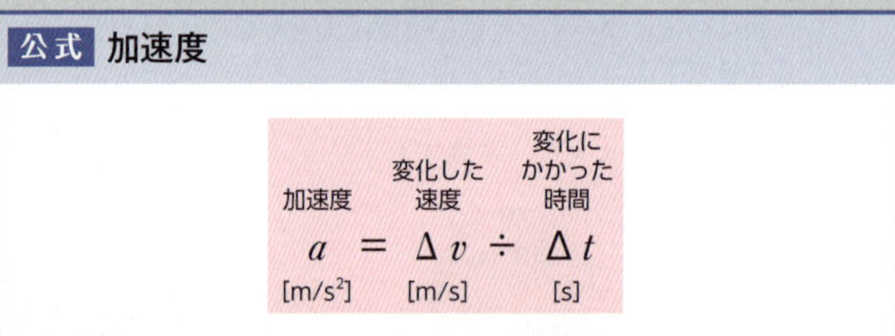

加速度		変化した速度		変化にかかった時間
a	=	Δv	÷	Δt
[m/s²]		[m/s]		[s]

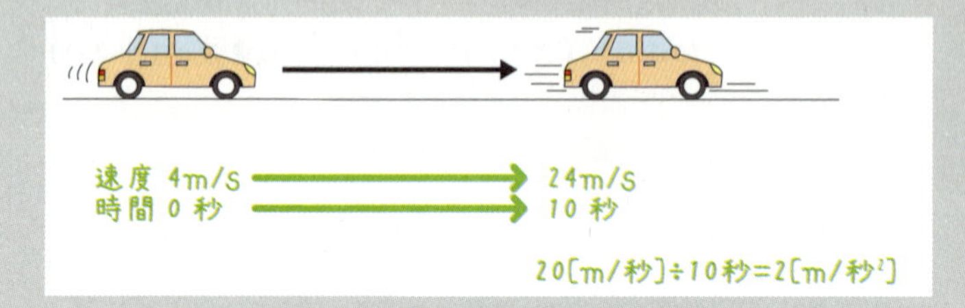

ひとこと

[J]（ジュール）は，仕事の単位です。エネルギーの単位でもあります。

仕事とはなんですか？

仕事は，物体に力を加えて動かすことです。

物体に一定の力F[N]を加えて，その力の向きに距離x[m]だけ動かしたとき，両者の積$F\times x$を力がした仕事（しごと）（量記号：W，単位：J（ジュール））と定義します。単位[N·m]を単位[J]で表わします。

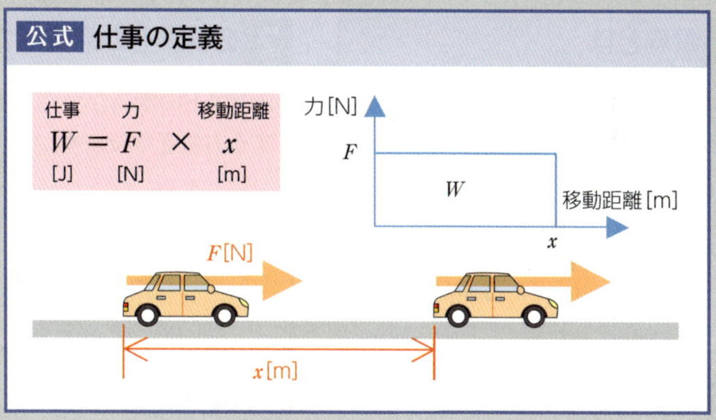

エネルギーとは何ですか？

エネルギーとはほかの物を動かす能力（仕事をする能力）のことです。

SECTION 02

電界

このSECTIONで学習すること

1 電界とは

静電力が働く空間である電界と，その大きさの計算方法について学びます。

静電力 電荷 電界の大きさ

$$F = Q\ E$$

ニュートン[N] [C] [V/m]

2 2つ以上の電荷がつくる電界

2つ以上の電荷がつくる電界を合成する方法を学びます。

3 電気力線

電気力線の概念と性質について学びます。

4 静電遮蔽

空間や物質を導体で囲ったときに起こる現象について学びます。

5 電束と電束密度

電束の概念と計算方法について学びます。

電束密度 電束[C]

$$D = \frac{\Psi}{A}$$

[C/m²] 面積[m²]

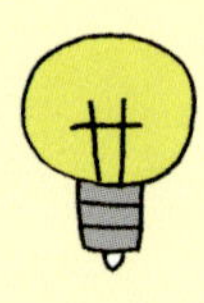

1 電界とは

重要度★★★

電荷は，周囲に電界を生じさせます。**電界**（でんかい）とは，静電力が働く（電荷が引っ張られたり，押されたりする）空間をいいます。

電界の強さ（量記号：E，単位：V/m）とは，電界中で1C（クーロン）あたりに働く静電力の大きさと向きをいいます。

電界E[V/m]では1C当たりE[N]の力が働くので，電界E[V/m]に電荷Q[C]をおいたとき，これに働く静電力の大きさF[N]は，$F = QE$[N]と表せます。

公式　電界で電荷が受ける力

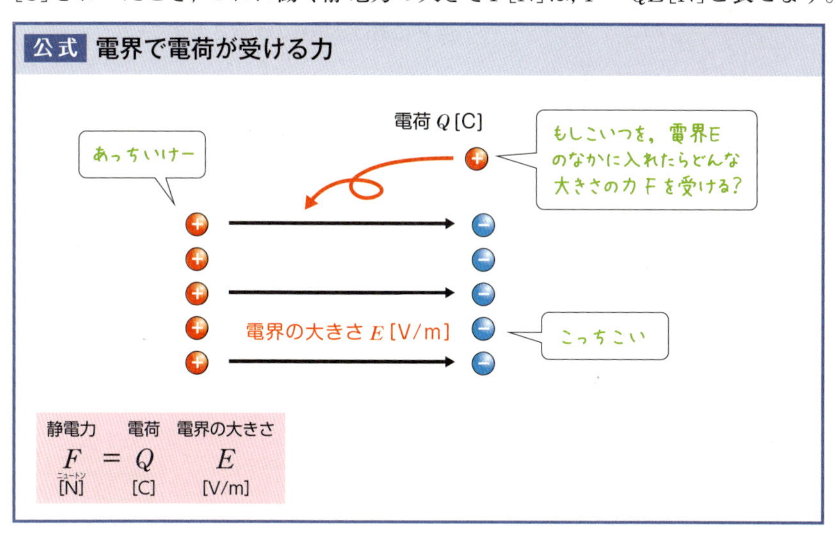

力に関する公式として，❶クーロンの法則$F = k \cdot \dfrac{Q_1 Q_2}{r^2}$[N]と❷電界$E$で働く静電力$F = QE$[N]の2つが出てきました。この2つを比較すると，

❶クーロンの法則$F = k \cdot \dfrac{Q_1 \quad Q_2}{r^2}$[N]

❷電界で働く静電力$F = Q \quad E$[N]

と対応させることができるので，点電荷Q[C]による電界の大きさは，$E = k\dfrac{Q}{r^2}$[V/m]と表現できます。

2 2つ以上の電荷がつくる電界

電界の大きさと向きは，合成することができます。

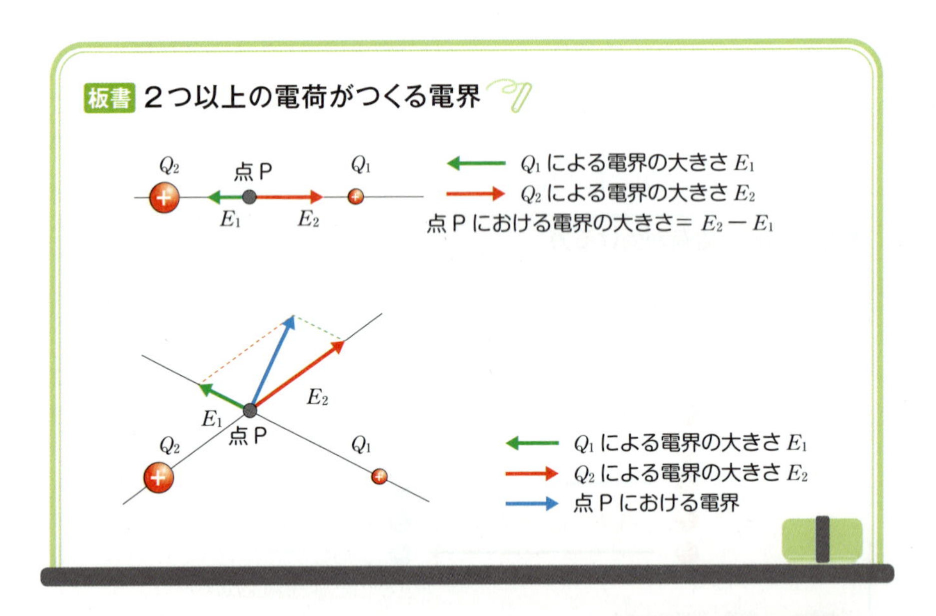

3 電気力線

重要度★★★

電界の様子や作用は，「正電荷から何かが湧き出して，負電荷に何かが吸い込まれ，何かの流れが空間にできている」と考えるとうまく表現できます。そこで，以下の性質を持つ**電気力線**（でんきりきせん）という仮想の線を考えます。

電気力線は正電荷から出て負電荷に吸い込まれ，点電荷Q[C]から出る電気力線の本数N[本]は，周りの空間の電気力線の透しにくさと解釈できる**誘電率**（ゆうでんりつ）（量記号：ε（イプシロン），単位：F/m）によって，$N=\dfrac{Q}{\varepsilon}$[本]と表せます。

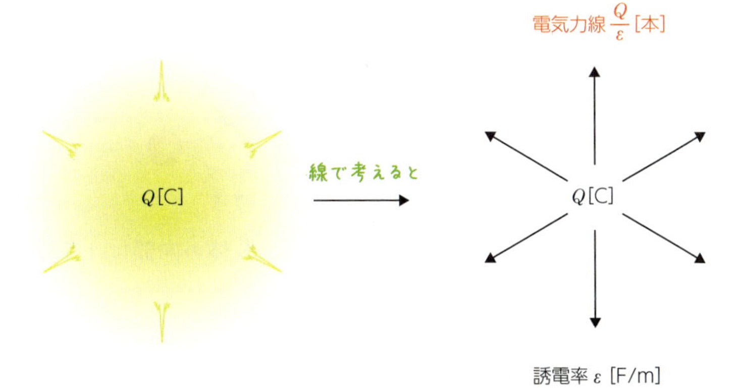

電気力線は引っ張られたゴムひもが縮もうとするような性質があるため，正電荷と負電荷は電気力線によって引き付けられます。一方で，電気力線どうしは反発するため，正電荷と正電荷，負電荷と負電荷は反発することになります。

板書 電気力線のルール

①電気力線は，正電荷から出て，負電荷に吸い込まれる。点電荷から発する電気力線の本数は，電荷Q[C]に比例し$\frac{Q}{\varepsilon}$〔本〕である。

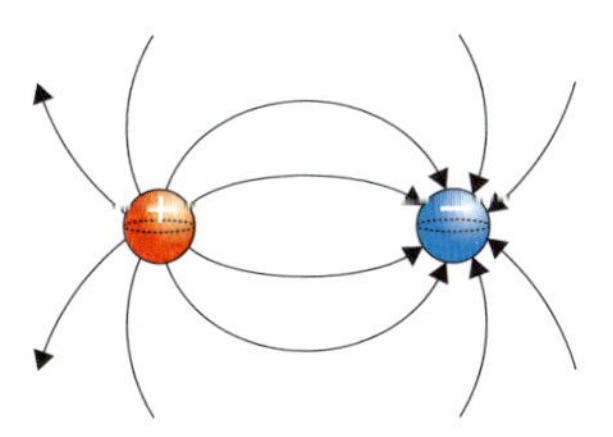

②電気力線は，引っ張られたゴムひものように縮もうとする一方で，ほかの電気力線と反発し合う。

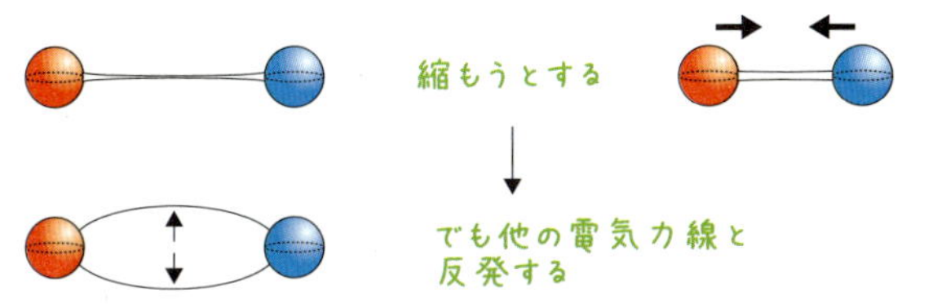

③電気力線は，途中で枝分かれしたり，消えたりしない。電気力線どうしは交わらない。

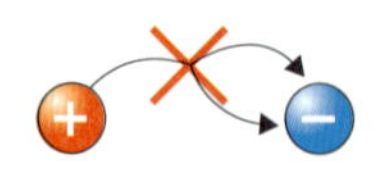

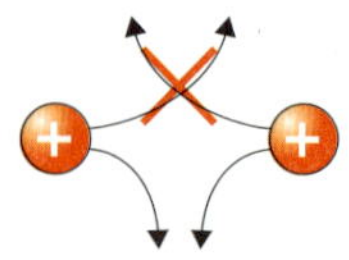

④電気力線は導体の表面に垂直に出入りし，導体の内部には存在しない。

⑤電気力線の接線の向きと，その点の電界の向きは一致する。**電気力線の1m²あたりの密度**は，その点の**電界の大きさ**を表す。

電界の大きさは，単位面積あたりの電気力線の本数です。

電気力線は，正の点電荷Q[C]から放射状に出て球状に広がります。点電荷Q_1からr[m]離れた点の電界の大きさE_1は，$E_1=\dfrac{電気力線の本数N[本]}{球の表面積A[m^2]}=\dfrac{\left(\dfrac{Q_1}{\varepsilon}\right)}{4\pi r^2}$[V/m]と表すことができます。球の表面積（$4\pi r^2$）が大きくなるにつれて電気力線の密度は小さくなり，電界の大きさも小さくなっていきます。

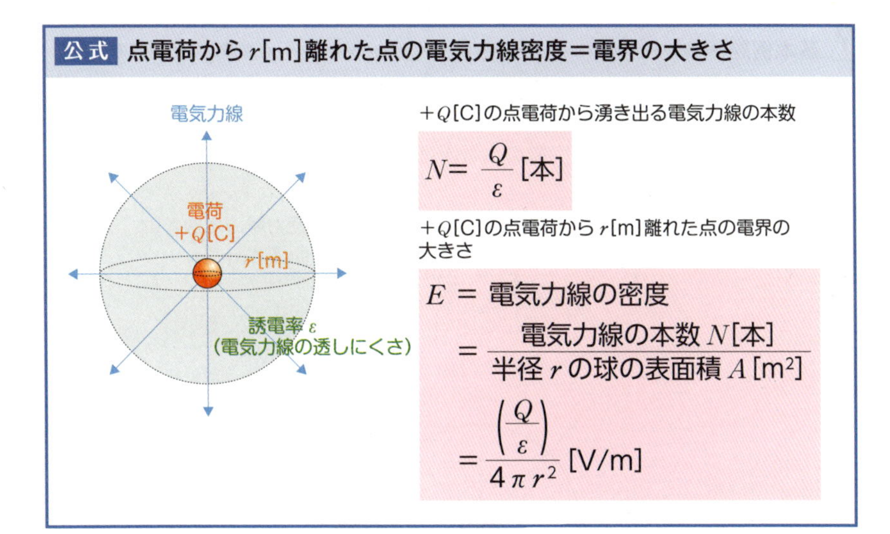

点電荷 Q_1[C]から r[m]離れた点の電界 $E_1 = \dfrac{\left(\dfrac{Q_1}{\varepsilon}\right)}{4\pi r^2}$[V/m]に，点電荷 Q_2[C]をおくと働く静電力は，

$$F = Q_2E_1 = Q_2 \cdot \frac{\left(\dfrac{Q_1}{\varepsilon}\right)}{4\pi r^2} = \frac{Q_1Q_2}{4\pi\varepsilon r^2} = \frac{1}{4\pi\varepsilon} \cdot \frac{Q_1Q_2}{r^2} \text{[N]}$$

4π は具体的な数値であり，誘電率 ε は媒質が決まれば定数になるため，このように整理します。これとクーロンの法則 $F = k \cdot \dfrac{Q_1Q_2}{r^2}$[N]を比較すると，比例定数は $k = \dfrac{1}{4\pi\varepsilon}$ であるとわかります。

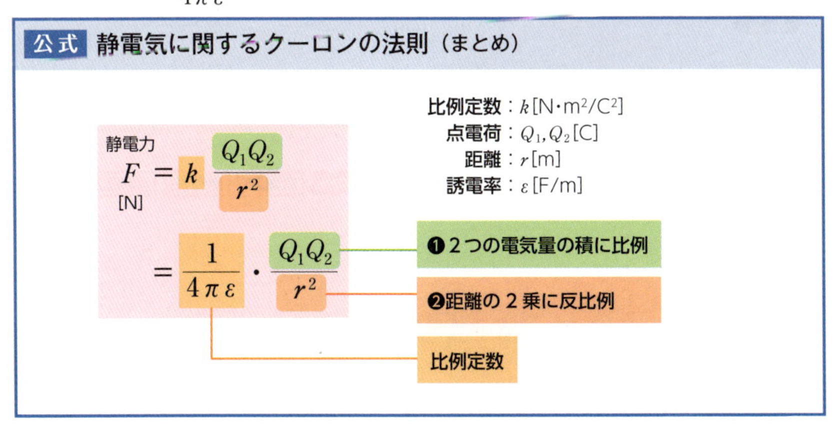

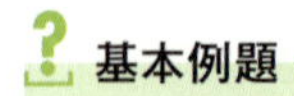

基本例題　点電荷による電界の大きさ

クーロンの法則に関する考察である。以下の空欄を埋めよ。

(1)　点電荷$+Q_1$[C]からr[m]離れた点における電界の大きさE_1を考える。点電荷$+Q_1$[C]から出る電気力線の本数Nは，媒質の誘電率をε[F/m]とすると　(ア)　[本]となるから，

$$\text{電界の大きさ}E_1=\frac{\text{点電荷}+Q_1\text{から湧き出る電気力線の本数}N[\text{本}]}{\text{半径}r[\text{m}]\text{の球の表面積}A[\text{m}^2]}$$

$$=\frac{\boxed{\text{(ア)}}[\text{本}]}{\boxed{\text{(イ)}}[\text{m}^2]}$$

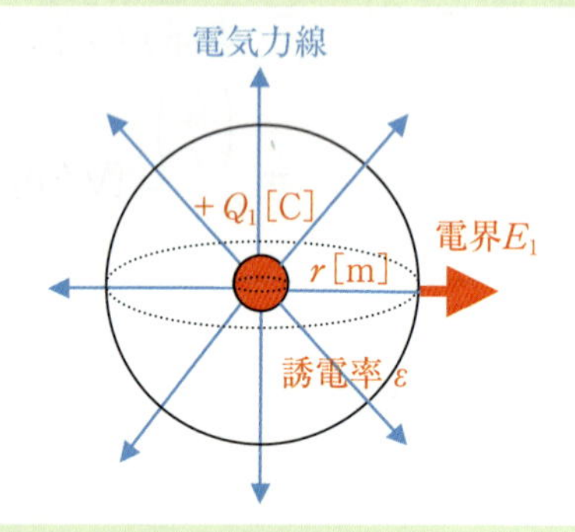

(2)　電界E_1に点電荷Q_2におくと，電荷に働く静電力Fは，

$F=Q_2E_1=$　(ウ)　[N]　…①

(3)　クーロンの法則によれば，r[m]離れた点電荷Q_1,Q_2が及ぼし合う静電力Fは，

$F=k\dfrac{Q_1Q_2}{r^2}$[N]　…②

①と②を比較すると，$k=$　(エ)　となる。

解答

(ア)$\dfrac{Q_1}{\varepsilon}$　(イ)$4\pi r^2$　(ウ)$Q_2\dfrac{Q_1}{4\pi\varepsilon r^2}$　(エ)$\dfrac{1}{4\pi\varepsilon}$

問題集　問題25　問題26　問題27　問題28

4 静電遮蔽 重要度★★★

導体に空洞があるとき，導体外部の電気力線は空洞内部に入り込まず，外部の電界の影響は遮(さえぎ)られます。このように，空間を導体で取り囲んだとき，内部が外部の電界の影響を受けなくなる現象を**静電遮蔽**(せいでんしゃへい)といいます。

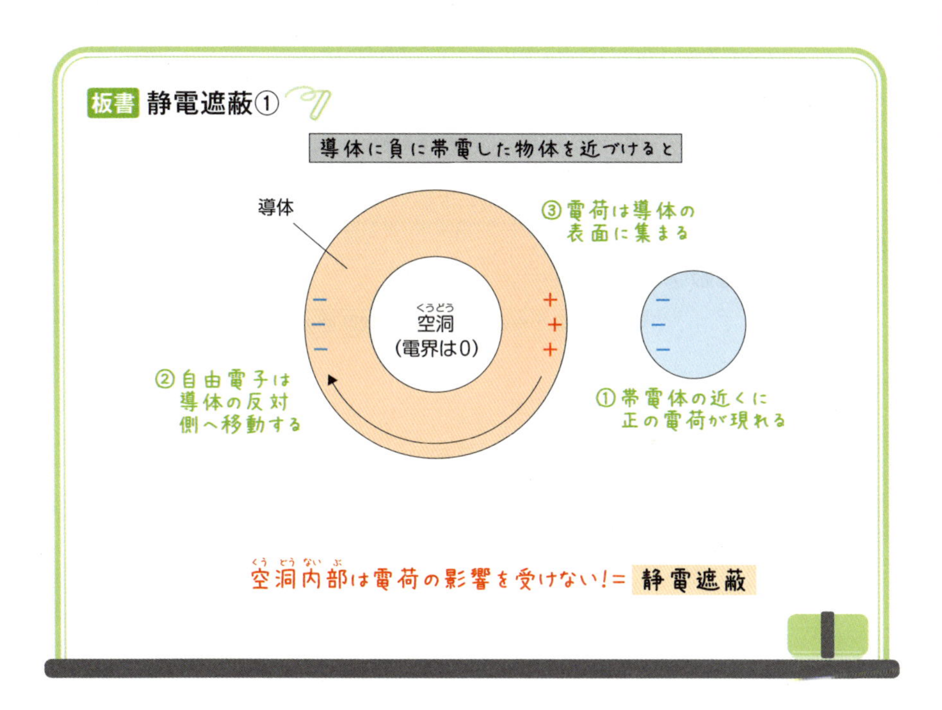

逆に，帯電した物体を導体で取り囲み，導体を接地すると，帯電体の外部への影響が遮られます。この現象も静電遮蔽です。

(発展) 空洞の電界が0になる理由

空洞内部に電界があると仮定します。すると図のように空洞表面に電荷があることになります。帯電した2つの導体が空げきを隔てて向かい合っているため，中空の導体をコンデンサとみなせます (CH02 SEC04参照)。ただし，このコンデンサの両極板は導体でつながっているため短絡しています。したがって，コンデンサの極板間の電圧は0となるため，電荷も0となり仮定と矛盾します。この矛盾は空洞内部に電界があると仮定したことによります。よって，空洞内部に電界はありません。

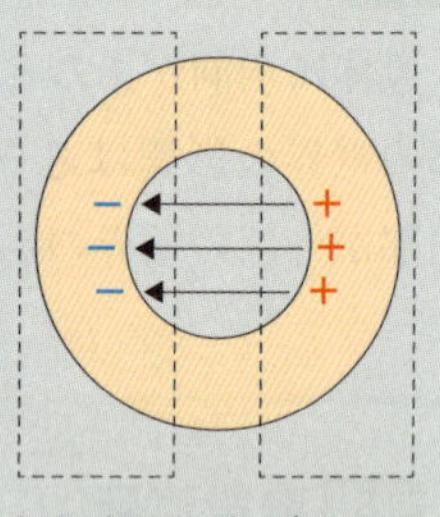

点線の部分を極板と考える

板書 静電遮蔽②

正に帯電した物体を導体で取り囲むと

接地すると

帯電体の外部への影響はなくなる＝ **静電遮蔽**

ひとこと

電荷の正負を入れ替えても静電遮蔽は成り立ちます。

5 電束と電束密度

重要度★★★

電束（でんそく）（量記号：Ψ（プサイ），単位：C（クーロン））とは，電荷の周りの物質に関係なく，電荷Q[C]からQ[本]の仮想の線が出ると考えたものです。これは，1本2本と数えず，1C，2Cと数えます。

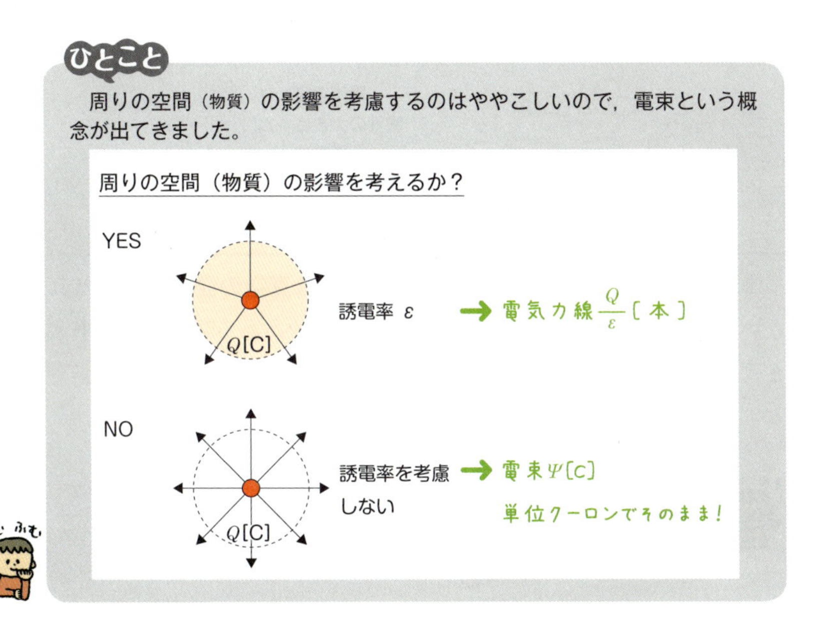

電束密度（でんそくみつど）（量記号：D，単位：C/m^2）とは，ある面を垂直につらぬく1 m^{2}あたりの電束をいいます。

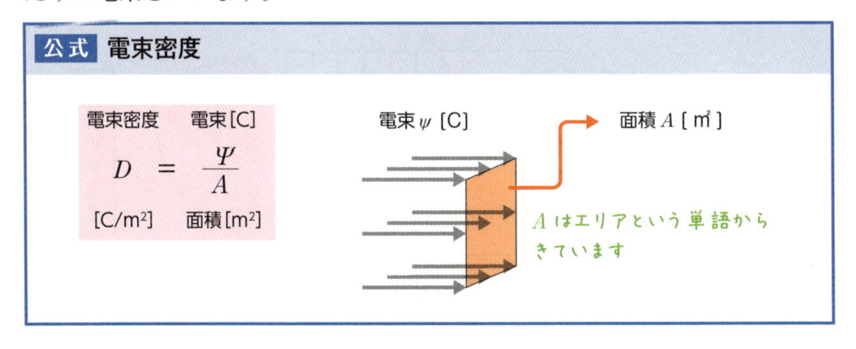

公式 電束密度
電束密度 電束[C]
D = Ψ/A
[C/m²] 面積[m²]
電束ψ [C]
面積A [m²]
Aはエリアという単語からきています

電束Ψの本数は，電気力線の透しにくさである誘電率ε[F/m]を考慮しないので，電気力線の本数のε倍です。したがって，単位面積あたりの密度もε倍となります。

電気力線密度は電界の大きさE[V/m]を表すので，電束密度D[C/m^2]は電界の大きさE[V/m]のε倍となります。

公式　電束密度と電界の大きさ

$$D=\varepsilon E=\varepsilon_0\varepsilon_r E\,[\mathrm{C/m^2}]$$

電束密度：D[C/m^2]
電界の大きさ：E[V/m]
誘電率：ε[F/m]
真空の誘電率：ε_0[F/m]
比誘電率：ε_r

ここで，$\varepsilon_0 \fallingdotseq 8.85\times10^{-12}$（単位：F/m（ファラド毎メートル））は**真空の誘電率**と呼ばれ，何もない空間での電気力線の透（とお）しにくさを表します。ある物質の誘電率ε[F/m]と真空の誘電率ε_0[F/m]との比率を比誘電率ε_rといいます。

ひとこと

空気中の誘電率は真空中の誘電率とほぼ等しく，問題を解くうえでは同じと考えてかまいません。

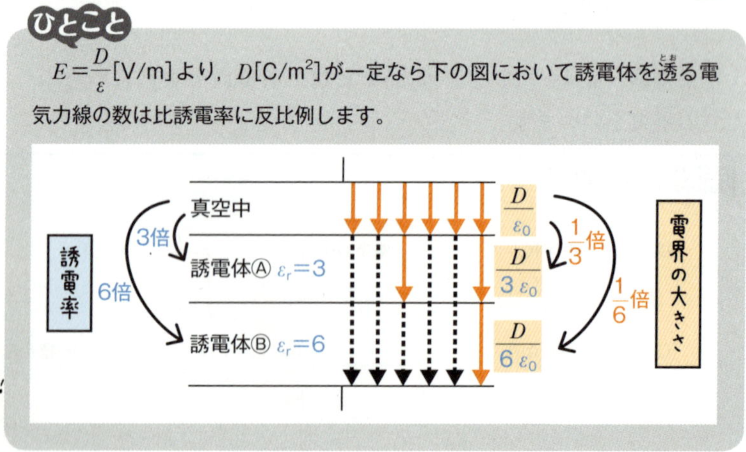

ひとこと
$E=\frac{D}{\varepsilon}$[V/m]より，D[C/m^2]が一定なら下の図において誘電体を透（とお）る電気力線の数は比誘電率に反比例します。
誘電率
3倍
6倍
真空中
誘電体Ⓐ $\varepsilon_r=3$
誘電体Ⓑ $\varepsilon_r=6$
$\frac{D}{\varepsilon_0}$
$\frac{D}{3\varepsilon_0}$
$\frac{D}{6\varepsilon_0}$
$\frac{1}{3}$倍
$\frac{1}{6}$倍
電界の大きさ

SECTION 03

電界と電位

このSECTIONで学習すること

1 電位と電界と電圧

電位と電界，電圧の関係性について学びます。

2 電位

電位とその計算方法について学びます。

3 誘電分極

誘電体に電荷を近づけたときに起こる誘電分極について学びます。

1 電位と電界と電圧

重要度★★☆

重力に逆らって，ソリを山の上まで頑張って持っていくと，ソリすべりができます。ソリで滑るときは，もはや自分で押す必要はありません。上の位置にソリがあること自体にエネルギーがあったと考えられます。

エネルギーとは，物を動かす能力や源泉のことです。

電荷を，反発するような方向に逆らって押してみましょう。ある程度近づいて，手を離すと電荷は吹き飛んでいきます。電荷をある位置におくこと自体にエネルギーがあったと考えられます。

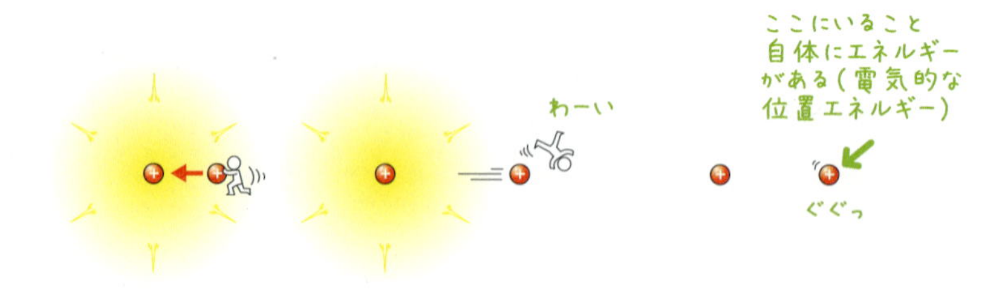

状況が似ているので，このように考えましょう。電荷Q[C]を，山の頂上まで運んでいきます。

すると，**電位**（単位：V）は高さ，**電圧（電位差）**（単位：V）は2点間の高さの差，**電界**（単位：V/m）はその地点での山の勾配（こうばい）と考えることができます。

電界（山の勾配）があると，正電荷は勝手にソリすべりを始めて，電位の高いところから低いところへ移動を始めます。

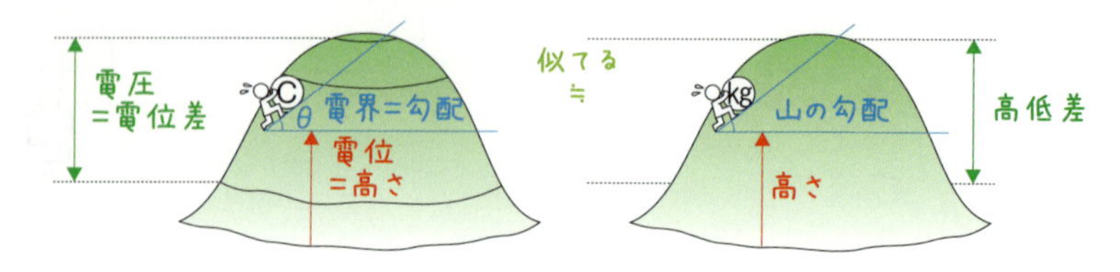

2 電位

重要度★★★

I 電位とは

電位（量記号：V，単位：V）は，次の式で求めることができます。エネルギーが大きければ，電荷をより高い電位まで持ち上げることができます。

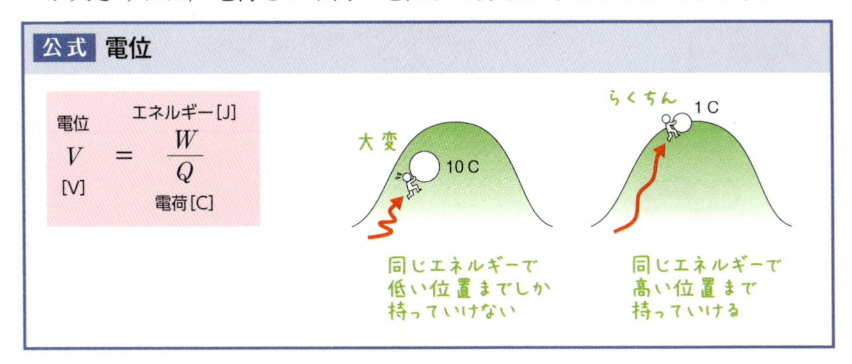

ひとこと

公式から，単位[V]は単位[J/C]と等しいことがわかります。
W[J]÷Q[C]＝V[J/C]

点電荷Q[C]からr[m]離れた点の電位V[V]は，次の式で求めることができます。

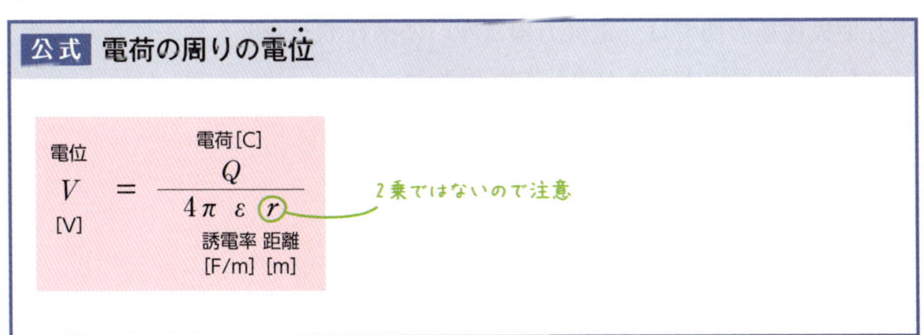

Ⅱ 電位差

点aと点bの電位がそれぞれV_a[V]，V_b[V]のとき，2点間の電位差V_{ab}[V]は次のようになります。

公式 2点間の電位差

電位差 点aの電位 点bの電位

$$V_{ab} = V_a - V_b$$

[V] [V] [V]

ひとこと

クーロンの法則$F=\frac{1}{4\pi\varepsilon}\cdot\frac{Q_1Q_2}{r^2}$[N]と電界$E_1$[V/m]に電荷$Q_2$[C]を置いたときの式$F=Q_2E_1$[N]より電荷$Q_1$[C]の周りの電界$E_1$[V/m]は

$$E_1=\frac{Q_1}{4\pi\varepsilon r^2}\text{[V/m]}$$

となります。電位[V]と電界[V/m]を混同しないように注意しましょう。

Ⅲ 平行平板電極内の電界

平行平板電極（へいこうへいばんでんきょく）とは，空間（誘電率ε[F/m]）をはさんで，向かい合わせにして平行に並べた，2枚の金属の板（電極）をいいます。これに電圧を加えると，平行平板電極の間では，電気力線は互いに平行で，密度も均一になります。このため，電界の大きさが等しくなります。

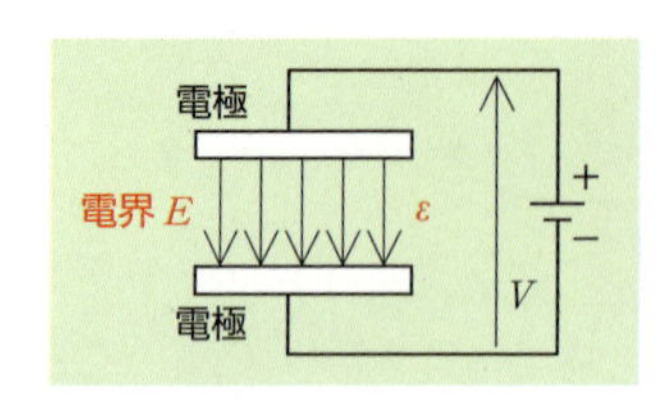

Ⅳ 等電位面

等電位面（とうでんいめん）とは，電界中の電位が等しい点を結んでできる面をいいます。等電位面は，電気力線や電束と直角に交わります。また，電位が異なる等電位面は互いに交わることはありません。

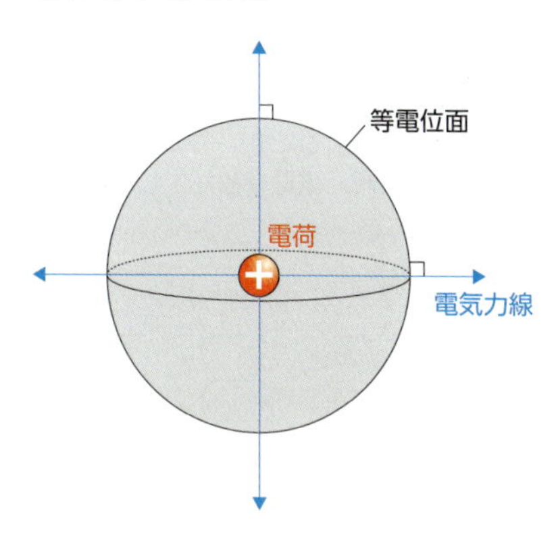

ひとこと

山で表現すると等電位面は等高線にあたります。

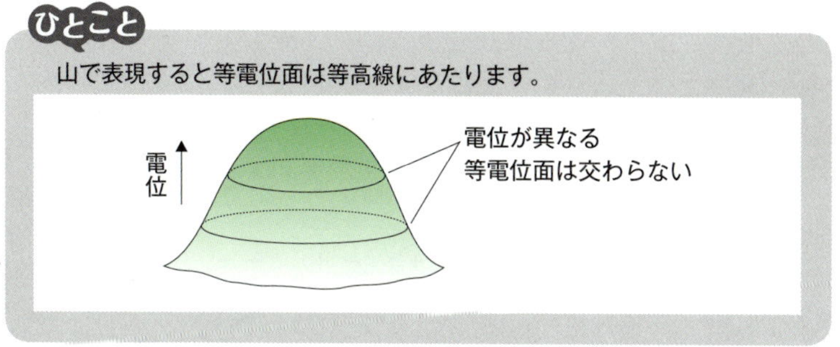

3 誘電分極

誘電分極（ゆうでんぶんきょく）とは，誘電体（絶縁体）に電荷を近づけると，反対の符号を持つ電荷が現れる現象をいいます。絶縁体（ぜつえんたい）とは，電気をほとんど通さない物質のことです。

ひとこと

絶縁体は自由電子をほとんどもたないので，静電誘導のように自由電子が移動するわけではありません。誘電分極が生じる過程をおおまかに説明すると次のようになります。

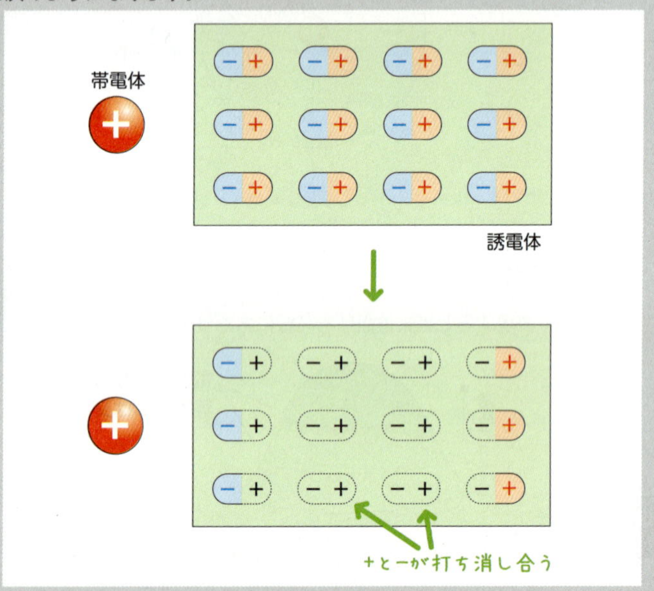

① 原子や分子の内部には電気的な偏りがあります。
② 誘電体に電荷を近づけると静電力が働き，結果として（－＋）のペアが整列しているように考えることができます。
③（－＋）（－＋）（－＋）の＋と－は打ち消し合って，端っこだけが残ります。

また，誘電分極では端に残った電荷による電界が外部の電界を少しだけ打ち消します。誘電体の周りの電界の大きさと電位のグラフを描くと次のようになります。

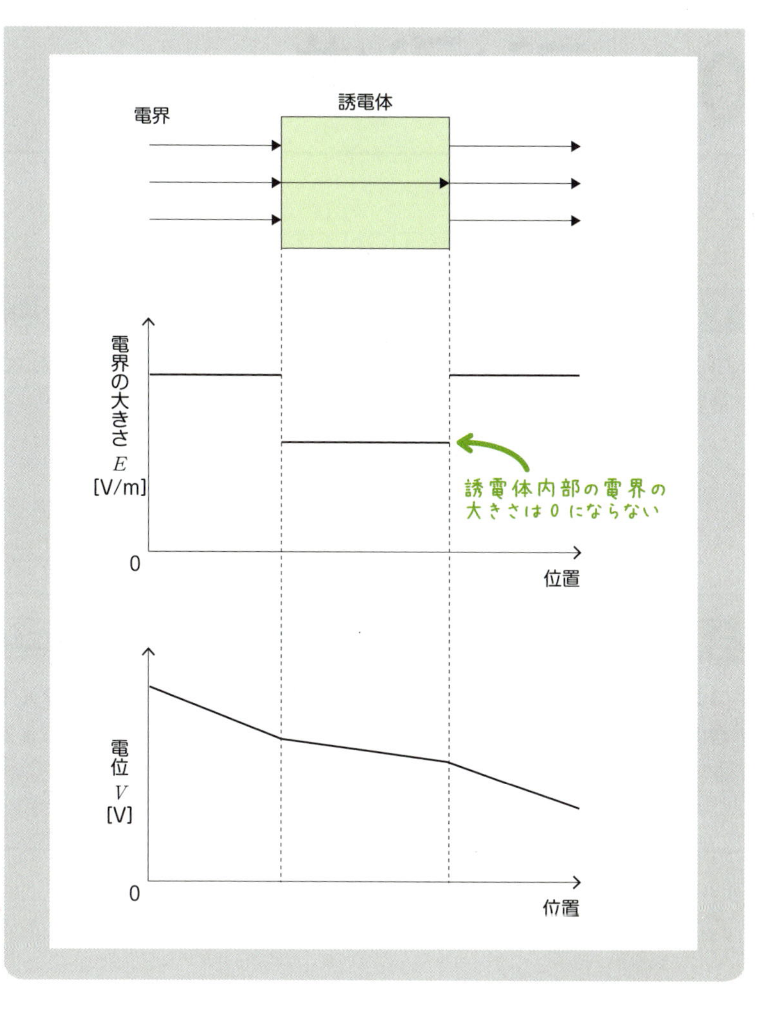
誘電体
電界
電界の大きさ
E
[V/m]
0
位置
誘電体内部の電界の大きさは0にならない
電位
V
[V]
0
位置

ふむ ふむ

SECTION 04

コンデンサ

このSECTIONで学習すること

1 コンデンサと静電容量

コンデンサのしくみと，静電容量の計算方法について学びます。

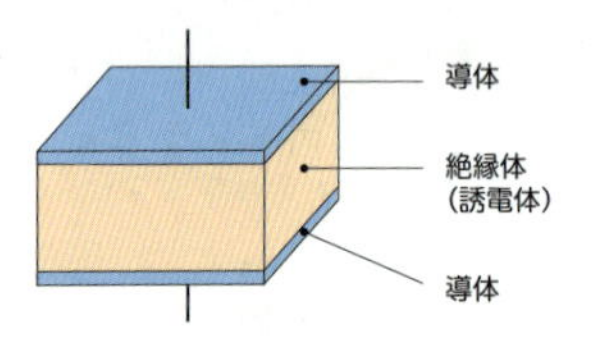

2 誘電率・真空の誘電率・比誘電率

コンデンサを通して誘電率について考えます。

3 コンデンサの並列接続と直列接続

コンデンサを並列・直列接続した場合の合成静電容量の求め方を学びます。

4 コンデンサに蓄えられる静電エネルギー

コンデンサの持つ静電エネルギーとその計算方法について学びます。

1 コンデンサと静電容量

重要度★★★

I コンデンサとは

コンデンサとは，電池などの電源につなげると電気を蓄えることができる電気回路の部品のことです。基本的には，金属板などの導体の間に，電気を通さない絶縁体（誘電体）をはさんでつくります。この金属板を**極板**(きょくばん)といいます。

ひとこと

電気を通さない物質を不導体といい，電気が漏れないように使うと絶縁体，コンデンサに使うと誘電体と区別することもありますが，試験上は同じものと考えてかまいません。

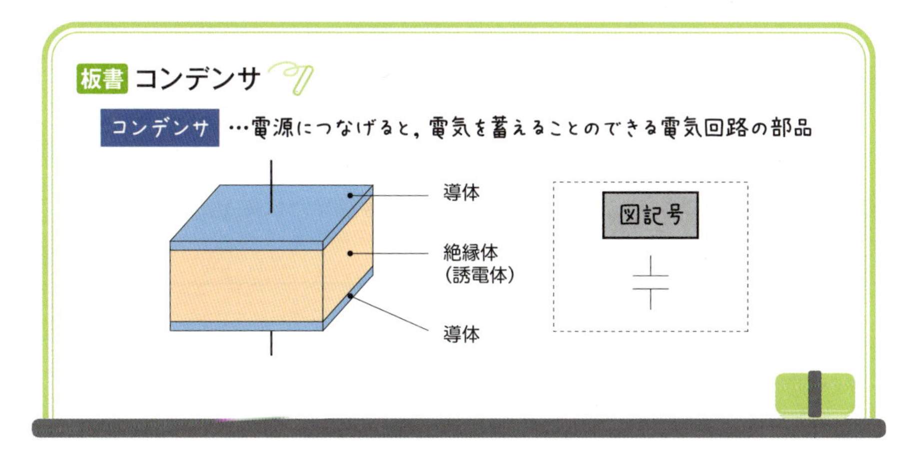

板書 コンデンサ
コンデンサ …電源につなげると，電気を蓄えることのできる電気回路の部品
導体
絶縁体
(誘電体)
導体
図記号

電気を蓄えることができるというのは，電気の正体である正電荷や負電荷を，金属板にくっつけたままにできるという意味です。コンデンサの極板(きょくばん)に電荷を蓄えることを**充電**(じゅうでん)といい，充電したコンデンサから電荷が放出されることを**放電**(ほうでん)といいます。

次の回路図において，電圧 V[V]を加えると，各極板に $+Q$[C]と $-Q$[C]の電荷が帯電します。また，極板間においては，どこであっても電界の大きさが一定となる，**平等電界**(びょうどうでんかい)が生じます。

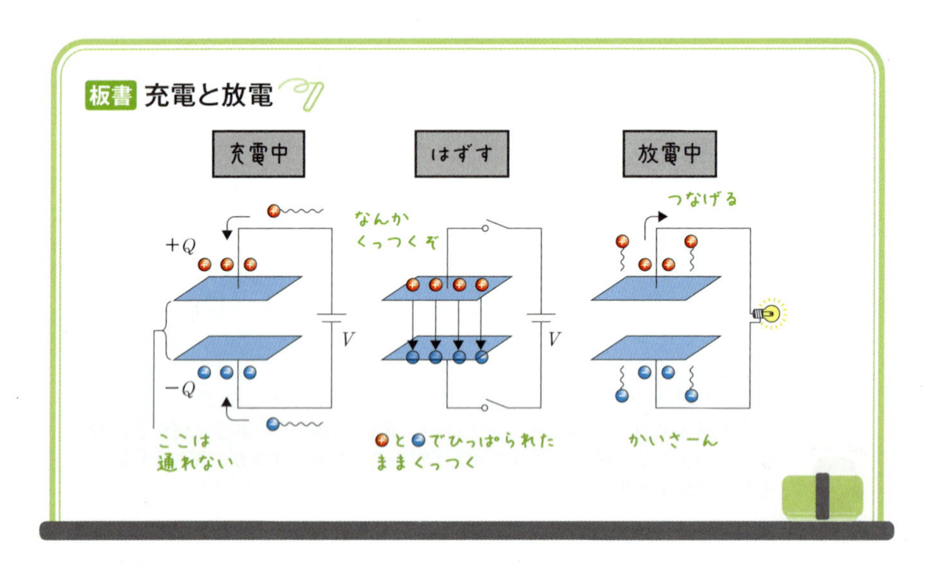

II 静電容量

コンデンサに蓄えられる電荷Q[C]は，比例定数C[F]と極板間の電圧V[V]の積で表します。この比例定数は，**静電容量**(せいでんようりょう)または**キャパシタンス**（量記号：C，単位：F(ファラド)）と呼ばれます。

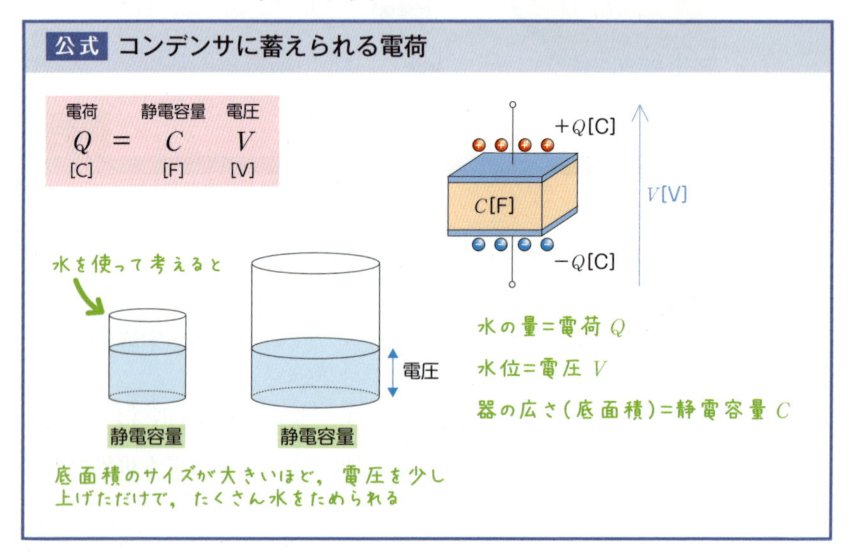

ひとこと

[F]は単位としては大きすぎるので，マイクロファラド[μF]やピコファラド[pF]がよく使われます。静電容量は，[C/V]を使わず，[F]という単位で表します。

基本例題　コンデンサに蓄えられる電荷

静電容量$C=200$ μFのコンデンサに電圧$V=10$ Vを加えた。コンデンサに蓄えられる電荷Q[C]を求めよ。

解答

$Q=CV$だから，$Q=(200\times10^{-6})\times10=2\times10^{-3}$ C

静電容量C[F]は，コンデンサの電荷の蓄えやすさを表します。誘電体の誘電率をε [F/m]，極板の面積をA[m^2]，両極板間の距離をℓ [m]とすると，

$$C=\frac{\varepsilon A}{\ell}\text{[F]}$$

と表現できます。

公式　静電容量（電荷の蓄えやすさ）

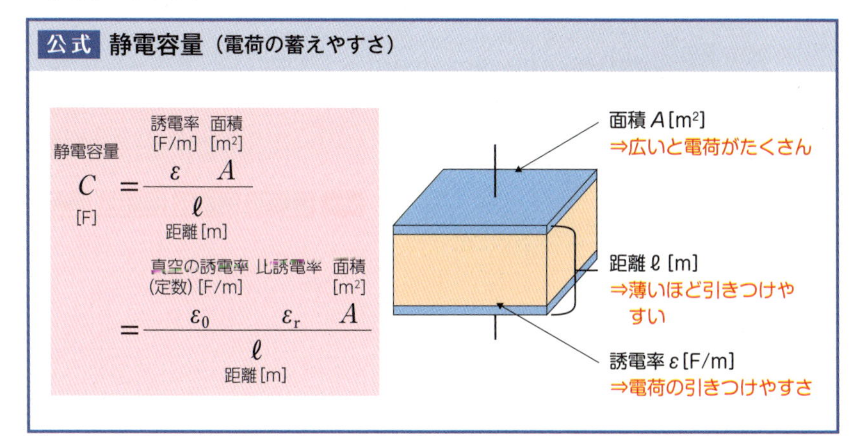

$$C=\frac{\varepsilon A}{\ell}=\frac{\varepsilon_0\varepsilon_r A}{\ell}$$

ひとこと

電極板間に比誘電率ε_rの大きな誘電体をはさむほど，静電容量Cは大きくなります。

平行平板コンデンサの金属板上には，電荷が一様に分布しています。また，間にはさまっている絶縁体（誘電体）内部の電気力線密度も一様になり，平等電界となります。電界の大きさは次のようになります。

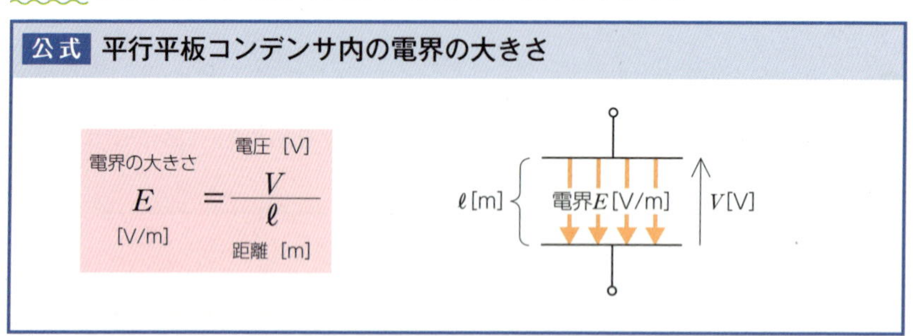

公式　平行平板コンデンサ内の電界の大きさ
電界の大きさ
電圧［V］
$E = \dfrac{V}{\ell}$
［V/m］
距離［m］
ℓ［m］
電界E［V/m］
V［V］

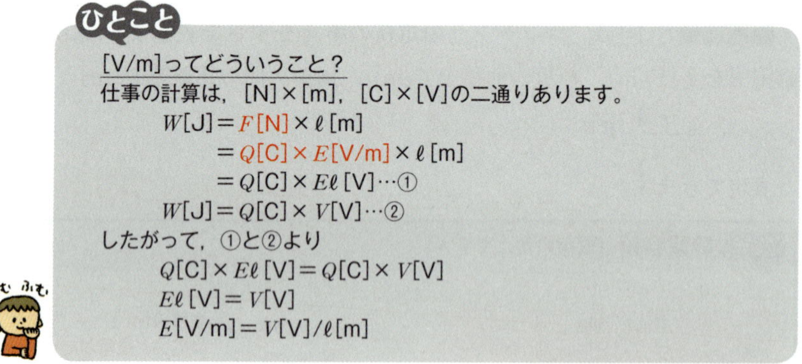

ひとこと
［V/m］ってどういうこと？
仕事の計算は，［N］×［m］，［C］×［V］の二通りあります。
W［J］＝F［N］×ℓ［m］
＝Q［C］×E［V/m］×ℓ［m］
＝Q［C］×$E\ell$［V］…①
W［J］＝Q［C］×V［V］…②
したがって，①と②より
Q［C］×$E\ell$［V］＝Q［C］×V［V］
$E\ell$［V］＝V［V］
E［V/m］＝V［V］/ℓ［m］

問題集　問題30　問題31　問題32　問題33

2 誘電率・真空の誘電率・比誘電率 重要度★★★

I コンデンサで考える誘電率

ここで改めて，誘電率とは何かについて考えましょう。**誘電率**（ゆうでんりつ）とは，コンデンサの極板間にはさまれた誘電体（媒質（ばいしつ））の誘電分極のしやすさを表します。

たとえば，誘電体に電界をかけると原子レベルで電気的な偏りが生じます。これが，**誘電分極**（ゆうでんぶんきょく）です。

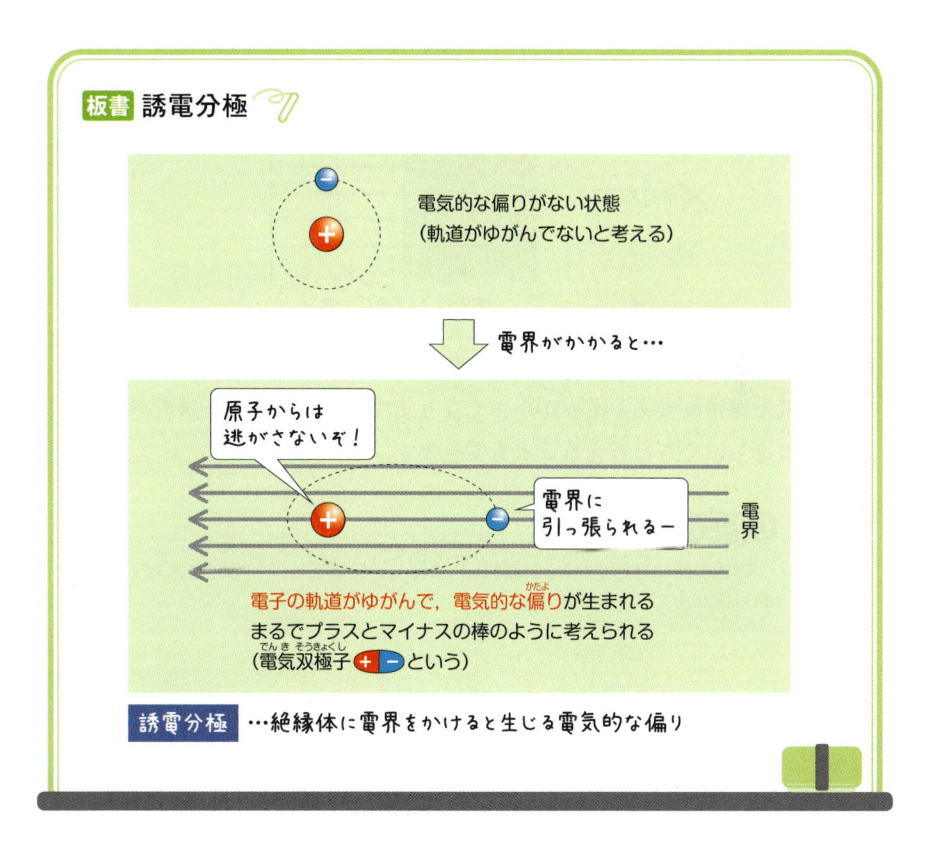

分極が起こると，❶分極した正電荷⊕（プラス）から負電荷⊖（マイナス）に向かって電気力線が出ます。❷これは，もとからある電気力線（電界は電気力線密度）と逆向き

になるので，❸打ち消し合います。

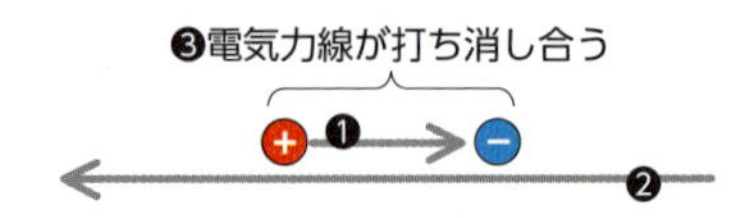

このことをふまえて，真空部分と誘電体（絶縁体）部分があるコンデンサについて考えましょう。コンデンサに電圧を掛けると，誘電体をはさんだ部分では分極が起こり，一部の電気力線を打ち消します。したがって，誘電体部分では電界が小さくなります。

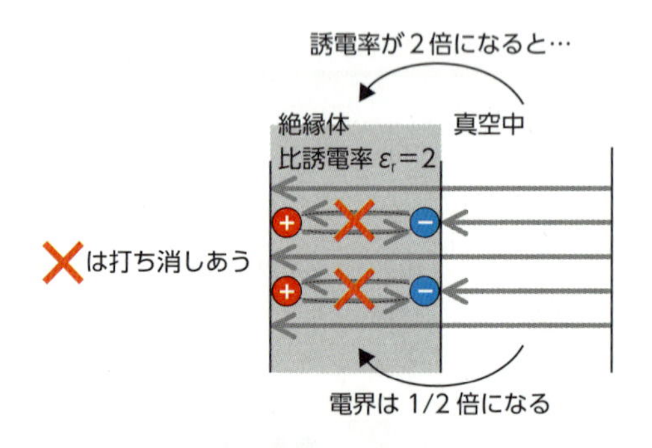

誘電率が大きい，つまり，分極をしやすい誘電体ほど，電気力線を打ち消し，電気力線密度である電界が小さくなります。したがって，誘電率は，電気力線の透しにくさと考えることもできます。

ひとこと

極板の間にはさまれた絶縁体を誘電体といいます。同じ意味と考えて問題ありません。

Ⅱ コンデンサで考える真空の誘電率

真空の誘電率 ε_0**[F/m]**は，分極のしやすさではありません。何もない状態での電気力線の透しにくさです（区別するために透電率ということもあります）。

ひとこと

真空中には何もないので分極のしようがないからです。

Ⅲ コンデンサで考える比誘電率

コンデンサの極板の間に誘電体をはさむと，真空に比べて誘電分極により，さらに電気力線を透しにくくなります。

真空の何もない状態を基準として，電気力線を何倍透しにくくなるかを示す値を，**比誘電率** ε_rといいます。

公式 比誘電率

$$\varepsilon = \varepsilon_0 \varepsilon_r$$

誘電率：ε [F/m]
真空の誘電率（定数）：ε_0[F/m]
比誘電率：ε_r ※比率なので単位なし

したがって，比誘電率 $\varepsilon_r = \dfrac{\varepsilon}{\varepsilon_0}$となります。

3 コンデンサの並列接続と直列接続

I 並列接続

コンデンサC_1，C_2，…，C_nを並列接続した場合，合成静電容量C_0[F]は$C_0 = C_1 + C_2 + \cdots + C_n$[F]で求めることができます。

公式 並列接続されたコンデンサの合成静電容量

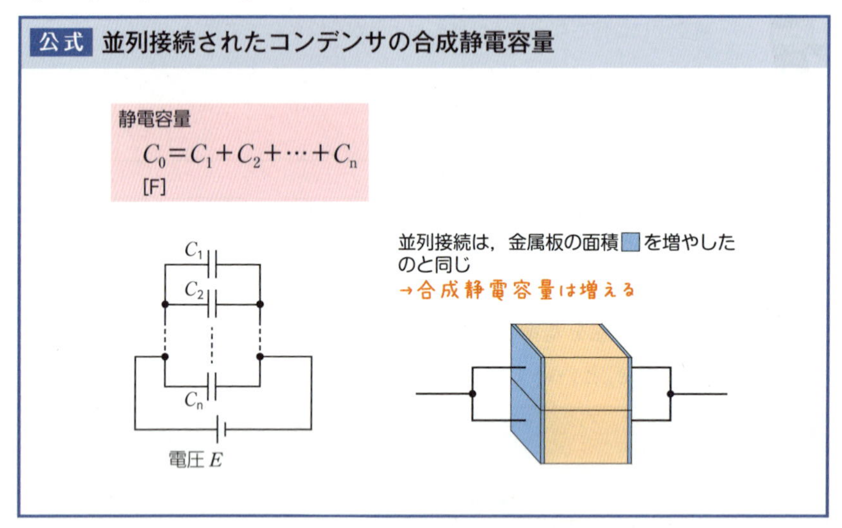

静電容量
$C_0 = C_1 + C_2 + \cdots + C_n$
[F]
C_1
C_2
C_n
電圧E
並列接続は，金属板の面積を増やしたのと同じ
→合成静電容量は増える

基本例題 並列接続されたコンデンサの合成静電容量

2つのコンデンサC_1とC_2を，1つのコンデンサC_0に置き換えて等価回路にしたと仮定したとき，コンデンサC_0の静電容量（合成静電容量）[F]はいくらか。

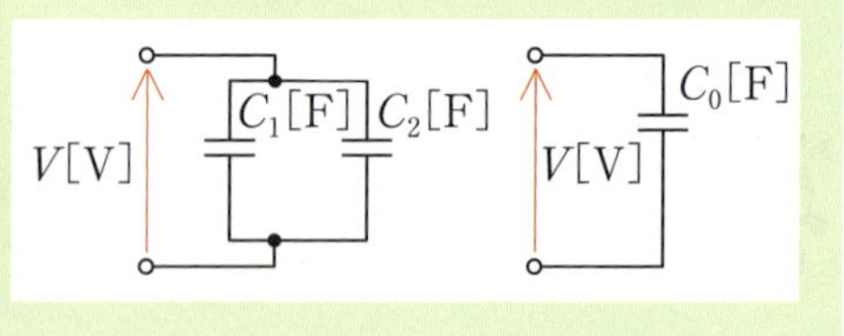

解答

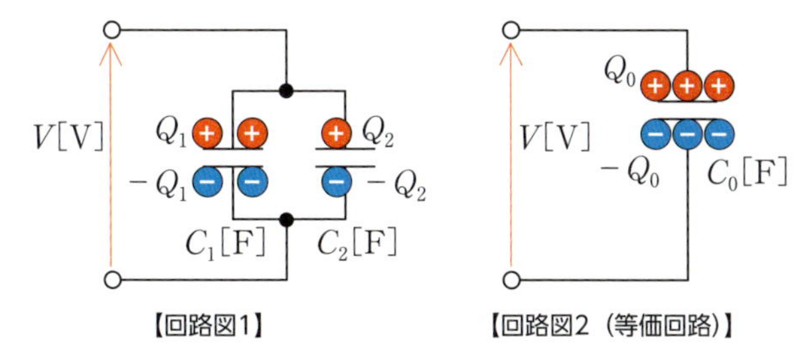

【回路図1】　【回路図2（等価回路）】

回路図１で各コンデンサに蓄えられる電荷を，それぞれQ_1，Q_2とする。
各コンデンサにかかる電圧は並列接続なので等しいから，

$$\begin{cases} Q_1 = C_1 V[\mathrm{C}] \\ Q_2 = C_2 V[\mathrm{C}] \end{cases}$$

よって回路図１全体で蓄えられる電荷$Q_0 = Q_1 + Q_2$は，

$$Q_0 = Q_1 + Q_2 = C_1 V + C_2 V = (C_1 + C_2) V[\mathrm{C}] \quad \cdots①$$

次に回路図２全体で蓄えられる電荷Q_0は，

$$Q_0 = C_0 V[\mathrm{C}] \quad \cdots②$$

①＝②より，

$$C_0 V = (C_1 + C_2) V$$

よって，$C_0 = (C_1 + C_2)[\mathrm{F}]$

Ⅱ 直列接続

コンデンサを直列接続した場合，各コンデンサに等しい電荷が蓄えられます。

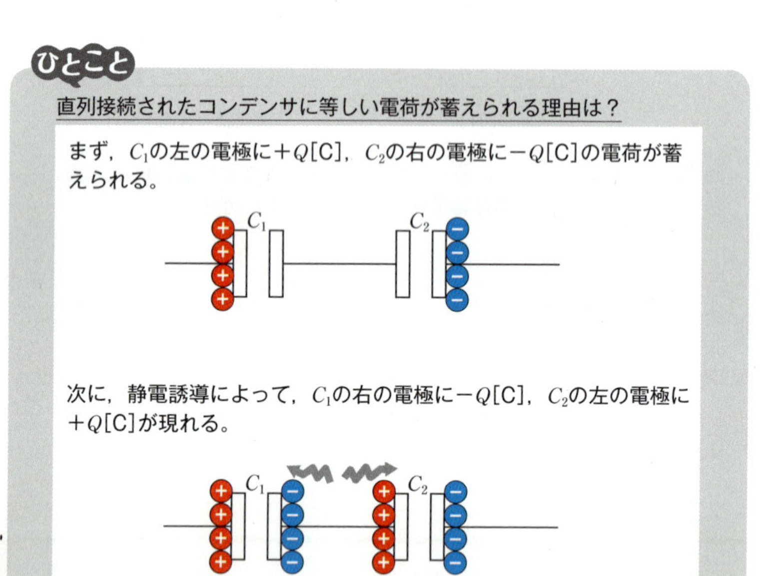

基本例題　直列接続されたコンデンサの合成静電容量

２つのコンデンサC_1，C_2を，１つのコンデンサC_0に置き換えて等価回路にした場合，コンデンサC_0の静電容量（合成静電容量）[F]はいくらか。

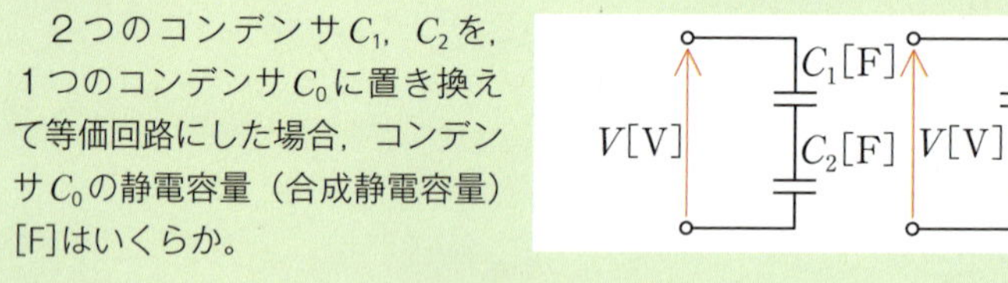

解答

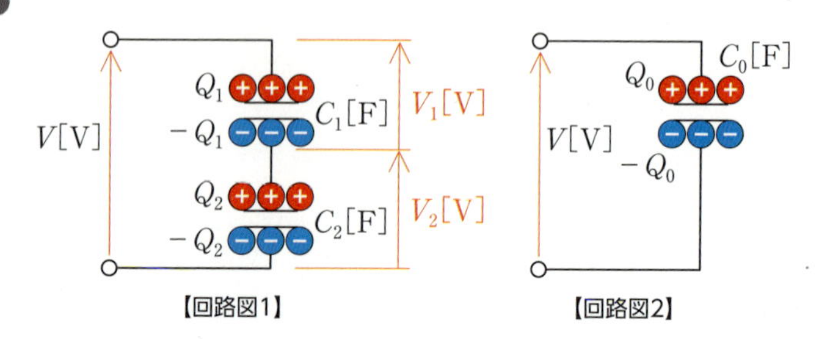

【回路図1】　【回路図2】

回路図1において各コンデンサに蓄えられる電荷をQ_1，Q_2，電圧をV_1，V_2，静電容量をC_1，C_2とする。

$$\begin{cases} Q_1 = C_1 V_1 [\mathrm{C}] \\ Q_2 = C_2 V_2 [\mathrm{C}] \end{cases}$$

直列回路なので各コンデンサに蓄えられる電荷は等しいから$Q_1 = Q_2$

回路図1と回路図2は等価回路だから，各コンデンサに蓄えられる電荷は等しく，

$$Q_1 = Q_2 = Q_0$$

$$\Rightarrow C_1 V_1 = C_2 V_2 = Q_0$$

$$\Rightarrow V_1 = \frac{Q_0}{C_1},\ \ V_2 = \frac{Q_0}{C_2}$$

また，

$$V = V_1 + V_2 = \frac{Q_0}{C_1} + \frac{Q_0}{C_2} = \left(\frac{1}{C_1} + \frac{1}{C_2}\right) Q_0 [\mathrm{V}]$$

よって，

$$C_0 = \frac{Q_0}{V} = \frac{Q_0}{\left(\frac{1}{C_1} + \frac{1}{C_2}\right) Q_0} = \frac{1}{\frac{1}{C_1} + \frac{1}{C_2}} [\mathrm{F}]$$

2つのコンデンサC_1とC_2を直列に接続したときの合成静電容量C_0[F]は

$$C_0 = \frac{1}{\frac{1}{C_1} + \frac{1}{C_2}} = \frac{C_1 C_2}{C_1 + C_2} [\mathrm{F}]$$

の形に変形することができます。

また，コンデンサC_1，C_2，…，C_nを直列に接続した場合，合成静電容量C_0[F]は，

$$C_0 = \frac{1}{\frac{1}{C_1} + \frac{1}{C_2} + \cdots + \frac{1}{C_n}} [\mathrm{F}]$$

となります。

公式 直列接続されたコンデンサの合成静電容量

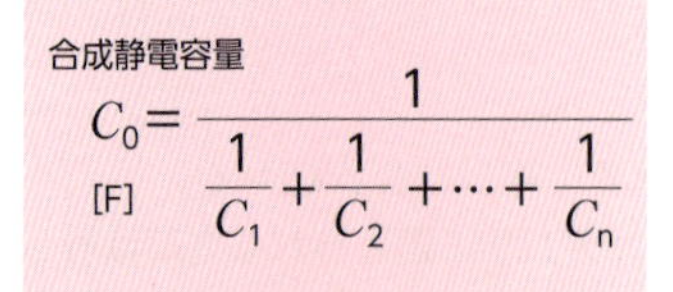

直列接続は，距離が長くなったと考える
→合成静電容量は減る

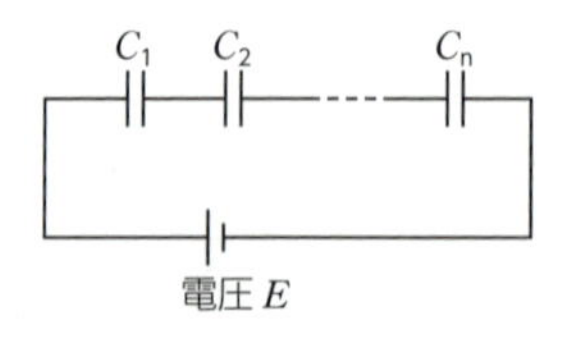

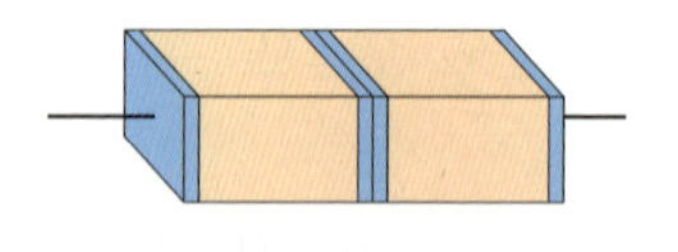

問題集 問題34 問題35 問題36 問題37 問題38 問題39 問題40 問題41 問題42 問題43 問題44

4 コンデンサに蓄えられる静電エネルギー 重要度★★★

静電エネルギー（せいでん）（量記号：W，単位：J（ジュール））とは，充電されたコンデンサが持っているエネルギーのことです。充電されたコンデンサの端子間を導体でつなぐと，電荷を放出するのでエネルギーがあると考えられます。

静電容量C[F]のコンデンサにQ[C]の電荷が蓄えられており，極板間の電位差がV[V]のとき，静電エネルギーW[J]は，

$$W = \frac{1}{2}QV = \frac{1}{2}CV^2 = \frac{1}{2}\frac{Q^2}{C}\,[\mathrm{J}]$$

と表すことができます。

公式 静電エネルギー

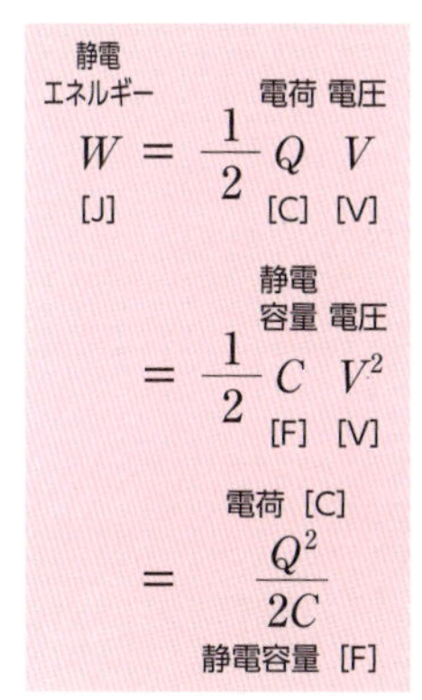

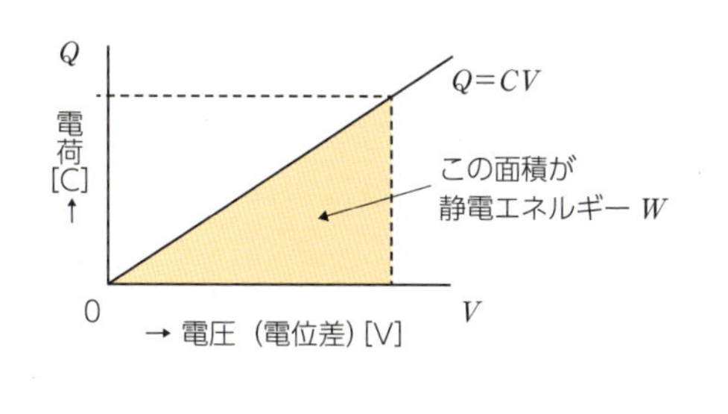

ひとこと

電気のつぶを１Cずつ移動させると考えたとき，たとえば＋がたくさんある場所に＋をもう１つ押し込めたり，引き寄せたりするのは大変そうです。小さな電荷をとどめるには小さい電圧でよく，大きな電荷になるにつれて徐々に大変になっていきます。このようすが上のグラフです。

ひとこと

（発展）静電エネルギーの導出

一方の極板から他方へ小さい電荷dQ[C]を移すことによってコンデンサを充電して行くと考えます。電荷dQ[C]を移動させる仕事は

$$dW = VdQ\text{[J]}$$

$Q = CV$より$V = \frac{Q}{C}$を代入して

$$dW = \frac{Q}{C}dQ\text{[J]}$$

電荷のない状態から最終の電荷Qまで積分すると

$$W = \frac{1}{2}\frac{Q^2}{C}$$

$$= \frac{1}{2}CV^2\text{[J]}$$

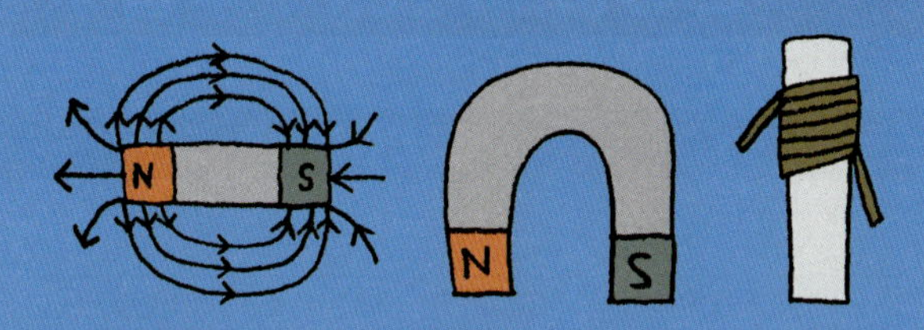

CHAPTER 03

電磁力

CHAPTER 03

電磁力

磁石に働く磁力や，磁力の働く空間である磁界，電流と磁界と力の関係について考えます。この単元も計算問題が多く出題されますので，法則をしっかりと理解しましょう。

このCHAPTERで学習すること

SECTION 01 磁界

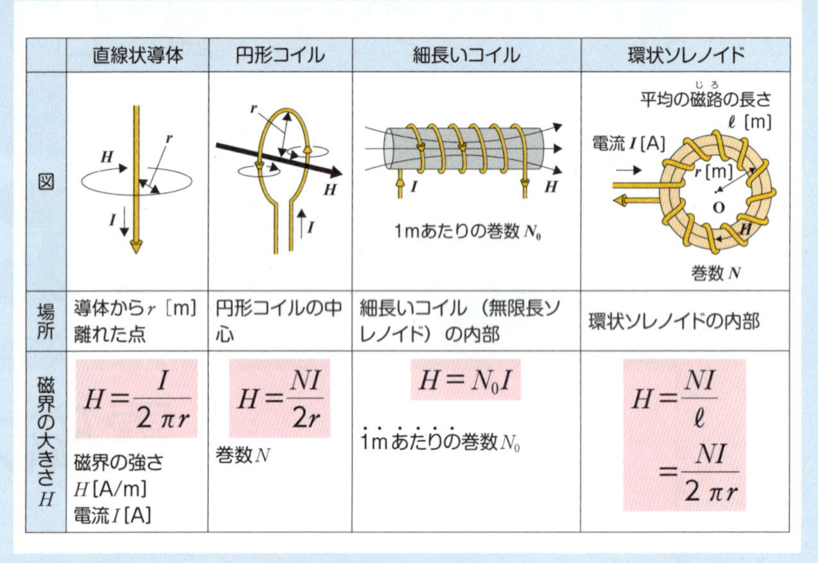

	直線状導体	円形コイル	細長いコイル	環状ソレノイド
図	H, r, I	r, H, I	I, H 1mあたりの巻数 N_0	平均の磁路（じろ）の長さ ℓ [m] 電流 I [A] r [m] O H 巻数 N
場所	導体から r［m］離れた点	円形コイルの中心	細長いコイル（無限長ソレノイド）の内部	環状ソレノイドの内部
磁界の大きさ H	$H=\dfrac{I}{2\pi r}$ 磁界の強さ H [A/m] 電流 I [A]	$H=\dfrac{NI}{2r}$ 巻数 N	$H=N_0I$ 1mあたりの巻数 N_0	$H=\dfrac{NI}{\ell}$ $=\dfrac{NI}{2\pi r}$

電流と磁界の関係について学びます。

SECTION 02 電磁力

① 磁束密度と電流の向きが垂直な場合

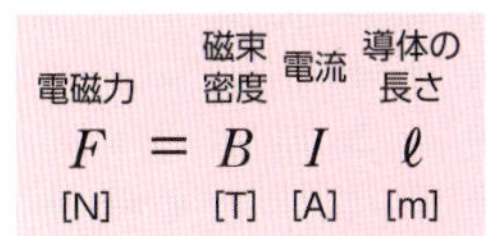

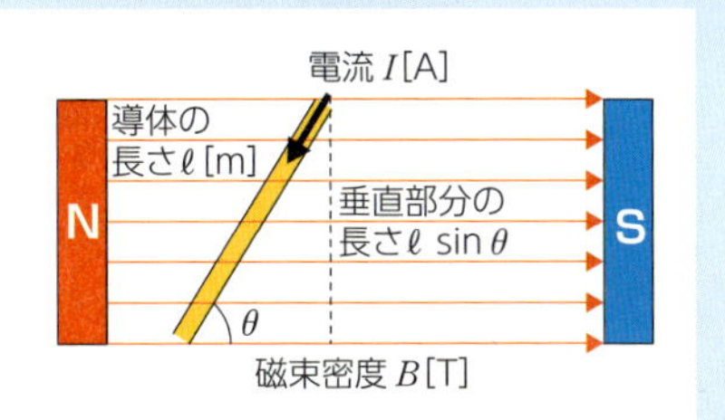

② 磁束密度と電流の向きの角度がθの場合

電磁力 F [N] = 磁束密度 B [T] 電流 I [A] 導体の長さ ℓ [m] $\sin\theta$

$$F = BI\ell\sin\theta$$

電流と磁界による電磁力や，トルクについて学びます。

SECTION 03 磁気回路と磁性体

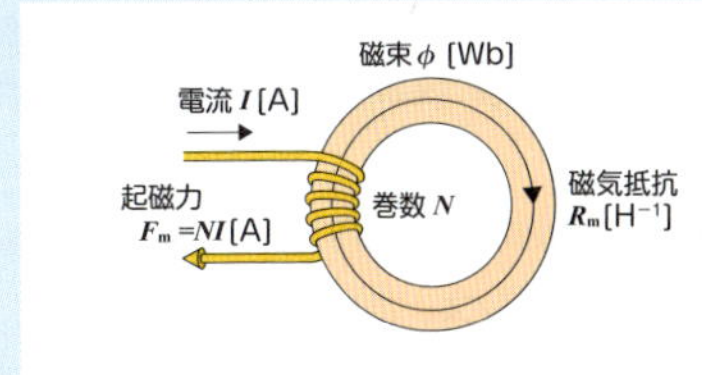

磁気抵抗 R_m [H^{-1}]，磁路の長さ ℓ [m]，透磁率 μ [H/m]，断面積 A [m^2]

$$R_m = \frac{\ell}{\mu A}$$

磁束の通り道である磁気回路と，そこで成り立つオームの法則などについて学びます。

SECTION 04 電磁誘導

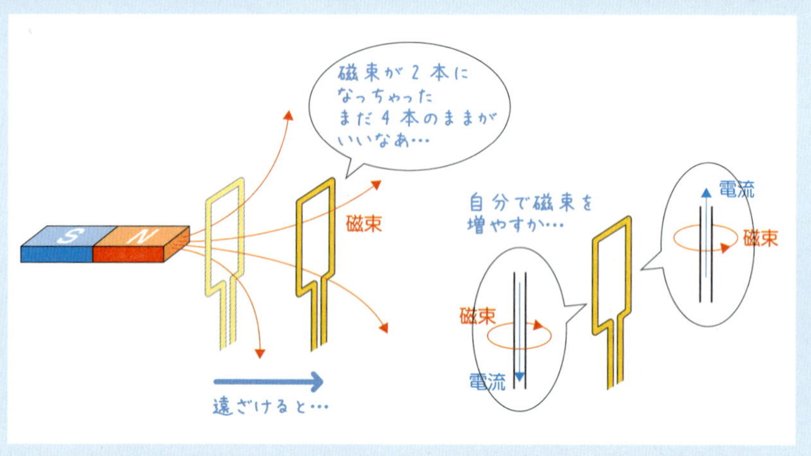

コイルに起電力が発生するしくみや，さまざまな法則について学びます。

SECTION 05 インダクタンスの基礎

$$e = -L\frac{\Delta I}{\Delta t} = -N\frac{\Delta\phi}{\Delta t}$$

（e：誘導起電力 [V]，L：自己インダクタンス [H]，ΔI：電流変化 [A]，Δt：時間変化 [s]，N：巻数，$\Delta\phi$：磁束変化 [Wb]，Δt：時間変化 [s]）

$$L = \frac{N\phi}{I} \text{ [H]}$$

誘導起電力：e[V]
自己インダクタンス：L[H]→$\left[\frac{\mathrm{Wb}}{\mathrm{A}}\right]$のこと
電流変化：ΔI[A]
時間変化：Δt[s]
巻数：N
磁束変化：$\Delta\phi$ [Wb]

インダクタンスの考え方とその計算方法について学びます。

傾向と対策

出題数

2～4問／22問中

・計算問題中心

	H22	H23	H24	H25	H26	H27	H28	H29	H30	R1
電磁力	2	3	2	2	2	2	3	4	2	2

ポイント

右ねじの法則，フレミングの右手の法則，フレミングの左手の法則のように，向きを正しく理解しないと解けない問題が多いため，注意しましょう。電流と磁界の関係は，コイルや導体の形状によって公式が異なるので，多くの問題を解いてしっかりと理解しましょう。電磁誘導の考え方は，交流回路や機械の発電機でも大切になります。

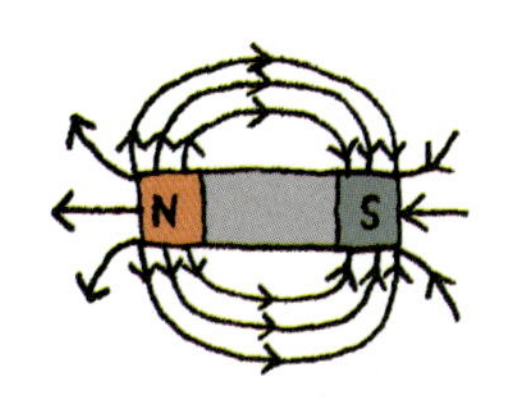

SECTION 01

磁界

このSECTIONで学習すること

1 磁力(磁気力)

磁極や磁力について学びます。

2 磁気に関するクーロンの法則

磁力の向きと大きさを求めるために必要な磁気に関するクーロンの法則について学びます。

3 磁界

磁界とその強さの計算方法，磁力線，磁束について学びます。

磁力		磁極の強さ	磁界の大きさ
F	$=$	m	H
[N]		[Wb]	[A/m]

4 電流と磁界の向き

電流によって発生する磁界の向きについて学びます。

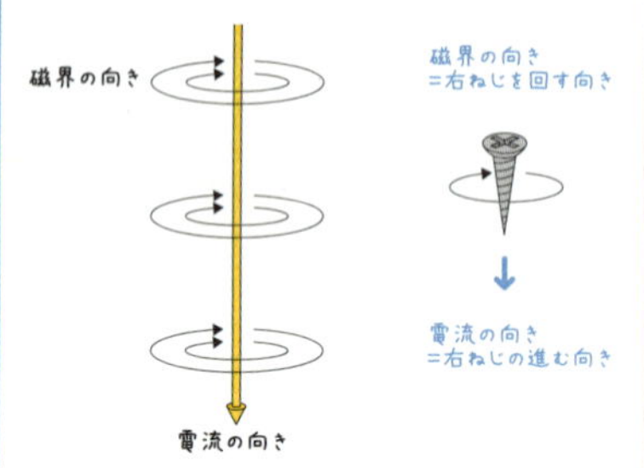

5 電流と磁界の大きさ

電流によって発生する磁界の大きさの計算方法について学びます。

1 磁力(磁気力)

重要度★★★

I 磁石と磁気

磁石(じしゃく)には,鉄などを引きつける性質である**磁性**(じせい)があります。磁石の両端は鉄を引きつける力が最も強く,このように最も引きつける力が強い部分のことを**磁極**(じきょく)といいます。

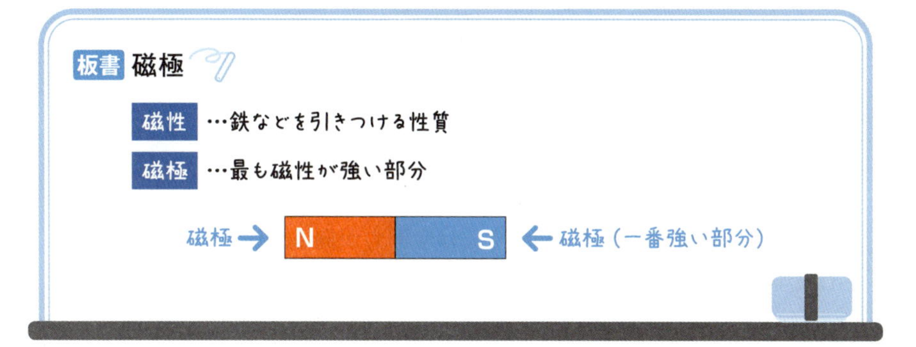

板書 磁極
磁性 …鉄などを引きつける性質
磁極 …最も磁性が強い部分
磁極
N
S
磁極(一番強い部分)

ひとこと

上の磁石では,磁極が左右に2極あります。極対数は2つで1セットであり,1対と数えます()。

II 磁気誘導

磁気誘導(じきゆうどう)とは,磁気が接近すると,鉄などの物質に反対の磁極が現れる現象をいいます。たとえば,磁石にクリップなどの鉄を近づけると,次の図のように連なってくっつきます。これは,クリップに交互にN極とS極が現れて吸引力が働くからです。

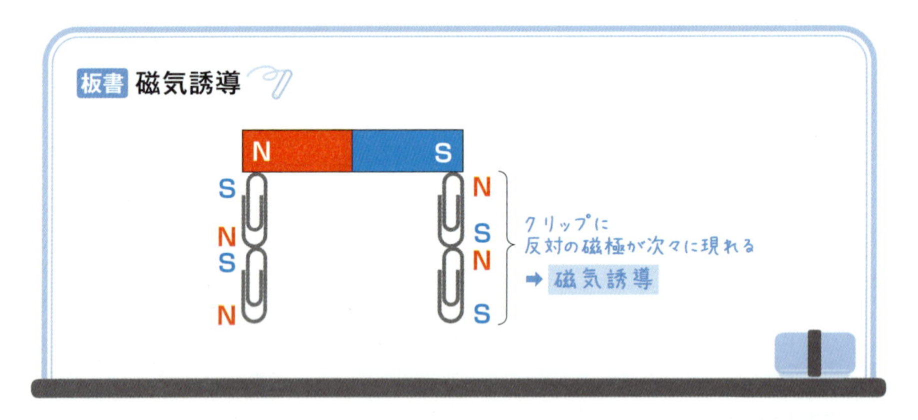

Ⅲ 磁界

磁界(じかい)とは，磁力の働く空間をいいます。磁力(じりょく)（磁気力(じきりょく)）とは，磁石が鉄などを引きつけるときに働く力のことです。磁石には，N極（正極）とS極（負極）があり，異なる性質の磁極どうしは吸引力が働き，同じ性質の磁極どうしは反発力が働きます。

2 磁気に関するクーロンの法則

静電気に関するクーロンの法則と同じく，磁気においても磁気に関するクーロンの法則があります。

ひとこと

試験では，電気と磁気で似た性質のもの（クーロンの法則など）に関しては，静電気の問題として出題される傾向にあります。したがって，重要度が少し低くなります。

同種の磁極は反発し合い，異種の磁極は引き合います。このように，磁極の間に働く力を磁力(じりょく)（量記号：F，単位：N）といいます。

ひとこと

N極とS極はセットで存在し，N極だけ，S極だけということは存在しませんが，簡単に考えるためにN極やS極が単体で存在すると考えることがあります。

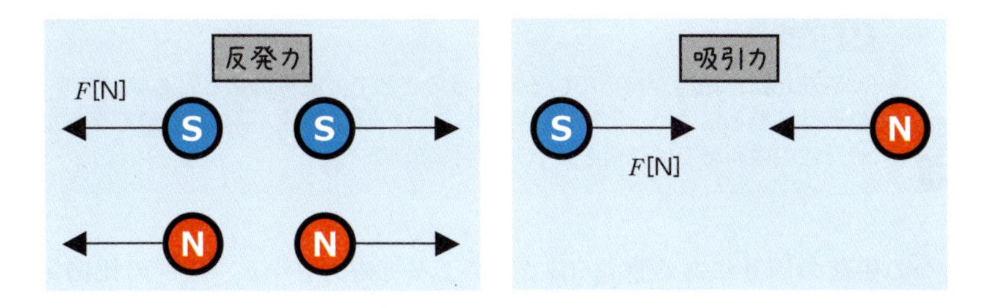

Ⅰ 磁力の向き

磁力の向きは，2つの点磁極を結ぶ一直線上に働き，同種の磁極であれば反発する方向に，異種の磁極であれば引き合う方向に働きます。

Ⅱ 磁力の大きさ

2つの点磁極が及ぼし合う磁力の大きさF[N]は，**磁荷**（じか）（磁極の強さ）（量記号：m，単位：Wb）を使って$F=k_m\dfrac{m_1m_2}{r^2}$で表すことができ，❶2つの点磁荷m_1[Wb]，m_2[Wb]の積に比例し，❷距離r[m]の2乗に反比例します。これを**磁気**（じき）**に関するクーロンの法則**といいます。

公式 磁気に関するクーロンの法則（基本形）

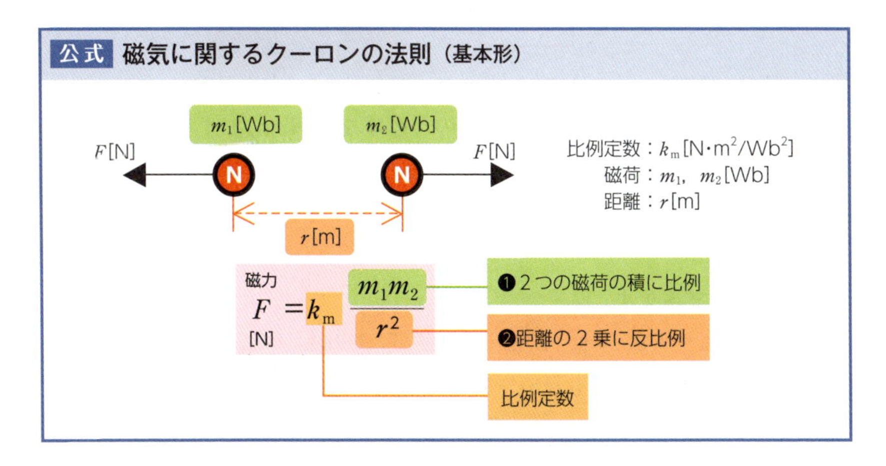

磁荷とは，磁極が持っている磁気量のことで，磁極の強さともいいます。磁荷は電荷とは違い，実際には存在しないものですが，簡単に理解できるため，この教科書では磁荷を使って説明します。

2つの磁荷の周りにある物質（媒質）によって磁力$F=k_m\dfrac{m_1m_2}{r^2}$の比例定数k_mの値が変わります。すなわち，磁荷の周りにどんな物質があるかによって磁力が変化します。

真空中における具体的な数字をあてはめたとき，真空中での磁力は磁力$F=6.33\times10^4\times\dfrac{m_1m_2}{r^2}$[N]と表すことができます。

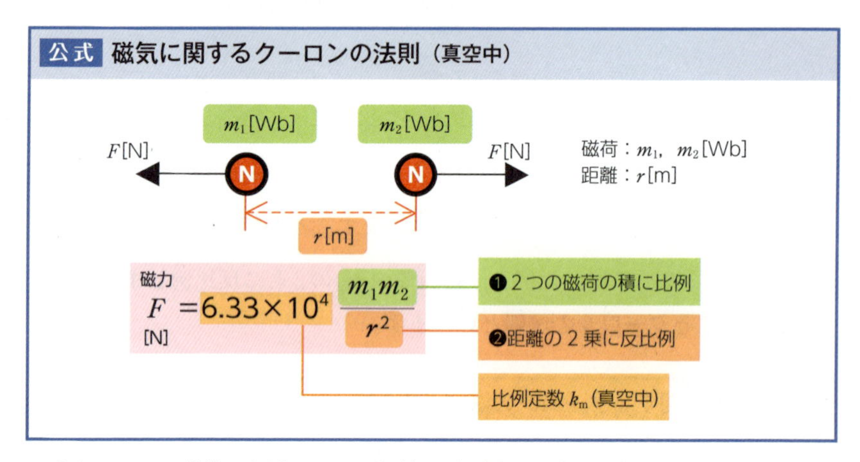

また，2つの磁荷の周りにある物質の透磁率をμ[H/m]とすると，2つの点磁荷m_1[Wb]，m_2[Wb]がr[m]離れているとき，互いに及ぼし合う力F[N]は，

$$F=\frac{1}{4\pi\mu}\cdot\frac{m_1m_2}{r^2}$$

と表すことができます。

透磁率（量記号：μ，単位：H/m）とは磁気（磁力線）の透しにくさです。また真空の透磁率とは，何もない空間での磁気の透しにくさを表します。

真空の透磁率μ_0[H/m]とある物質の透磁率μ[H/m]との比率を比透磁率（量記号：μ_r，単位：倍率なので単位なし）といいます。

3 磁界

重要度★★★

I 磁界の強さ

磁極は，周囲に磁界を生じさせます。**磁界**とは，磁力の働く空間をいいます。

磁界の強さ（量記号：H，単位：A/m）は，磁界中で1 Wbあたりに働く磁力の大きさと向きで考えます。

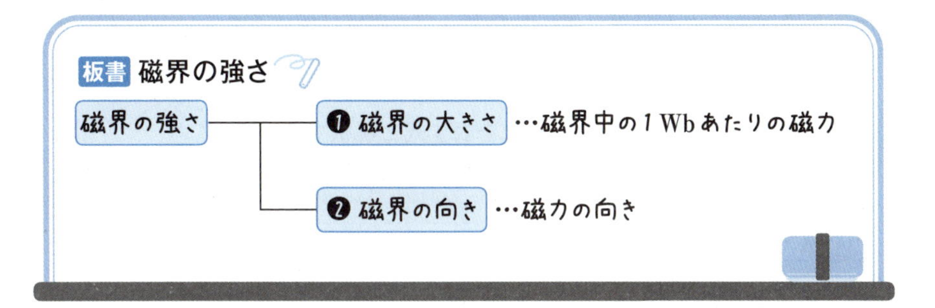

磁界H[A/m]では1 WbあたりH[N]の力が働くので，磁界H[A/m]に磁荷m[Wb]をおいたとき，これに働く磁力の大きさF[N]は，m倍の$F = mH$と表せます。

公式 磁界で働く磁力

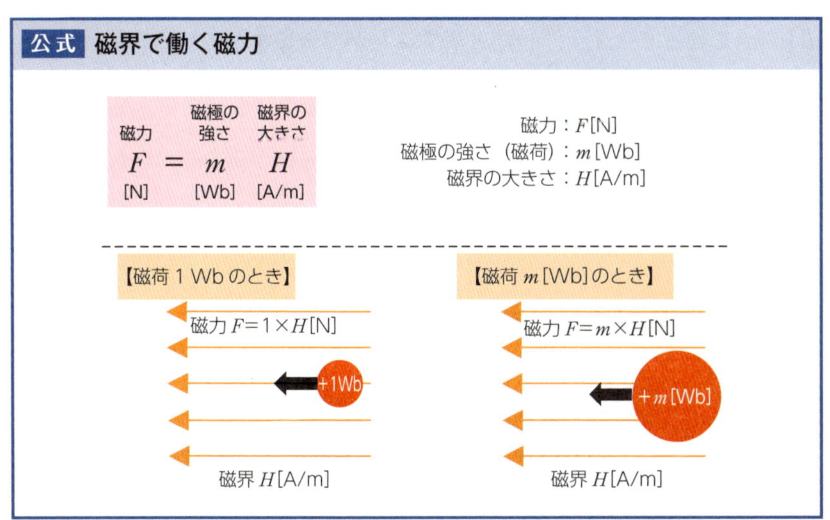

Ⅱ 点磁荷による磁界の強さ

磁力に関する公式として，❶磁気に関するクーロンの法則$F = k_m \cdot \frac{m_1 m_2}{r^2}$と❷磁界$H$で働く磁力$F = mH$の2つが出てきました。この2つを比較すると，

❶磁気に関するクーロンの法則$F = k_m \cdot \frac{m_1 m_2}{r^2}$[N]

❷磁界で働く磁力$F = mH$[N]

と対応させることができます。したがって，磁気に関するクーロンの法則は，点磁荷m_1[Wb]がつくった磁界$H = k_m \cdot \frac{m_1}{r^2}$[A/m]に，点磁荷$m_2$[Wb]をおいた結果，磁力$F$[N]が働いたことを表す式と解釈できます。

Ⅲ 磁力線

1 点磁荷による磁力線

点磁荷がつくる磁界H[A/m]を理解するには，磁力線という仮想の線を考えると便利です。磁力線は,N極から出てS極に吸い込まれる想像上の線です。

点磁荷m[Wb]から出る磁力線の本数Nは，点磁荷の周りの空間の透磁率μ[H/m]を使って，$N = \frac{m}{\mu}$[本]と表すことができます。

透磁率μは，磁力線の透(とお)しにくさと考えられます。なぜなら，$N = \frac{m}{\mu}$[本]の式においてμが分母にあり，これが大きくなるほど磁力線の本数が減るからです。

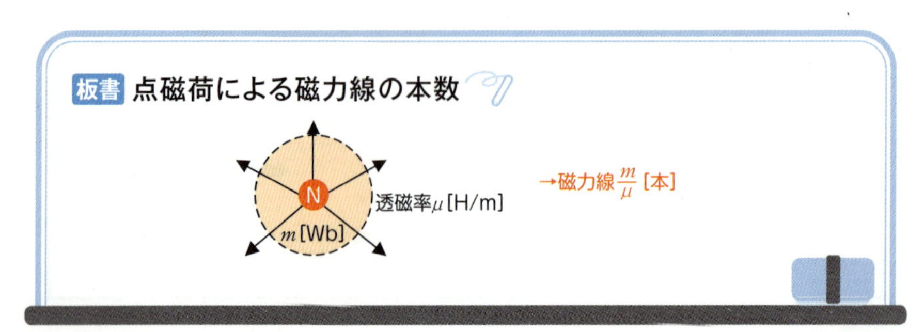

ひとこと
静電気の電気力線と発想は同じで，磁気では磁力線です。

磁力線には，ゴムひものように縮もうとする一方で，ほかの磁力線と反発し合うといった性質があります。磁力線の性質は次のとおりです。

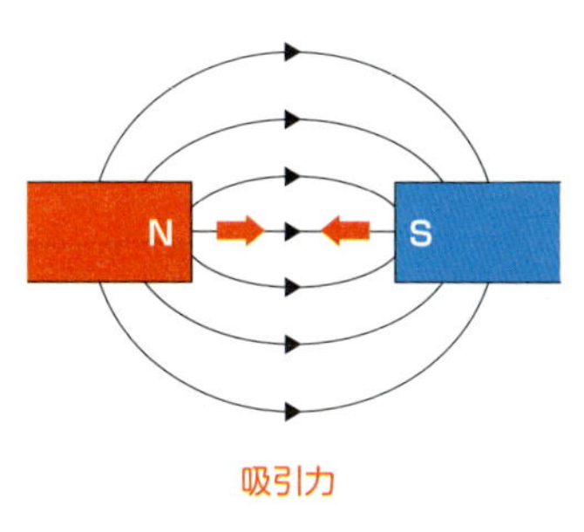

吸引力

磁力線はゴムひもが縮もうとするように，N極とS極は引き寄せ合う

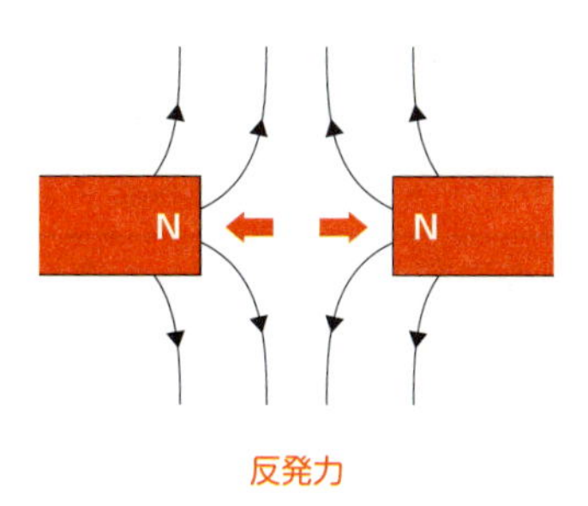

反発力

磁力線は互いに反発するので，N極とN極は離れる

板書 磁力線の性質

① 磁力線は，N極から出てS極に吸い込まれる
② 磁力線は，ゴムひものように縮もうとする一方で，ほかの磁力線と反発し合う
③ 磁力線は，互いに交わらない
④ ある点の磁界の向きは，その点の磁力線の接線の向きと一致する
⑤ 磁界の大きさは，磁力線の密度と一致する

2 磁力線密度と磁界の大きさ

磁界の大きさは，単位面積あたりの磁力線密度と一致します。

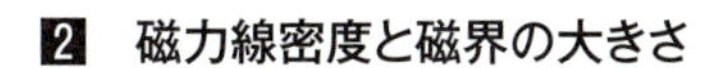

3　点磁荷からr[m]離れた点における磁界の大きさ

透磁率μ[H/m]の物質中に正の点磁荷m[Wb]をおくと，磁力線$\dfrac{m}{\mu}$[本]が点磁荷から放射状に出て球状に広がります。点磁荷m_1[Wb]からr[m]離れた点の磁界の大きさH[A/m]は，

$$H=\frac{磁力線の本数N[本]}{球の表面積A[m^2]}=\frac{\left(\dfrac{m}{\mu}\right)}{4\pi r^2}[A/m]$$

と表すことができます。球の表面積（$4\pi r^2$）が大きくなるにつれて磁力線の密度が小さくなり，磁界の大きさも小さくなっていきます。

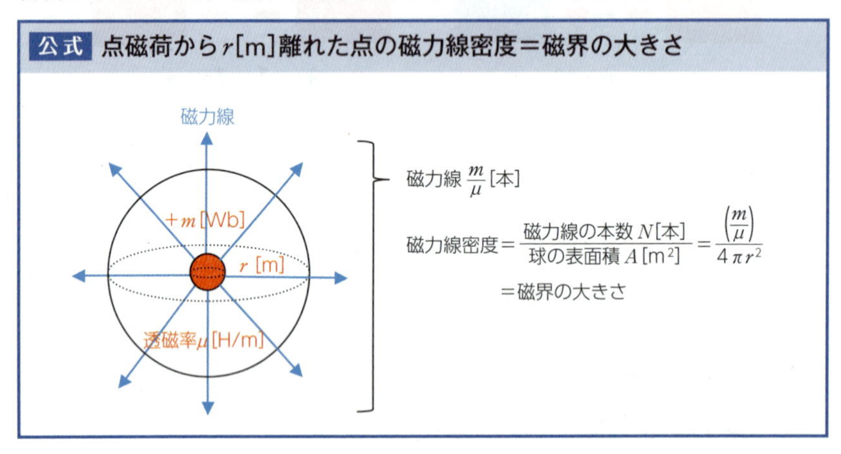

公式　点磁荷からr[m]離れた点の磁力線密度＝磁界の大きさ
磁力線
$+m$[Wb]
r [m]
透磁率μ[H/m]
磁力線 $\frac{m}{\mu}$[本]
磁力線密度＝$\dfrac{磁力線の本数N[本]}{球の表面積A[m^2]}=\dfrac{\left(\frac{m}{\mu}\right)}{4\pi r^2}$
＝磁界の大きさ

点磁荷m_1[Wb]からr[m]離れた点の磁界$H_1=\dfrac{\left(\dfrac{m_1}{\mu}\right)}{4\pi r^2}$に，点電荷$m_2$を置くと，働く磁力$F$[N]は，

$$F=m_2H_1=m_2\cdot\frac{\left(\dfrac{m_1}{\mu}\right)}{4\pi r^2}=\frac{m_1m_2}{4\pi\mu r^2}=\frac{1}{4\pi\mu}\cdot\frac{m_1m_2}{r^2}$$

となります。

4πは具体的な数値であり，透磁率μは媒質が決まれば定数になるため，このように整理します。これと磁気に関するクーロンの法則$F=k_m\cdot\dfrac{m_1m_2}{r^2}$[N]を比較すると，比例定数は$k_m=\dfrac{1}{4\pi\mu}$であることがわかります。

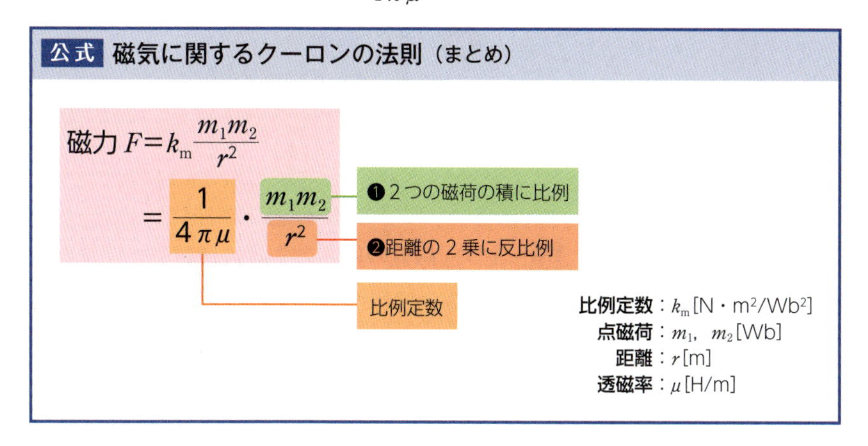

公式 磁気に関するクーロンの法則（まとめ）
磁力 $F=k_m\dfrac{m_1m_2}{r^2}=\dfrac{1}{4\pi\mu}\cdot\dfrac{m_1m_2}{r^2}$
❶2つの磁荷の積に比例
❷距離の2乗に反比例
比例定数
比例定数：k_m[N・m²/Wb²]
点磁荷：m_1，m_2[Wb]
距離：r[m]
透磁率：μ[H/m]

ここで，$\mu_0=4\pi\times10^{-7}$（単位：H/m）は真空の透磁率と呼ばれ，何もない空間での磁力線の透しにくさを表します。ある物質の透磁率μ[H/m]と真空の透磁率μ_0[H/m]との比率を比透磁率μ_rといいます。

ひとこと

空気中の透磁率は真空中の透磁率とほぼ等しく，問題を解くうえでは同じだと考えて問題ありません。

Ⅳ 磁束と磁束密度

磁力線で磁界を考えると，周りの物質から影響を受けて不便なので，磁束や磁束密度という概念を用います。

ひとこと

たとえば，磁力線で考えると，透磁率が異なる物質の境界面では磁力線が連続しなくなってしまいます。

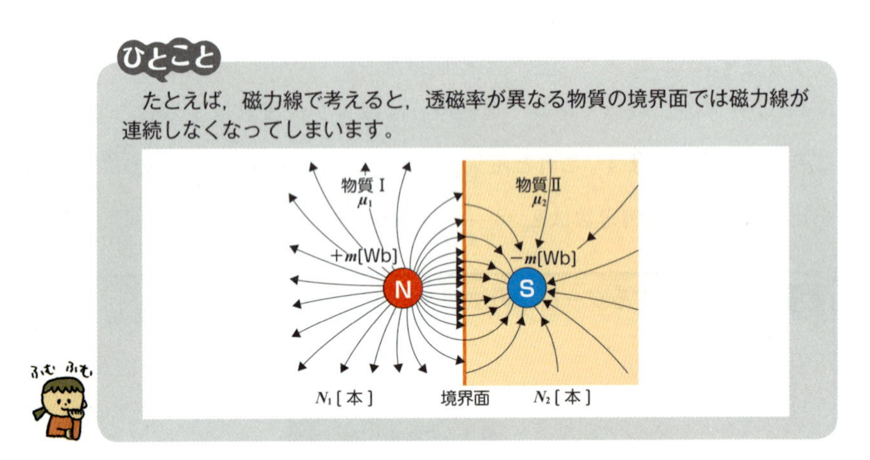

磁束（じそく）（量記号：ϕ（ファイ），単位：Wb（ウェーバー））とは，磁荷の周りの物質の透磁率に関係なく，$+m$[Wb]の磁荷から出るm本の想像上の線のことをいいます。

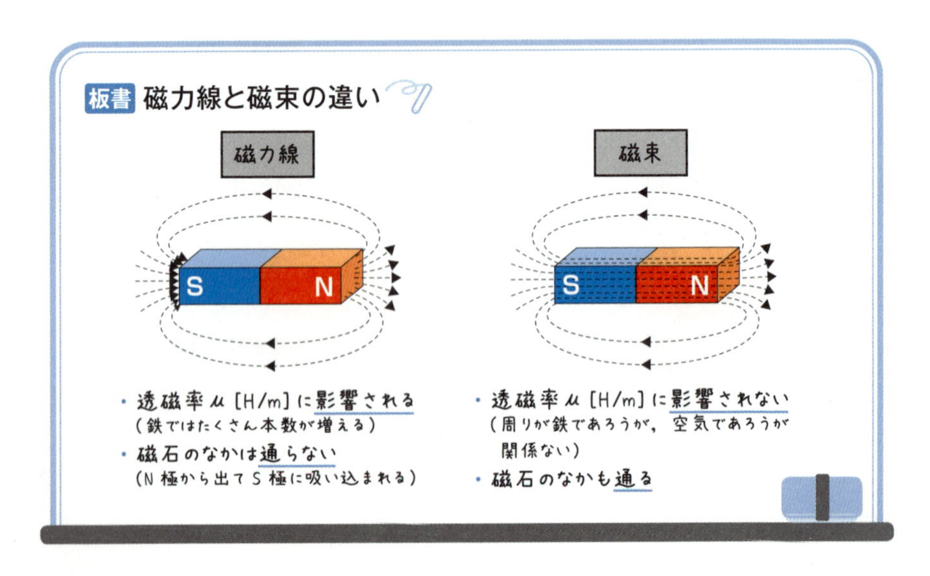

板書 磁力線と磁束の違い
磁力線
磁束
S
N
S
N
・透磁率μ [H/m] に影響される
（鉄ではたくさん本数が増える）
・磁石のなかは通らない
（N極から出てS極に吸い込まれる）
・透磁率μ [H/m] に影響されない
（周りが鉄であろうが，空気であろうが関係ない）
・磁石のなかも通る

磁束密度（量記号：B，単位：T（テスラ））とは，磁束に垂直な1 m^{2}の面積を貫く磁束の本数をいいます。

磁束ϕの本数は，磁力線の透（とお）しにくさである透磁率μ[H/m]を考慮しないので，磁力線の本数のμ倍です。したがって，磁束密度も磁力線密度のμ倍となります。

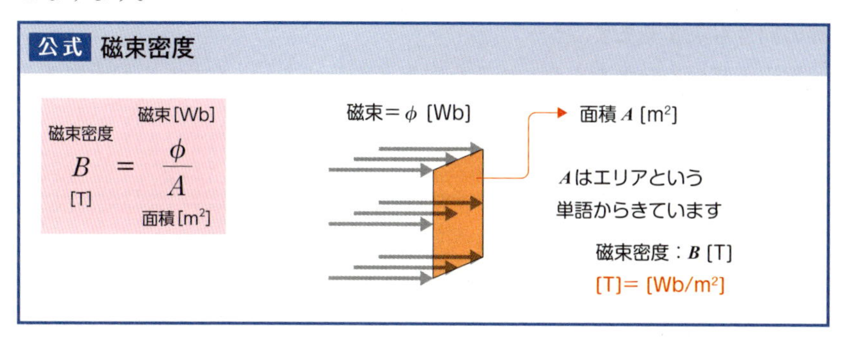

公式 磁束密度と磁力線密度の関係

磁束密度 B [T] ＝ 透磁率 μ [H/m] 磁界の大きさ H [A/m]

$$B = \mu H$$

4 電流と磁界の向き

I アンペアの右ねじの法則

電流が流れる導体の周りには磁界が生じます。電流の向きが決まると，磁界の向きも決まります。

電流が流れる向きを右ねじの進む向きとあわせると，右ねじを回す向きが磁界の向きとなります。これを**右ねじの法則**といいます。

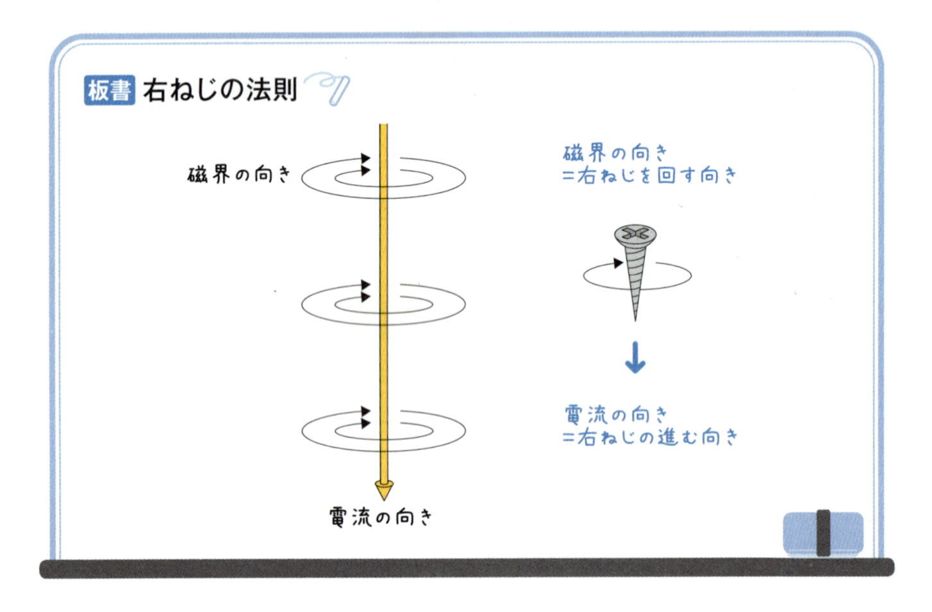

これを上下からみると次の図のようになります。

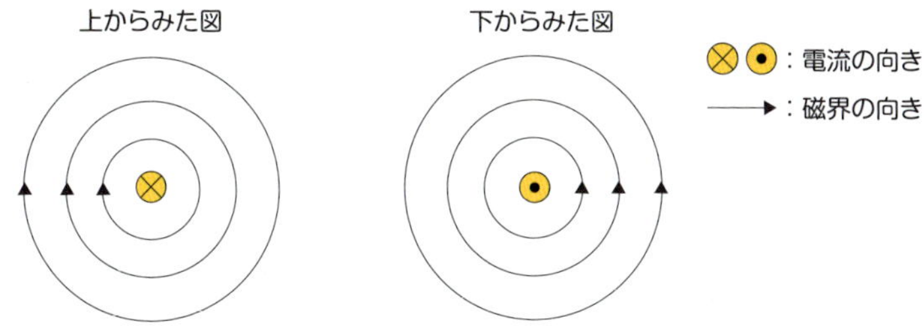

⊗はネジの頭部，⊙はネジの先端を示しています。

⊗はクロス，⊙はドットと読みます。

II 円形コイルの中心部の磁界の向き

円形コイルの中心部では，円形コイルの各点で流れる電流がつくる磁界が合成されます。その結果，円形コイルの中心部分において，磁界の向きは，図のようになります。

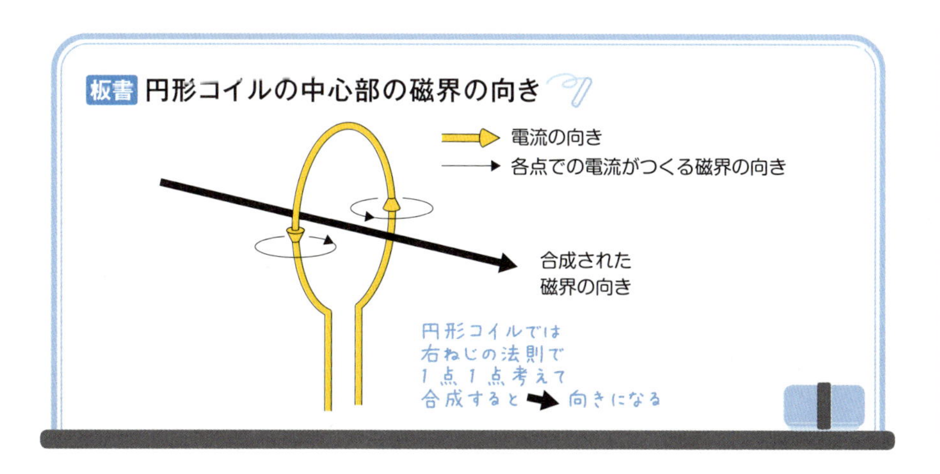

Ⅲ 細長い円筒状のコイルの磁界の向き

細長い円筒状の鉄心に巻いたコイルにおける磁界の向きは，図のようになります。鉄は，磁力線を通しやすく，強力な磁石のような働きをする電磁石になります。

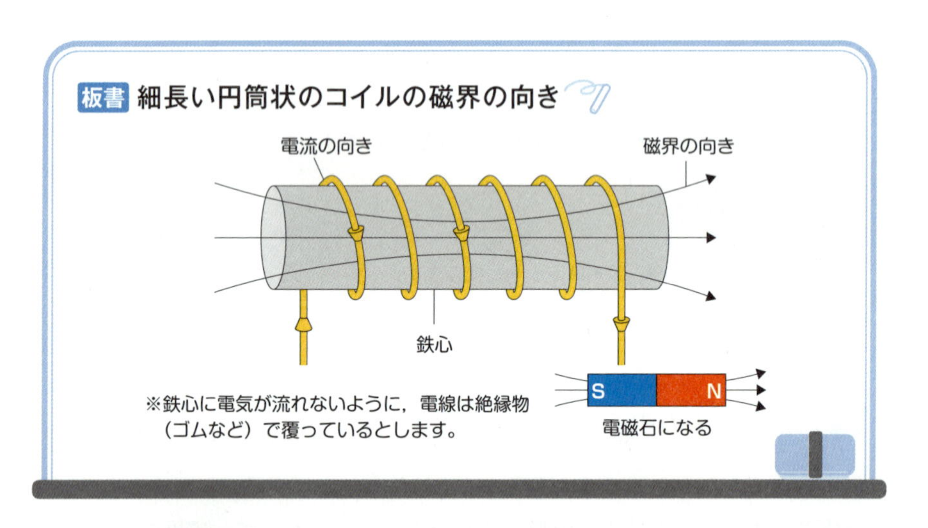

右手の親指を立てて図のように握ると，コイルにおける磁界の向きがわかりやすくなります。

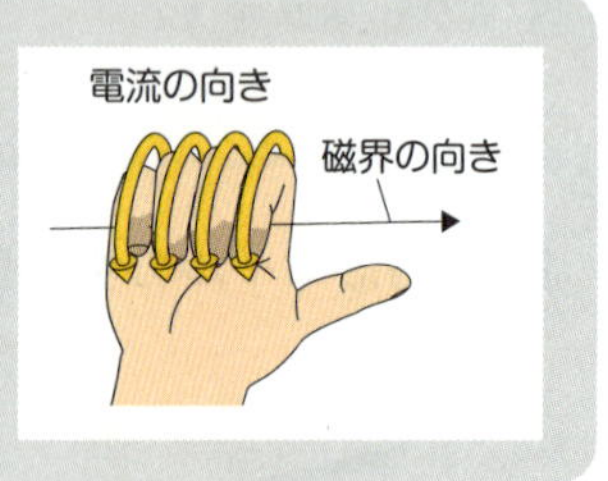

ひとこと

このように鉄心などにコイルを一様に隙間なく密に巻いたものをソレノイドといいます。

5 電流と磁界の大きさ

重要度★★★

I 電流と磁界の関係式の概要

電流が流れ，その周囲に生じた磁界の大きさは，**ビオ・サバールの法則**や**アンペアの周回路の法則**によって求めることができます。これらを利用すると，次のような関係を導くことができます。

板書 電流と磁界の大きさ

	直線状導体	円形コイル	細長いコイル	環状ソレノイド
図	H　r　I	r　H　I	I　H 1mあたりの巻数 N_0	平均の磁路(じろ)の長さ ℓ [m] 電流 I [A] r [m]　O　H 巻数 N
場所	導体からr [m] 離れた点	円形コイルの中心	細長いコイル（無限長ソレノイド）の内部	環状ソレノイドの内部
磁界の大きさH	$H=\dfrac{I}{2\pi r}$ 磁界の強さ H[A/m] 電流 I[A]	$H=\dfrac{NI}{2r}$ 巻数N	$H=N_0I$ 1mあたりの巻数N_0	$H=\dfrac{NI}{\ell}$ $=\dfrac{NI}{2\pi r}$

以降で詳しく説明しますが，一度理解したらこれらの結論を暗記して利用できるように訓練をしておきましょう。

基本例題　　電流と磁界の大きさ

直線状の導体があり6 Aの電流が流れているとき，この導体から距離3 mの地点の磁界の大きさをH_1[A/m]とする。電流は変えずにこの導体を変形し半径1.5 m，巻数2の円形コイルとしたときのコイルの中心の磁界の大きさをH_2[A/m]とする。H_1及びH_2の値を求めよ。

解答

公式に代入すると，

$$H_1=\frac{I}{2\pi r}=\frac{6}{2\pi\times 3}=\frac{1}{\pi}\fallingdotseq 0.318\ \text{A/m}$$

$$H_2=\frac{NI}{2r}=\frac{2\times 6}{2\times 1.5}=4\ \text{A/m}$$

II ビオ･サバールの法則

ビオ・サバールの法則とは，微小区間$\Delta\ell$[m]に流れる電流がつくる磁界ΔH[A/m]を数式で表したもので，図のように電流が流れている場合，次の法則が成り立ちます。

公式 ビオ・サバールの法則

$$\Delta H=\frac{I\Delta\ell}{4\pi r^2}\sin\theta\quad[\text{A/m}]$$

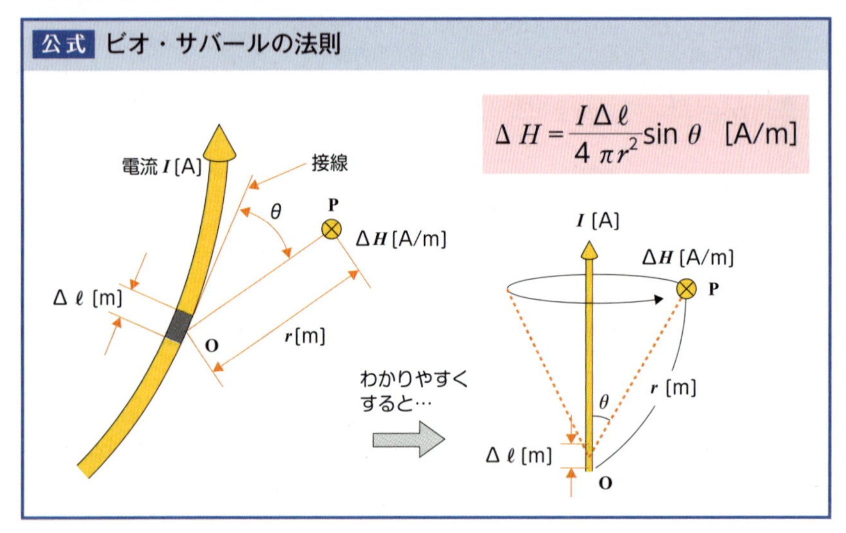

電流が流れている導体上に，任意の点Oを取ります。ここで，点O付近の微小な長さ$\Delta \ell$[m]に流れる電流I[A]がつくる磁界の大きさを考えます。

$\Delta \ell$の接線と線分OPとのなす角度をθとすると，点Oからr[m]離れた点Pにおける$\Delta \ell$[m]に流れる電流I[A]がつくる磁界の大きさΔHは，$\Delta H = \frac{I \Delta \ell}{4 \pi r^2} \sin \theta$ [A/m]となります。この法則で，電流が流れている導体の周りの磁界の大きさを調べることができます。

III 円形コイルの中心の磁界

巻数N，半径r[m]の円形コイルに電流I[A]が流れているとき，円形コイルの中心の磁界Hは，$H = \frac{NI}{2r}$で表されます。これは，ビオ・サバールの法則を利用して求めることができます。

公式 円形コイルの中心の磁界

$$H = \frac{NI}{2r} \text{ [A/m]}$$

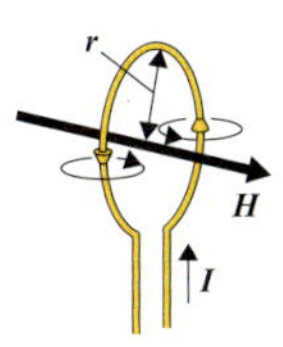

磁界：H[A/m]
巻数：N
電流：I[A]
半径：r[m]

問題集 問題51 問題52

（発展）円形コイルの中心の磁界の導き方

図のように，電流I[A]を円形コイルに流したとき，コイルの中心における磁界の大きさH[A/m]はいくらか。

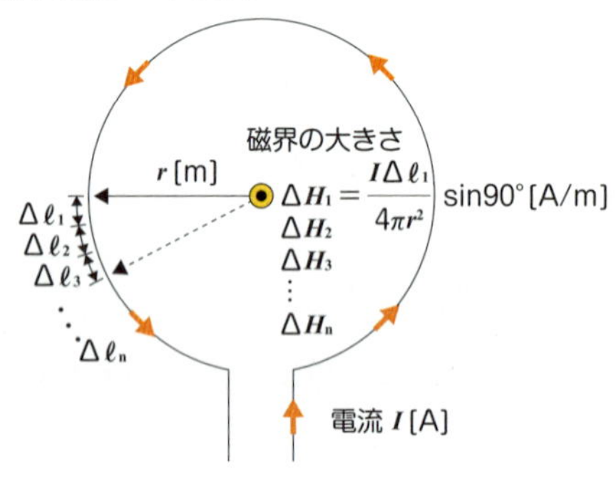

円形コイルをn等分し，微小部分$\Delta \ell_1$，$\Delta \ell_2 \cdots \Delta \ell_n$に分ける。

この各微小部分がつくる中心部での磁界の大きさをΔH_1，$\Delta H_2 \cdots \Delta H_n$とすると，

$$\Delta H_1 + \Delta H_2 + \cdots + \Delta H_n = H[\mathrm{A/m}]$$

となるはずである。

円の接線は，接点を通る半径に垂直である性質を利用すると，この各微小部分と円の中心とのなす角度θはすべて90°と考えられるから，ビオ・サバールの法則より，

$$\begin{cases} \Delta H_1 = \dfrac{I\Delta \ell_1}{4\pi r^2}\sin 90^\circ = \dfrac{I\Delta \ell_1}{4\pi r^2} \\ \Delta H_2 = \dfrac{I\Delta \ell_2}{4\pi r^2}\sin 90^\circ = \dfrac{I\Delta \ell_2}{4\pi r^2} \\ \qquad\vdots \\ \Delta H_n = \dfrac{I\Delta \ell_n}{4\pi r^2}\sin 90^\circ = \dfrac{I\Delta \ell_n}{4\pi r^2} \end{cases}$$

これらを合計すると

$$H = \Delta H_1 + \Delta H_2 + \cdots + \Delta H_n$$
$$= \frac{I\Delta \ell_1}{4\pi r^2} + \frac{I\Delta \ell_2}{4\pi r^2} + \cdots + \frac{I\Delta \ell_n}{4\pi r^2}$$

$$=\frac{I(\Delta\ell_1+\Delta\ell_2+\cdots+\Delta\ell_n)}{4\pi r^2}$$

$$=\frac{I}{4\pi r^2}\times 2\pi r$$

$$=\frac{I}{2r}[\mathrm{A/m}]$$

なお，コイルの巻数がNであるときの磁界の大きさは，磁界がN倍になり，

$H=\frac{NI}{2r}[\mathrm{A/m}]$ となる。

Ⅳ アンペアの周回路の法則

公式 アンペアの周回路（アンペアの周回積分）の法則

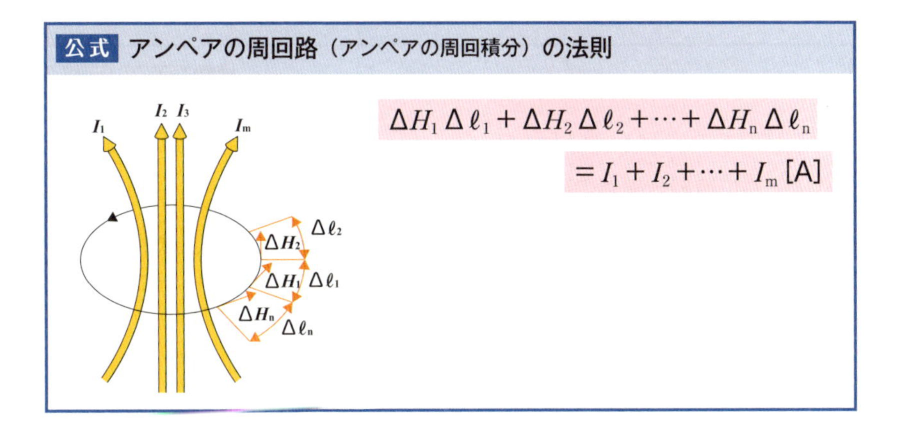

$$\Delta H_1\Delta\ell_1+\Delta H_2\Delta\ell_2+\cdots+\Delta H_n\Delta\ell_n=I_1+I_2+\cdots+I_m\,[\mathrm{A}]$$

上の図のように，導体に電流I_1，I_2，…，I_mが流れているとします。

ここで，これらの電流がつくる磁界のなかを一定方向に1周する閉曲線（へいきょくせん）を考えます。この閉曲線を細かく切り刻み，微小な長さ$\Delta\ell_1$，$\Delta\ell_2$，…，$\Delta\ell_n$に分けて，それぞれの部分における磁界の大きさをΔH_1，ΔH_2，…，ΔH_nとすると，磁界と電流の間に，

$$\Delta H_1\Delta\ell_1+\Delta H_2\Delta\ell_2+\cdots+\Delta H_n\Delta\ell_n=I_1+I_2+\cdots+I_m$$

という関係が成り立ちます。これを，**アンペアの周回路の法則**（**アンペアの周回積分の法則**）といいます。

V 直線状導体による磁界

無限に長い直線状導体に電流I[A]が流れているとき，導体から距離r[m]の点における磁界H[A/m]は，$H = \frac{I}{2\pi r}$[A/m]となります。これは，アンペアの周回路の法則を利用して求めることができます。

公式 直線状導体による磁界

$$H = \frac{I}{2\pi r} \text{ [A/m]}$$

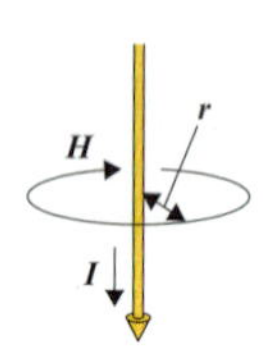

磁界：H[A/m]
電流：I[A]
直線状導体からの距離：r[m]

問題集 問題53 問題54

(発展) 長い直線状導体の磁界の導き方

図のように，電流I[A]を無限に長い直線状導体に流したとき，導体からr[m]離れた点Pの磁界の大きさH[A/m]はいくらか。

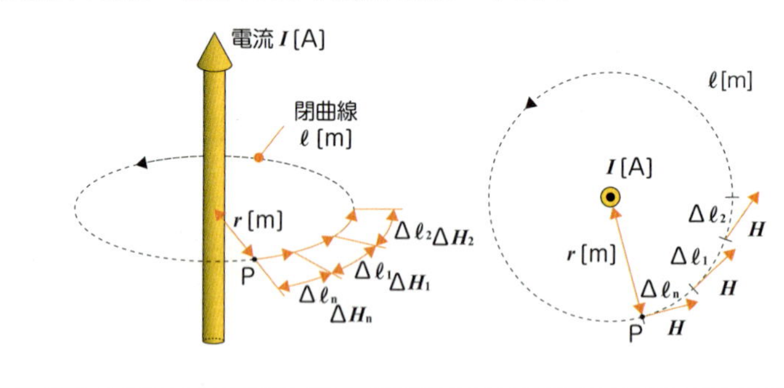

同心円状に磁界はつくられる。導体を中心とする半径r [m] の円周上の磁界の大きさは$\Delta H_1 = \Delta H_2 = \cdots = \Delta H_n$でどこも等しい。これを$H$とする。アンペアの周回路の法則より，

$$\Delta H_1 \Delta \ell_1 + \Delta H_2 \Delta \ell_2 + \cdots + \Delta H_n \Delta \ell_n = I$$

$$H \times (\Delta \ell_1 + \Delta \ell_2 + \cdots + \Delta \ell_n) = I$$

全部足すと円周

$$H \times 2\pi r = I$$

よって，$H = \dfrac{I}{2\pi r}$[A/m]となる。

Ⅵ 環状ソレノイド内部の磁界

環状ソレノイドとは，輪のような形の鉄心などにコイルを一様に隙間なく密に巻いたものをいいます。

巻数N，平均磁路長ℓ[m]，平均半径r[m]の環状ソレノイドに電流I[A]が流れているとき，環状ソレノイド内部の磁界H[A/m]は，$H = \dfrac{NI}{2\pi r}$となります。これは，アンペアの周回路の法則を利用して求めることができます。

公式 環状ソレノイド内部の磁界

$$H = \frac{NI}{2\pi r} \text{ [A/m]}$$

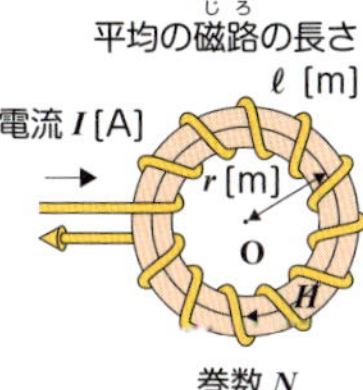

磁界：H[A/m]
巻数：N
電流：I[A]
半径：r[m]

(発展) 環状ソレノイドの磁界の導き方

図のように，巻数Nの環状ソレノイドに電流I[A]を流す。このとき，環状ソレノイド内部に生じる磁界の大きさH[A/m]を求めよ。ただし，平均の磁路の長さはℓ[m]とする。

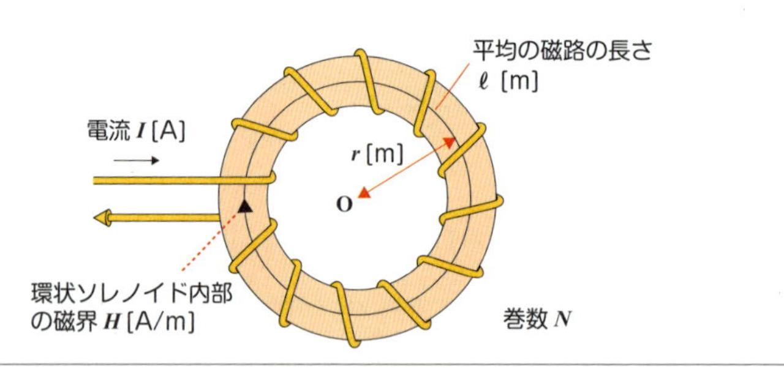

平均の磁路の長さは，円周だから $\ell = 2\pi r$[m]。環状ソレノイドは，均一に巻かれたコイルである。よって，どこの磁界も等しいはずであり，$\Delta H_1 = \Delta H_2 = \cdots = \Delta H_n$，これを$H$[A/m]とする。

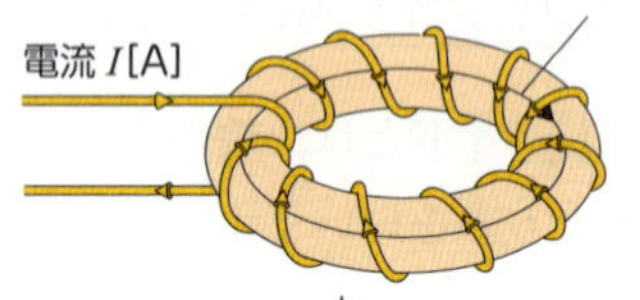

N回巻いた環状ソレノイドでは，閉曲線内にN本の導体があるということだから，アンペアの周回路の法則より，

$$\Delta H_1 \Delta \ell_1 + \Delta H_2 \Delta \ell_2 + \cdots + \Delta H_n \Delta \ell_n = NI$$

$$H \times (\Delta \ell_1 + \Delta \ell_2 + \cdots + \Delta \ell_n) = NI$$

$$H \times 2\pi r = NI$$

全部足すと円周

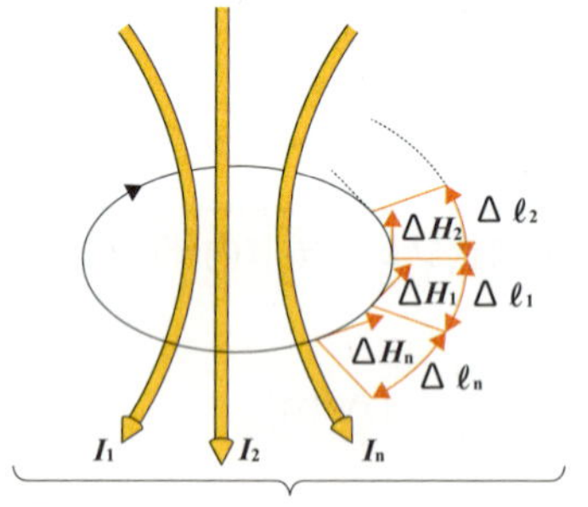

よって，$H = \dfrac{NI}{2\pi r}$[A/m]となる。

Ⅶ 細長いコイル（無限長ソレノイド）内部の磁界

1 mあたり巻数N_0の無限長ソレノイドに電流I[A]が流れているとき，無限長ソレノイド内部の磁界H[A/m]は，$H=N_0 I$となります。無限長ソレノイドとは，無限に長い円筒状の鉄心などにコイルを一様に隙間なく密に巻き付けたものをいいます。

公式 **細長いコイル（無限長ソレノイド）内部の磁界**

$H = N_0 I$

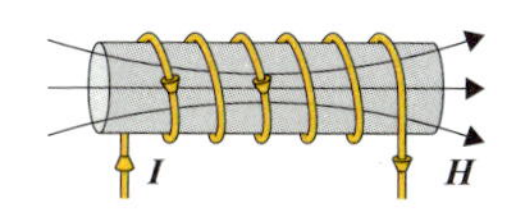

磁界：H[A/m]
電流：I[A]
1 mあたり巻数：N_0

（発展）無限に長い円筒状のコイルの磁界の導き方

図のように，1 mあたりの巻数N_0の細長い円筒状のコイルに電流I［A］を流す。このとき，コイル内側の鉄心中の磁界の大きさH[A/m]を求めよ。

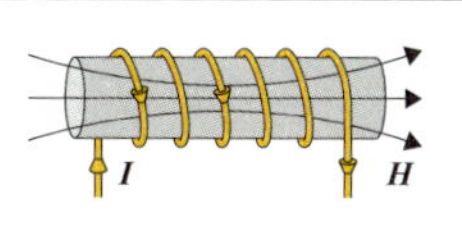

コイルが十分長いとすると，コイル外側の磁界は零であり，コイル内部の磁界の向きは鉄心の長さ方向と平行で，その大きさはコイル内側の任意の地点で等しくなっている。これをHとする。図のような閉曲線でアンペアの周回路の法則を用いると，コイルの1 mあたりの巻数はN_0だから周回路を貫く電流は$lN_0\ I$となる。一方，$\Delta H_1\ \Delta l_1 + \Delta H_2\ \Delta l_2 + \cdots + \Delta H_n\ \Delta l_n$は経路と同方向のみの量を足し合わせていくため，経路③のみとなる。よって，

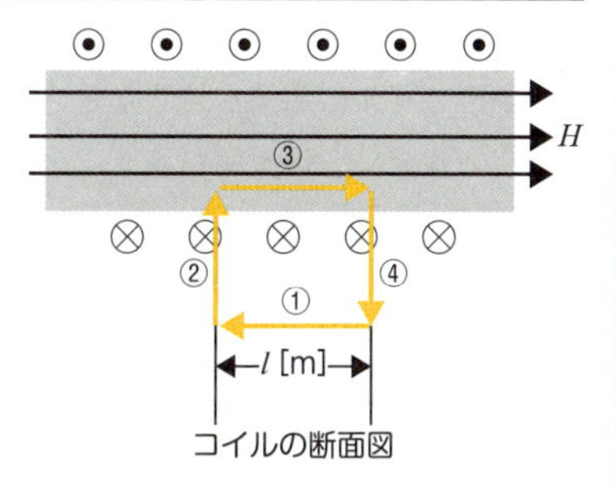

$$\Delta H_1\ \Delta l_1 + \Delta H_2\ \Delta l_2 + \cdots + \Delta H_n\ \Delta l_n = lN_0\ I$$

磁界があるところだけ足す

$$Hl = lN_0\ I$$

$$H = N_0\ I\text{[A/m]}$$

SECTION 02

電磁力

このSECTIONで学習すること

1 電磁力

電流が磁界から受ける力である電磁力について学びます。

2 電流が磁界から受ける力とフレミングの左手の法則

フレミングの左手の法則と電磁力の大きさを計算する方法について学びます。

❸電磁力の向き
❷磁束密度の向き
❶電流の向き

3 コイルに働くトルク

磁界中のコイルに電流を流したときに働くトルクについて学びます。

トルク　力　長さ

$$T = F\ D\cos\theta$$

[N・m]　[N]　[m]

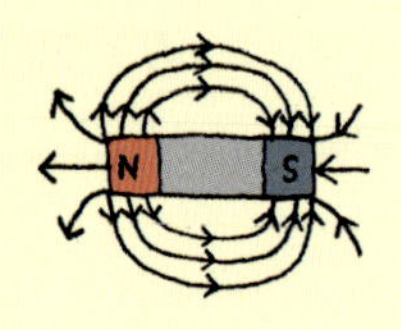

1 電磁力 重要度★★★

電磁力（量記号：F　単位：N）とは，電流が流れている導体が磁界から受ける力のことをいいます。電磁力は，力なので大きさと向きがあります。この電磁力（大きさ・向き）は，磁界（大きさ・向き）と電流（大きさ・向き）が関係しています。

ひとこと

電磁力は，磁石と磁石の間で吸引力や反発力が働く磁力とは別物です。

2 電流が磁界から受ける力とフレミングの左手の法則 
重要度★★★

I フレミングの左手の法則（電磁力の向き）

次の図のように，N極とS極の間に導体を空中にぶら下げます。電流が流れていない間は導体が動きませんが，電流を流すと導体が外側へ飛び出します。

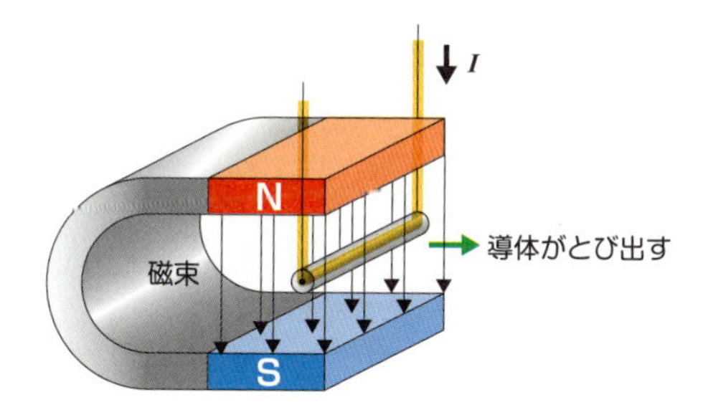

この理由を磁束の性質を利用して説明します。導体に電流を流すと，右ねじの法則によって，反時計回りに磁束が発生します。この電流による磁束が，磁石による磁束を乱します。

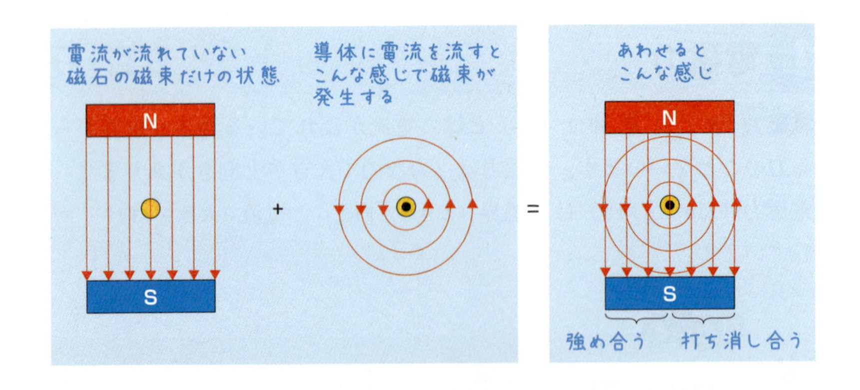

すると次の図のように，磁束密度は導体の左側のほうが，右側よりも大きくなります。そして，磁束の「ゴムひものようにつねに縮もうとする性質」から，導体が磁束密度の小さい右側へ動かされます。

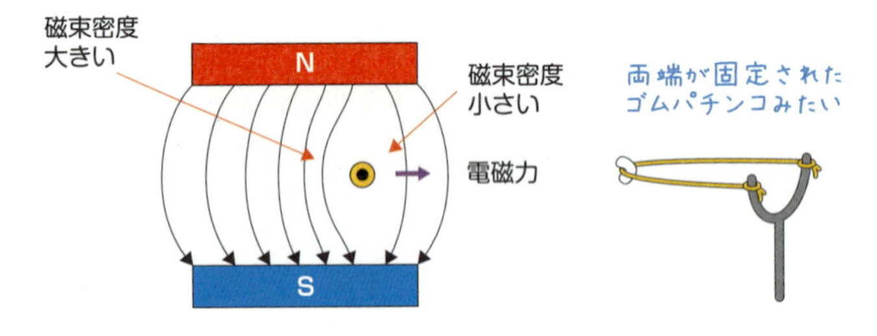

しかし，このようなプロセスで電磁力の向きを考えるのは大変なので，フレミングの左手の法則というものがあります。

フレミングの左手の法則とは，次の図のように左手を開いて，中指を電流の向き，人差し指を磁界（磁束密度）の向きに合わせると，親指の向きが電磁力の向きになるという法則です。

板書 フレミングの左手の法則

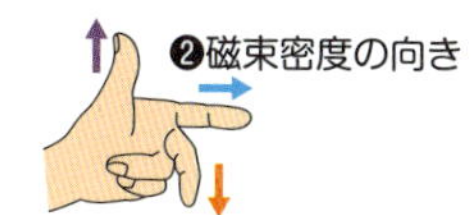

❶中指　　→電流 I
❷人差し指→磁束密度 B
❸親指　　→電磁力 F

Ⅱ 直線導体に働く力の大きさ(電磁力の大きさ)

1 磁界と導体が垂直の場合

次の図のように，①磁束密度B[T]の平等磁界内で，②磁界と直角に長さℓ[m]の導体を置いて，③電流I[A]を流すと，④直線導体が受ける電磁力F[N]は，$F = BI\ell$ [N]となります。

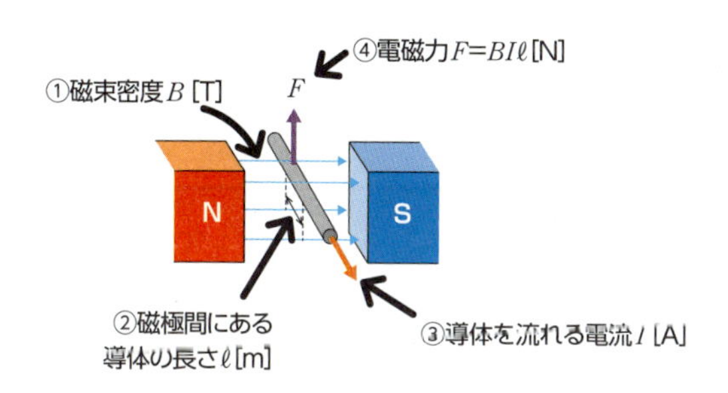

真上から見た図を書くと次のようになります。

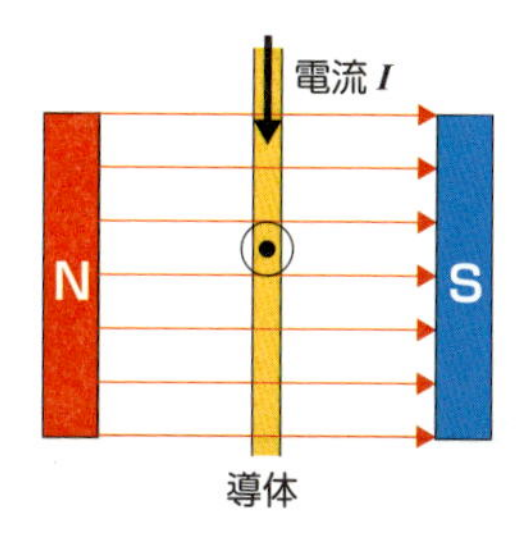

⊙ 導体が受ける力の向き
(導体が手前に飛び出してくる向き)

2 磁界と導体が角度θをなす場合

導体を斜めにおいて，磁界の向きと導体の向きが角度θをなしている場合，導体の長さℓ [m]のうち，磁束に垂直な成分である$\ell \times \sin\theta$ [m]のみが電磁力F[N]に寄与します。

したがって，電磁力Fは，$F = BI\ell\sin\theta$ [N]となります。

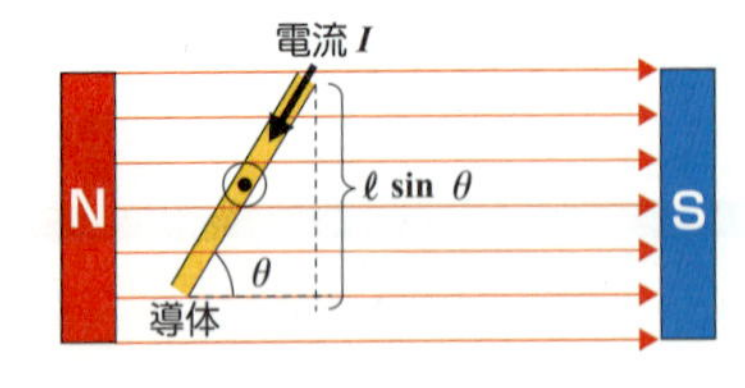

⊙ 導体が受ける力の向き
(導体が手前に飛び出してくる向き)

3 磁界と導体が平行の場合

磁界の向きと導体の向きが同じ場合，導体に電磁力は働きません。この場合，磁界の向きと導体の向きがなす角度θが0（ゼロ）となり，$\sin\theta$（シータ）$= \sin 0$（ゼロ）$= 0$より$F = BI\ell\sin\theta = 0$となるからです。

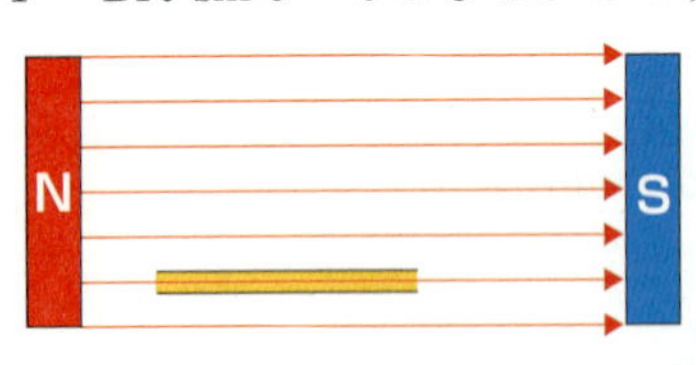

導体にはなにも力が働かない

公式 電磁力の大きさ

① 磁束密度と電流の向きが垂直な場合

電磁力		磁束密度	電流	導体の長さ
F	$=$	B	I	ℓ
[N]		[T]	[A]	[m]

② 磁束密度と電流の向きの角度がθの場合

電磁力		磁束密度	電流	導体の長さ	
F	$=$	B	I	ℓ	$\sin\theta$
[N]		[T]	[A]	[m]	

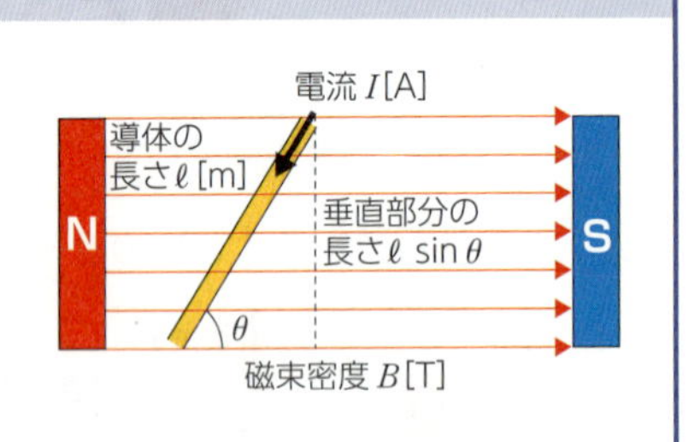

Ⅲ 平行導体間に働く力

2本の長い導体に同じ向きの電流を流すと導体は引き合い，逆向きに電流を流すと導体は反発し合います。

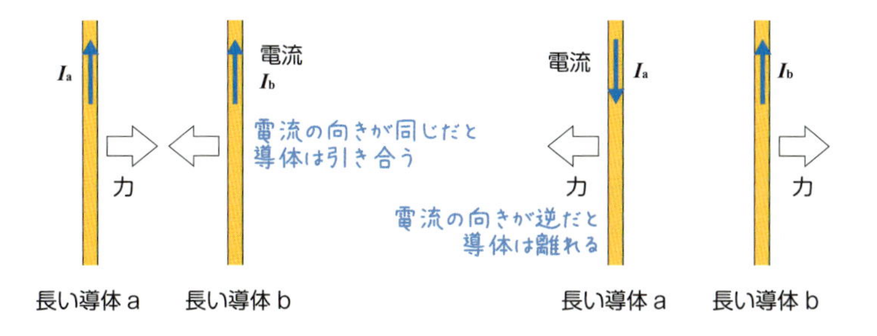

ひとこと

「同じ向きの電流が流れている導体は仲よしでくっつく」とイメージしましょう。

1 電流の向きが同じ場合（吸引力が働く理由）

このようになる理由は，2本の導体を上からみたときの磁力線を描くとわかります。同じ向きに電流が流れているときは，導体の間の内側では磁力線が逆向きになるので，打ち消し合います。

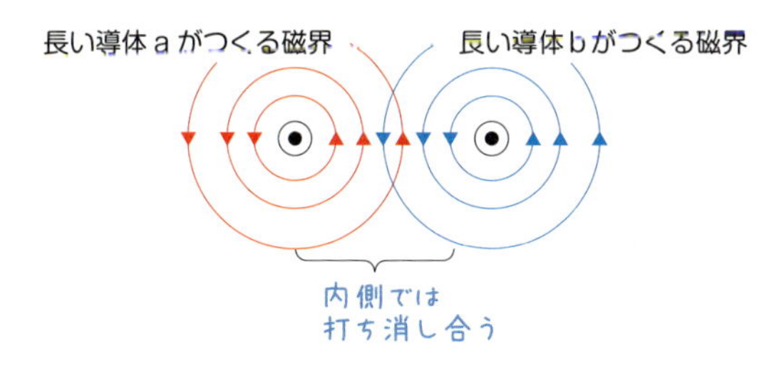

そのため，導体の間の外側のほうが磁力線の密度が大きくなります。磁力線には互いに反発し合う性質があります。

内側の疎（そ）になった磁力線どうしの反発よりも，外側の密（みつ）になった磁力線どうしの反発のほうが強いので，2本の導体間には吸引力が働くことになります。

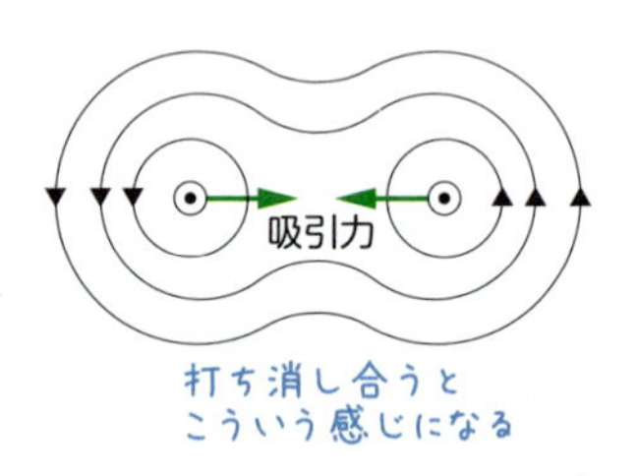

2 電流の向きが互いに逆の場合（反発力が働く理由）

電流が互いに逆方向の場合，導体間の内側のほうが外側よりも磁力線密度が大きくなります。磁力線は互いに反発し合う性質があります。

外側の疎（そ）になった磁力線どうしの反発よりも，内側の密（みつ）になった磁力線どうしの反発のほうが強いので，2本の導体間には反発力が働くことになります。

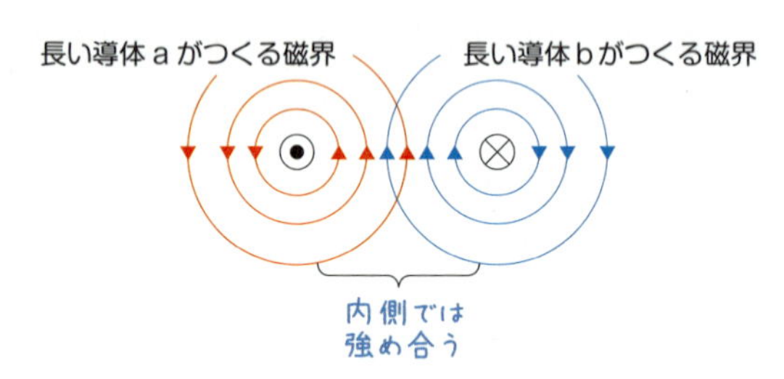

ここで，電流I_b[A]が流れる導体bの1mあたりに働く力の大きさを次の式で表すことができます。

公式 平行導体間に働く電磁力の大きさ

電磁力 f [N/m] $= \dfrac{\mu \, I_a I_b}{2\pi r} = \dfrac{\mu_0 \mu_r I_a I_b}{2\pi r}$

（透磁率 [H/m]，電流 [A]，長さ [m]）

導体に流れる電流：I_a，I_b [A]
透磁率：μ [H/m]
導体間の距離：r [m]
真空の透磁率：μ_0 [H/m]
比透磁率：μ_r

（真空の場合）

$$f = \frac{2I_aI_b}{r} \times 10^{-7} \text{ [N/m]}$$

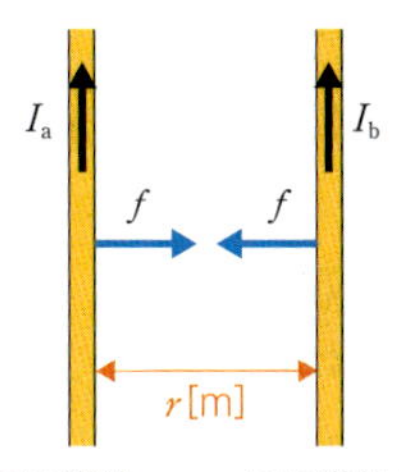

平行導体間に働く電磁力の大きさの導き方

長さℓ[m]の直線導体に働く$F = BI\ell$[N]の公式を使うと，1 mあたりに働く電磁力f[N/m]は，これをℓ[m]で割ればよいから，

$$f = \frac{F}{\ell}$$

$$= B \times I \times \frac{\ell}{\ell}$$

＝導体aがつくる磁界の磁束密度B_a ×導体bに流れる電流I_b ×長さ1 mあたり

$$= B_a \times I_b \times 1 \quad \cdots①$$

ここで，導体aがつくる磁界の磁束密度B_a[T]を求める。

導体aに流れる電流I_a[A]がr[m]離れたところにつくる磁界の大きさをH_a[A/m]とすると，

$$B_a = \mu H_a$$

H_aは直線状導体からr[m]離れた点の磁界の大きさの公式より，$H_a = \dfrac{I_a}{2\pi r}$[A/m]だから，

$$B_a = \mu \times \frac{I_a}{2\pi r}$$

これを①式に代入して，

$$f = \frac{\mu I_a}{2\pi r} \times I_b \times 1$$
$$= \frac{\mu I_a I_b}{2\pi r} \text{ [N/m]}$$

真空中の透磁率μ_0は，$\mu_0 = 4\pi \times 10^{-7}$ [H/m]だから，これをμに代入すると，

$$f = \frac{4\pi \times 10^{-7} \times I_a I_b}{2\pi r}$$
$$= \frac{2 I_a I_b}{r} \times 10^{-7} \text{ [N/m]}$$

問題集 問題56 問題57 問題58 問題59

3 コイルに働くトルク 機械 重要度★★★

I トルクとは

トルク（量記号：T，単位：N・m（ニュートン・メートル））とは，回転の中心に働く回転力をいいます。回転軸を中心に棒を回転させる場合，棒に垂直に力をかけると最も回転力が大きくなり，斜めに力をかけると回転力は小さくなります。

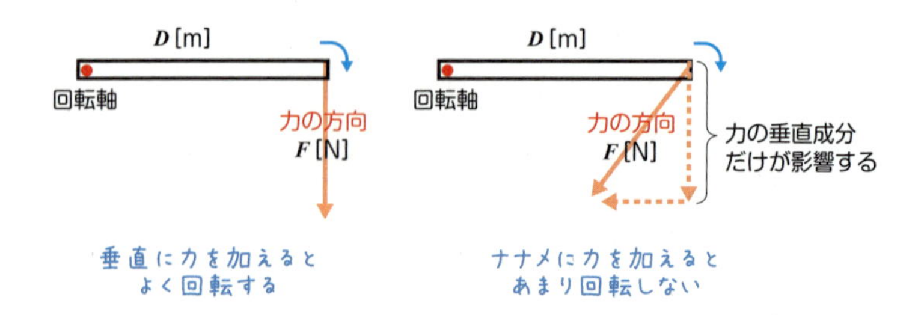

したがって，力を加える角度によって変化する影響力を考慮するとトルクについて次の式が成り立ちます。

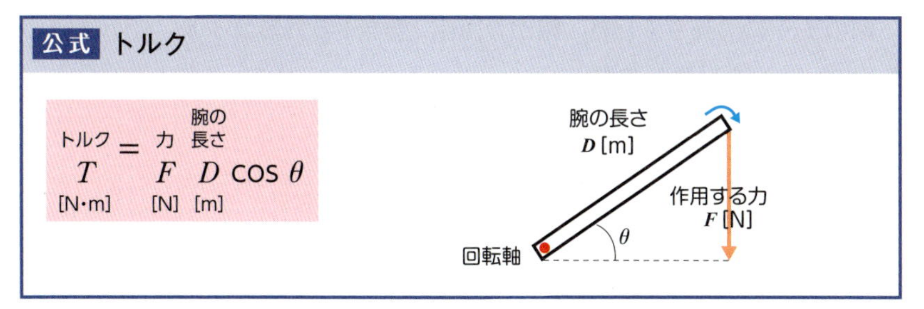

また，回転軸を中心にもってきて，図のように互いに逆に力を作用させても，$T_1 = F \times \dfrac{D}{2} \times \cos\theta$，$T_2 = F \times \dfrac{D}{2} \times \cos\theta$ となるので，

合成トルク $T = T_1 + T_2 = FD\cos\theta$ [N・m]

となります。

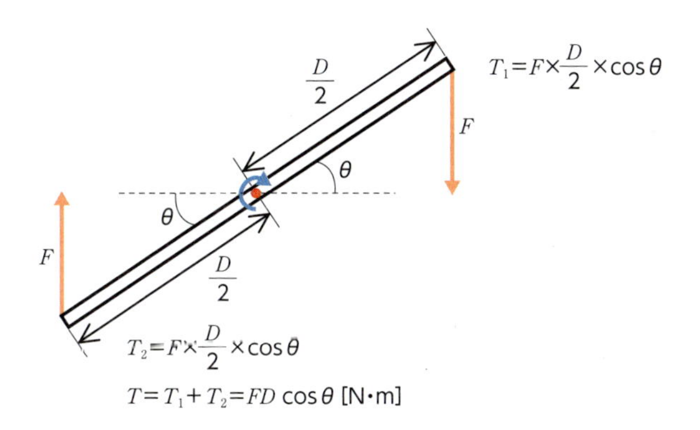

Ⅱ コイルに働くトルク

図のように，長さℓ[m]，幅がD[m]，巻数1の方形コイル（四角い巻き方をしたコイル）を用意します。

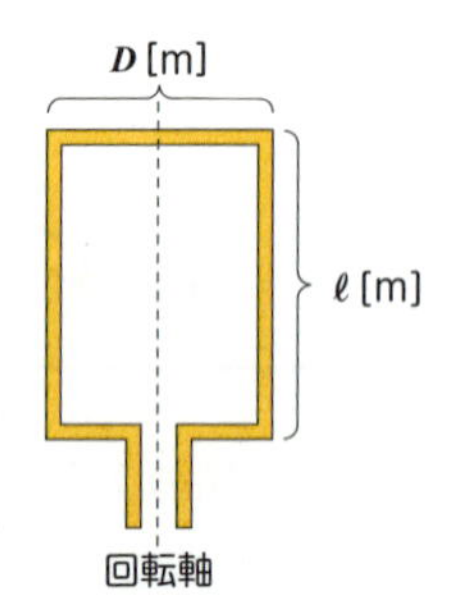

次の図のように，磁束密度B[T]の平等磁界中において，方形コイルに電流I[A]を流すと，コイルの2辺で電磁力F[N]が生じます。左右で電流の向きが逆になるため，フレミングの左手の法則から，左側の辺では上方向へ，右側の辺では下方向への電磁力F[N]が生じます。

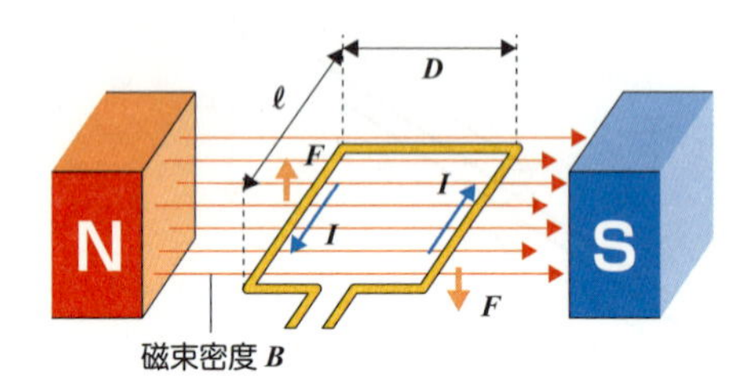

これを横から見ると，回転軸を中心に右回りに回転させるようなトルクが発生していることがわかります。

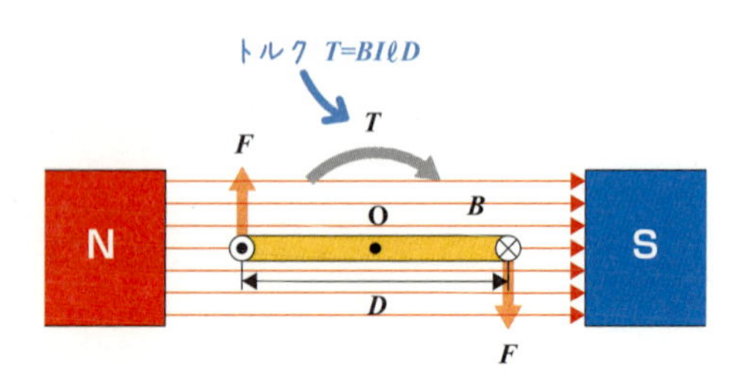

回転軸からの距離が$\dfrac{D}{2}$[m]，力が上下に2つあることに注意して，トルクT[N·m]を求めると，

$$T = \left(F \times \frac{D}{2}\right) \times 2$$
$$= FD$$
$$= BI\ell D \text{ [N·m]}$$

さらに，図のように，少し角度がついて水平でないときには，

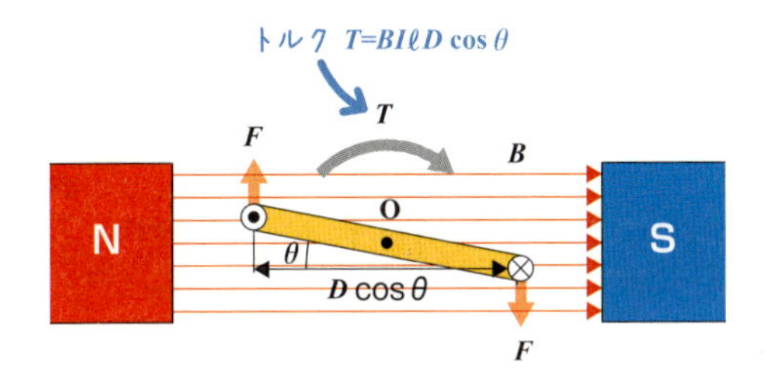

$$T = FD\cos\theta$$
$$= BI\ell D\cos\theta \text{ [N·m]}$$

となります。

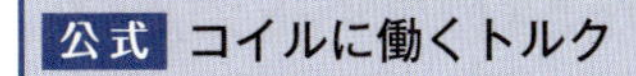

トルク		力	腕の長さ		磁束密度	電流	導体の長さ	距離
T	=	F	D	=	B	I	ℓ	D
[N·m]		[N]	[m]		[T]	[A]	[m]	[m]

$$T = FD\cos\theta = BI\ell D\cos\theta \text{ [N·m]}$$

SECTION 03 磁気回路と磁性体

このSECTIONで学習すること

1 磁気回路

磁束の通り道である磁気回路と，磁気回路で成り立つオームの法則について学びます。

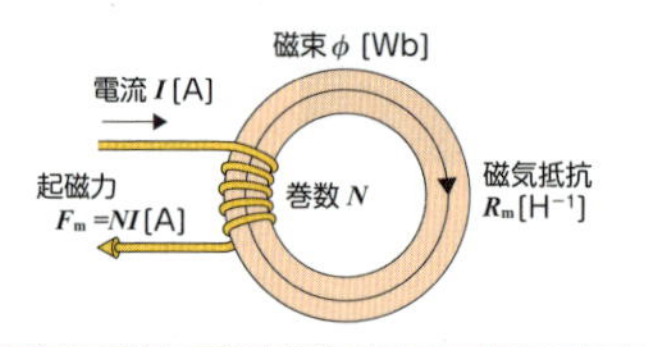

2 磁気抵抗

磁気回路に存在する磁気抵抗とその計算方法について学びます。

$$R_m = \frac{\ell}{\mu A}$$

磁気抵抗 R_m [H^{-1}]，磁路の長さ ℓ [m]，透磁率 μ [H/m]，断面積 A [m^2]

3 磁性体と透磁率・比透磁率

ある物質の透磁率と真空中の透磁率の比を表す比透磁率について学びます。

4 エアギャップのある磁気回路

鉄心のすきま(エアギャップ)がある場合の磁気回路の考え方について学びます。

5 磁気飽和と*B-H*曲線

磁界の大きさを表す磁化力と，磁化力を使った*B-H*曲線について学びます。

6 ヒステリシス曲線

磁化力の大きさと方向を繰り返し変化させたときの磁束密度の変化を表すヒステリシス曲線について学びます。

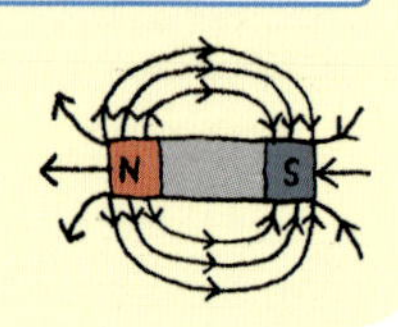

1 磁気回路

重要度★★★

I 磁気回路とは

円形の環状鉄心(かんじょうてっしん)に，被覆(ひふく)された電線を巻きつけます。この電線に電流を流すと，磁束が発生します。磁束のほとんどが磁気を通しやすい鉄心中に発生し，鉄心以外の空間にはあまり磁束は発生しません。このような磁束の通り道を**磁気回路**(じきかいろ)（または**磁路**(じろ)）といいます。

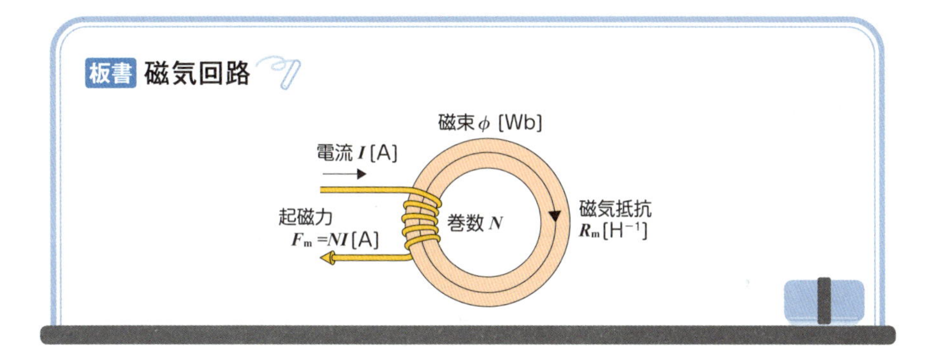

起磁力(きじりょく)（量記号 F_m，単位 A(アンペア)）は，磁束を発生させる元となる力です。磁束 ϕ [Wb]は，コイルの巻数 N と電流 I [A]の積に比例して発生するので，この NI [A]を起磁力と考えます。

ひとこと

F_m の添え字mはマグネティックのmです。磁石のことをマグネットといいますね。

公式 起磁力

$$F_m = N I$$

起磁力 F_m [A]　巻数 N　電流 I [A]

Ⅱ 磁気回路のオームの法則

磁気抵抗（じきていこう）（量記号：R_m，単位：H^{-1}（毎ヘンリー））は，磁気回路における磁束の通りにくさです。磁気回路と電気回路はとても似ており，磁気回路にも**磁気回路のオームの法則**が成り立ちます。

公式 磁気回路のオームの法則

$$\underset{[H^{-1}]}{\overset{\text{磁気抵抗}}{R_m}} = \frac{\overset{\text{起磁力[A]}}{NI}}{\underset{\text{磁束[Wb]}}{\phi}}$$

$$NI = R_m \phi$$

$$\phi = \frac{NI}{R_m}$$

板書 磁気回路と電気回路

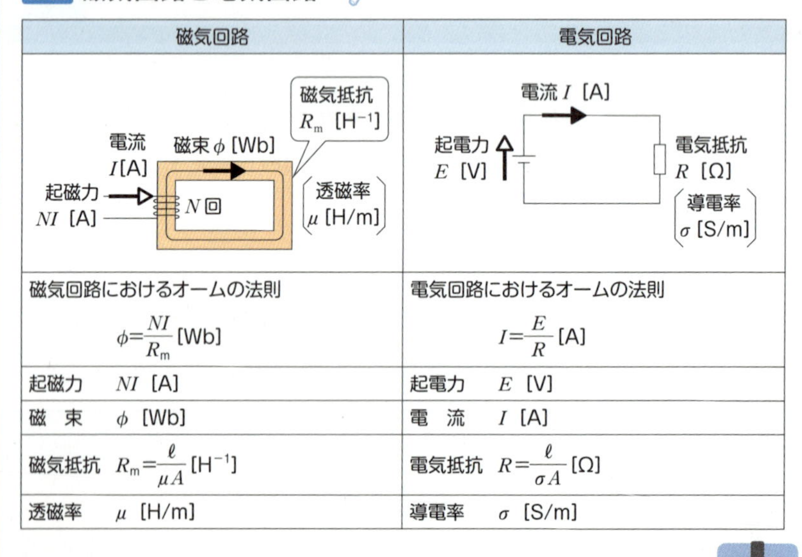

磁気回路	電気回路
磁気回路におけるオームの法則 $\phi=\frac{NI}{R_m}$ [Wb]	電気回路におけるオームの法則 $I=\frac{E}{R}$ [A]
起磁力　NI [A]	起電力　E [V]
磁　束　ϕ [Wb]	電　流　I [A]
磁気抵抗　$R_m=\frac{\ell}{\mu A}$ [H^{-1}]	電気抵抗　$R=\frac{\ell}{\sigma A}$ [Ω]
透磁率　μ [H/m]	導電率　σ [S/m]

2 磁気抵抗

I 磁気抵抗

磁束 ϕ [Wb]は，鉄心の断面積 A [m^2]が大きいほど通りやすく（A に比例し），磁路（じろ）の長さ ℓ [m]が長いほど通りにくくなり（ℓ に反比例し）ます。磁束の通りにくさを示す磁気抵抗は次の式で表すことができます。

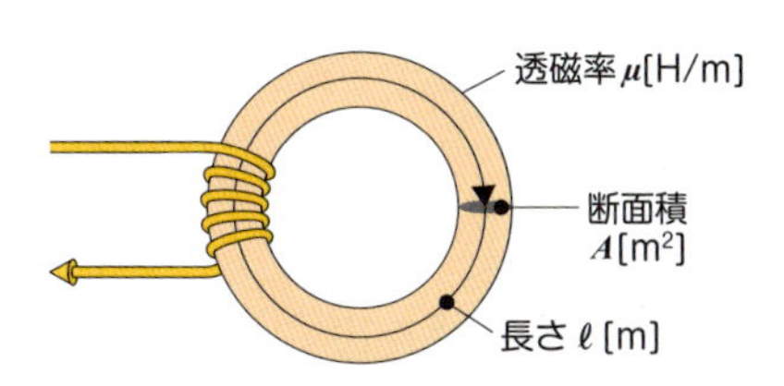

公式 磁気抵抗

$$R_m = \frac{\ell}{\mu A}$$

磁気抵抗 R_m [H^{-1}]、磁路の長さ ℓ [m]、透磁率 μ [H/m]、断面積 A [m^2]

基本例題 鉄心の磁束密度

磁路の長さ0.2 m，断面積1×10^{-4} m^2，透磁率5×10^{-3} H/mの環状鉄心に巻数8000の銅線を巻いたコイルがある。このコイルに10 mAの直流電流を流したとき，鉄心中の磁束密度の大きさ[T]を求めよ。

解答

鉄心の磁気抵抗R_m[H^{-1}]は，

$$R_m=\frac{l}{\mu A}[\mathrm{H}^{-1}]$$

したがって，磁気回路のオームの法則から鉄心中の磁束ϕ[Wb]は，

$$\phi=\frac{NI}{R_m}=\frac{NI\mu A}{l}[\mathrm{Wb}]$$

よって，鉄心中の磁束密度B[T]は，

$$B=\frac{\phi}{A}=\frac{NI\mu}{l}=\frac{8000\times0.01\times5\times10^{-3}}{0.2}=2\ \mathrm{T}$$

II 合成磁気抵抗

磁気回路の合成磁気抵抗は，直列・並列ともに電気抵抗と同じように計算できます。

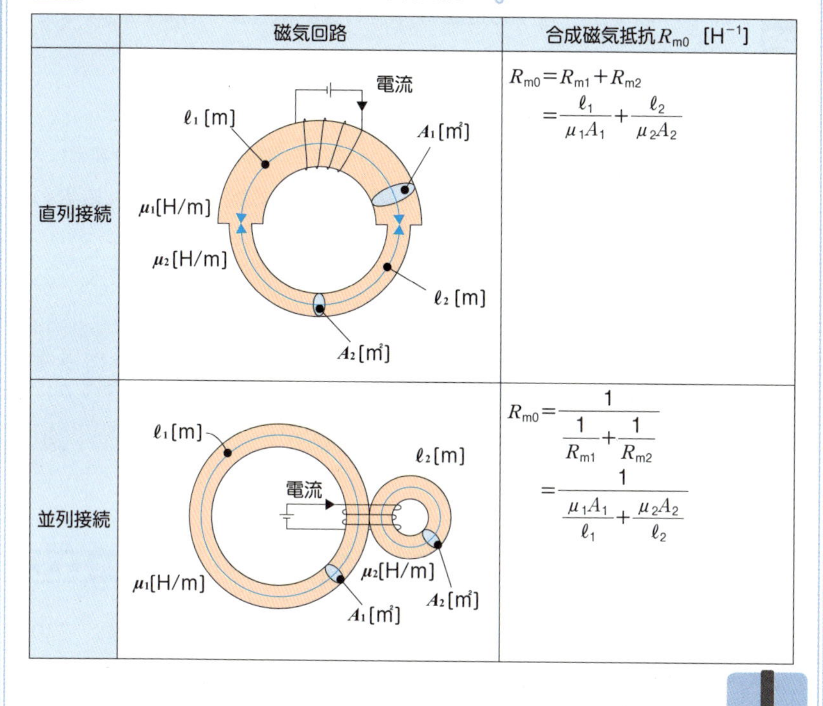

板書 磁気抵抗の直列接続と並列接続

	磁気回路	合成磁気抵抗 R_{m0} [H^{-1}]
直列接続	電流 ℓ_1 [m] A_1 [m²] μ_1 [H/m] μ_2 [H/m] ℓ_2 [m] A_2 [m²]	$R_{m0}=R_{m1}+R_{m2}$ $=\dfrac{\ell_1}{\mu_1 A_1}+\dfrac{\ell_2}{\mu_2 A_2}$
並列接続	ℓ_1 [m] ℓ_2 [m] 電流 μ_2 [H/m] A_2 [m²] μ_1 [H/m] A_1 [m²]	$R_{m0}=\dfrac{1}{\dfrac{1}{R_{m1}}+\dfrac{1}{R_{m2}}}$ $=\dfrac{1}{\dfrac{\mu_1 A_1}{\ell_1}+\dfrac{\mu_2 A_2}{\ell_2}}$

3 磁性体と透磁率・比透磁率 重要度★★★

比透磁率(ひとうじりつ)（量記号：μ_r）とは，ある物質の透磁率 μ と真空の透磁率 μ_0 との比をいいます。したがって，比透磁率 $\mu_r=\dfrac{\mu}{\mu_0}$ となります。

公式 比透磁率

$$\mu_r=\frac{\mu}{\mu_0}$$

比透磁率：μ_r
透磁率：μ [H/m]
真空の透磁率：μ_0 [H/m]

$\mu \fallingdotseq \mu_0$なので，空気の透磁率は真空の透磁率と同じと考えてかまいません。

比透磁率は，物質により異なります。$\mu_r \gg 1$の物質（μ_rが1より非常に大きい鉄やニッケルなど）で，他の物質よりも磁界の向きに強く磁化されるものを**強磁性体**（きょうじせいたい）といいます。

ひとこと

また，$\mu_r > 1$（わずかに1を超える程度）の物質（空気やアルミニウムなど）を**常磁性体**といい，$\mu_r < 1$の物質（銀や銅や水など）で，磁界と逆向きにわずかに磁化する物質を**反磁性体**といいます。

4 エアギャップのある磁気回路 重要度★★★

エアギャップとは，図のように鉄心に存在するすきまのことです。そのような状況を磁気回路図にすると次のようになります。

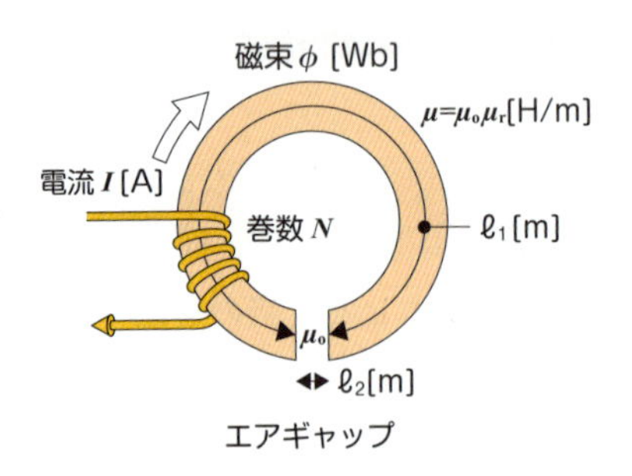

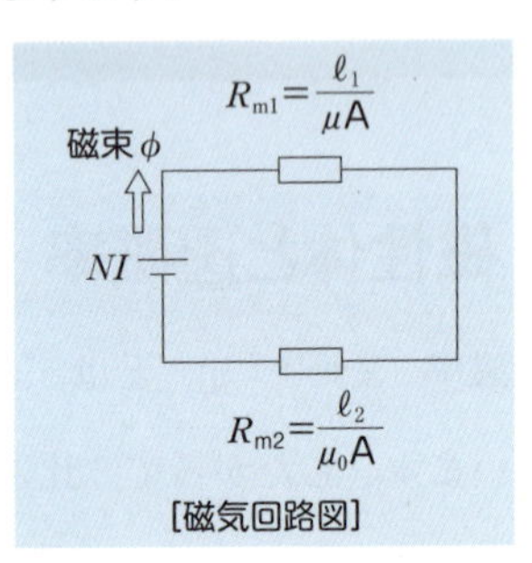

[磁気回路図]

この磁気回路図では，鉄心の磁気抵抗R_{m1}とエアギャップの磁気抵抗R_{m2}との直列接続と考えます。

5 磁気飽和とB-H曲線

重要度★★★

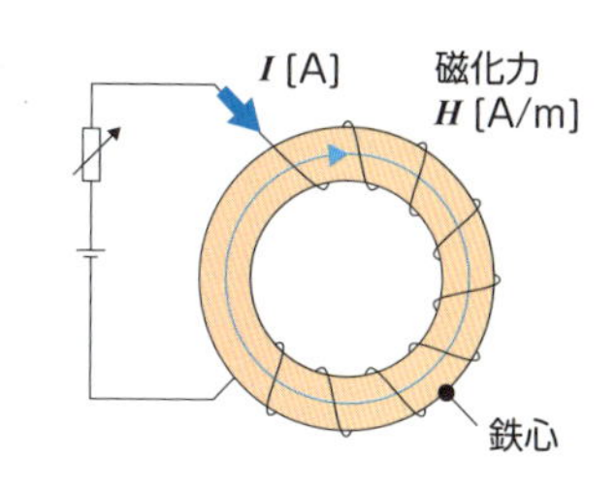

環状鉄心に巻かれているコイルに流す電流I[A]を徐々に増加させ，磁界の大きさH[A/m]を強くし，磁束密度B[T]が大きくなることを考えます。徐々に鉄心は，磁気を帯びて磁化されるため，この加えた磁界の大きさH[A/m]のことを**磁化力**（じかりょく）といいます。

縦軸に磁束密度B[T]をとり，横軸に磁化力H[A/m]をとって両者の関係を示したグラフを**B-H曲線**といいます。磁化力Hの値を大きくしていくと，磁束密度Bはほぼ比例して増加しますが，やがて増えなくなります。これを**磁気飽和**（じきほうわ）といいます。

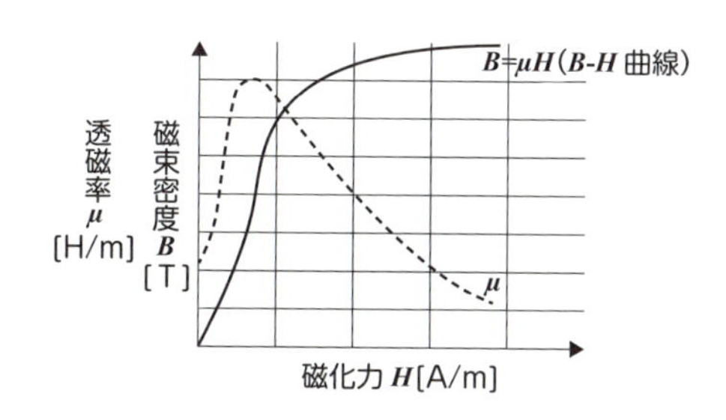

ひとこと

磁気飽和が起こる理由

鉄は，分子磁石という概念を使って小さな磁石がばらばらになって構成されていると考えることができます。全体としては打ち消し合うので磁気を帯びていません。しかし，外部から磁界を加えると，この分子磁石の方向がそろって磁化されます。すべて向きがそろうと磁気飽和が起こります。

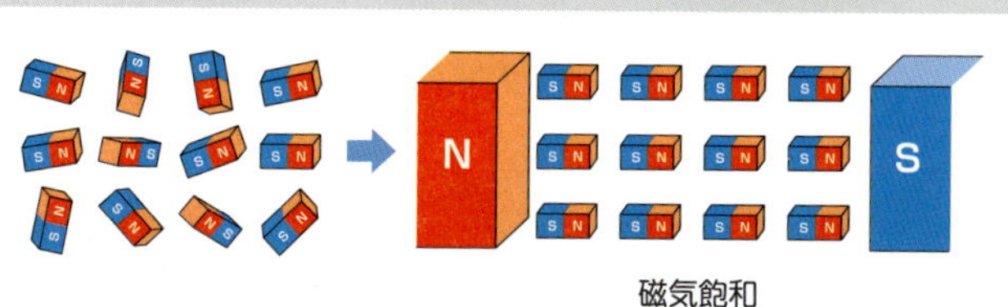

6 ヒステリシス曲線

鉄は分子磁石で構成されています。分子磁石の向きがバラバラであるため，磁気を帯びていません。

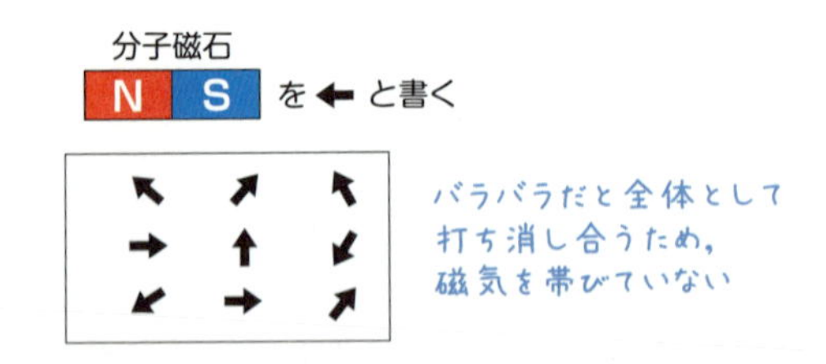

これに磁化力Hを加えて，磁気飽和が起こるH_mまで徐々に強めて磁化します。

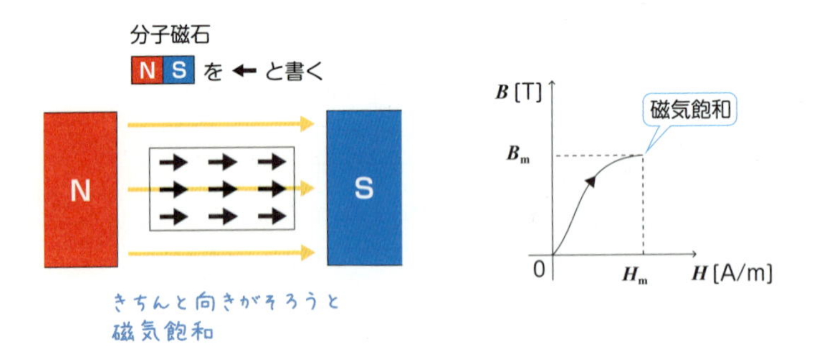

次に，磁化力を次第に弱めていき，ゼロにします。すると，磁化力をゼロにしても，Bはゼロにならず磁気が残ります。このときのB_r[T]を**残留磁気**（ざんりゅうじき）といいます。

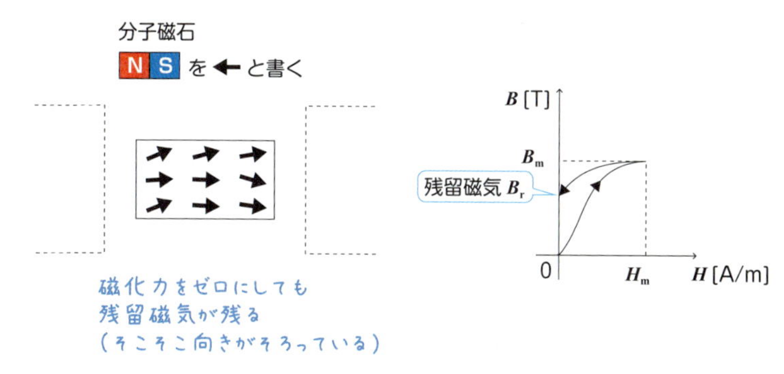

残留磁気B_rが残ってしまったので，磁束密度$B = 0$にする（分子磁石の向きをバラバラにする）ためには，逆向きの磁化力H_cを加える（逆向きの磁界に置く）必要があります。H_cを加えるまでは磁化された状態を保持できるので，H_c [A/m]を**保磁力**（ほじりょく）といいます。

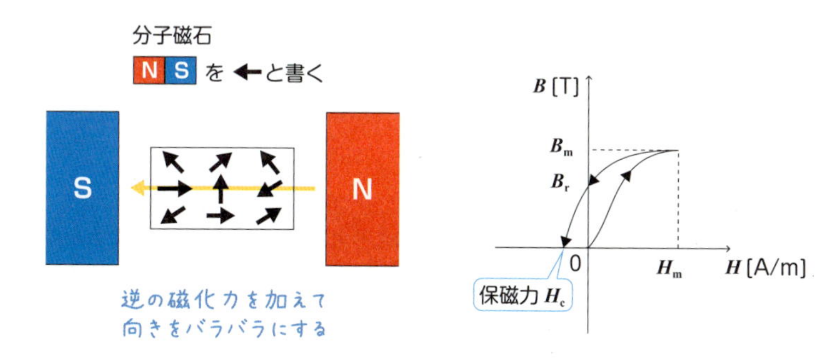

さらに磁化力を強めていくと，今度は逆向きに分子磁石がそろい，再び磁気飽和が起こります。

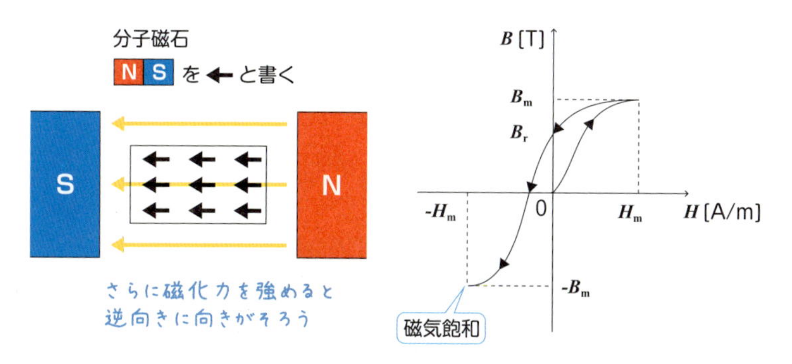

改めて，磁化力$H=0$になるまで弱め，さらに逆向きの磁化力を磁気飽和するまで加えるプロセスを繰り返すと，次のような形になります。

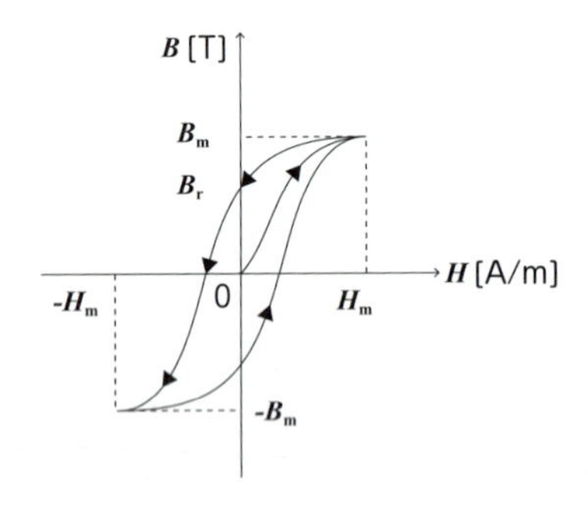

このように，そのときに加えられている力だけでなく，過去に加わった力にも依存してグラフが変化します。この一周りする閉曲線を**ヒステリシス曲線**（または，**ヒステリシスループ**）と呼びます。**ヒステリシス損**とは，分子磁石が回転することで摩擦が発生し，熱となって電気エネルギーを消費することをいいます。

ヒステリシス曲線を一周する間に加えられた単位体積あたりのエネルギーW_h[J/m^3]は，ヒステリシス曲線の面積に等しくなります。また，ヒステリシス損はW_h（ヒステリシス曲線の面積）に比例します。

問題集 問題61

SECTION 04

電磁誘導

このSECTIONで学習すること

1 ファラデーの法則とレンツの法則

電磁誘導と電磁誘導に関するファラデーの法則とレンツの法則について学びます。

$$e = -\frac{\Delta N\phi}{\Delta t} = -N\frac{\Delta \phi}{\Delta t}$$

e：誘導起電力 [V]、$\Delta N\phi$：磁束鎖交数の変化 [Wb]、N：巻数、$\Delta\phi$：磁束の変化 [Wb]、Δt：時間の変化 [s]

2 フレミングの右手の法則

フレミングの右手の法則を使って誘導起電力の向きを調べる方法について学びます。

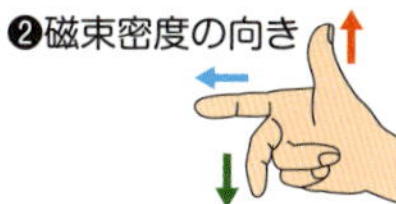

3 誘導起電力の大きさ

誘導起電力の大きさの計算方法について学びます。

$$e = B\ell v\sin\theta$$

e：誘導起電力 [V]、B：磁束密度 [T]、ℓ：導体の長さ [m]、$v\sin\theta$：磁束と垂直な速度成分 [m/s]

4 渦電流

磁束の変化によって発生する渦状の電流(渦電流)について学びます。

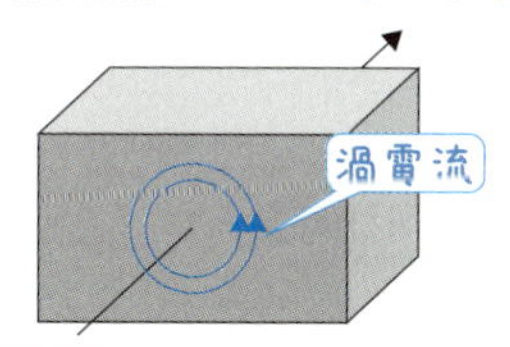

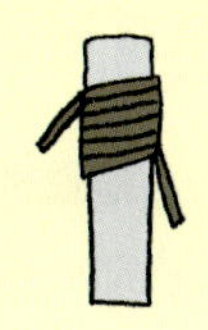

1 ファラデーの法則とレンツの法則

重要度★★★

I 電磁誘導とは

図のように，コイルと磁石とを近づけたり遠ざけたりすると，コイルに起電力が発生し，閉回路が形成されていれば電流が流れます。

磁石を早く動かすほど，コイルに生じる誘導起電力は大きくなります。

この実験から，コイルを貫く磁束が時間的に変化すると，コイルに起電力が発生することがわかります。この現象を**電磁誘導**といい，発生した起電力を**誘導起電力**，流れた電流を**誘導電流**といいます。

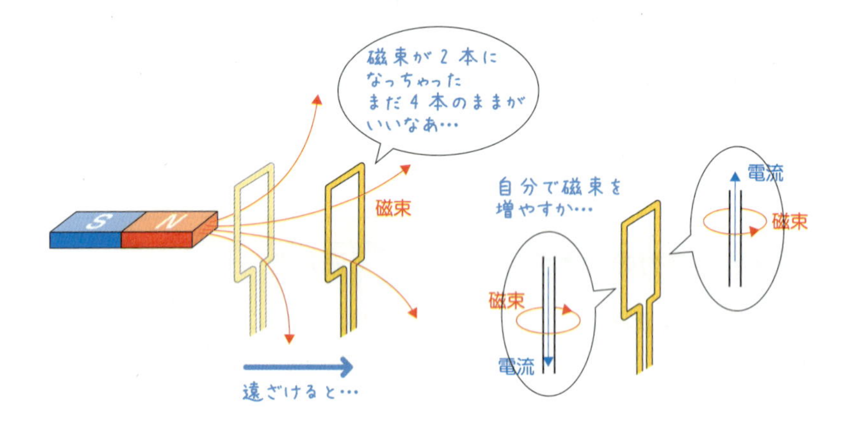

コイルは磁束の変化を嫌がります。そのため，一時的に誘導起電力を発生させて，コイル自身に電流を流し，この電流によって磁束変化を打ち消すような磁束を発生させて，磁束の変化を妨げようとします。

II 電磁誘導に関するファラデーの法則

電磁誘導に関するファラデーの法則とは，誘導起電力の大きさは，コイル内部を貫く磁束の単位時間 Δt あたりの変化に比例することを表したものです。また，**レンツの法則**とは，誘導起電力の向きが，コイル内の磁束変化を妨げる向きに生じることをいいます。

N回巻のコイルと磁束ϕが鎖交(さこう)する数（$N\phi$）を**磁束鎖交数**(じそくさこうすう)といいます。これを単位時間Δtで，$\Delta N\phi$だけ変化させたとき，

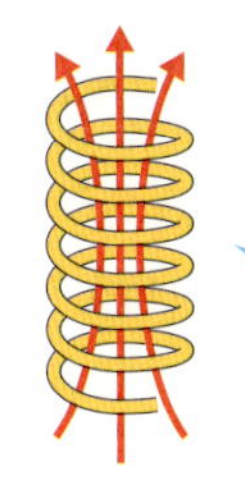

鎖のように電流の通り道（コイル）と磁束が交わっているから鎖交（さこう）

$$誘導起電力 e=-\frac{\Delta N\phi}{\Delta t}=-N\frac{\Delta\phi}{\Delta t}$$

が発生します。Nはコイルの巻数であり，変化することはないため，変化分を意味するΔ(デルタ)の外側に出すことができます。

公式　誘導起電力の大きさと向き

$$e=-\frac{\Delta N\phi}{\Delta t}=-N\frac{\Delta\phi}{\Delta t}$$

e：誘導起電力［V］
$\Delta N\phi$：磁束鎖交数の変化［Wb］
Δt：時間の変化［s］
N：巻数
$\Delta\phi$：磁束の変化［Wb］

ひとこと

誘導起電力の単位は，電池の電圧と同じボルトであることに注意しましょう。N回巻のコイルは，コイルを１回巻いて発生する起電力を，N個直列につなげたことと同じなので，誘導起電力はN倍になります。

基本例題　ファラデーの法則

0.1秒間に，巻数が500回のコイルを貫く磁束が0.03 Wbから0.05 Wbに変化した。このとき，コイルに生じる誘導起電力e[V]を求めよ。

解答

ファラデーの法則より

$$e=-N\frac{\Delta\phi}{\Delta t}=-500\times\frac{0.05-0.03}{0.1}=-100\ \mathrm{V}$$

2 フレミングの右手の法則 機械 重要度★★★

誘導起電力の向きを調べるには，フレミングの右手の法則を利用します。図のように右手の3本の指を互いに直角にし，親指を導体の移動方向，人差し指を磁界（磁束密度）の向きにあわせると，中指は誘導起電力の向きを示します。

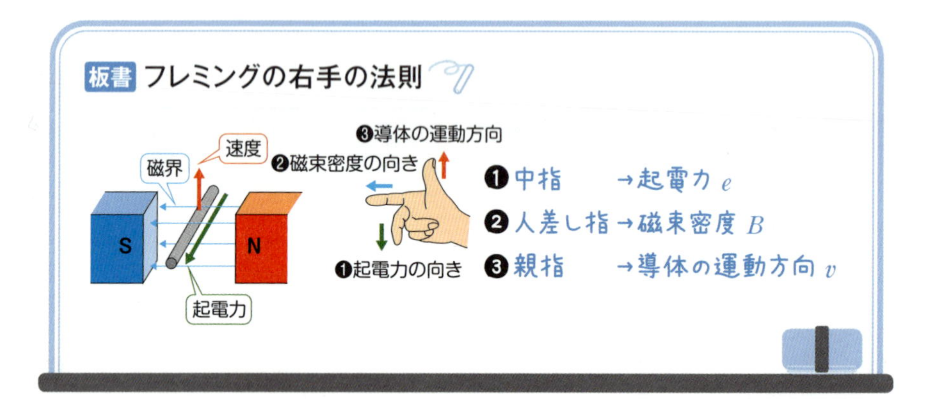

3 誘導起電力の大きさ 機械 重要度★★★

一様かつ時間的に変化しない磁界中に，面積が徐々に小さくなるコイルをおいたとき，コイル内を貫く磁束ϕは，コイルの面積の減少とともに小さくなっていきます。

すると$e=-N\dfrac{\Delta\phi}{\Delta t}$の式よりコイルに誘導起電力が生じます。

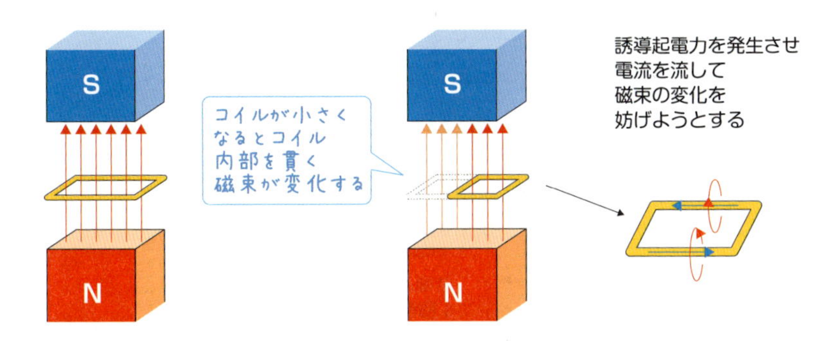

次の図では，同じことが起こります。磁束密度B[T]の平等磁界に対して垂直におかれた2本の平行な導体棒でできたレールを設置し，長さℓ[m]の導体棒をレールと磁束に垂直になるように速度v[m/s]で転がします。

レール右端がつながれているならば，導体棒から右側は閉じた回路が形成されているので，1回巻のコイルであると考えることができます。

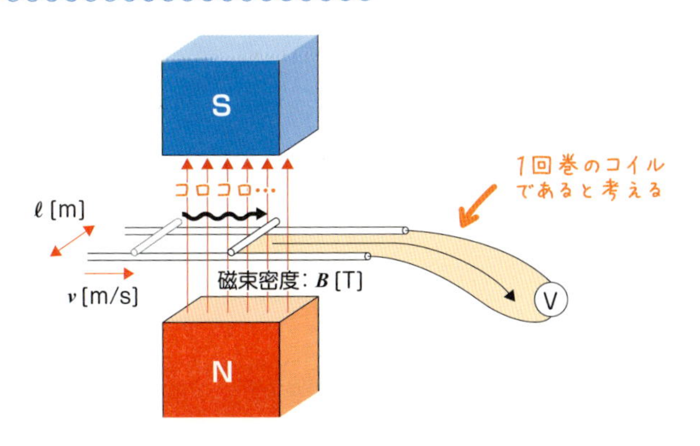

Δ t[秒]間に導体が v Δ t[m]だけ移動すると，コイル内を貫く磁束がΔ ϕ ＝磁束密度 B ×面積 ℓv Δ t だけ減少するので，誘導起電力 e[V]が生じます。磁束が減少するので，Δ ϕ はマイナスの値になります。

誘導起電力 e は，$e = -N\dfrac{\Delta\phi}{\Delta t} = -N\dfrac{-(B \times \ell v \Delta t)}{\Delta t} = B\ell v$[V]と求められます。

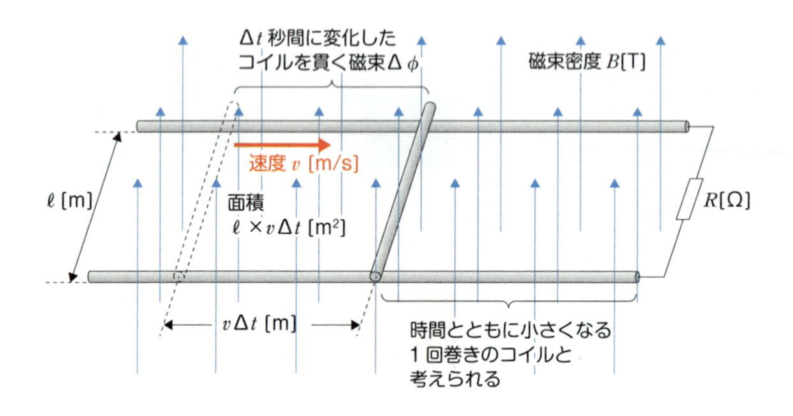

導体と磁束のなす角が垂直ではなく θ であるときは，磁束と垂直な速度成分 $v\sin\theta$ で面積を考えます。

この場合，誘導起電力 e は，$e = -N\dfrac{\Delta\phi}{\Delta t} = -N\dfrac{-(B \times \ell v \sin\theta \Delta t)}{\Delta t} = B\ell v \sin\theta$[V]と求められます。

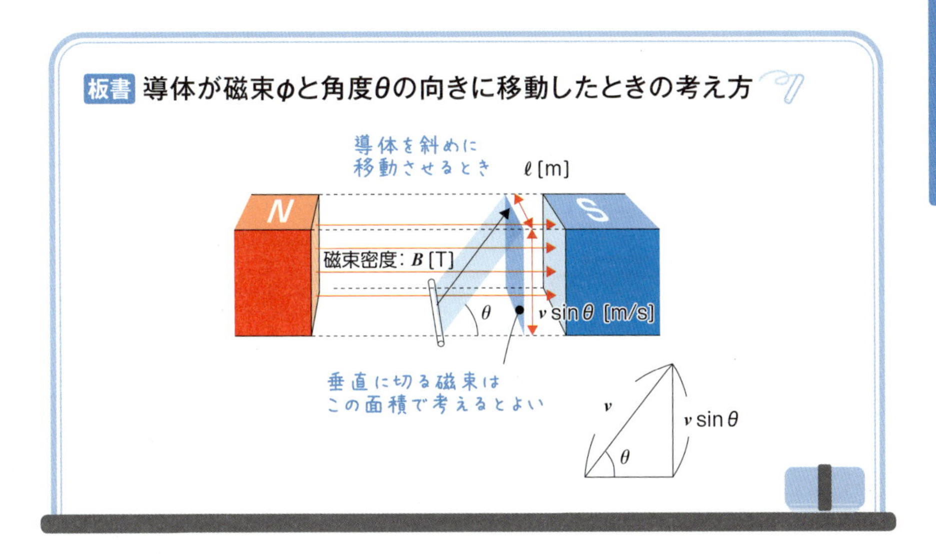

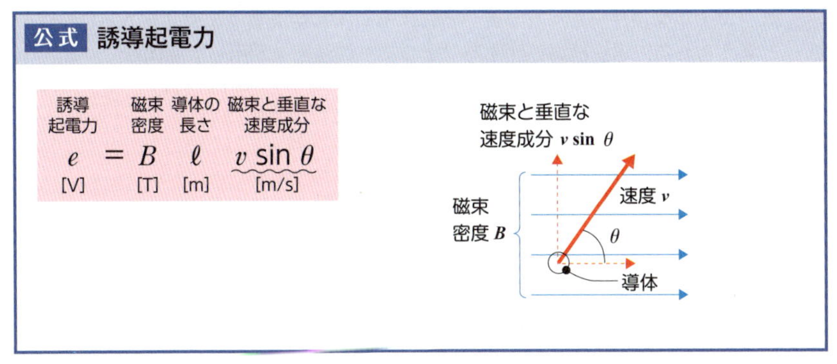

$$e = B\ell v\sin\theta$$

問題集 問題62 問題63

基本例題　　磁界中を運動する導体棒の起電力

一様かつ時間的に変化しない磁束密度B[T]の磁界中で，右端が接続されたレール上を，長さℓ[m]の導体棒を滑らせて速度v[m/s]で移動させることを考える。以下の空欄(ア)～(オ)を埋めよ。

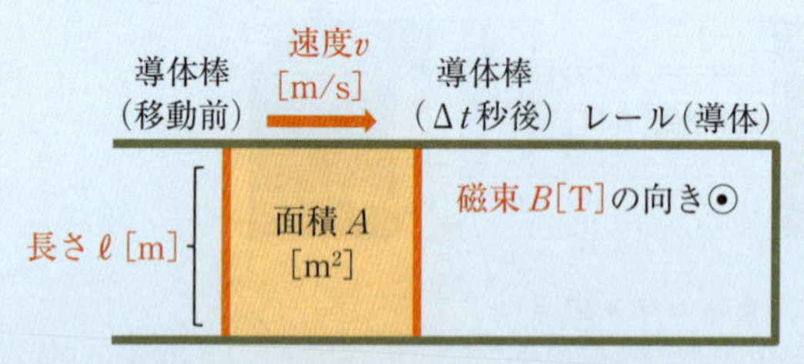

(1)　導体棒よりも右側の閉じた回路は［(ア)］回巻きのコイルと考えることができる。

(2)　Δt秒間に速度v[m/s]の導体棒が進む距離は［(イ)］[m]であるから，面積Aは［(ウ)］[m²]となる。

(3)　磁束密度B[T]であるから，面積Aを貫く磁束は［(エ)］[Wb]であり，これがコイル面積が小さくなったことによるコイル中を貫く磁束変化$\Delta\phi$[Wb]と考えられる。電磁誘導に関するファラデーの法則を利用して導体棒による誘導起電力$e=-N\frac{\Delta\phi}{\Delta t}$を計算すると，巻数$N$は［(ア)］，$\Delta\phi$[Wb]は$\phi$が減少していることに注意すると［(オ)］[Wb]だから，

$$e=-N\frac{\Delta\phi}{\Delta t}$$
$$=-1\times\frac{-B\ell v\Delta t}{\Delta t}$$
$$=B\ell v\text{[V]}$$

よって，磁界中を運動する導体棒の誘導起電力eは，$e=B\ell v$[V]となる。

解答

(ア)1　(イ)$v\Delta t$　(ウ)$\ell v\Delta t$　(エ)$B\ell v\Delta t$　(オ)$-B\ell v\Delta t$

問題集 問題64

4 渦電流 機械 重要度★★★

金属の板を貫く磁束が変化したとき，金属板は磁束の変化を妨げようとします。渦電流(うずでんりゅう)とは，磁束の変化によって，金属板に誘導起電力が生じて発生した渦状の電流です。渦電流損(うずでんりゅうそん)とは，金属板に渦電流が流れることによって，ジュール熱が発生することによるエネルギー損失をいいます。ヒステリシス損と渦電流損をあわせて鉄損(てっそん)と呼びます。

ひとこと

表面を絶縁した薄い鋼板を積み重ねた鉄心（積層鉄心）を利用すると，渦電流が流れにくくなり，渦電流損が少なくなります。

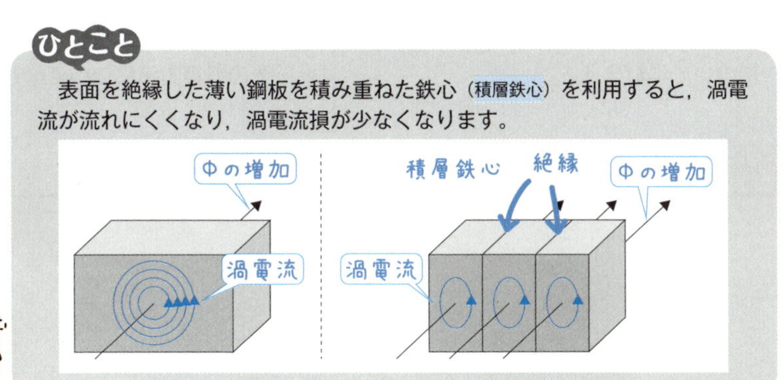

SECTION 05

インダクタンスの基礎

このSECTIONで学習すること

1 インダクタンス

インダクタンスの概念と，計算方法について学びます。

2 電磁エネルギー

コイルに蓄えられた電磁エネルギーと，その計算方法について学びます。

1 インダクタンス

重要度★★★

Ⅰ 自己誘導と自己インダクタンス

コイルに流れる電流が変化すると，電流によって生じていた磁界が変化します。その結果，コイルを貫く磁束が変化して，コイルは磁束の変化を妨げようと起電力を発生させます。これを**自己誘導**（じこゆうどう）といい，発生した起電力を**自己誘導起電力**（じこゆうどうきでんりょく）といいます。

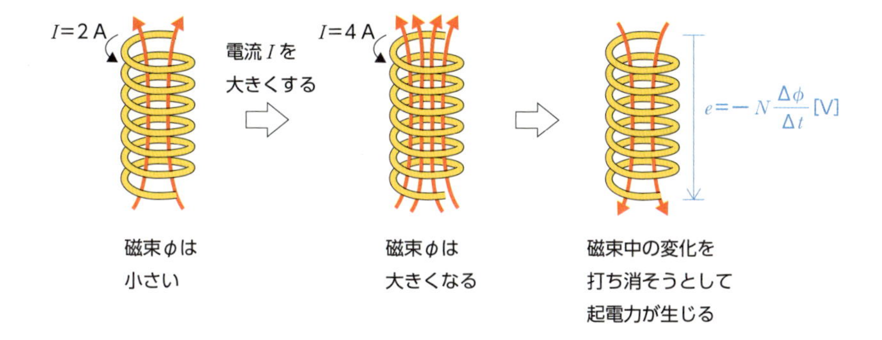

ひとこと

ほかの磁石を利用して発生する誘導起電力と違い，コイル自体に流れる電流変化による磁束変化が原因となって，起電力を発生させているので自己誘導起電力といいます。逆起電力ともいいます。

巻数 N のコイルと磁束 ϕ の磁束鎖交数 $N\phi$ が，微小な時間 Δt で変化したとき，コイルに生じる誘導起電力 e は，以下の式で求めることができます。

$$e=-N\frac{\Delta\phi}{\Delta t}[\mathrm{V}]$$

ここで，「❶電流変化 ΔI→❷電流変化に比例して磁束 ϕ が変化（磁束鎖交数も比例して変化 $N\cdot\Delta\phi$）→❸起電力 e の発生」と現象が連鎖するので，電流変化という視点からは次のような式も成り立ちます。

$$-L\frac{\Delta I}{\Delta t}=-N\frac{\Delta\phi}{\Delta t}=e[\mathrm{V}]\text{（ただし，}L\text{は比例定数）}$$

電流変化に比例して → 磁束鎖交数が変化し → 起電力発生

このときの比例定数Lを**自己インダクタンス**（量記号：L，単位：H（ヘンリー））といいます。自己インダクタンスが1Hのコイルは，1秒間で1Aの電流変化があったとき，1Vの自己誘導起電力を発生させます。

ひとこと

インダクタンスの具体的なイメージを持つために，具体的な数字をいれて考えると
1Hのインダクタンスで，1秒間に1A変化したら1V発生
2Hのインダクタンスで，1秒間に1A変化したら2V発生，3Hの…

公式　自己誘導起電力と自己インダクタンス

$$e = -L\frac{\Delta I}{\Delta t} = -N\frac{\Delta \phi}{\Delta t}$$

（e：誘導起電力[V]，L：自己インダクタンス[H]，ΔI：電流変化[A]，Δt：時間変化[s]，N：巻数，$\Delta \phi$：磁束変化[Wb]，Δt：時間変化[s]）

$$L = \frac{N\phi}{I}\ \text{[H]}$$

誘導起電力：e[V]
自己インダクタンス：L[H]→$\left[\frac{\text{Wb}}{\text{A}}\right]$のこと
電流変化：ΔI[A]
時間変化：Δt[s]
巻数：N
磁束変化：$\Delta\phi$[Wb]

問題集　問題65

Ⅱ 環状ソレノイドの自己インダクタンス

N回巻きの環状ソレノイドの自己インダクタンスは，コイルの巻数Nの2乗に比例します。

基本例題　　巻数Nと自己インダクタンスLの関係

図のように，鉄心の断面積A[m^2]，磁路の平均長さℓ[m]，透磁率$\mu=\mu_r\mu_0$としたとき，巻数Nの環状ソレノイドの自己インダクタンスL[H]はいくらになるか。

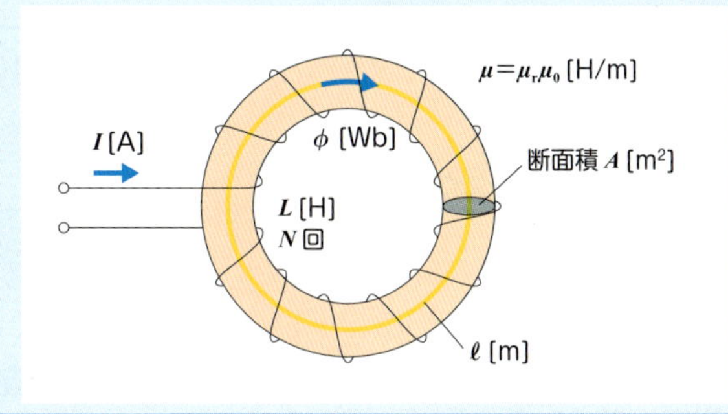

解答

自己インダクタンスを求める公式は，

$$L=\frac{N\phi}{I}\quad\cdots①$$

ここで，鉄心内の磁束密度をB[T]とすると，

$$\phi=\underset{\text{磁束密度}}{B}\times\underset{\text{断面積}}{A}$$

$$=\underset{\text{透磁率}}{\mu}\times\underset{\text{磁界の大きさ}}{H}\times A$$

環状ソレノイド内の磁界の大きさは$H=\dfrac{NI}{\ell}$だから，

$$\phi=\mu\times\frac{NI}{\ell}\times A$$

$$=\frac{\mu_0\mu_rNIA}{\ell}$$

これを①に代入すると，

$$L=\frac{N\phi}{I}=\frac{N}{I}\times\frac{\mu_0\mu_rNIA}{\ell}=\frac{\mu_0\mu_rAN^2}{\ell}\text{[H]}$$

となる。

公式 環状ソレノイドの自己インダクタンス

$$L = \frac{N\phi}{I} = \frac{\mu_0\ \mu_r A N^2}{\ell}\ [\mathrm{H}]$$

インダクタンス：L[H]→$\left[\frac{\mathrm{Wb}}{\mathrm{A}}\right]$のこと
磁束鎖交数：$N\phi$ [Wb]
電流：I[A]
真空中の透磁率：μ_0[H/m]
比透磁率：μ_r
巻数：N
鉄心の断面積：A[m^2]
平均磁路長：ℓ[m]

問題集 問題66 問題67

Ⅲ 相互誘導と相互インダクタンス

次の図において，コイル1に流れる電流I_1が変化すると，コイル1の磁束ϕ_1が変化します。この変化した磁束のうちコイル2も貫いているϕ_{12}があるとすると，コイル2に起電力が発生します。この現象を**相互誘導**(そうごゆうどう)といい，発生した起電力を**相互誘導起電力**(そうごゆうどうきでんりょく)といいます。

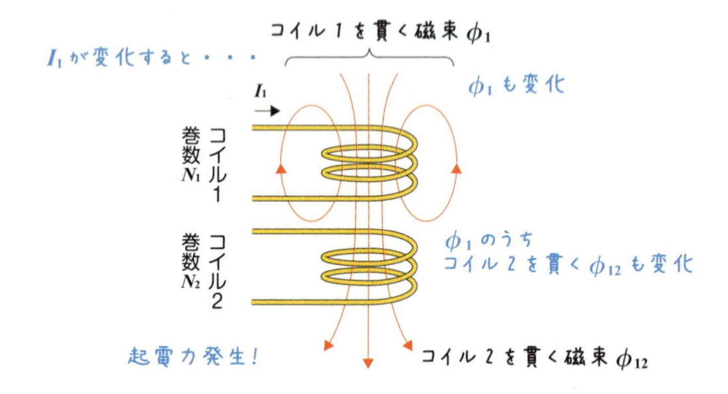

コイル1の電流をΔI_1[A]だけ変化させたときに，コイル2にどのくらいの起電力e_2[V]が発生するかの関係を考えます。コイル1における磁束鎖交数は$N_1\phi_1$，コイル2における磁束鎖交数は$N_2\phi_{12}$です。

コイル1しか通らない磁束を，漏れ磁束といいます。

ここでも，「電流がΔI_1だけ変化すると→磁束も比例して$\Delta\phi_1$だけ変化し，コイル2を貫く磁束も$\Delta\phi_{12}$だけ変化して→コイル2に起電力e_2が発生する」と考えます。

このように考えると，コイル2に発生する起電力e_2は，比例定数Mを使って，次の公式で表すことができます。この比例定数Mを**相互インダクタンス**（量記号：M，単位：H）といいます。

公式　相互誘導起電力と相互インダクタンス

$$e_2 = -N_2\frac{\Delta\phi_{12}}{\Delta t} = -M\frac{\Delta I_1}{\Delta t}\,[\mathrm{V}]$$

$$M = \frac{N_2\phi_{12}}{I_1}$$

コイル2の誘電起電力：e_2[V]
コイル2の巻数：N_2
コイル2の磁束変化：$\Delta\phi_{12}$[Wb]
時間変化：Δt[s]
相互インダクタンス：M[H]
コイル1の電流変化：ΔI_1[A]
コイル1の電流：I_1[A]

2つの導線がつながっていなくても，一方に電流を流して大きさを変化させ続けると，（磁束変化を通じて）他方にも電流が流れだして，まるで一つの回路のようなしくみをつくることができます。磁気と電気がつながってきました。機械の変圧器で必要な知識になります。

Ⅳ 相互インダクタンスと自己インダクタンス

説明を簡単にするため，以下では，漏れ磁束がないものとして考えます。

電流 I_1 磁束 ϕ_1
コイル1 巻数 N_1
コイル2 巻数 N_2

N_1回巻きのコイル1に電流I_1を流したとき，磁束ϕ_1が発生したとすると，その磁束ϕ_1はN_2回巻きのコイル2も貫くから，

$$\begin{cases} L_1 = \dfrac{N_1 \phi_1}{I_1} \\ M = \dfrac{N_2 \phi_1}{I_1} \end{cases}$$

よって，$M = \dfrac{N_2}{N_1} L_1$[H]　…①

また，N_2回巻きのコイル2に電流I_2を流したとき，磁束ϕ_2が発生したとすると，その磁束ϕ_2はN_1回巻きのコイル1も貫くから，

$$\begin{cases} L_2 = \dfrac{N_2 \phi_2}{I_2} \\ M = \dfrac{N_1 \phi_2}{I_2} \end{cases}$$

よって，$M = \dfrac{N_1}{N_2} L_2$[H]　…②

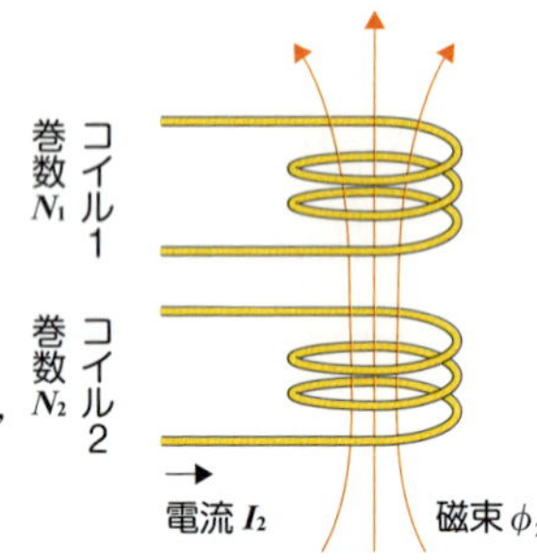

これらの関係式から，相互インダクタンスは，それぞれの自己インダクタンスで表すことができます。①×②を両辺で行うと，

$$M^2 = \frac{N_2}{N_1} L_1 \times \frac{N_1}{N_2} L_2$$

$$M^2 = L_1 L_2$$

$$M = \sqrt{L_1 L_2}\,[\mathrm{H}]$$

しかし，実際には漏れ磁束が存在するので，相互誘導回路における「電気→磁気→電気」の結合の度合いを表す**結合係数k**を使って，$M = k\sqrt{L_1 L_2}$と表現します。

公式 相互インダクタンス

$$M = k\sqrt{L_1 L_2}$$

相互インダクタンス M [H]、結合係数 k、コイル1の自己インダクタンス L_1 [H]、コイル2の自己インダクタンス L_2 [H]

$$k = \frac{M}{\sqrt{L_1 L_2}}$$

相互インダクタンス：M[H]→$\left[\frac{\mathrm{Wb}}{\mathrm{A}}\right]$のこと
コイル1の自己インダクタンス：L_1[H]
コイル2の自己インダクタンス：L_2[H]
結合係数：k

V 和動接続と差動接続

和動接続(わどうせつぞく)とは，図のように，コイル1とコイル2のつくる磁束ϕ_1と磁束ϕ_2が同じ向きになる接続方法をいいます。

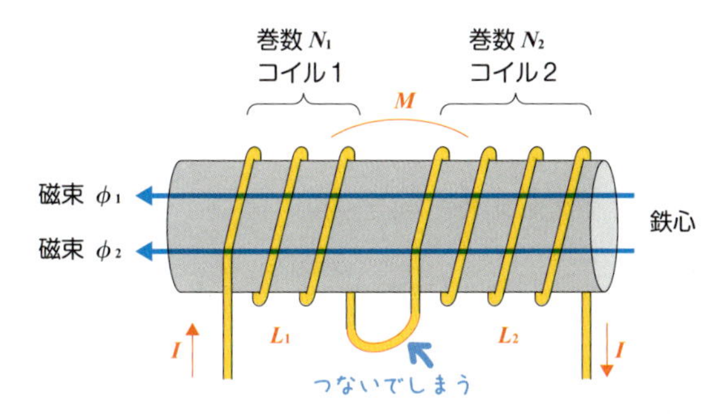

ϕ_1とϕ_2をあわせた磁束が，コイル1（巻数N_1）とコイル2（巻数N_2）を貫くので，合成自己インダクタンス（コイル1とコイル2をつなげた長いコイルの自己インダクタンス）は以下のようになります。

$$\text{合成自己インダクタンス}L = \frac{N_1(\phi_1+\phi_2)}{I} + \frac{N_2(\phi_2+\phi_1)}{I}$$

$$= \underbrace{\frac{N_1\phi_1}{I}}_{L_1} + \underbrace{\frac{N_1\phi_2}{I}}_{M} + \underbrace{\frac{N_2\phi_2}{I}}_{L_2} + \underbrace{\frac{N_2\phi_1}{I}}_{M}$$

よって，$L = L_1 + L_2 + 2M$となります。

公式 和動接続の合成自己インダクタンス

$$L = L_1 + L_2 + 2M \text{ [H]}$$

差動接続（さどうせつぞく）とは，図のように，コイル1とコイル2のつくる磁束ϕ_1と磁束ϕ_2が，逆向きになる接続方法をいいます。

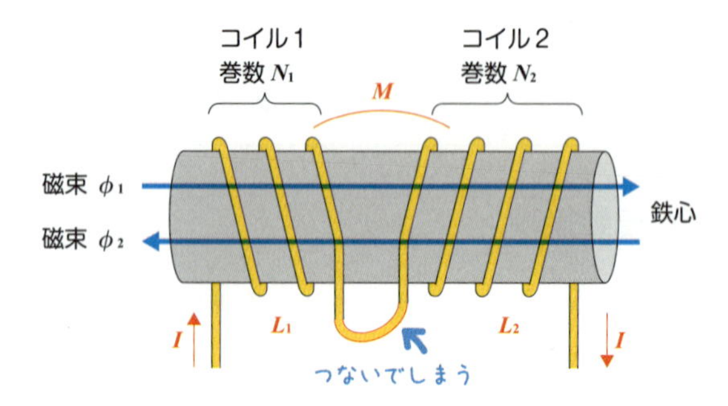

ϕ_1とϕ_2は打ち消し合い，それがコイル1（巻数N_1）とコイル2（巻数N_2）を貫くので，合成自己インダクタンスは以下のようになります。

$$\text{合成自己インダクタンス} L = \underbrace{\frac{N_1(\phi_1 - \phi_2)}{I}}_{\text{コイル1}} + \underbrace{\frac{N_2(\phi_2 - \phi_1)}{I}}_{\text{コイル2}}$$

$$= \underbrace{\frac{N_1\phi_1}{I}}_{L_1} - \underbrace{\frac{N_1\phi_2}{I}}_{M} + \underbrace{\frac{N_2\phi_2}{I}}_{L_2} - \underbrace{\frac{N_2\phi_1}{I}}_{M}$$

よって，$L = L_1 + L_2 - 2M$となります。

公式 差動接続の合成自己インダクタンス

$$L = L_1 + L_2 - 2M \text{ [H]}$$

問題集 問題68

基本例題 合成自己インダクタンス

自己インダクタンスがそれぞれ1.0 H，0.8 Hのコイルが和動接続および差動接続されているときの合成自己インダクタンスの値[H]を求めよ。ただし，2つのコイルの相互インダクタンスは0.3 Hである。

解答

和動接続の合成自己インダクタンスは，

$$L = L_1 + L_2 + 2M = 1.0 + 0.8 + 2 \times 0.3 = 2.4\ \mathrm{H}$$

差動接続の合成自己インダクタンスは，

$$L = L_1 + L_2 - 2M = 1.0 + 0.8 - 2 \times 0.3 = 1.2\ \mathrm{H}$$

2 電磁エネルギー

重要度★★★

I コイルに蓄えられるエネルギー

電流が流れているコイルにはエネルギーが蓄えられています。なぜなら，電源を切った瞬間，電流変化→磁束変化が生じてコイルに起電力が発生するからです。言い換えると，磁束が生じているコイル内部の空間（磁界）にはエネルギーが蓄えられていると考えられます。

コイルに流れる電流を増加させるには，コイルに生じている誘導起電力に逆らって仕事をしなければなりません。ここからコイルに蓄えられているエネルギーは次のように考えられます。

コイルに蓄えられるエネルギー

時間Δt[s]の間に電流をΔi[A]だけ増加させると，コイルに生じる誘導起電力V[V]の大きさは，

$$V = -L\frac{\Delta i}{\Delta t}$$

これに電源が逆らってする仕事は，電力量W[J] = 電力$I \cdot (-V)$ ×時間より，

$$\Delta W = i \times L\frac{\Delta i}{\Delta t} \times \Delta t$$
$$= Li\Delta i[\mathrm{J}]$$

したがって，電流が0 AからI[A]までにΔiずつ徐々に増加する間に必要な仕事の総量Wは，図の三角形OABの面積に等しいので，

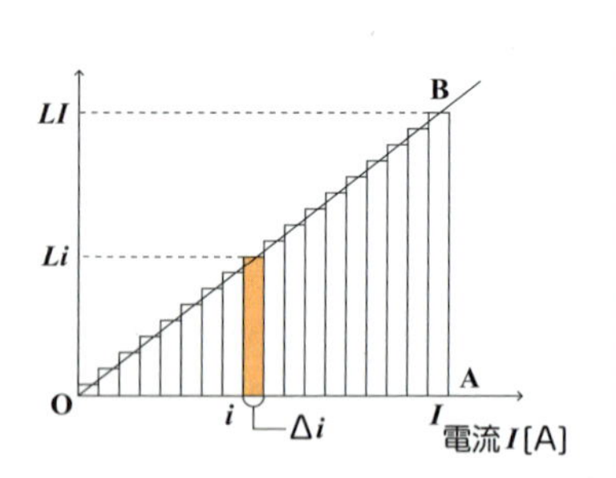

$$W = \frac{1}{2}LI^2[\mathrm{J}]$$

となる。

公式 コイルに蓄えられる電磁エネルギー

$$\underset{[\mathrm{J}]}{\overset{\text{電磁エネルギー}}{W}} = \frac{1}{2}\underset{[\mathrm{H}]}{\overset{\text{自己インダクタンス}}{L}}\underset{[\mathrm{A}]}{\overset{\text{電流}}{I^2}}$$

基本例題　コイルに蓄えられる電磁エネルギー

インダクタンスが5 mHのコイルに4 Aの電流が流れているとき，コイルに蓄えられている電磁エネルギーの大きさを求めよ。

解答

公式よりコイルに蓄えられるエネルギーW[J]は，

$$W = \frac{1}{2}LI^2 = \frac{1}{2} \times 5 \times 10^{-3} \times 4^2 = 0.04\ \mathrm{J}$$

Ⅱ 単位体積あたりのエネルギー密度

電流が流れ続けているコイルに蓄えられたエネルギーは，流れ続ける電流によってつくられ，磁界に蓄えられたエネルギーでもあります。そこで，磁界に蓄えられる単位体積あたりのエネルギー密度w[J/m^3]は次のようになります。

単位体積あたりのエネルギー密度

図において，環状ソレノイドの自己インダクタンス$L=\dfrac{\mu AN^2}{\ell}$であることを利用すると

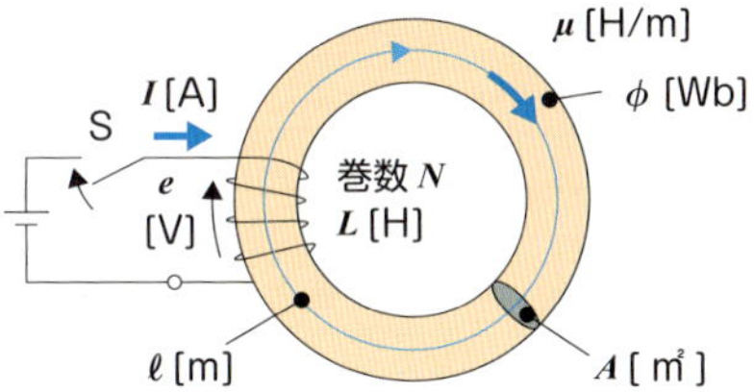

$$W=\frac{1}{2}LI^2$$

$$=\frac{1}{2}\times\frac{\mu AN^2}{\ell}\times I^2$$

$$=\frac{1}{2}\times\frac{\mu AN^2}{\ell}\times I^2\times\frac{\ell}{\ell}$$

$$=\frac{\mu}{2}\times\left(\frac{NI}{\ell}\right)^2\times A\ell$$

式変形のためにかける

鉄心の体積

ここで，磁界の大きさ$H=\dfrac{NI}{\ell}$，磁束密度$B=\mu H$であることを利用すると

$$W=\frac{\mu}{2}\times\left(\frac{NI}{\ell}\right)^2\times A\ell$$

$$=\frac{\mu}{2}\times H^2\times A\ell$$

$$=\frac{\mu H\times H}{2}\times A\ell$$

$$=\frac{BH}{2}\times A\ell$$

単位体積あたりのエネルギー密度w［J/m^3］は

$$w=\left(\frac{BH}{2}\times A\ell\right)\div A\ell$$

エネルギー　体積

$$=\frac{BH}{2}$$

$$= \frac{\mu H^2}{2}$$

$$= \frac{B^2}{2\mu} \text{[J/m}^3\text{]}$$

となる。

公式 磁界に蓄えられる電磁エネルギー密度

$$w = \frac{BH}{2} = \frac{1}{2}\mu H^2 = \frac{B^2}{2\mu}$$

エネルギー密度 w [J/m³]、磁束密度 B [T]、磁界の強さ H [A/m]、透磁率 μ [H/m]

問題集 問題70

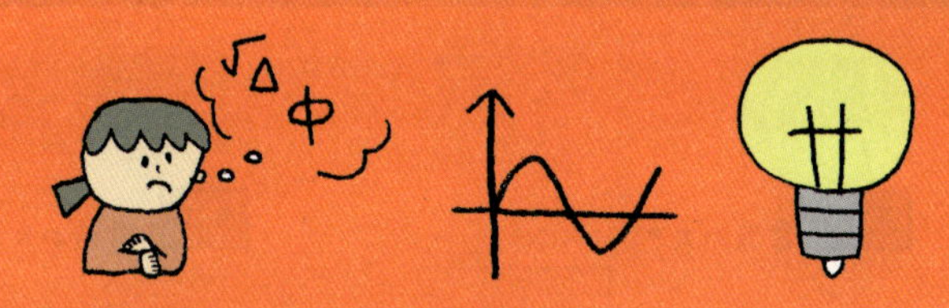

CHAPTER 04

交流回路

CHAPTER 04 交流回路

交流回路は，理論だけでなく他の科目でも必要になる重要な内容です。計算量が多いため，公式の意味をしっかりと理解し，問題を多く解くことで，計算方法になれることを意識しましょう。

このCHAPTERで学習すること

SECTION 01 正弦波交流

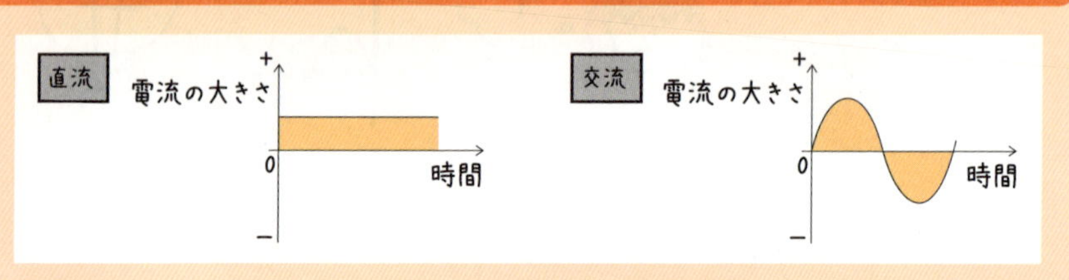

交流のしくみや交流回路のさまざまな数値の違いや導き方を学びます。

SECTION 02 R-L-C直列回路の計算

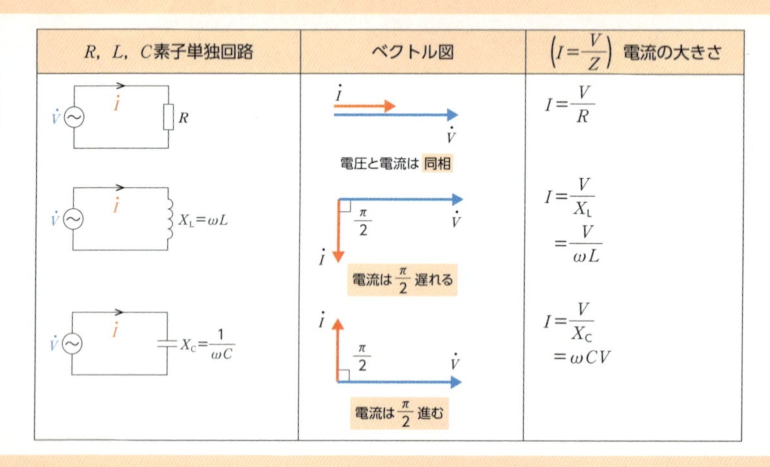

R，L，C素子単独回路	ベクトル図	$\left(I=\frac{V}{Z}\right)$ 電流の大きさ
$\dot{V}$, $\dot{I}$, R	$\dot{I}$, $\dot{V}$ 電圧と電流は 同相	$I=\frac{V}{R}$
$\dot{V}$, $\dot{I}$, $X_L=\omega L$	$\frac{\pi}{2}$, $\dot{V}$, $\dot{I}$ 電流は$\frac{\pi}{2}$遅れる	$I=\frac{V}{X_L}$ $=\frac{V}{\omega L}$
$\dot{V}$, $\dot{I}$, $X_C=\frac{1}{\omega C}$	$\dot{I}$, $\frac{\pi}{2}$, $\dot{V}$ 電流は$\frac{\pi}{2}$進む	$I=\frac{V}{X_C}$ $=\omega CV$

交流の直列回路における抵抗(R)，インダクタンス(L)，静電容量(C)の関係について学びます。

SECTION 03 R-L-C並列回路の計算

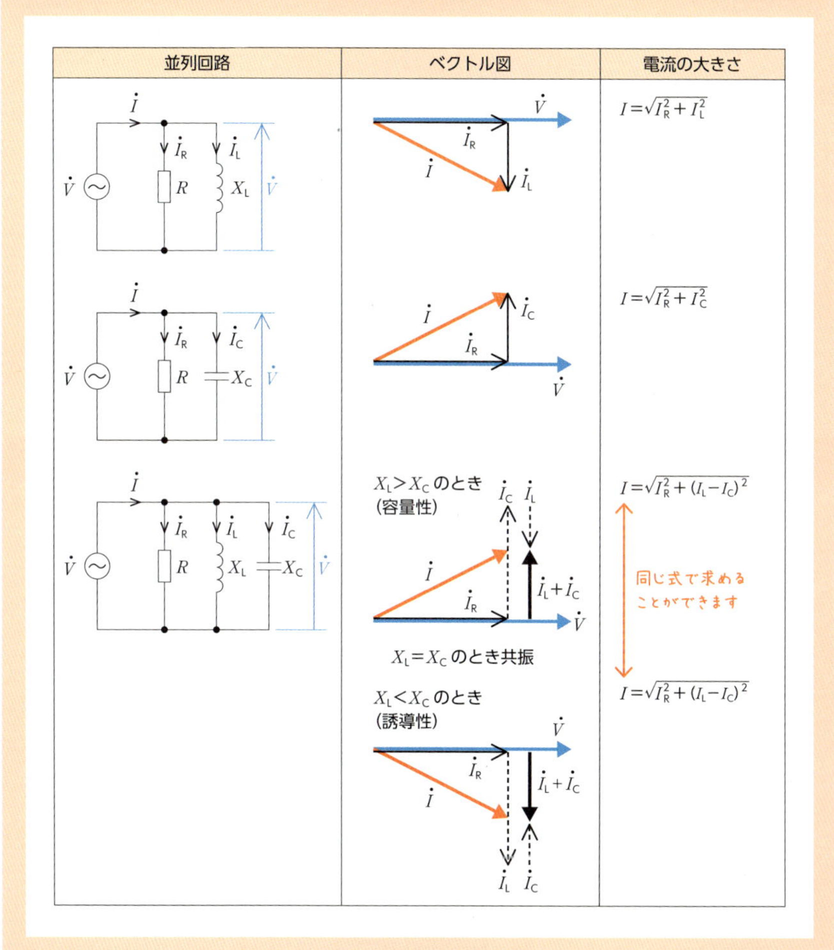

交流の並列回路における抵抗(R)，インダクタンス(L)，静電容量(C)の関係について学びます。

SECTION 04 交流回路の電力

有効電力　抵抗　電流　電圧　電流

$$P = R\,I^2 = V\,I\cos\phi$$

[W]　[Ω]　[A]　[V]　[A]

Vと同相成分の電流のみ有効電力に寄与する

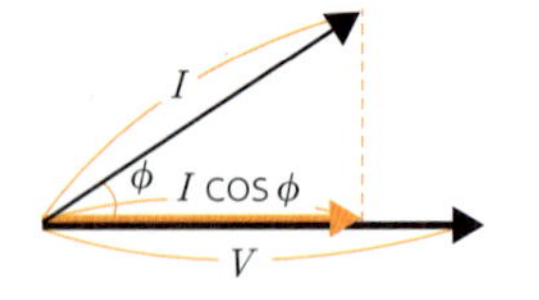

皮相電力　$S = VI$

有効電力　$P = VI\cos\phi$

無効電力　$Q = VI\sin\phi$

交流回路における電力と力率について学びます。

SECTION 05 記号法による解析

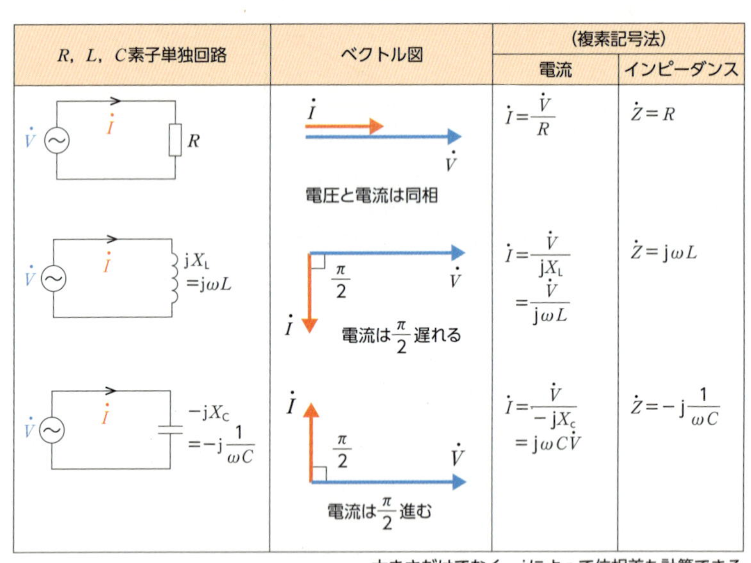

R，L，C素子単独回路	ベクトル図	(複素記号法) 電流	(複素記号法) インピーダンス
$\dot{V}$，$\dot{I}$，R	$\dot{I}$，$\dot{V}$ 電圧と電流は同相	$\dot{I} = \dfrac{\dot{V}}{R}$	$\dot{Z} = R$
$\dot{V}$，$\dot{I}$，$jX_L = j\omega L$	$\dfrac{\pi}{2}$，$\dot{V}$，$\dot{I}$ 電流は$\dfrac{\pi}{2}$遅れる	$\dot{I} = \dfrac{\dot{V}}{jX_L} = \dfrac{\dot{V}}{j\omega L}$	$\dot{Z} = j\omega L$
$\dot{V}$，$\dot{I}$，$-jX_C = -j\dfrac{1}{\omega C}$	$\dot{I}$，$\dfrac{\pi}{2}$，$\dot{V}$ 電流は$\dfrac{\pi}{2}$進む	$\dot{I} = \dfrac{\dot{V}}{-jX_C} = j\omega C\dot{V}$	$\dot{Z} = -j\dfrac{1}{\omega C}$

大きさだけでなく，jによって位相差も計算できる

交流回路を複素数で表現する考え方について学びます。

傾向と対策

出題数

2～5問程度／22問中

・計算問題中心

	H22	H23	H24	H25	H26	H27	H28	H29	H30	R1
交流回路	2	3	3	5	5	2	1	4	4	1

ポイント

交流回路の計算問題は，基礎的な問題から応用問題まで，幅広く出題されます。どの問題も計算量が多く，時間内に解くためには，直流回路で学んだ回路計算の基礎や，電流，電圧のベクトル図をしっかりと理解している必要があります。複素数や極座標の考え方を学び，短時間で問題が解けるようにしましょう。CH05で学ぶ三相交流回路につながるため，しっかりと学習して理解を深めましょう。

SECTION 01

正弦波交流

このSECTIONで学習すること

1 交流のしくみ

直流と交流の違いについて学びます。

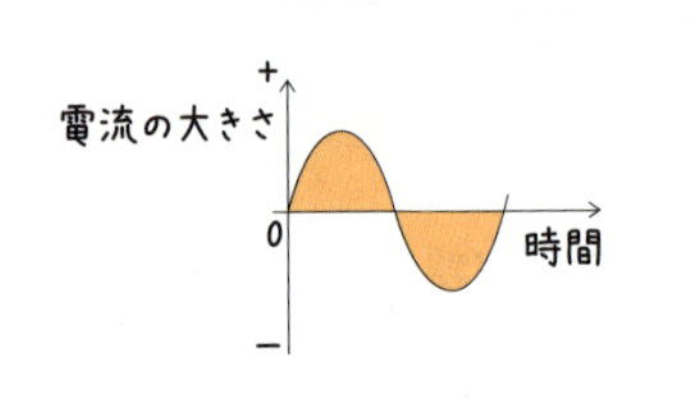

2 周波数と角周波数

正弦波交流の波形を通して，周期と周波数について学びます。

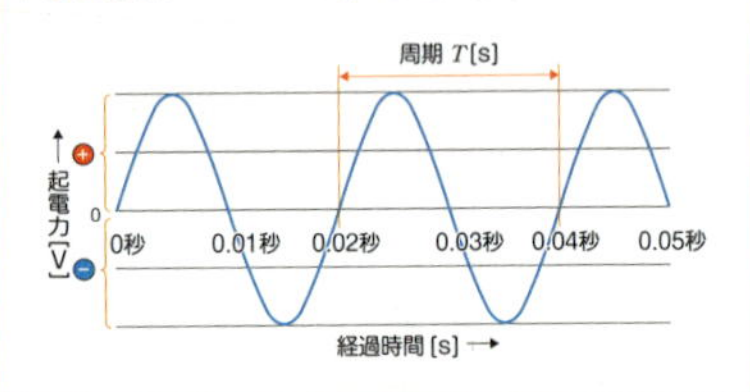

3 瞬時値，最大値，ピークピーク値

正弦波交流における起電力の瞬時値，最大値，ピークピーク値について学びます。

4 平均値と実効値

正弦波交流の平均値と実効値，最大値の関係性について学びます。

5 位相と位相差

グラフにおける位相と位相差の概念について学びます。

6 ベクトル

ベクトル量とスカラ量の考え方について学びます。

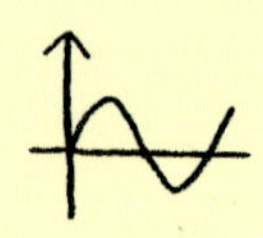

1 交流のしくみ

重要度★★★

I 直流と交流

直流(ちょくりゅう)とは，時間が経過しても向きが変わらない電気の流れをいいます。

交流(こうりゅう)とは，時間とともに大きさや向きが周期的に変わる電気の流れをいいます。電圧や電流の＋と－が時間とともに入れ替わります。

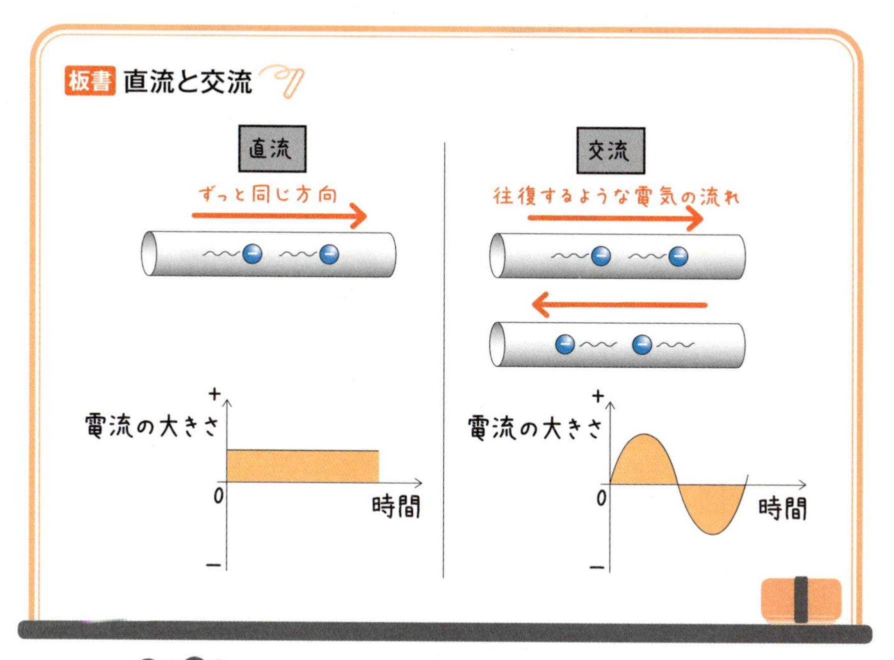

ひとこと

50 Hz（東日本）の交流の場合，0.02秒で行ったりきたりするイメージです。

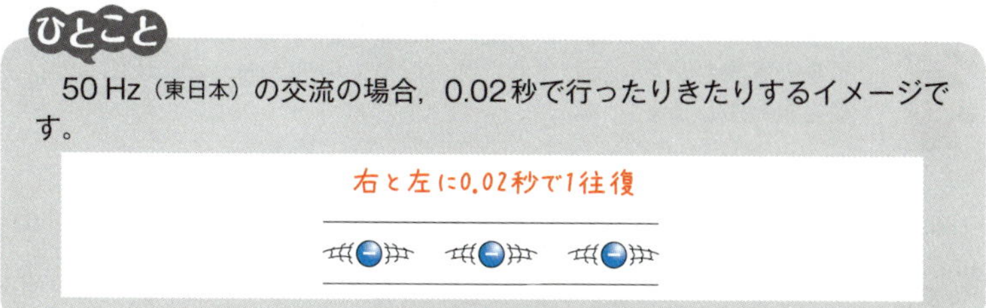

Ⅱ 交流の起電力

平等磁界のなかでコイルを回転させると交流の起電力が発生します。次の図では，時間によって導体が磁界を垂直に切る速度成分が変化しているのがわかります。

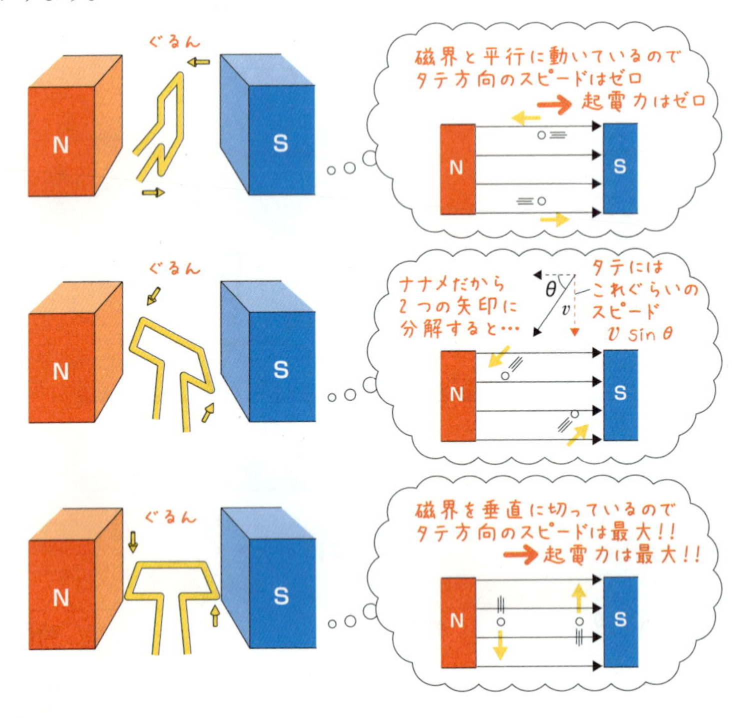

半回転をすぎると起電力が逆になります。コイルが半回転するたびに，コイルの裏表が交互に反転するため，起電力の向きも交互に反転し，交流の起電力が発生します。

仮に，磁束密度B[T]や導体の長さℓ[m]やコイルの回転速度v[m/s]は変化しなかったとしても，コイルは時間とともに回転するのでθ（シータ）（θは磁束と移動方向が作る角度）はつねに変化し，起電力も変化します。

板書 誘導起電力（復習） 

誘導起電力		磁束密度	磁束中の導体の長さ	磁束と垂直な速度成分
e	$=$	B	ℓ	$v\sin\theta$
[V]		[T]	[m]	[m/s]

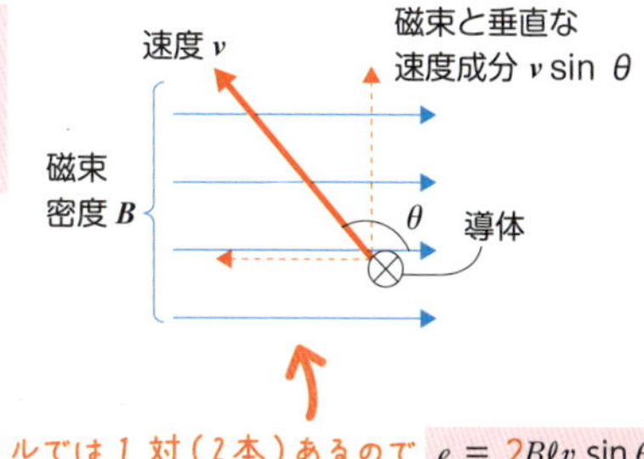

コイルでは1対（2本）あるので $e=2B\ell v\sin\theta$

2 周波数と角周波数

重要度★★★

I 周波数

周期（しゅうき）（量記号：T，単位：s）とは，ある状態から元の状態に戻ってくるまでの時間をいいます。回転するコイルの例でいえば，スタート位置から元の位置に戻ってくるまでの時間（1回転にかかる時間）です。これにあわせて交流の波形がつくられます。

周波数（しゅうはすう）（量記号：f，単位：Hz（ヘルツ））とは，1秒間に繰り返される周期の回数をいいます。コイルの例でいえば，1秒間に何回転するかであり，これにあわせて交流の波形も変化します。

公式 周期と周波数の関係

$$f=\frac{1}{T}$$

周波数：f[Hz]
周期：T[s]

基本例題 周期と周波数

周波数が50 Hzのとき，周期の値[s]を求めよ。

解答

$f=\frac{1}{T}$より，

$$T=\frac{1}{f}=\frac{1}{50}=0.02\ \mathrm{s}$$

たとえば，一般的な交流の波形は，三角関数のサイン（正弦）を使った式で表すことができるので，**正弦波交流**と呼びます。

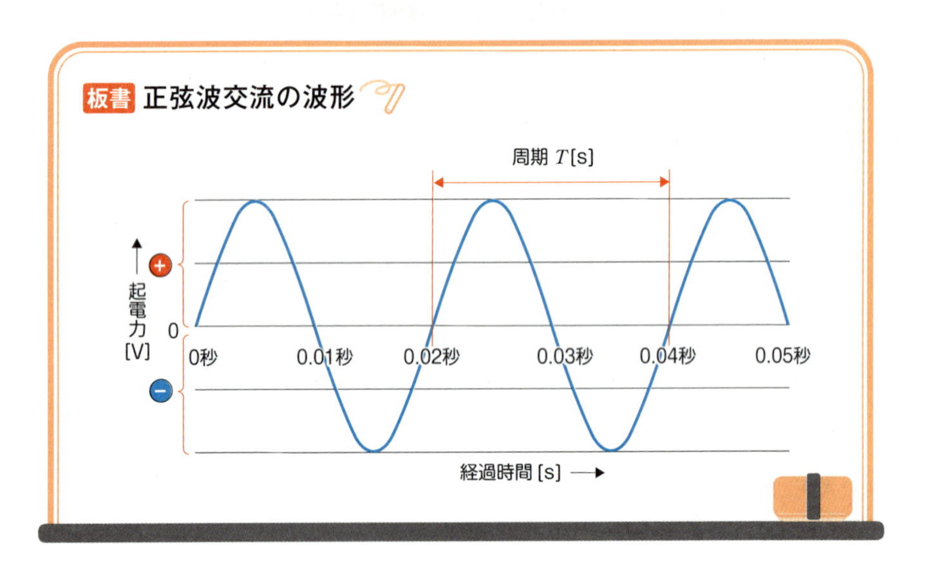

II 弧度法

角度を表すのに，これまでは30°，45°，60°など，円周を360分割して開き具合を表す「度[°]」を使ってきました（**度数法**）。

これに対して，**弧度法**では，半径1の円を用いて，円周の長さ（弧の長さ）をそのまま開き具合と考え，単位「**rad**」で角度を表します（量記号はθ）。

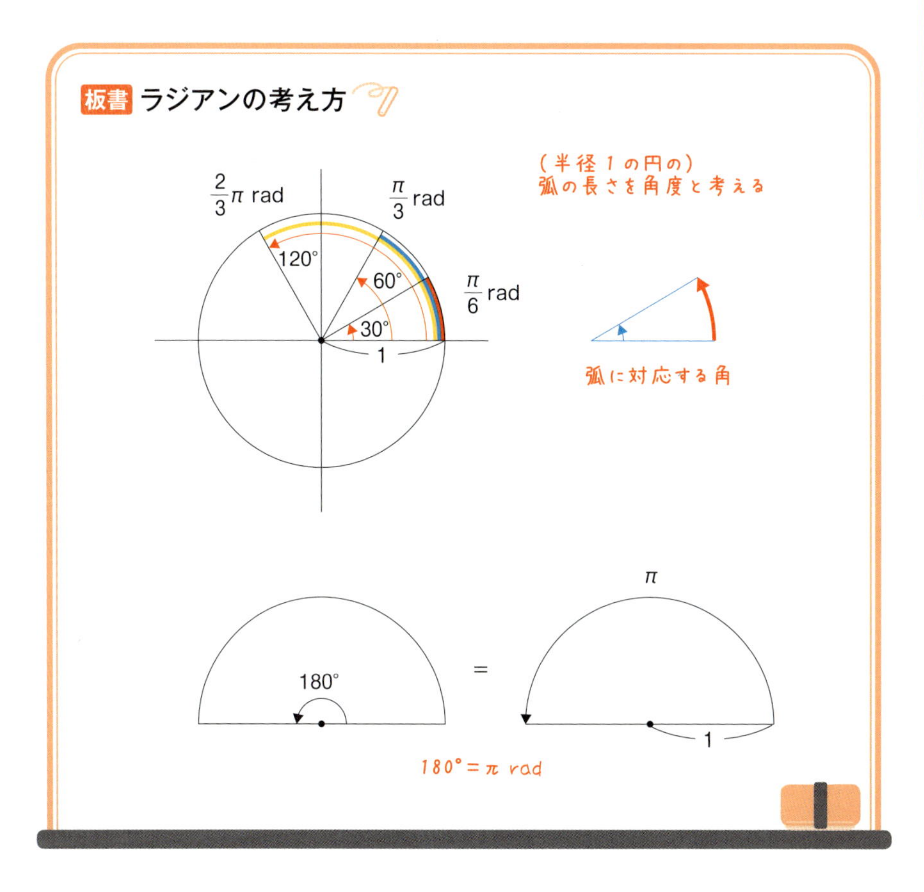

πラジアンは，半円の弧の長さに対応する角の大きさ180°のことを表します。このことから，以下の公式が成り立ちます。

公式 度とラジアンの関係

$$\theta = \frac{\pi}{180} \times x$$

弧度法：θ [rad]
度数法：x [°]

度	0	30	45	60	90	120	180	240	360
ラジアン	0	$\frac{\pi}{6}$	$\frac{\pi}{4}$	$\frac{\pi}{3}$	$\frac{\pi}{2}$	$\frac{2\pi}{3}$	π	$\frac{4\pi}{3}$	2π

ひとこと

半径1の円を基準に考える理由は，半径rが変化すると弧の長さも変化して，角度が比較できなくなるからです。そこで，半径1の円を基準に考えるために，半径rの円の場合は，円周の長さℓ（弧の長さ）をrで割って調整し，弧度を計算します。

Ⅲ 角周波数

回転する速度の表し方は，**1秒あたりの回転数**（量記号：N，単位：s^{-1}（毎秒））で表すことができます。また，1秒間にどのくらいの角度を進むかという，1秒あたりの**角周波数**（かくしゅうはすう）（**角速度**（かくそくど））（量記号：ω（オメガ），単位：rad/s（ラジアン毎秒））で表すこともできます。

ここで，1秒あたりの回転数Nは，周波数fそのものです。また，1回転すると2π進んだことになるので，角速度は次のようになります。

公式 角周波数

角周波数　1周　周波数

$$\omega = 2\pi f$$

[rad/s]　[rad]　[Hz]

1周は2π（360°）× 1秒間に何回転（f回転）するか

基本例題 角周波数

周期が60 Hzのとき，角周波数の値[rad/s]を求めよ。

解答

$\omega = 2\pi f = 2\pi \times 60 = 120\pi \fallingdotseq$ 377 rad/s

3 瞬時値，最大値，ピークピーク値 重要度★★★

交流起電力は，ある瞬間ある瞬間で変化しており，正弦波交流における起電力は次のように表現できます。

公式 交流起電力の瞬時値

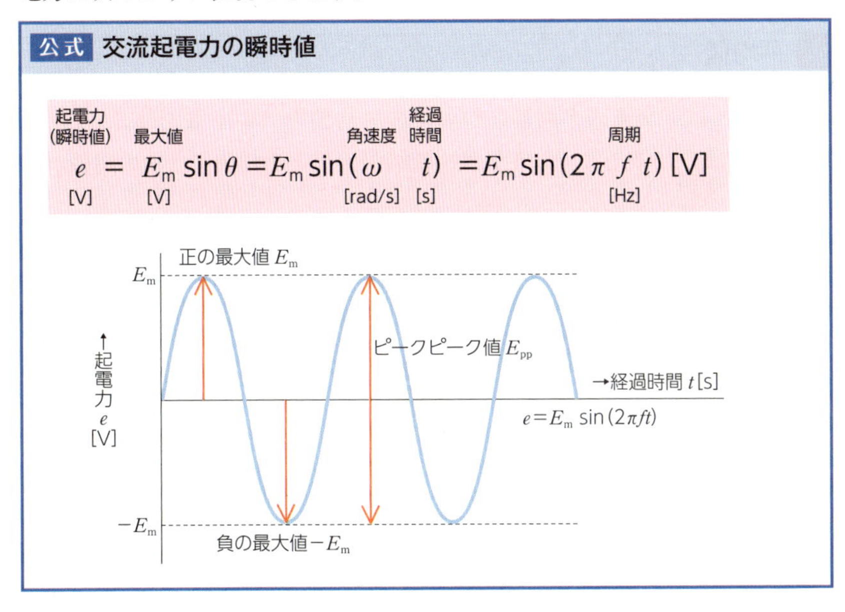

瞬時値(しゅんじち)とは，それぞれの瞬間（時刻）における値をいい，**最大値**E_mとは，瞬時値のうち最大の値のことをいいます。**ピークピーク値**E_{pp}とは，波形の山が最大のときと波形の谷が最大のときの絶対値の合計値をいいます。

ひとこと

1回巻きのコイルの例であれば，以下のように考えられます。

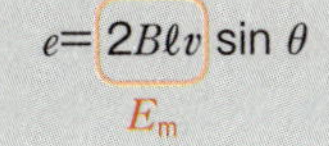

問題集 問題71

4 平均値と実効値

重要度★★★

交流は値がつねに変化しているため，「交流電圧は○○Ｖです。」とはいえません。そこで，指標として❶平均値や❷実効値が用いられます。

Ⅰ 平均値

平均値とは，交流の半周期についての平均値をいい，電圧はE_{av}またはV_{av}，電流はI_{av}で表します。正弦波交流の最大値と平均値には次の関係があります。

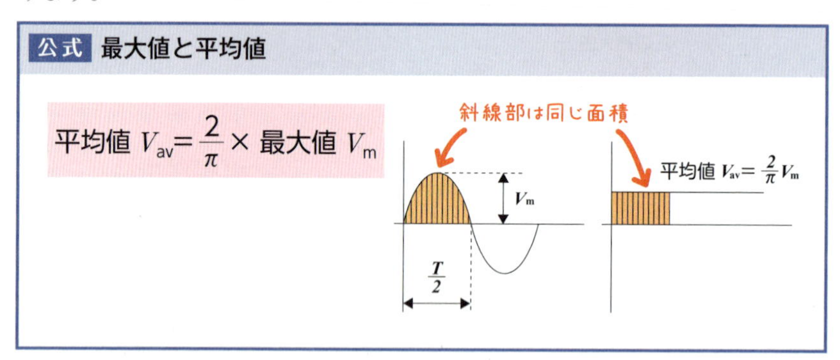

公式 最大値と平均値
平均値 $V_{av}=\frac{2}{\pi}\times$ 最大値 V_m
斜線部は同じ面積
V_m
$\frac{T}{2}$
平均値 $V_{av}=\frac{2}{\pi}V_m$

ひとこと

上記の公式を導くには，積分計算が必要になりますが，sin θ と θ 軸で囲まれた面積が以下のようになることを覚えておけば，試験上は十分対応できます。機械 のパワーエレクトロニクスの範囲で応用できます。

以下の場合では，平均値はひと山の面積2を横幅のπで割ると求められます。

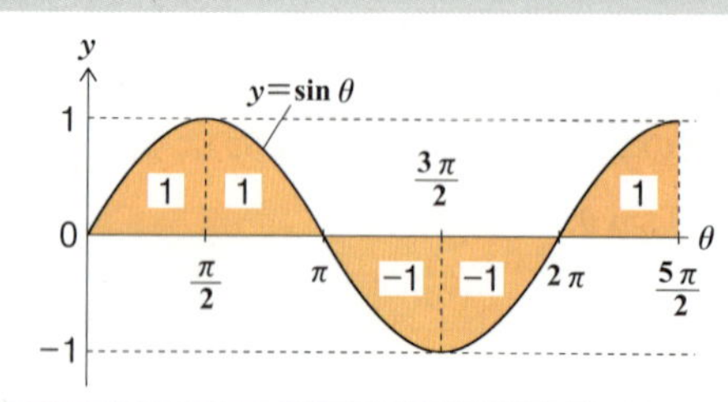

Ⅱ 実効値

実効値（じっこうち）とは，直流と同じ働きをする値をいいます。電圧はEまたはV，電流はIで表します。

次の交流回路（図1）の抵抗R[Ω]に交流電圧$v = V_m \sin\theta$ [V]を加えたとき，1周期に発生する熱エネルギーと，直流回路（図2）の抵抗R[Ω]に直流電圧V[V]を加えたときに発生する熱エネルギーが等しいとき，V[V]が交流電圧v[V]の実効値となります。

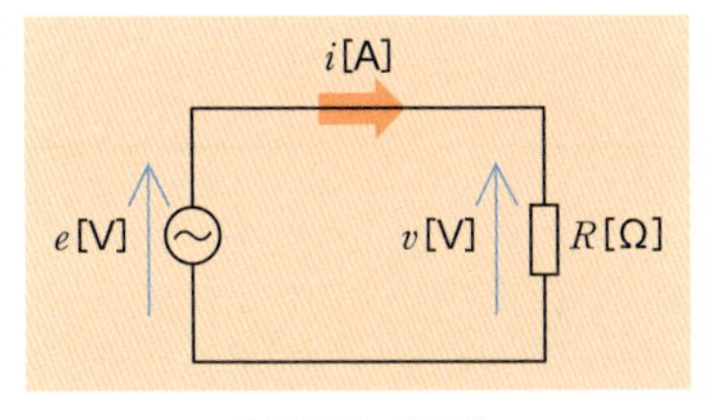

交流回路【図1】

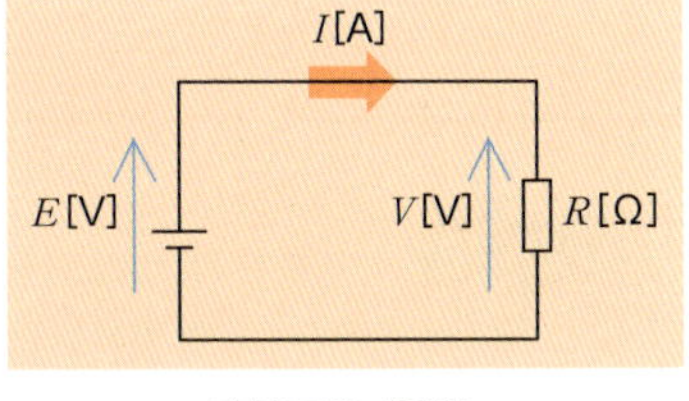

直流回路【図2】

たとえば，ある抵抗に直流電源100 Vをつないだときと，実効値100 Vの交流電源をつないだときに，同じ熱エネルギーが発生するとわかるので便利です。

「交流電圧の実効値は，直流電圧でいえば何Vなのか」という，直流電圧への換算した値と考えることができます。

実効値は，瞬時値を二乗して，その平均をとり，さらにその平方根をとって求められます。正弦波交流の実効値は，最大値を$\sqrt{2}$で割った値となります。

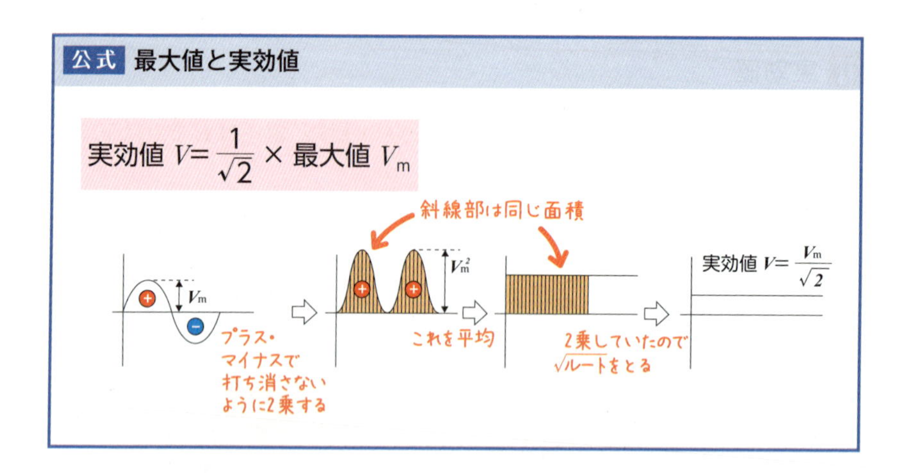

ひとこと

上記の公式を導くには積分計算が必要になりますが，$\sin^2\theta$ と θ 軸で囲まれた面積が，以下のようになることを覚えておけば，試験上は十分応用ができます。実は，$1\times\frac{\pi}{2}$ の長方形の半分の面積になっています。

この場合ひと山の面積 $\left(\frac{\pi}{4}+\frac{\pi}{4}\right)$ を横幅の π で割り，求まった数値の平方根をとると求めることができます。

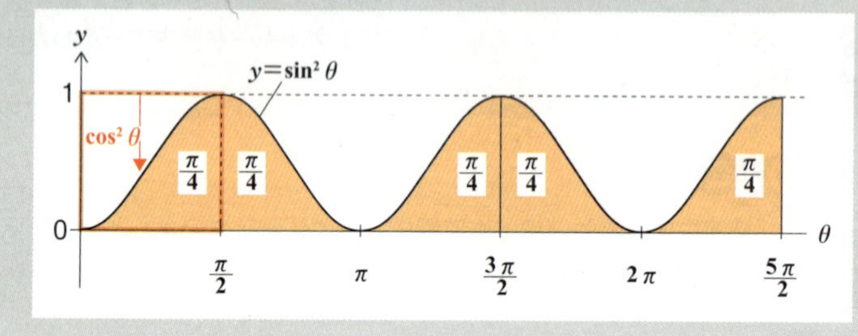

Ⅲ 最大値と平均値と実効値の関係

正弦波交流において，最大値・平均値・実効値の関係をまとめると，次のようになります。

公式 最大値・平均値・実効値の関係

$$\begin{cases} V_{av}=\dfrac{2V_m}{\pi}\ [\mathrm{V}],\quad V=\dfrac{V_m}{\sqrt{2}}\ [\mathrm{V}] \\ I_{av}=\dfrac{2I_m}{\pi}\ [\mathrm{A}],\quad I=\dfrac{I_m}{\sqrt{2}}\ [\mathrm{A}] \end{cases}$$

最大値：V_m，I_m
実効値：V，I
平均値：V_{av}，I_{av}

基本例題 最大値･平均値･実効値

正弦波交流電圧の最大値 V_m が 141 V であるとき，この電圧の平均値 V_{av}[V]と実効値 V[V]を求めよ。

解答

$$V_{av}=\frac{2V_m}{\pi}=\frac{2\times 141}{\pi}\fallingdotseq 89.8\ \mathrm{V}$$

$$V=\frac{V_m}{\sqrt{2}}=\frac{141}{\sqrt{2}}\fallingdotseq 99.7\ \mathrm{V}$$

5 位相と位相差

重要度★★★

図のようにスタート位置をa点として，磁界中でコイルを反時計回りに角速度ω[rad/s]で回転させた場合，ある時刻tにおける起電力$e_a = E_m \sin \omega t$ [V]が発生し，赤色のグラフが書けます。

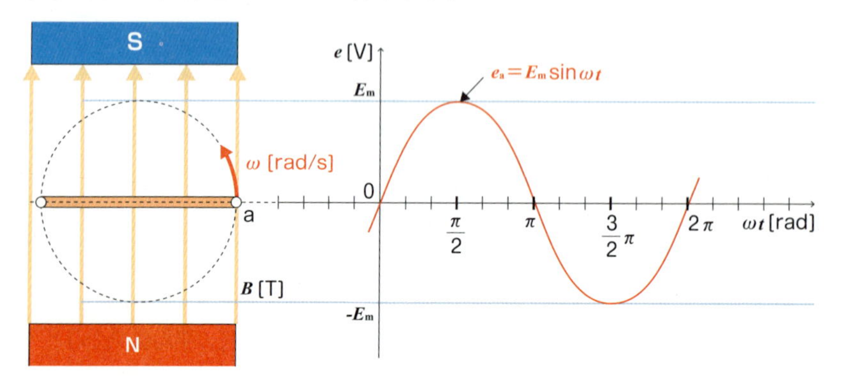

今度は，反時計回りにϕ_b[rad]だけ角度を進め，スタート位置をb点とします。b点からコイルを反時計回りに角速度ω[rad/s]で回転させた場合，起電力$e_b = E_m \sin(\omega t + \phi_b)$[V]が発生し，緑色のグラフが書けます。

このように，グラフが左にずれた状態を「位相が進んでいる」といいます。

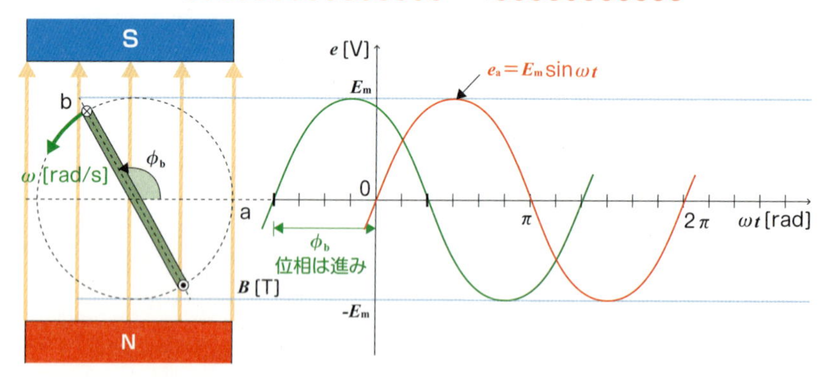

今度は，反時計回りにϕ_c[rad]だけ角度を遅らせ，スタート位置をc点とします。c点からコイルを反時計回りに角速度ω[rad/s]で回転させた場合，起電力$e_c = E_m\sin(\omega t - \phi_c)$[V]が発生し，青色のグラフが書けます。

このように，グラフが右にずれた状態を「位相が遅れている」といいます。

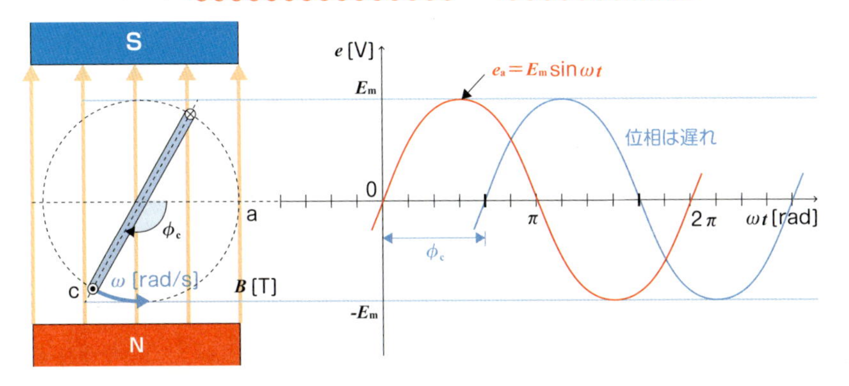

ここで，$e_a = E_m\sin\omega t$[V]，$e_b = E_m\sin(\omega t + \phi_b)$ [V]，$e_c = E_m\sin(\omega t - \phi_c)$[V]の**位相**（**位相角**）とは，それぞれωt，$\omega t + \phi_b$，$\omega t - \phi_c$のことをいい，**初位相**（**初期位相**）とは，初期時点（$t = 0$）における位相をいいます。

ϕ_bやϕ_cのようなϕ_aとの位相のズレを**位相差**といいます。2つの交流波形に位相差がない場合は，**同相**（**同位相**）であるといいます。

公式 交流電圧の瞬時値

交流電圧

$$e = \sqrt{2}E\sin(\omega t + \phi)$$

[V]　最大値[V]　初位相[rad]

実効値：E[V]
（→最大値：$\sqrt{2}E$[V]　最大値は実効値の$\sqrt{2}$倍）
位相（位相角）：ωt[rad]
初位相：ϕ [rad]

公式 交流電流の瞬時値

交流電流

$$i = \sqrt{2}I\sin(\omega t + \phi)$$

[A]　最大値[A]　初位相[rad]

実効値：I[A]
（→最大値：$\sqrt{2}I$[A]　最大値は実効値の$\sqrt{2}$倍）
位相（位相角）：ωt[rad]
初位相：ϕ [rad]

問題集 問題72

6 ベクトル

重要度★★★

I スカラとベクトル

直流回路では，電流や電圧の大きさのみを考えればよかったのですが，交流回路では向きと大きさが変化するため，ベクトルで考えることになります。通常，交流の大きさは実効値で表されます。

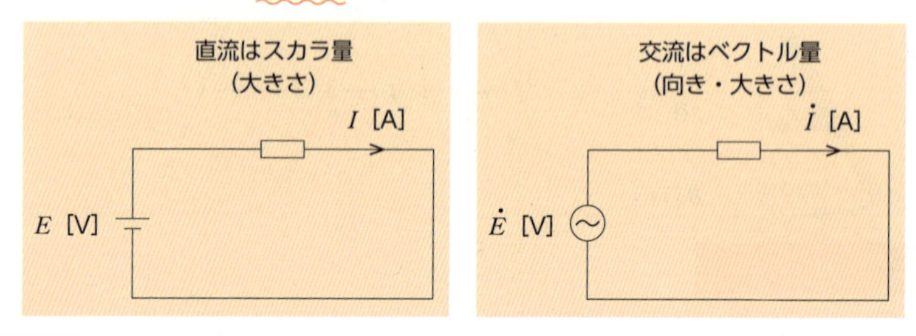

スカラとは，温度や容積のように，大きさのみを持つ量のことをいいます。**ベクトル**とは，速度や力のように，大きさと向きを持つ量のことをいいます。

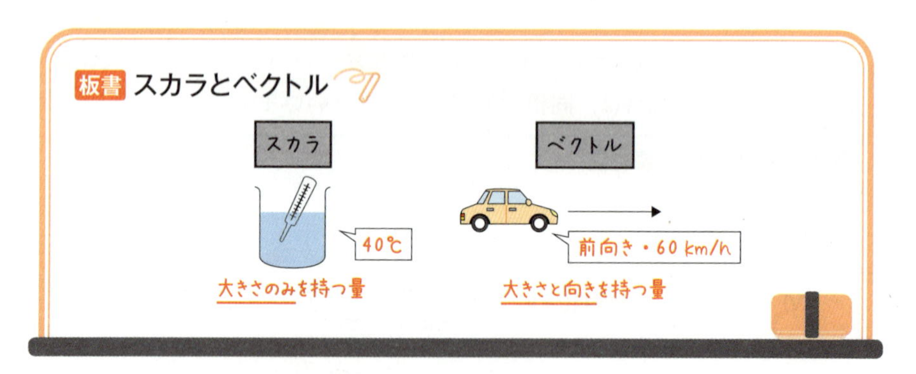

数学ではベクトルは$\vec{A}$のように矢印を文字の上に書きますが，電気の分野においては，$\dot{A}$のように・(ドット)を文字の上に付けます（Aドット，ベクトルAなどと読みます）。ベクトルを平面で表す場合は，矢印の向きと長さで表現します。

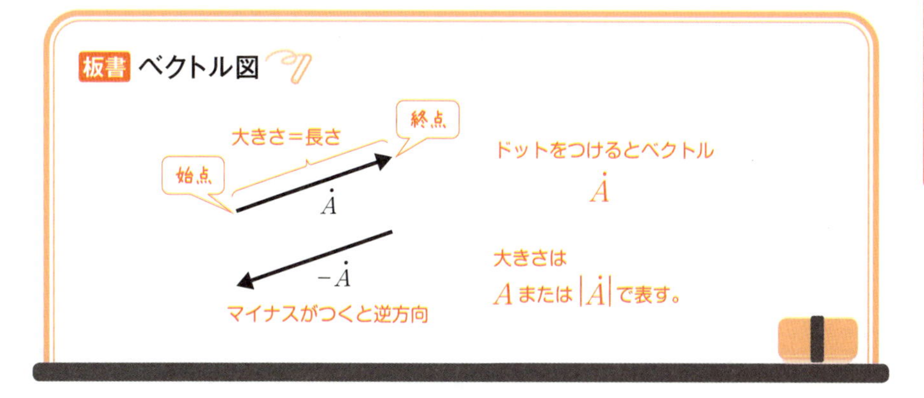

ひとこと

絶対値とは，数直線上のある点と原点との距離を示したものです。|5|のように|　|で数字を囲んで示します。距離であるため，マイナスになることはありません。たとえば，|5|＝5ですが，|−5|＝5になります。

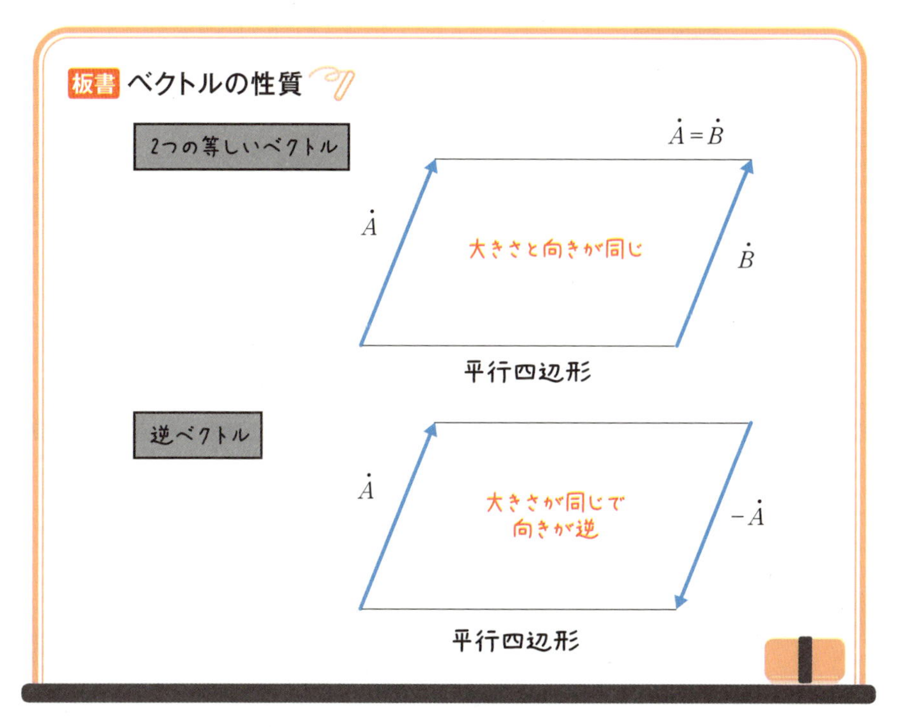

Ⅱ ベクトルの合成

ベクトルの足し算や引き算は，重い石を二人で引っ張る状況を考えるとイメージしやすくなります。

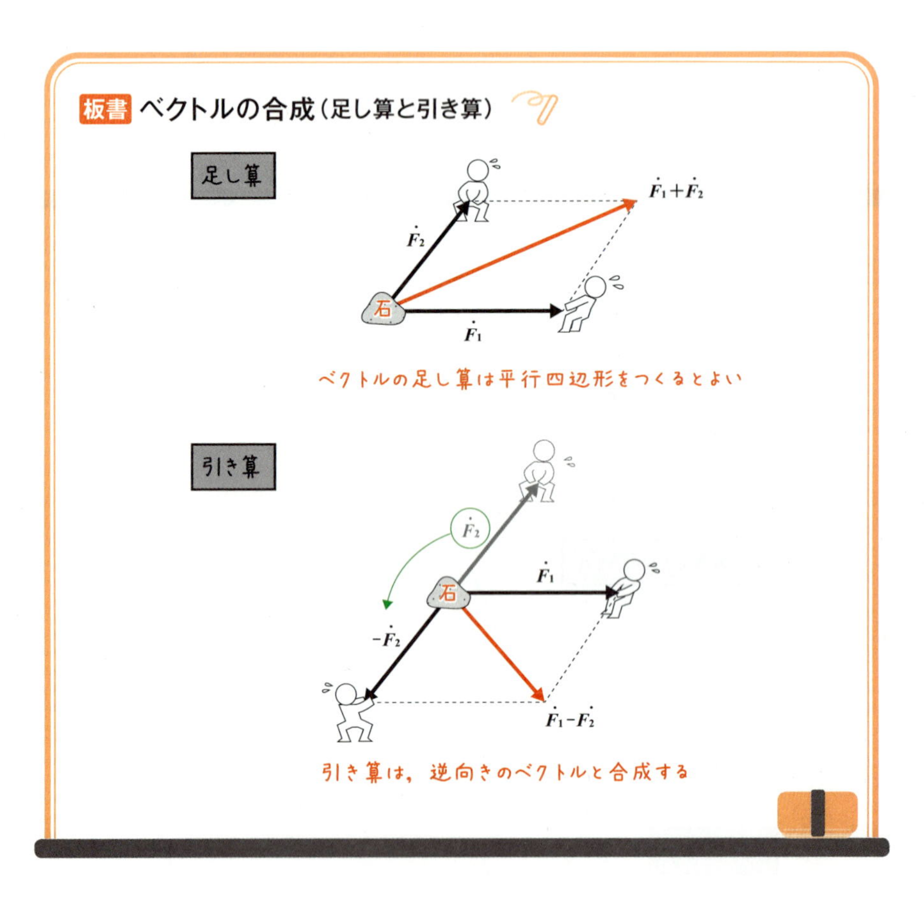

Ⅲ 直交座標表示と極座標表示

ベクトルを表現する方法は，**直交座標表示**と**極座標表示**があります。直交座標表示では $\dot{E}=(x,\ y)$ と表し，極座標表示では $\dot{E}=E\angle\phi$ と表します。

たとえば，次の例では，直交座標表示では $\dot{E}=(1,\sqrt{3})$ と書き，極座標表示では，$\dot{E}=2\angle\frac{\pi}{3}$ と書きます。

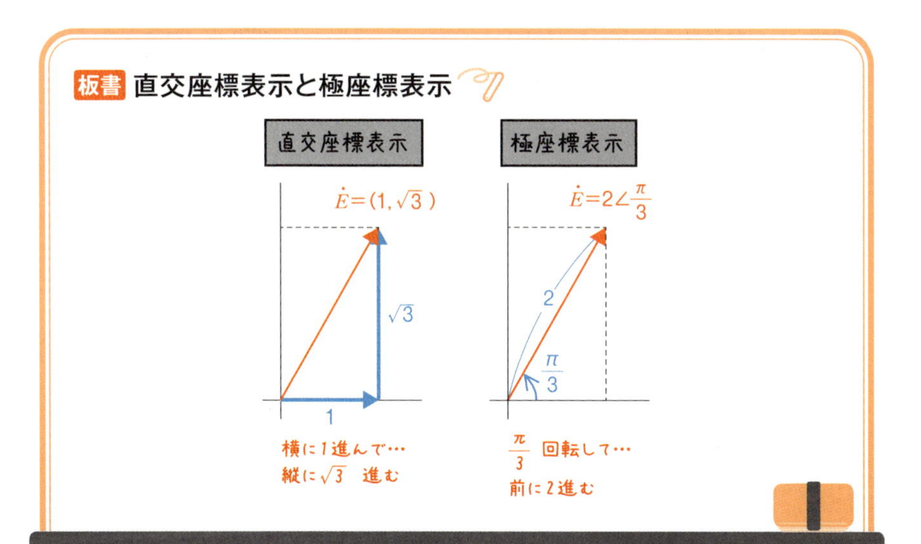

直交座標表示から極座標表示への変換は次のようにできます。

公式 直交座標表示➡極座標表示

$$\dot{E}=(x,\ y)\ \Rightarrow\ \dot{E}=\sqrt{x^2+y^2}\angle\tan^{-1}\frac{y}{x}$$

※$\tan^{-1}$をアークタンジェントといい，$\tan^{-1}\frac{y}{x}$は，傾きが$\frac{y}{x}$となるような角度を表します

極座標表示から直交座標表示への変換は次のようにできます。

公式　極座標表示➡直交座標表示

$$\dot{E}=E\angle\phi \Rightarrow \dot{E}=(E\cos\phi,\ E\sin\phi)$$

試験では，ほとんどの場合，60度や45度の三角定規にあてはまるような角度が出題されます。

基本例題　直交座標表示→極座標表示への変換

$\dot{E}=(1,\sqrt{3})$を，極座標表示$\dot{E}=E\angle\phi$の形に直しなさい。

解答

ピタゴラスの定理より$E=\sqrt{1^2+\sqrt{3}^2}=2$

傾きが$\frac{\sqrt{3}}{1}=\sqrt{3}$と$\phi$を考えて$\phi=\tan^{-1}\frac{\sqrt{3}}{1}=\frac{\pi}{3}$ rad

したがって，極座標表示では，$\dot{E}=2\angle\frac{\pi}{3}$となる。

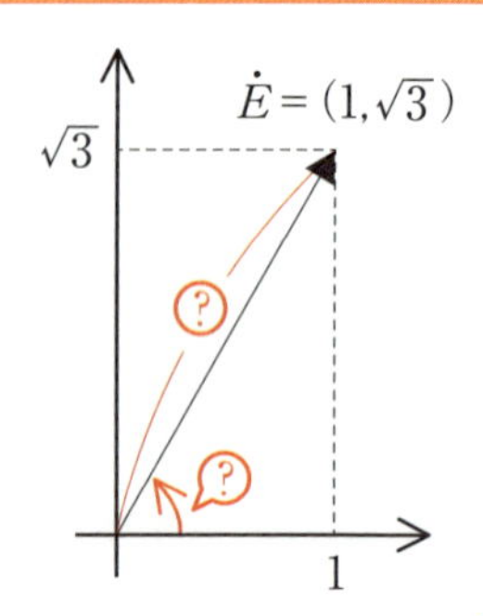

ひとこと

ピタゴラスの定理（三平方の定理）とは，下の図のような直角三角形で斜辺の2乗が他の2辺の2乗の和に等しくなることをいいます。

$a^2+b^2=c^2$

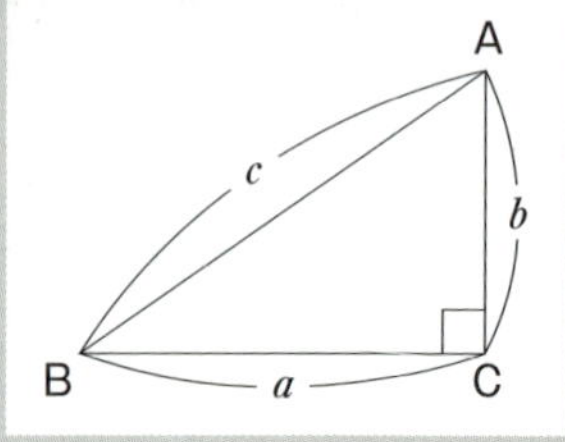

基本例題 極座標表示→直交座標表示への変換

$\dot{E}=2\angle\frac{\pi}{3}$を，直交座標表示$\dot{E}=(x,\ y)$の形に直しなさい。

解答

$\dot{E}$のx軸方向の成分をE_x，y軸方向の成分をE_yとすると，

$$E_x=2\cos\frac{\pi}{3}=2\times\frac{1}{2}=1$$

$$E_y=2\sin\frac{\pi}{3}=2\times\frac{\sqrt{3}}{2}=\sqrt{3}$$

したがって，直交座標表示では，$\dot{E}=(1,\sqrt{3})$となる。

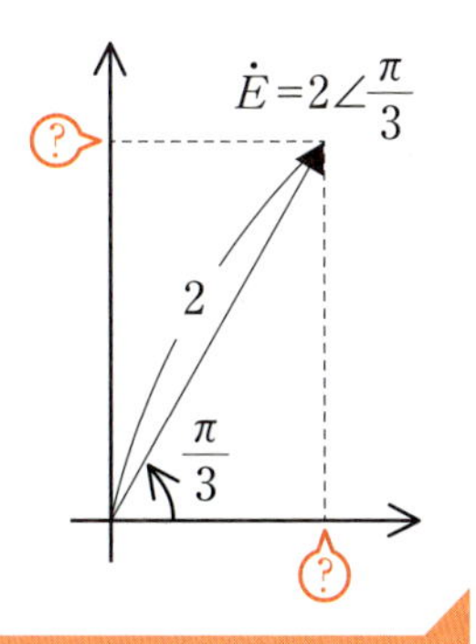

IV 瞬時式とベクトル

瞬時式$e=\sqrt{2}E\ \sin(\omega t+\phi)$の交流は，同じ周波数の交流との関係を示す場合，ベクトル表記で$\dot{E}=E\angle\phi$と表すと便利です。

基本例題 瞬時式とベクトル

瞬時式$e=100\sqrt{2}\sin(\omega t+\frac{\pi}{6})$の交流電圧を，極座標表示によるベクトル$\dot{E}$で表し，ベクトル図を作成しなさい。

解答

$e=100\sqrt{2}\sin(\omega t+\frac{\pi}{6})$だから

$\dot{E}=100\angle\frac{\pi}{6}$

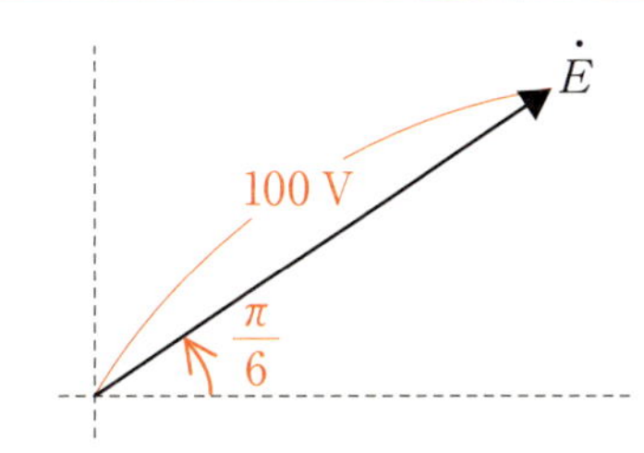

問題集 問題73

SECTION 02

R-L-C直列回路の計算

このSECTIONで学習すること

1 R, L, Cの働き

交流回路におけるR（抵抗），L（インダクタンス），C（静電容量）の影響について学びます。

2 抵抗Rのみの回路

抵抗Rしかない回路に交流電圧を加えた場合の，電流の値について学びます。

3 インダクタンスLのみの回路

インダクタンスLしかない回路に交流電圧を加えた場合の電流の値について学びます。

4 静電容量Cのみの回路

静電容量Cしかない回路に交流電圧を加えた場合の電流の値について学びます。

5 R-L直列回路，R-C直列回路，R-L-C直列回路

R-L直列回路，R-C直列回路，R-L-C直列回路のインピーダンスについて学びます。

1 R, L, Cの働き

重要度★★★

交流回路では，抵抗Rだけでなく，インダクタンスLや静電容量Cも電流の流れを妨げます。R，L，Cに交流の電圧を加えた場合，電流の大きさだけでなく，電圧と電流の位相差がどうなるのかを考える必要があります。

板書 交流回路で使用する電気用図記号

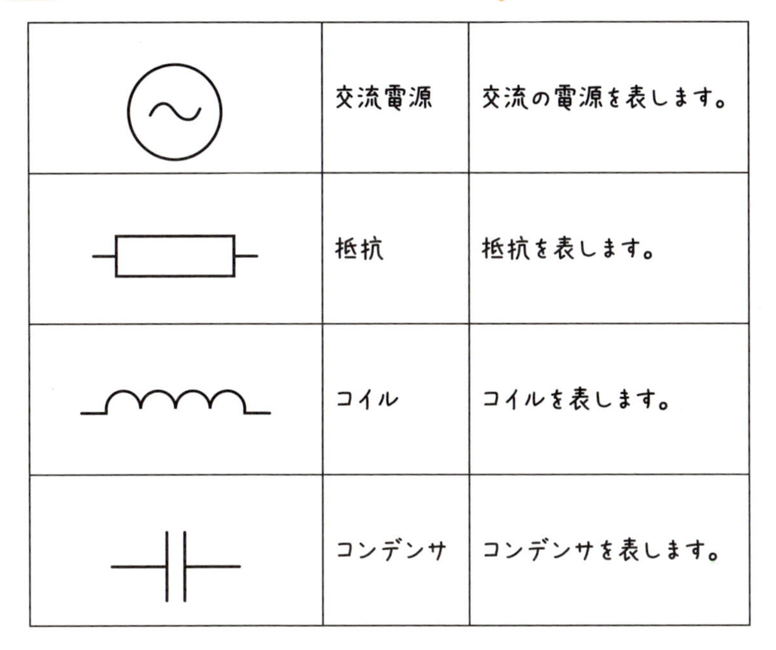

	交流電源	交流の電源を表します。
	抵抗	抵抗を表します。
	コイル	コイルを表します。
	コンデンサ	コンデンサを表します。

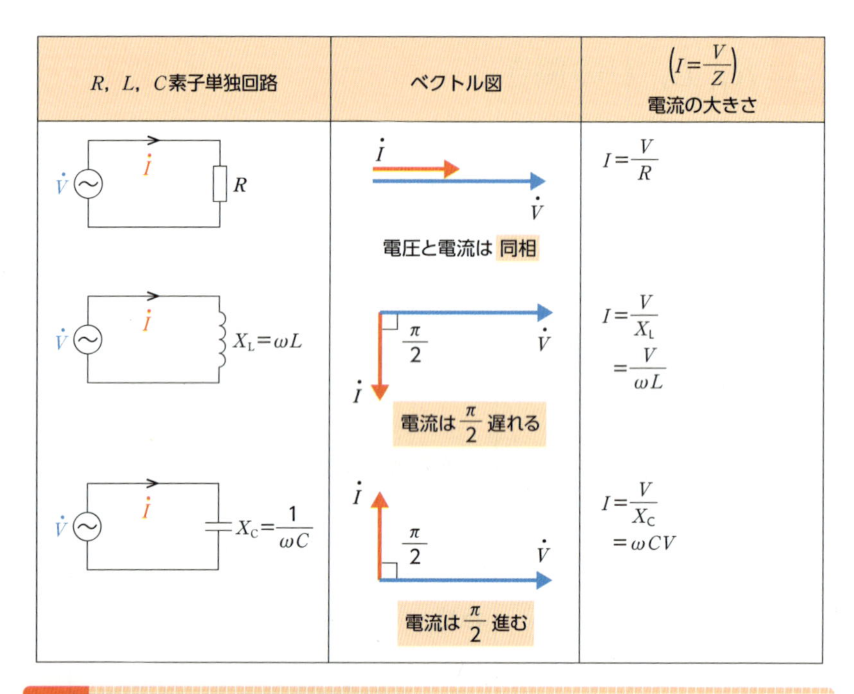

R, L, C素子単独回路	ベクトル図	$\left(I=\frac{V}{Z}\right)$ 電流の大きさ
$\dot{V}$, $\dot{I}$, R	$\dot{I}$, $\dot{V}$ 電圧と電流は 同相	$I=\frac{V}{R}$
$\dot{V}$, $\dot{I}$, $X_L=\omega L$	$\dot{V}$, $\frac{\pi}{2}$, $\dot{I}$ 電流は $\frac{\pi}{2}$ 遅れる	$I=\frac{V}{X_L}$ $=\frac{V}{\omega L}$
$\dot{V}$, $\dot{I}$, $X_C=\frac{1}{\omega C}$	$\dot{I}$, $\frac{\pi}{2}$, $\dot{V}$ 電流は $\frac{\pi}{2}$ 進む	$I=\frac{V}{X_C}$ $=\omega CV$

2 抵抗Rのみの回路

重要度★★★

交流電圧 $\dot{V}$[V]の電圧を抵抗R[Ω]のみの回路に加えると，電圧と電流は同相となり，電流の大きさI[A]（実効値）は$\frac{V}{R}$[A]となります。

基本例題 抵抗Rのみの回路

正弦波交流v=200$\sqrt{2}$sin100 π t[V]の電圧を，抵抗R＝100 Ωのみの回路に加えた。電流の瞬時値i[A]を求めよ。

解答

オームの法則より，

$$i=\frac{v}{R}$$

$$=\frac{200\sqrt{2}\sin(100\pi t)}{100}$$

$$=2\sqrt{2}\sin(100\pi t)\,[\mathrm{A}]$$

となる。

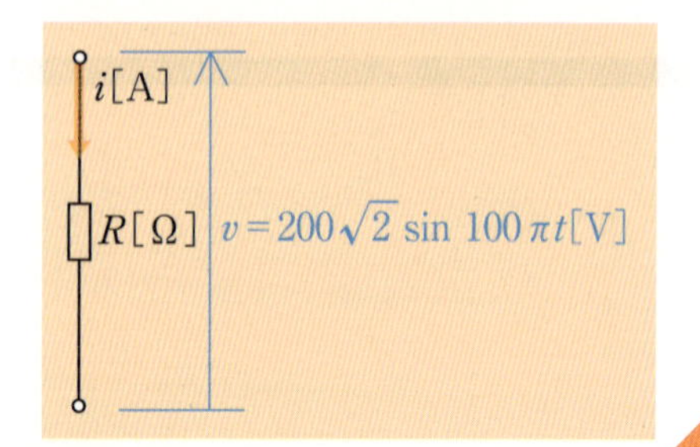

3 インダクタンスL（コイル）のみの回路 重要度★★★

交流電圧$\dot{V}$[V]をインダクタンスL[H]のみの回路に加えると，回路に流れる電流$\dot{I}$は電圧$\dot{V}$より$\frac{\pi}{2}$ radの遅れになります。

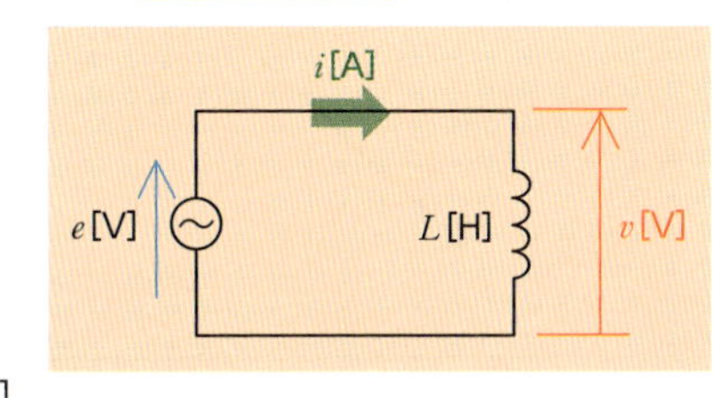

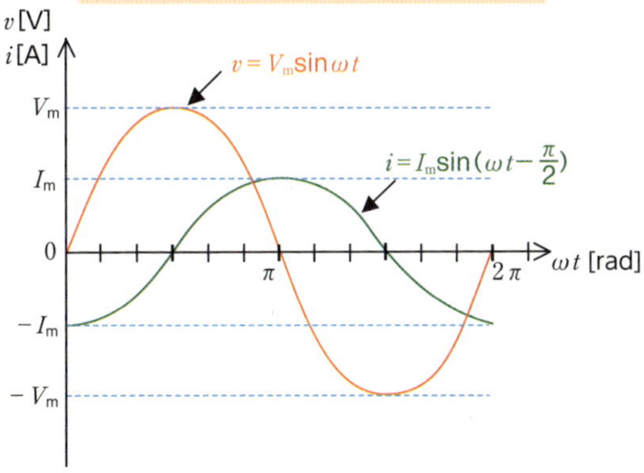

ひとこと

交流では電流がつねに変化しているため，誘導起電力の式$e=-L\frac{\Delta i}{\Delta t}$から，逆起電力が発生して電流の流れを妨げます。角周波数ωが大きいほど，電流の流れを妨げます。

また，電圧の実効値V（電圧の大きさ）と電流の実効値I（電流の大きさ）の関係は，$V=\omega LI$となり，$V=RI$と似ています。このωLを誘導起電力による電流の流れにくさと解釈して，誘導（ゆうどう）リアクタンス（量記号：X_L，単位：Ω）といいます。

$\omega=2\pi f$なので，$V=X_L I=\omega LI=2\pi fLI$が成り立ちます。

公式 誘導リアクタンス

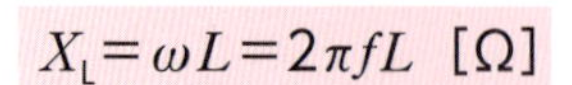

$$X_L = \omega L = 2\pi f L \ [\Omega]$$

誘導リアクタンス：X_L [Ω]
角周波数：ω [rad/s]
インダクタンス：L [H]
周波数：f [Hz]

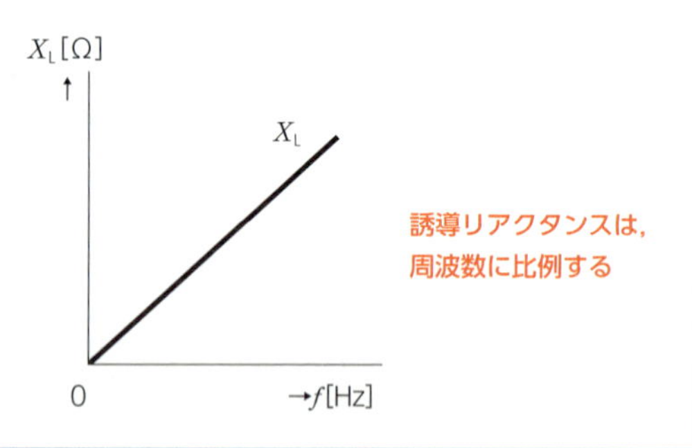

誘導リアクタンスは，周波数に比例する

ひとこと

コイルに生じる誘導起電力e_Lは，次のようになります。

$$e_L = -L\frac{\Delta i}{\Delta t} [V]$$

ここで，電源電圧をvとします。

キルヒホッフの第二法則（電圧則）から，閉回路の電圧の和は，任意の時刻でゼロになるので，

$$v + e_L = 0$$

$$v - L\frac{\Delta i}{\Delta t} = 0$$

$$v = L\frac{\Delta i}{\Delta t}$$

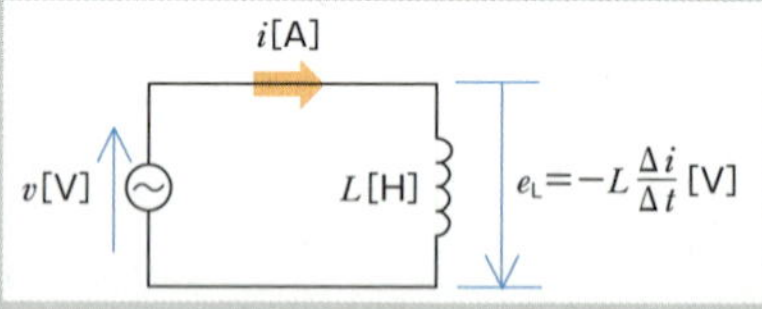

微分を利用した複雑な計算になりますが，$i = \sqrt{2} I \sin \omega t$ を代入すると，

$$v = L\frac{\Delta(\sqrt{2} I \sin \omega t)}{\Delta t}$$

$$= L \times \sqrt{2} I \times \omega \cos \omega t$$

$$= \sqrt{2} \omega L I \sin \left(\omega t + \frac{\pi}{2}\right)$$

となります。したがって，コイルに加わる電圧vは電流iよりも$\frac{\pi}{2}$進み，電圧の実効値$V = \omega L I$となります。

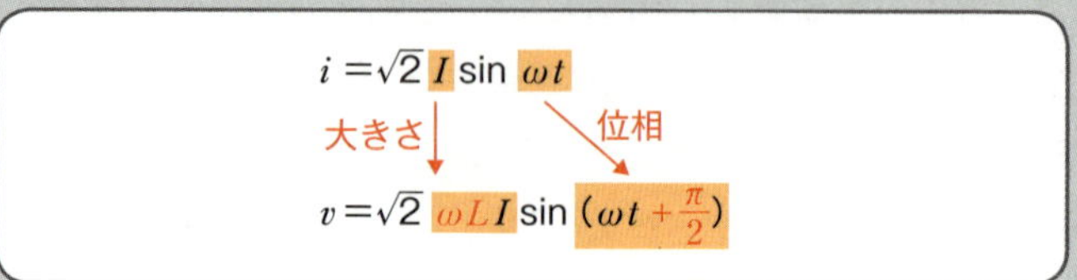

基本例題 コイル（インダクタンスL）のみの回路

自己インダクタンスL＝100 mHのコイルに，実効値V＝100 V，周波数f＝50 Hzの正弦波交流電圧を加えたとき，以下を求めよ。
①コイルの誘導リアクタンスX_L[Ω]
②電流の実効値I[A]
③電圧と電流の位相差ϕ[rad]

解答
① $X_L = 2\pi fL = 2\pi \times 50 \times (100 \times 10^{-3}) = 10\pi \fallingdotseq 31.4\ \Omega$

② $I = \dfrac{V}{X_L} = \dfrac{100}{10\pi} = \dfrac{10}{\pi} \fallingdotseq 3.18\ \text{A}$

③コイルの働きにより，電流が遅れ，電圧と電流の位相差ϕは$\dfrac{\pi}{2}$ radとなる。

4 静電容量Cのみの回路 重要度★★★

交流電圧$\dot{V}$[V]を静電容量Cのみの回路に加えると，回路に流れる電流$\dot{I}$は電圧$\dot{V}$より$\dfrac{\pi}{2}$ radの進みになります。これは，コンデンサの持つ充放電作用によるものです。

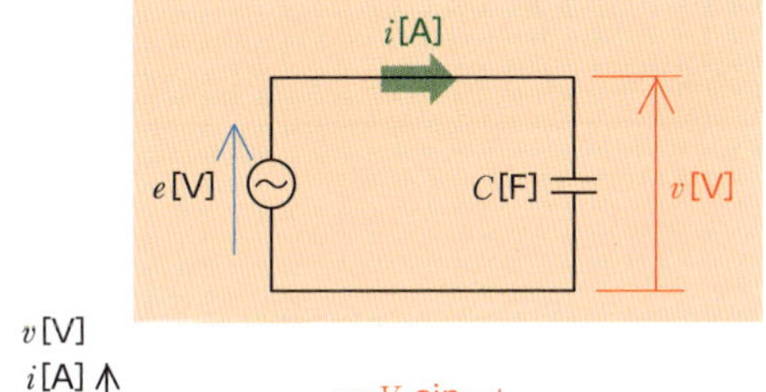

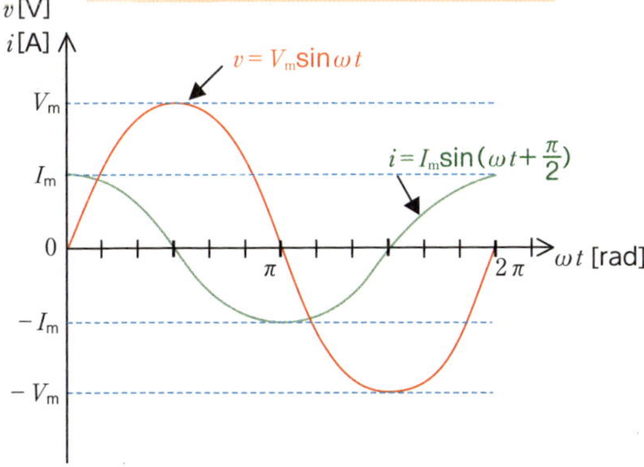

また，**容量リアクタンス**（量記号：X_C，単位：Ω）は$\dfrac{1}{\omega C}$であり，静電容量C[F]が，交流回路で電流の流れを妨げる大きさを表します。

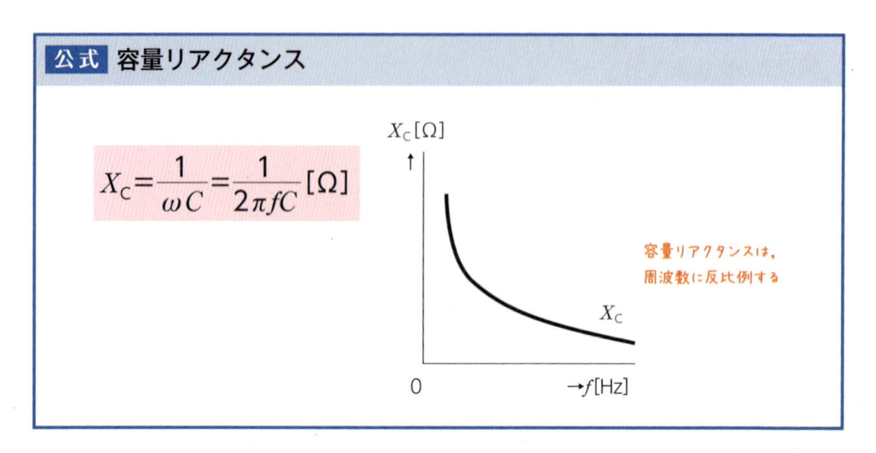

公式　容量リアクタンス
$X_C=\dfrac{1}{\omega C}=\dfrac{1}{2\pi fC}$[Ω]
X_C[Ω]
容量リアクタンスは，
周波数に反比例する
X_C
0
→f[Hz]

基本例題　　静電容量Cのみの回路

静電容量$C=100$ μFのコンデンサに，実効値$V=100$ V，周波数$f=50$ Hzの正弦波交流電圧を加えたとき，以下の数値を求めよ。

①コンデンサの容量リアクタンスX_C[Ω]

②電流の実効値I[A]

③電圧と電流の位相差ϕ[rad]

解答

① $X_c=\dfrac{1}{2\pi fC}$

$$=\frac{1}{2\pi\times50\times(100\times10^{-6})}=\frac{100}{\pi}\fallingdotseq31.8\ \Omega$$

② $I=\dfrac{V}{X_C}$

$$=\frac{100}{\dfrac{100}{\pi}}=\pi\fallingdotseq3.14\ \text{A}$$

③コンデンサの働きにより，電流が進み，電圧と電流の位相差ϕは$\dfrac{\pi}{2}$ radとなる。

ひとこと

コンデンサに蓄えられる電荷qは，
$q=C\cdot v$　です。

$i=\frac{\Delta q}{\Delta t}$ [A]
e[V]　C[F]　v[V]

また，電流の大きさは単位時間あたりにある断面を通過する正電荷だから，

$$i=\frac{\Delta q}{\Delta t}$$

これに，$\Delta q=C\cdot\Delta v$ を代入すると，

$$i=C\frac{\Delta v}{\Delta t}$$

さらに，$v=\sqrt{2}V\sin\omega t$を代入して，　$i=C\frac{\Delta(\sqrt{2}V\sin\omega t)}{\Delta t}$

微分を適用して，電流の瞬時値の式を得ると，　$i=\sqrt{2}\omega CV\sin\left(\omega t+\frac{\pi}{2}\right)$

したがって，　電流の実効値$I=\omega CV$

両辺に$\frac{1}{\omega C}$を掛けて，整理すると　$V=\frac{1}{\omega C}\times I$

これは，$V=RI$と非常に似ているから，$\frac{1}{\omega C}$の部分を電流の流れにくさと解釈して，容量リアクタンスX_Cとします。

問題集 問題74

5 R-L直列回路，R-C直列回路，R-L-C直列回路 重要度★★★

複数の素子を組み合わせた直列回路について，まとめると以下のようになります。

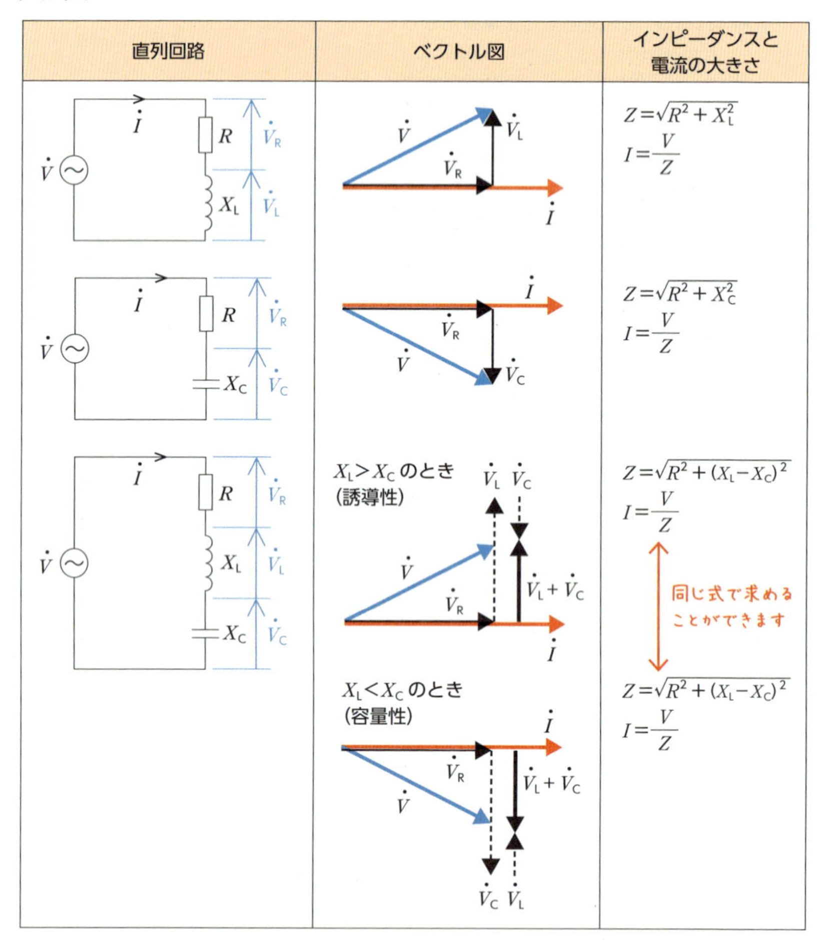

直列回路	ベクトル図	インピーダンスと電流の大きさ
R-L直列回路（$\dot{I}$，$\dot{V}$，R，X_L，$\dot{V}_R$，$\dot{V}_L$）	$\dot{V}$，$\dot{V}_R$，$\dot{V}_L$，$\dot{I}$	$Z=\sqrt{R^2+X_L^2}$ $I=\dfrac{V}{Z}$
R-C直列回路（$\dot{I}$，$\dot{V}$，R，X_C，$\dot{V}_R$，$\dot{V}_C$）	$\dot{I}$，$\dot{V}_R$，$\dot{V}$，$\dot{V}_C$	$Z=\sqrt{R^2+X_C^2}$ $I=\dfrac{V}{Z}$
R-L-C直列回路（$\dot{I}$，$\dot{V}$，R，X_L，X_C，$\dot{V}_R$，$\dot{V}_L$，$\dot{V}_C$）	$X_L>X_C$ のとき（誘導性） $\dot{V}_L$，$\dot{V}_C$，$\dot{V}$，$\dot{V}_R$，$\dot{V}_L+\dot{V}_C$，$\dot{I}$	$Z=\sqrt{R^2+(X_L-X_C)^2}$ $I=\dfrac{V}{Z}$
	同じ式で求めることができます	
	$X_L<X_C$ のとき（容量性） $\dot{I}$，$\dot{V}_R$，$\dot{V}$，$\dot{V}_L+\dot{V}_C$，$\dot{V}_C$，$\dot{V}_L$	$Z=\sqrt{R^2+(X_L-X_C)^2}$ $I=\dfrac{V}{Z}$

ひとこと

直列回路では各素子に流れる電流が同じなので，電流を基準ベクトルとします。

I　R-L直列回路のインピーダンスZ

R-L直列回路の詳しい計算

以下の交流回路では，キルヒホッフの第二法則（電圧則）より $\dot{V} = \dot{V}_R + \dot{V}_L$ が成り立ちます（ベクトルの足し算であることに注意）。

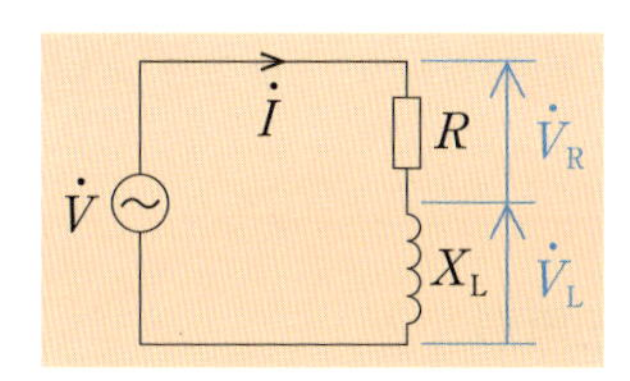

電流$\dot{I}$を基準とすると，ベクトル図は次のようになります。

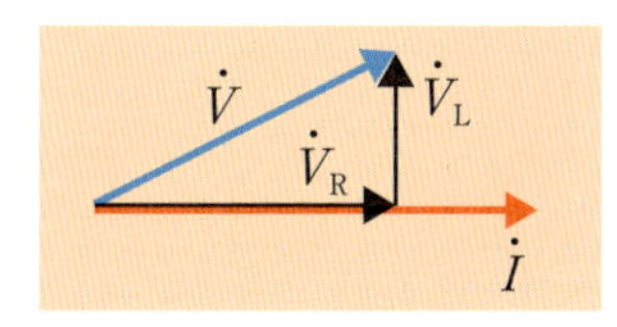

ここで，ピタゴラスの定理より，

電圧$\dot{V}$の大きさ $V = \sqrt{V_R^2 + V_L^2}$

電圧は，抵抗×電流またはリアクタンス×電流だから，

$$
\begin{aligned}
V &= \sqrt{(RI)^2 + (X_L I)^2} \\
&= \sqrt{R^2 I^2 + I^2 X_L^2} \\
&= \sqrt{I^2 (R^2 + X_L^2)} \\
&= I\sqrt{R^2 + X_L^2}\,[\mathrm{V}]
\end{aligned}
$$

となります。

直流回路における $V = RI$ と $V = I\sqrt{R^2 + X_L^2}$ は式の形が似ており，$\sqrt{R^2 + X_L^2}$ は電流の流れを妨げる働きをするものと解釈できます。これを**インピーダンス**（量記号：Z，単位：Ω）といいます。

問題集 問題75

公式 インピーダンス（R-L直列）

$$Z=\frac{V}{I}=\sqrt{R^2+X_L^2}\ [\Omega]$$

また，以下のように電圧の三角形の各辺を電流の大きさIで割ってできた三角形を**インピーダンス三角形**といい，ϕを**インピーダンス角**といいます。

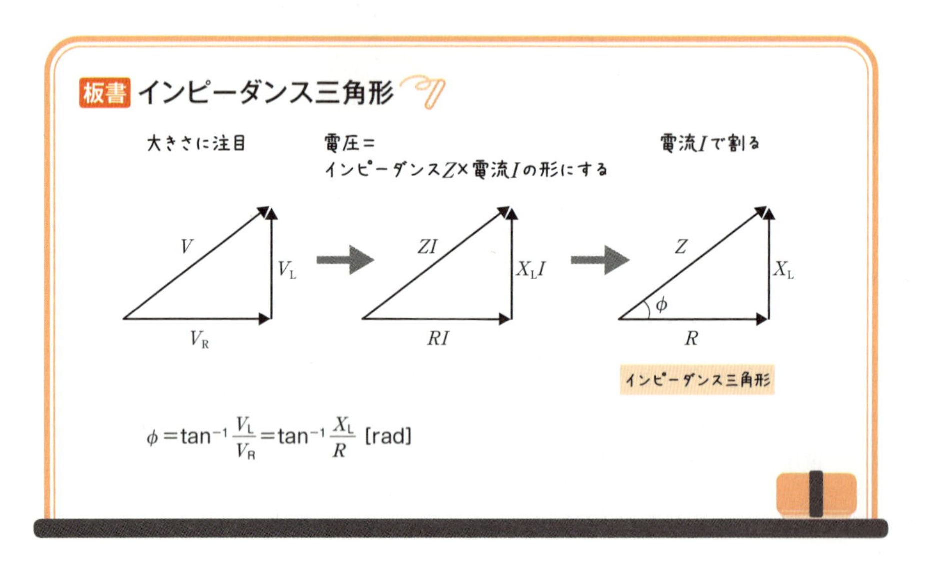

基本例題 R-L直列回路

次のR-L直列回路において，$E=200$ V，$R=12$ Ω，$X_L=16$ Ωであるとき，①～④を求め，⑤のベクトル図を作図せよ。

①インピーダンスの大きさZ[Ω]
②電流の大きさI[A]
③電圧の大きさV_R[V]
④電圧の大きさV_L[V]
⑤$\dot{V}_R$，$\dot{V}_L$，$\dot{V}$のベクトル図
（電流$\dot{I}$を基準ベクトルとする）

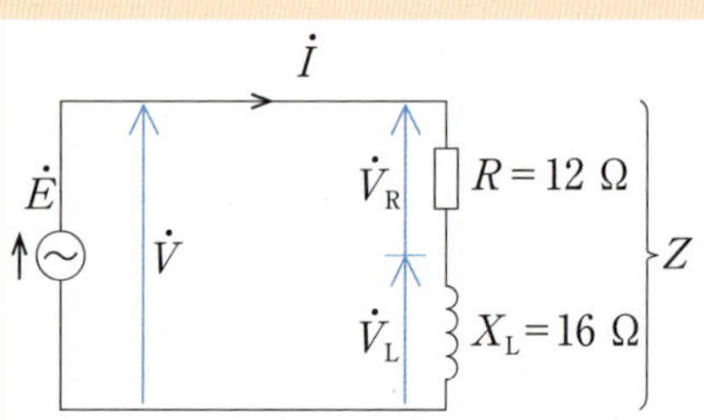

解答

① $Z=\sqrt{R^2+X_L^2}=\sqrt{12^2+16^2}=20\ \Omega$

② $I=\dfrac{V}{Z}=\dfrac{200}{20}=10\ \text{A}$

③ $V_R=RI=12\times10=120\ \text{V}$

④ $V_L=X_LI=16\times10=160\ \text{V}$

⑤ベクトル図は右図のようになる。

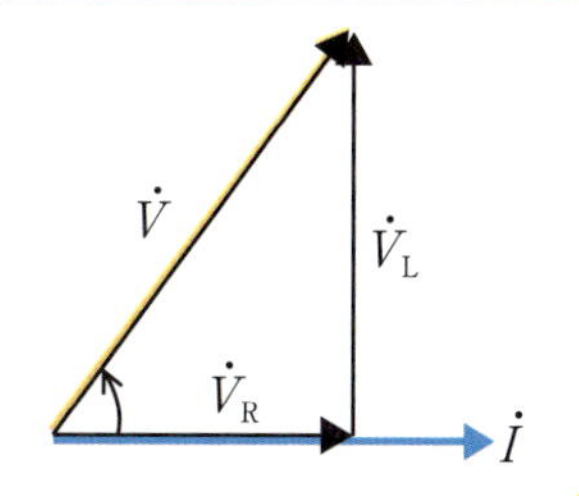

ひとこと

$\dot{V}=\dot{V}_R+\dot{V}_L$は，普通の足し算ではなく，ベクトルの足し算であることに注意しましょう。

問題集 問題76 問題77 問題78

Ⅱ R-C直列回路のインピーダンスZ

R-C直列回路の詳しい計算

以下の交流回路では，キルヒホッフの第二法則（電圧則）より，$\dot{V}=\dot{V}_R+\dot{V}_C$が成り立ちます。

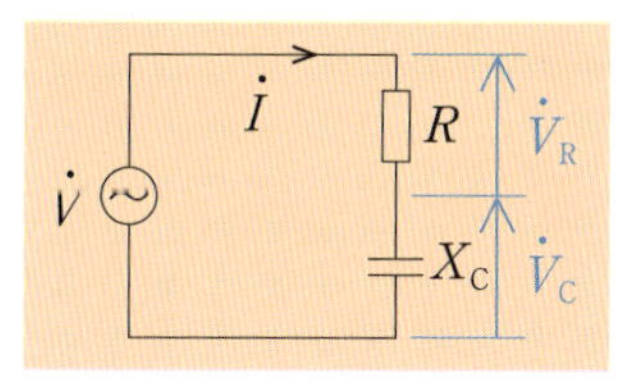

電流$\dot{I}$を基準とすると，ベクトル図は次のようになります。

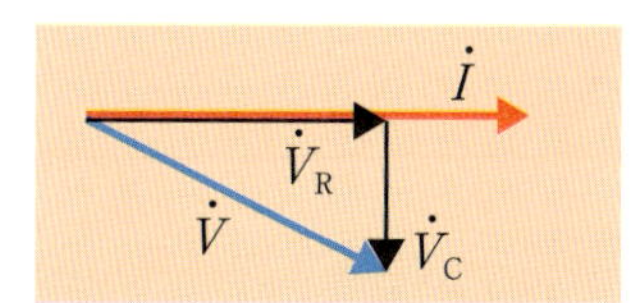

ここで，ピタゴラスの定理より，

電圧 $\dot{V}$ の大きさ $V=\sqrt{V_R^2+V_C^2}$

電圧は，抵抗×電流またはリアクタンス×電流だから，

$$V=\sqrt{(RI)^2+(X_CI)^2}$$

$$=I\sqrt{R^2+X_C^2}$$

となります。

ここでも，$V=I\sqrt{R^2+X_C^2}$ は，直流回路における $V=RI$ と式の形が似ており，$\sqrt{R^2+X_C^2}$ は電流の流れを妨げる働きをするインピーダンス Z と解釈できます。

公式 インピーダンス（R-C 直列回路）

$$Z=\frac{V}{I}=\sqrt{R^2+X_C^2}\,[\Omega]$$

基本例題 R-C 直列回路

次の R-C 直列回路において，$E=100$ V，$R=8$ Ω，$X_C=6$ Ωであるとき，①～④を求め，⑤のベクトル図を作図せよ。

①インピーダンスの大きさ Z [Ω]

②電流の大きさ I[A]

③電圧の大きさ V_R[V]

④電圧の大きさ V_C[V]

⑤$\dot{V}_R$，$\dot{V}_C$，$\dot{V}$ のベクトル図（電流 $\dot{I}$ を基準ベクトルとする）

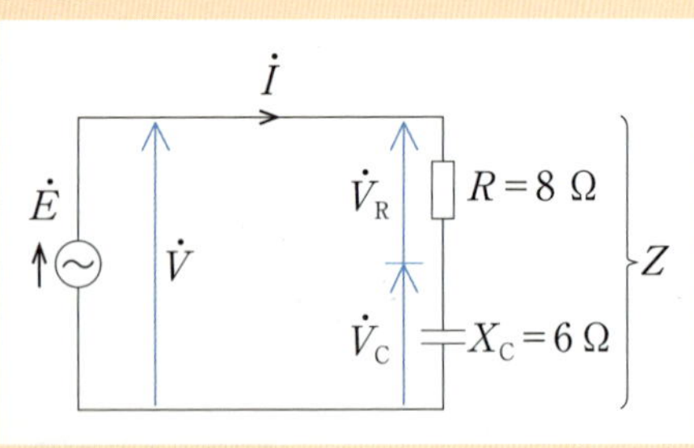

解答

① $Z=\sqrt{R^2+X_C^2}=\sqrt{8^2+6^2}=$ 10 Ω

② $I=\dfrac{V}{Z}=\dfrac{100}{10}=$ 10 A

③ $V_R=RI=8\times10=$ 80 V

④ $V_C=X_CI=6\times10=$ 60 V

⑤ベクトル図は右図のようになる。

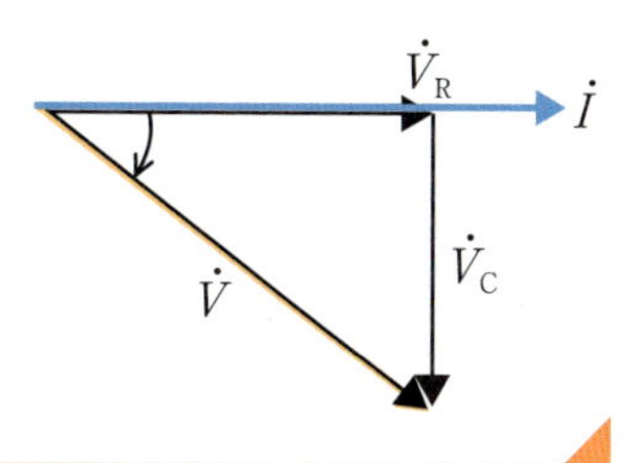

Ⅲ *R-L-C*直列回路のインピーダンス*Z*

*R-L-C*直列回路の詳しい計算

以下の交流回路では，キルヒホッフの第二法則（電圧則）より，$\dot{V}=\dot{V}_R+\dot{V}_L+\dot{V}_C$が成り立ちます。

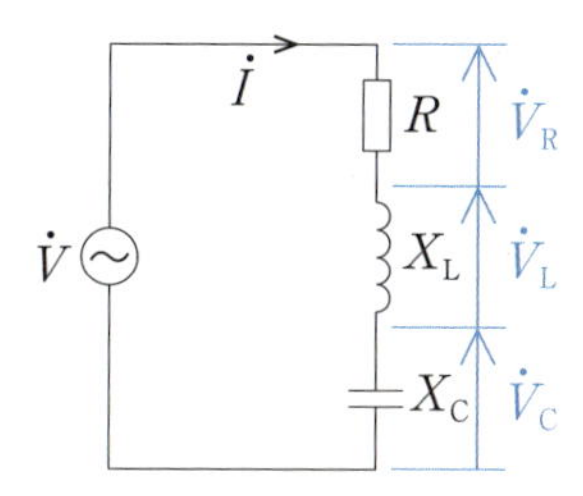

これをベクトル図で示すと，以下のようになります。

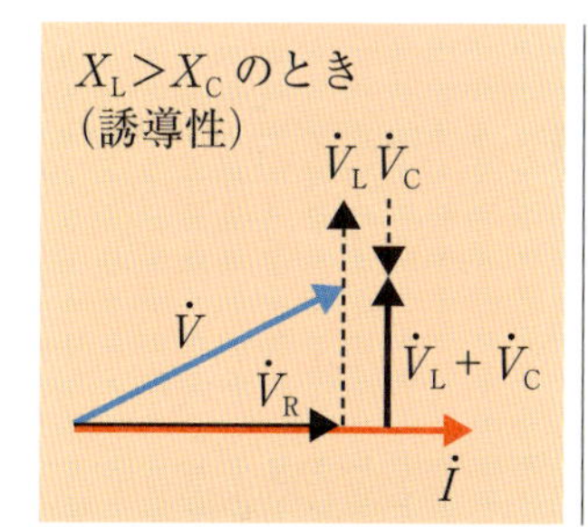

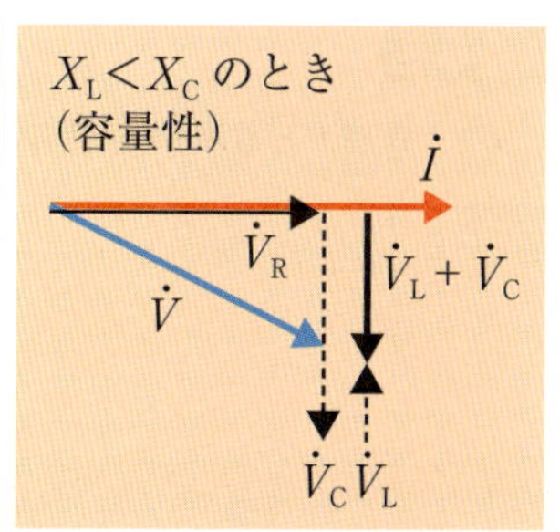

$\dot{V}_{\mathrm{L}}$と$\dot{V}_{\mathrm{C}}$は反対向きなので，$\dot{V}_{\mathrm{L}}+\dot{V}_{\mathrm{C}}$の大きさ（長さ）は$|V_{\mathrm{L}}-V_{\mathrm{C}}|$となり，

$$\text{電圧}\dot{V}\text{の大きさ}\ V=\sqrt{V_{\mathrm{R}}^2+(V_{\mathrm{L}}-V_{\mathrm{C}})^2}$$
$$=\sqrt{(RI)^2+(X_{\mathrm{L}}I-X_{\mathrm{C}}I)^2}$$
$$=I\sqrt{R^2+(X_{\mathrm{L}}-X_{\mathrm{C}})^2}$$

となります。

やはり，$V=I\sqrt{R^2+(X_{\mathrm{L}}-X_{\mathrm{C}})^2}$は，直流回路における$V=RI$と式の形が似ており，$\sqrt{R^2+(X_{\mathrm{L}}-X_{\mathrm{C}})^2}$は電流の流れを妨げる働きをするインピーダンス$Z$と解釈できます。

また，X_{L}とX_{C}の差をリアクタンス（量記号：X，単位：Ω）といいます。

公式 リアクタンス

$$X=|X_{\mathrm{L}}-X_{\mathrm{C}}|\ [\Omega]$$

$X_{\mathrm{L}}>X_{\mathrm{C}}$のとき，リアクタンスは誘導性（ゆうどうせい）であるといいます。
$X_{\mathrm{L}}<X_{\mathrm{C}}$のとき，リアクタンスは容量性（ようりょうせい）であるといいます。

公式 インピーダンス（R-L-C直列）

$$Z=\sqrt{R^2+(X_{\mathrm{L}}-X_{\mathrm{C}})^2}=\sqrt{R^2+X^2}\ [\Omega]$$

なお，電圧$\dot{V}$と電流$\dot{I}$の位相差ϕは，$\phi=\tan^{-1}\dfrac{V_{\mathrm{L}}-V_{\mathrm{C}}}{V_{\mathrm{R}}}=\tan^{-1}\dfrac{X_{\mathrm{L}}-X_{\mathrm{C}}}{R}$となります。

基本例題　　R-L-C直列回路

次のR-L-C直列回路において，$E=100$ V，$R=50$ Ω，$X_L=60$ Ω，$X_C=10$ Ωであるとき，①～④を求め，⑤のベクトル図を作図せよ。

①インピーダンスの大きさZ[Ω]
②電流の大きさI[A]
③電圧の大きさV_R[V]，V_L[V]，V_C[V]
④$\dot{V}$と$\dot{I}$の位相差ϕ
⑤$\dot{V}_R$，$\dot{V}_L$，$\dot{V}_C$，$\dot{V}$のベクトル図（電流$\dot{I}$を基準ベクトルとする）

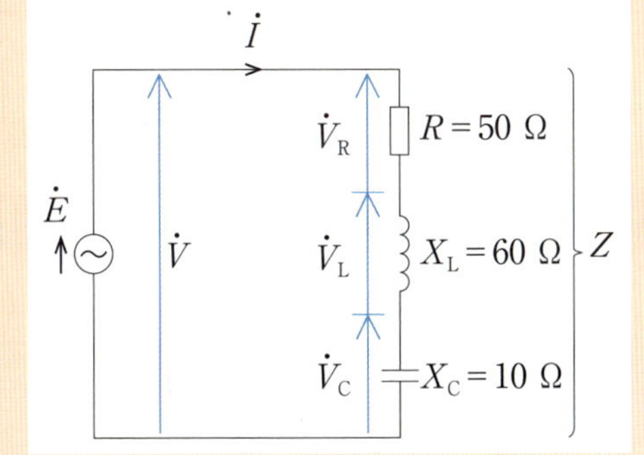

解答

①$Z=\sqrt{R^2+(X_L-X_C)^2}=\sqrt{50^2+(60-10)^2}=50\sqrt{2}$ Ω

②$I=\dfrac{V}{Z}=\dfrac{100}{50\sqrt{2}}=\dfrac{2}{\sqrt{2}}=\dfrac{2\times\sqrt{2}}{\sqrt{2}\times\sqrt{2}}=\dfrac{2\sqrt{2}}{2}=\sqrt{2}$ A

③電圧の大きさV_R[V]，V_L[V]，V_C[V]は，

$V_R=RI=50\times\sqrt{2}=50\sqrt{2}$ V

$V_L=X_LI=60\times\sqrt{2}=60\sqrt{2}$ V

$V_C=X_CI=10\times\sqrt{2}=10\sqrt{2}$ V

④ベクトル図から，

$\dot{V}_L+\dot{V}_C$の大きさ$=60\sqrt{2}-10\sqrt{2}=50\sqrt{2}$ V

V_Rの大きさ$=50\sqrt{2}$ V

よって，直角二等辺三角形になっていることがわかるから，位相差$\phi=\dfrac{\pi}{4}$

（電流$\dot{I}$より電圧$\dot{V}$が$\phi=\dfrac{\pi}{4}$だけ進んでいる。）

⑤ベクトル図は右図のようになる。

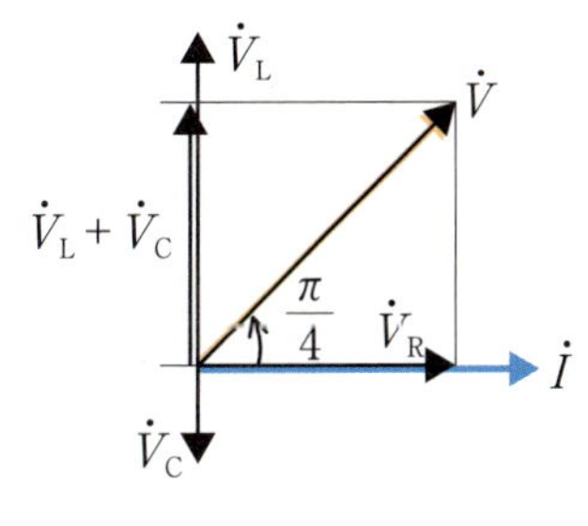

問題集 問題80 問題81 問題82

SECTION 03 *R-L-C* 並列回路の計算

このSECTIONで学習すること

1 *R-L-C*並列回路

R-L 並列回路，*R-C* 並列回路，*R-L-C* 並列回路それぞれの特徴について学びます。

2 共振状態

*R-L-C*回路における共振の現象について学びます。

1 *R-L-C*並列回路 重要度★★★

並列回路について，全体像をまとめると以下のようになります。

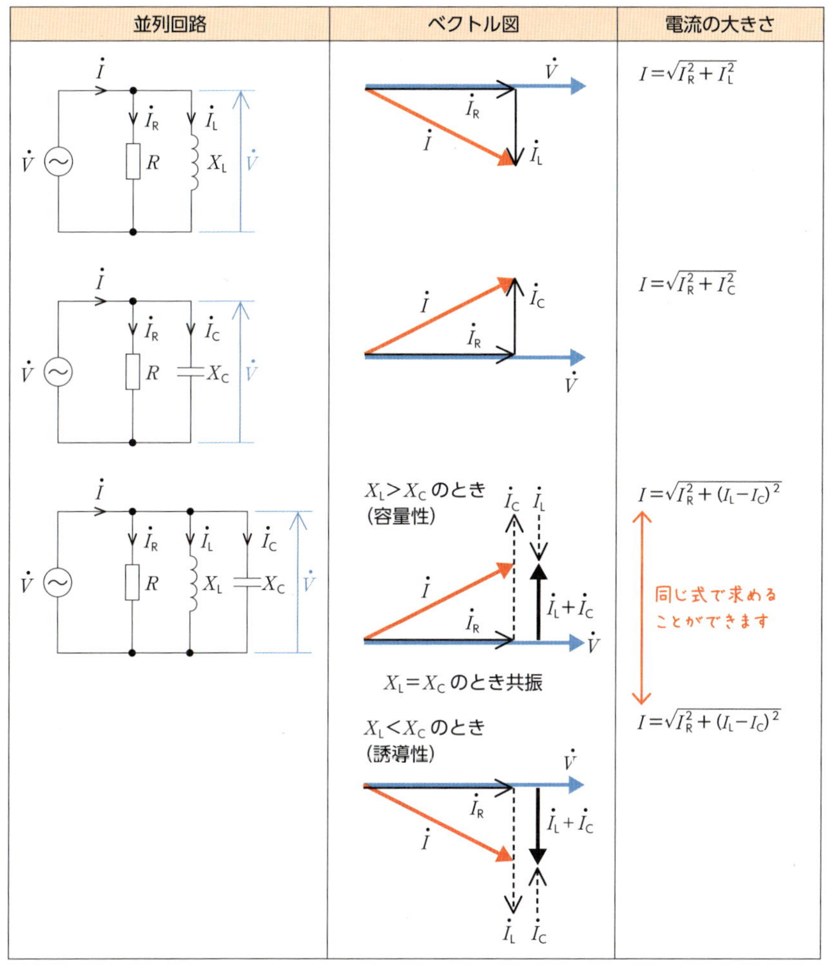

並列回路では加わる電圧が等しいので，電圧を基準ベクトルとします。

I　R-L並列回路

R-L並列回路の詳しい計算

以下の交流回路では，キルヒホッフの第一法則（電流則）より，$\dot{I}=\dot{I}_R+\dot{I}_L$が成り立ちます。

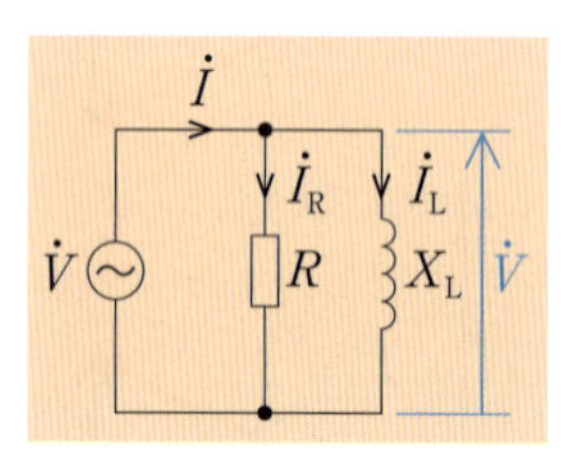

電圧$\dot{V}$を基準とすると，ベクトル図は次のようになります。

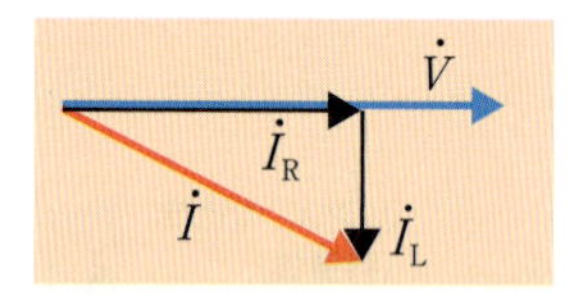

ここで，ピタゴラスの定理より，

電流$\dot{I}$の大きさ$I=\sqrt{I_R^2+I_L^2}$ …①

また，電流の大きさは，電圧÷抵抗（またはリアクタンス）だから，電流$\dot{I}_R$，$\dot{I}_L$の大きさI_R，I_Lはそれぞれ，

$$I_R=\frac{V}{R},\quad I_L=\frac{V}{X_L}$$

となります。これを①に代入して，電流$\dot{I}$の大きさIは，

$$\begin{aligned}
I&=\sqrt{\left(\frac{V}{R}\right)^2+\left(\frac{V}{X_L}\right)^2}\\
&=\sqrt{V^2\cdot\left(\frac{1}{R}\right)^2+V^2\cdot\left(\frac{1}{X_L}\right)^2}\\
&=\sqrt{V^2\left\{\left(\frac{1}{R}\right)^2+\left(\frac{1}{X_L}\right)^2\right\}}\\
&=V\sqrt{\left(\frac{1}{R}\right)^2+\left(\frac{1}{X_L}\right)^2}
\end{aligned}$$

と求められます。

ひとこと

インピーダンスの逆数 $\left(\frac{1}{Z}\right)$ を**アドミタンス**（量記号：Y，単位：S（ジーメンス））といいます。ここで，$I=\frac{V}{Z}=V\times\frac{1}{Z}=YV$ と表現できるので，$I=V\sqrt{\left(\frac{1}{R}\right)^2+\left(\frac{1}{X_L}\right)^2}$ と比較すると，$\sqrt{\left(\frac{1}{R}\right)^2+\left(\frac{1}{X_L}\right)^2}$ がアドミタンスになっていることがわかります。

アドミタンスを並列回路の計算に用いると計算が楽になります。

公式 R-L 並列アドミタンス

$$Y=\sqrt{\left(\frac{1}{R}\right)^2+\left(\frac{1}{X_L}\right)^2}\ [\mathrm{S}]$$

問題集 問題83

II R-C並列回路

R-C並列回路の詳しい計算

以下の交流回路では，$\dot{I}=\dot{I}_R+\dot{I}_C$ が成り立ちます。

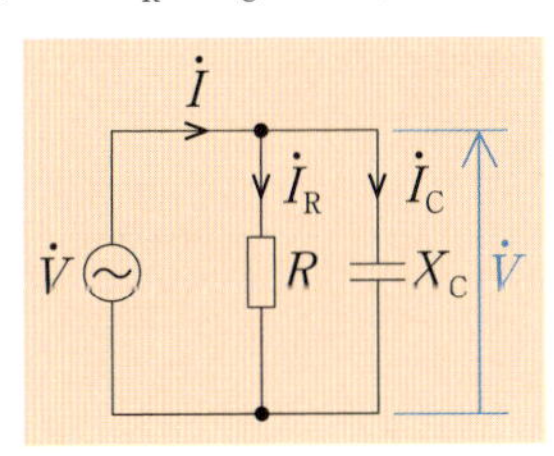

ベクトル図は次のようになります。

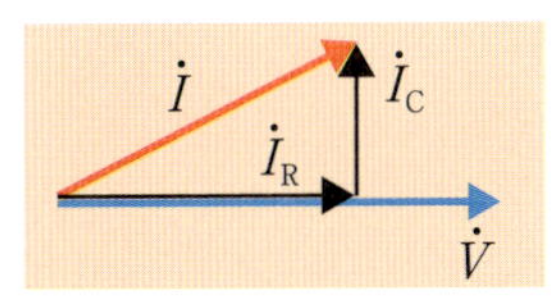

ここで，ピタゴラスの定理より，

電流 $\dot{I}$ の大きさ $I=\sqrt{I_R^2+I_C^2}$ …①

また，電流の大きさは，電圧÷抵抗（またはリアクタンス）だから，電流$\dot{I}_R$，$\dot{I}_C$の大きさI_R，I_Cはそれぞれ，

$$I_R=\frac{V}{R},\ I_C=\frac{V}{X_C}$$

となります。これを①に代入して，電流$\dot{I}$の大きさIは，

$$I=\sqrt{\left(\frac{V}{R}\right)^2+\left(\frac{V}{X_C}\right)^2}$$

$$=\sqrt{V^2\cdot\left(\frac{1}{R}\right)^2+V^2\cdot\left(\frac{1}{X_C}\right)^2}$$

$$=\sqrt{V^2\left\{\left(\frac{1}{R}\right)^2+\left(\frac{1}{X_C}\right)^2\right\}}$$

$$=V\sqrt{\left(\frac{1}{R}\right)^2+\left(\frac{1}{X_C}\right)^2}$$

と求められます。

$\sqrt{\left(\frac{1}{R}\right)^2+\left(\frac{1}{X_C}\right)^2}$がアドミタンスになっていることがわかります。

公式 *R-C*並列アドミタンス

$$Y=\sqrt{\left(\frac{1}{R}\right)^2+\left(\frac{1}{X_C}\right)^2}\ [\mathrm{S}]$$

Ⅲ R-L-C並列回路

R-L-C並列回路の詳しい計算

以下の交流回路では，$\dot{I}=\dot{I}_R+\dot{I}_L+\dot{I}_C$が成り立ちます。

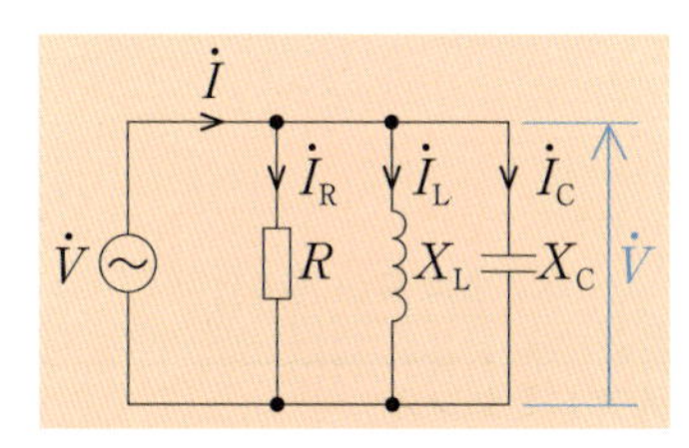

ベクトル図は次のようになります。

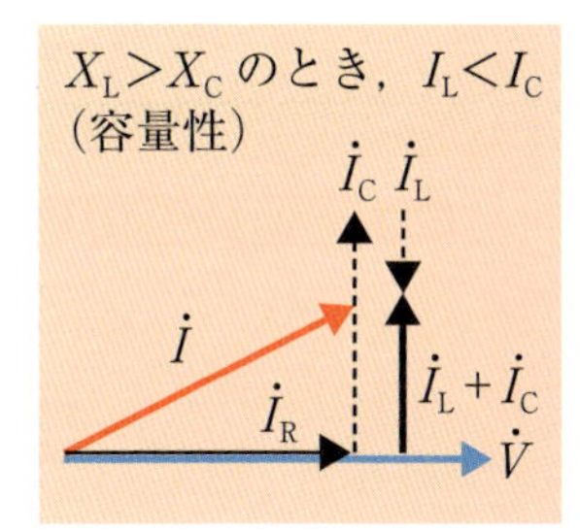

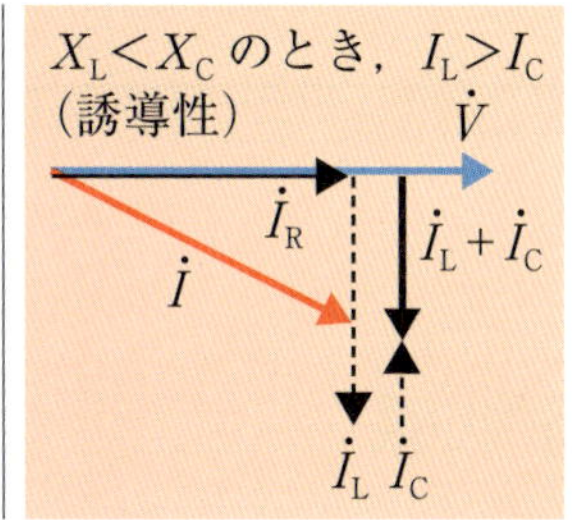

ここで，ピタゴラスの定理より，

電流$\dot{I}$の大きさ$I=\sqrt{I_R^2+(I_L-I_C)^2}$ …①

また，電流の大きさは，電圧÷抵抗（またはリアクタンス）だから，電流$\dot{I}_R$，$\dot{I}_L$，$\dot{I}_C$の大きさI_R，I_L，I_Cはそれぞれ，

$$I_R=\frac{V}{R},\quad I_L=\frac{V}{X_L},\quad I_C=\frac{V}{X_C}$$

となります。これを①に代入して，電流$\dot{I}$の大きさIは，

$$I=\sqrt{\left(\frac{V}{R}\right)^2+\left(\frac{V}{X_L}-\frac{V}{X_C}\right)^2}$$

$$=\sqrt{\left(V\times\frac{1}{R}\right)^2+\left\{V\left(\frac{1}{X_L}-\frac{1}{X_C}\right)\right\}^2}$$

$$=\sqrt{V^2\left(\frac{1}{R}\right)^2+V^2\left(\frac{1}{X_L}-\frac{1}{X_C}\right)^2}$$

$$= \sqrt{V^2\left\{\left(\frac{1}{R}\right)^2 + \left(\frac{1}{X_L} - \frac{1}{X_C}\right)^2\right\}}$$

$$= V\sqrt{\left(\frac{1}{R}\right)^2 + \left(\frac{1}{X_L} - \frac{1}{X_C}\right)^2}$$

と求められます。

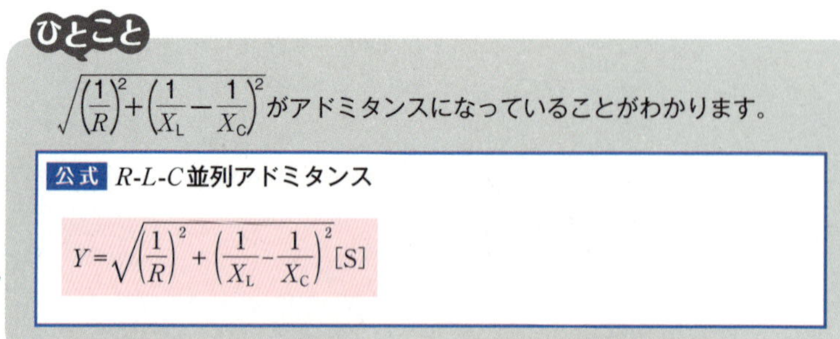

$\sqrt{\left(\frac{1}{R}\right)^2 + \left(\frac{1}{X_L} - \frac{1}{X_C}\right)^2}$ がアドミタンスになっていることがわかります。

公式 R-L-C **並列アドミタンス**

$$Y = \sqrt{\left(\frac{1}{R}\right)^2 + \left(\frac{1}{X_L} - \frac{1}{X_C}\right)^2}\ [\mathrm{S}]$$

問題集 問題84 問題85 問題86 問題87

2 共振状態

重要度★★★

R-L-C直列回路やR-L-C並列回路で，電源の周波数fを変化させると，X_L [Ω]とX_C[Ω]が変化します。ある周波数f_0（**共振周波数**）になったとき，$X_L = X_C$となります。このとき電圧Vと電流Iは同相となります。

この現象を**共振**といい，直列回路の場合は**直列共振**，並列回路の場合は**並列共振**といいます。

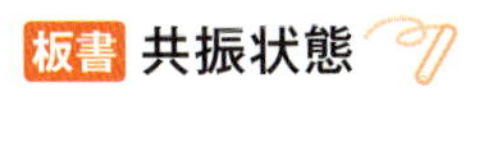

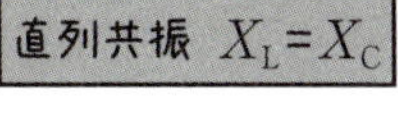

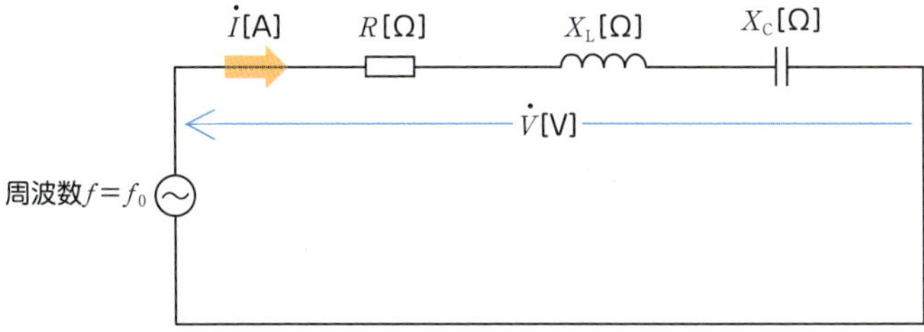

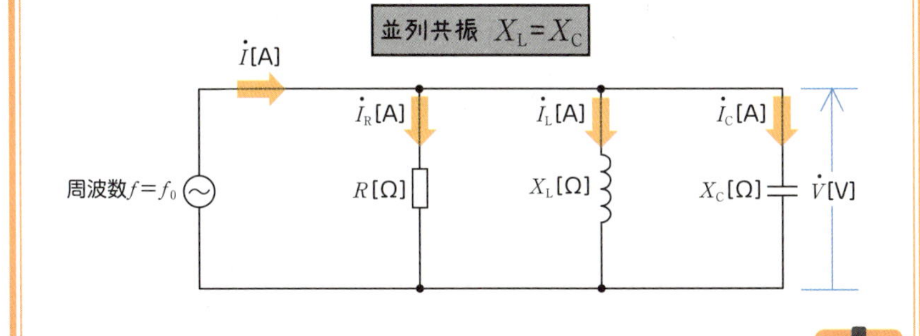

問題集 問題88

共振周波数の計算

共振条件は$X_L = X_C$なので，共振周波数f_0は，

$$X_L = X_C$$

$$\omega_0 L = \frac{1}{\omega_0 C}$$

$$2\pi f_0 L = \frac{1}{2\pi f_0 C}$$

共振角周波数：ω_0[rad/s]
インダクタンス：L[H]
静電容量：C[F]

よって，$f_0 = \dfrac{1}{2\pi\sqrt{LC}}$[Hz]

となります。

I 直列共振回路の性質

直列共振において，回路のインピーダンスZは最小となり，流れる電流は最大となります。

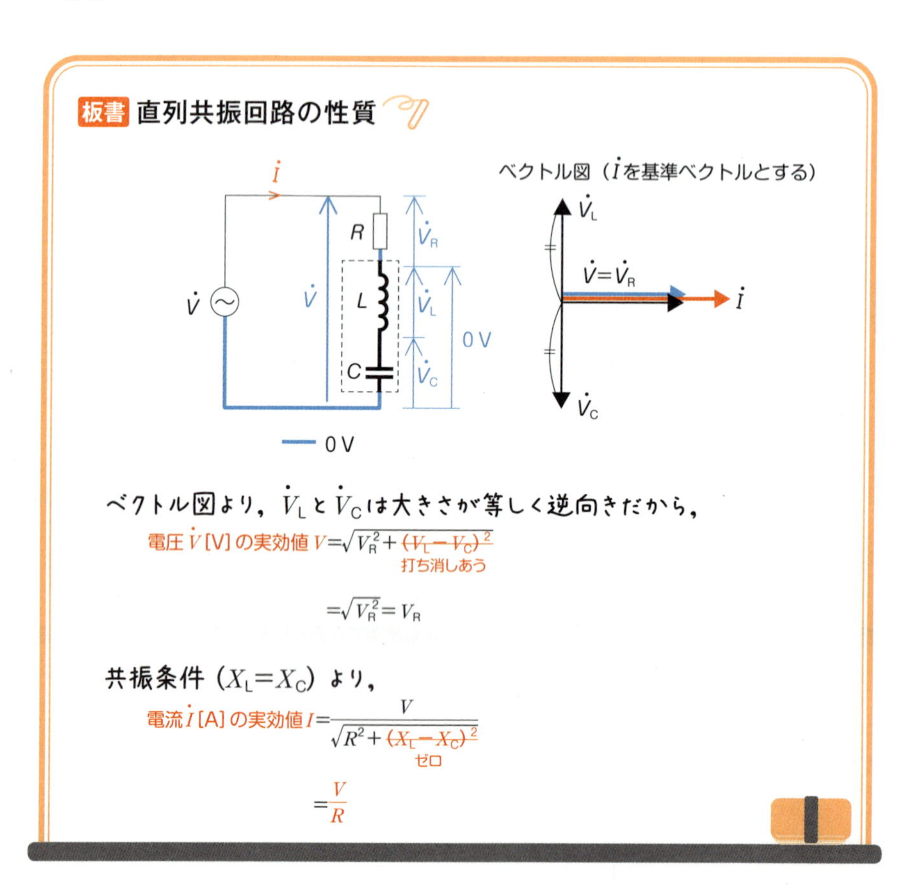

板書 直列共振回路の性質
$\dot{I}$
R
L
C
$\dot{V}$
$\dot{V}_R$
$\dot{V}_L$
$\dot{V}_C$
0 V
0 V
ベクトル図（$\dot{I}$を基準ベクトルとする）
$\dot{V}=\dot{V}_R$
ベクトル図より，$\dot{V}_L$と$\dot{V}_C$は大きさが等しく逆向きだから，
電圧$\dot{V}$[V]の実効値 $V=\sqrt{V_R^2+(V_L-V_C)^2}$
打ち消しあう
$=\sqrt{V_R^2}=V_R$
共振条件（$X_L=X_C$）より，
電流$\dot{I}$[A]の実効値 $I=\dfrac{V}{\sqrt{R^2+(X_L-X_C)^2}}$
ゼロ
$=\dfrac{V}{R}$

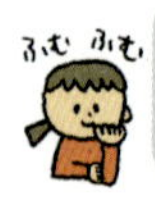

ひとこと

直列共振では，リアクタンス（X_L-X_C）がゼロになっており，インピーダンスZはR[Ω]になります。

問題集 問題89 問題90

Ⅱ 並列共振回路の性質

並列共振では，回路のインピーダンスZは最大となり，流れる電流は最小（抵抗に流れる電流だけ）となります。

板書 並列共振回路の性質

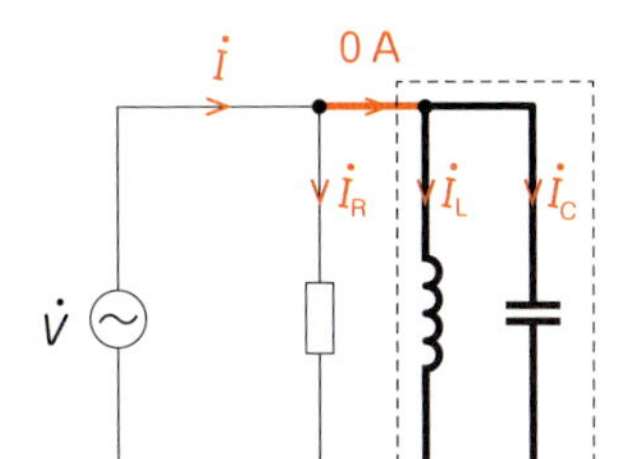

ベクトル図（$\dot{V}$を基準ベクトルとする）

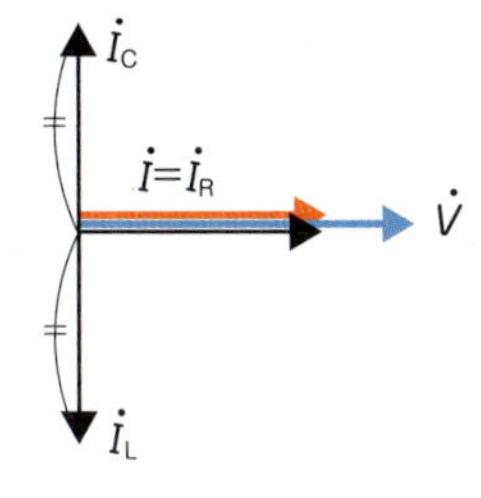

オームの法則より，

$$I_L=\frac{V}{X_L},\ I_C=\frac{V}{X_C}$$

共振条件（$X_L=X_C$）より，

$$I_L=I_C$$

さらに，ベクトル図より$\dot{I}_L$と$\dot{I}_C$は大きさが等しく逆向きだから，

電流$\dot{I}$［A］の実効値$I=\sqrt{I_R^2+(I_L-I_C)^2}$（$(I_L-I_C)^2$：打ち消しあう）

$$=I_R$$

$$=\frac{V}{R}$$

問題集 問題91 問題92 問題93

SECTION
04

交流回路の電力

このSECTIONで学習すること

1 交流電力

抵抗R，インダクタンスL，静電容量Cそれぞれに交流電源を接続したときの電力について学びます。

有効電力 P [W] ＝ 抵抗 R [Ω] 電流 I^2 [A] ＝ 電圧 V [V] 電流 I [A] $\cos\phi$

2 電力と力率

交流回路の３種類の電力（皮相電力，有効電力，無効電力）と力率について学びます。

皮相電力　$S=VI$
有効電力　$P=VI\cos\phi$
無効電力　$Q=VI\sin\phi$

1 交流電力

重要度★★★

瞬時電力（しゅんじでんりょく）（量記号：p，単位：W（ワット））は，交流回路における瞬間の電力をいいます。交流の電力は，その時々で変動するので扱いに工夫が必要です。

ひとこと

交流回路では，瞬時電力がマイナスになることもあります。これは，コイルやコンデンサが，電気エネルギーを蓄えたり，送り返したりしているからです。

そこで，**交流電力**（消費電力・**有効電力**）を，瞬時電力の1周期を平均した電力と考えて扱います。交流の負荷には，抵抗，コイル，コンデンサがありますが，電力を消費するのは抵抗だけです（I～III参照）。

公式 有効電力

$$P = RI^2 = VI\cos\phi$$

有効電力 P [W]，抵抗 R [Ω]，電流 I [A]，電圧 V [V]，電流 I [A]

Vと同相成分の電流のみ有効電力に寄与する

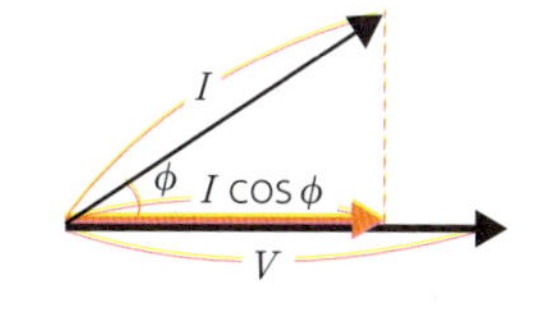

ひとこと

有効電力とは，電気エネルギーが熱エネルギーなどに変換されて，有効に消費された電力をいいます。

I 抵抗Rのみの電力

抵抗Rのみの電力

抵抗R[Ω]だけの交流回路に，電圧$v=\sqrt{2}V\sin\omega t$を加えたとき，電流$i=\sqrt{2}I\sin\omega t$が流れたとします。

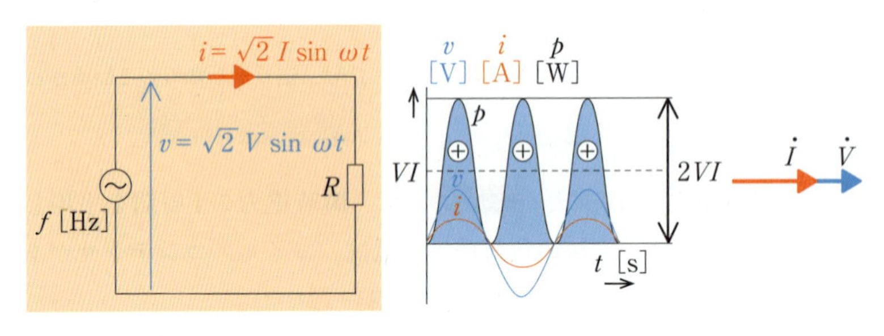

瞬時電力p[W]は，$p=vi$なので，

$$p=\sqrt{2}V\sin\omega t\times\sqrt{2}I\sin\omega t$$
$$=2VI\sin^2\omega t$$

ここで，2倍角の公式

$$\cos 2\alpha=1-2\sin^2\alpha$$
$$\Rightarrow 2\sin^2\alpha=1-\cos 2\alpha$$

を利用して，

$$p=2VI\sin^2\omega t$$
$$=VI\times 2\sin^2\omega t$$
$$=VI(1-\cos 2\omega t)$$
$$=VI-VI\cos 2\omega t$$

このpの1周期の平均値である，交流の電力Pを考える場合，

$$P=\text{瞬時電力}p\text{の平均}$$
$$=VI\text{の平均}-VI\cos 2\omega t\text{の平均}$$

一定だから平均はVI　　平均は0

$$=VI$$

VI
平均は VI

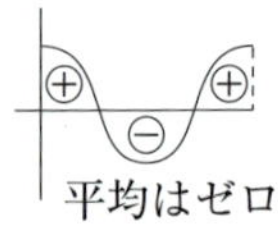

となります。

ひとこと

2倍角の公式

$\sin 2\alpha = 2\sin\alpha\cos\alpha$

$\cos 2\alpha = \cos^2\alpha - \sin^2\alpha = 1 - 2\sin^2\alpha = 2\cos^2\alpha - 1$

II インダクタンスLのみの電力

インダクタンスLのみの電力

インダクタンスL[H]だけの交流回路に，電圧$v = \sqrt{2}V\sin\omega t$を加えたとき，遅れ電流$i = \sqrt{2}I\sin\left(\omega t - \frac{\pi}{2}\right)$が流れたとします。

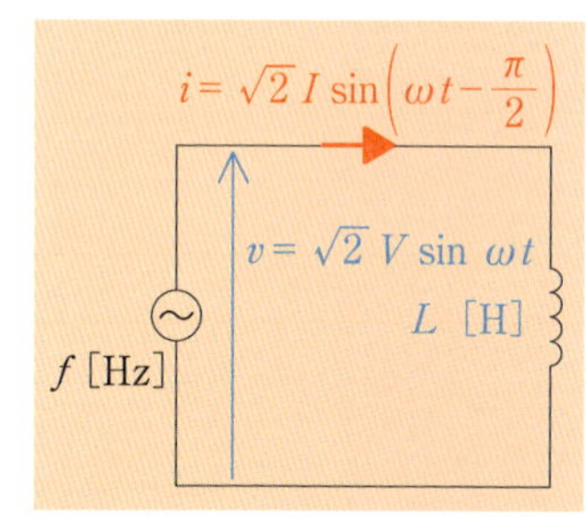

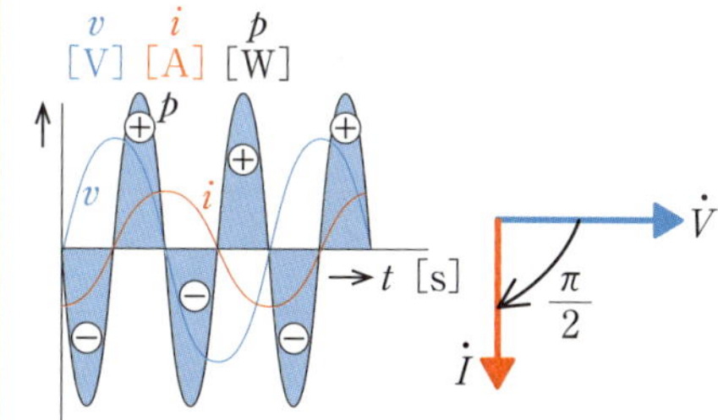

瞬時電力p[W]は，$p = vi$なので，

$$p = \sqrt{2}V\sin\omega t \times \sqrt{2}I\sin\left(\omega t - \frac{\pi}{2}\right)$$
$$= \sqrt{2}V\sin\omega t \times \sqrt{2}I \times (-\cos\omega t)$$
$$= -2VI\cdot\sin\omega t\cdot\cos\omega t$$

ここで，2倍角の公式

$$\sin 2\alpha = 2\sin\alpha\cos\alpha$$
$$\Rightarrow \sin\alpha\cos\alpha = \frac{1}{2}\sin 2\alpha$$

を利用して，

$$p = -2VI\cdot\sin\omega t\cdot\cos\omega t$$

$$= -2VI \times \frac{1}{2}\sin 2\omega t$$

$$= -VI \sin 2\omega t$$

このpの1周期の平均値である，交流の電力Pを考える場合，

P = 瞬時電力pの平均

$= -VI \sin 2\omega t$の平均

$= 0$

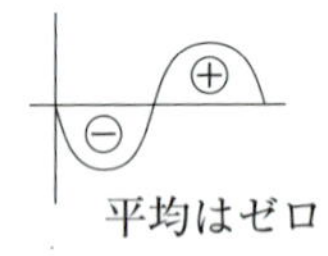

となります。

つまり，インダクタンスLのコイルは，電気エネルギー（電磁エネルギー）を蓄えたり，放出したりするだけで，電力消費はしません。

Ⅲ 静電容量Cのみの電力

静電容量Cのみの電力

静電容量C[F]だけの交流回路に，電圧$v = \sqrt{2}V \sin \omega t$を加えたとき，進み電流$i = \sqrt{2}I \sin\left(\omega t + \frac{\pi}{2}\right)$が流れたとします。

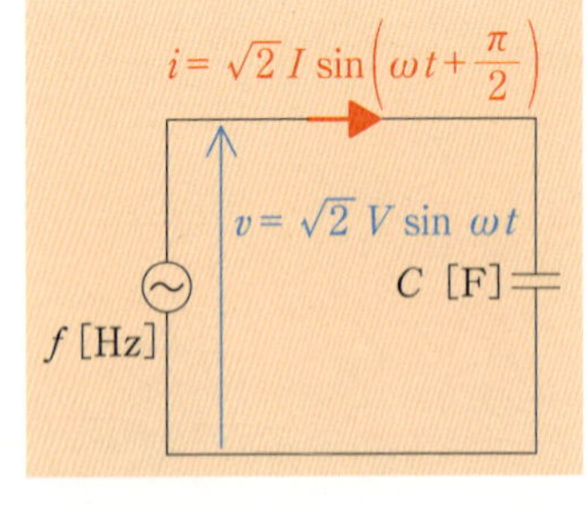

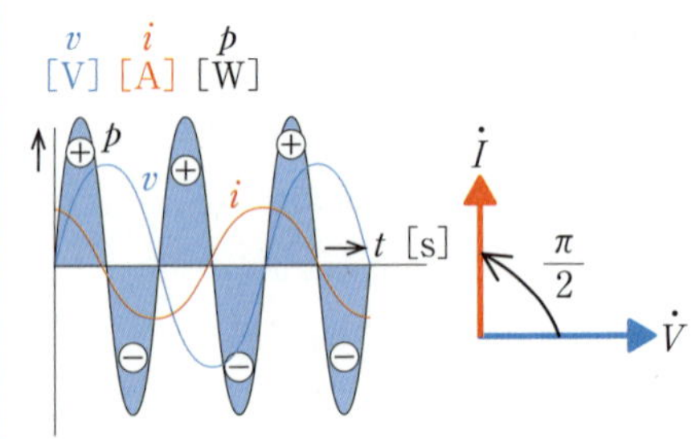

瞬時電力p[W]は，$p = vi$なので，

$$p = \sqrt{2}V \sin \omega t \times \sqrt{2}I \sin\left(\omega t + \frac{\pi}{2}\right)$$

$$=\sqrt{2}V\sin\omega t\times\sqrt{2}I\cos\omega t$$

$$=2VI\cdot\sin\omega t\cdot\cos\omega t$$

ここで，2倍角の公式

$$\sin 2\alpha=2\sin\alpha\cos\alpha$$

$$\Rightarrow\sin\alpha\cos\alpha=\frac{1}{2}\sin 2\alpha$$

を利用して，

$$p=2VI\cdot\sin\omega t\cdot\cos\omega t$$

$$=2VI\times\frac{1}{2}\sin 2\omega t$$

$$=VI\sin 2\omega t$$

このpの1周期の平均値である，交流の電力Pを考える場合，

$P=$瞬時電力pの平均

$=VI\sin 2\omega t$の平均

$=0$

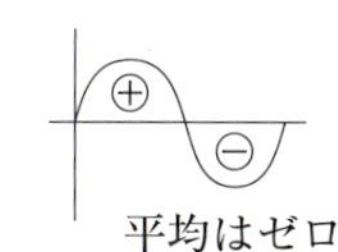

平均はゼロ

となります。

つまり，静電容量Cのコンデンサは，電気エネルギー（静電エネルギー）を蓄えたり，放出したりするだけで，電力消費はしません。

基本例題 瞬時電力p

ある交流回路に，以下の交流電圧を加えると，以下の交流電流が流れた。瞬時電力の平均値（有効電力）[W]はどのような式で表せられるか。

$$\begin{cases} v=\sqrt{2}V\sin\omega t \\ i=\sqrt{2}I\sin(\omega t-\phi) \end{cases}$$

解答

瞬時電力$p=vi$[W]より，

$$p=vi$$
$$=\sqrt{2}V\sin\omega t\times\sqrt{2}I\sin(\omega t-\phi)$$

ここで，三角関数の和と積の公式

$$\sin\alpha\sin\beta=\frac{1}{2}\{\cos(\alpha-\beta)-\cos(\alpha+\beta)\}$$

を利用して，

$$p=\sqrt{2}V\sin\omega t\times\sqrt{2}I\sin(\omega t-\phi)$$
$$=\sqrt{2}V\times\sqrt{2}I\times\sin\omega t\sin(\omega t-\phi)$$
$$=\sqrt{2}V\times\sqrt{2}I\times\frac{1}{2}[\cos\{\omega t-(\omega t-\phi)\}-\cos\{\omega t+(\omega t-\phi)\}]$$
$$=VI\{\cos\phi-\cos(2\omega t-\phi)\}$$
$$=VI\cos\phi-VI\cos(2\omega t-\phi)$$

pの1周期における平均値を考える。tが変化したとき，

$VI\cos\phi$はtが含まれないので一定であるから，平均は$VI\cos\phi$となる。

$VI\cos(2\omega t-\phi)$は1周期で平均するとゼロになる。

したがって，有効電力$P=VI\cos\phi$となる。

2 電力と力率

重要度★★★

I 有効電力と力率

電力は電圧V×電流Iで求めることができますが，交流では絶えず変化しているので，単純に掛けただけでは実際の電力はわかりません。**皮相電力**（ひそうでんりょく）（量記号：S，単位：V・A（ボルトアンペア））とは，電圧V×電流Iで求められるみかけ上の電力をいいます。**有効電力**（ゆうこうでんりょく）は，$P=VI\cos\phi$で求められます。$\cos\phi$は皮相電力のうち，有効電力として働いた割合をさします。これを**力率**（りきりつ）といいます。

公式 力率

$$\cos\phi = \frac{有効電力P}{皮相電力S} = \frac{抵抗R}{インピーダンスZ}$$

有効電力：$VI\cos\phi$ [W]
皮相電力：VI[V·A]

問題集 問題94 問題95 問題96

II 無効電力

無効電力（量記号：Q，単位：var）とは，皮相電力に無効率を掛けたもので，電源から送り出したのに，負荷で消費されなかった電力です。無効電力は，$Q=VI\sin\phi$で求められ，$\sin\phi$を**無効率**といいます。無効率は有効に消費されなかった割合です。

ひとこと

送った電力（皮相電力）のうち，送り返された分（無効電力）は，利用することができず電力の消費効率が悪くなります。

III 電力の三角形

皮相電力，有効電力，無効電力はベクトル図で書くと以下のような関係にあります。

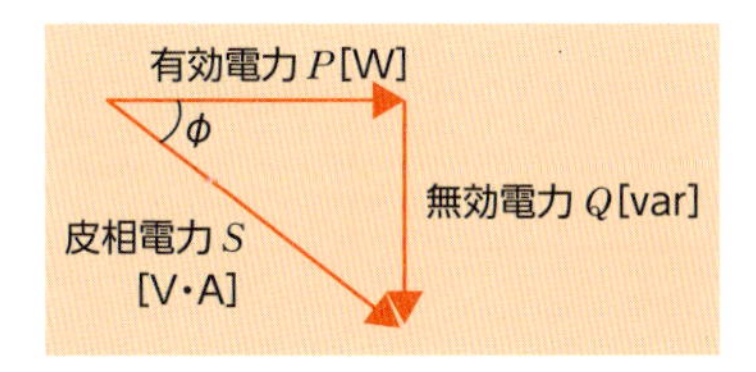

公式 交流電力

皮相電力　$S=VI$[V·A]
有効電力　$P=VI\cos\phi$ [W]
無効電力　$Q=VI\sin\phi$ [var]

問題集 問題97 問題98 問題99 問題100 問題101 問題102 問題103

SECTION
05

記号法による解析

このSECTIONで学習すること

1 複素数

複素数の基本について学びます。

2 複素数とベクトルと極座標表示

複素数の表示方法の１つである極座標表示について学びます。

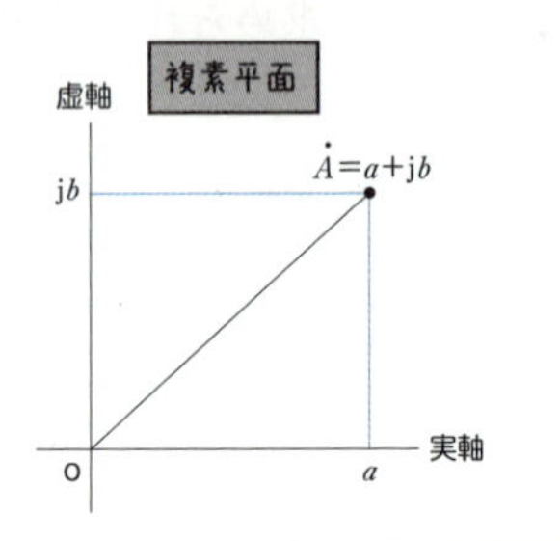

3 極座標表示と複素数の乗除

極座標を利用した複素数の乗除の方法を学びます。

4 記号法による交流回路の取扱い

正弦波交流の電圧，電流，インピーダンスを複素数で表して回路計算する記号法について学びます。

1 複素数

重要度★★★

I 複素数とは

虚数単位（きょすうたんい）jとは，2乗して−1になる数をいいます。**複素数**（ふくそすう）は，$a+jb$（ただし，a，bは任意の実数）のように，実数と虚数を組み合わせた数をいい，aを実部，bを虚部といいます。**共役複素数**（きょうやくふくそすう）とは，$a+jb$に対して，$a-jb$のように虚部の符号が反転した複素数をいいます。

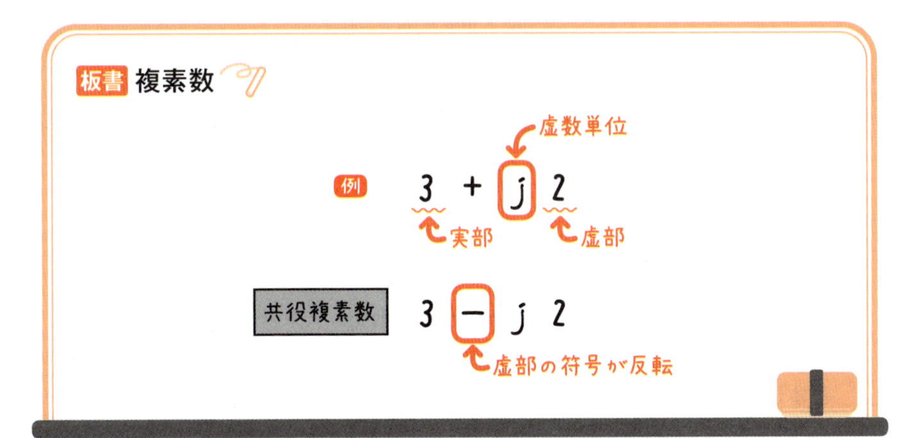

ひとこと

数学では虚数単位はiですが，電気の分野では電流の記号と混乱するので，jで表します。ちなみに，自然対数の底eも，電圧と混同するので，εを使います。

Ⅱ 複素数の四則計算

複素数の四則計算は，以下のようにします。複素数の計算では，実部と虚部を分けるように式を整理していきます。

公式 複素数の四則計算

加算	$(a+\mathrm{j}b)+(c+\mathrm{j}d)=(a+c)+\mathrm{j}(b+d)$
減算	$(a+\mathrm{j}b)-(c+\mathrm{j}d)=(a-c)+\mathrm{j}(b-d)$
乗算	$(a+\mathrm{j}b)\times(c+\mathrm{j}d)=ac+\mathrm{j}ad+\mathrm{j}bc+\mathrm{j}^2bd$ $=ac+\mathrm{j}ad+\mathrm{j}bc-bd$ $=ac-bd+\mathrm{j}(ad+bc)$
除算	$\dfrac{(a+\mathrm{j}b)}{(c+\mathrm{j}d)}=\dfrac{(a+\mathrm{j}b)(c-\mathrm{j}d)}{(c+\mathrm{j}d)(c-\mathrm{j}d)}$ ← 分母・分子に同じ数を掛けた $=\dfrac{ac-\mathrm{j}ad+\mathrm{j}bc-\mathrm{j}^2bd}{c^2+d^2}$ $=\dfrac{ac+bd}{c^2+d^2}+\mathrm{j}\dfrac{bc-ad}{c^2+d^2}$

基本例題 複素数の四則演算

以下の計算をせよ。

(1) $(3+\mathrm{j}4)-(6-\mathrm{j}8)$　(2) $(2+\mathrm{j}3)(5-\mathrm{j}6)$

(3) $\dfrac{1+\mathrm{j}\sqrt{2}}{\sqrt{2}+\mathrm{j}}$

解答

(1) $(3+\mathrm{j}4)-(6-\mathrm{j}8)=-3+\mathrm{j}12$

(2) $(2+\mathrm{j}3)(5-\mathrm{j}6)=10-\mathrm{j}12+\mathrm{j}15+18=28+\mathrm{j}3$

(3) $\dfrac{1+\mathrm{j}\sqrt{2}}{\sqrt{2}+\mathrm{j}}=\dfrac{(1+\mathrm{j}\sqrt{2})(\sqrt{2}-\mathrm{j})}{(\sqrt{2}+\mathrm{j})(\sqrt{2}-\mathrm{j})}=\dfrac{\sqrt{2}-\mathrm{j}+\mathrm{j}2+\sqrt{2}}{\sqrt{2}^2+1^2}=\dfrac{2\sqrt{2}}{3}+\mathrm{j}\dfrac{1}{3}$

2 複素数とベクトルと極座標表示

重要度★★★

I 複素数とベクトル

複素平面(ふくそへいめん)は，横軸を実数部(じっすうぶ)（実軸），縦軸を虚数部(きょすうぶ)（虚軸）とする直交座標です。たとえば，複素数$1+\mathrm{j}\sqrt{3}$は，この複素平面上の点（$1, \sqrt{3}$）で表すことができます。また，原点Oを始点，点（$1, \sqrt{3}$）を終点とするベクトル$\dot{A}=$（$1, \sqrt{3}$）と表すこともできます。

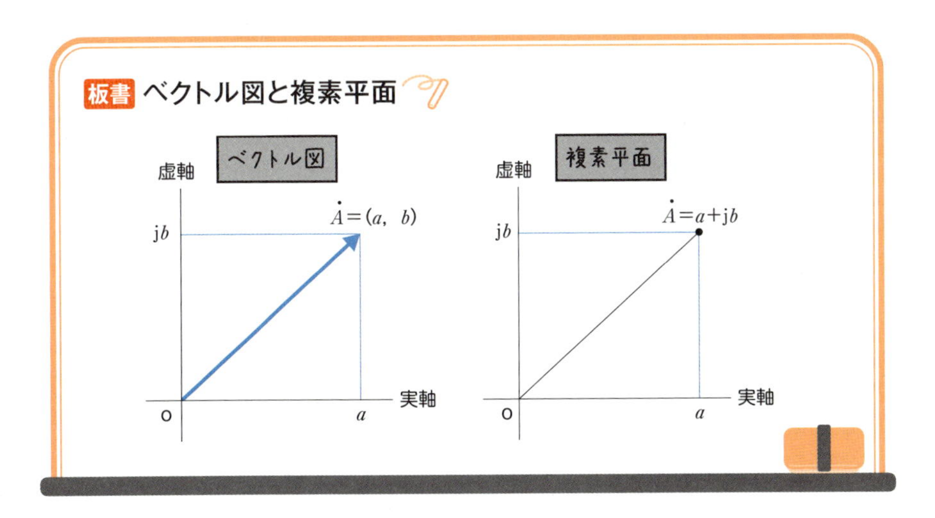

Ⅱ 極座標表示

複素数$\dot{A}=1+\mathrm{j}\sqrt{3}$は，極座標形式で$\dot{A}=2\angle\frac{\pi}{3}$と表現することもできます。どちらも同じ複素数を表しています。$A=2$を**複素数$\dot{A}$の絶対値**といい，$\theta=\frac{\pi}{3}$を**偏角**（へんかく）といいます。

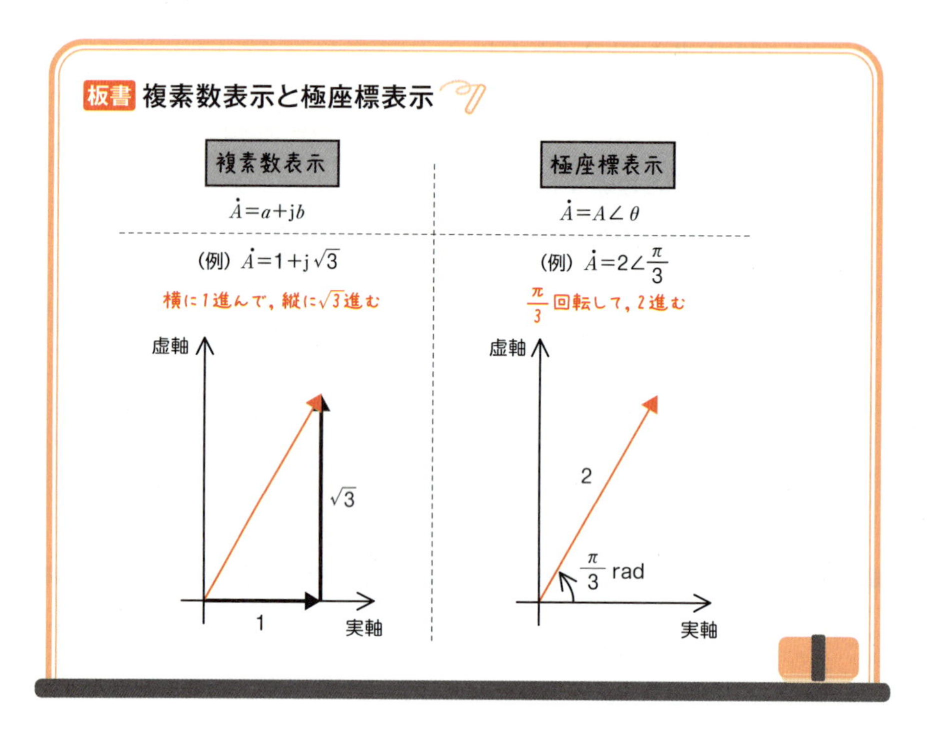

III 極座標表示から複素数表示への変換

たとえば，複素数$\dot{A}=3\sqrt{2}\angle\frac{\pi}{4}$を$\dot{A}=a+\mathrm{j}b$の形に直すには，

$$\dot{A}=A(\cos\theta+\mathrm{j}\sin\theta)$$
$$=3\sqrt{2}\left(\cos\frac{\pi}{4}+\mathrm{j}\sin\frac{\pi}{4}\right)$$
$$=3+\mathrm{j}3$$

と計算します。

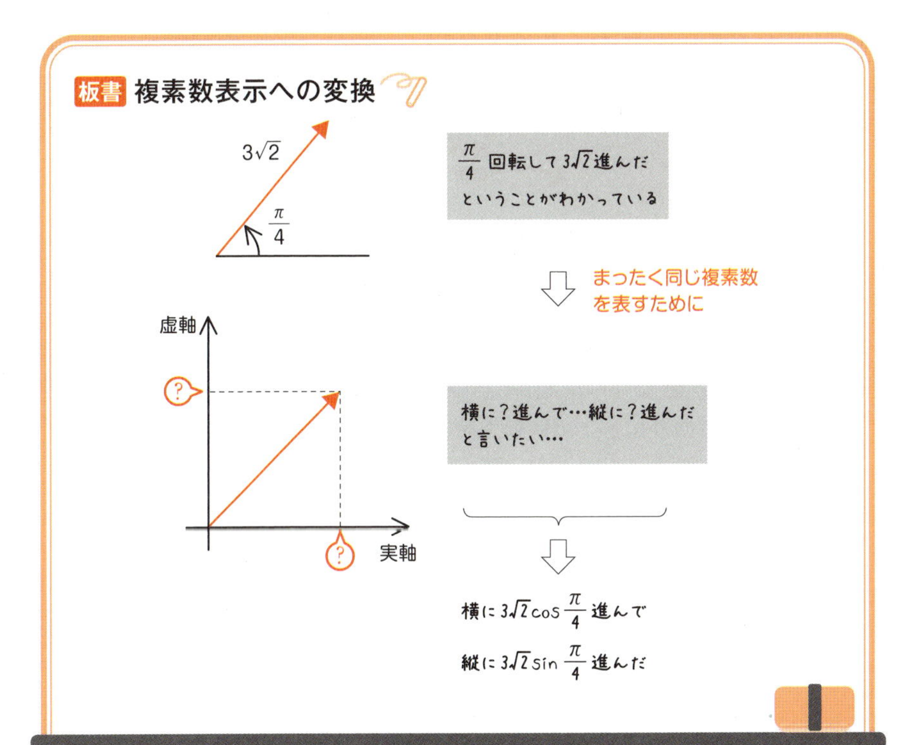

3 極座標表示と複素数の乗除

Ⅰ 極座標表示と複素数の乗除

複素数$\dot{A}_1$，$\dot{A}_2$の乗除を極座標表示で行うと，非常に簡単になります。絶対値は掛け算や割り算をして，偏角は足し算や引き算をするだけで求めることができます。

公式 極座標表示による複素数の掛け算と割り算

$\dot{A}_1 = A_1 \angle \theta_1$，$\dot{A}_2 = A_2 \angle \theta_2$とすると，

$$\dot{A}_1\dot{A}_2 = A_1A_2 \angle (\theta_1 + \theta_2)$$

$$\frac{\dot{A}_1}{\dot{A}_2} = \frac{A_1}{A_2} \angle (\theta_1 - \theta_2)$$

絶対値は掛け算や割り算，偏角は足し算や引き算になる。

Ⅱ 複素数の回転

実軸と虚軸をとった複素平面を考えると，複素数$\dot{A}$にjを掛けるということは，反時計回りに$\frac{\pi}{2}$ rad回転させることを意味します（割り算は逆回転）。$-$jを掛けると時計回りに$\frac{\pi}{2}$ rad回転します。

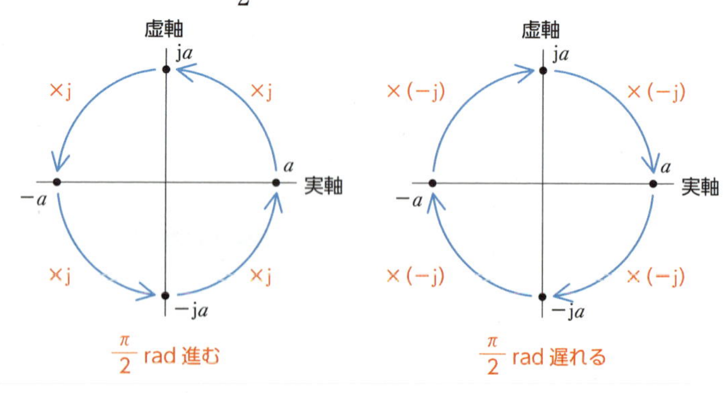

ひとこと

jを掛け算するごとに90°ずつ反時計回りに回転します。
jで割り算するごとに90°ずつ時計回りに回転します。

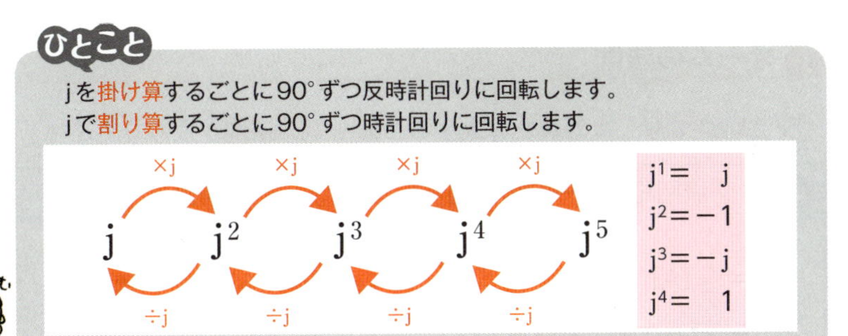

4 記号法による交流回路の取扱い

記号法(きごうほう)（複素記号法）とは，正弦波交流の電圧，電流，インピーダンスを複素数で表現して回路計算を行う方法をいいます。複素数を導入することで，大きさだけでなく位相差の情報も考慮できるようになり，交流回路も直流回路のように計算できるようになります。

R，L，C素子単独回路	ベクトル図	（複素記号法）	
		電流	インピーダンス
$\dot{V}$，$\dot{I}$，R	$\dot{I}$，$\dot{V}$ 電圧と電流は同相	$\dot{I}=\frac{\dot{V}}{R}$	$\dot{Z}=R$
$\dot{V}$，$\dot{I}$，$jX_L = j\omega L$	$\frac{\pi}{2}$，$\dot{V}$，$\dot{I}$ 電流は$\frac{\pi}{2}$遅れる	$\dot{I}=\frac{\dot{V}}{jX_L}=\frac{\dot{V}}{j\omega L}$	$\dot{Z}=j\omega L$
$\dot{V}$，$\dot{I}$，$-jX_C = -j\frac{1}{\omega C}$	$\dot{I}$，$\frac{\pi}{2}$，$\dot{V}$ 電流は$\frac{\pi}{2}$進む	$\dot{I}=\frac{\dot{V}}{-jX_C}=j\omega C\dot{V}$	$\dot{Z}=-j\frac{1}{\omega C}$

大きさだけでなく，jによって位相差も計算できます

I オームの法則

交流回路でも，複素数を導入すると**オームの法則**が成り立ちます。

公式 交流回路のオームの法則

$$\begin{cases} \dot{I} = \dfrac{\dot{V}}{\dot{Z}} \text{[A]} \\ \dot{V} = \dot{Z}\dot{I} \text{ [V]} \\ \dot{Z} = \dfrac{\dot{V}}{\dot{I}} \text{[Ω]} \end{cases}$$

複素数であることに注意

電流$\dot{I}$[A]
インピーダンス$\dot{Z}$[Ω]
電圧降下$\dot{V}$[V]

ひとこと

キルヒホッフの法則，重ね合わせの理，テブナンの定理なども成立します。

Ⅱ 直列回路の合成インピーダンス

R-L直列回路，R-C直列回路，R-L-C直列回路の合成インピーダンス$\dot{Z}$を表にすると次のようになります。

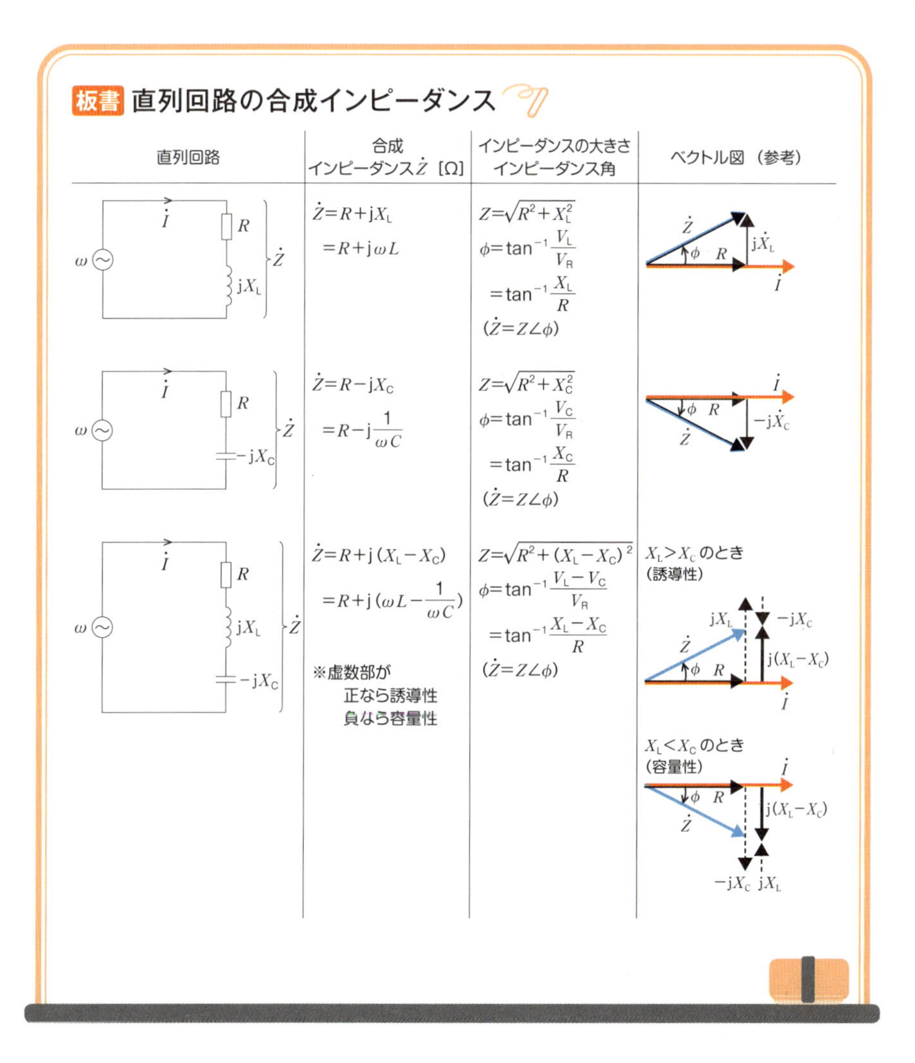

板書 直列回路の合成インピーダンス

直列回路	合成インピーダンス$\dot{Z}$［Ω］	インピーダンスの大きさ インピーダンス角	ベクトル図（参考）
R, jX_L	$\dot{Z}=R+jX_L$ $=R+j\omega L$	$Z=\sqrt{R^2+X_L^2}$ $\phi=\tan^{-1}\frac{V_L}{V_R}$ $=\tan^{-1}\frac{X_L}{R}$ $(\dot{Z}=Z\angle\phi)$	
R, $-jX_C$	$\dot{Z}=R-jX_C$ $=R-j\frac{1}{\omega C}$	$Z=\sqrt{R^2+X_C^2}$ $\phi=\tan^{-1}\frac{V_C}{V_R}$ $=\tan^{-1}\frac{X_C}{R}$ $(\dot{Z}=Z\angle\phi)$	
R, jX_L, $-jX_C$	$\dot{Z}=R+j(X_L-X_C)$ $=R+j(\omega L-\frac{1}{\omega C})$ ※虚数部が 正なら誘導性 負なら容量性	$Z=\sqrt{R^2+(X_L-X_C)^2}$ $\phi=\tan^{-1}\frac{V_L-V_C}{V_R}$ $=\tan^{-1}\frac{X_L-X_C}{R}$ $(\dot{Z}=Z\angle\phi)$	$X_L>X_C$のとき（誘導性） $X_L<X_C$のとき（容量性）

III ブリッジ回路

交流ブリッジとは，図のようにインピーダンス$\dot{Z}_1$，$\dot{Z}_2$，$\dot{Z}_3$，$\dot{Z}_4$と，交流検出器D（AC detector（ディテクター））を接続した回路をいいます。bd間で電流が流れないための**平衡条件**（へいこうじょうけん）は，$\dot{Z}_1\dot{Z}_3=\dot{Z}_2\dot{Z}_4$となります。

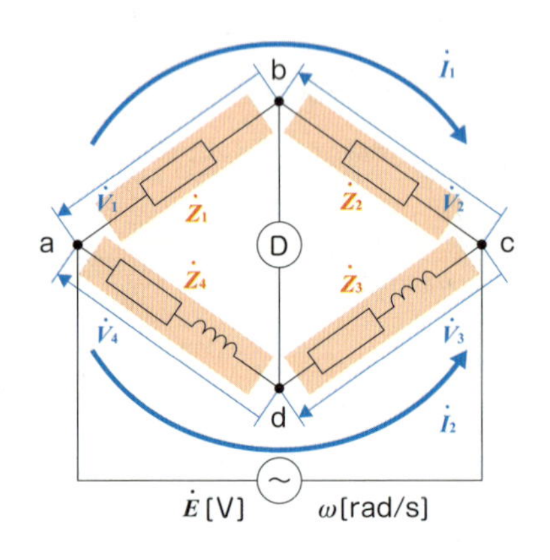

交流ブリッジの平衡条件

$$\dot{Z}_1\dot{Z}_3=\dot{Z}_2\dot{Z}_4$$

実数部と虚数部の両方が左辺と右辺で等しい必要があります。

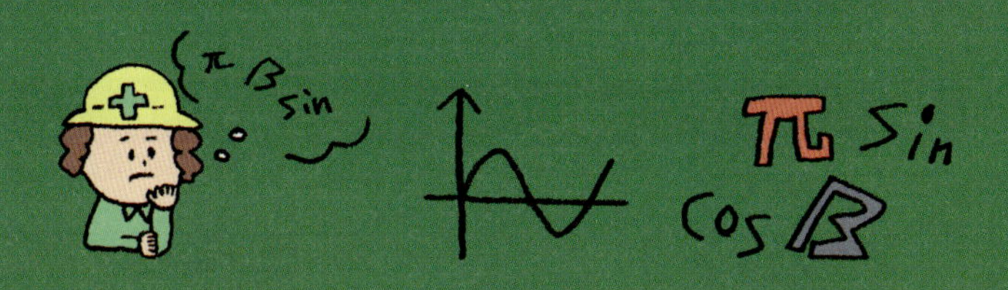

CHAPTER 05

三相交流回路

CHAPTER 05

三相交流回路

三相交流回路の概念や結線方法は，他の科目でも必要とされるため，しっかりと理解しましょう。複雑な結線図やベクトル図が多いので，実際に作図して慣れることを意識しましょう。

このCHAPTERで学習すること

SECTION 01 三相交流回路

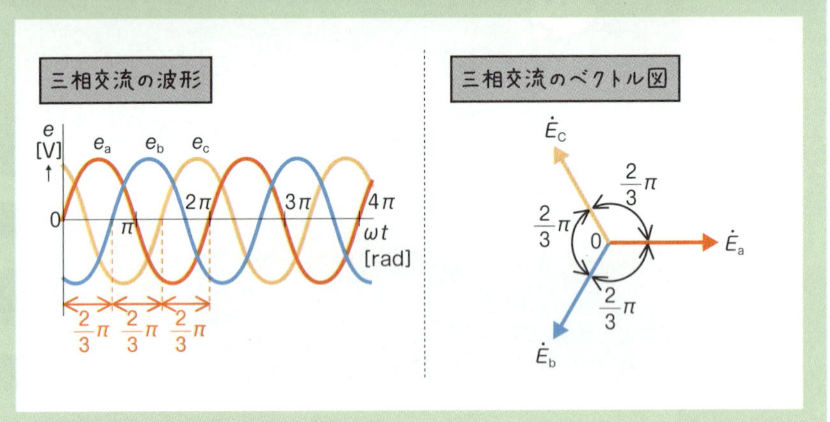

位相が異なる3つの起電力をひとまとまりとして電力を供給する交流回路を学びます。

傾向と対策

出題数

2問程度／22問中

・計算問題中心

	H22	H23	H24	H25	H26	H27	H28	H29	H30	R1
三相交流回路	3	2	2	2	2	4	2	2	2	2

ポイント

三相交流回路は回路図が複雑に思えますが，実際は3つの単相交流回路がつながったもので，1つの等価回路を考えることができるかがカギとなります。試験では，電源と負荷の結線方法が異なる問題が多く出題されるため，結線方法の変換をスムーズに行えるようにしましょう。交流回路と同じく計算量が多いので，短時間で問題を解けるように繰り返し問題を解いて理解を深めましょう。

SECTION 01 三相交流回路

このSECTIONで学習すること

1 三相交流回路とは

位相が異なる起電力をひとまとまりとして電力を供給する三相交流回路について学びます。

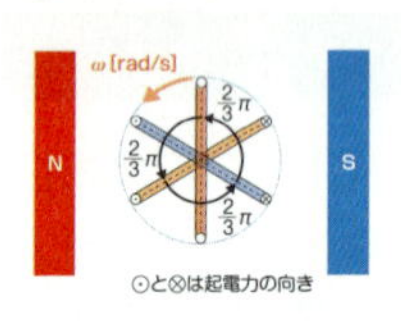

2 Y結線とΔ結線

Y結線とΔ結線について学びます。

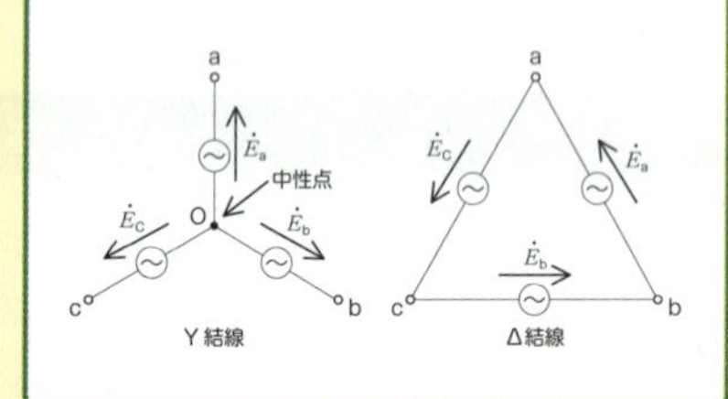

3 Y-Y結線

電源と負荷をY結線した三相交流回路について学びます。

4 Δ-Δ結線

電源と負荷をΔ結線した三相交流回路について学びます。

5 Y結線とΔ結線の等価変換

Y結線とΔ結線の等価変換について学びます。

6 V結線

Δ結線から一相分の電源を取り除いたV結線について学びます。

7 三相交流回路の電力

三相交流回路の電力の計算方法について学びます。

1 三相交流回路とは

重要度★★★

三相交流回路(さんそうこうりゅうかいろ)とは，位相が異なる3つの起電力をひとまとまりとして電力を供給する交流回路をいいます。

ひとこと

大きさと互いの位相差が等しい場合，特に対称三相交流(たいしょうさんそうこうりゅう)と呼ぶことがあります。本書では，原則として，対称三相交流のことを三相交流と呼ぶことにします。

図のように互いに$\frac{2}{3}\pi$ rad(ラジアン)ずつずらした3つのコイルA，B，Cを磁界中で回転させます。すると，各コイルに大きさが等しく，互いに$\frac{2}{3}\pi$ radずつの位相差を持った3つの起電力e_a，e_b，e_cが発生します。

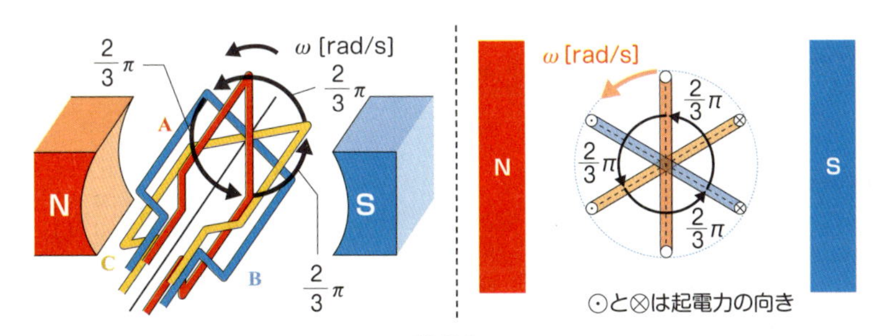

この各起電力e_a，e_b，e_cのことを相電圧(そうでんあつ)といいます。三相交流の波形とベクトル図は板書のようになります。a相を基準としたとき，a相，b相，c相の順に$\frac{2}{3}\pi$ radずつ位相が遅れていますが，この順番を相順(そうじゅん)（または相回転(そうかいてん)）といいます。

板書 三相交流の波形

三相交流の波形

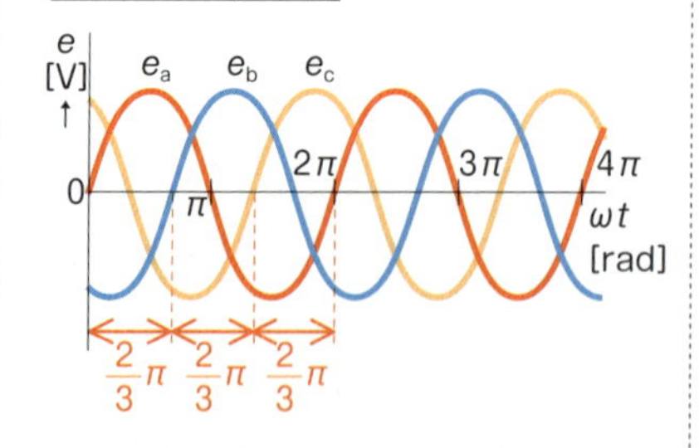

$$\begin{cases} e_a = \sqrt{2}E\sin\omega t \\ e_b = \sqrt{2}E\sin\left(\omega t - \dfrac{2}{3}\pi\right) \\ e_c = \sqrt{2}E\sin\left(\omega t - \dfrac{4}{3}\pi\right) \end{cases}$$

ただし，Eを実効値とする

三相交流のベクトル図

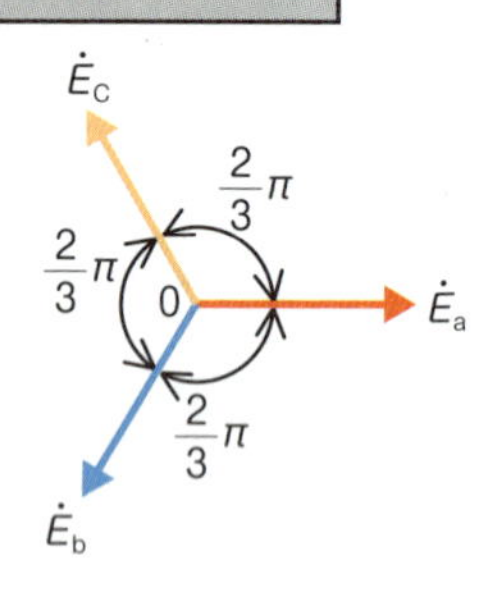

$$\begin{cases} \dot{E}_a = E\angle 0 \\ \quad = E(\cos 0 + \mathrm{j}\sin 0) \\ \quad = E \\ \dot{E}_b = E\angle -\dfrac{2}{3}\pi \\ \quad = E\left\{\cos\left(-\dfrac{2}{3}\pi\right) + \mathrm{j}\sin\left(-\dfrac{2}{3}\pi\right)\right\} \\ \quad = E\left(-\dfrac{1}{2} - \mathrm{j}\dfrac{\sqrt{3}}{2}\right) \\ \dot{E}_c = E\angle -\dfrac{4}{3}\pi \\ \quad = E\left\{\cos\left(-\dfrac{4}{3}\pi\right) + \mathrm{j}\sin\left(-\dfrac{4}{3}\pi\right)\right\} \\ \quad = E\left(-\dfrac{1}{2} + \mathrm{j}\dfrac{\sqrt{3}}{2}\right) \end{cases}$$

2 Y結線とΔ結線

重要度★★★

コイルA，B，Cによる交流起電力$\dot{E}_a = E\angle 0$，$\dot{E}_b = E\angle -\dfrac{2}{3}\pi$，$\dot{E}_c = E\angle -\dfrac{4}{3}\pi$は，図記号を利用して簡単に書くことができます。

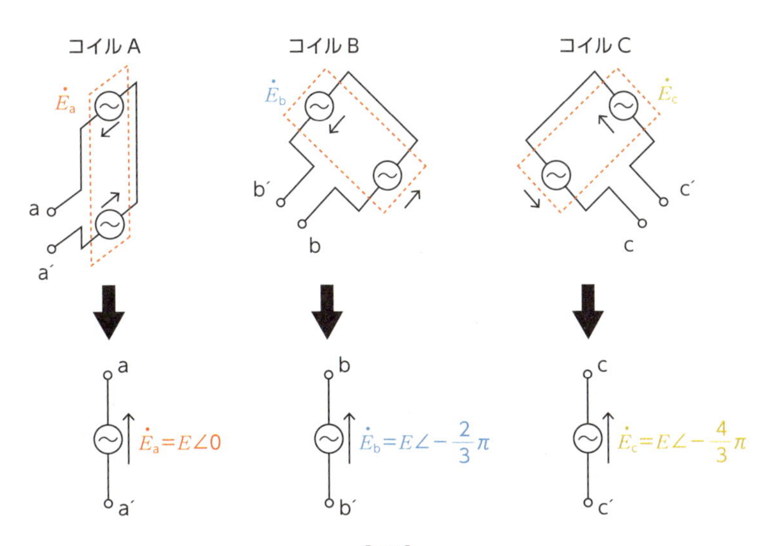

【図1】

これら3つの電源の接続方法に，**Y結線（星形結線）**と**Δ結線（三角結線）**があります。Y結線やΔ結線とは，電源や負荷を次のように接続する方法をいい，Y結線の節点Oを**中性点**といいます。

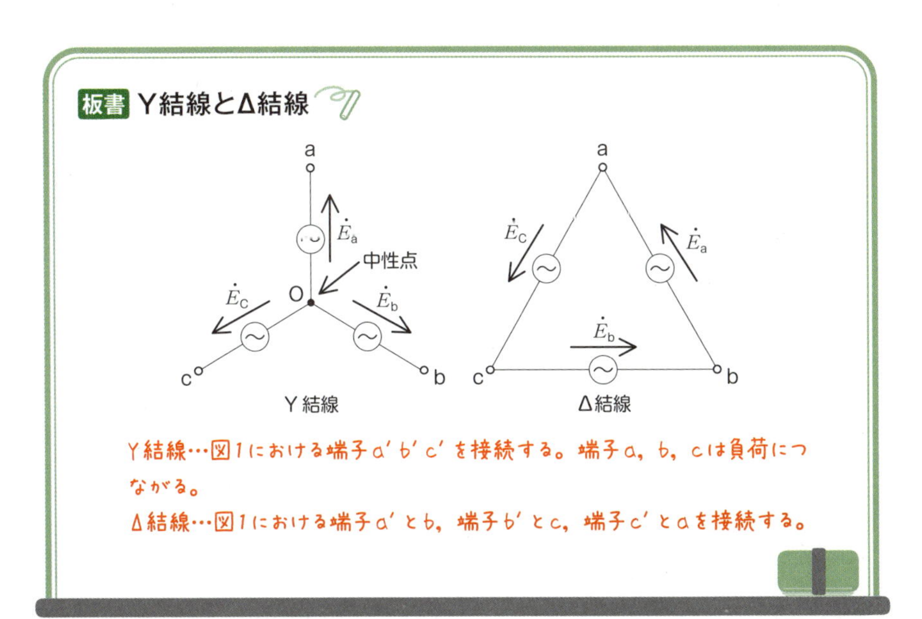

基本例題　　Y結線のベクトル図

以下は対称三相電源をY結線したときにおける端子電圧$\dot{V}_{ab}$，$\dot{V}_{bc}$，$\dot{V}_{ca}$のベクトル図の書き方を説明した文章である。各起電力は，$\dot{E}_a=E\angle 0$，$\dot{E}_b=E\angle -\frac{2}{3}\pi$，$\dot{E}_c=E\angle -\frac{4}{3}\pi$として，空欄を埋めよ。

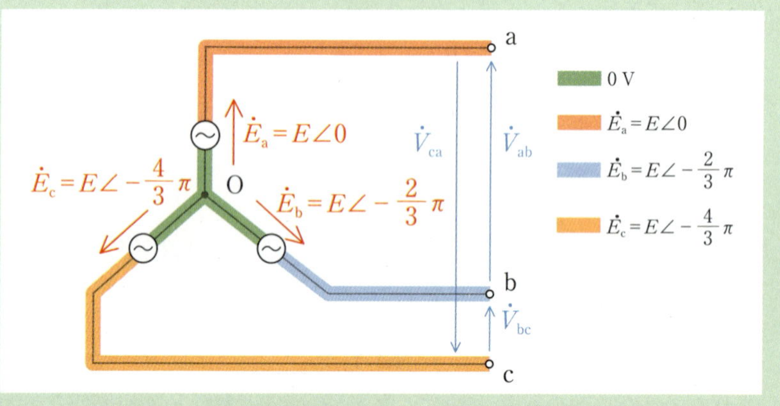

(1)　中性点の電位を基準0 Vとすると，$\dot{V}_{ab}$，$\dot{V}_{bc}$，$\dot{V}_{ca}$は次のように表すことができる。

$\dot{V}_{ab}=\dot{E}_a-\dot{E}_b$　…①

$\dot{V}_{bc}=\dot{E}_b-$［(ア)］　…②

$\dot{V}_{ca}=\dot{E}_c-\dot{E}_a$　…③

(2)　ベクトル量の引き算を計算するために，ベクトル図を書く。まず，$\dot{E}_a$を基準にして，$\dot{E}_a=E\angle 0$，$\dot{E}_b=E\angle -\frac{2}{3}\pi$，$\dot{E}_c=E\angle -\frac{4}{3}\pi$をベクトル図に表すと次のようになる。

(イ)

(3)　①式より，$\dot{V}_{ab}=\dot{E}_a-\dot{E}_b$だから，これをベクトル図に表すには，$-\dot{E}_b$をベクトル図に表し，$\dot{E}_a$と$-\dot{E}_b$をベクトル合成した$\dot{V}_{ab}$を書けばよい。ベクトル図は次のようになる。

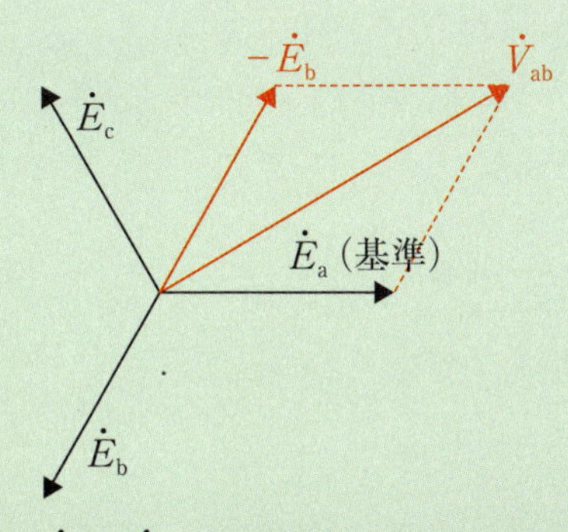

(4)　同様に②式より，$\dot{V}_{bc}=\dot{E}_b-$ (ア) だから，これをベクトル図に表すと次のようになる。

(ウ)

(5)　さらに③式より，$\dot{V}_{ca}=\dot{E}_c-\dot{E}_a$ をベクトル図に表すと，次のようになる。

(エ)

(6)　以上より，端子電圧 $\dot{V}_{ab}$，$\dot{V}_{bc}$，$\dot{V}_{ca}$ のベクトル図は次のようになる。

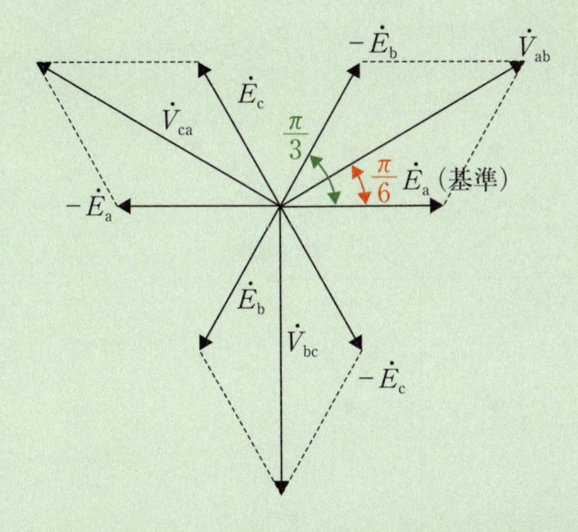

解答

(ア)　$\dot{E}_c$

(イ)

$\dot{E}_c$

$\frac{2}{3}\pi$　$\frac{2}{3}\pi$　$\frac{2}{3}\pi$

$\dot{E}_a$（基準）

$\dot{E}_b$

(ウ)

$-\dot{E}_b$　$\dot{V}_{ab}$

$\dot{E}_c$

$\dot{E}_a$（基準）

$\dot{E}_b$　$-\dot{E}_c$

$\dot{V}_{bc}$

(エ)

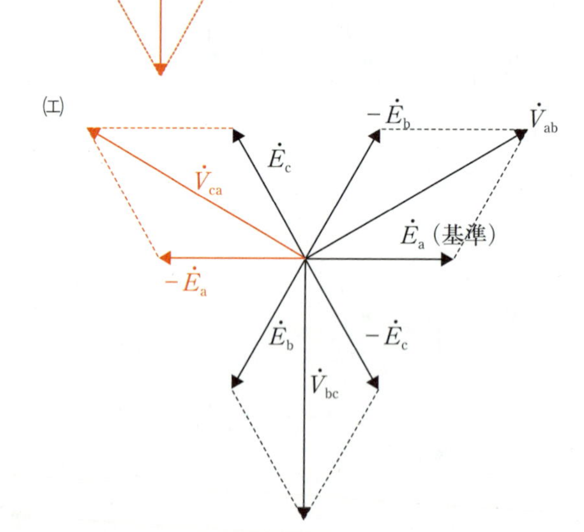

3 Y-Y結線 重要度★★★

Y-Y結線とは，電源がY結線で，負荷もY結線である回路をいいます。

各相の起電力$\dot{E}_a$，$\dot{E}_b$，$\dot{E}_c$を相電圧（そうでんあつ）といい，端子間の電圧$\dot{V}_{ab}$，$\dot{V}_{bc}$，$\dot{V}_{ca}$を線間電圧（せんかんでんあつ）といいます。

また，結線内の各相を流れる電流を相電流（そうでんりゅう）といい，三相起電力の端子から結線外へ流れ出る電流を線電流（せんでんりゅう）といいます。

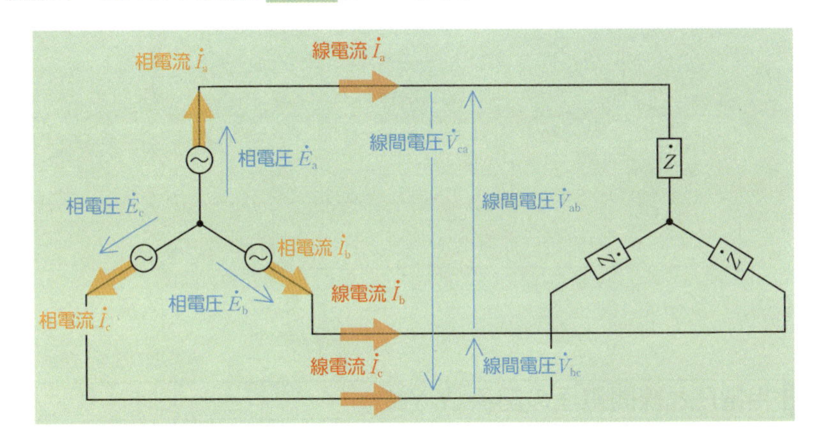

ひとこと

上記のように，各相の負荷が等しい場合，平衡負荷（へいこうふか）といいます。

Ⅰ 相電流と線電流の関係（Y-Y結線）

Y結線において，相電流は分岐することなく，そのまま線電流として出ていきます。したがって，相電流＝線電流という関係があります。

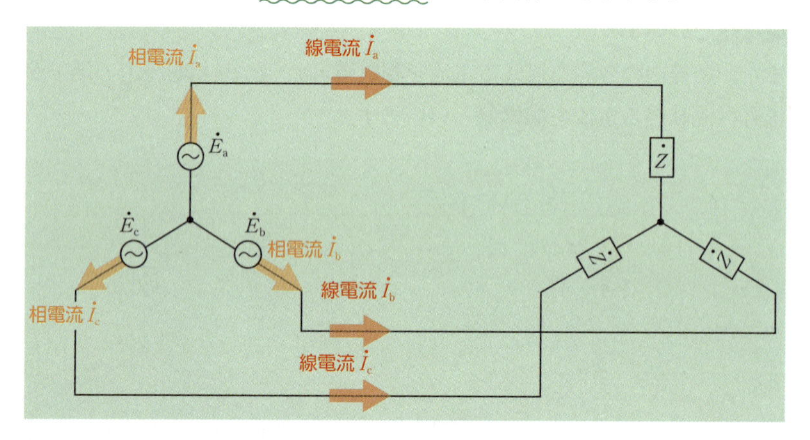

Ⅱ 相電圧と線間電圧の関係（Y-Y結線）

相電圧と線間電圧の関係について，キルヒホッフの第二法則（電圧則）を利用して考えます。

相電圧と線間電圧の関係（Y-Y結線）

以下のように閉ループをつくると，$\dot{E}_a + (-\dot{E}_b) = \dot{V}_{ab}$ となります。
なお，対称三相交流では，$\dot{E}_a = E \angle 0$，$\dot{E}_b = E \angle -\frac{2}{3}\pi$ です。

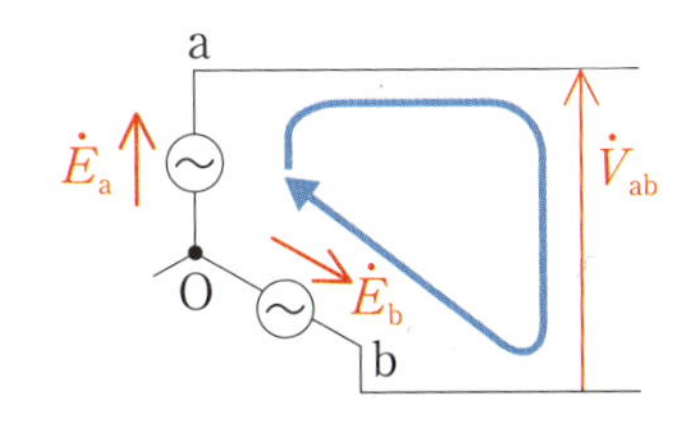

これについてベクトル図を書くと，次のようになります。

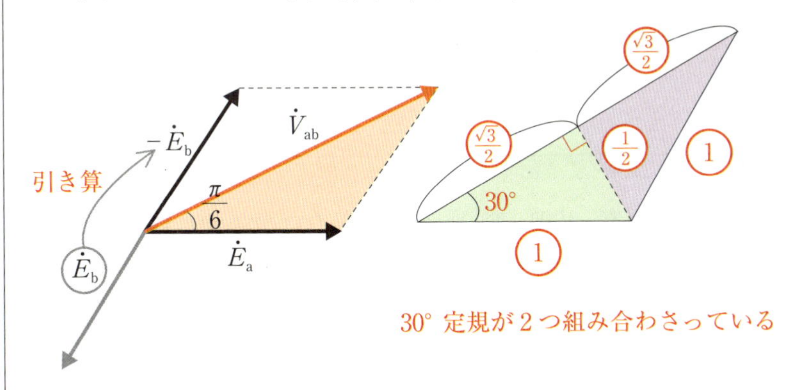

したがって，線間電圧 $\dot{V}_{ab}$ は，相電圧 $\dot{E}_a$ に対して，大きさが $\sqrt{3}$ 倍，位相が $\frac{\pi}{6}$ rad 進むといえます。

ひとこと

結果を覚えるだけでなく，導けるようにしましょう。

III 相電圧と線電流の関係（Y-Y結線）

1 中性線がある場合

相電圧と線電流の関係を計算しやすいように中性点と中性点をつなぎます。この線を**中性線**（ちゅうせいせん）といいます。

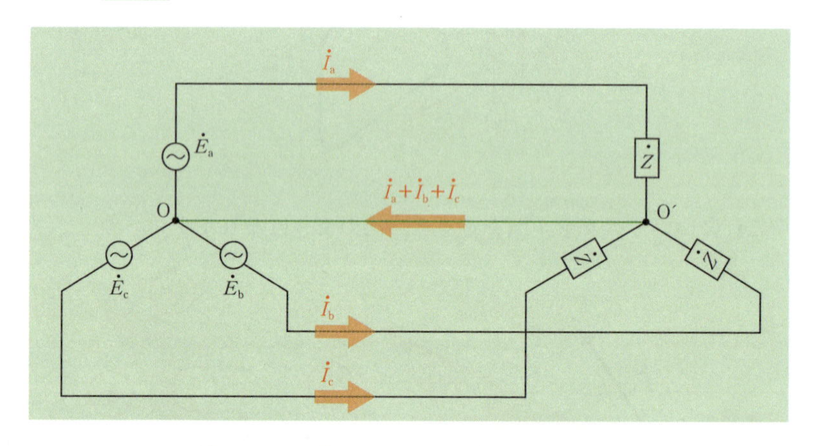

キルヒホッフの第一法則（電流則）より，節点O′から節点Oへと流出する電流は$\dot{I}_a+\dot{I}_b+\dot{I}_c$となります。これが中性線を流れる電流です。

中性線を設けた三相交流回路は，3つの単相交流回路に分解することができます。

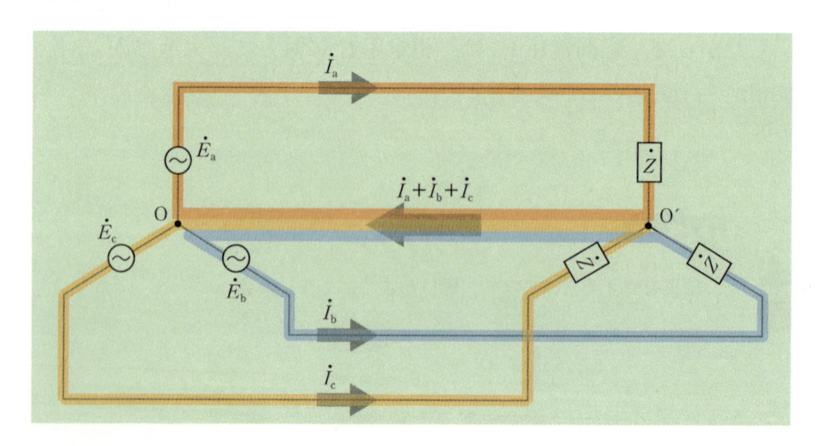

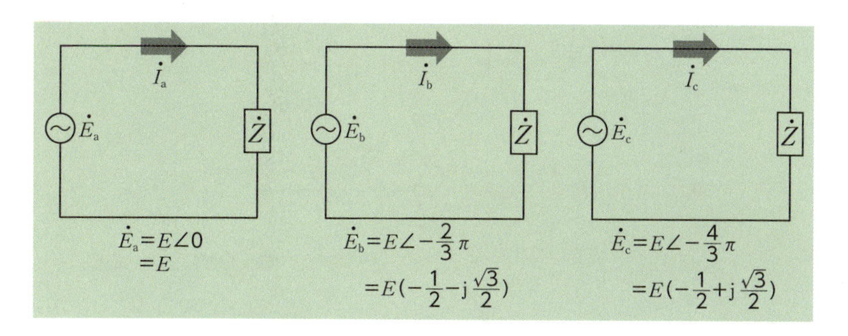

分解された単相交流回路から，各電流$\dot{I}_a, \dot{I}_b, \dot{I}_c$を求めると，次のようになります。

$$\dot{I}_a = \frac{\dot{E}_a}{\dot{Z}},\quad \dot{I}_b = \frac{\dot{E}_b}{\dot{Z}},\quad \dot{I}_c = \frac{\dot{E}_c}{\dot{Z}} \quad \cdots①$$

これで，中性線がある場合の電流$\dot{I}_a$，$\dot{I}_b$，$\dot{I}_c$を求めることができました。

ひとこと

しかし，中性線がない場合のY-Y結線の電流を知りたいので，中性線を取り外すとどうなるかを検討します。

次に，式①より，中性線を流れる電流を求めます。

$$\dot{I}_a + \dot{I}_b + \dot{I}_c = \frac{\dot{E}_a}{\dot{Z}} + \frac{\dot{E}_b}{\dot{Z}} + \frac{\dot{E}_c}{\dot{Z}}$$
$$= \frac{1}{\dot{Z}}(\dot{E}_a + \dot{E}_b + \dot{E}_c) \quad \cdots②$$

ここで，$\dot{E}_a + \dot{E}_b + \dot{E}_c$を求めるためにベクトル図を書くと次のようになり，ベクトル合成すると打ち消し合います。

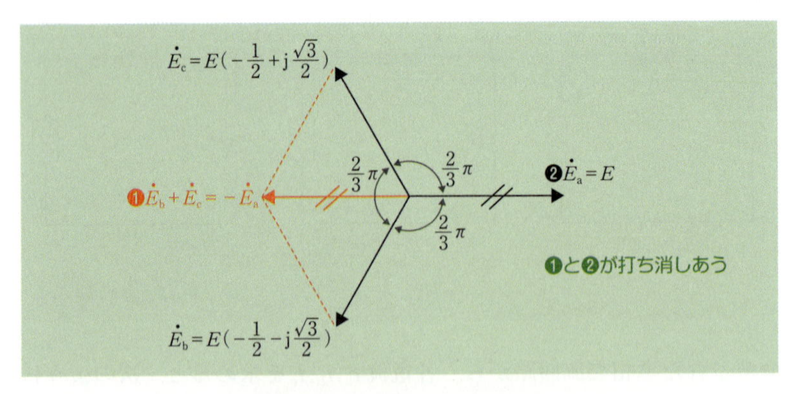

したがって，$\dot{E}_a + \dot{E}_b + \dot{E}_c = 0$となり，これを式②に代入すると，

$$\dot{I}_a + \dot{I}_b + \dot{I}_c = \frac{1}{\dot{Z}}\underbrace{(\dot{E}_a + \dot{E}_b + \dot{E}_c)}_{0}$$

$$= 0$$

となります。すなわち，電源が対称三相であり，負荷が平衡である場合は，中性線につねに電流が流れないことがわかります。

ひとこと

用語	意味
電源が対称三相	各起電力の位相差が$\frac{2}{3}\pi$ずつ互いにずれていて，大きさが等しい
負荷が平衡	各負荷が等しい

2 中性線がない場合

平衡三相回路では中性点につねに電流が流れないので，中性線を取り外しても，電流$\dot{I}_a, \dot{I}_b, \dot{I}_c$に影響がありません。

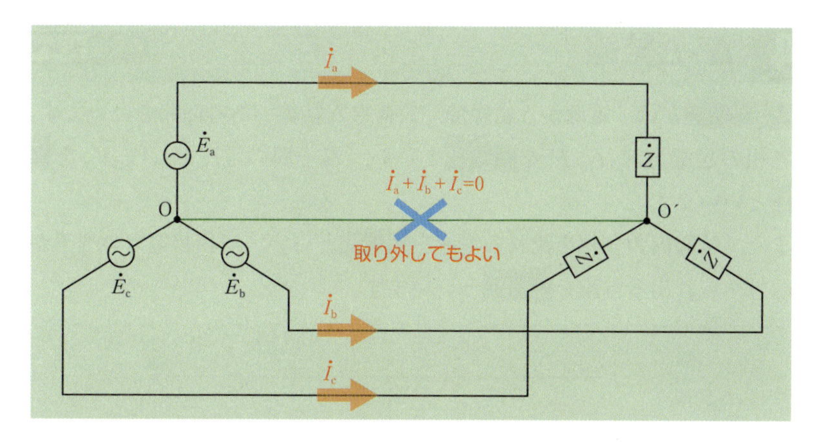

これにより中性線を取り外したときも，中性線を設けているときの計算結果がそのまま使えるので，Y－Y結線における線電流と相電流と相電圧の関係は次のようになります。

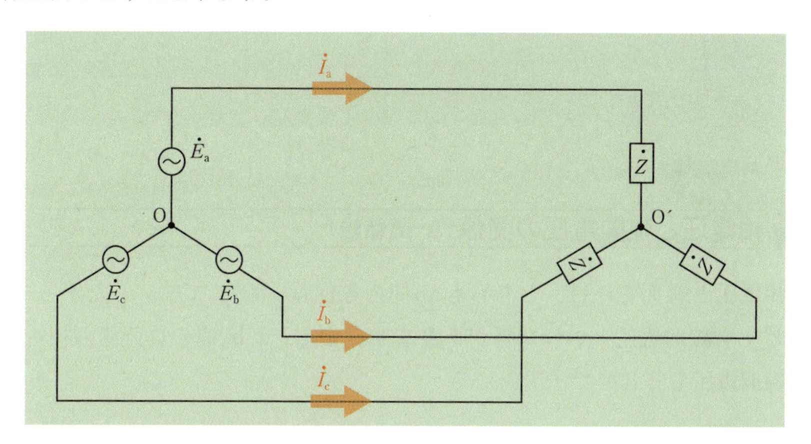

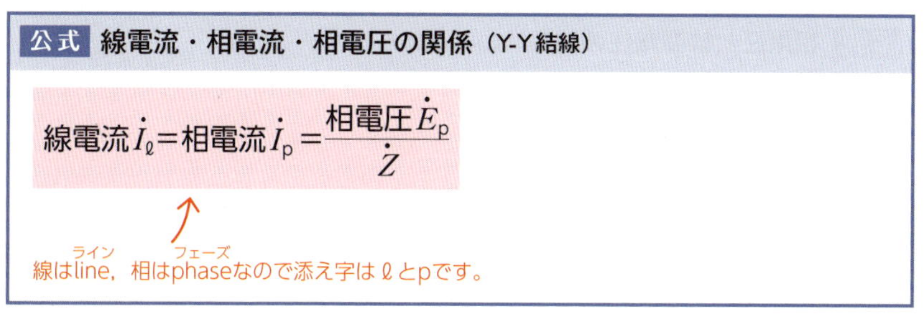

公式　線電流・相電流・相電圧の関係（Y-Y結線）

$$\text{線電流}\,\dot{I}_\ell=\text{相電流}\,\dot{I}_p=\frac{\text{相電圧}\,\dot{E}_p}{\dot{Z}}$$

線(ライン)はline，相(フェーズ)はphaseなので添え字はℓとpです。

問題集　問題108

4 Δ-Δ結線

重要度★★★

Δ-Δ結線とは，電源がΔ結線で，負荷もΔ結線である回路をいいます。

各相の起電力$\dot{E}_a, \dot{E}_b, \dot{E}_c$を**相電圧**（そうでんあつ）といい，端子間の電圧$\dot{V}_{ab}, \dot{V}_{bc}, \dot{V}_{ca}$を**線間電圧**（せんかんでんあつ）といいます。

また，結線内の各相を流れる電流を**相電流**（そうでんりゅう）といい，三相起電力の端子から結線外へ流れ出る電流を**線電流**（せんでんりゅう）といいます。

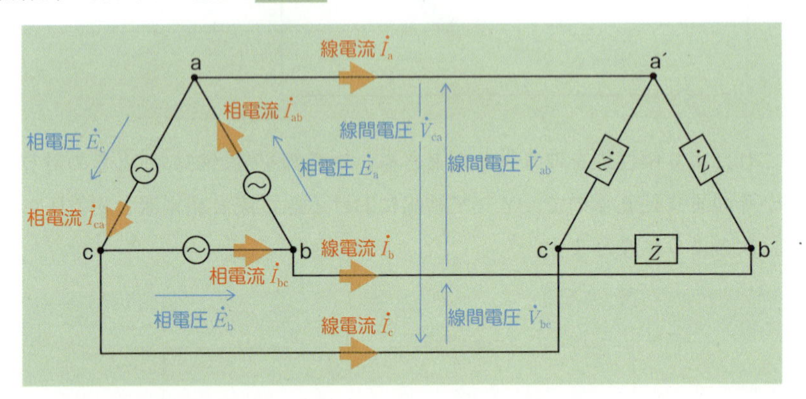

I 相電圧と線間電圧の関係（Δ−Δ結線）

相電圧と線間電圧は，どちらもab間の電位差（電圧）です。したがって，相電圧＝線間電圧という関係があります。また，a′b′間の負荷側の相電圧と線間電圧も等しいです。

公式 相電圧と線間電圧の関係（Δ-Δ結線）

相電圧E＝線間電圧V

Ⅱ 相電流と線電流の関係（Δ−Δ結線）

線電流は相電流に対して，大きさが$\sqrt{3}$倍，位相が$\dfrac{\pi}{6}$ rad遅れます。

この理由を以下に説明します。キルヒホッフの第一法則（電流則）を節点a,b,cに適用すると，以下の式が成り立ちます。

$$\dot{I}_{ab}=\dot{I}_{ca}+\dot{I}_{a},\ \dot{I}_{bc}=\dot{I}_{ab}+\dot{I}_{b},\ \dot{I}_{ca}=\dot{I}_{bc}+\dot{I}_{c}\quad\cdots①$$

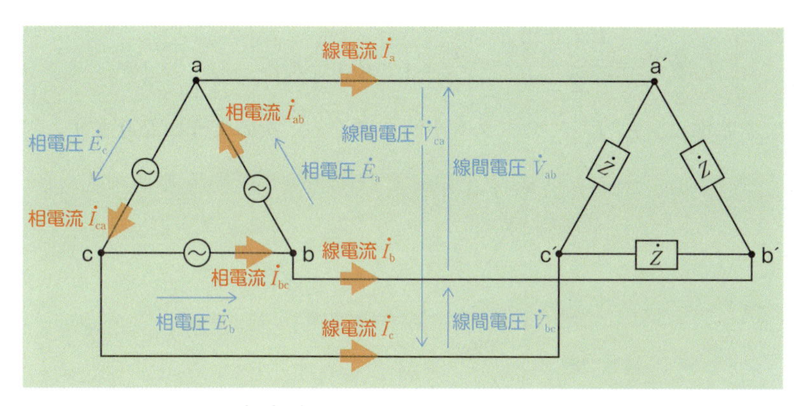

①式を整理すると，$\dot{I}_a,\dot{I}_b,\dot{I}_c$は次のようになります。

$$\dot{I}_{a}=\dot{I}_{ab}-\dot{I}_{ca},\ \dot{I}_{b}=\dot{I}_{bc}-\dot{I}_{ab},\ \dot{I}_{c}=\dot{I}_{ca}-\dot{I}_{bc}\quad\cdots②$$

ここで，Δ−Δ回路を，図のように独立した3つの単相交流回路に分けます。

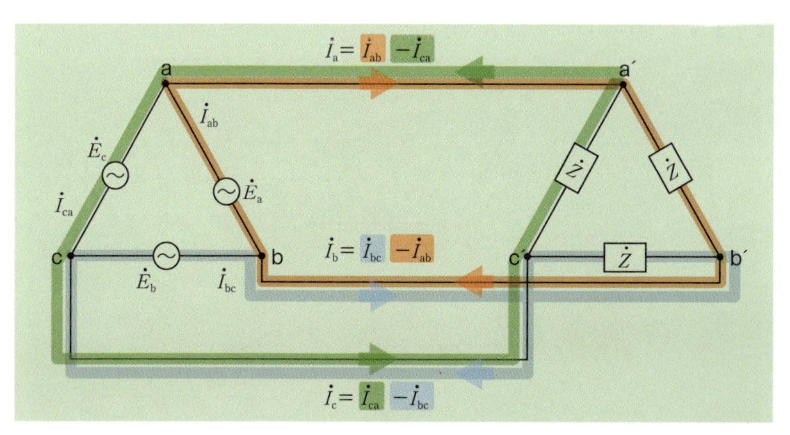

オームの法則より，$\dot{I}_{ab}, \dot{I}_{bc}, \dot{I}_{ca}$ は次のように表すことができ，互いに $\frac{2}{3}\pi$ ずつ位相がずれていることがわかります。

$$
\begin{cases}
\dot{I}_{ab} = \dfrac{\dot{E}_a}{\dot{Z}} = \dfrac{E\angle 0}{Z\angle\theta} = \dfrac{E}{Z}\angle -\theta \\
\dot{I}_{bc} = \dfrac{\dot{E}_b}{\dot{Z}} = \dfrac{E\angle -\frac{2}{3}\pi}{Z\angle\theta} = \dfrac{E}{Z}\angle\left(-\theta - \dfrac{2}{3}\pi\right) \\
\dot{I}_{ca} = \dfrac{\dot{E}_c}{\dot{Z}} = \dfrac{E\angle -\frac{4}{3}\pi}{Z\angle\theta} = \dfrac{E}{Z}\angle\left(-\theta - \dfrac{4}{3}\pi\right)
\end{cases}
$$

$\dot{I}_{ab}$ を基準に，$\dot{I}_{ab}, \dot{I}_{bc}, \dot{I}_{ca}$ のベクトル図を書くと，次のようになります。

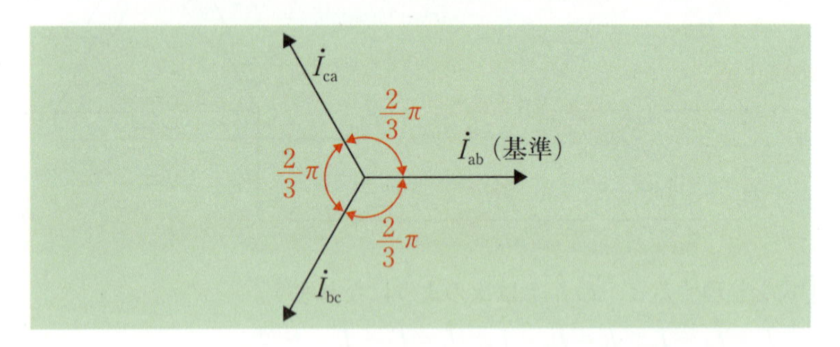

式②より $\dot{I}_a = \dot{I}_{ab} - \dot{I}_{ca}$ だから，❶まず $-\dot{I}_{ca}$ のベクトル図を書き加え，❷次に $\dot{I}_{ab}$ と $-\dot{I}_{ca}$ をベクトル合成した $\dot{I}_a$ のベクトル図を書き加えると，次のようになります。

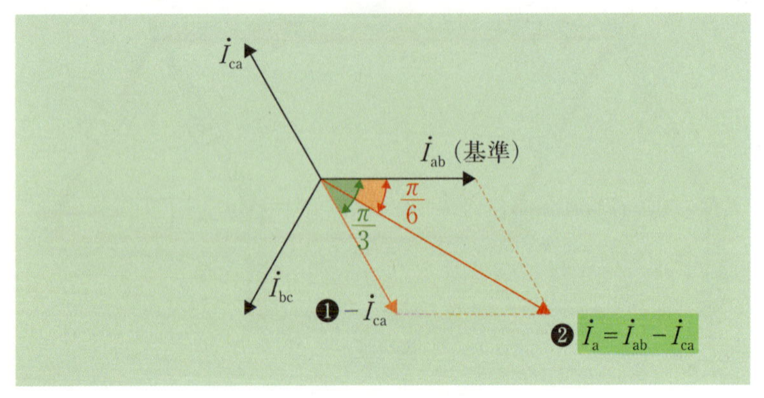

式②より$\dot{I}_{b}=\dot{I}_{bc}-\dot{I}_{ab}$だから，❸まず$-\dot{I}_{ab}$のベクトル図を書き加え，❹次に$\dot{I}_{bc}$と$-\dot{I}_{ab}$をベクトル合成した，$\dot{I}_{b}$のベクトル図を書き加えると，次のようになります。

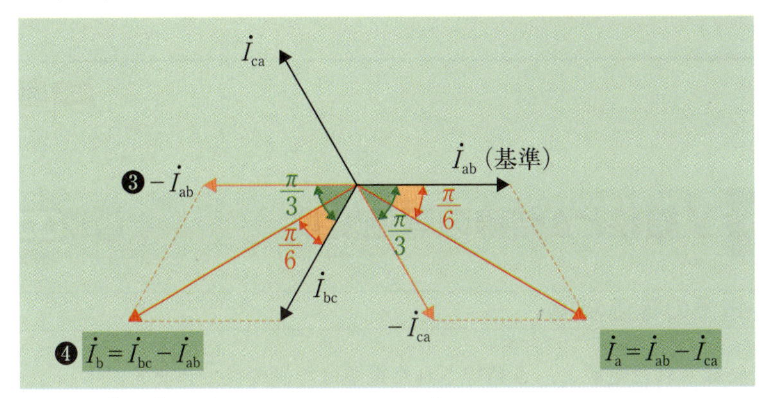

②式より$\dot{I}_{c}=\dot{I}_{ca}-\dot{I}_{bc}$だから，❺まず$-\dot{I}_{bc}$のベクトル図を書き加え，❻次に$\dot{I}_{ca}$と$-\dot{I}_{bc}$をベクトル合成した，$\dot{I}_{c}$のベクトル図を書き加えると，次のようになります。

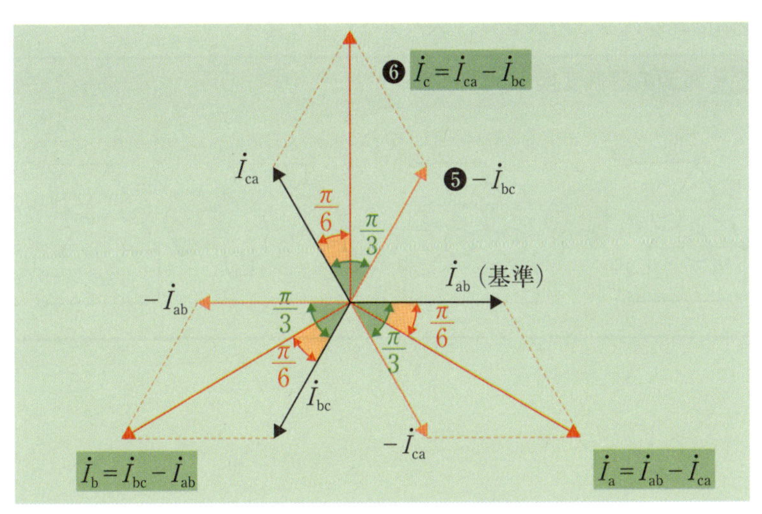

したがって，線電流$\dot{I}_{a},\dot{I}_{b},\dot{I}_{c}$は，大きさが相電流$\dot{I}_{ab},\dot{I}_{bc},\dot{I}_{ca}$の$\sqrt{3}$倍になり，位相が相電流$\dot{I}_{ab},\dot{I}_{bc},\dot{I}_{ca}$より$\frac{\pi}{6}$遅れます。

公式 線電流と相電流の関係（Δ-Δ結線）

線電流$I_\ell=\sqrt{3}\times$相電流I_p

問題集 問題109

5 Y結線とΔ結線の等価変換 重要度★★★

I 電源の等価変換

Y結線された電源と，Δ結線された電源は等価変換できます。

Δ結線では，各相の起電力$\dot{E}_a,\dot{E}_b,\dot{E}_c$がそのまま線間電圧として出てきます。そこで，Y結線の線間電圧と，Δ結線の起電力を等しくすると，Δ結線とY結線の全ての端子電圧が互いに等しくなり等価変換できます。

等価電源の大きさの関係は，次のようになります。

公式 電源の等価変換

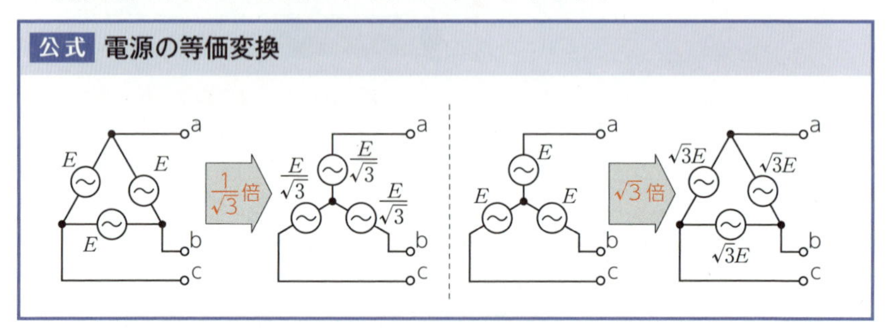

Ⅱ 負荷の等価変換

Y結線負荷とΔ結線負荷を等価変換することを考えます。

どの端子からみてもインピーダンスが等しくなくてはならないので，

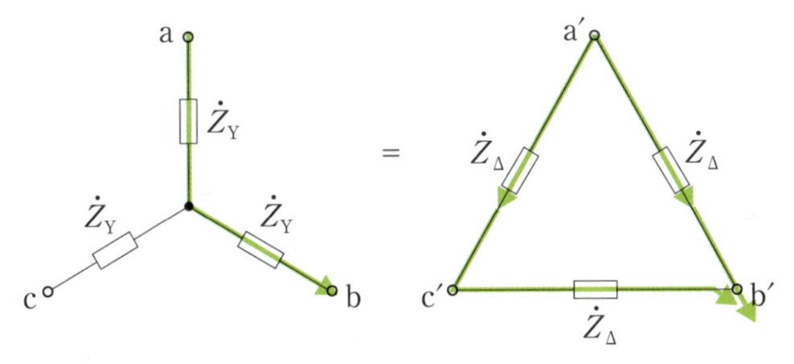

$$合成インピーダンス\dot{Z}_{ab}=合成インピーダンス\dot{Z}_{a'b'}$$

$$\dot{Z}_Y+\dot{Z}_Y=\frac{2\dot{Z}_\Delta\times\dot{Z}_\Delta}{2\dot{Z}_\Delta+\dot{Z}_\Delta}$$

$$2\dot{Z}_Y=\frac{2}{3}\dot{Z}_\Delta$$

$$\dot{Z}_Y=\frac{1}{3}\dot{Z}_\Delta$$

となります。

したがって，等価変換するには，各インピーダンスを以下のように置き換えます。

公式　Y-Δ変換とΔ-Y変換（負荷）

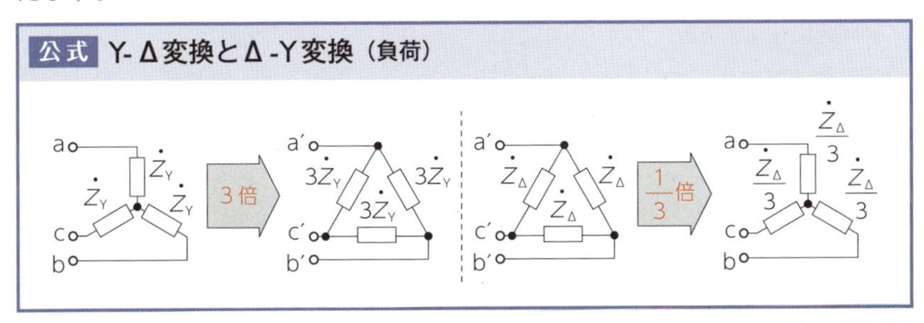

問題集　問題110　問題111

6 V結線

重要度★★☆

V結線とは，Δ結線から1相分の電源を取り除いた結線方法をいいます。V結線の線間電圧 $\dot{V}_{ab}, \dot{V}_{bc}, \dot{V}_{ca}$ は，Δ結線と同じ対称三相交流になります。

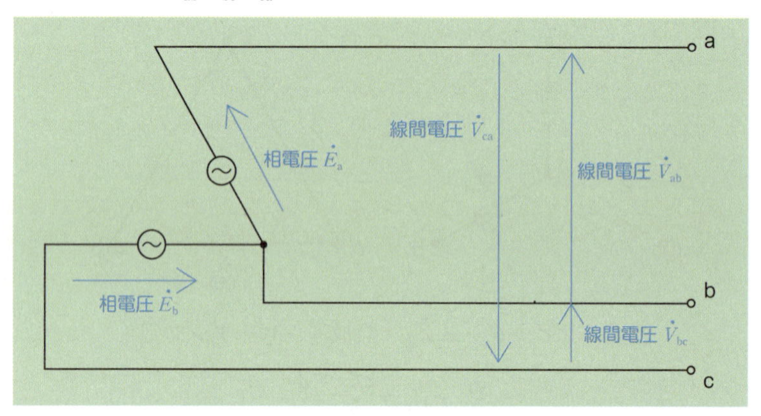

基本例題　V結線のベクトル図

以下は，起電力 $\dot{E}_a = E\angle 0, \dot{E}_b = E\angle -\frac{2}{3}\pi$ をV結線したときの線間電圧 $\dot{V}_{ab}, \dot{V}_{bc}, \dot{V}_{ca}$ に関する文章である。空欄を埋めよ。

(1) 線間電圧 $\dot{V}_{ab}$ は，電源 $\dot{E}_a$ の両端子間に表れる電圧であるから，相電圧［(ア)］と等しい。

(2) 線間電圧 $\dot{V}_{bc}$ は，電源 $\dot{E}_b$ の両端子間に表れる電圧であるから，相電圧 $\dot{E}_b$ と等しい。

(3) 線間電圧 $\dot{V}_{ca}$ は，起電力 $\dot{E}_a, \dot{E}_b$ によって発生するものである。電圧の矢印の向きに注意すると，$\dot{V}_{ca} =$［(イ)］

(4) $\dot{E}_a$ を基準にして，$\dot{E}_a = E\angle 0, \dot{E}_b = E\angle -\frac{2}{3}\pi$ のベクトル図を書くと次のようになる。線間電圧 $\dot{V}_{ab}, \dot{V}_{bc}$ はこれに等しい。

(ウ)

(5) さらに，線間電圧 $\dot{V}_{ca}$ をベクトル図に書くと次のようになる。

(エ)

(6) 完成したベクトル図をみると，V結線の線間電圧は，Δ結線における線間電圧と同じく対称三相交流になっていることがわかる。

解答

(ア) $\dot{E}_a$

(イ) $-(\dot{E}_a+\dot{E}_b)$

(ウ)

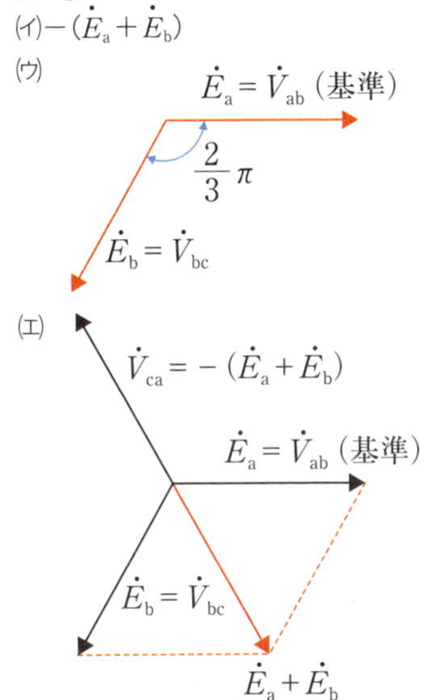

(エ)

7 三相交流回路の電力

重要度 ★★★

三相交流電力は，３つの相の有効電力の和になります。

公式 三相交流電力①

有効電力 相電圧 相電流

$$P = 3V_p I_p \cos\phi$$

[W] [V] [A] 力率

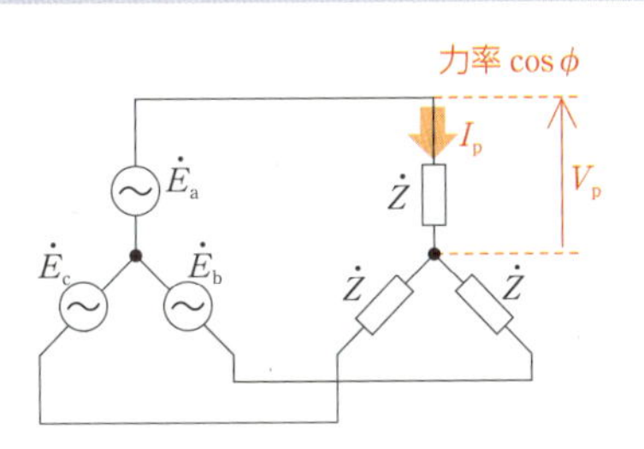

また，線間電圧と線電流で三相電力を計算するには，次の式を利用します。

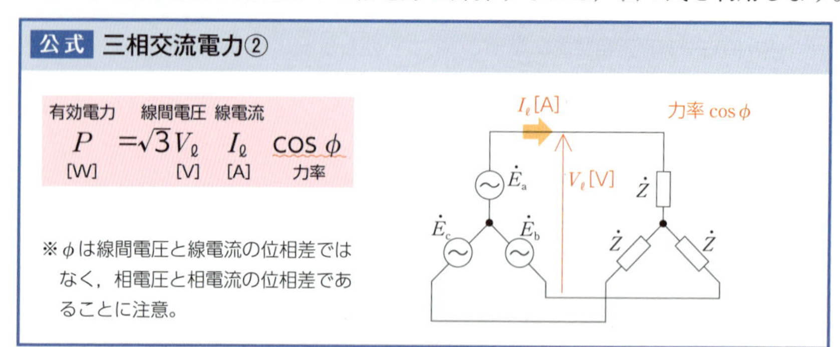

公式 三相交流電力②
有効電力 線間電圧 線電流
$P = \sqrt{3} V_\ell I_\ell \cos\phi$
[W] [V] [A] 力率
※ ϕは線間電圧と線電流の位相差ではなく，相電圧と相電流の位相差であることに注意。
I_ℓ[A]
力率 $\cos\phi$
V_ℓ[V]
$\dot{E}_a$
$\dot{E}_b$
$\dot{E}_c$
$\dot{Z}$
$\dot{Z}$
$\dot{Z}$

基本例題

三相交流電力の公式の証明

平衡三相交流回路において，負荷がY結線の場合とΔ結線の場合に，消費される三相電力が$\sqrt{3}V_\ell I_\ell \cos\phi$で表せることを導きなさい（$V_\ell$は線間電圧，$I_\ell$は線電流，$\phi$は相電流と相電圧の位相差とする）。

解答

平衡三相交流回路は3つの単相交流回路に分けることができる。

〔Y-Y結線〕

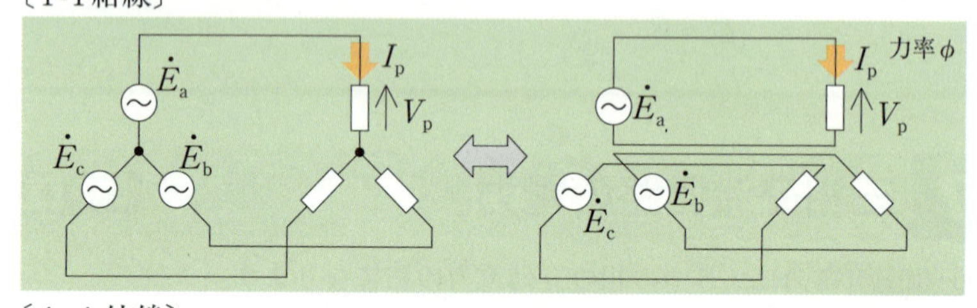

〔Δ-Δ結線〕

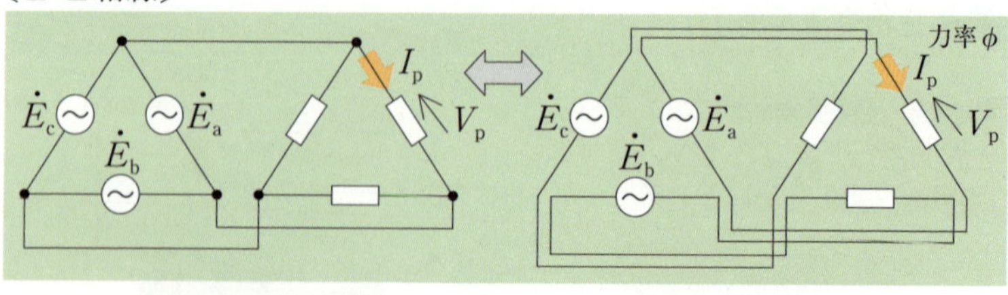

三相交流回路

単相交流回路×3

単相交流回路の各負荷で消費される単相交流電力P_1は次のようになる。

単相交流電力　$P_1 = V_p I_p \cos\phi$ [W]
三相交流電力　$P_3 = P_1 \times 3 = 3V_p I_p \cos\phi$ [W]

Y結線の三相電力

負荷がY結線の場合に消費される三相電力P_{3Y}[W]は，

$$P_{3Y} = 3V_p I_p \cos\phi \text{ [W]}$$

ここで，

$$V_p = \frac{V_\ell}{\sqrt{3}}$$

$$I_p = I_\ell$$

よって

$$P_{3Y} = 3 \times \frac{V_\ell}{\sqrt{3}} \times I_\ell \cos\phi$$
$$= \sqrt{3} V_\ell I_\ell \cos\phi \text{ [W]}$$

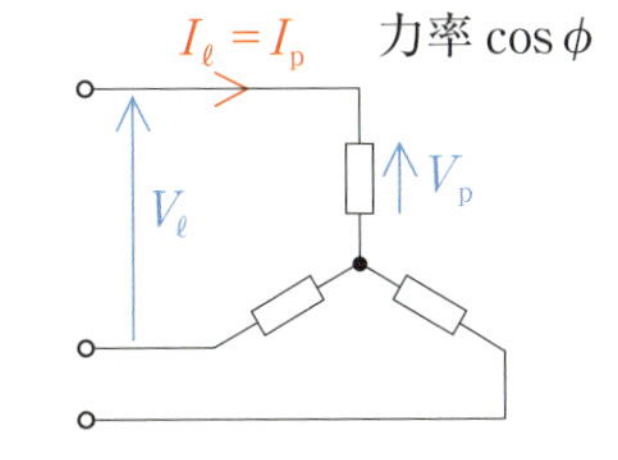

Δ結線の三相電力

負荷がΔ結線の場合に消費される三相電力$P_{3\Delta}$[W]は

$$P_{3\Delta} = 3V_p I_p \cos\phi \text{ [W]}$$

ここで，

$$V_p = V_\ell$$

$$I_p = \frac{I_\ell}{\sqrt{3}}$$

よって，

$$P_{3\Delta} = 3 \times V_\ell \times \frac{I_\ell}{\sqrt{3}} \cos\phi$$
$$= \sqrt{3} V_\ell I_\ell \cos\phi \text{ [W]}$$

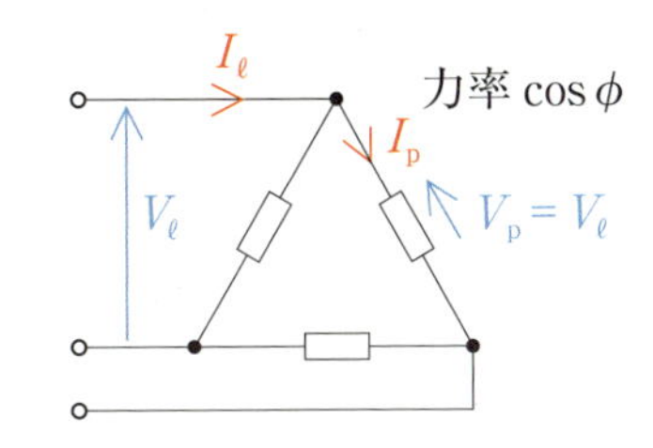

したがって，Y結線でも，Δ結線でも同じ公式で求めることができる。

問題集 問題112 問題113 問題114 問題115 問題116 問題117 問題118 問題119 問題120

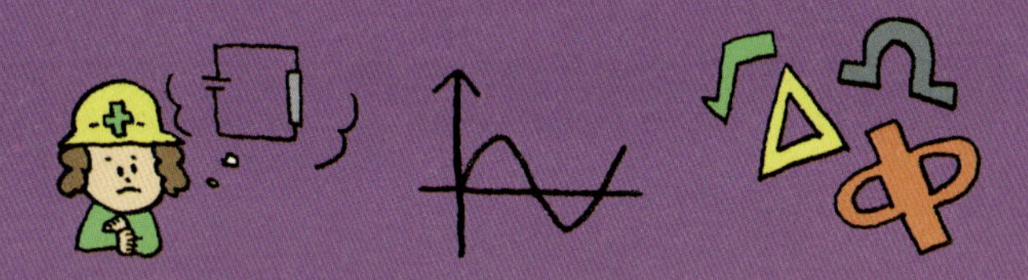

CHAPTER 06

過渡現象とその他の波形

CHAPTER 06

過渡現象とその他の波形

いくつかの波形が合成された非正弦波交流と，スイッチを入切したときの電圧や電流の時間的な変化である過渡現象について学びます。電圧や電流の値の変化のグラフを正確に理解できるようにしましょう。

このCHAPTERで学習すること

SECTION 01 非正弦波交流

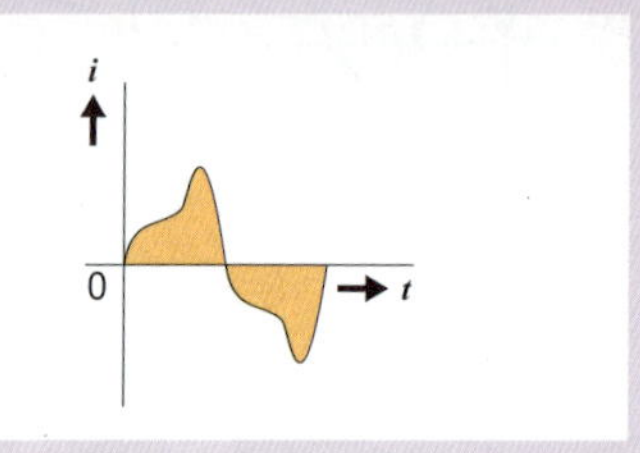

正弦波交流以外の交流である非正弦波交流について学びます。

SECTION 02 過渡現象

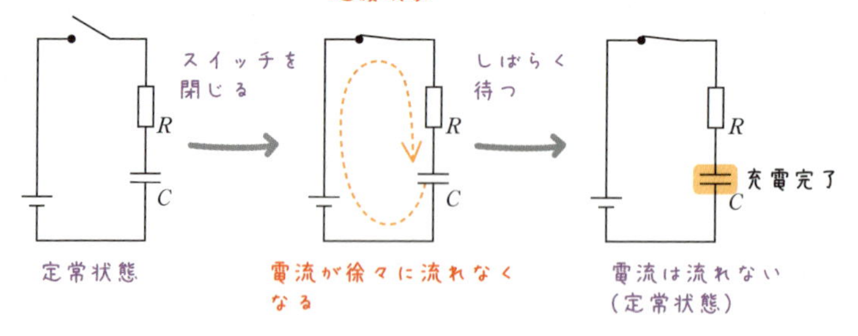

各回路の過渡現象における値の変化について学びます。

SECTION 03 微分回路と積分回路

微分回路，積分回路の概念について学びます。

傾向と対策

出題数

1問程度／22問中

・計算問題中心

	H22	H23	H24	H25	H26	H27	H28	H29	H30	R1
過渡現象とその他の波形	1	3	1	1	1	1	1	3	1	2

ポイント

試験では，抵抗やコイル，コンデンサを用いた回路の過渡現象がよく出題されます。複雑なグラフが出題される場合もありますが，各回路の基本的な電流，電圧の値の変化のグラフや，各素子の働きをしっかりと理解することにより，十分に対応することができます。試験での出題数は少なめですが，計算量が少なく，短時間で解答できる問題も多いため，しっかりと学習しましょう。

SECTION 01

非正弦波交流

このSECTIONで学習すること

1 非正弦波交流の性質

正弦波交流以外の規則正しく繰り返す波形について学びます。

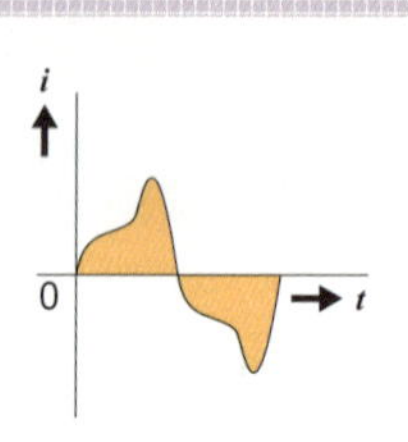

2 非正弦波交流の瞬時値・実効値・ひずみ率

非正弦波交流における瞬時値・実効値・ひずみ率などについて学びます。

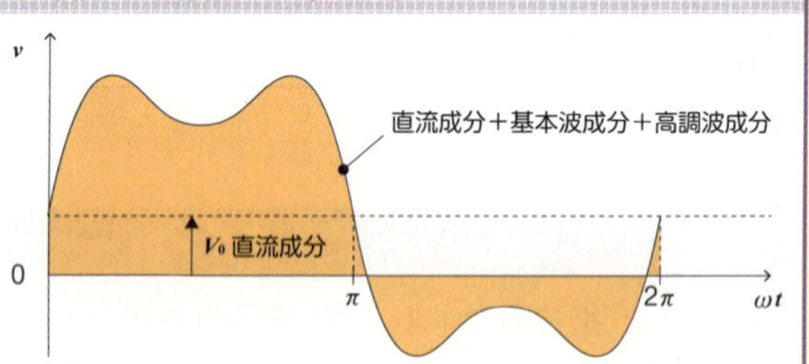

3 非正弦波交流の電流と電力

非正弦波交流の電力の計算方法について学びます。

1 非正弦波交流の性質

重要度★☆☆

非正弦波交流（ひずみ波交流）とは，正弦波交流以外の規則正しく繰り返す波形を持った交流をいいます。以下は，非正弦波交流の例です。

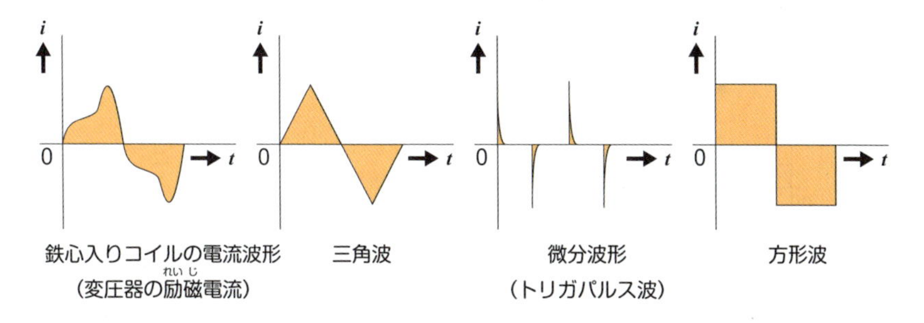

鉄心入りコイルの電流波形（変圧器の励磁電流）　三角波　微分波形（トリガパルス波）　方形波

ひとこと

非正弦波交流は，正弦波と比較してひずみが小さいとき，正弦波として取り扱うことがあります。

周期的に繰り返す波形を持つ非正弦波交流は，１つの直流と，周波数，位相，最大値の異なるいくつかの正弦波交流に分解することができます。

この合成されるそれぞれの正弦波交流を**調波**といいます。

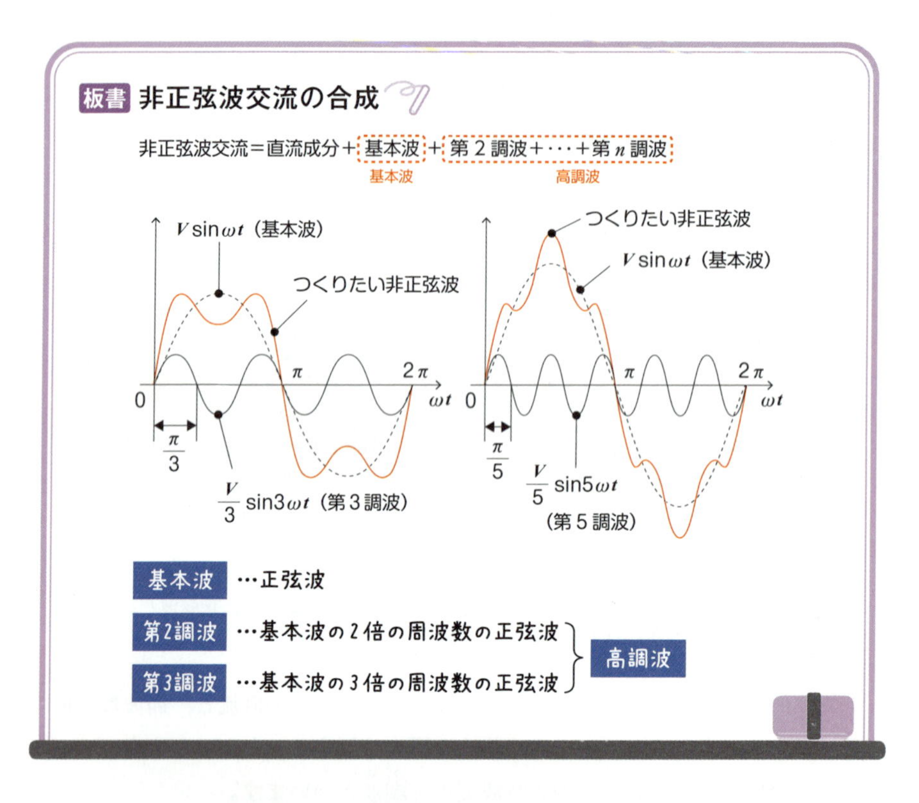

ある正弦波を**基本波**（きほんは）としたとき，基本波の2倍の周波数を持っている正弦波を**第2調波**（だいにちょうは），基本波の3倍の周波数を持っている正弦波を**第3調波**（だいさんちょうは）と呼びます。第2調波以降を**高調波**（こうちょうは）と呼びます。

ひとこと

上記は単純な例ですが，たくさん合成すると，周期的に繰り返す波形であればどんな波形でもつくることができ，方形波などもつくれます。

2 非正弦波交流の瞬時値・実効値・ひずみ率 重要度★★★

I 瞬時値

非正弦波交流の電圧瞬時値v[V]や電流瞬時値i[A]は，次のように表すことができます。

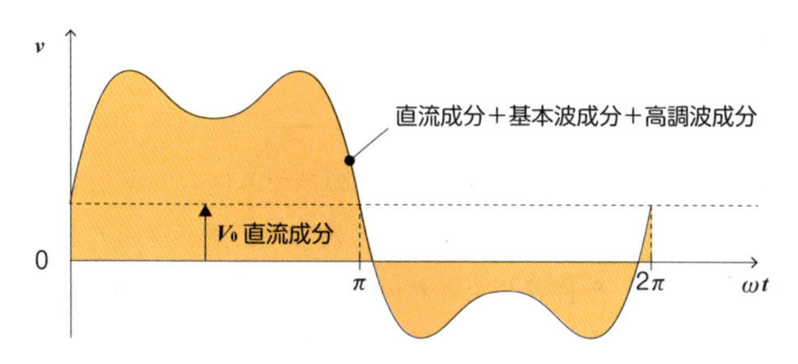

v ＝直流成分＋基本波成分＋高調波成分

$$= V_0 + \sqrt{2}V_1\sin(\omega t + \phi_1) + \sqrt{2}V_2\sin(2\omega t + \phi_2) + \cdots + \sqrt{2}V_n\sin(n\omega t + \phi_n)$$

i ＝直流成分＋基本波成分＋高調波成分

$$= I_0 + \sqrt{2}I_1\sin(\omega t + \phi_1) + \sqrt{2}I_2\sin(2\omega t + \phi_2) + \cdots + \sqrt{2}I_n\sin(n\omega t + \phi_n)$$

ひとこと

直流成分は，非正弦波交流の平均値になります。直流成分の上に，基本波と高調波でつくられる波形が乗っているようなイメージです。

II 実効値

非正弦波交流の実効値Vは，直流成分の実効値V_0の2乗，基本波の実効値V_1の2乗，高調波の実効値V_2の2乗，V_3の2乗，…，V_nの2乗の合計値の平方根となります。

公式 非正弦波交流の実効値

$$V=\sqrt{V_0^2+V_1^2+V_2^2+\cdots+V_n^2}$$

V_0：直流成分の実効値[V]
V_1：基本波の実効値[V]
V_2：第2調波の実効値[V]
⋮
V_n：第n調波の実効値[V]

III 非正弦波のひずみ率

ひずみ率（量記号：k，単位：%）は，波形のひずみ度合いを示す値です。

ここで，あまりきれいではない「非正弦波」と，非正弦波を構成する「直流成分と基本波成分」を合成したきれいな波形を考えます。非正弦波がきれいではない原因は，高調波成分を合成しているからです。

板書 ひずみ率の考え方

ひずみ率 …波形のひずみ度合いを示す値

比べる

非正弦波＝直流成分＋基本波成分＋高調波成分

基本波成分：きれいな波形
高調波成分：ひずみの原因

波形がどれだけひずんでいるかを考える場合，直流成分は波の形をひずませるものではないため考慮する必要はありません。ひずみは，きれいな正弦波である基本波と，ひずみの原因となっている高調波を比べればよいという発想から，ひずみ率は次のように表されます。

公式 非正弦波のひずみ率

$$k = \frac{\sqrt{V_2^2 + V_3^2 + \cdots + V_n^2}}{V_1} \times 100\,[\%]$$

$$\left(= \frac{\text{高調波の実効値}}{\text{基本波の実効値}} \times 100 \right)$$

V_1：基本波の実効値[V]
V_2：第2調波の実効値[V]
⋮
V_n：第n調波の実効値[V]

Ⅳ 波高率と波形率

波高率（はこうりつ）とは，最大値を実効値で割ったものです。反対に実効値に波高率を掛けると，最大値が求められます。**波形率**（はけいりつ）とは，実効値を平均値で割ったものです。波高率と波形率は，波形の特徴を示しています。

公式 波高率と波形率

$$\text{波高率} = \frac{\text{最大値}}{\text{実効値}}$$

$$\text{波形率} = \frac{\text{実効値}}{\text{平均値}}$$

（覚え方）

波高率＝ 最大値 / 実効値
波形率＝ 実効値 / 平均値

（注）交流の平均値は，$\frac{1}{2}$周期について平均した値をさすことが多い
（1周期を考えるとプラスとマイナスで相殺されて，平均がゼロになってしまうため）

3 非正弦波交流の電流と電力

非正弦波交流電圧を電気回路に加えた場合，非正弦波交流の電流や電力をいきなり求めることは難しいので，非正弦波交流電圧の成分である直流成分，基本波成分，高調波成分の電源が別々にあると考えます。

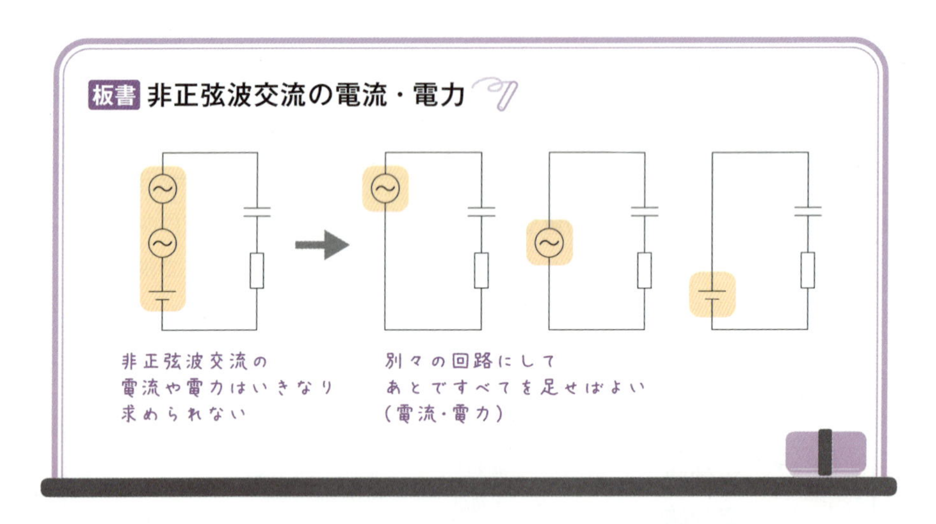

板書 非正弦波交流の電流・電力
非正弦波交流の
電流や電力はいきなり
求められない
別々の回路にして
あとですべてを足せばよい
(電流・電力)

すると簡単な直流回路と交流回路がいくつかできあがるので，それぞれの回路に流れる電流と消費電力を求めます。

最後に，**重ね合わせの理**から，それぞれの回路における電流や消費電力を足し合わせると，もとの回路についての各値を求めることができます。

公式 非正弦波交流の電力

$$P = P_0 + P_1 + \cdots + P_n$$
$$= V_0 I_0 + V_1 I_1 \cos\phi_1 + V_2 I_2 \cos\phi_2 + \cdots + V_n I_n \cos\phi_n$$

直流成分の電力：P_0[W]　直流成分の電流：I_0[A]
第n調波の電力：P_n[W]　第n調波の電流：I_n[A]
直流成分の電圧：V_0[V]　第n調波の力率：$\cos\phi_n$
第n調波の電圧：V_n[V]

SECTION 02

過渡現象

このSECTIONで学習すること

1 過渡現象とは

直流回路の過渡現象について学びます。

2 時定数とは

ある変化が終わるまでの時間の尺度として使われる時定数について学びます。

3 抵抗とコンデンサを直列接続した回路

R-C直列回路の過渡現象について学びます。

4 抵抗とコイルを直列接続した回路

R-L直列回路の過渡現象について学びます。

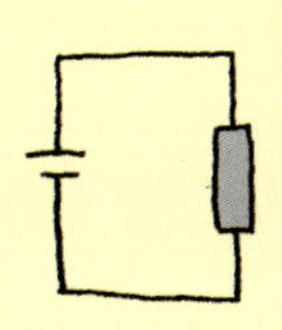

1 過渡現象とは

重要度★★★

これまでの学習では，直流回路では電圧と電流が一定のまま変化しないこと，交流回路では電圧と電流が一定の変化を繰り返すことを前提としてきました。このような状態を**定常状態**（ていじょうじょうたい）といいます。

ひとこと

過渡現象については，試験では直流回路しか出題されないので，直流回路における過渡現象を説明していきます。

また，ある定常状態（たとえば，スイッチを開いて電流が流れていない状態）から，次の定常状態（たとえば，スイッチを閉じて安定した電流が流れている状態）へ徐々に（数ミリ秒くらい）変化していく場合があります。この状態を**過渡状態**（かとじょうたい）といいます。

定常状態から定常状態へ変化するまでに起こる現象を**過渡現象**（かとげんしょう）といいます。

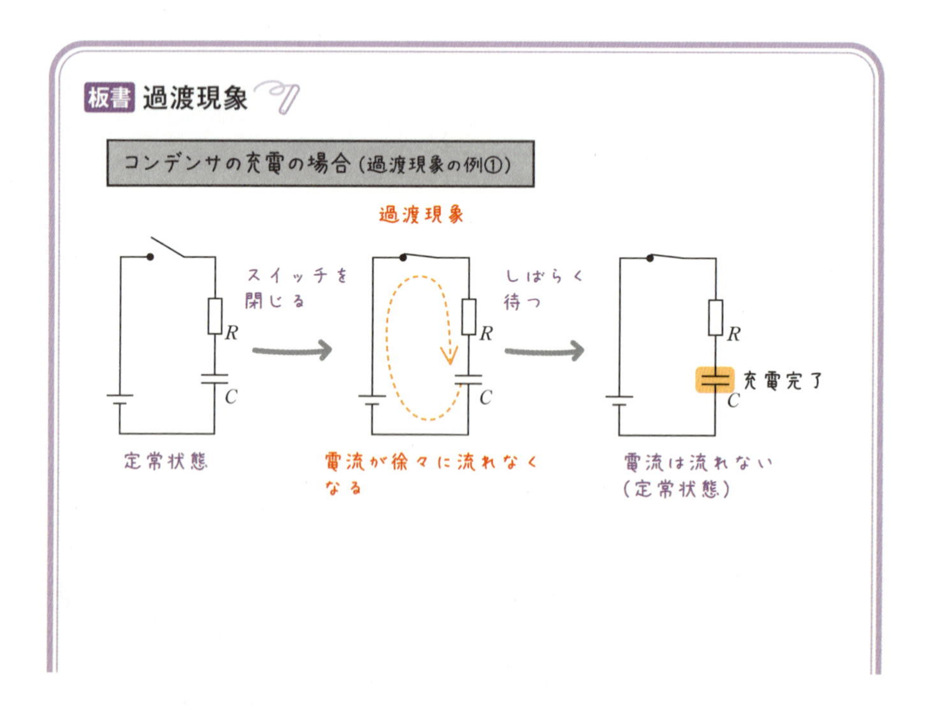

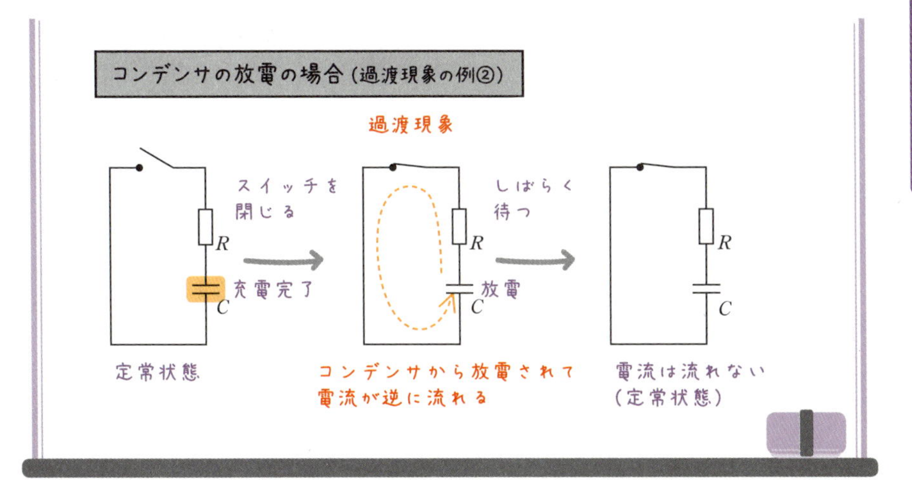

直流回路（R-C回路・R-L回路）の過渡現象における初期値と定常値を考えるときは，次のようにします。

板書 過渡現象における初期値と定常値

R-C回路とR-L回路に電源を印加（いんか）（スイッチを入れた）したとき，初期値と定常値の電流を計算するには次のように考えます。

	初期値	定常値
R-C回路	Cを短絡して考える（コンデンサがある部分を，普通の導線として考える）	Cを開放して考える（コンデンサがある部分の導線は切れていると考える）
R-L回路	Lを開放して考える（コイルがある部分の導線は切れていると考える）	Lを短絡して考える（コイルがある部分を，普通の導線として考える）

2 時定数とは

重要度★★★

時定数（じていすう）（量記号：τ（タウ），単位：s（秒））は，ある変化が終わるまでの時間の尺度として使われます。グラフの①と②は経過時間とともに，定常値である1.0に向かって変化しています。

それぞれのグラフに原点からの接線を引き，定常状態の値を通る横線に交わった点のそれぞれの時間t_1，t_2を比べると，変化が終わるまでの時間が早いか遅いかの参考になります。このt_1，t_2が時定数です。

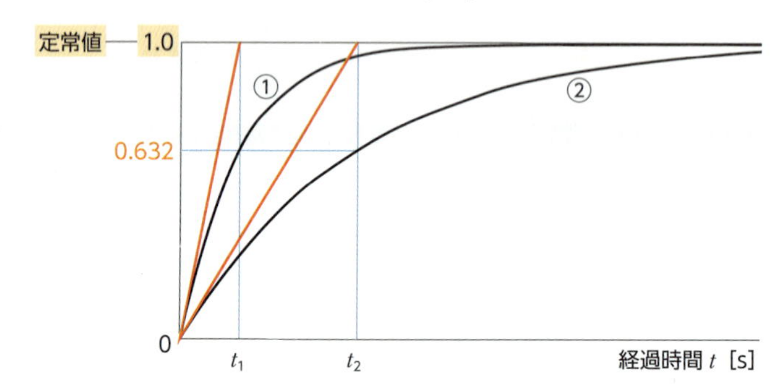

3 抵抗とコンデンサを直列接続した回路

重要度★★★

I コンデンサの充電

コンデンサは，金属板の間に，電気を通さない絶縁体をはさんでいます。そのため，直列回路につなげると，電流は流れないように思えます。しかし，コンデンサの充電が完了するまでは，コンデンサの電極板へと電荷が移動できるので電流が流れます。

ひとこと

コンデンサの充電のたとえによく使われるのは，駐車場です。

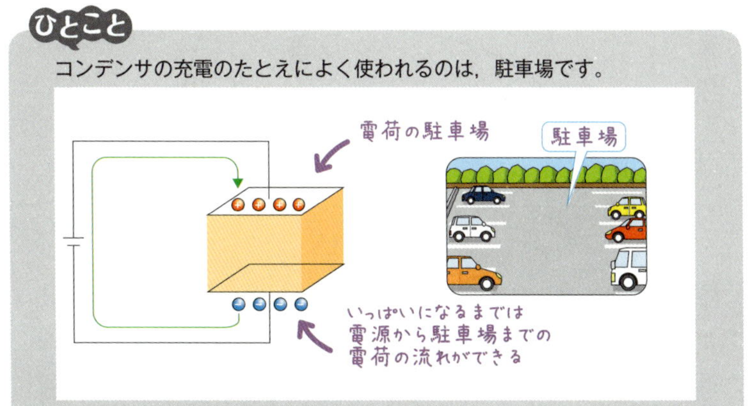

コンデンサの金属板を電荷の駐車場と考えると，駐車場がすいているときはスイスイと電源から駐車場まで，電荷が移動できます。しかし，駐車場が混んでくると，電荷の流れは鈍くなっていきます。最終的には，駐車場はいっぱいになり電源から駐車場への移動は止まります。

なるほど！

次の回路図のように，スイッチを左に倒して，電源に抵抗とコンデンサを直列接続した場合，コンデンサCの両端の電圧変化と抵抗に流れる電流のグラフは，次のようになります。

コンデンサの両端に，プラスとマイナスの電荷が蓄えられるにしたがって，コンデンサの両端の電位差（電圧）は大きくなっていきます。

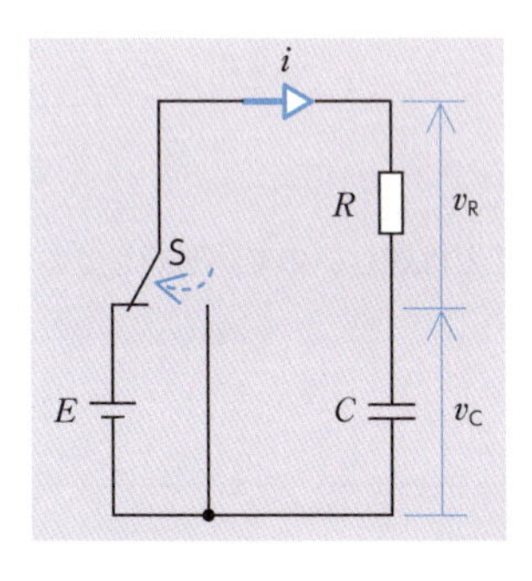

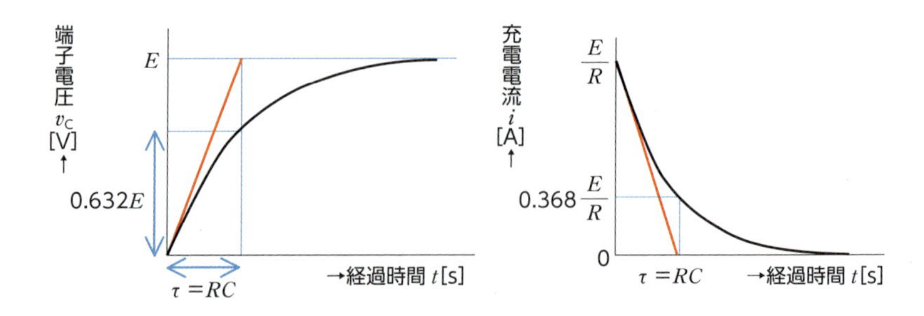

時定数 τ は，R-C直列回路では**RC[s]**であり，上のグラフでいえばコンデンサの両端の電位差が**$0.632E$[V]**になるまでに必要な時間です。

抵抗Rが大きいほど電荷の移動が邪魔されて，コンデンサの充電に時間がかかります。また，静電容量Cは電荷をためる箱の大きさの目安なので，大きいほど電荷が満タンになるのに時間がかかります。

したがって，変化が落ち着くまでの時間（コンデンサの充電が完了するまでの時間）が長いか短いかの目安として，RCの値を比べればよいと考えられます。

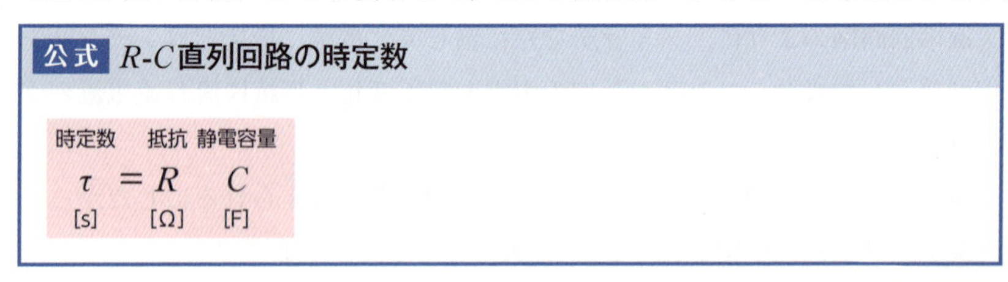
公式 R-C直列回路の時定数

時定数 抵抗 静電容量

$$\tau = R\,C$$

[s] [Ω] [F]

問題集 問題121

ひとこと

数学的に求めることは難しいので，暗記しておきましょう。

Ⅱ コンデンサの放電

今度は，次の回路図のようにスイッチを右側に倒して，充電されたコンデンサから，蓄えた電荷を放電することを考えましょう。

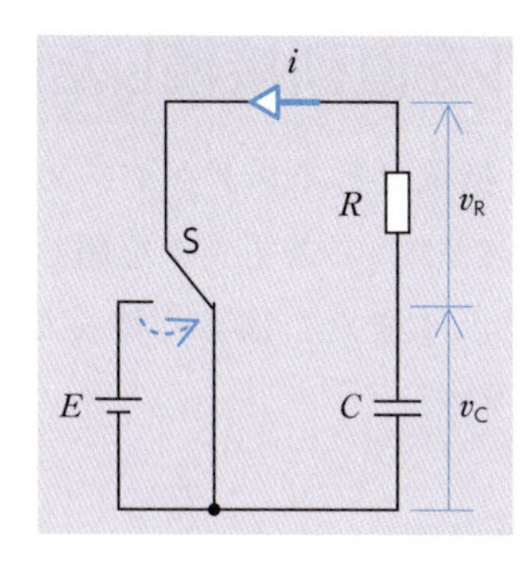

スイッチを右側に倒して，充電されたコンデンサから，蓄えた電荷を放電します。コンデンサから放電される電流は，充電時とは逆向きで，すべて放電するまでに徐々に放電電流は弱まります。

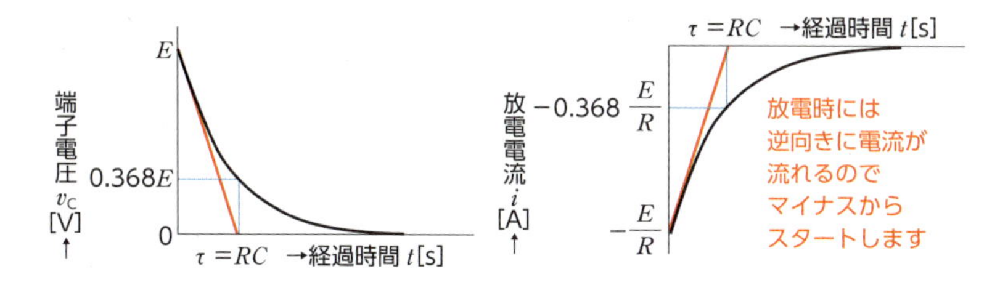

ひとこと

コンデンサの放電の例えとしては，満員電車があります。

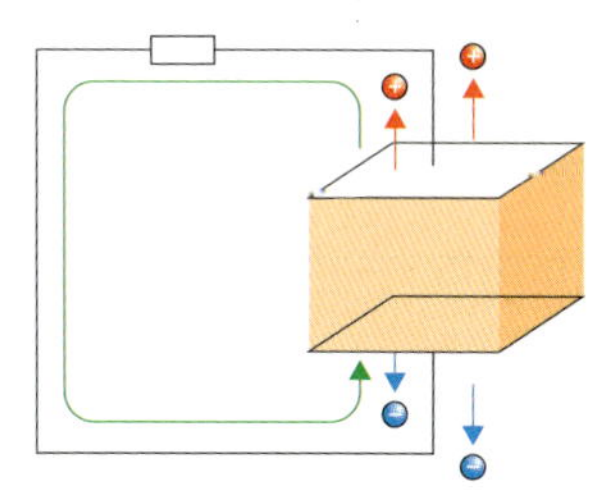

満員電車から，押し出される人
（コンデンサの放電）

コンデンサにたまった電荷が放電されるときは，満員電車から出てくる人たちのように，押し合いへし合いで，一気に出ていきます。最後になればなるほど，ゆっくりと人が出ていきます。最後は空っぽになりますから，人の流れはなくなります。

問題集 問題122 問題123 問題124 問題125 問題126

4 抵抗とコイルを直列接続した回路 重要度★★★

次の回路図のように，抵抗RとインダクタンスL（コイル）を直列接続します。①はじめに左側（電源側）にスイッチを閉じ，②しばらく待ち，③次に右側にスイッチを閉じ，④またしばらく待った場合，電圧v_Rの変化は，次のようなグラフになります。

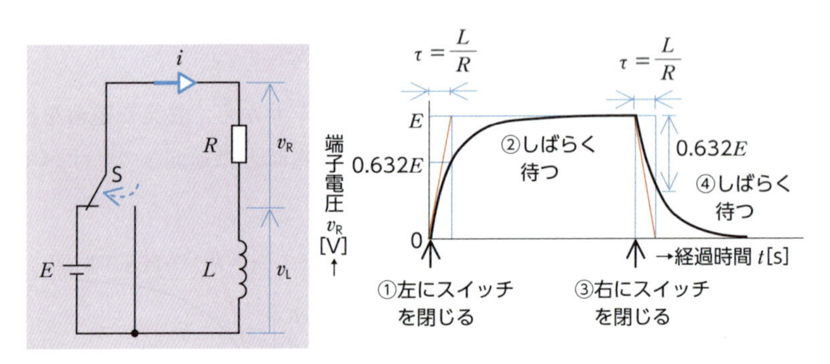

時定数は，R-L直列回路では，$\frac{L}{R}$[s]となります。

インダクタンスLは，コイルが電流変化を嫌がる度合いと考えられるので，Lが大きいと，電流は変化するのに時間がかかります。

Rは抵抗であり電流の流れを妨げるものなので，Rが大きいほど電流変化の幅は小さくなります。

したがって，変化が落ち着くまでの時間が長いか短いかの目安としては，$\frac{L}{R}$の値を比べればよいと考えることができます。

公式 R-L直列回路の時定数

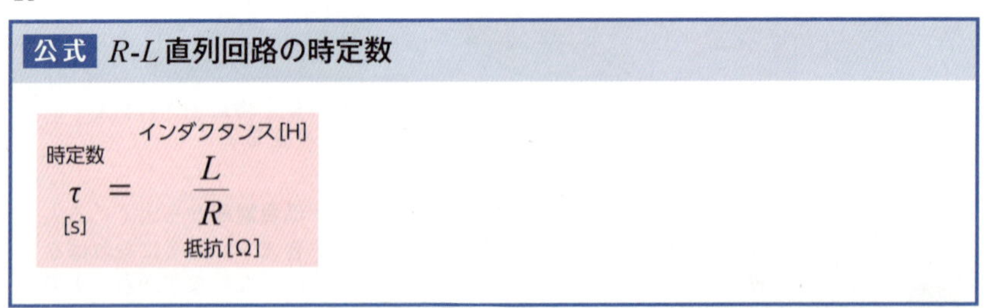

$$\tau = \frac{L}{R}$$

時定数 τ [s]，インダクタンスL [H]，抵抗R [Ω]

問題集 問題127 問題128 問題129

SECTION 03 微分回路と積分回路

このSECTIONで学習すること

1 パルス波

周期的に発生する短い信号であるパルス波について学びます。

2 微分回路

微分回路の特徴について学びます。

3 積分回路

積分回路の特徴について学びます。

1 パルス波

重要度★☆☆

パルス波とは，周期的に発生する短い信号のことをいいます。パルス波は，公式の図のように方形波（矩形波）の形をしています。τ[s]をパルス幅，T[s]を周期といい，周波数$f=\dfrac{1}{T}$[Hz]となります。

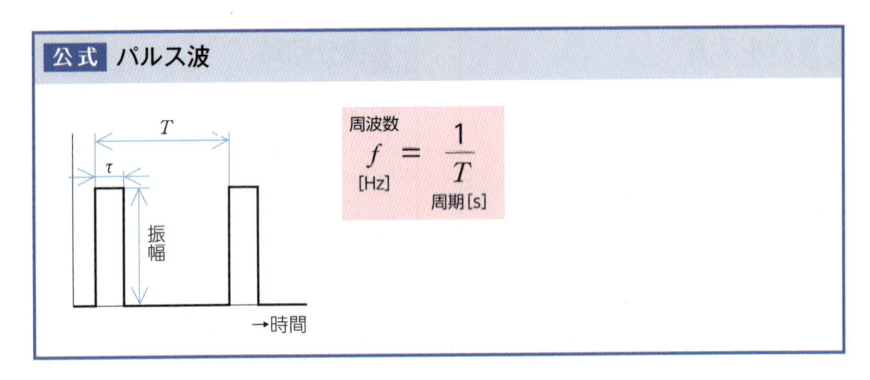

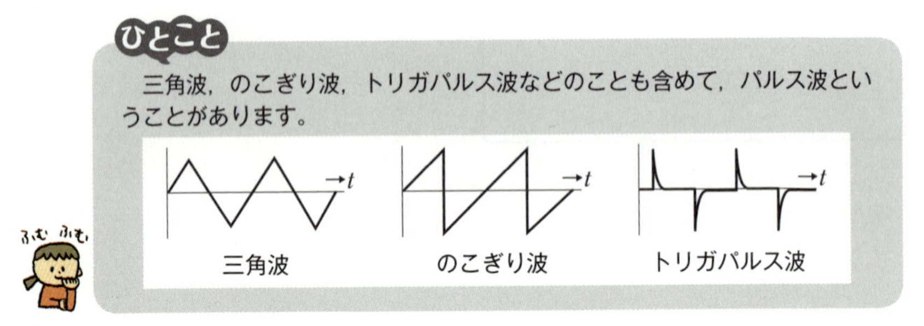

ひとこと
三角波，のこぎり波，トリガパルス波などのことも含めて，パルス波ということがあります。
t
t
t
三角波
のこぎり波
トリガパルス波
ふむ ふむ

2 微分回路

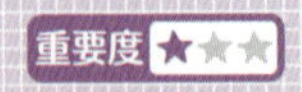

スイッチを入れたり，切ったりして，入力側の電圧v_i（添え字のiはインプットの頭文字）を変化させたとき，その瞬間だけ，出力側に電圧v_o（添え字のoはアウトプットの頭文字）がぱっと現れて，それ以外は出力側に電圧が現れなくなるような回路を，微分回路といいます。

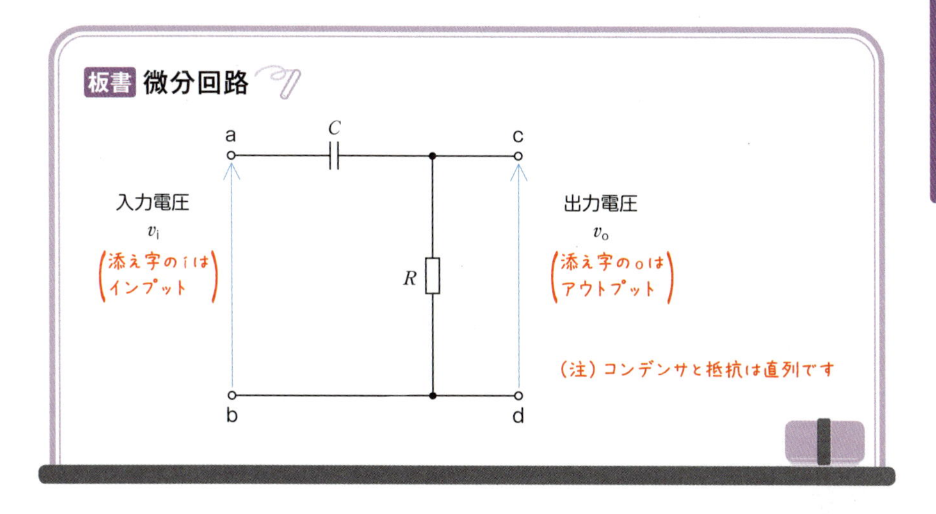

次の回路図のような抵抗とコンデンサの直列回路（R-C直列回路）を考えます。端子abと端子cdに注目すると，板書の回路図と同じです。

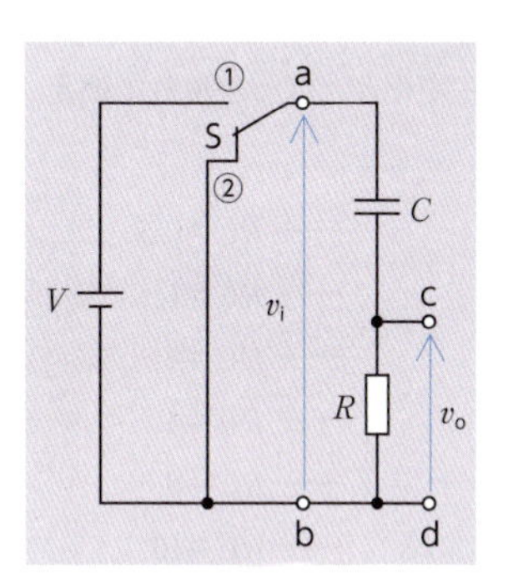

電源側①にスイッチをt_1秒間だけ閉じて，電源と反対側②にスイッチをt_2秒間だけ閉じることを交互に繰り返すと，入力側の電圧v_iと出力側の電圧v_oは，次のようなグラフになります。

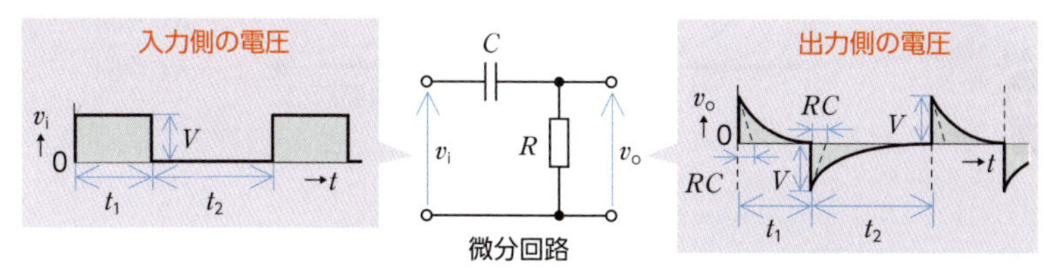

スイッチを切り替えるタイミングに比べて，過渡期間が短い場合（時定数 $RC \ll t_1$，t_2の場合），次のような波形になります。これは，スイッチを切り替えて入力電圧が変化した瞬間に，ぱっと出力電圧が現れる微分回路になっています。

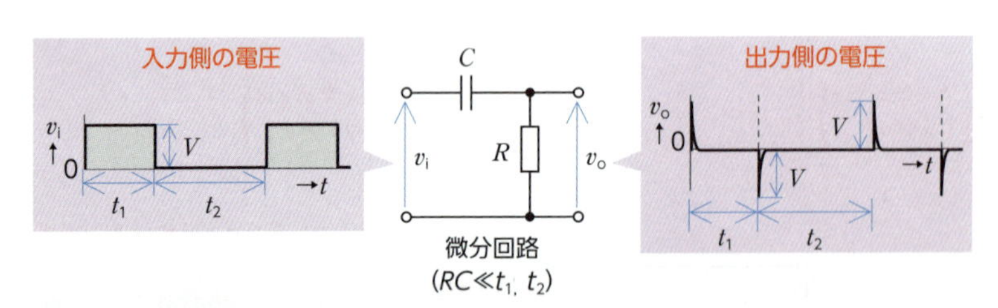

微分回路
($RC \ll t_1$, t_2)

ひとこと

「時定数$RC \ll t_1, t_2$」の意味は，RCは，t_1やt_2より，すごく小さいという意味です。

ひとこと

時定数RCが小さいほど，抵抗Rにかかる電圧変化が，ぱっと現れて消えるようなグラフになります。

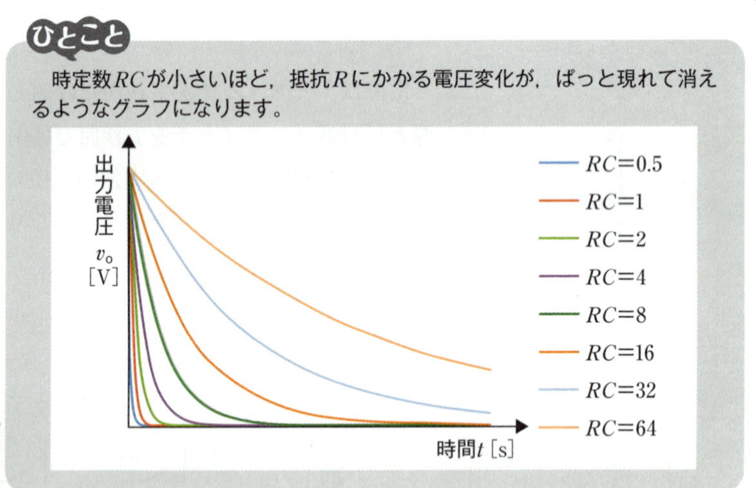

3 積分回路

重要度★★★

スイッチを入れて，入力側に電圧を加え続けると，入力した電圧と時間の積に比例して，出力側の電圧が大きくなっていくような回路を**積分回路**(せきぶんかいろ)といいます。

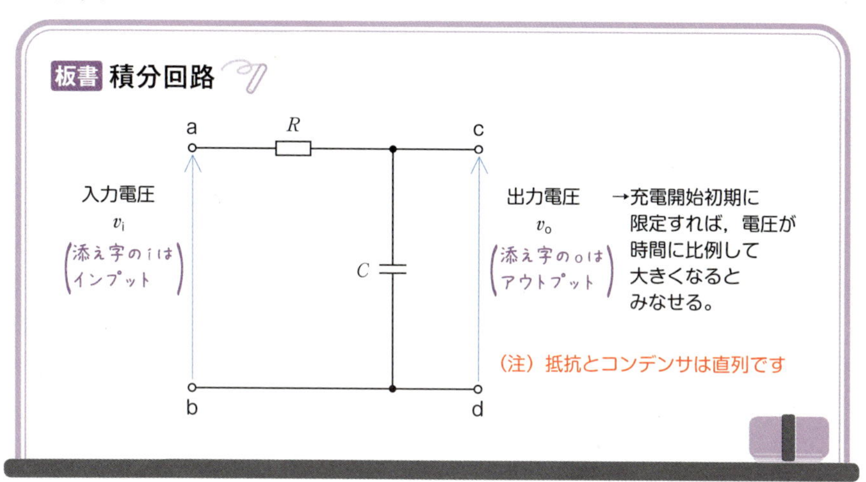

ここで，次の回路図のように，抵抗とコンデンサの直列回路（R-C直列回路）を考えます。端子abと端子cdに注目すると，板書の回路図と同じです。

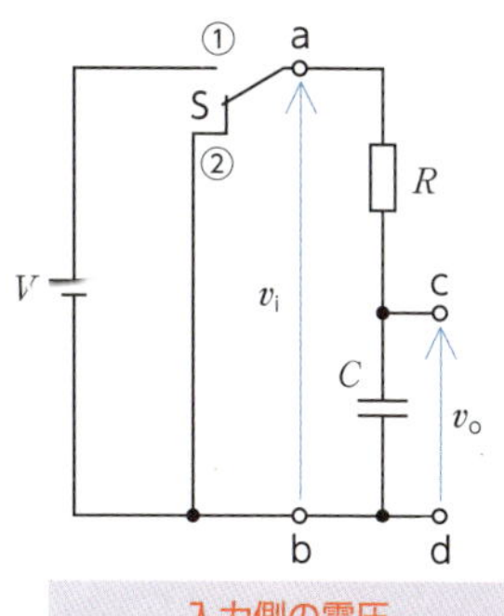

電源側①にスイッチをt_1秒間だけ閉じ，電源と反対側②にt_2秒間だけスイッチを閉じることを交互に繰り返すと，入力側の電圧v_iと出力側の電圧v_oは，次のようなグラフになります。

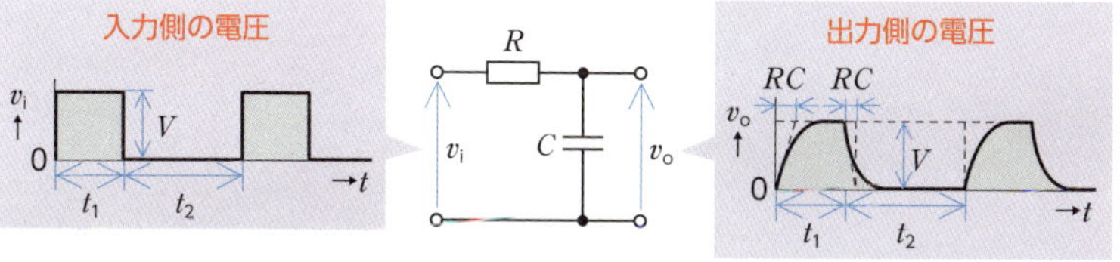

　ここで，スイッチを切り替えるタイミングに比べて，過渡期間が長い場合（時定数$RC \gg t_1$，t_2の場合），次のような波形になり，出力電圧が時間に比例しているかのような形になります。これは，出力電圧v_oが入力電圧v_iと時間tの積に比例するような積分回路になっているといえます。

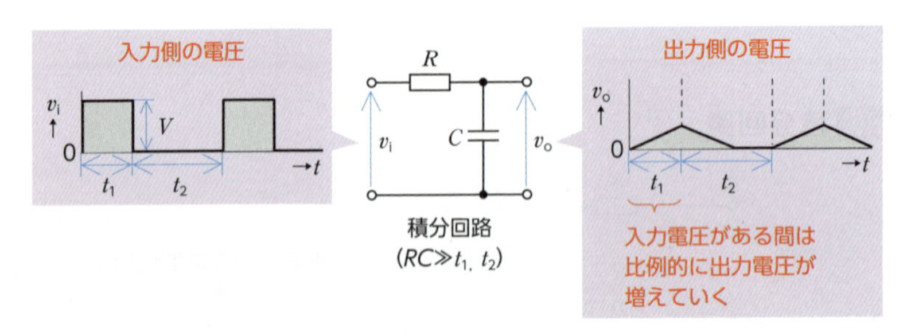

ひとこと

　時定数RCが大きいほど，コンデンサにかかる電圧変化がなだらかになって，比例しているかのようなグラフになります。

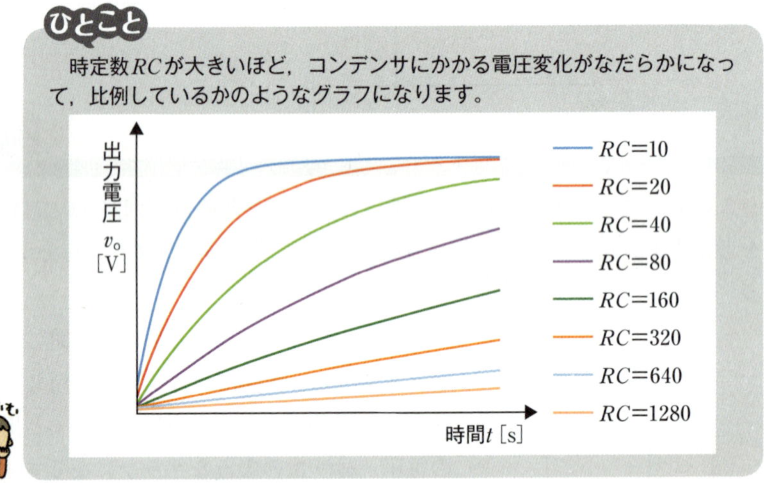

問題集 問題130

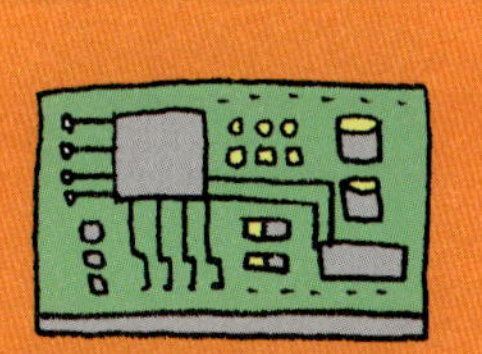

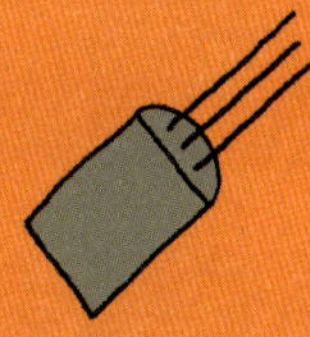

CHAPTER 07

電子理論

CHAPTER 07

電子理論

半導体の種類と構造，使用した回路の特徴や，電界や磁界中の電子の運動について学びます。試験では，知識を問われる頻度が高いため，各半導体の特徴をしっかりと理解しましょう。

このCHAPTERで学習すること

SECTION 01 半導体

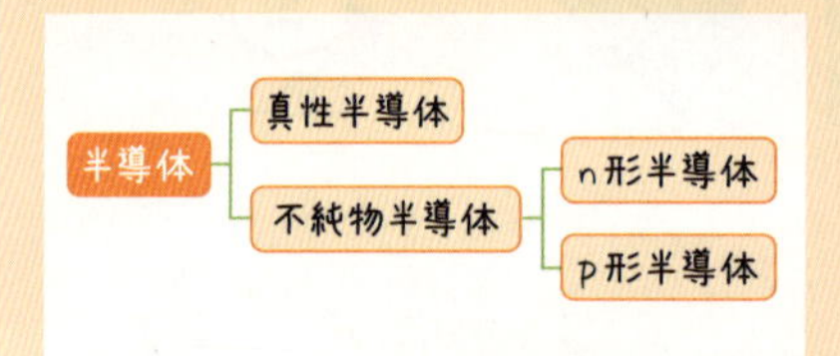

半導体の種類や構造について学びます。

SECTION 02 ダイオード

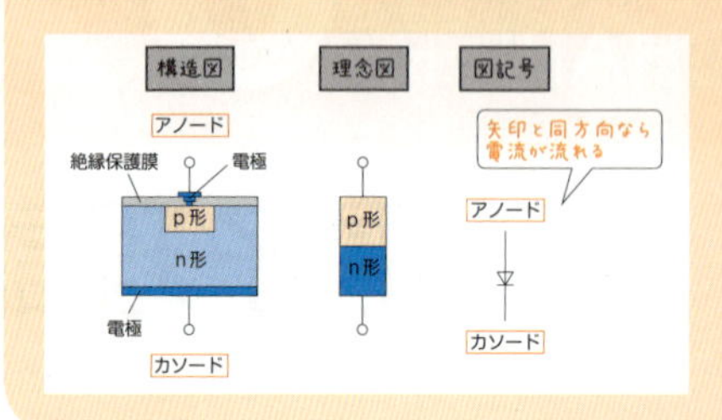

ダイオードの種類や構造について学びます。

SECTION 03 トランジスタとFET

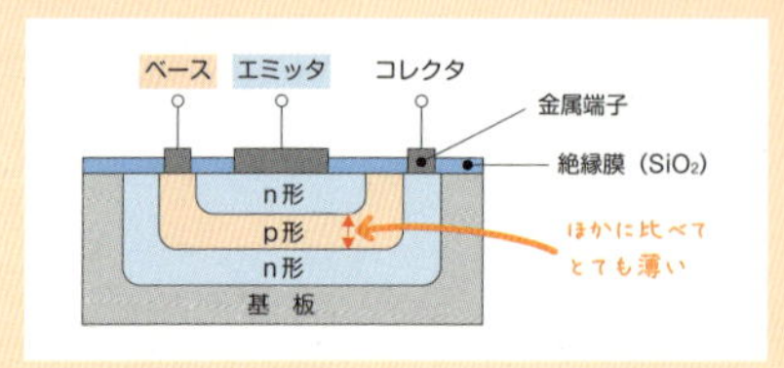

トランジスタとFETの種類や構造について学びます。

SECTION 04 電子の運動

ローレンツ力		電荷	速度	磁束密度
F	$=$	e	v	B
[N]		[C]	[m/s]	[T]

電界，磁界中の電子の運動について学びます。

SECTION 05 整流回路

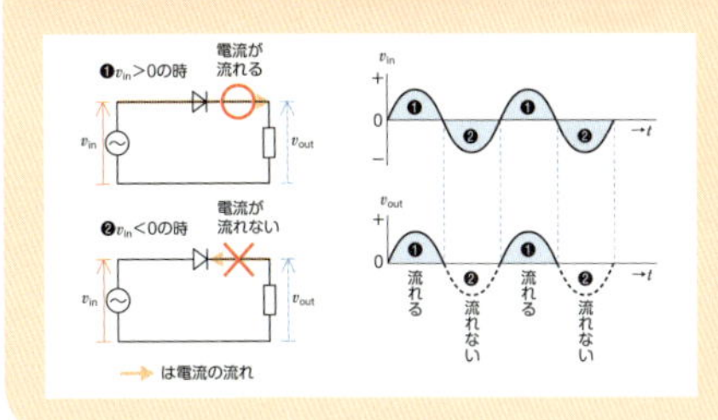

整流回路について学びます。

傾向と対策

出題数

4～6問程度／22問中

・論説問題（空欄補充，正誤選択）中心

	H22	H23	H24	H25	H26	H27	H28	H29	H30	R1
電子理論	4	5	5	4	6	5	3	4	5	2

ポイント

試験での出題数は多く，半導体素子について問われる問題では，似たような形状，特性を持つ素子もあるため，違いを理解しましょう。また，電子運動の複雑な計算問題も出題されますので，さまざまなパターンの問題を多く解いて，公式の使い方に慣れると良いでしょう。電子理論は，機械のパワーエレクトロニクスの分野でも大切になるので，しっかりと学習しましょう。

SECTION 01

半導体

このSECTIONで学習すること

1 導体と半導体と絶縁体

導体，半導体，絶縁体それぞれの特徴について学びます。

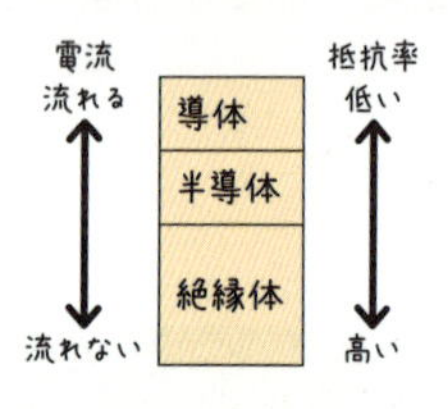

2 原子の構造

原子の構造や電子の動きについて学びます。

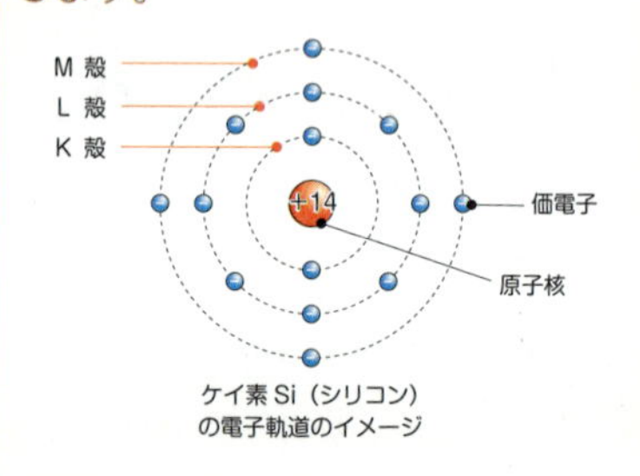

ケイ素Si（シリコン）
の電子軌道のイメージ

3 半導体の種類

n形，p形など，半導体の種類について学びます。

4 キャリヤ

電荷を運ぶ役割をする自由電子や正孔などのキャリヤについて学びます。

1 導体と半導体と絶縁体

重要度★☆☆

物質は，電流が流れやすい順に，導体，半導体，絶縁体に分類できます。また，導体，半導体，絶縁体の順に抵抗率が高くなっていきます。

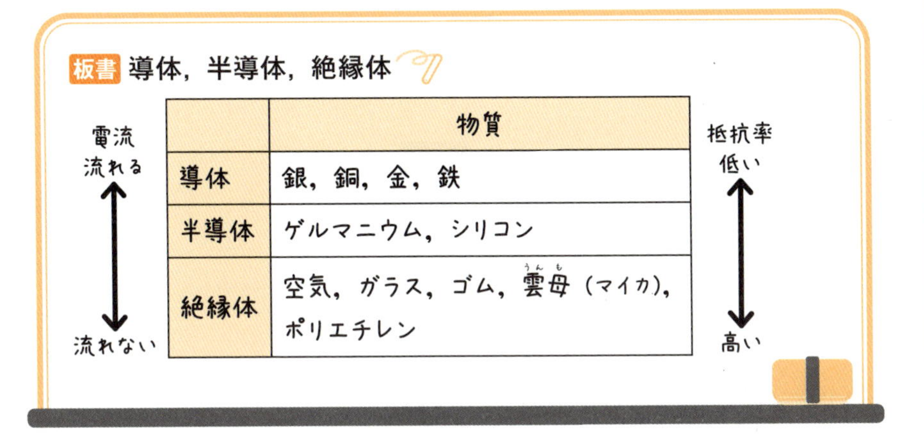

板書 導体，半導体，絶縁体

	物質
導体	銀，銅，金，鉄
半導体	ゲルマニウム，シリコン
絶縁体	空気，ガラス，ゴム，雲母（マイカ），ポリエチレン

I 導体

導体(どうたい)は，自由に動き回ることができる電子である自由電子を持っています。電流の正体は電子の移動なので，この自由電子が移動すると電流が流れるということになります。

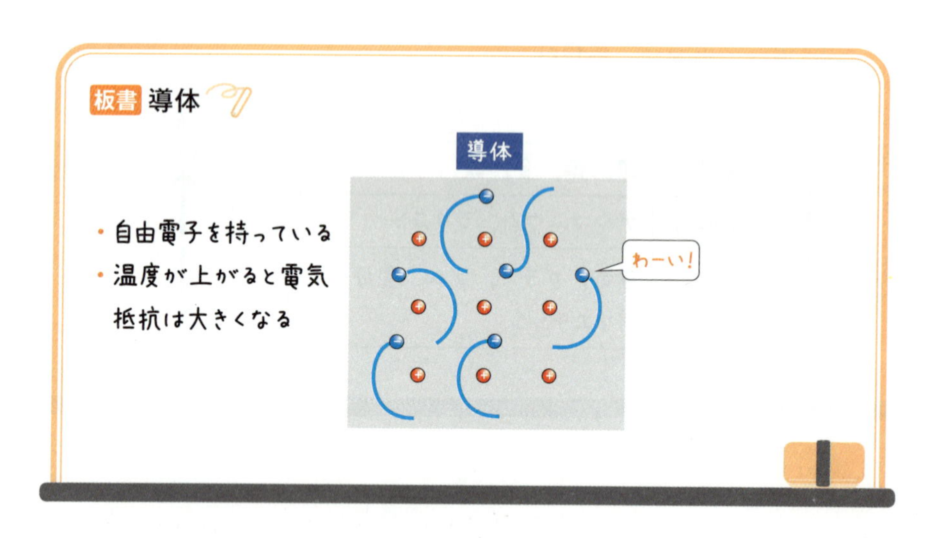

板書 導体
導体
・自由電子を持っている
・温度が上がると電気抵抗は大きくなる
わーい！

導体は温度が上がると，原子の振動が激しくなります（熱の正体は，熱振動といわれるもので，原子が運動するエネルギーです）。激しく振動する原子は，電子の移動を邪魔するので，電気が通りにくくなります。つまり，導体の温度が上昇すると，電気抵抗率が大きくなります。

ひとこと

抵抗の温度変化の公式 $R_2 = R_1\{1 + \alpha_1(t_2 - t_1)\}$ はこれと関連します。

Ⅱ 半導体

半導体（はんどうたい）では，電子が原子核に束縛されています。しかし，温度が上がると一部の電子が束縛を逃れて移動できるようになります。半導体は，温度が上昇すると，自由に移動できる電子が増え，電気が流れやすくなります（原子の熱振動による影響を上回り，電気抵抗率が小さくなります）。

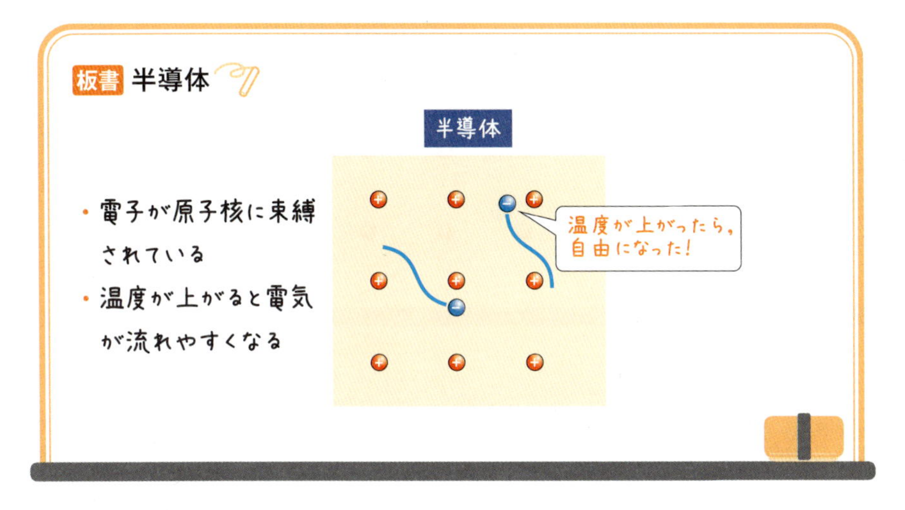

板書 半導体
・電子が原子核に束縛されている
・温度が上がると電気が流れやすくなる
半導体
温度が上がったら，自由になった！

ひとこと
半導体は，温度が上昇するほど電気抵抗が小さくなるので，熱暴走に注意する必要があります。

Ⅲ 絶縁体

絶縁体(ぜつえんたい)では，電子は原子核に強く束縛されていて，移動することはできません。したがって，電気は流れません。

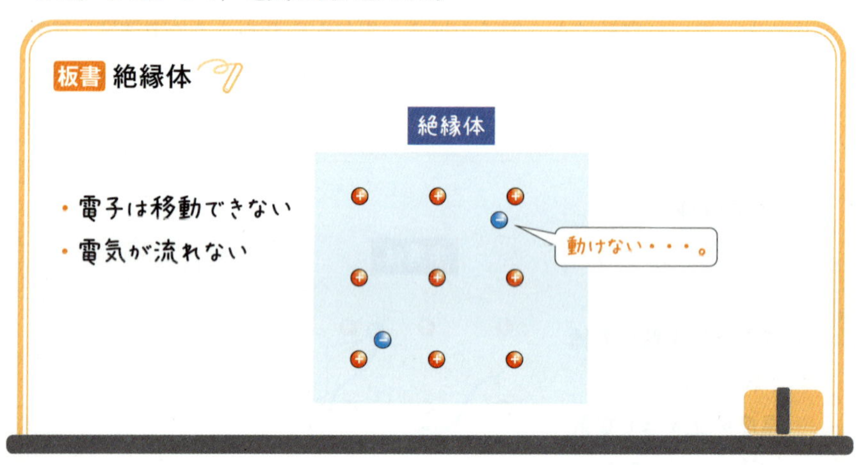

2 原子の構造

重要度★★★

I 原子とは

原子(げんし)は，すべての物質をつくっている粒のことです。原子は，図のように原子核の周りに電子がある構造をしています。原子核には，陽子と呼ばれるプラスの電荷を持ったものが電子と同じ数だけあります。

電子の軌道にはそれぞれ名前があり，内側から順にK殻(かく)，L殻(かく)，M殻(かく)，N殻(かく)といいます。一番外側の軌道を**最外殻**(さいがいかく)といい，最外殻の軌道にあり，結合に関係する電子を**価電子**(かでんし)といいます。

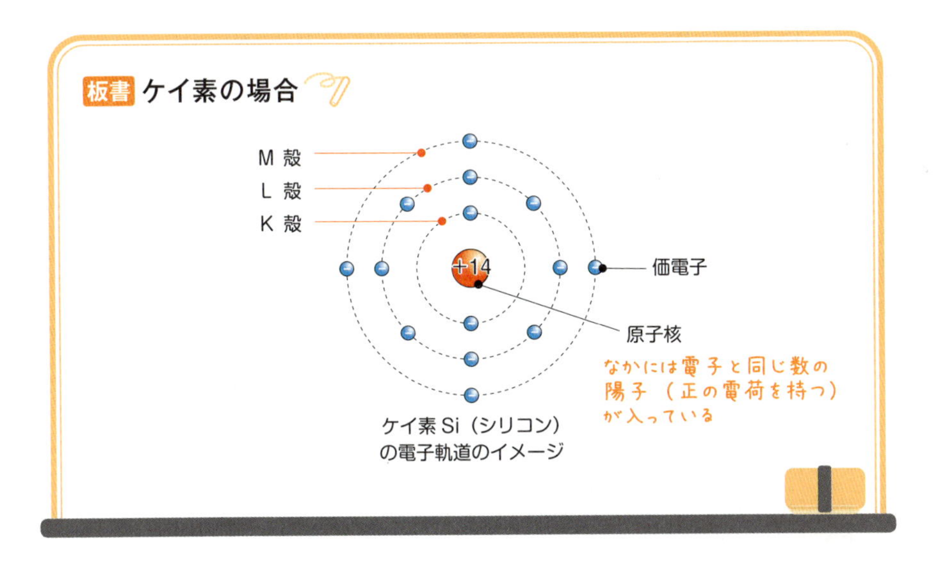

ひとこと

軌道の名前がK殻からはじまる理由は，発見当時にはまだ内側に軌道があると考えられていて，余裕をもたせたアルファベットをつけたからです。

また，それぞれの軌道に入ることができる電子の数が決まっています。K殻（2個），L殻（8個），M殻（18個），N殻（32個）です。

電子の配置の大まかなルールとして，電子は内側から，入りやすい順に軌道のなかに入っていきます。最外殻に電子が8個あるとき，電子の配置は非常に安定します。

板書 原子と価電子

価電子の数		
3個	4個	5個
ホウ素 $_{5}$B	炭素 $_{6}$C	窒素 $_{7}$N
アルミニウム $_{13}$Al	ケイ素（シリコン） $_{14}$Si	リン $_{15}$P
ガリウム $_{31}$Ga	ゲルマニウム $_{32}$Ge	ヒ素 $_{33}$As

電子配置のだいたいのルール

① 内側から順に埋まっていく

② 最外殻の電子の数が8個になったら，軌道に余裕があっても，いったん外側の軌道にさらに2個入る

③ ②の次は，余裕のある内側の軌道に戻って限界になるまで入っていく

Ⅱ 自由電子

原子核と，内側の軌道（内殻）にある電子は，強く結びついています。

しかし，一番外側の軌道（最外殻）にある価電子は，外からのエネルギー（光や熱や電界など）によって簡単に離れていき，自由に動ける自由電子となります。

Ⅲ 共有結合

ケイ素Si（シリコン）は，最外殻にある4個の電子を，それぞれ隣り合う原子と共有する状態になって，安定した結晶をつくります。このような，隣り合う原子の価電子を共有することで結合している状態を**共有結合**といいます。

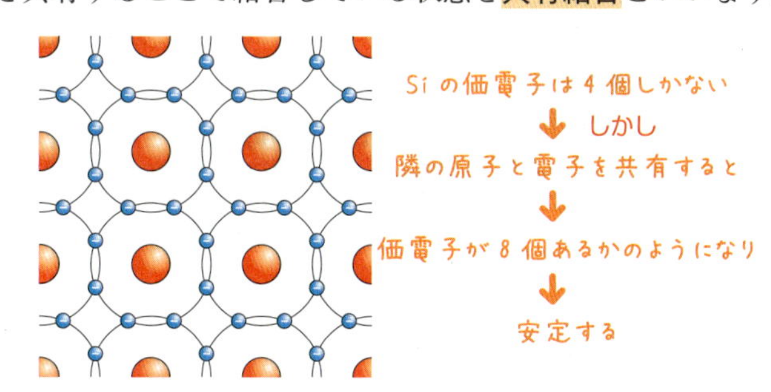

Siの価電子は4個しかない
しかし
隣の原子と電子を共有すると
価電子が8個あるかのようになり
安定する

Ⅳ 自由電子と正孔

自由電子が抜けた孔のことを**正孔（ホール）**といいます。原子核に拘束されていた価電子は，何らかのエネルギー（光や熱や電界）によって，拘束を離れて自由電子になり，どこかに行くことがあります。

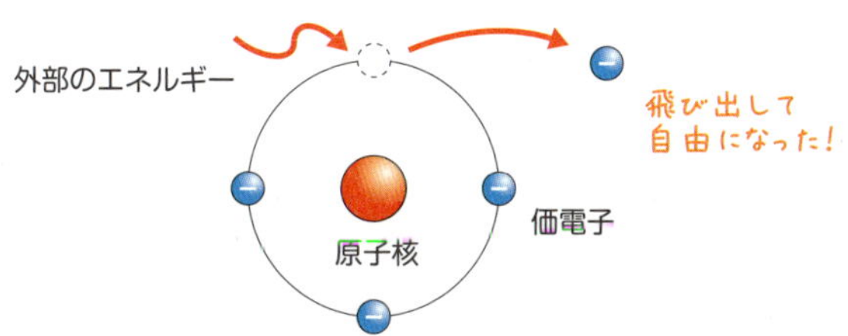

価電子が飛び出すと，電子が抜けた孔ができます。その孔には，別の価電子が引き寄せられます。引き寄せられた電子がいた場所には，また孔ができます。

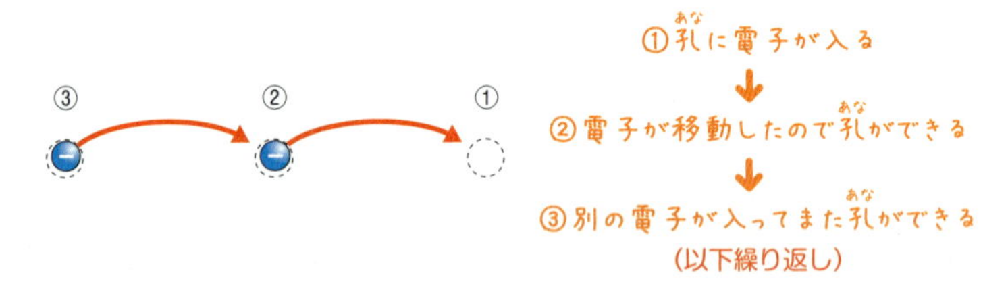

これを繰り返すと，まるで正の電荷を持つ孔である正孔が動いているかのように考えることができます。自由電子や正孔は，電荷を運ぶ役割をすることから**キャリヤ**（配達員という意味）と呼ばれます。

キャリヤを発生させるには，半導体に何らかのエネルギーを与えます。発生したキャリヤが移動すると，半導体に電気が流れます。

3 半導体の種類

重要度★★★

半導体は，真性半導体と不純物半導体に大別されます。

真性半導体（しんせいはんどうたい）とは，不純物を含まない，純度が高い半導体です。**不純物半導体**（ふじゅんぶつはんどうたい）とは，微量に不純物を混ぜてつくった半導体です。不純物半導体には，**n形半導体**と**p形半導体**があります。

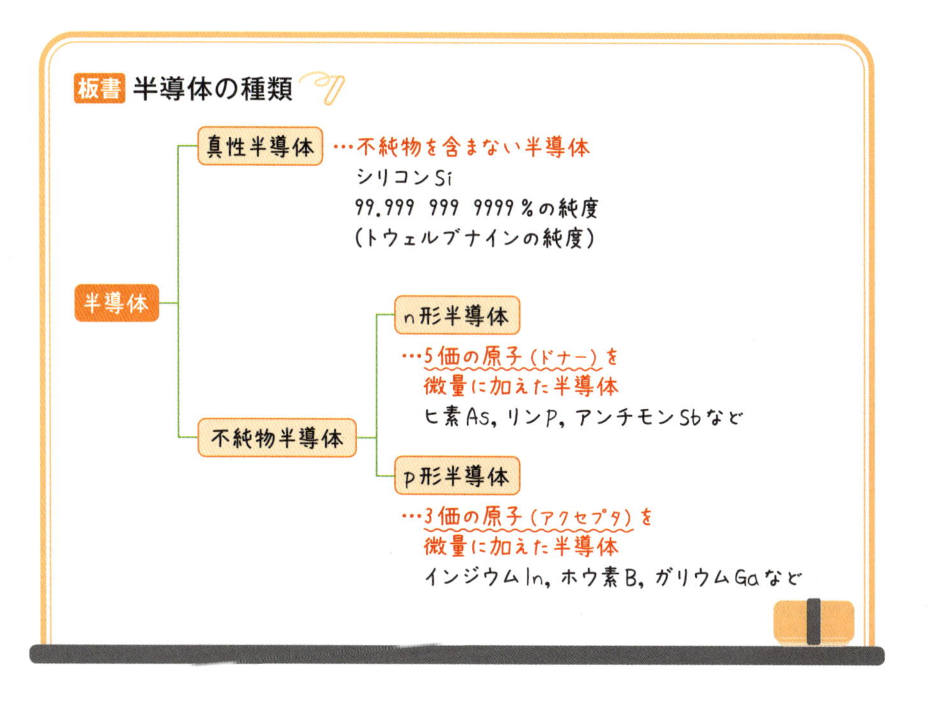

I n形半導体

n形半導体は，シリコンの真性半導体に，価電子が5個（ヒ素As，リンP，アンチモンSbなど）の原子を不純物として，微量に混ぜてつくった半導体です。

n形半導体の"n"はネガティブ（負）という意味です。マイナスの電荷を持つ電子が余るので，ネガティブです。

n形半導体

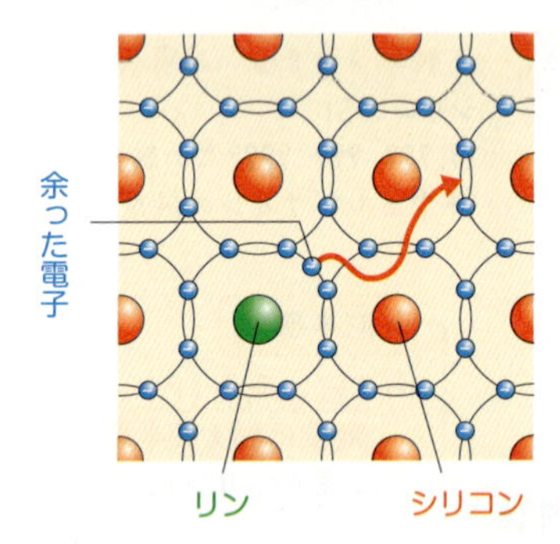

シリコンの真性半導体に，価電子が5個の原子を混ぜると，ほかのシリコン原子と結合していない電子が1つ余ることになります。余った電子は，拘束される力が弱く，容易に自由電子となります。自由電子になると，結晶中を動き回ります。

この自由電子をつくるために混入（ドープ）する不純物を**ドナー**といいます。

ドナー（提供者という意味）は，自由電子を提供してくれることから，このような名前がついています。

Ⅱ p形半導体

p形半導体は，シリコンの真性半導体に，価電子が3個（インジウムIn，ホウ素B，ガリウムGaなど）の原子を不純物として，微量に混ぜてつくった半導体です。

ひとこと

p形半導体の“p”はポジティブ（正）という意味です。プラスの電荷のように振る舞う正孔が電子よりも多いので，ポジティブです。

p形半導体

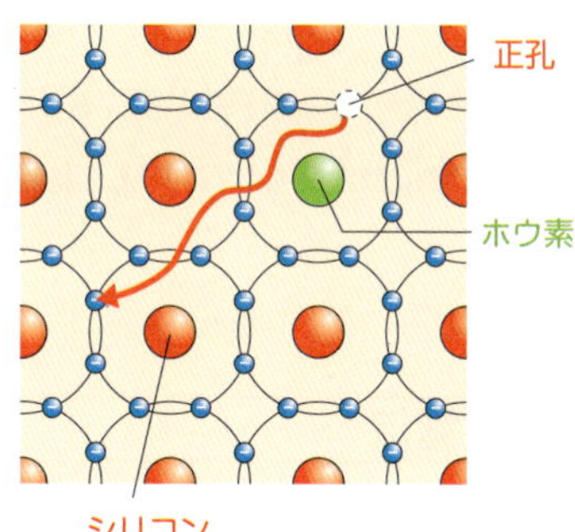

シリコンの真性半導体に，価電子が3個の原子を混ぜると，電子が1つ足りなくなります。電子が不足する孔（あな）は，正孔となり，正の電荷をもった粒子のように結晶中を動き回ります。

正孔をつくるために混入（ドープ）する不純物を**アクセプタ**といいます。

ひとこと

アクセプタ（引受人という意味）は，電子を受け入れるのでこのような名前がついています。

4 キャリヤ

Ⅰ 多数キャリヤと少数キャリヤ

自由電子や正孔は，電荷を運ぶ役割をすることから**キャリヤ**（配達員という意味）と呼ばれます。

n形半導体では，正孔よりも自由電子が多いので，自由電子が**多数キャリヤ**となります。正孔は，数が少ないので**少数キャリヤ**となります。

p形半導体では，正孔が多数キャリヤ，自由電子が少数キャリヤとなります。

ひとこと

少数キャリヤは非常に数が少ないですが，重要な役割を果たします。

Ⅱ ドリフト電流と拡散電流

半導体に流れる電流は，ドリフト電流と拡散電流の2種類があります。

1 ドリフト電流

ドリフト電流は，キャリヤ（電子や正孔）が電界による力を受けて流れる電流です。キャリヤの動きとドリフト電流の関係は次のようになります。

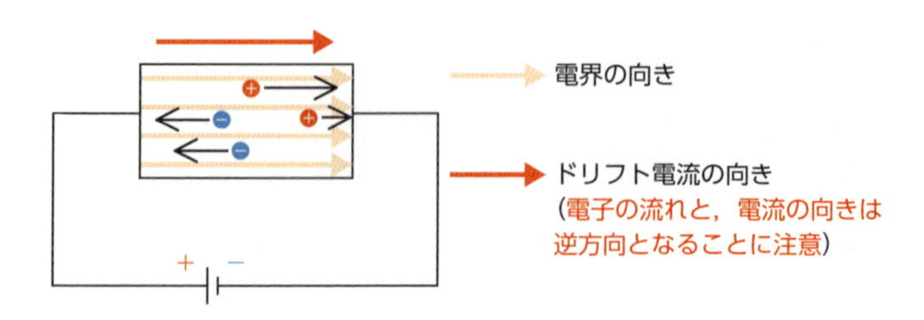

2 拡散電流

拡散（かくさん）とは，広がって濃度が均一になっていく過程をいいます。たとえば，水にインクをたらすと，拡散によって全体に広がっていきます。

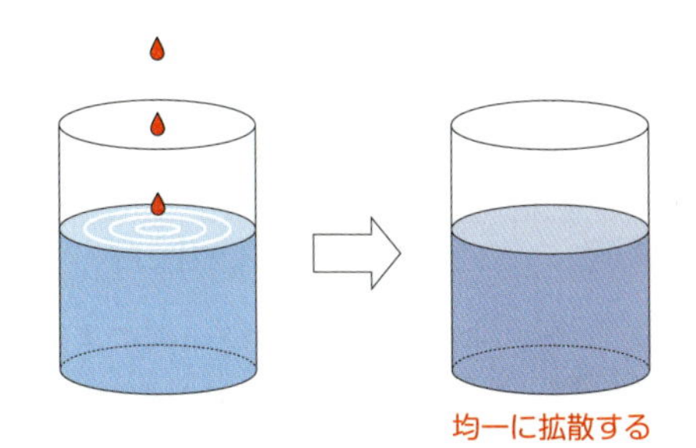

拡散は，半導体のキャリヤ（電子や正孔）でも起こります。なぜなら，電子同士は反発し合い，電子が混み合っている場所からすいている場所に移動して，電子の濃度を均一にしようとするからです。

キャリヤの拡散によって流れる電流を，拡散電流（かくさんでんりゅう）といいます。

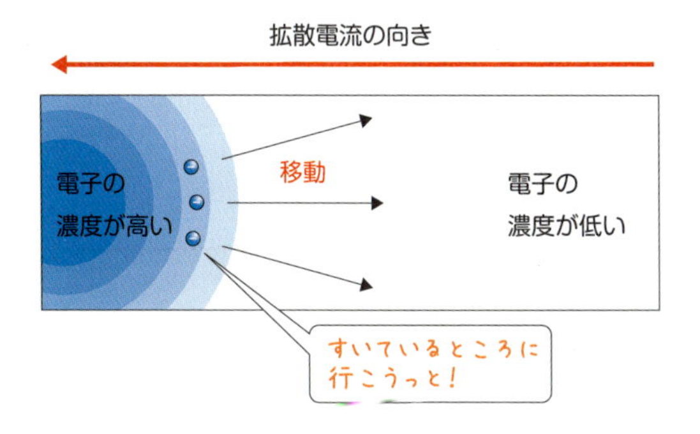

III キャリヤの再結合

キャリヤの再結合（さいけつごう）とは，正孔に自由電子が入って再び結合し，電子と正孔が消滅する現象のことをいいます。

問題集 問題131 問題132

SECTION 02

ダイオード

このSECTIONで学習すること

1 ダイオードの構造

ダイオードの構造について学びます。

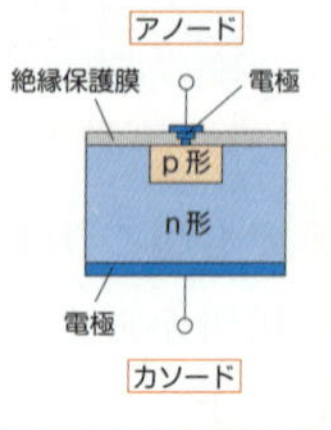

2 pn接合

p形とn形の半導体が接したときのキャリヤの動きについて学びます。

3 ダイオードの働きと整流作用

ダイオードの整流作用について学びます。

4 ダイオードの特性

ダイオードの電圧・電流特性について学びます。

5 ダイオードの種類

ダイオードの種類とその性質について学びます。

1 ダイオードの構造 重要度★★★

ダイオードは，電流を一定方向にしか流さない性質を持つ電子素子です。

ダイオードは図のような構造になっています。p形側をアノード（A），n形側をカソード（K）といいます。図記号は，アノードからカソードに向かうような矢印になっており，矢印の向き（順方向）には電流が流れます。これを順電流といい，これと逆向きの電流を逆電流といいます。

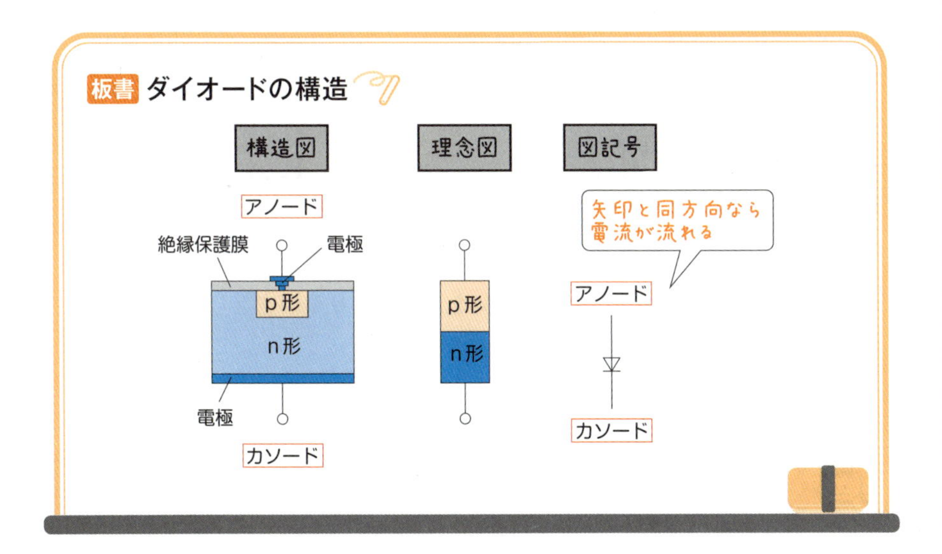

pをとがらせて書くと，A—▷|—K 矢印のようになります。これで，p形がアノード側と覚えることができます。

2 pn接合

重要度★★★

図のように，p形半導体とn形半導体が接している1つの半導体を考えます。拡散によって，接合面ではp形半導体中の正孔はn形側に移動します。一方，n形半導体からは自由電子がp形側に移動します。

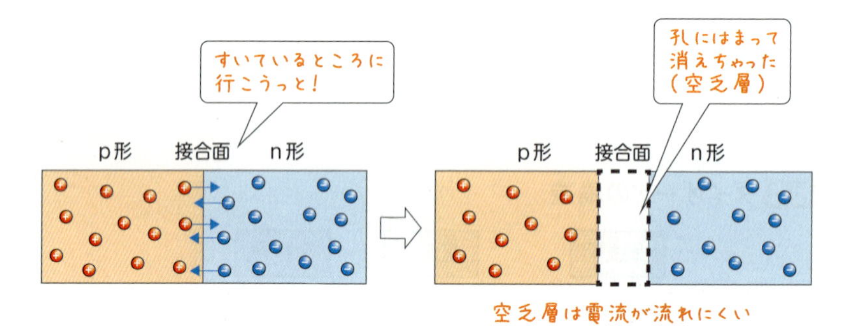

すると，接合面の近くでキャリヤの再結合が起こり，キャリヤが存在しない空間である**空乏層**（くうぼうそう）ができます。電荷を運ぶキャリヤが空乏している空乏層には，電流が流れにくいという性質があります。

ひとこと

空乏とは，キャリヤが「とぼしくて足りない状態」という意味です。

ひとこと

もう少し詳しく説明すると，しくみは以下のとおりです。

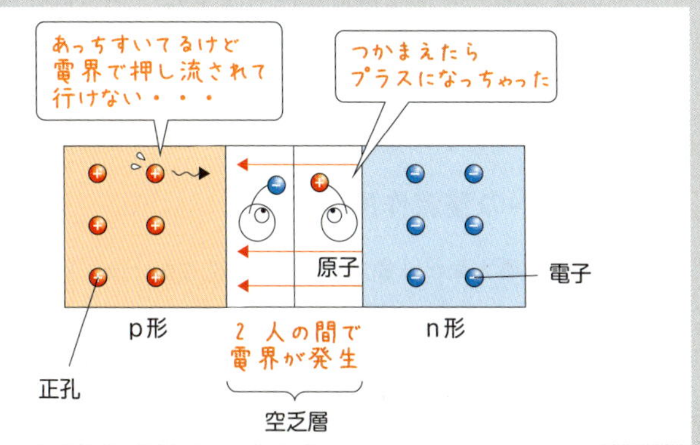

❶拡散によって，電子や正孔が移動する。
❷p形領域では，原子が電子を捕まえる。n形領域では原子が正孔を捕まえる。
❸原子は，電子や正孔を捕まえたことでマイナスやプラスに帯電する。原子は電子に比べて重いので動かない。
❹プラスに帯電した原子とマイナスに帯電した原子の間で，電界が発生する。
❺帯電した原子が，拡散で向かってくる電子や正孔を追い返し，拡散が止まる。
❻空乏層で発生している電界を打ち消すような電圧をかけないと，電流は流れない。

3 ダイオードの働きと整流作用

ダイオードは，順方向には電流を流しますが，逆方向にはほとんど電流を流しません。これを整流作用（せいりゅうさよう）といいます。

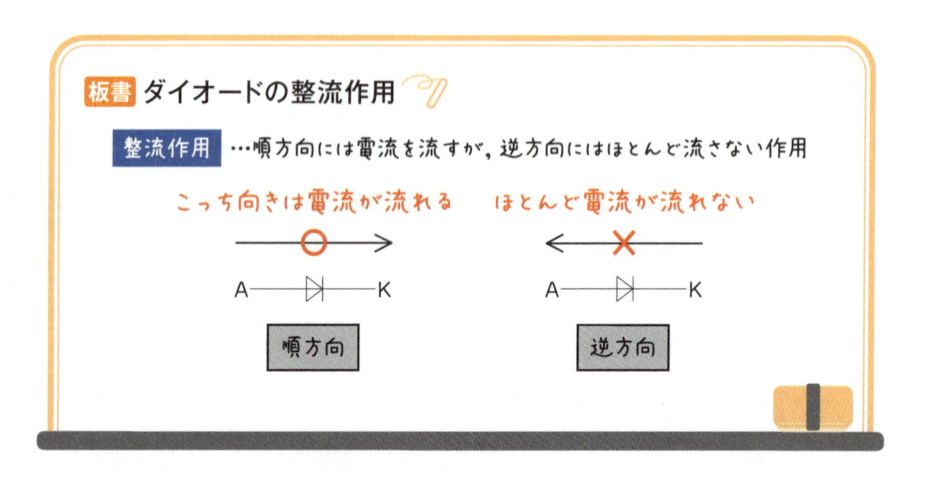

I 順方向

ダイオードに，一定の大きさ以上（シリコンの場合は0.6 V以上）の順電圧をかけると，急激に電流が流れます。一定以上の大きさの電圧をかける必要があるのは，拡散によってできた空乏層にある電界と反対方向の電界をかけて，空乏層を消滅させる必要があるからです。

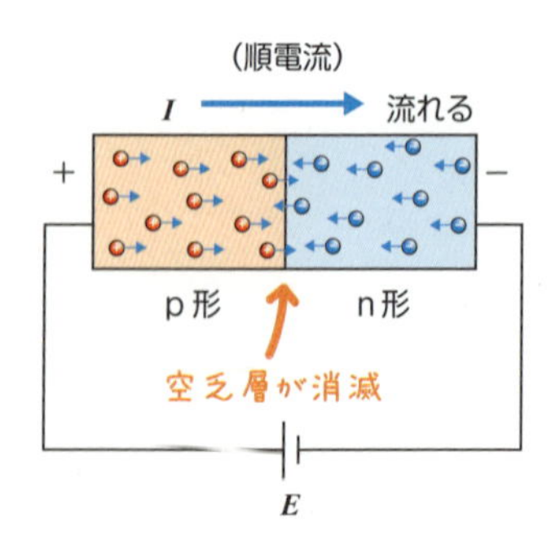

Ⅱ 逆方向

ダイオードに逆電圧を加えても，空乏層が広がるだけで，ほとんど電流は流れません。しかし，さらに大きな逆電圧をかけていくと，急に大きな電流が流れます。これを**降伏現象**（こうふくげんしょう）（ツェナー効果，なだれ降伏）といいます。また，このときの逆電圧を降伏電圧といいます。

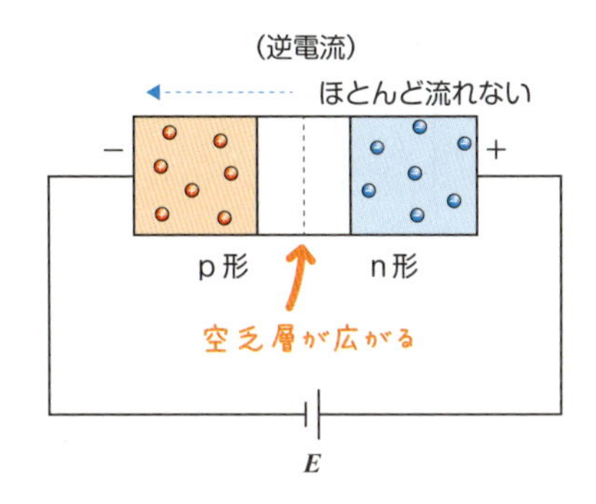

問題集 問題133

4 ダイオードの特性

重要度★★☆

オームの法則は，$V=RI$でした。オームの法則によれば，電圧を上げると，電流は直線的（線形）に増えると考えられます。しかし，ダイオードは電圧によって抵抗値が変化するので，直線的には増えません（このことから，ダイオードは非線形素子（ひせんけいそし）と呼ばれます）。

そのため，どのような電圧を加えたときに，どのような電流が対応して流れるかは半導体の性質によって異なります。

これを，**電圧・電流特性**（とくせい）といいます。電圧・電流特性をグラフにすると，ダイオードは板書のような形になります。

V_F，I_Fの添え字のFはフォワード（順），V_R，I_Rの添え字のRはリバース（逆）という意味です。

板書 ダイオードの特性

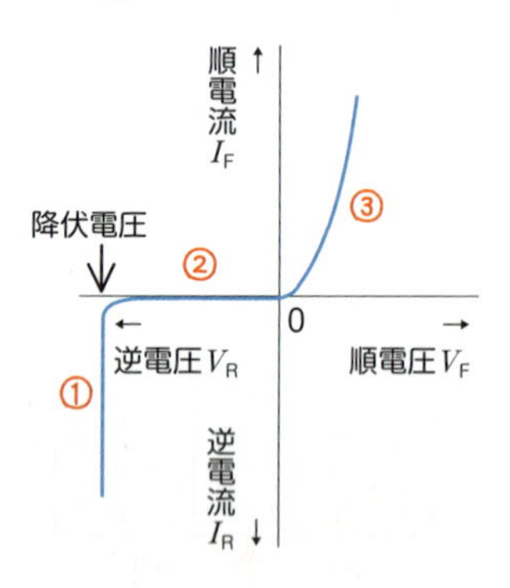

領域	性質	電圧	領域に対応するダイオード
①	電流にかかわらず電圧が一定	逆電圧	定電圧ダイオード
②	コンデンサのような性質 （電圧を加えると電荷を蓄えるような性質）	逆電圧	可変容量ダイオード
③	電圧と電流はほぼ比例 （再結合が起こり続ける）	順電圧	発光ダイオード

問題集 問題134

5 ダイオードの種類

重要度★★★

I 定電圧ダイオード

定電圧ダイオード（ツェナーダイオード）は，一定の電圧を得る目的で使われるダイオードです。これは，逆電圧を大きくすると，降伏電圧付近では，どんな電流が流れても，電圧はほぼ一定となる性質を利用しています。

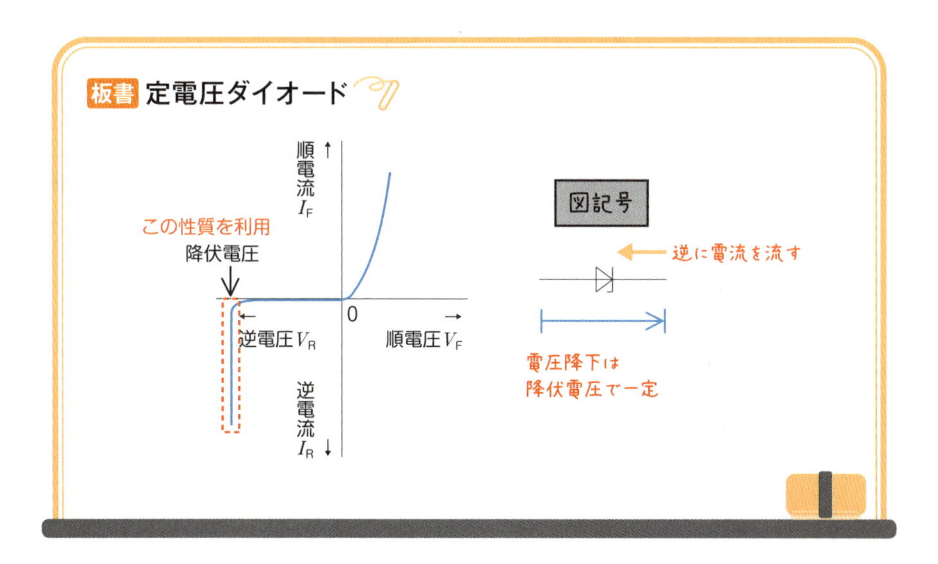

II 可変容量ダイオード

空乏層は，コンデンサのような役割を果たします。逆電圧をかけて，空乏層の幅を変化させることで，空乏層の接合容量（静電容量）を変化させることができます。この性質を利用したのが，**可変容量ダイオード**です。

ラジオやテレビで，特定の周波数と共振する回路（同調回路）などに用いられます。

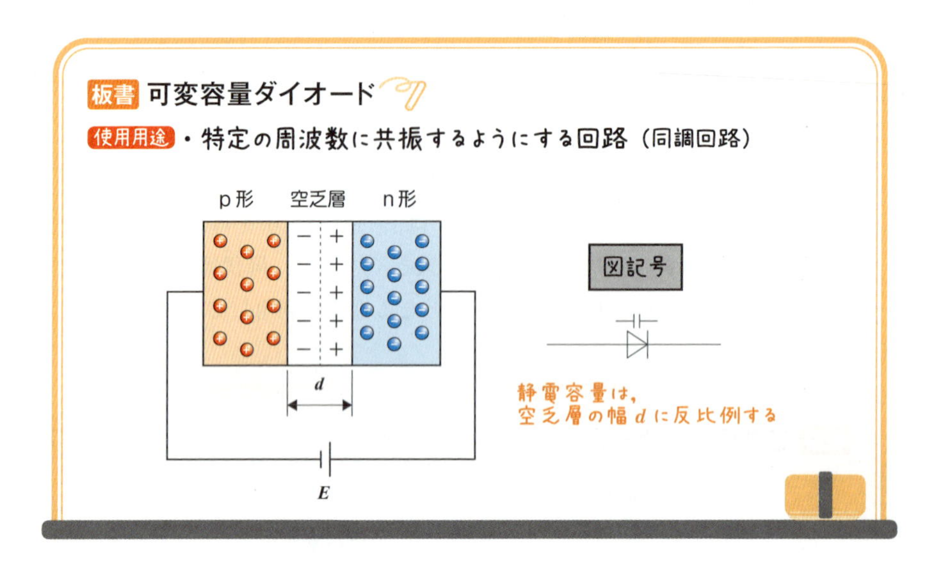

Ⅲ 発光ダイオード

発光ダイオード（LED）は，順電流を流すと光るダイオードです。接合面の近くで，自由電子と正孔が再結合したとき，光が発生します。最近は，**高輝度発光ダイオード**（こうきどはっこう）が照明に使われています。 問題集 問題135

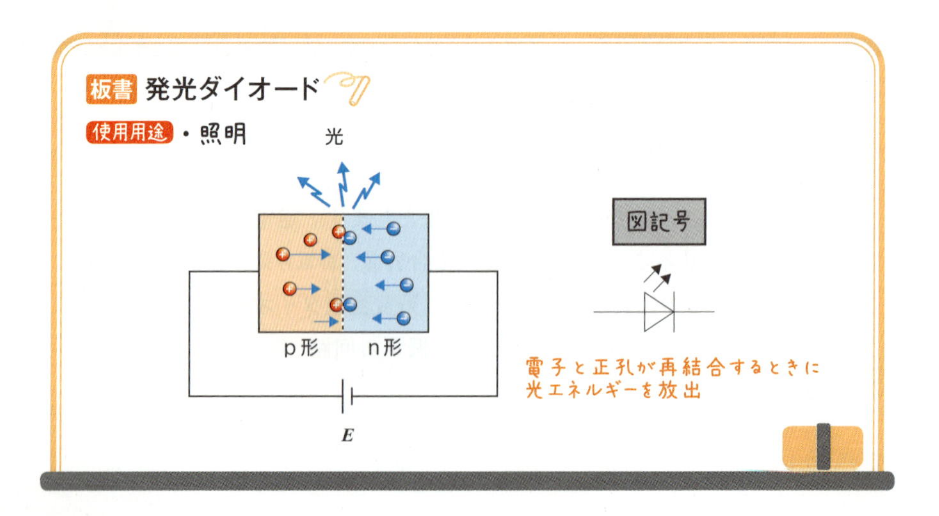

Ⅳ レーザーダイオード

レーザーダイオードは，レーザー光を発するダイオードで，p形層，活性(かっせい)層(そう)，n形層の3層構造をしています。

順電流を流すと，活性層で電子と正孔が再結合し，そのときに光が発生します。その光が作用して，ほかの電子も再結合し，同じ波長と同じ位相の光が次々に発生します（誘導放出）。

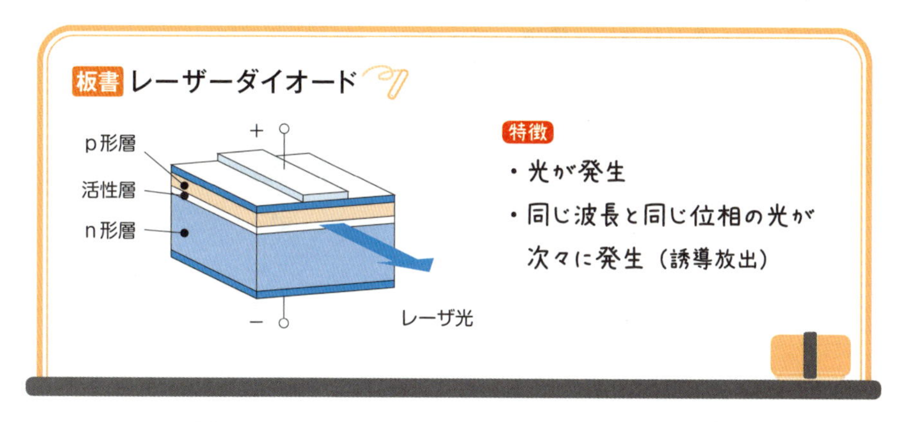

ひとこと

活性層の表面は，鏡のような性質を持っており，はじめは光を閉じ込めますが，増幅してある一定以上の光の強さになると，活性層から光が出ていきます。また，図記号はLEDと同じです。

V ホトダイオード

ホトダイオードは，光を当てると光の量に比例して電流が流れるダイオードです。逆電圧を加えた状態でも，光エネルギーでキャリヤが発生して，電流が流れます。これを**光起電力効果**（ひかりきでんりょくこうか）といいます。

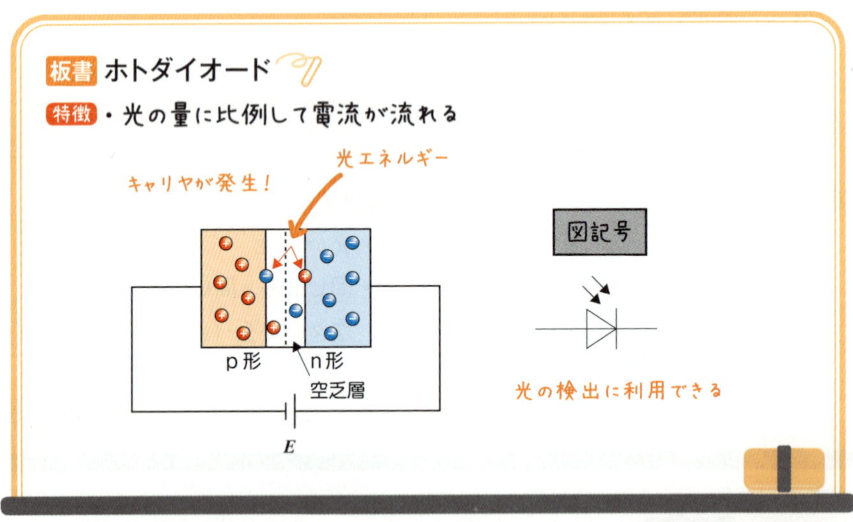

板書 ホトダイオード
特徴 ・光の量に比例して電流が流れる
光エネルギー
キャリヤが発生！
p形
n形
空乏層
E
図記号
光の検出に利用できる

問題集 問題136 問題137

SECTION 03

トランジスタとFET

このSECTIONで学習すること

1 トランジスタ（バイポーラトランジスタ）

バイポーラトランジスタの構造や働き，動作原理，特性などについて学びます。

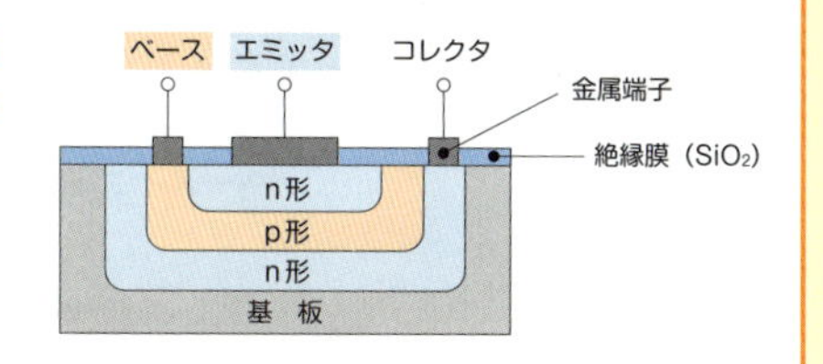

2 電界効果トランジスタ（FET）

電界効果トランジスタの構造や動作原理を学びます。

1 トランジスタ（バイポーラトランジスタ） 重要度 

I トランジスタの構造と働き

トランジスタとは半導体の性質を利用して電気の流れをコントロールする素子のことです。信号を増幅したり，スイッチングに使われたりします。

トランジスタは，ダイオードのようにp形半導体とn形半導体でできています。トランジスタでは3つをサンドイッチのように，同種の半導体で異種の半導体をはさみ込んでいます。

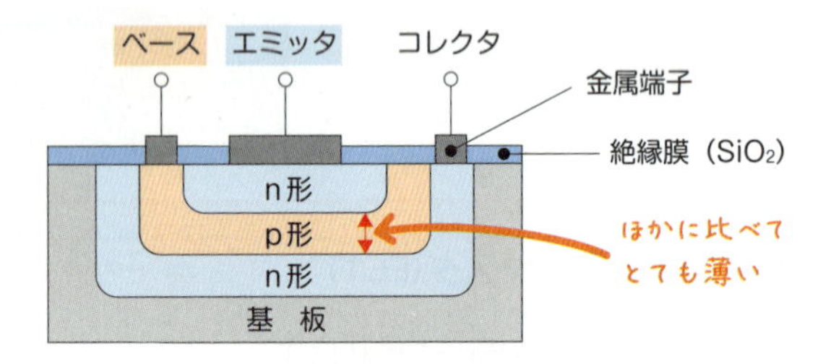

n形半導体とp形半導体の組み合わせ方は以下の2通りがあります。

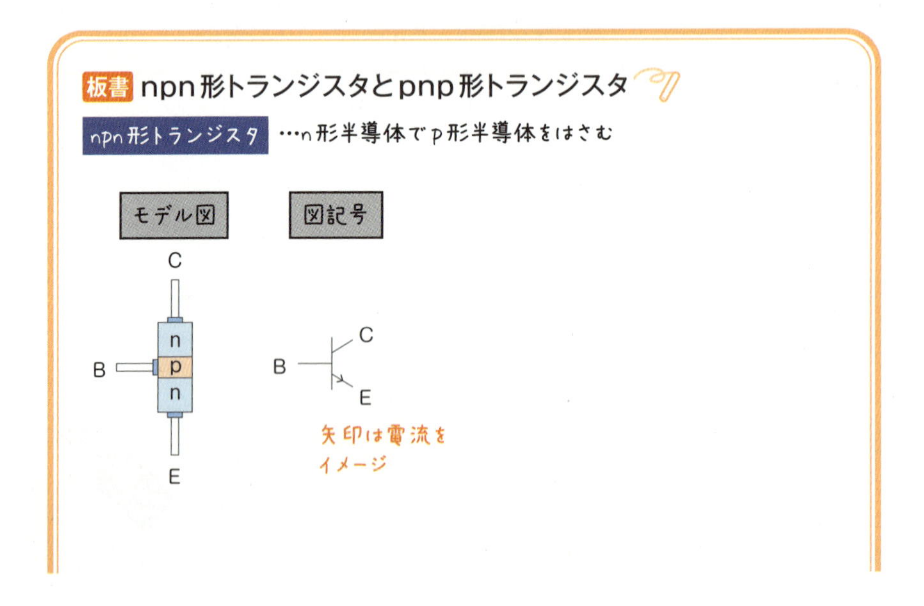

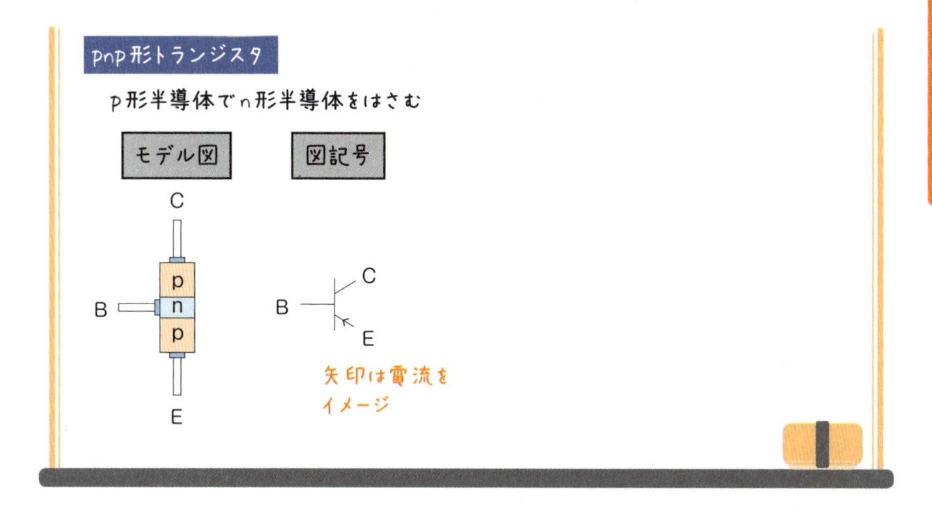

3種類の層からそれぞれ端子が出て，それぞれに名前があります。真ん中にはさまっている半導体からでている端子が**ベース（B）**で，両側から出ているのが**コレクタ（C）**と**エミッタ（E）**です。

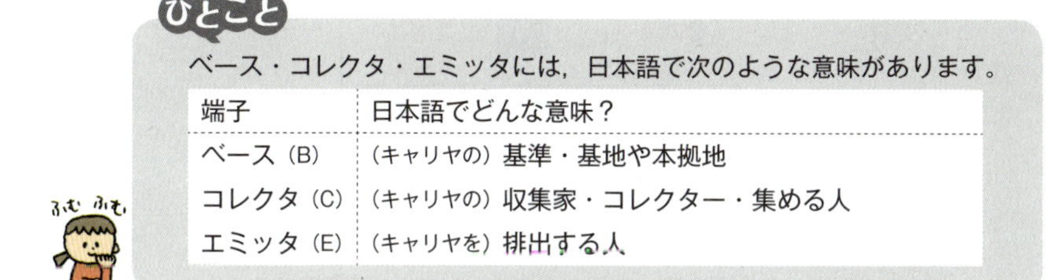

ひとこと

ベース・コレクタ・エミッタには，日本語で次のような意味があります。

端子	日本語でどんな意味？
ベース（B）	（キャリヤの）基準・基地や本拠地
コレクタ（C）	（キャリヤの）収集家・コレクター・集める人
エミッタ（E）	（キャリヤを）排出する人

II トランジスタの動作原理

1 1つの電源のみを接続したとき（動作しない）

次の右図のように電源を接続しただけでは電流は流れません。なぜなら，コレクタ(C)－ベース(B)間が逆電圧になって，空乏層が広がるだけで，キャリヤは移動しないからです。

電圧をかけていないとき

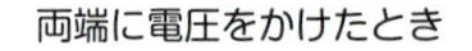

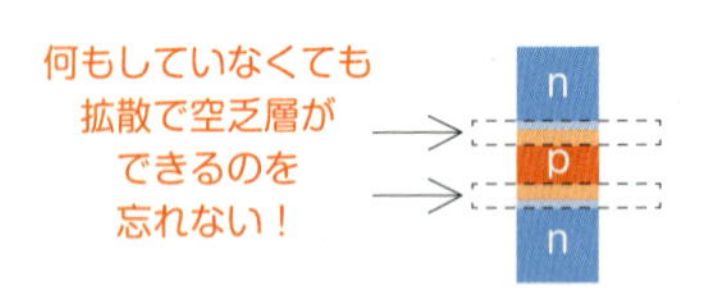

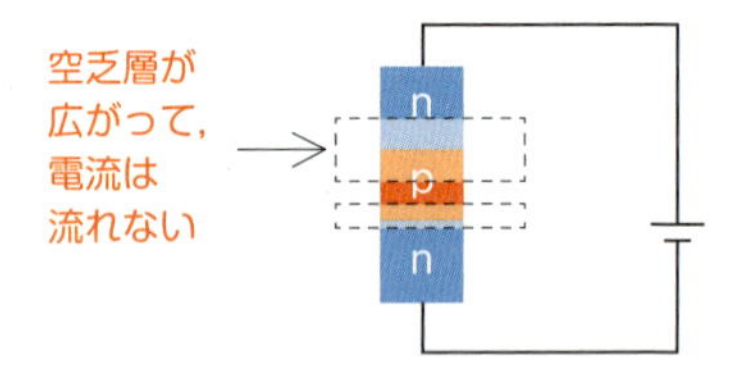

2 2つの電源を接続したとき

❶図のように接続したときを考えます。どちらの電源ともエミッタ端子がつながっていることから，**エミッタ共通接続**（**エミッタ接地**）といいます。

ベース(B)－エミッタ(E)間に加わる電圧 V_{BE} は順方向です。したがって，ベース(B)－エミッタ(E)間の空乏層は狭くなって，エミッタからは電子が流れ込んできます。つまり，キャリヤが移動し，電流が流れます。

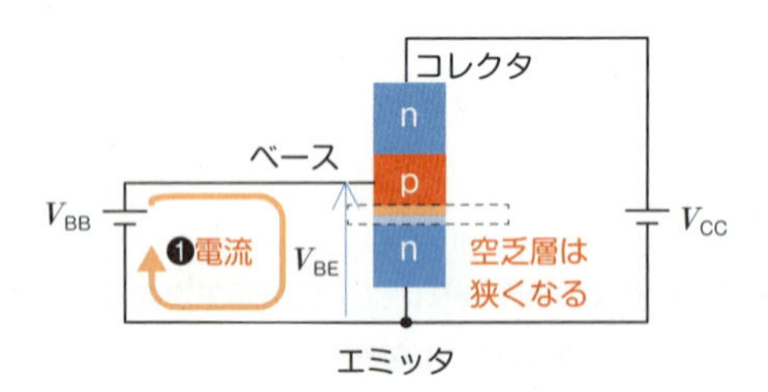

接地方法はほかにもあり，全部で3通りあります。

- ・エミッタ共通接続（エミッタ接地）←これが重要！
- ・コレクタ共通接続（コレクタ接地）
- ・ベース共通接続（ベース接地）

❷ベース領域は非常に薄いので，エミッタから電子が流れ込んでくると，正孔は数が少なく，すぐに電子で埋まっていきます。

❸電源 V_{BB} が電子をいくつか引き寄せて（それが電流 I_B），ベース領域に正孔をつくっていきますが，足りません。

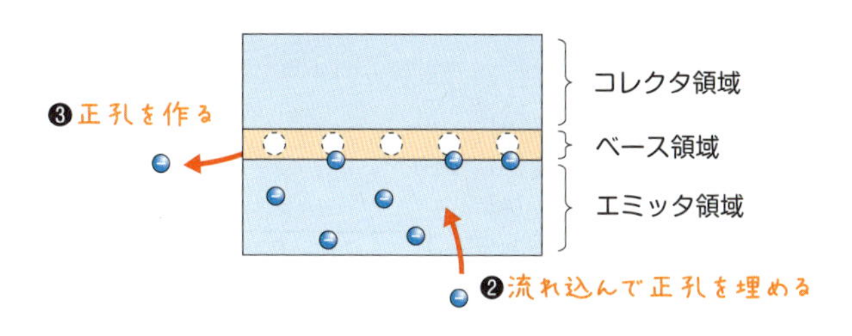

❹ そこで，正孔と再結合できなかった大部分の電子が，コレクタ領域まで通り抜けていきます。コレクタ領域にまで行った電子は，電源V_{CC}のほうへ引き寄せられて移動していきます。

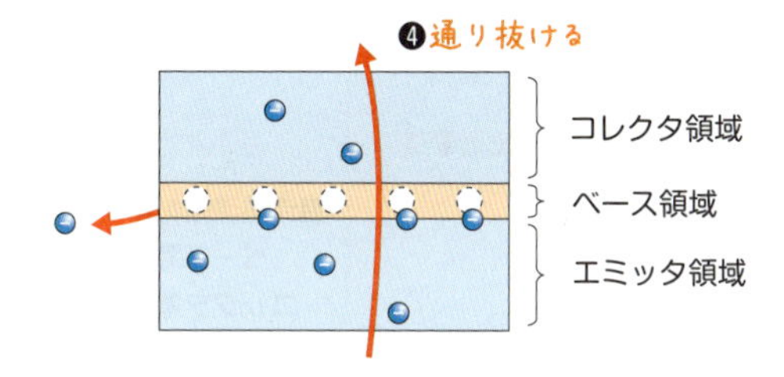

ひとこと

トランジスタの動作原理はこの程度の理解でよいでしょう。なお，電子と電流の流れる向きは逆であることに注意しましょう。

3 ベース電流の働き

ベース電流I_Bを流すと，その大きさに応じてコレクタ電流I_Cが流れると理解できます。反対に，ベース電流I_Bを流さないとコレクタ電流I_Cは流れないので，ベース電流I_Bがスイッチのような働きをしているともいえます。

III 電流増幅作用

エミッタ電流I_Eは，ベース電流I_B（非常に小さい）とコレクタ電流I_Cの和で求められます。コレクタ電流I_Cとベース電流I_Bの比を**電流増幅率**（でんりゅうぞうふくりつ）といいます。

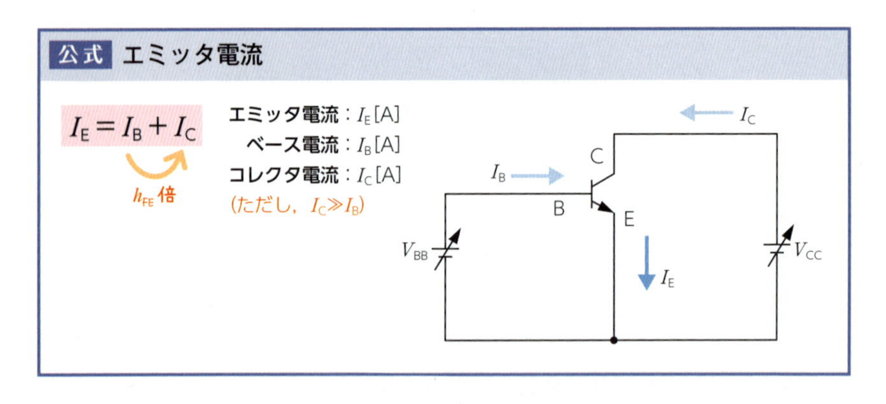

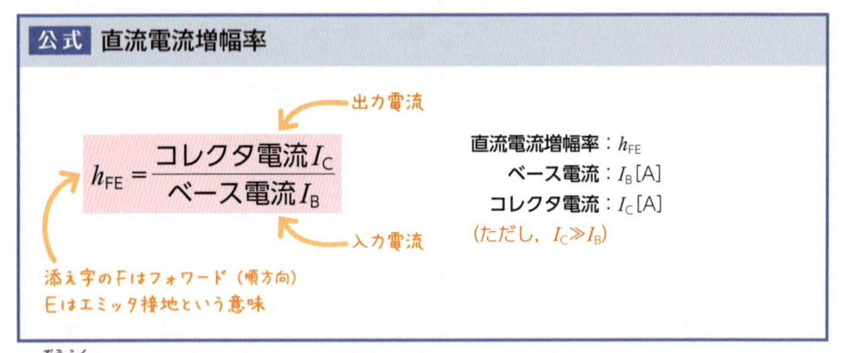

増幅（ぞうふく）とは，電流や電圧などの変化する小さな量（入力信号）を，変化する大きな量（出力信号）にして取り出すことをいいます。

Ⅳ トランジスタの特性

各端子に，どのような電圧を加えると，どのような電流が流れるかは，やや複雑です。端子が3つもあるので，何か1つの条件を固定して，残りの2つの関係を調べていくことになります。

これらの関係は，そのトランジスタの特有の性質を示すのでトランジスタの特性といいます。

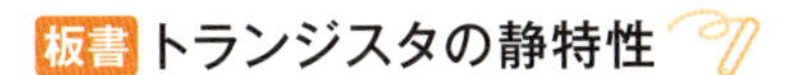

板書 トランジスタの静特性

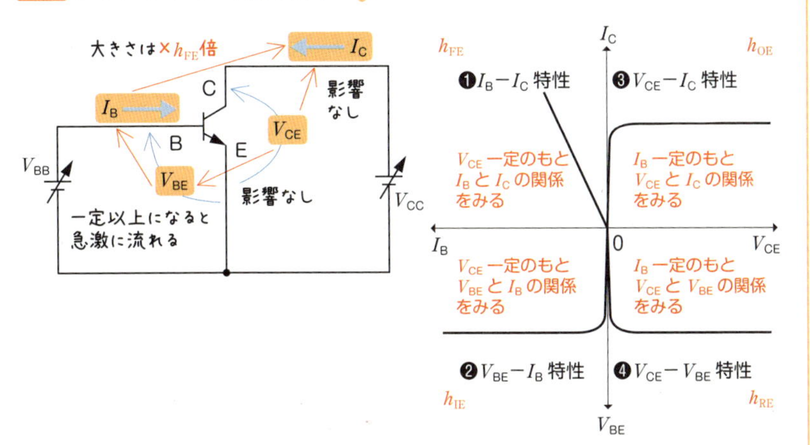

変化させるもの－どうなるか	固定条件	ポイント
❶ I_B－I_C 特性 (電流伝達特性)	V_{CE}	I_B と I_C は比例する (比例定数は直流電流増幅率 h_{FE})
❷ V_{BE}－I_B 特性 (入力特性)	V_{CE}	V_{BE} が一定値以上になると急激に I_B が流れ出す
❸ V_{CE}－I_C 特性 (出力特性)	$I_B>0$ (能動領域)	$V_{CE}>0$ I_C が流れる(飽和領域) V_{CE} の大きさは I_C の大きさにほとんど影響なし (I_C の大きさは，I_B によって決まる) $V_{CE}\leqq 0$ I_C が流れない
	$I_B\leqq 0$ (遮断領域)	I_C が流れない
❹ V_{CE}－V_{BE} 特性 (帰還電圧特性)	I_B	V_{BE} の大きさはほぼ一定

問題集 問題138

入力を変化させないで出力を調べたときの特性を**静特性**といいます。グラフそのものをトランジスタの静特性と呼ぶこともあります。グラフ自体が性質を説明しているからです。

2 電界効果トランジスタ（FET） 重要度★★☆

I 電界効果トランジスタ

電界効果トランジスタ（FET：Field Effect Transistor）は，トランジスタ（バイポーラトランジスタ）とは異なる原理で動作しますが，似た働きをします。端子は基本的に3つですが，4つのこともあります。

電界効果トランジスタは，内部の構造によって，❶接合形，❷絶縁ゲート形（MOS形）に分けられます。またpチャネル形（正孔がキャリヤになるタイプ），nチャネル形（電子がキャリヤになるタイプ）に分かれます。

	pチャネル形	nチャネル形
接合形	G, D, S, n, p G, D, S	G, D, S, p, n G, D, S
絶縁ゲート形（MOS形）	金属, SiO2, G, D, S, p, p, n, B G, D, B, S	金属, SiO2, G, D, S, n, n, p, B G, D, B, S

それぞれの端子の名前は，❶**ゲート（G）**（水門という意味），❷**ソース（S）**（流れの水源という意味），❸**ドレーン（D）**（排水管という意味），❹**バックゲート（B）**（裏門という意味）です。

ひとこと

トランジスタと電界効果トランジスタは，働きが似ていますが，しくみが異なります。違いを整理すると次のようになります。

	トランジスタ	電界効果トランジスタ
◆端子の名前	ベース（B）→基準 コレクタ（C）→収集家 エミッタ（E）→排出家	ゲート（G）→水門 ソース（S）→流れの水源 ドレーン（D）→排水管
◆相違点①	2種類のキャリヤで働く （バイポーラトランジスタ）	1種類のキャリヤだけで働く （ユニポーラトランジスタ）
◆相違点②	ベース電流で，コレクタ電流を制御（電流制御形）	ゲート電圧で，ドレーン電流を制御（電圧制御形）

ふむ ふむ

II 接合形FETの動作原理

ゲート電圧は，流れる水の量を調節する水門のような役割をします。原理としては，逆方向電圧のゲート電圧 V_{GS} を加えて，空乏層を広げ，キャリヤが通れる道幅を調整します。このキャリヤの通路を**チャネル**（通路という意味）といいます。

問題集 問題140

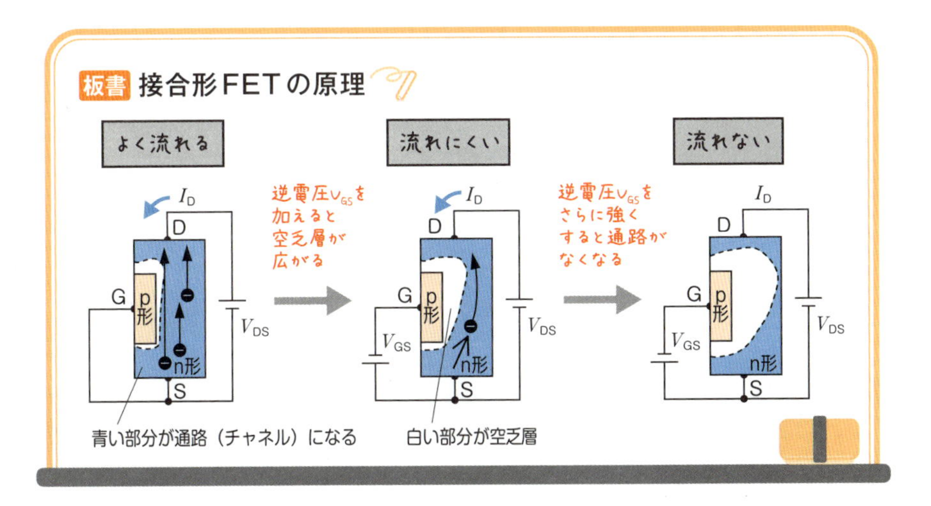
板書 接合形FETの原理
よく流れる
流れにくい
流れない
I_D
D
G
p形
n形
S
V_{DS}
V_{GS}
逆電圧V_{GS}を加えると空乏層が広がる
逆電圧V_{GS}をさらに強くすると通路がなくなる
青い部分が通路（チャネル）になる
白い部分が空乏層

Ⅲ 絶縁ゲート形FETの動作原理

絶縁ゲート形FET（MOS FET）は，ゲートに薄い酸化絶縁膜を貼りつけた構造になっています。絶縁ゲート形FETには，❶エンハンスメント形，❷デプレッション形があります。

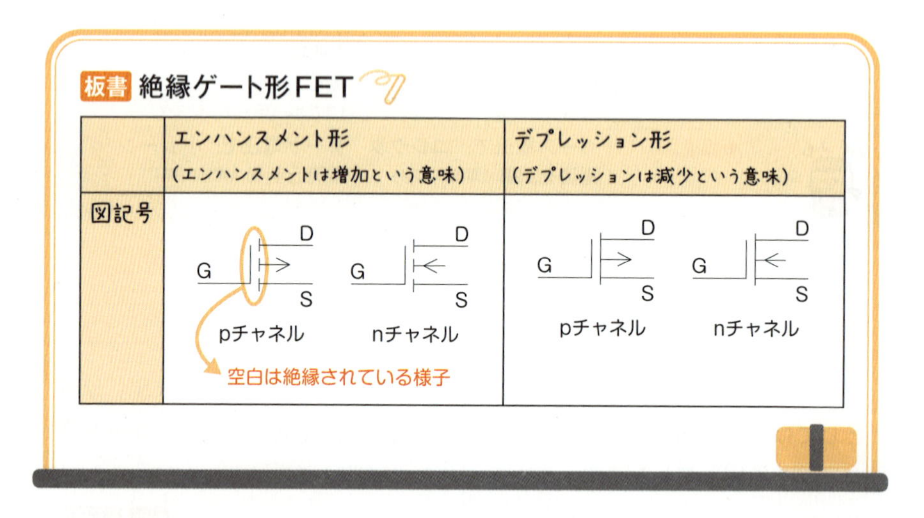

板書 絶縁ゲート形FET

	エンハンスメント形 （エンハンスメントは増加という意味）	デプレッション形 （デプレッションは減少という意味）
図記号	pチャネル　nチャネル	pチャネル　nチャネル

エンハンスメント形は，ゲート電圧をかけてキャリヤの通り道であるチャネルを広げます。**デプレッション形**は，あらかじめチャネルをつくっておき，ゲート電圧によってチャネルをせまくします。

板書 エンハンスメント形のしくみ

❶ゲート電圧v_{GS}を加えると，絶縁体の両側がコンデンサのようになり，p形領域のゲート側に電子が集まる
❷p形領域のゲート近くが，擬似的にn形化する
❸n形－n形－n形の通路ができ，電流I_Dが流れる
❹ゲート電圧v_{GS}を大きくすると，通路はさらに広がる

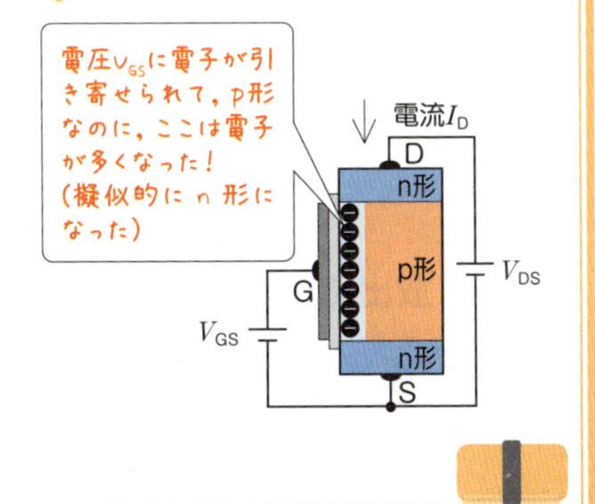
電圧v_{GS}に電子が引き寄せられて，p形なのに，ここは電子が多くなった！
（擬似的にn形になった）
電流I_D
D
n形
p形
n形
G
S
V_{DS}
V_{GS}

ふむ ふむ

ひとこと

絶縁ゲート形FETがMOSFETと呼ばれる理由は，ゲートに注目すると，端子部分は金属（Metal（メタル）），酸化物（Oxide（オキサイド））の絶縁体，半導体（Semiconductor（セミコンダクター））という積層構造になっている電界効果トランジスタ（FET）だからです。

問題集 問題141 問題142 問題143

SECTION 04

電子の運動

このSECTIONで学習すること

1 電子放出の種類

電子放出の現象と，その種類について学びます。

2 電界中の電子の運動

電界中の電子の動きと，その法則について学びます。

3 磁界中の電子の運動

磁界中の電子に働く力や，電子の運動について学びます。

ローレンツ力		電荷	速度	磁束密度
F	$=$	e	v	B
[N]		[C]	[m/s]	[T]

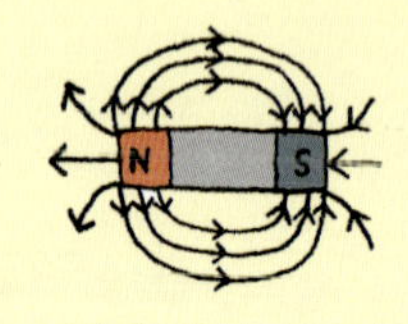

1 電子放出の種類

重要度★★★

電子放出(でんしほうしゅつ)とは，熱や電界などの影響を受けて，物体（金属など）の表面から物体の外へ電子が放出される現象のことをいいます。

板書 電子放出の種類

種類	現象の概要
熱電子放出	タンタル（Ta）などの金属を熱すると，熱エネルギーによって電子が放出される
二次電子放出	金属やその酸化物・ハロゲン化物などに衝突させると，そのエネルギーによって，表面から新たな電子が放出される
電界放出	タングステン（W）などの金属表面に強い電界をかけると，常温でも電子が放出される
光電子放出	物質に光をあてると，光エネルギーによって物質内の電子が表面から外に放出される

問題集 問題144

2 電界中の電子の運動 重要度★★★

I 電子が電界から受ける力

平等電界$E = \dfrac{V}{d}$での電子の運動を考えます。電子の電荷を$-e$[C]，質量をm[kg]とします。

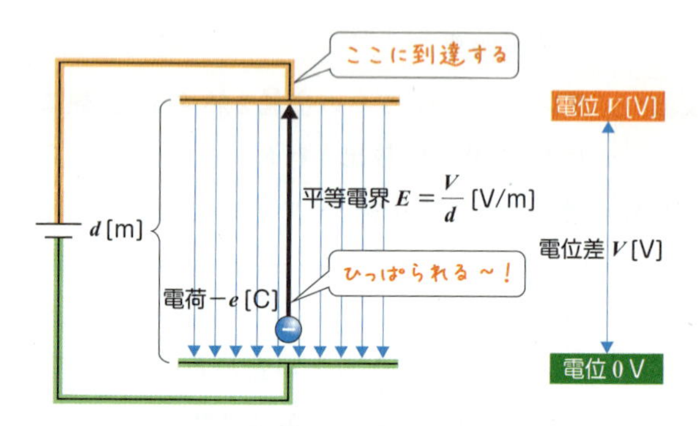

また，電界中に電子を置いたとき，電子が電界の向きと反対に働く力Fは

$$F = eE\text{[N]}$$

です。この電界から受ける力Fによって電子は加速します。

このときの加速度をa[m/s^2]とすると，ニュートンの運動方程式より，

$$F = ma\text{[N]}$$

とも表すことができます。したがって$F = ma = eE$となります。

ひとこと

静電気の復習です。

II エネルギー保存の法則と電子の速度

1 エネルギー保存の法則

位置エネルギーと運動エネルギーについて考えます。

❶位置エネルギー $U=eV$[J]（図1）　❷運動エネルギー $K=\frac{1}{2}mv^2$[J]（図2）

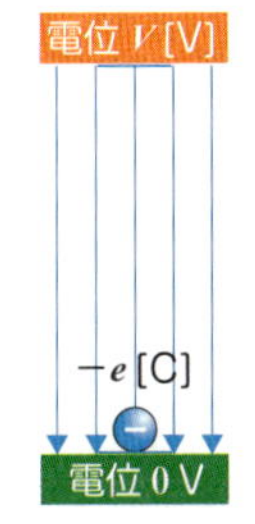

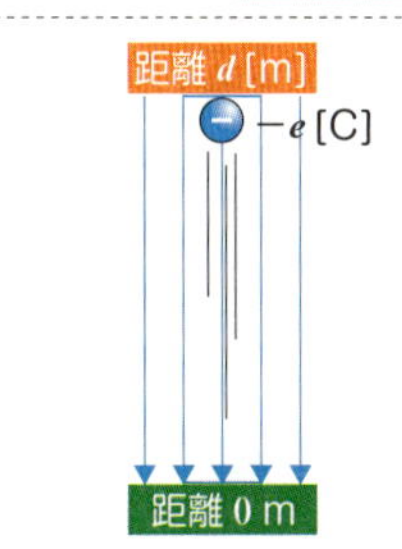

エネルギー保存の法則より❶＝❷

❶電子が下の電極にいるとき（図1）

電荷 $-e$[C]の電子が，電位差 V[V]に位置することによる，電気的な位置エネルギーU[J]は

$$U=eV\text{[J]}\cdots①$$

です。電子の速度はゼロですが，電界から力を受けて，どんどん加速されていきます。

❷電子が上の電極に到達したとき（図2）

加速した質量 m[kg]の電子が，速度 v[m/s]で運動しているとすると，運動エネルギーK[J]は，

$$K=\frac{1}{2}mv^2\text{[J]}\cdots②$$

です。

❶は，静電気のCH02の復習です。❷は，高校の物理で習います。

公式　電界中のエネルギー保存の法則

$$eV = \frac{1}{2}mv^2$$

位置エネルギー　運動エネルギー

電子の電荷：$-e$[C]
電子の質量：m[kg]
電圧：V[V]
加速した電子の速度：v[m/s]

2 加速された電子の速度

先ほどの図２の加速された電子の速度について考えます。

エネルギー保存の法則から，②＝①なので，

$$\frac{1}{2}mv^2 = eV$$

$$v^2 = \frac{2eV}{m}$$

$$v = \sqrt{\frac{2eV}{m}}\,[\mathrm{m/s}]$$

と速度は表されます。

問題集　問題145　問題146　問題147　問題148　問題149

3 磁界中の電子の運動（サイクロトロン運動）　重要度★★★

I ローレンツ力

電荷q[C]の粒子が，速度v[m/s]で磁束密度B[T]の磁界中を運動するとき，その粒子に対して，磁束密度と速度の両方に対して垂直な向きに，大きさ$F = qvB$[N]の力が働きます。これを**ローレンツ力**といいます。

電子は電荷が負の値なので，イラストのような向きに力を受けます。

公式 ローレンツ力

ローレンツ力		電荷	速度	磁束密度
F	$=$	e	v	B
[N]		[C]	[m/s]	[T]

ローレンツ力 F[N]
速度 v[m/s]
磁束密度 B[T]
電荷 $-e$[C]

ローレンツ力：F[N]
電子の電荷：$-e$ [C]
速度：v[m/s]
磁束密度：B[T]

ひとこと

ローレンツ力は，不思議な方向に力が働きます。三次元でイメージがわくようにしましょう。電子の移動は，電流の向きと逆であることに注意して，フレミング左手の法則で考えることもできます。

II サイクロトロン運動

1 サイクロトロン運動

一様な磁界中に電子が垂直に入射すると，速度の方向と垂直に一定のローレンツ力が働きます。つねに垂直に力（ローレンツ力）を受けて軌道を曲げられ続けるので，結果的に円を描くように動きます。

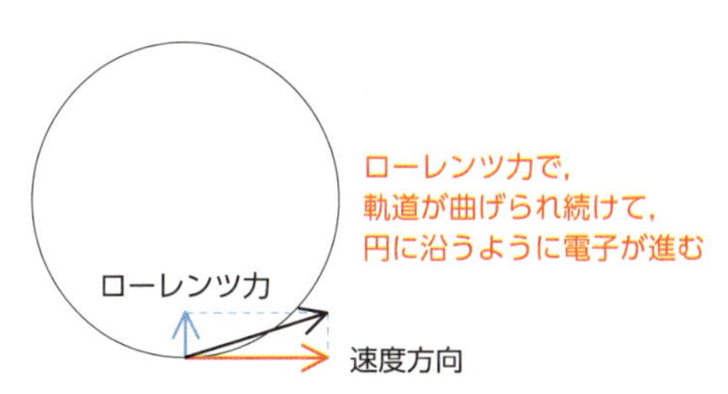

ローレンツ力は，つねに中心に向かう向心力となって，電子は等速円運動をします。これを**サイクロトロン運動**といいます。

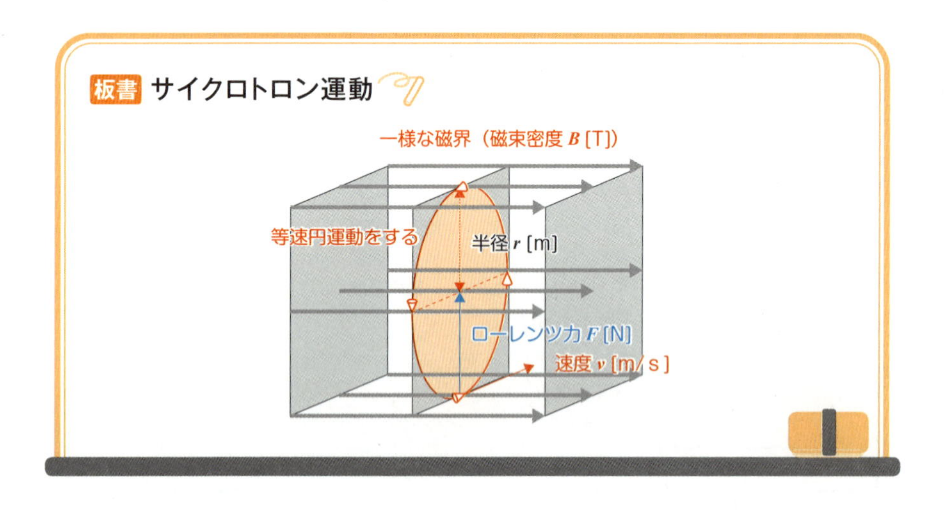

ひとこと

磁界に斜めに電子を入射すると，らせん運動をします。

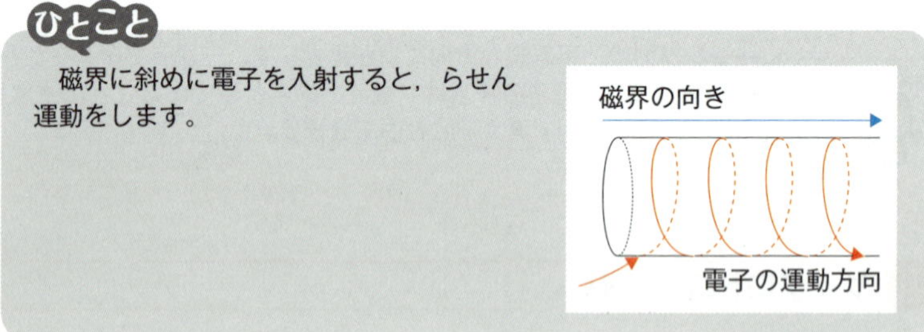

2 向心力（ローレンツカ）と遠心力

円運動をするということは，❶中心に向かおうとする向心力F_1と❷中心から遠ざかろうとする遠心力F_2が釣り合っているということです。

❶ 向心力の大きさF_1[N]は，ローレンツカ$F_1 = evB$…① となります。

❷ 遠心力の大きさF_2[N]は，高校の物理で習います。質量m[kg]の物体が，円運動の半径r[m]，円運動の速度v[m/s]で円運動しているとき，$F_2 = m \times \dfrac{v^2}{r}$…② となります。

公式 サイクロトロン運動（遠心力と向心力）

$$\begin{cases} ❶向心力の大きさ F_1 = evB\,[\mathrm{N}] \\ ❷遠心力の大きさ F_2 = m\dfrac{v^2}{r}\,[\mathrm{N}] \end{cases}$$

向心力F_1と遠心力F_2はつり合っている

電子の電荷：$-e$[C]
電子の質量：m[kg]
速度：v[m/s]
磁束密度：B[T]
等速円運動の半径：r[m]

3 円運動の半径

向心力と遠心力がつり合っているので，①式＝②式より

$$evB = m \times \frac{v^2}{r}$$

$$r \times evB = mv^2$$

$$r = \frac{mv^2}{evB}$$

$$r = \frac{mv}{eB}\,[\mathrm{m}]$$

となります。

ひとこと

磁界が強くなるほど，向心力が大きくなるので，円の半径は小さくなります。また，速度が速いほど，遠心力が大きくなるので，円の半径は大きくなります。導けるようにしておきましょう。

問題集 問題150 問題151 問題152 問題153 問題154

SECTION 05

整流回路

このSECTIONで学習すること

1 整流回路とは

ダイオードの性質を利用した整流回路について学びます。

2 トランジスタの増幅度と利得

トランジスタの電圧，電流，電力の増幅度と利得，その計算方法について学びます。

3 演算増幅器（OPアンプ）

演算増幅器のしくみや働きについて学びます。

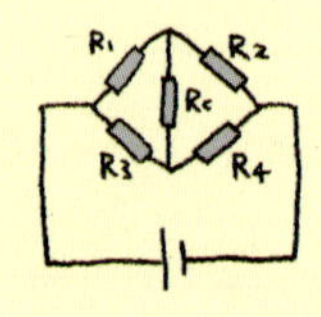

1 整流回路とは

重要度★★★

I 整流回路

整流回路とは，正と負に交互に入れ替わる交流電圧から，正の電圧のみを取り出す回路をいいます。整流回路には，半波整流回路と全波整流回路があり，ダイオードが逆方向には電流をほとんど流さないことを利用します。

1 半波整流回路

半波整流回路は，交流電圧の正の部分（半周期）のみから，正の電圧を取り出します。半波整流回路は，1個のダイオードを使い，次のような回路となります。

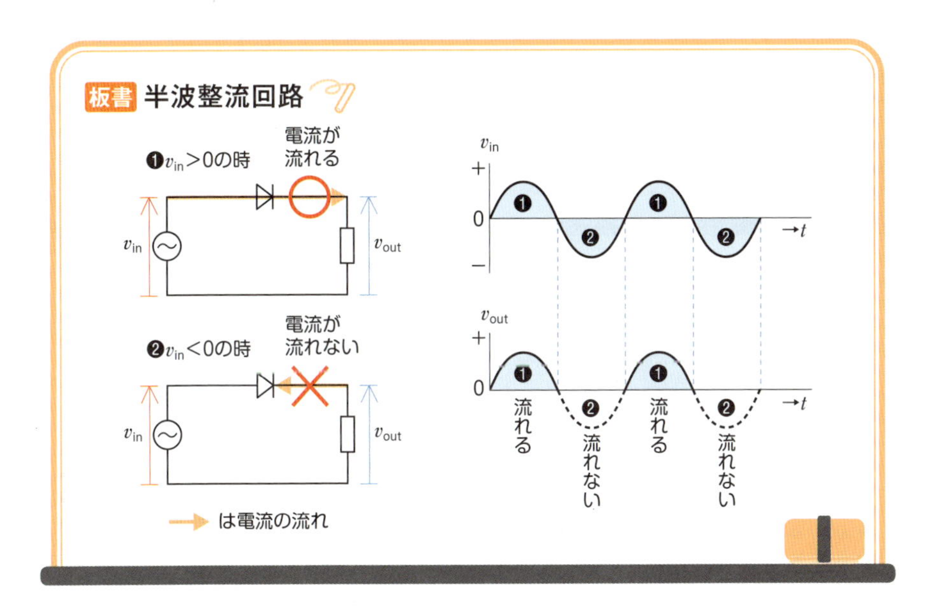

2 全波整流回路

全波整流回路は，交流電圧の正と負の両方（1周期）から，正の電圧を取り出すことができます。次のように，ブリッジ回路を用いたものをブリッジ全波整流回路といいます。

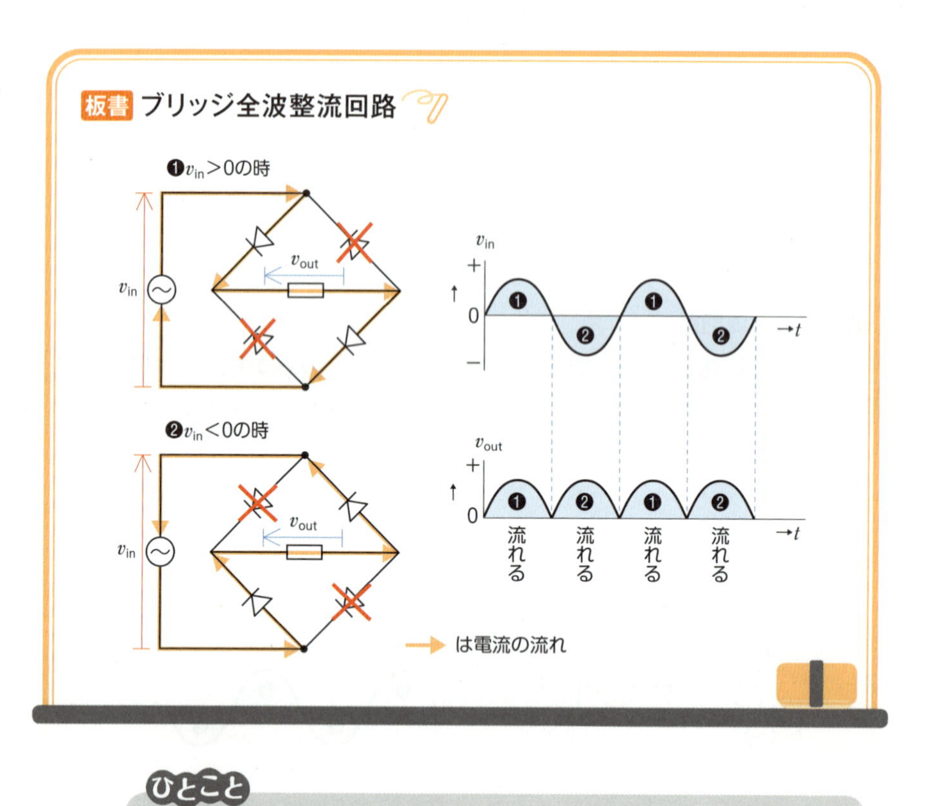

ひとこと

回路を指でなぞって，確認しましょう。

2 トランジスタの増幅度と利得（ゲイン） 重要度★★★

I 増幅度

増幅とは，振幅を大きくすることをいいます。

増幅度とは，入力信号に対する出力信号の大きさの比をいい，何倍になるかを表します。増幅回路（入力信号の振幅を大きくして出力信号にする回路）は，中身は複雑でも，入口と出口だけに注目すると，四端子（入力端子２つと出力端子２つ）の回路として表せます。

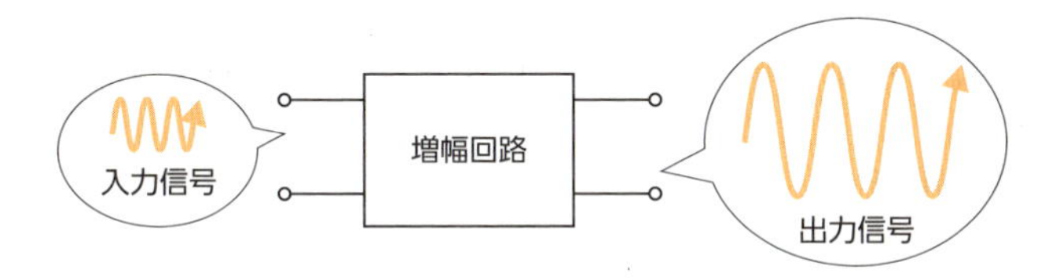

電圧増幅度とは，入力電圧 V_i[V]と出力電圧 V_o[V]の比をさします。
電流増幅度とは，入力電流 I_i[A]と出力電流 I_o[A]の比をさします。
電力増幅度とは，入力電力 P_i[W]と出力電力 P_o[W]の比をさします。

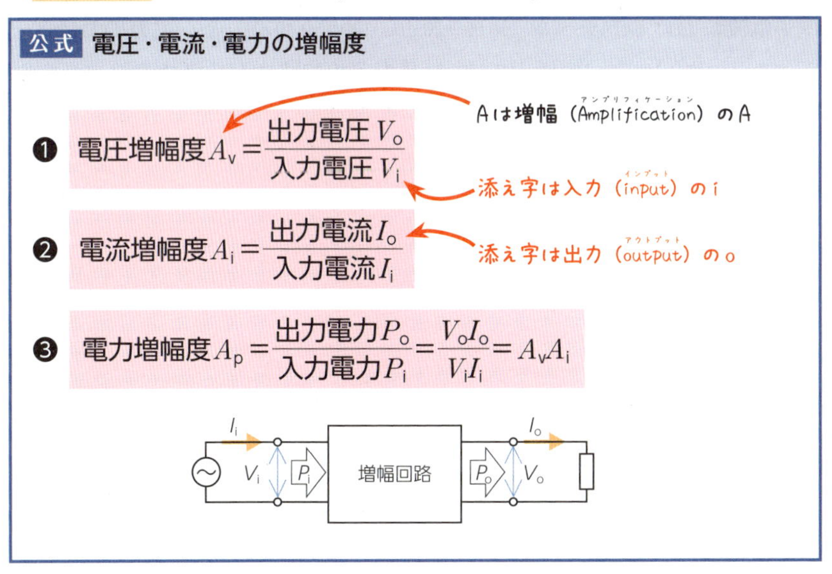

公式 電圧・電流・電力の増幅度
❶ 電圧増幅度 $A_v = \dfrac{出力電圧 V_o}{入力電圧 V_i}$
Aは増幅（Amplification）のA
添え字は入力（input）のi
❷ 電流増幅度 $A_i = \dfrac{出力電流 I_o}{入力電流 I_i}$
添え字は出力（output）のo
❸ 電力増幅度 $A_p = \dfrac{出力電力 P_o}{入力電力 P_i} = \dfrac{V_o I_o}{V_i I_i} = A_v A_i$
I_i
V_i
P_i
増幅回路
P_o
I_o
V_o

Ⅱ 利得(ゲイン)

利得(単位:dB)とは,増幅度を対数で表したものです。対数表示にすると,何段階にも増幅した場合に,全体の利得が単純な足し算で求まるので便利です。

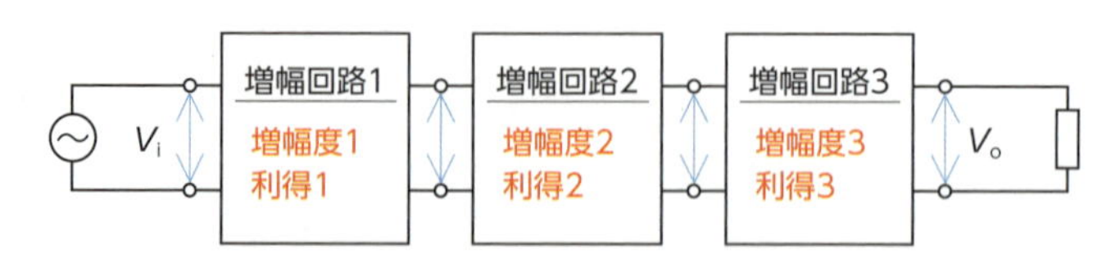

全体の増幅度＝増幅度1×増幅度2×増幅度3

全体の利得＝利得1＋利得2＋利得3

「倍」という単位は,「基準となるAの何倍だ」というように使います。「デシベル」も同じで,「基準となる量の何デシベルだ」というように使います。なお,1B＝10dBで,リットルとデシリットルのような関係です。

増幅回路の電圧,電流,電力の利得は,次のように定義します。特に,電圧・電流におけるデシベル(10倍→20 dB,100倍→40 dB)と,電力におけるデシベル(10倍→10 dB,100倍→20 dB)は異なるので注意が必要です。

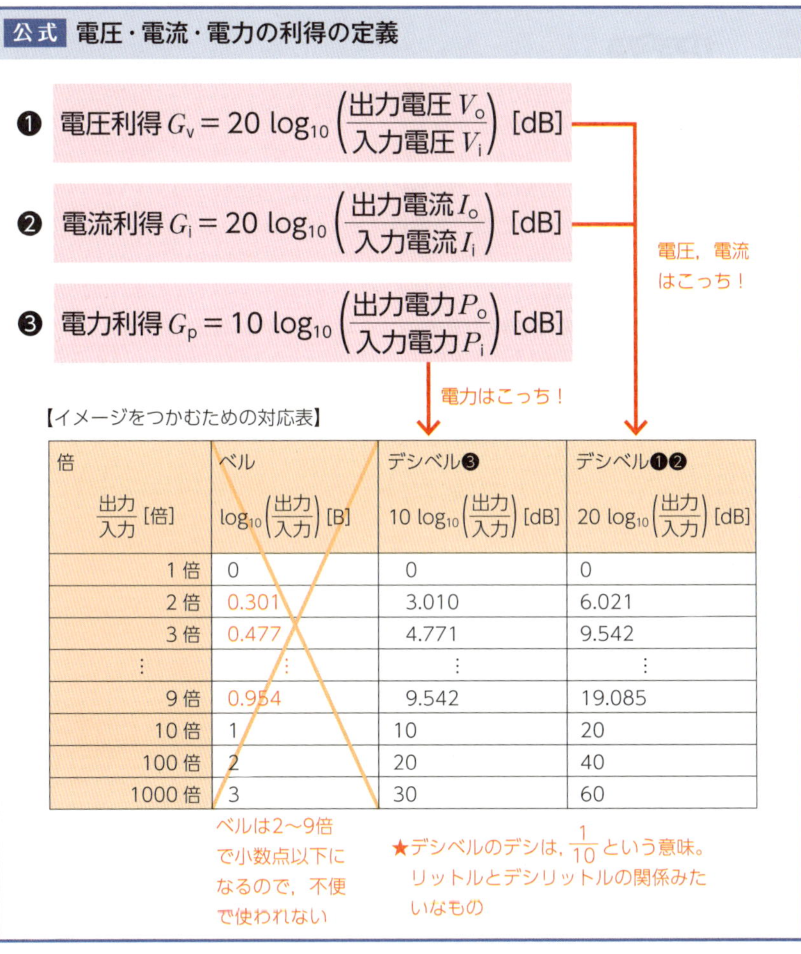

公式 電圧・電流・電力の利得の定義

❶ 電圧利得 $G_v = 20\log_{10}\left(\dfrac{\text{出力電圧 } V_o}{\text{入力電圧 } V_i}\right)$ [dB]

❷ 電流利得 $G_i = 20\log_{10}\left(\dfrac{\text{出力電流 } I_o}{\text{入力電流 } I_i}\right)$ [dB]

❸ 電力利得 $G_p = 10\log_{10}\left(\dfrac{\text{出力電力 } P_o}{\text{入力電力 } P_i}\right)$ [dB]

【イメージをつかむための対応表】

倍 $\dfrac{\text{出力}}{\text{入力}}$ [倍]	ベル $\log_{10}\left(\dfrac{\text{出力}}{\text{入力}}\right)$ [B]	デシベル❸ $10\log_{10}\left(\dfrac{\text{出力}}{\text{入力}}\right)$ [dB]	デシベル❶❷ $20\log_{10}\left(\dfrac{\text{出力}}{\text{入力}}\right)$ [dB]
1 倍	0	0	0
2 倍	0.301	3.010	6.021
3 倍	0.477	4.771	9.542
⋮	⋮	⋮	⋮
9 倍	0.954	9.542	19.085
10 倍	1	10	20
100 倍	2	20	40
1000 倍	3	30	60

★デシベルのデシは，$\dfrac{1}{10}$ という意味。リットルとデシリットルの関係みたいなもの

問題集 問題155

ひとこと

$G_p = 10\log_{10}A_p$ で10がつくのはなぜ？

1B＝10dBで換算したからです。

$G_v = 20\log_{10}A_v$ や $G_i = 20\log_{10}A_i$ で20がつくのはなぜ？

電力 $P = \dfrac{V^2}{R} = RI^2$ と電圧や電流に2乗がついているので，logに直したときに2が前に出てくるからです。

電力利得から，電流利得を計算すると…	電力利得から，電圧利得を計算すると…
$10\log_{10}\dfrac{P_o}{P_i} = 10\log_{10}\dfrac{RI_o^2}{RI_i^2}$ $= 10\log_{10}\left(\dfrac{I_o}{I_i}\right)^2$ $= 2 \times 10\log_{10}\left(\dfrac{I_o}{I_i}\right)$ $= 20\log_{10}A_i$	$10\log_{10}\dfrac{P_o}{P_i} = 10\log_{10}\dfrac{\left(\dfrac{V_o^2}{R}\right)}{\left(\dfrac{V_i^2}{R}\right)}$ $= 10\log_{10}\left(\dfrac{V_o}{V_i}\right)^2$ $= 2 \times 10\log_{10}\left(\dfrac{V_o}{V_i}\right)$ $= 20\log_{10}A_v$

3 演算増幅器（OPアンプ）

重要度★★☆

I 演算増幅器（OPアンプ）

1 演算増幅器

演算増幅器（えんざんぞうふくき）（**OPアンプ**（オペ））とは，❶反転入力と❷非反転入力の２つの入力から，１つの出力を行う増幅器のことです。図記号は次のような形です。

▷ ∞
−
＋

演算増幅器の中身は複雑なので，まず入口と出口だけに注目します。演算増幅器は，入力端子間の電圧 V_i[V]を増幅し，電圧 V_o[V]（V_oは出力端子の電位と電位0Vとの差）を出力する特徴を持ちます。

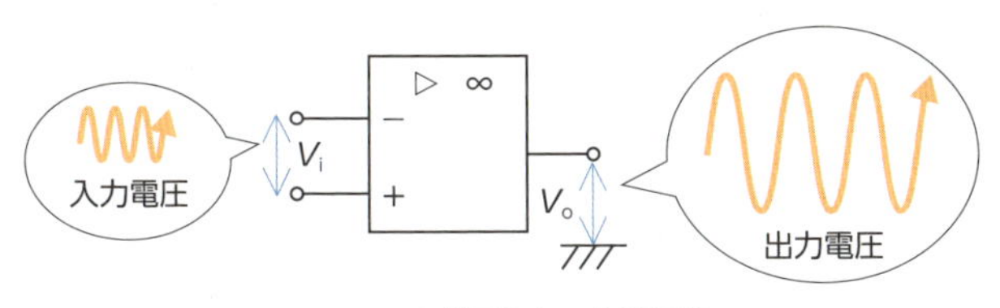

この地面みたいな記号は，
電位０Ｖを示す

Ⅱ 演算増幅器の等価回路

理想的な演算増幅器は，❶どんな周波数の電圧（直流でも交流）でも増幅でき，❷入力電圧が電圧降下せずそのまま入力され，❸出力電圧も電圧降下せずそのまま出力され，❹小さな入力信号を無限大まで増幅させて出力できる性質を持っています。

❶を「周波数特性（*f*特性）が良い」といいます。

ここで現実的な中身を別にして，入力と出力のつじつまが合うような，理想的な演算増幅器の等価回路を頭の中で考えます。回路が分離されていますが，頭の中で考えていることなのでかまいません。

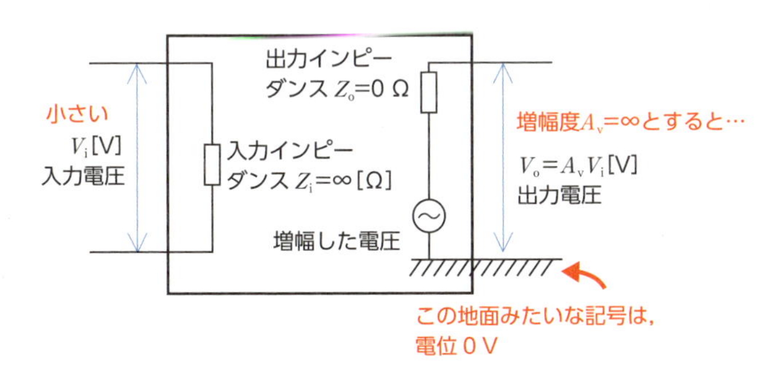

理想的には，入力インピーダンスを∞（現実には非常に大きい）とすることで，入力側に電流を流さないようにして，❷の条件になるように電圧降下を防いでいます。
理想的には，出力インピーダンスを0（現実には非常に小さい）とすることで，❸の条件になるように，内部で電圧降下が生じることを防いでいます。

ここで，$V_o = A_v V_i$ と $A_v = \infty$ より，$V_i = \frac{V_o}{A_v} = \frac{V_o}{\infty} \fallingdotseq 0\,\mathrm{V}$ となります。

入力端子の間では，電位差がほぼ0 Vで電圧降下がなく，しかも回路はつながっているので，仮想的に短絡（ショート）しているように考えることができます。これを，**仮想短絡**（**イマジナリショート**）といいます。

①入力端子から電流がなかにはまったく入っていかない，②2つの入力端子の電位は同じ，とわかりやすいように考えています。

Ⅲ 反転増幅回路

反転増幅回路(はんてんぞうふくかいろ)(**逆相増幅回路**(ぎゃくそうぞうふくかいろ))とは，入力電圧と出力電圧の符号が逆になる増幅回路をいいます。

基本例題 演算増幅器(H22B18改①)

図のような直流増幅回路がある。出力電圧V_{o2}[V]の値を求めよ。ただし，演算増幅器は理想的なものとし，$V_{i2}=0.45$ Vである。

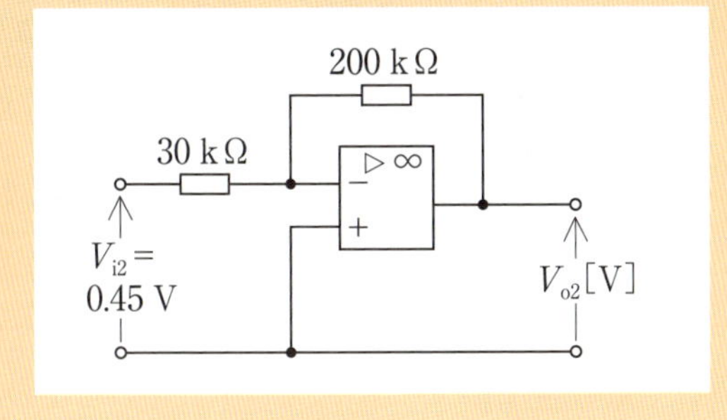

解答

節点bの部分は，緑色の導線の電圧(基準0Vとする)と同じ電圧である。なぜなら，入力端子どうしは，仮想的に短絡していると考えられるからである。

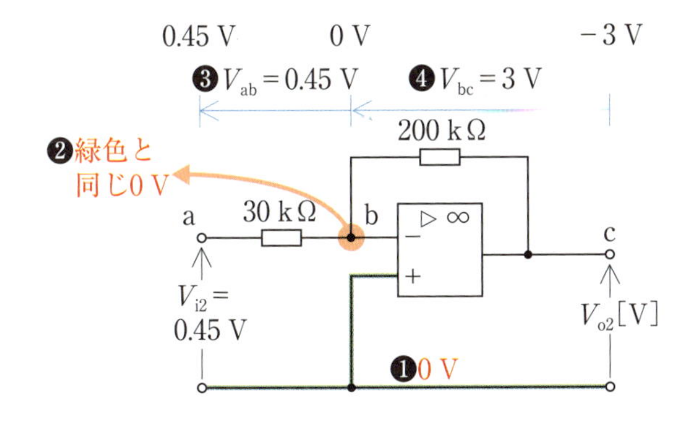

したがって，電圧 $V_{ab}=0.45-0=0.45$ V
分圧の法則から，抵抗30 kΩで0.45 Vの抵抗降下なのだから，

$$電圧\ V_{bc}=0.45\times\frac{200\ \mathrm{k\Omega}}{30\ \mathrm{k\Omega}}=3\ \mathrm{V}$$

よって，電圧 V_{o2} は節点bの電圧よりも3 V低いから，電圧 $V_{o2}=-3$ V

ひとこと
増幅回路では，とにかく問題を解けるようになることが重要です。問題の解き方のパターンも決まっていて，赤くした節点の電圧を考えるところからスタートします。それを知っていれば，後述する公式も覚えなくてかまいません。

Ⅳ 非反転増幅回路

非反転増幅回路（**正相増幅回路**）とは，入力電圧と出力電圧の符号が同じになる増幅回路をいいます。

基本例題　演算増幅器(H22B18改②)

図のような直流増幅回路がある。出力電圧 V_{o1}[V]の値を求めよ。ただし，演算増幅器は理想的なものとし，$V_{i1}=0.6$ Vである。

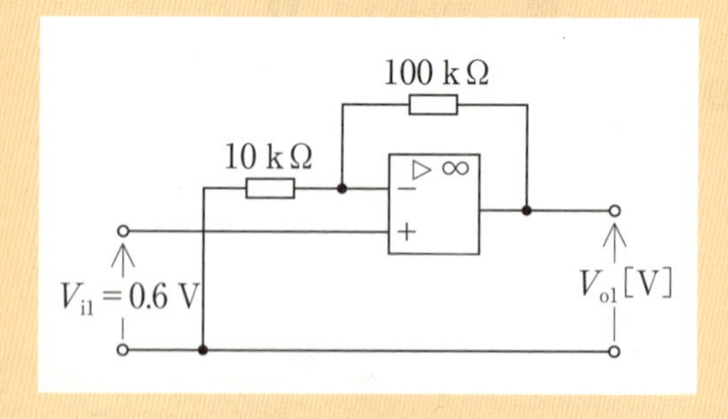

解答
節点bは，オレンジ色の導線の電圧0.6 Vと同じ電圧である。なぜなら，入力端子同士は，仮想的に短絡していると考えられるからである。

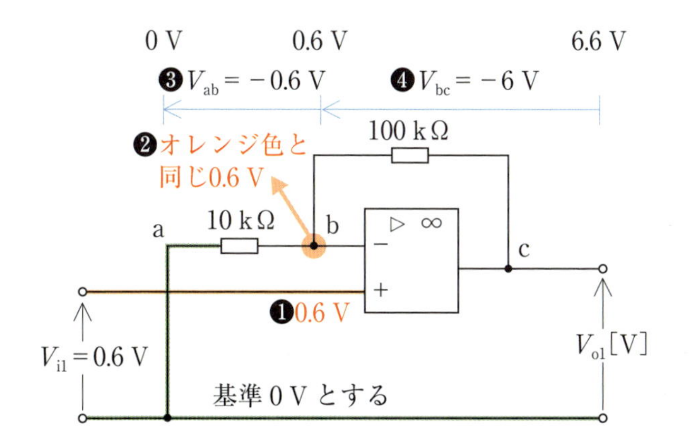

したがって，電圧 $V_{ab}=0-0.6=-0.6$ V
抵抗10 kΩで−0.6 Vの電圧がかかるのだから，抵抗100 kΩとの分圧を考えると，電圧 $V_{bc}=-0.6\times\dfrac{100\text{ k}\Omega}{10\text{ k}\Omega}=-6$ V
よって，電圧 $V_{o1}=0.6-(-6)=6.6$ V

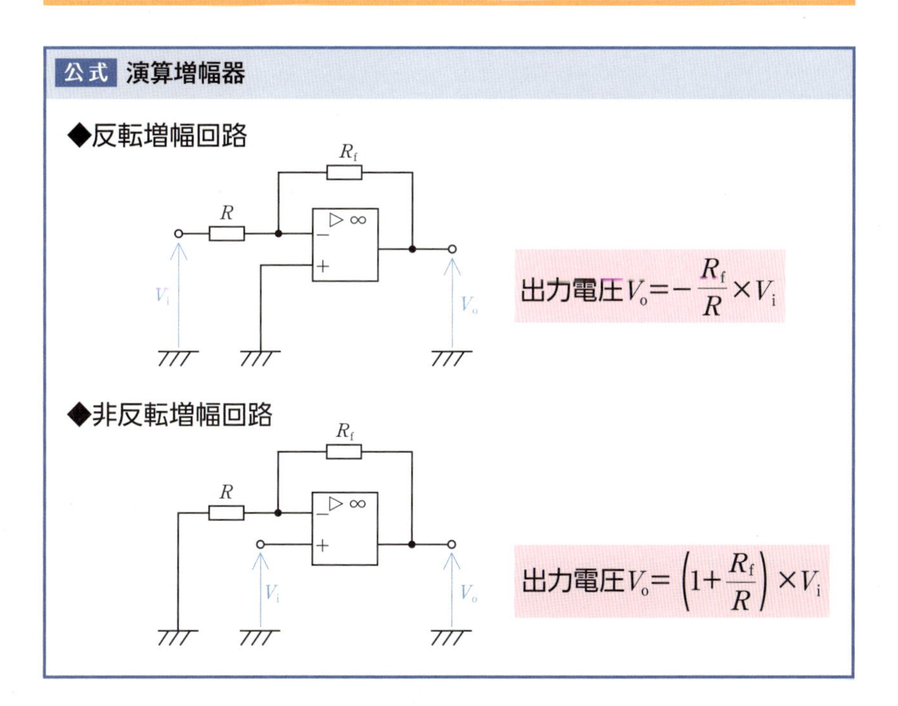

公式 演算増幅器
◆反転増幅回路
R_f
R
V_i
V_o
出力電圧$V_o=-\dfrac{R_f}{R}\times V_i$
◆非反転増幅回路
R_f
R
V_i
V_o
出力電圧$V_o=\left(1+\dfrac{R_f}{R}\right)\times V_i$

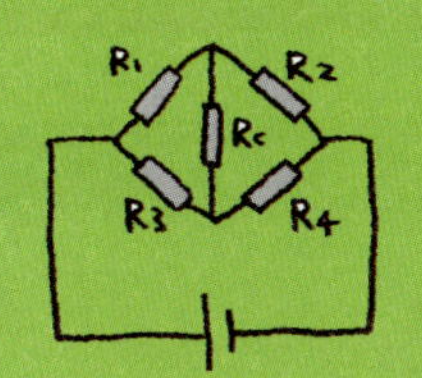

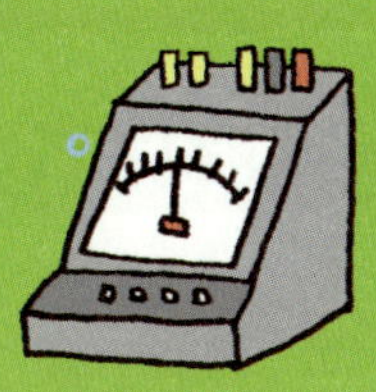

CHAPTER 08

電気測定

CHAPTER 08

電気測定

電気に関する値を測定するときに用いられる電気計器の種類や特徴について学びます。試験では，知識を問われる頻度が高いため，各計器の特徴をしっかりと理解しましょう。

このCHAPTERで学習すること

SECTION 01 電気測定

電気計器の種類や特徴，測定方法について学びます。

傾向と対策

出題数

0～3問／22問中

・論説問題（空欄補充，正誤選択）中心

	H22	H23	H24	H25	H26	H27	H28	H29	H30	R1
電気測定	3	3	3	3	0	1	3	0	2	1

ポイント

計器の種類が多く，覚える用語や記号も多いため，各計器のイラストや動作原理をしっかりと理解することが大切です。計算問題も出題されますが，短時間で解答できる問題が多いため，直流，交流回路の計算をスムーズに行えるように，繰り返し解くことも必要です。

SECTION 01

電気測定

このSECTIONで学習すること

1 電気計器

電気計器を使用する上での基礎知識と，それぞれの電気計器のしくみについて学びます。

2 分流器と倍率器

分流器と倍率器の用途と計算方法について学びます。

3 抵抗の測定

二通りの抵抗の測定方法について学びます。

4 電力と電力量の測定

直流・交流の電力と交流の電力量を測定する方法について学びます。

5 オシロスコープとリサジュー図形

電圧の波形を表示するオシロスコープのしくみについて学びます。

1 電気計器

重要度★★☆

I 測定値の誤差

真の値（量記号：T）は，本当に正しい値のことですが，通常は人が測定しても得ることができない値です。**測定値**（量記号：M）は，測定によって得た値でしかなく，真の値と測定値に**誤差**が生じます。

誤差率 ε は，$\dfrac{M-T}{T}$ で表され，**補正率** α は，$\dfrac{T-M}{M}$ で表すことができます。

公式 誤差率と補正率

◆誤差率

$$\varepsilon = \frac{M-T}{T} \times 100 \ [\%]$$

◆補正率

$$\alpha = \frac{T-M}{M} \times 100 \ [\%]$$

誤差率：ε [%]
補正率：α [%]
測定値：M
真の値：T

II 有効数字

たとえば，次の目盛を読む場合，「2.4」や「2.5」など小数点以下については人によって判断が異なりますが，「2」の部分に関しては明らかです。

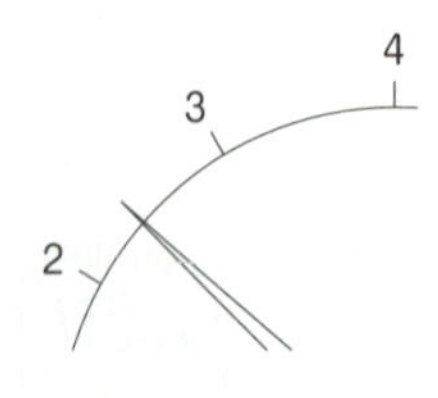

判断が分かれるものの，「2」と表現するよりも，「2.4」や「2.5」と詳しく表現すると，より正確になります。このように測定値として意味がある数字を**有効数字**といいます。

ひとこと

有効数字の桁数は，ゼロがはじめに並ぶ場合，ゼロでない数字よりも前にあるゼロは数えません。以下の例ならば，有効数字は３桁となります。

有効数字の桁数

0.000351　有効数字の桁数は３桁

（0.000の部分）有効数字の桁数ではない

Ⅲ 測定法の基礎と直動式指示電気計器

1 測定法の基礎

測定には，直接測定する方法（直接測定）と，関連する数値を測定して計算によって間接的に測定する方法（間接測定）があります。

2 電気計器の三大要素

電気計器は，①駆動装置，②制御装置，③制動装置で構成されます。

駆動装置	測定量を駆動トルクに変換して，指針などの可動部分を動かす
制御装置	指針を測定量に応じた位置に止める
制動装置	指針がふらふら揺れて読みにくくなるのを防ぐ

3 直動式指示電気計器の種類

直動式指示電気計器とは，測定量の大きさに対応して，動力が発生するようなしくみになっており，その動きを読み取って測定量を測る装置です。測定量とは，電圧，電流，電力などの値のことです。

指示計器には，測定量を読み取るため，目盛板がついています。

ひとこと

以下は目盛板の読み方の例です。

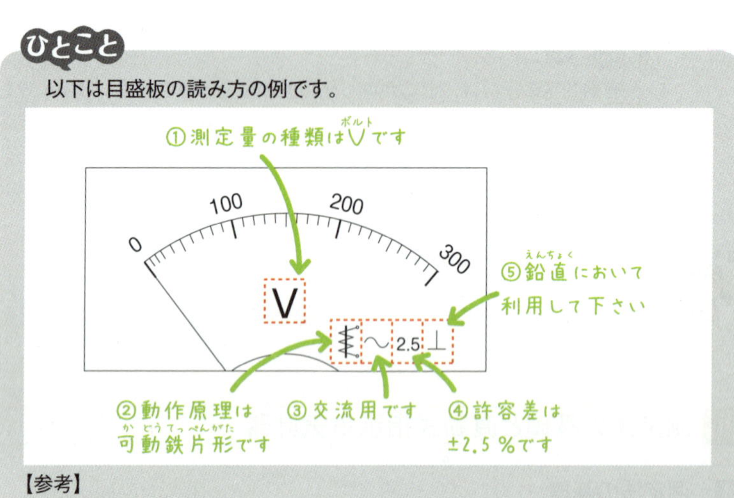

【参考】

①　測定量の種類と記号

測定量	記号
電圧	V，mVなど
電流	A，mAなど
電力	W，kWなど
力率	cos ϕ またはcos θ

③　直流用か交流用か

種　類	記　号
直流	⎓
交流	～
直流・交流	≂

⑤計器の姿勢（おき方）

種　類	記　号
鉛直	⊥
水平	⊓
傾斜 (60°の例)	∠60°

Ⅳ 永久磁石可動コイル形計器（U磁石にコイルがはさまっているマーク）

1　永久磁石可動コイル形計器のしくみ

磁界中でコイルに電流を流すと，電磁力が発生して回転します。電磁力の公式は，電磁力 $F = BI\ell$ だったので，磁束密度 B と磁束中の導体の長さ ℓ を一定にすれば，電磁力 F の大きさは，電流 I の大きさのみに比例します。トルク（回転力）も電流Iに比例することになります。

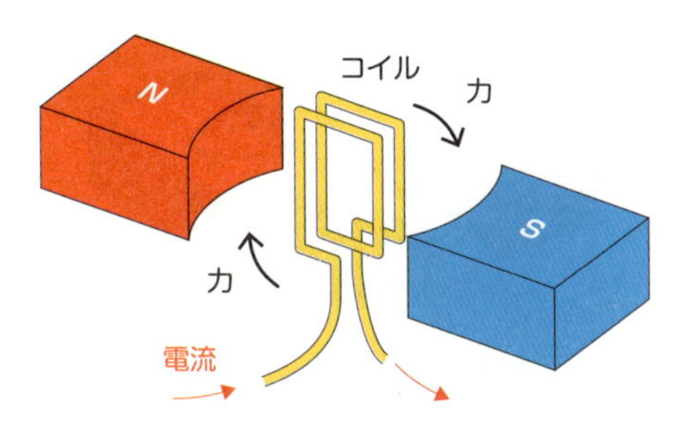

ひとこと

機械の科目でも重要な発想になりますが，機器を一度つくってしまったら，変化させることができない値があります。たとえば，使う磁石を決めてしまえばBは一定です。また，コイルを決めてしまえば導体の長さℓが一定です。

しかし，電流だけは，計器をつくったあとも，簡単に変化させることができます。

ひとこと

トルクの公式は，

トルクT＝電磁力F×腕の長さD　でした。

腕の長さはコイルを一度つくってしまえば変わりません。

このトルクを利用して，コイルに指針と目盛板を設ければ電流計ができます。しかし，これだけでは，どんな大きさの電流を流しても指針が振り切れて，適切な位置に止まりません。

ひとこと

指針を止めるしくみ（制御装置）がないと，ゆっくり回って限界の位置で止まるか，早く回って限界の位置で止まるかの違いだけで結局針が振り切れます。

そこで，トルクの大きさ，つまり電流の大きさに応じた位置で止めるしくみが必要になります。このため，渦巻状のぜんまいばねなどを使います。

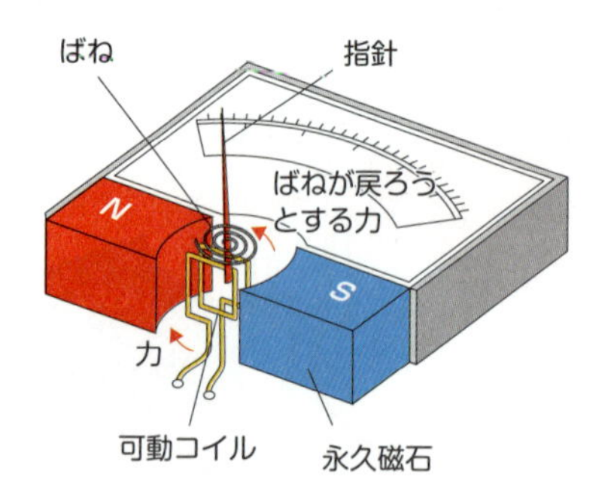

2　永久磁石可動コイル形計器の特徴

永久磁石可動コイル形計器は，直流用であり，指示値は平均値を示します。高感度で正確であり，目盛間隔が均一なので読み取りも楽にできます。

ひとこと

直流用とされる理由は，交流を流しても，力の向きが交替するので，針が右と左に振れて測れないからです。

3　整流形計器（「整流器」と「永久磁石可動コイル形計器」を組み合わせたマーク）

整流形計器とは，交流の電流や電圧を測定するために，整流器と可動コイル形計器を組み合わせた計器をいいます。可動コイル形計器は直流用でしたが，整流器で交流を直流に変換することで測定できます。

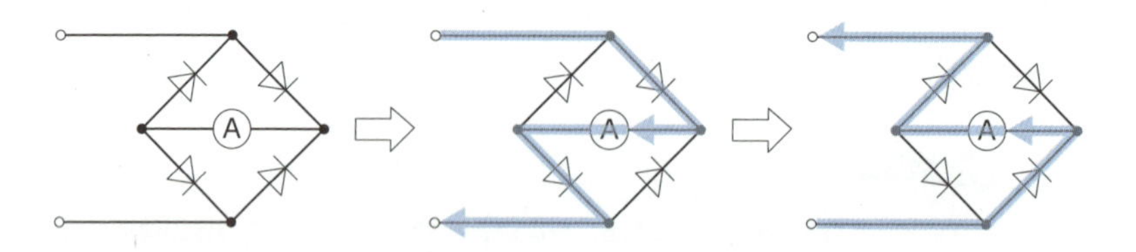

このように同一方向の電流が流れるため，交流を直流として扱うことができるようになります。

4 熱電対形計器

（「熱線と2種類の金属」と「永久磁石可動コイル形計器」を組み合わせたマーク）

熱電対とは，異なる2種類の金属を接合したものをいいます。熱電対の一方を加熱し，加熱された側の接合点と，他方の接合点との間で温度差が生じると，起電力が発生し電流が流れます。この現象を**ゼーベック効果（熱電効果）**といいます。

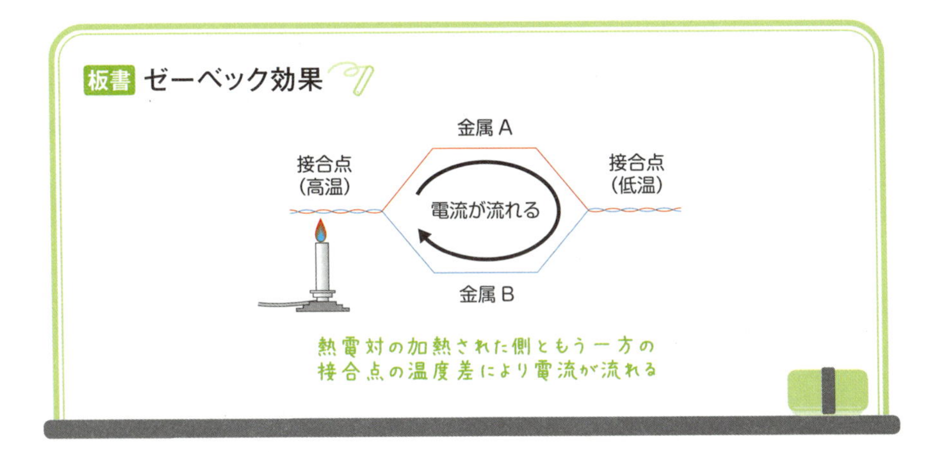

起電力の大きさは，金属の組み合わせや，温度差によって異なります。

なお，熱電対の2つの接合点の片方を離して，その間を別の中間金属Cでつないでも起電力は変化しません（中間金属の法則）。

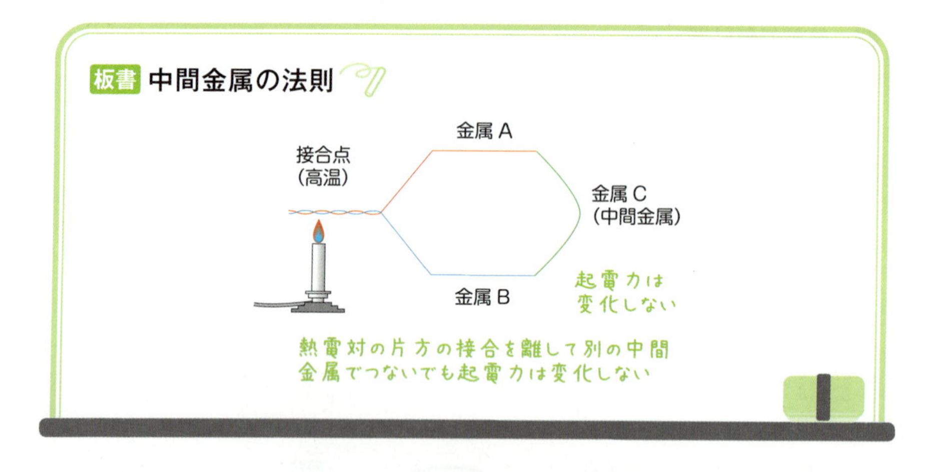

そこで，図のように熱線に，交流電流や直流電流を流せば，熱電対の片方を加熱でき，他方と温度差が生じて電流が流れます。これに，コイル形計器を組み合わせると，直流と交流どちらでも使える計器ができあがります。指示値は実効値となります。

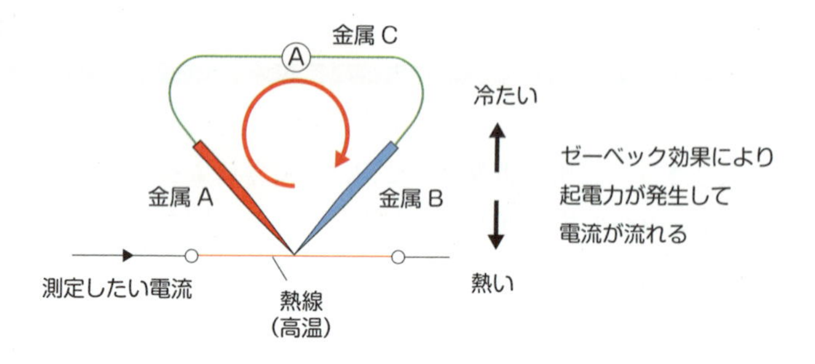

V 可動鉄片形計器（コイルに鉄片が入っているマーク）

1 可動鉄片形計器のしくみ

あるコイルに2つの鉄片を入れた場合を考えます。

次の図において，コイルに交流電流を流します。電流の向きが変わるたびに，右ねじの法則から磁束の向きが変わり，磁化された鉄片の上下のN極とS極の向きが変化します。

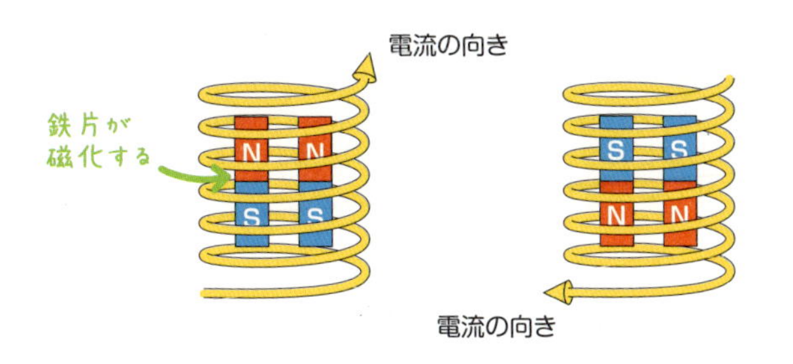

どちらの状態であっても，2つの鉄片には反発力が働きます。

この2つの鉄片のおき方を工夫してみます。片方は，指針の軸に取りつけて動けるようにします（可動鉄片（かどうてっぺん））。可動鉄片が，反発力によって軸を中心に回転すれば，それにあわせて指針も動きます。もう片方の鉄片は，固定します（固定鉄片（こていてっぺん））。

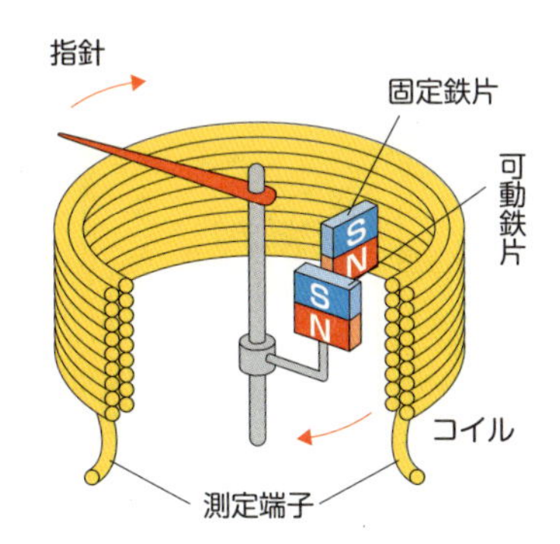

この2つの鉄片どうしの反発力による回転力（駆動トルク）は電流の2乗に比例します。

2 可動鉄片形計器の特徴

可動鉄片形計器は，おもに交流用であり，指示値は実効値を示します。目盛間隔は，2乗目盛であり不均一になります。

ひとこと

可動鉄片形計器は，しくみから考えると，直流用にも利用できそうですが，ほとんど利用されません。理由は，鉄片のヒステリシス特性によって，誤差を生じるからです。

問題集 問題159 問題160

Ⅵ 電流力計形計器（可動コイル1つと，固定コイル2つのマーク）

1 電流力計形計器のしくみ

3つのコイルに電流を流すと，それぞれのコイルに磁界が発生します。コイル①とコイル②の両端にS極とN極ができると考えられます。また，それに反発するような形で，コイル③の両端にN極とS極ができると考えられます。

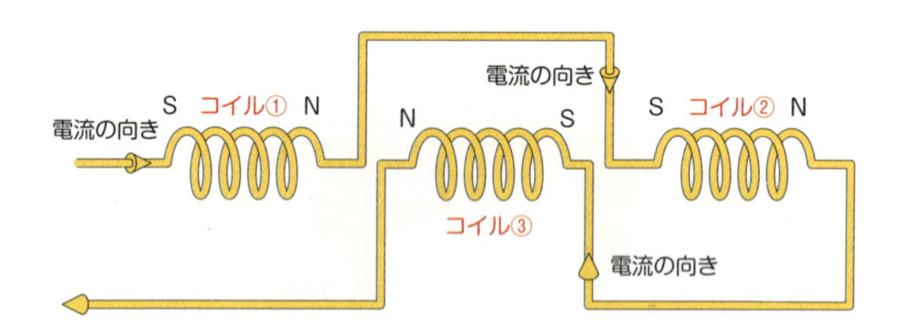

これは直流であっても，電流の向きが交互に変化する交流であっても，コイル③はほかのコイルと反発するように磁極が表れます。

直流の電流力計形計器においては，ヒステリシスの影響を避けるため，コイルの中身を空芯にしないといけません。交流の場合は，コイルのなかに鉄心を入れて，電磁石としてS極とN極をつくることができます。

上の図では，わかりやすくするためにコイルを直列接続にしましたが，電流を流したときにコイル③がほかのコイルと反発するように電流が流れれば，並列接続でも構いません。

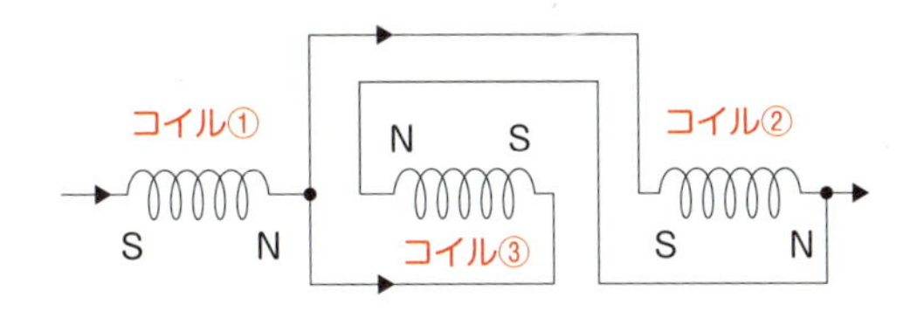

ここで，それぞれのコイルの置き方を工夫してみます。コイル①とコイル②は固定して，コイル③は回転軸を中心に回転できるように配置すれば，電流の大きさを測ることができます。

これが，電流力計形計器（でんりゅうりきけいがた）のしくみです。

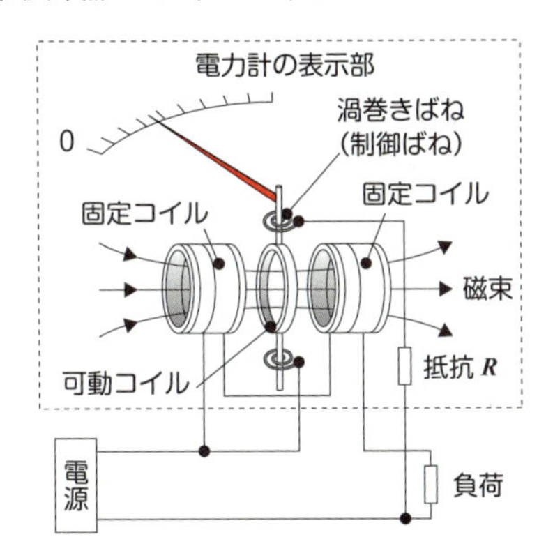

ひとこと

電流力計形計器は，永久磁石可動コイル形計器の応用といえます。永久磁石による磁界の代わりに，コイルに電流を流して発生する磁界を利用して交流に対応したしくみになっています。

2 電流力計形計器（でんりゅうりきけいがた）の特徴

電流力計形計器は，交流にも直流にも利用できます。指示値は実効値を示します。

Ⅶ 静電形計器（⫩ 2枚の電極板のうち片方の板が可動するようなマーク）

1 静電形計器のしくみ

図のように，測定したい電圧を加えると，電極板に電荷が蓄えられます。この電極板間に生じる静電力を利用することで，電圧を測定することができます。これが，静電形計器のしくみです。

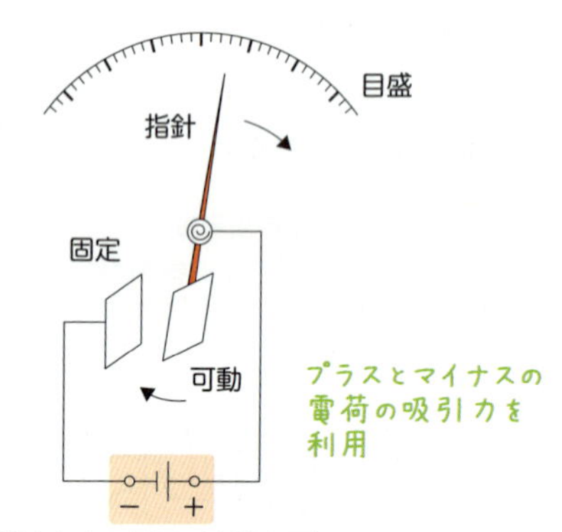

2 静電形計器の特徴

静電形計器は，交流にも直流にも利用できます。指示値は実効値を示します。

2 分流器と倍率器

重要度★★☆

I 分流器

分流器（ぶんりゅうき）とは，電流計に並列に接続した抵抗器をいい，電流計の測定範囲をこえた電流Iを測定したい場合（測定範囲を拡大したい場合）に利用します。

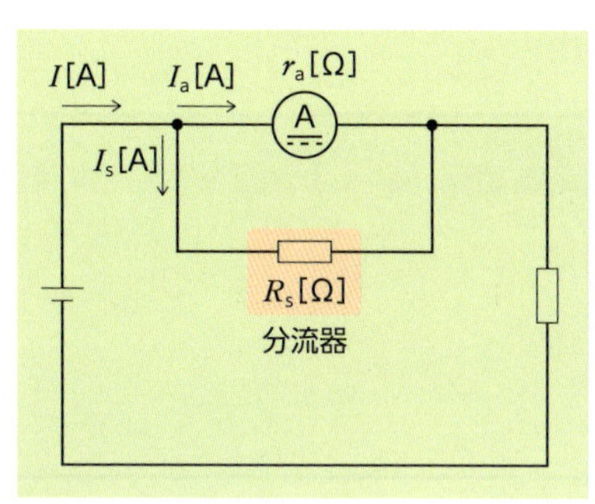

電流Iを分流させて
Ⓐで電流I_aを測定し，
逆算して電流Iを求めます

分流器の倍率（量記号：m）とは，分流器を利用することで電流計の測定上限の何倍の電流Iを測定できるかを意味し，電流I[A]と電流計に流れる電流I_a[A]の比である$\dfrac{I}{I_a}$で定義されます。以下で分流器の倍率をmにしたいときに，R_sはいくらにすればよいかを考えます。

ひとこと

分流器を並列に接続すると，分流計算によって，電流I[A]が枝分かれして，電流計に入っていく電流が減ります。電流計に流れた電流から逆算すると，電流I[A]を求めることができます。これを，測定範囲の拡大に利用します。

分流の式から

$$I_a = \frac{R_s}{r_a + R_s} I$$

したがって，分流器の倍率mは，

$$m = \frac{I}{I_a} = \frac{\cancel{I}}{\dfrac{R_s}{r_a + R_s}\cancel{I}} = \frac{r_a + R_s}{R_s} = \frac{r_a}{R_s} + \frac{R_s}{R_s} = \frac{r_a}{R_s} + 1$$

ゆえに，抵抗R_sを，分流器の倍率mを利用して表すと

$$m = \frac{r_a}{R_s} + 1$$

$$m - 1 = \frac{r_a}{R_s}$$

$$R_s(m - 1) = r_a$$

$$R_s = \frac{r_a}{m - 1}[\Omega]$$

となります。

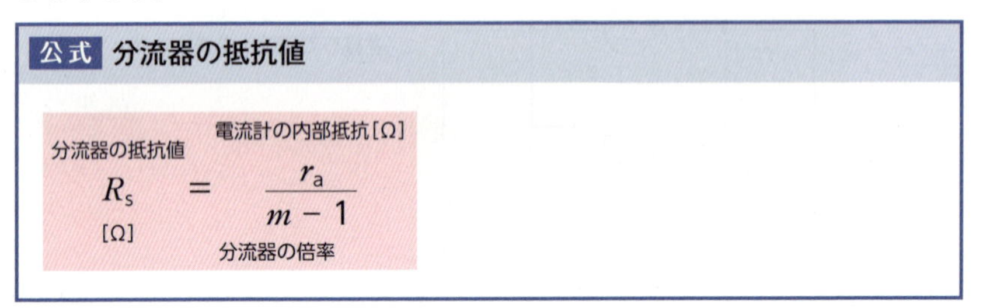

II 倍率器

倍率器（ばいりつき）とは，電圧計に直列に接続した抵抗をいい，電圧計の測定範囲をこえた電圧Vを測定したい場合（測定範囲を拡大したい場合）に利用します。

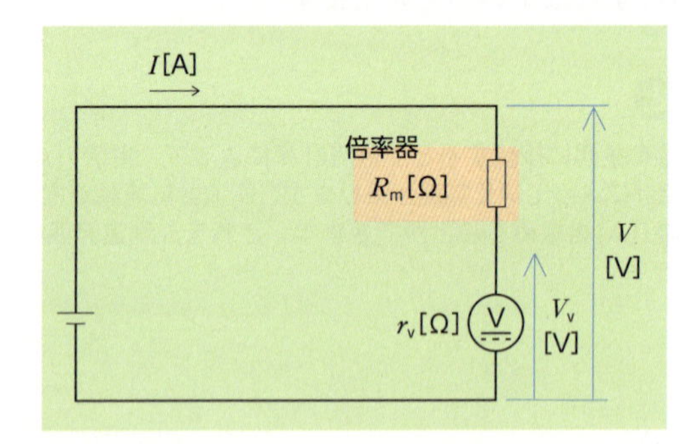

倍率器の倍率（量記号：m）は，倍率器を利用することで電圧計の測定上限の何倍の電圧Vを測定できるかを意味し，電源の端子電圧V[V]と，電圧計に加わる端子電圧V_v[V]の比である$\frac{V}{V_v}$で定義されます。倍率器の倍率をm

にしたいときに，R_mはいくらにすればよいかを考えます。

分圧の式から，V_v[V]は，

$$V_v = \frac{r_v}{R_m + r_v} V$$

したがって，倍率器の倍率mは，

$$m = \frac{V}{V_v} = \frac{V}{\frac{r_v}{R_m + r_v} V} = \frac{R_m + r_v}{r_v} = \frac{R_m}{r_v} + \frac{r_v}{r_v} = \frac{R_m}{r_v} + 1$$

ゆえに，抵抗R_mを，倍率器の倍率mを利用して表すと

$$m = \frac{R_m}{r_v} + 1$$

$$m - 1 = \frac{R_m}{r_v}$$

$$R_m = r_v(m - 1)\ [\Omega]$$

となります。

公式 倍率器の抵抗値

$$R_m = r_v (m - 1)$$

R_m：倍率器の抵抗値 [Ω]　r_v：電圧計の内部抵抗 [Ω]　m：倍率器の倍率

問題集 問題165 問題166 問題167

3 抵抗の測定

重要度★★☆

抵抗の基本的な測定方法として，**電圧降下法**（でんあつこうかほう）や**ホイートストンブリッジによる測定法**があります。

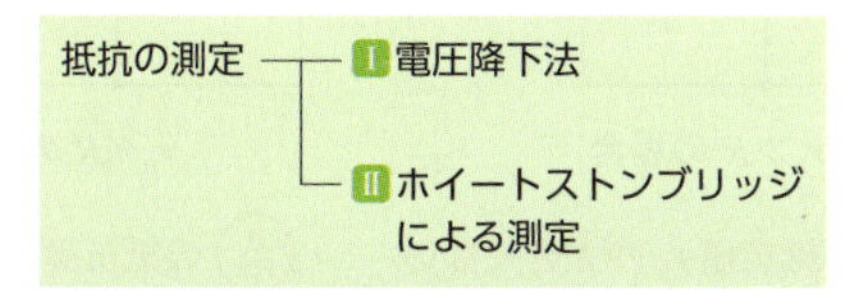

I 電圧降下法

電圧計と電流計を利用して，抵抗による電圧降下 V[V]と，抵抗に流れる電流 I[A]を測定すれば，オームの法則 $R=\dfrac{V}{I}$ から，間接的に近似的な抵抗 R[Ω]を求めることができます。このような抵抗の測定方法を電圧降下法といいます。しかし，精度の高い値は求められません。

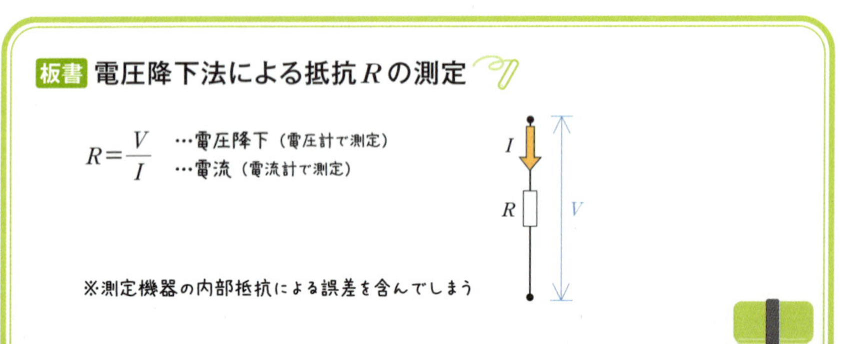

板書 電圧降下法による抵抗Rの測定
R=V/I
…電圧降下（電圧計で測定）
…電流（電流計で測定）
I
R
V
※測定機器の内部抵抗による誤差を含んでしまう

問題集 問題168

ひとこと

電圧計や電流計には，二通りの接続方法があり，①電圧計の内部抵抗 $r_V \gg R$ のときは左下図の接続方法を，②電流計の内部抵抗 $r_a \ll R$ のときは右下図の接続方法を行うと，誤差が少なくて済みます。

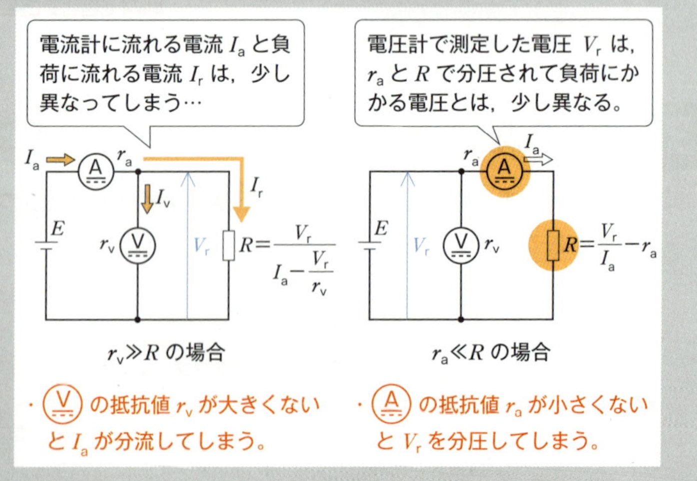

Ⅱ ホイートストンブリッジによる測定

抵抗を精密に測定したい場合，**ホイートストンブリッジ**を使います。図のように，抵抗値を測りたいR_xと，抵抗R_1，R_2と抵抗値を調整できる**可変抵抗**（かへんていこう）R_3を接続します。

可変抵抗R_3を調整して検流計Gがゼロを指したとき，ブリッジが平衡したということであり，$R_xR_1 = R_2R_3$が成り立ちます。これを式変形すると，測りたい抵抗値$R_x = \frac{R_2}{R_1}R_3$と求めることができます。また，$\frac{R_2}{R_1}$を**比例辺の倍率**（ばいりつ）といいます。

公式 ホイートストンブリッジによる測定

$$R_x = \frac{R_2}{R_1}R_3$$

未知の抵抗R_xを求めたいとき
可変抵抗R_3に$\frac{R_2}{R_1}$倍する
（比例辺というひとまとまりで考える）

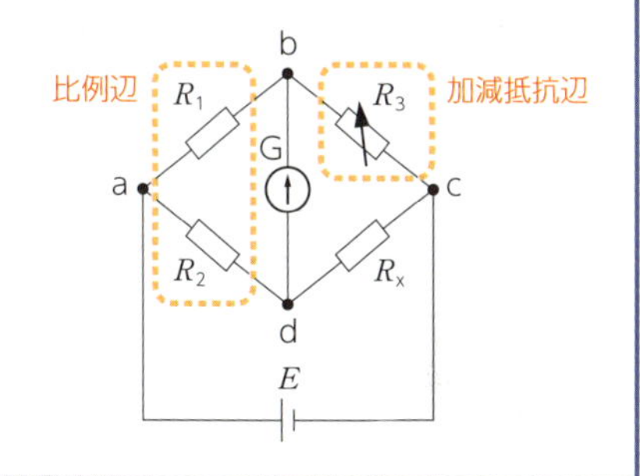

4 電力と電力量の測定

重要度★★☆

Ⅰ 電力の測定

直流と交流の電力を測定する方法には，①直接測定法（電流力計形電力計で直接測定する方法）と②間接測定法（電流計や電圧計を利用して間接的に測定する方法）があります。

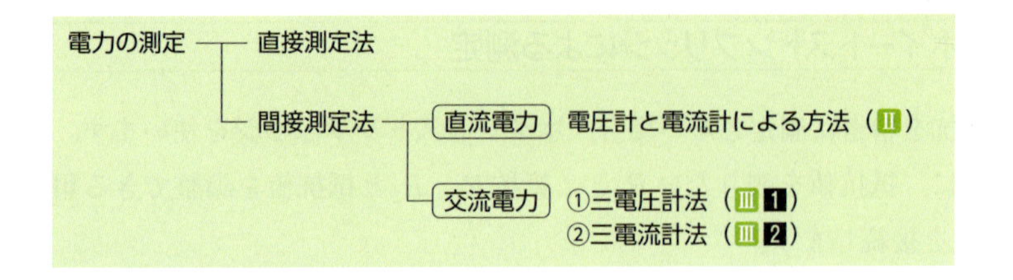

Ⅱ 直流回路の電力測定

負荷で消費される電力は，電圧計の指示値をV[V]，電流計の指示値をI[A]とすると，電力$P = VI$として近似的に求めることができます。

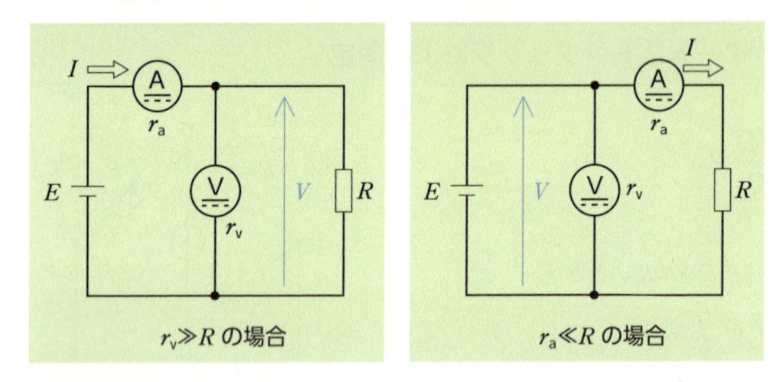

ひとこと

抵抗に流れる電流と抵抗にかかる電圧を測定して，電力を求めますが，電圧計と電流計の誤差が含まれるので，精度の高い測定結果は得られません。

Ⅲ 交流回路の電力測定

電力を測るための適切な電力計がない場合，1三電圧計法や2三電流計法を用いて電力を測定することができます。

1 三電圧計法（さんでんあつけいほう）

三電圧計法とは，図のように，電圧計3つと抵抗1つを配置して，負荷の消費電力を測定する方法です。抵抗Rの値と，電圧計V_1，V_2，V_3の指示値だけで，消費電力Pを求めることができます。

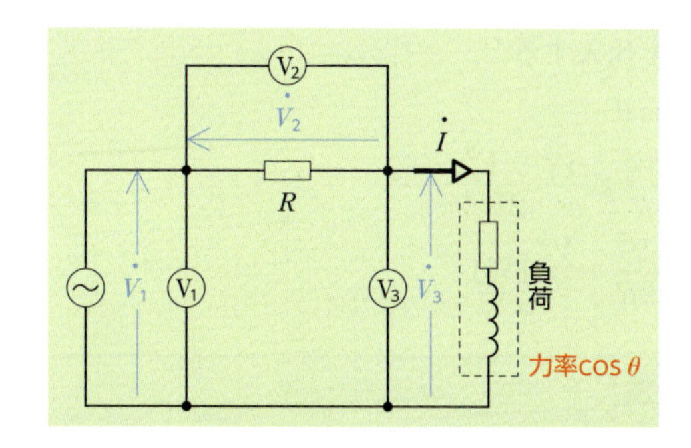

負荷に流れる電流$\dot{I}$[A]と電圧$\dot{V}_3$[V]の位相差（力率角）をθ [rad]とすると負荷が消費する電力Pは，

$$P = V_3 I \cos\theta \ [\mathrm{W}] \cdots ①$$

Iについて

電圧計V_1，V_2，V_3の内部抵抗が非常に大きく，電流の分流が起こらないと仮定すると，

$$I = \frac{V_2}{R} \cdots ②$$

cos θについて

キルヒホッフの第二法則（電圧則）より

$$\dot{V}_1 = \dot{V}_2 + \dot{V}_3$$

これをもとに電圧のベクトルを書きます。

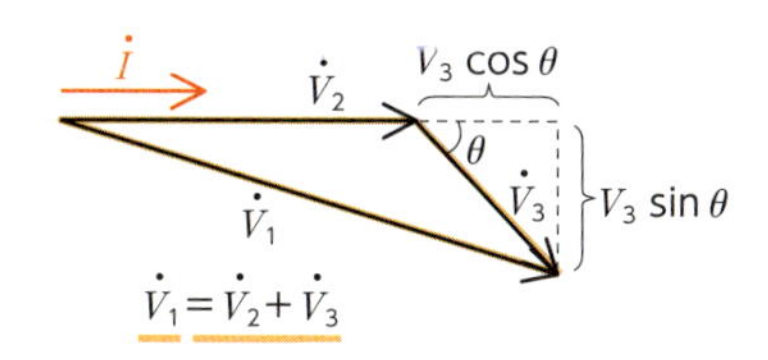

ピタゴラスの定理より

$$\begin{aligned} V_1^2 &= (V_3 \sin\theta)^2 + (V_2 + V_3 \cos\theta)^2 \\ &= (V_3^2 \sin^2\theta) + (V_2^2 + 2V_2V_3\cos\theta + V_3^2\cos^2\theta) \\ &= V_2^2 + V_3^2(\cos^2\theta + \sin^2\theta) + 2V_2V_3\cos\theta \\ &= V_2^2 + V_3^2 + 2V_2V_3\cos\theta \end{aligned}$$

よって，$\cos\theta = \dfrac{V_1^2 - V_2^2 - V_3^2}{2V_2V_3}$…③

①に，②，③を代入すると，

$$P = V_3 I\cos\theta$$
$$= \cancel{V_3} \times \frac{\cancel{V_3}}{R} \times \frac{V_1^2 - V_2^2 - V_3^2}{2\cancel{V_3}\cancel{V_3}}$$
$$= \frac{V_1^2 - V_2^2 - V_3^2}{2R}\,[\mathrm{W}]$$

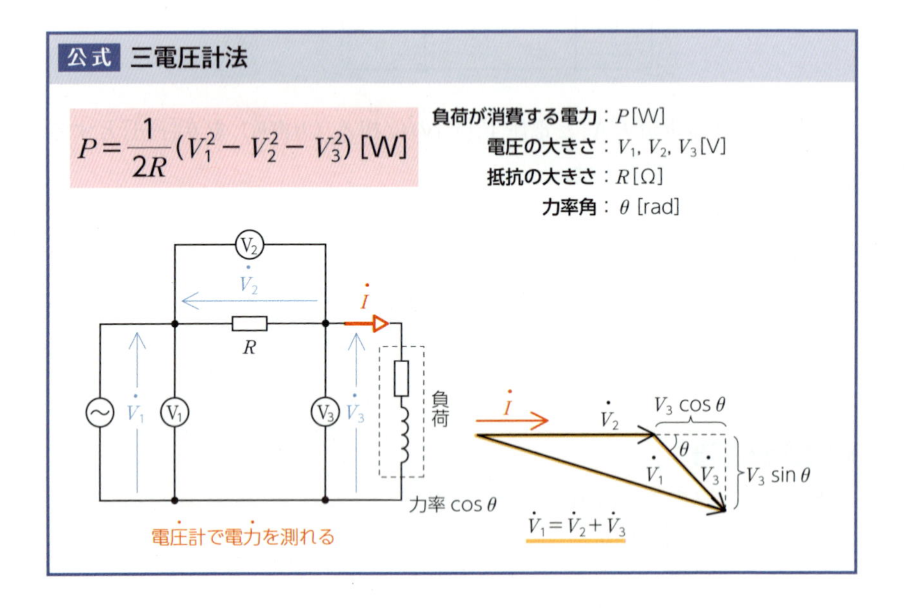

公式 三電圧計法
$P = \dfrac{1}{2R}(V_1^2 - V_2^2 - V_3^2)$ [W]
負荷が消費する電力：P[W]
電圧の大きさ：V₁, V₂, V₃[V]
抵抗の大きさ：R[Ω]
力率角：θ [rad]
V₂
R
V₁
V₃
İ
負荷
力率 cosθ
電圧計で電力を測れる
V₃ cosθ
θ
V₃ sinθ
V̇₁ = V̇₂ + V̇₃

2 三電流計法

三電流計法(さんでんりゅうけいほう)とは，図のように，電流計3つと抵抗1つを配置して，負荷の消費電力を測定する方法です。抵抗Rの値と電流計の指示値I_1，I_2，I_3だけで消費電力Pを求めることができます。

公式 三電流計法

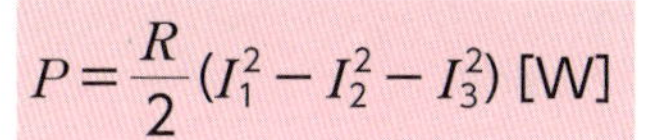

$$P=\frac{R}{2}(I_1^2-I_2^2-I_3^2)\ [\mathrm{W}]$$

負荷が消費する電力：P[W]
電流の大きさ：I_1，I_2，I_3[A]
抵抗の大きさ：R[Ω]
力率角：θ [rad]

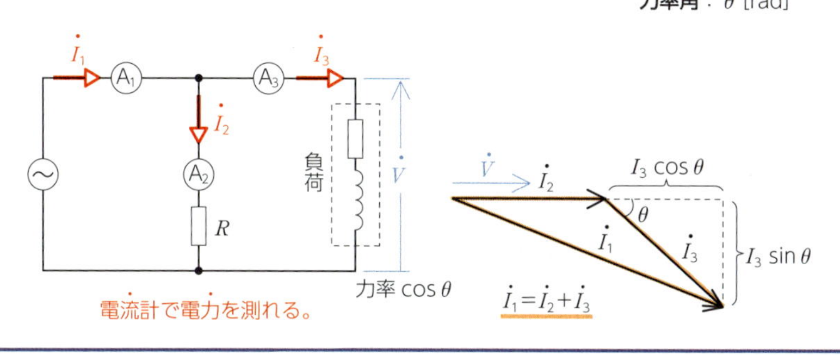

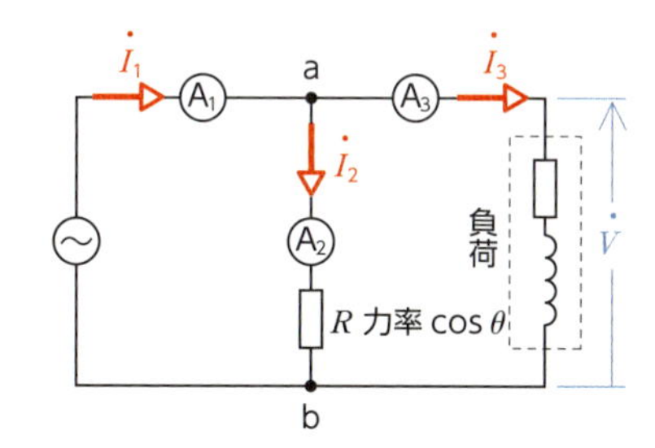

負荷に流れる電流$\dot{I}_3$[A]と電圧$\dot{V}$[V]の位相差（力率角）をθ [rad]とします。
負荷が消費する電力Pは，

$P = VI_3\cos\theta$ [W]…①

Vについて

電流計I_1，I_2，I_3の内部抵抗が非常に小さく無視できるとすると，負荷にかかる電圧Vと抵抗Rにかかる電圧は等しいと考えられるから，

$V = I_2R$[V]…②

$\cos\theta$について

節点aでキルヒホッフの第一法則（電流則）を適用すると，

$\dot{I}_1 = \dot{I}_2 + \dot{I}_3$

これをベクトル図に書くと，

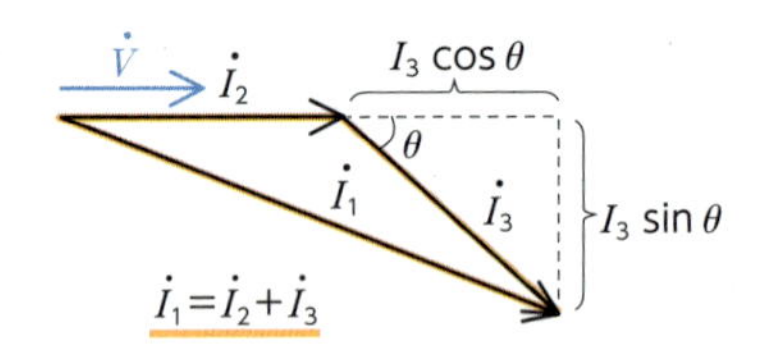

ピタゴラスの定理より，

$$\begin{aligned}I_1^2 &= (I_3\sin\theta)^2 + (I_2 + I_3\cos\theta)^2\\ &= I_3^2\sin^2\theta + (I_2^2 + 2I_2I_3\cos\theta + I_3^2\cos^2\theta)\\ &= I_2^2 + 2I_2I_3\cos\theta + I_3^2(\sin^2\theta + \cos^2\theta)\\ &= I_2^2 + 2I_2I_3\cos\theta + I_3^2\end{aligned}$$

よって，$\cos\theta = \dfrac{I_1^2 - I_2^2 - I_3^2}{2I_2I_3}$…③

①に，②,③を代入すると，

$$\begin{aligned}P &= VI_3\cos\theta\\ &= I_2R \times I_3 \times \frac{I_1^2 - I_2^2 - I_3^2}{2I_2I_3}\\ &= \frac{R}{2}(I_1^2 - I_2^2 - I_3^2)\,[\mathrm{W}]\end{aligned}$$

となります。

Ⅳ 三相交流回路の電力測定

1 一電力計法

三相電力（さんそうでんりょく）とは，三相交流回路における電力です。三相電力は，1相分の電力を測定して3倍することで求めることができます。この測定方法を一電力計法（いちでんりょくけいほう）といいます。

一電力計法は，負荷が三相で等しいとき（負荷が平衡）しか使えません。また，中性点がないΔ結線では使えません。

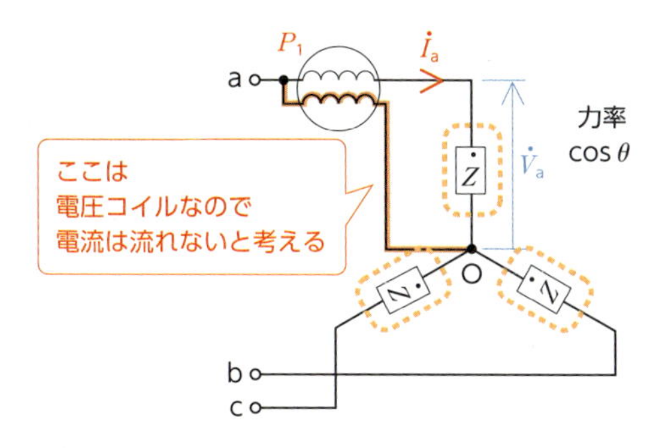

公式 一電力計法（三相電力の測定）

$$P = 3P_1 \text{ [W]}$$

三相電力 P [W]、一相分の電力 P_1 [W]

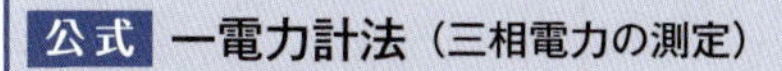

←1相分の電力を3倍するだけで三相電力を測れる。

ひとこと

無効電力の測定

無効電力は，1台の電力計を図のように接続し，指示値P_1を$\sqrt{3}$倍することで求めることができます。

$$Q=\sqrt{3}P_1 \text{ [var]}$$

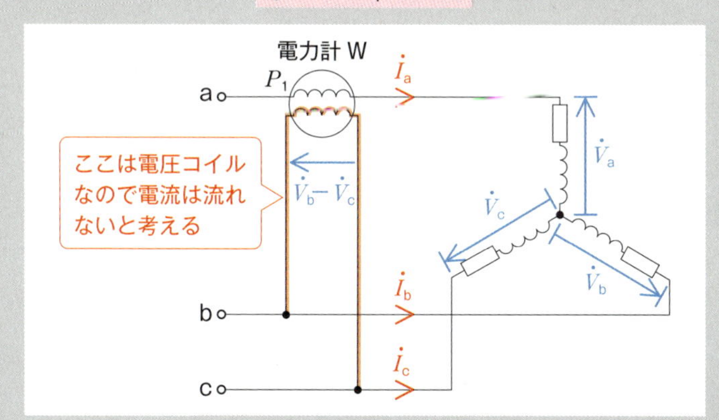

2 二電力計法

図のように2つの単相電力計を接続すると，2つの電力計の指示値の和が，三相電力になります。この三相電力の測定方法を二電力計法（にでんりょくけいほう）といいます。二電力計法は，次のように，中性点がないΔ結線でも利用することができます。また，負荷が不平衡でも利用できます。

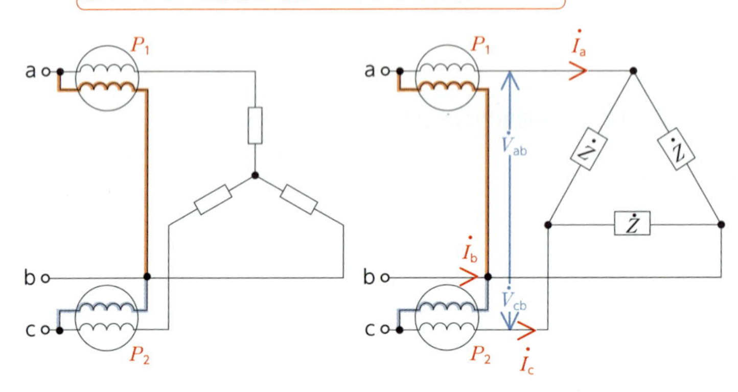

2つの電力計の指示する電力P_1，P_2は，以下の通りです。

$$P_1 = V_{ab}I_a\cos(30° + \theta)$$

$$P_2 = V_{cb}I_c\cos(30° - \theta)$$

V_{ab}，V_{cb}はともに線間電圧で，大きさが等しいのでV[V]とします。

I_a，I_cはともに線電流で，大きさが等しいのでI[A]とします。

$$\begin{aligned} P_1 + P_2 &= V_{ab}I_a\cos(30° + \theta) + V_{cb}I_c\cos(30° - \theta) \\ &= VI\cos(30° + \theta) + VI\cos(30° - \theta) \\ &= VI\{\cos(30° + \theta) + \cos(30° - \theta)\} \cdots ① \end{aligned}$$

加法定理より

$$\cos(\alpha + \beta) = \cos\alpha\cos\beta - \sin\alpha\sin\beta \cdots ②$$

$$\cos(\alpha - \beta) = \cos\alpha\cos\beta + \sin\alpha\sin\beta \cdots ③$$

したがって

$$\begin{aligned} ① &= VI\{\cos(30° + \theta) + \cos(30° - \theta)\} \\ &= VI\{(\cos30°\cos\theta - \cancel{\sin30°\sin\theta}) + (\cos30°\cos\theta + \cancel{\sin30°\sin\theta})\} \\ &= VI\left(\frac{\sqrt{3}}{2}\cos\theta + \frac{\sqrt{3}}{2}\cos\theta\right) \end{aligned}$$

$=\sqrt{3}\,VI\cos\theta$

となります。三相電力の公式は，$P=\sqrt{3}\,VI\cos\theta$ なので，$P_1+P_2=\sqrt{3}\,VI\cos\theta$ と等しく，2つの電力計の指示値の和が三相電力になっていることが確かめられました。

公式 二電力計法（三相電力の測定）

三相電力 電力計の指示値

$$P\,[\mathrm{W}] = P_1+P_2\,[\mathrm{W}]$$

←2つの電力計の指示値の和で三相電力を測れる。

ふむ ふむ

無効電力の測定

無効電力は，

$$Q=\sqrt{3}\,(P_2-P_1)\quad[\mathrm{var}]$$

で求めることができます。

問題集 問題169

V 交流回路の電力量の測定

1 渦電流（うずでんりゅう）

金属板を貫く磁束が変化すると，その磁束の変化を打ち消すような起電力が発生し，渦状の電流が流れます。これを**渦電流**（うずでんりゅう）といいます。

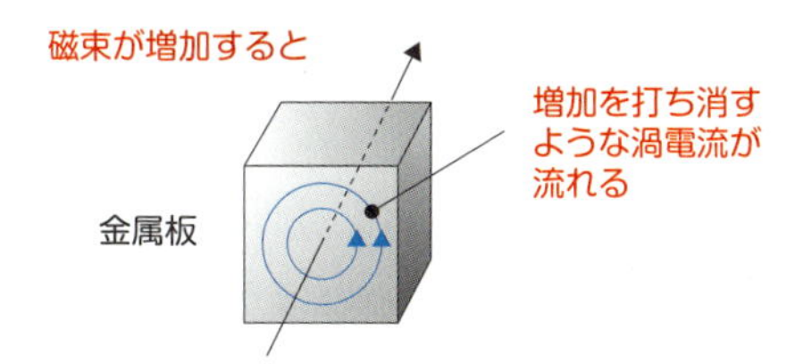
磁束が増加すると
増加を打ち消すような渦電流が流れる
金属板

ふむ ふむ

右ねじの法則から，どのような方向に渦電流が流れれば，磁束の変化を打ち消すことができるか考えることができます。

2 アラゴの円板

(1) アラゴの円板

図のように自由に回転できるアルミニウム円板を用意します。アルミニウムは磁石にくっつきません。しかし，アルミニウム円板に沿って磁石を回転させると，遅れてアルミニウム円板も回転します。この現象を，**アラゴの円板**といいます。

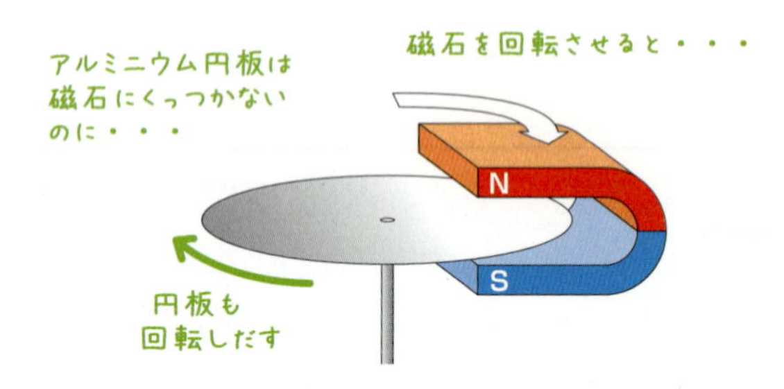

(2) アラゴの円板のしくみ

アルミニウム円板（金属板）を貫く磁束が変化すると，アルミニウム円板は磁束の変化を嫌がります。そこで，アルミニウム円板は渦電流を発生させて，もとの磁束を保とうとします。

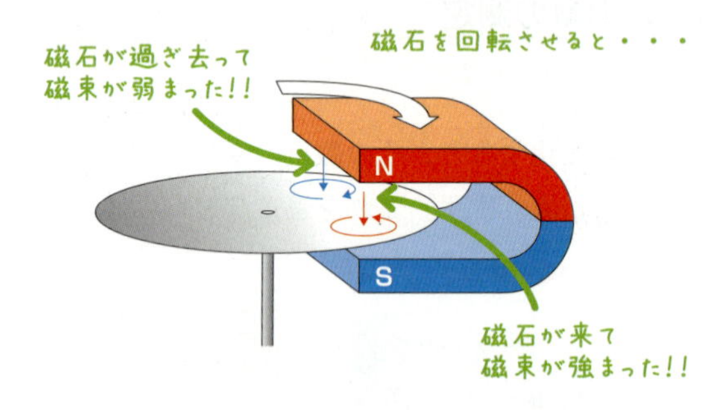

磁石が移動すると，①磁石が過ぎ去ったほうは磁束が弱まり，②磁石が上にきたほうは磁束が強まり，それぞれに対応した渦電流が流れます。

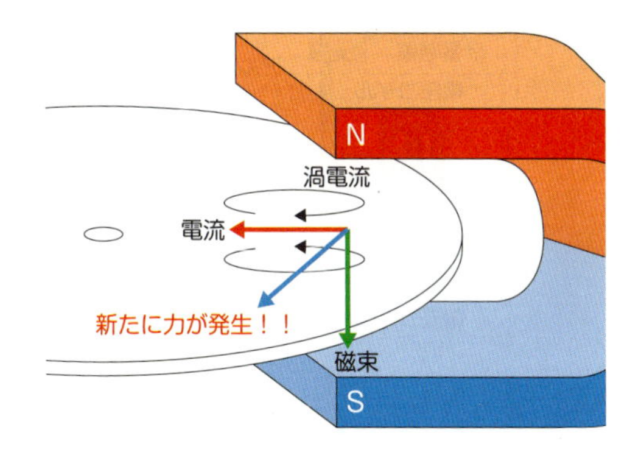

渦電流と渦電流の間では電流を強め合い，円板の中心に向かう方向に電流が流れると考えることができます。また,磁束はN極からS極へと向かいます。

したがって，フレミングの左手の法則から，電流と磁束の向きに垂直な方向に力が発生します。これが円板を回す力となります。

簡単にいえば，磁石が移動したら磁束も移動するので，アルミニウム円板も同じ方向に移動して，磁束の変化を軽減します。

ひとこと

機械の「誘導機」で重要な発想になりますが，磁石とアルミニウム円板がまったく同じ速度で動くと，両者の関係では止まっているのと同じなので，そもそも磁束が変化しません。

磁束が変化して動き出すには，磁石よりも，アルミニウム円板の回転速度が少しでも遅れている必要があります。

円板が止まっているときは，磁石の速度との差が大きいので，磁束が大きく変化し，円板が磁石の速度に近くなるほど，磁束の変化は小さくなります。

3 誘導形電力量計（ゆうどうがたでんりょくりょうけい）

誘導形電力量計は，交流の電力量を測定するためによく使われます。アラゴの円板の原理を利用したものです。

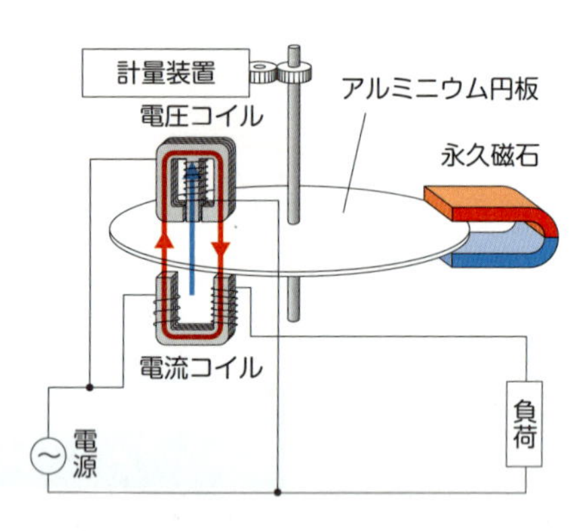

電圧コイルと電流コイルによる磁束で，アルミニウム円板に渦電流を発生させて，電力に比例する速度でアルミニウム円板を回転させます。誘導形電力量計の円板の回転数は，電力と時間の積に比例します。

このときの比例定数Kを**計器定数**（けいきていすう）といい，1 kW・hで円板を何回転させられるかを意味します。

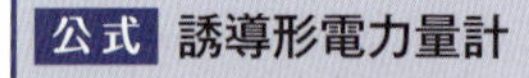

公式 誘導形電力量計

$$N = KPT \text{ [rev]}$$

$$K = \frac{3600N}{P \times t}$$

revはrevolution（レボリューション）で回転数の意味

円板の回転数：N[rev]
計器定数：$K\left[\frac{\text{rev}}{\text{kW}\cdot\text{h}}\right]$
電力：P[kW]
時間：t[s]，T[h]

動作原理は，たまにしか出題されないので，結論だけ押さえるとよいでしょう。

5 オシロスコープとリサジュー図形

重要度★☆☆

I オシロスコープ

オシロスコープとは，電気信号（電圧）の波形を表示する装置です。オシロスコープには，代表的なものとして，ブラウン管オシロスコープやディジタルオシロスコープがあります。

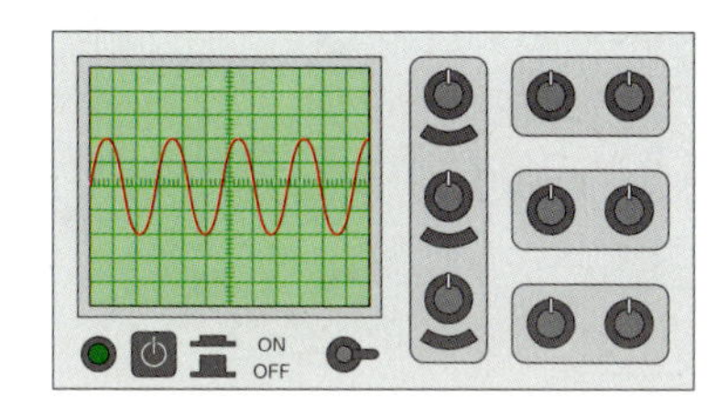

ひとこと

本書では，ブラウン管オシロスコープについて説明します。

II ブラウン管オシロスコープのしくみ

真空のブラウン管のなかで，電子銃が電子を連続的に発射します。この連続的に発射される電子の流れを電子ビームといいます。

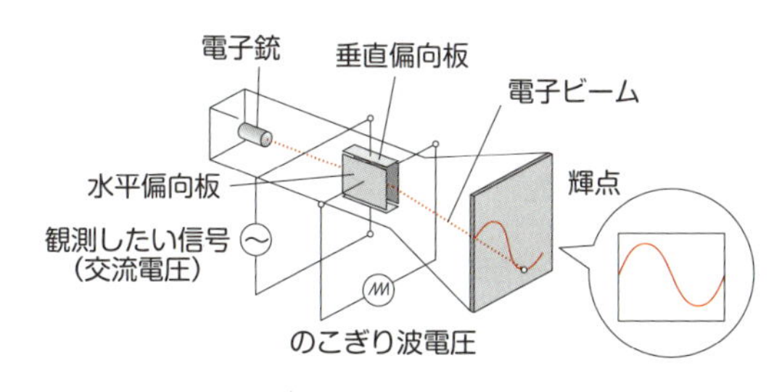

電子ビームは，①垂直偏向板（観測したい電圧がかかり電界が生じる）と②水平偏向板（ノコギリ波の電圧がかかり電界が生じる）の間を通り，ローレンツ力によって，電圧の時間変化に対応して軌道を曲げられます。

①垂直偏向板（交流電圧）→上下に軌道を曲げる

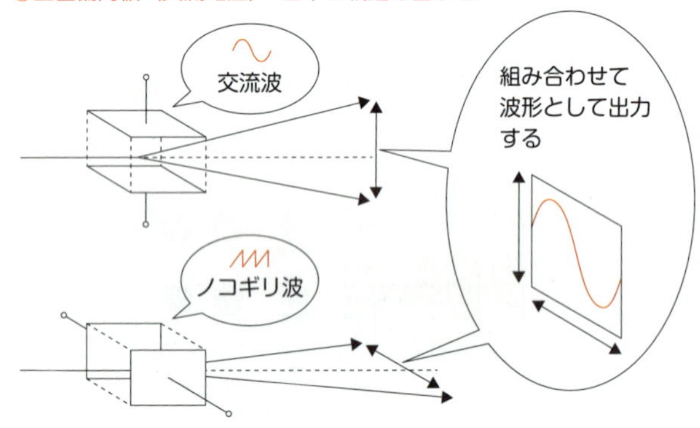

②水平偏向板（ノコギリ波）→左右に軌道を曲げる

最終的に，電子はブラウン管の内側に塗られた蛍光塗料にぶつかり，蛍光面（スクリーン）に軌跡が表示されます。

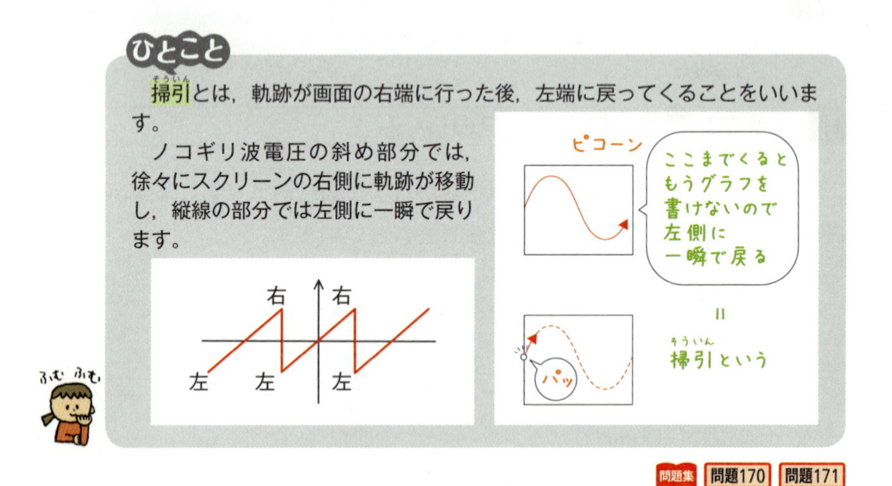

ひとこと

掃引とは，軌跡が画面の右端に行った後，左端に戻ってくることをいいます。

ノコギリ波電圧の斜め部分では，徐々にスクリーンの右側に軌跡が移動し，縦線の部分では左側に一瞬で戻ります。

問題集 問題170 問題171

Ⅲ リサジュー図形

Ⅱでは垂直軸と水平軸について，交流波とノコギリ波で考えましたが，交流波と交流波を組み合わせてできる図形を，**リサジュー図形**といいます。

代表的なリサジュー図形は次のようなものがあります。リサジュー図形によって，2つの交流波電圧の周波数比や位相差を知ることができます。

代表的なリサジュー図形

周波数比（垂直：水平）	1：1（周波数が同じ）	1：1（周波数が同じ）	1：2
位相差	0°（位相差なし）	90°	0°（位相差なし）
図形 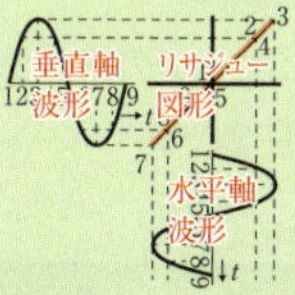	同相で同じ大きさだと，斜めの直線になる 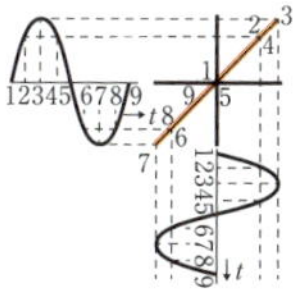	位相差90°だと円になる 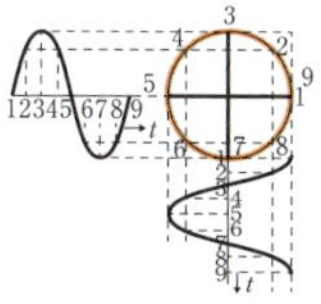	周波数が1：2だと8の形になる（周波数が2：1のときは∞の形） 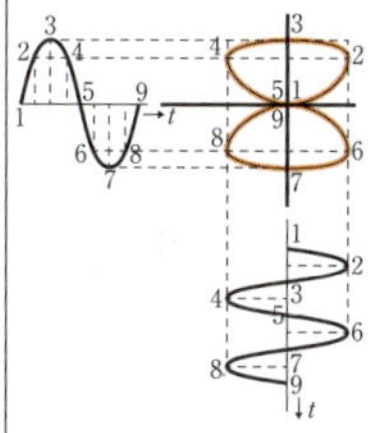

索　引

さ

し

す

せ

そ

ふ

へ

ほ

み

む

も

ゆ

よ

ら

り

れ

ろ

わ

第２分冊

問題集編

※問題の難易度は下記の通りです

A　平易なもの
B　少し難しいもの
（A・Bについて）難易度がAとBの問題は必ず解けるようにしましょう
C　相当な計算・思考が求められるもの

※過去問のB問題のなかで選択問題については，出題の表記をCとしています
（例H16-C17）

第 2 分冊

問題集編

第2分冊 問題集編

CHAPTER 01

直流回路

難易度 A

合成抵抗(1)

教科書 SECTION 02

問題01 図のように，抵抗R[Ω]と抵抗R_X[Ω]を並列に接続した回路がある。この回路に直流電圧V[V]を加えたところ，電流I[A]が流れた。R_X[Ω]の値を表す式として，正しいものを次の(1)～(5)のうちから一つ選べ。

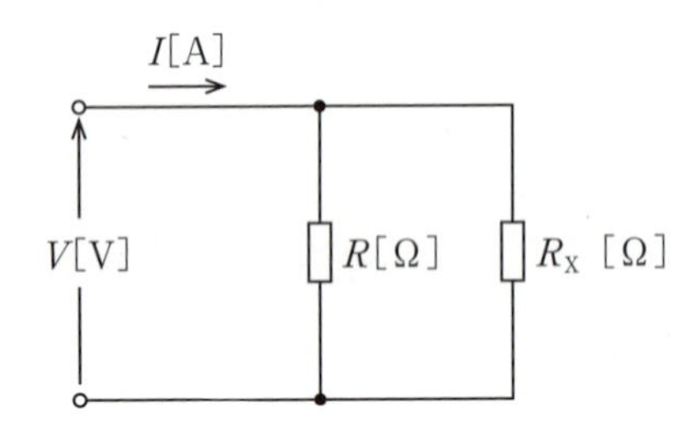

(1) $\dfrac{V}{I}+R$　(2) $\dfrac{V}{I}-R$　(3) $\dfrac{R}{\dfrac{IR}{V}-V}$

(4) $\dfrac{V}{\dfrac{I}{V-R}}$　(5) $\dfrac{VR}{IR-V}$

H25-A5

	①	②	③	④	⑤
学習日					
理解度 (○/△/×)					

解説

回路全体の合成抵抗は$\dfrac{R \cdot R_X}{R + R_X}$[Ω]であるから，オームの法則$V = RI$より，

$$V = I\frac{R \cdot R_X}{R + R_X}$$

$$V(R + R_X) = IRR_X$$

$$VR + VR_X = IRR_X$$

$$VR = IRR_X - VR_X$$

$$VR = (IR - V)R_X$$

$$R_X = \frac{VR}{IR - V}[\Omega]$$

よって，(5)が正解。

解答… (5)

難易度 A

合成抵抗(2)

教科書 SECTION 02

問題02 抵抗値が異なる抵抗R_1[Ω]とR_2[Ω]を図1のように直列に接続し，30 Vの直流電圧を加えたところ，回路に流れる電流は6 Aであった。次に，この抵抗R_1[Ω]とR_2[Ω]を図2のように並列に接続し，30 Vの直流電圧を加えたところ，回路に流れる電流は25 Aであった。このとき，抵抗R_1[Ω]，R_2[Ω]のうち小さい方の抵抗[Ω]の値として，正しいのは次のうちどれか。

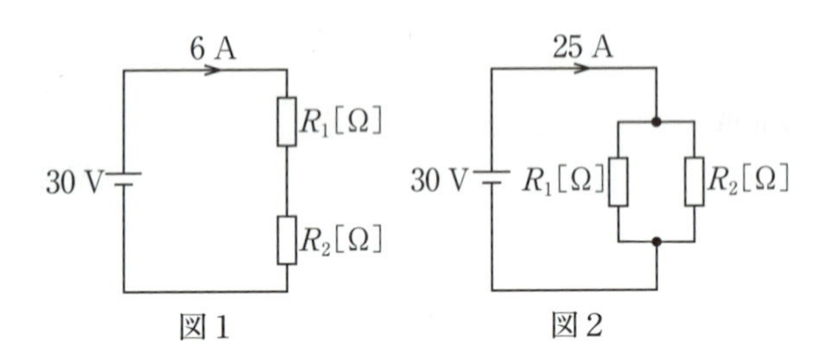

図1　図2

(1)　1　　(2)　1.2　　(3)　1.5　　(4)　2　　(5)　3

H21-A6

	①	②	③	④	⑤
学習日					
理解度 (○/△/×)					

解説

図1の回路の合成抵抗R_1+R_2[Ω]は，オームの法則$R=\dfrac{V}{I}$より，

$$R_1+R_2=\frac{30}{6}=5\ \Omega$$

同様に，図2の回路の合成抵抗$\dfrac{R_1R_2}{R_1+R_2}$は，オームの法則$R=\dfrac{V}{I}$より，

$$\frac{R_1R_2}{R_1+R_2}=\frac{30}{25}=1.2\ \Omega$$

$R_1+R_2=5\ \Omega$であるから，

$$\frac{R_1R_2}{5}=1.2$$

$$R_1R_2=6\ \Omega$$

$R_1+R_2=5\ \Omega$，$R_1R_2=6\ \Omega$を満たす2つの抵抗の組み合わせは2 Ωと3 Ωである。したがって，抵抗R_1[Ω]とR_2[Ω]のうち小さい方の抵抗の値は2 Ωである。

ゆえに，(4)が正解。

解答… (4)

ポイント

直列に接続されたn個の抵抗の合成抵抗は

$$R_1+R_2+\cdots+R_n\ [\Omega]$$

並列に接続されたn個の抵抗の合成抵抗は

$$\frac{1}{\dfrac{1}{R_1}+\dfrac{1}{R_2}+\cdots+\dfrac{1}{R_n}}\ [\Omega]$$

特に，並列に接続された抵抗が2個のとき

$$\frac{R_1R_2}{R_1+R_2}\ [\Omega]$$

で求めることができます。

難易度 A

合成抵抗(3)

教科書 SECTION 02

問題03 図のように，抵抗を直並列に接続した回路がある。この回路において，$I_1 = 100$ mAのとき，I_4[mA]の値として，最も近いものを次の(1)～(5)のうちから一つ選べ。

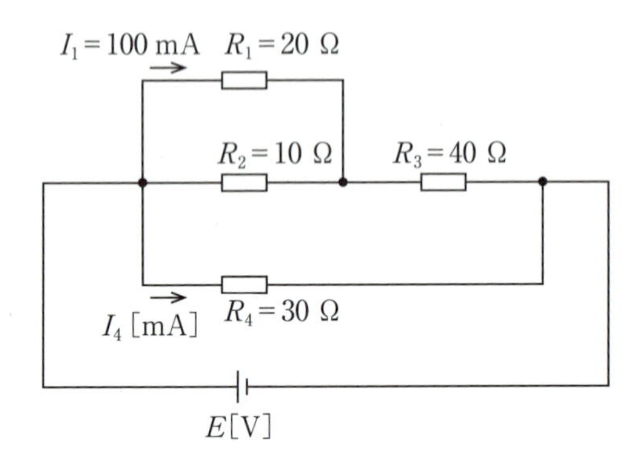

(1) 266　(2) 400　(3) 433　(4) 467　(5) 533

H24-A6

	①	②	③	④	⑤
学習日					
理解度 (○/△/×)					

解説

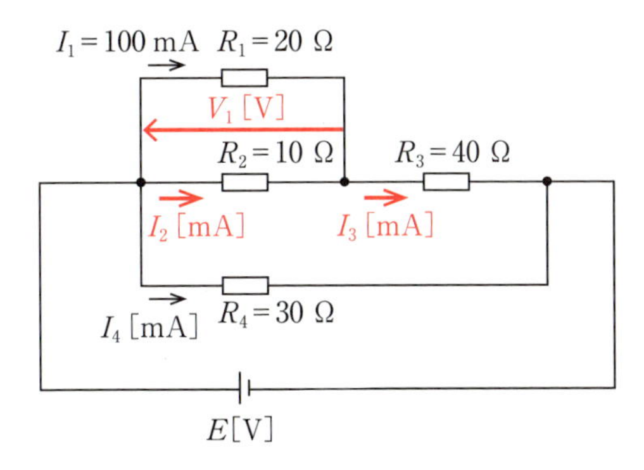

$I_1 = 100\ \text{mA} = 0.1\ \text{A}$だから，抵抗$R_1$にかかる電圧$V_1$は，

$$V_1 = R_1 I_1 = 20 \times 0.1 = 2\ \text{V}$$

抵抗R_2に流れる電流I_2は，

$$I_2 = \frac{V_1}{R_2} = \frac{2}{10} = 0.2\ \text{A}$$

抵抗R_3に流れる電流I_3は，

$$I_3 = I_1 + I_2$$
$$= 0.1 + 0.2 = 0.3\ \text{A}$$

以上より，起電力Eは，

$$E = V_1 + R_3 I_3$$
$$= 2 + 40 \times 0.3 = 2 + 12 = 14\ \text{V}$$

したがって，電流I_4の値は，

$$I_4 = \frac{E}{R_4} = \frac{14}{30}$$
$$\fallingdotseq 0.467\ \text{A} = 467\ \text{mA}$$

ゆえに，(4)が正解。

解答… (4)

難易度 A

合成抵抗(4)

教科書 SECTION 02

問題04 図のように，抵抗，切換スイッチS及び電流計を接続した回路がある。この回路に直流電圧100 Vを加えた状態で，図のようにスイッチSを開いたとき電流計の指示値は2.0 Aであった。また，スイッチSを①側に閉じたとき電流計の指示値は2.5 A，スイッチSを②側に閉じたとき電流計の指示値は5.0 Aであった。このとき，抵抗r[Ω]の値として，正しいのは次のうちどれか。

ただし，電流計の内部抵抗は無視できるものとし，測定誤差はないものとする。

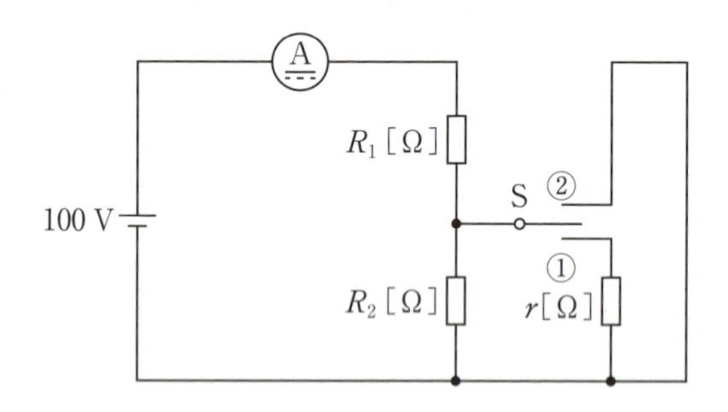

(1) 20　(2) 30　(3) 40　(4) 50　(5) 60

H20-A6

	①	②	③	④	⑤
学習日					
理解度 (○/△/×)					

解説

スイッチSを①側に閉じたとき，オームの法則より$I=\dfrac{V}{R}$なので，

$$2.5=\frac{100}{R_1+\dfrac{R_2 r}{R_2+r}}[\mathrm{A}]\cdots ⓐ$$

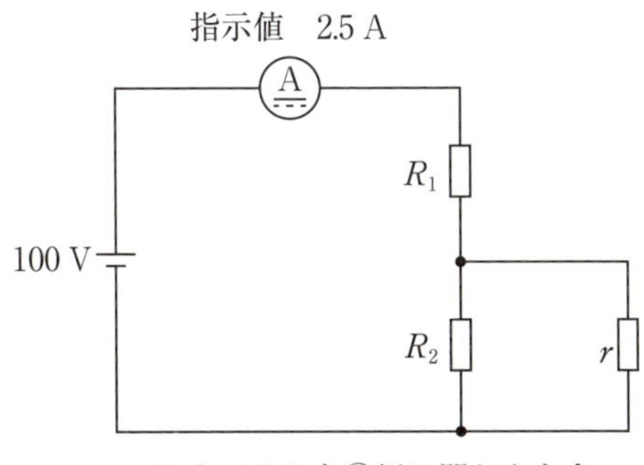

スイッチSを①側に閉じたとき

スイッチSを②側に閉じたとき，電流は図のように流れ，R_2とrに電流は流れないため，

$$5=\frac{100}{R_1}[\mathrm{A}]$$

$$R_1=20\ \Omega$$

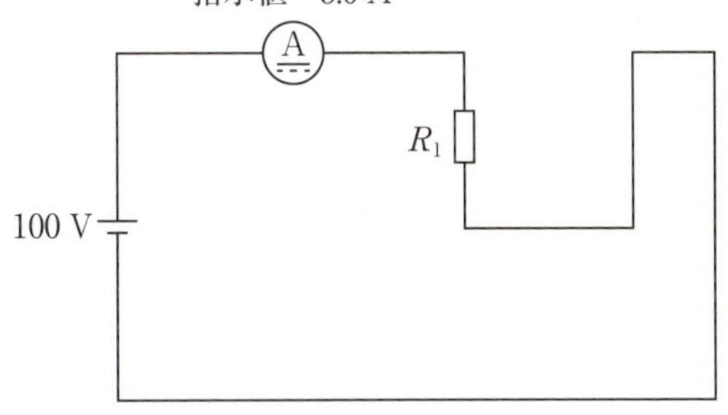

スイッチSを②側に閉じたとき

スイッチSを開いたとき，

$$2=\frac{100}{R_1+R_2}[\mathrm{A}]\cdots ⓑ$$

ⓑ式に$R_1=20\ \Omega$を代入すると

$$2=\frac{100}{20+R_2}$$

$$R_2=30\ \Omega$$

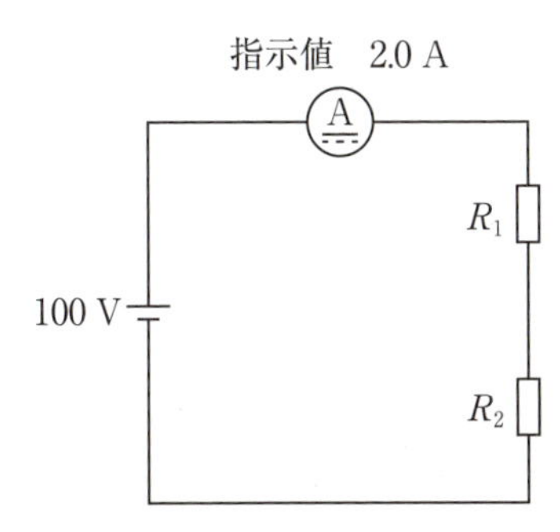

スイッチSを開いたとき

$R_1 = 20\ \Omega$，$R_2 = 30\ \Omega$をⓐ式に代入すると，

$$2.5 = \frac{100}{20 + \dfrac{30r}{30 + r}} [\mathrm{A}]$$

$$20 + \frac{30r}{30 + r} = \frac{100}{2.5}$$

$$\frac{30r}{30 + r} = 20$$

$$30r = 600 + 20r$$

$$r = \frac{600}{10} = 60\ \Omega$$

ゆえに，(5)が正解。

解答…　(5)

ポイント

並列回路において各抵抗に流れる電流は，各抵抗の逆数の比に等しいため，図のような回路では抵抗に電流は流れません。

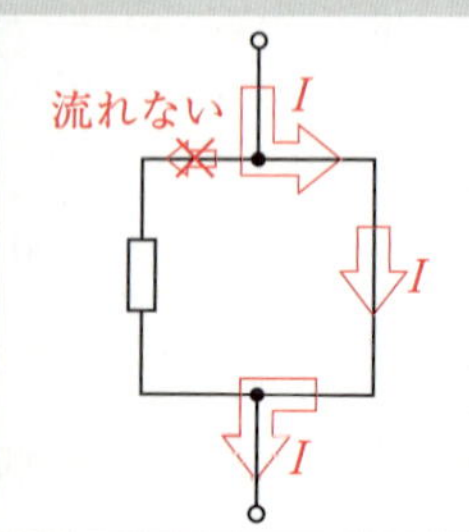

難易度 A

合成抵抗(5)

問題05 図のように，抵抗を直並列に接続した直流回路がある。この回路を流れる電流Iの値は，$I=10\,\mathrm{mA}$であった。このとき，抵抗R_2[kΩ]として，最も近いR_2の値を次の(1)〜(5)のうちから一つ選べ。

ただし，抵抗R_1[kΩ]に流れる電流I_1[mA]と抵抗R_2[kΩ]に流れる電流I_2[mA]の電流比$\frac{I_1}{I_2}$の値は$\frac{1}{2}$とする。

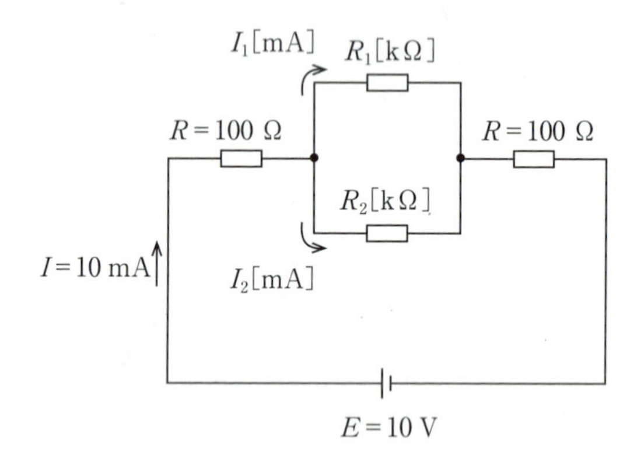

(1) 0.3　(2) 0.6　(3) 1.2　(4) 2.4　(5) 4.8

H26-A6

	①	②	③	④	⑤
学習日					
理解度 (○/△/×)					

難易度 A

合成抵抗(5)

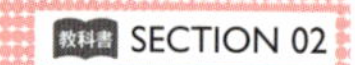

問題05 図のように，抵抗を直並列に接続した直流回路がある。この回路を流れる電流Iの値は，$I = 10$ mAであった。このとき，抵抗R_2[kΩ]として，最も近いR_2の値を次の(1)〜(5)のうちから一つ選べ。

ただし，抵抗R_1[kΩ]に流れる電流I_1[mA]と抵抗R_2[kΩ]に流れる電流I_2[mA]の電流比$\frac{I_1}{I_2}$の値は$\frac{1}{2}$とする。

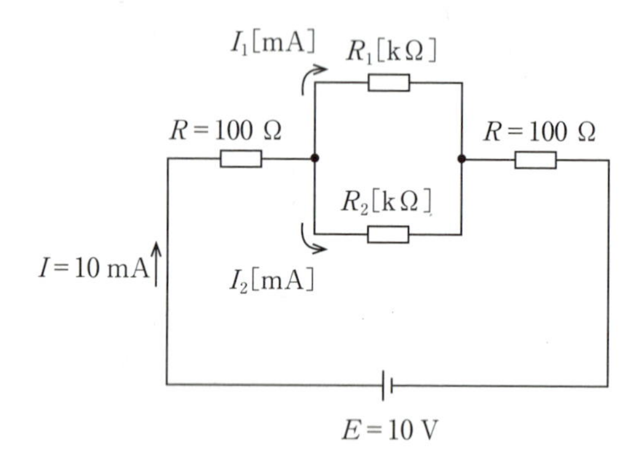

(1) 0.3　(2) 0.6　(3) 1.2　(4) 2.4　(5) 4.8

H26-A6

	①	②	③	④	⑤
学習日					
理解度 (○/△/×)					

解説

$V=RI$ より，

$$10[\mathrm{V}]=\left(0.1+\frac{R_1R_2}{R_1+R_2}+0.1\right)[\mathrm{k\Omega}]\times10[\mathrm{mA}]$$

$$1=\frac{R_1R_2}{R_1+R_2}+0.2$$

$$\frac{R_1R_2}{R_1+R_2}=0.8\cdots①$$

R_1，R_2にかかる電圧は等しいから，

$$R_1I_1=R_2I_2$$

$$\frac{R_2}{R_1}=\frac{I_1}{I_2}=\frac{1}{2}$$

$$R_1=2R_2$$

$R_1=2R_2$を①式に代入すると，

$$\frac{2R_2\cdot R_2}{2R_2+R_2}=\frac{2R_2}{3}=0.8$$

$$R_2=1.2\,\mathrm{k\Omega}$$

よって，(3)が正解。

解答… (3)

ポイント

1 kΩ，1 mAは，それぞれ10^3 Ω，10^{-3} Aです。
オームの法則 $V=RI$ より
　$1\,\mathrm{k\Omega}\times1\,\mathrm{mA}=10^3\,\Omega\times10^{-3}\,\mathrm{A}=1\,\mathrm{V}$となります。

難易度 A

合成抵抗(6)

教科書 SECTION 02

問題06 図のように，可変抵抗R_1[Ω]，R_2[Ω]，抵抗R_X[Ω]，電源E[V]からなる直流回路がある。次に示す条件1のときのR_X[Ω]に流れる電流I[A]の値と条件2のときの電流I[A]の値は等しくなった。このとき，R_X[Ω]の値として，正しいものを次の(1)～(5)のうちから一つ選べ。

条件1：$R_1 = 90$ Ω，$R_2 = 6$ Ω

条件2：$R_1 = 70$ Ω，$R_2 = 4$ Ω

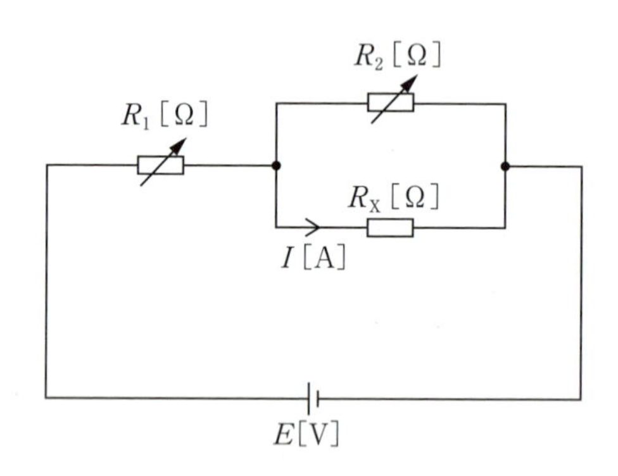

(1) 1　(2) 2　(3) 4　(4) 8　(5) 12

H23-A7

	①	②	③	④	⑤
学習日					
理解度 (○/△/×)					

解説

回路全体の合成抵抗Rは$R=R_1+\dfrac{R_2R_X}{R_2+R_X}$[Ω]である。抵抗$R_1$に流れる電流を$I_1$とすると，$I_1$は次のように表される。

$$I_1=\frac{E}{R}=\frac{E}{R_1+\dfrac{R_2R_X}{R_2+R_X}}\ [\mathrm{A}]$$

並列接続の場合，流れる電流は抵抗の逆比に分配される。よって電流Iは，

$$I=\frac{R_2}{R_2+R_X}I_1=\frac{R_2}{R_2+R_X}\times\frac{E}{R_1+\dfrac{R_2R_X}{R_2+R_X}}$$

$$=\frac{E}{\left(R_1+\dfrac{R_2R_X}{R_2+R_X}\right)\times\dfrac{R_2+R_X}{R_2}}=\frac{E}{\dfrac{R_1R_2+R_1R_X}{R_2}+R_X}$$

$$=\frac{R_2E}{R_1R_2+R_1R_X+R_2R_X}$$

条件1の場合，

$$I=\frac{6E}{90\times6+90R_X+6R_X}=\frac{6E}{540+96R_X}\ [\mathrm{A}]$$

条件2の場合，

$$I=\frac{4E}{70\times4+70R_X+4R_X}=\frac{4E}{280+74R_X}\ [\mathrm{A}]$$

これらが等しいから，

$$\frac{6E}{540+96R_X}=\frac{4E}{280+74R_X}$$

$$1680+444R_X=2160+384R_X$$

$$60R_X=480$$

$$R_X=8\ \Omega$$

よって，(4)が正解。

解答… (4)

ポイント

並列接続された抵抗に流れる電流は，抵抗に逆比例して分流されます。

$$\text{分路電流}=\text{分流前の電流}\times\frac{\text{反対側の抵抗}}{\text{抵抗の和}}$$

難易度 C

合成抵抗(7)

問題07 図は，抵抗R_{ab}[kΩ]のすべり抵抗器，抵抗R_d[kΩ]，抵抗R_e[kΩ]と直流電圧E_s = 12 Vの電源を用いて，端子H，G間に接続した未知の直流電圧[V]を測るための回路である。次の(a)及び(b)に答えよ。

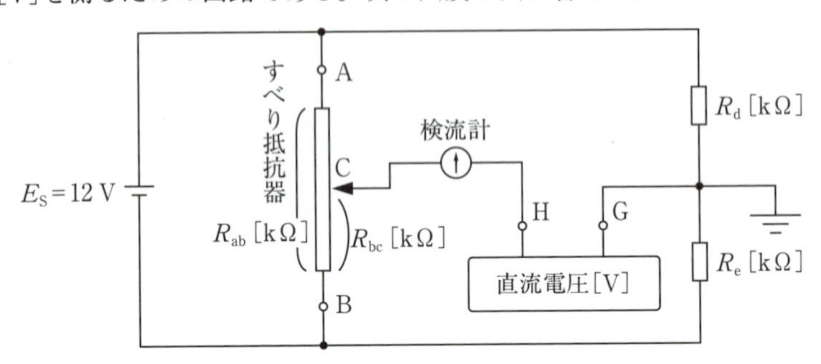

(a) 抵抗R_d = 5 kΩ，抵抗R_e = 5 kΩとして，直流電圧3 Vの電源の正極を端子Hに，負極を端子Gに接続した。すべり抵抗器の接触子Cの位置を調整して検流計の電流を零にしたところ，すべり抵抗器の端子Bと接触子C間の抵抗R_{bc} = 18 kΩとなった。すべり抵抗器の抵抗R_{ab}[kΩ]の値として，正しいのは次のうちどれか。

(1) 18　(2) 24　(3) 36　(4) 42　(5) 50

(b) 次に，直流電圧3 Vの電源を取り外し，未知の直流電圧E_x[V]の電源を端子H，G間に接続した。抵抗R_d = 2 kΩ，抵抗R_e = 22 kΩとしてすべり抵抗器の接触子Cの位置を調整し，すべり抵抗器の端子Bと接触子C間の抵抗R_{bc} = 12 kΩとしたときに，検流計の電流が零となった。このときのE_x[V]の値として，正しいのは次のうちどれか。

ただし，端子Gを電位の基準（0 V）とする。

(1) −5　(2) −3　(3) 0　(4) 3　(5) 5

H16-C17

	①	②	③	④	⑤
学習日					
理解度 (○/△/×)					

解説

(a)

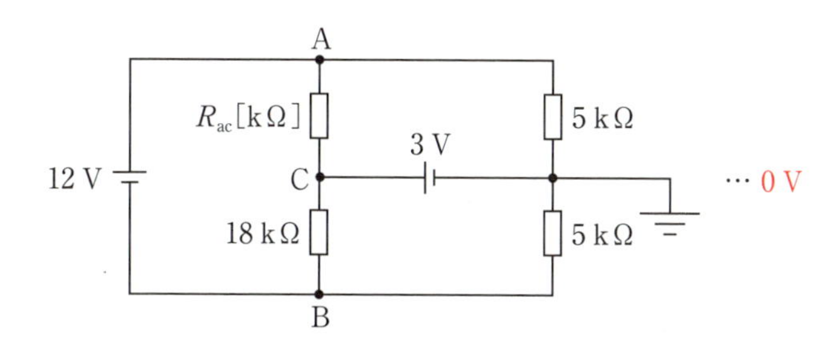

抵抗R_d, R_eの値が同じでR_dとR_eによって生じる電圧降下も同じであるから，A点とB点の電位は$V_A = 6$ V，$V_B = -6$ Vである。また，C点の電位V_Cは，検流計の電流が0であるため，直流電圧と同じ3 Vである。ここで，AC間の電位差V_{AC}とCB間の電位差V_{CB}を求めると，

$$V_{AC} = V_A - V_C = 6 - 3 = 3 \text{ V}$$

$$V_{CB} = V_C - V_B = 3 - (-6) = 9 \text{ V}$$

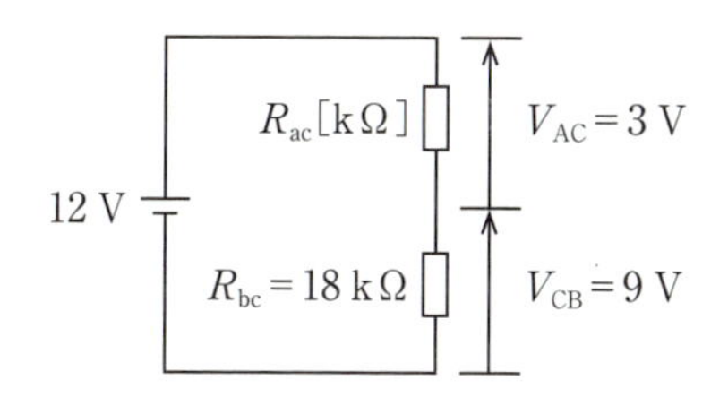

AB間は直列接続であり，抵抗比と電圧比は等しくなる。抵抗R_{ac}の値は，

$R_{ac} : R_{bc} = V_{AC} : V_{CB}$より，

$$R_{ac} = R_{bc} \cdot \frac{V_{AC}}{V_{CB}} = 18 \times \frac{3}{9} = 6 \text{ k}\Omega$$

ゆえに抵抗R_{ab}の値は，

$$R_{ab} = R_{ac} + R_{bc} = 6 + 18 = 24 \text{ k}\Omega$$

よって，正解は(2)。

(b)

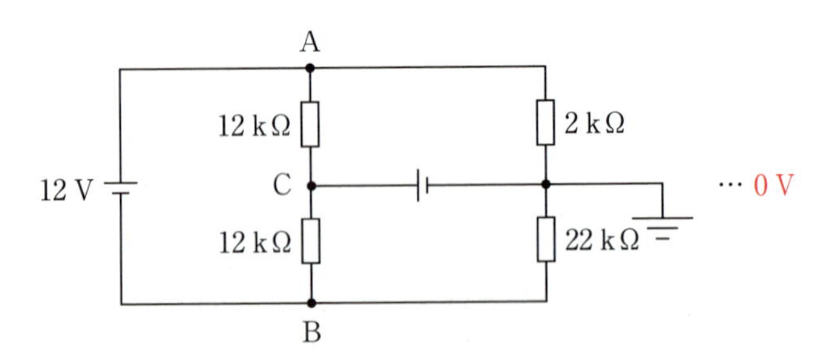

$R_d = 2\,k\Omega$，$R_e = 22\,k\Omega$ より，電位 V_A，V_B の値は端子Gを電位の基準とすると，

$$V_A = 0 + \frac{2}{2+22} \times 12 = 1\ V$$

$$V_B = 0 - \frac{22}{2+22} \times 12 = -11\ V$$

(a)より R_{ab} は $24\,k\Omega$ であるから，

$$R_{ac} = R_{ab} - R_{bc} = 24 - 12 = 12\ k\Omega$$

このとき，検流計の電流は0であるから，電圧 $V_{AC} = V_{CB} = 6\ V$

したがって電位 V_C の値は，

$$V_C = V_A - V_{AC} = 1 - 6 = -5\ V$$

以上より直流電圧 E_x の値は，

$$E_x = V_C - V_G = -5\ V$$

ゆえに，(1)が正解。

解答… (a)(2)　(b)(1)

難易度 **B**

導体の抵抗の大きさ（抵抗温度係数）

教科書 SECTION 03

問題08 20℃における抵抗値がR_1[Ω]，抵抗温度係数がα_1[℃$^{-1}$]の抵抗器Aと20℃における抵抗値がR_2[Ω]，抵抗温度係数が$\alpha_2 = 0$℃$^{-1}$の抵抗器Bが並列に接続されている。その20℃と21℃における並列抵抗値をそれぞれr_{20}[Ω]，r_{21}[Ω]とし，$\dfrac{r_{21} - r_{20}}{r_{20}}$を変化率とする。変化率として，正しいものを次の(1)〜(5)のうちから一つ選べ。

(1) $\dfrac{\alpha_1 R_1 R_2}{R_1 + R_2 + \alpha_1^2 R_1}$　(2) $\dfrac{\alpha_1 R_2}{R_1 + R_2 + \alpha_1 R_1}$　(3) $\dfrac{\alpha_1 R_1}{R_1 + R_2 + \alpha_1 R_1}$

(4) $\dfrac{\alpha_1 R_2}{R_1 + R_2 + \alpha_1 R_2}$　(5) $\dfrac{\alpha_1 R_1}{R_1 + R_2 + \alpha_1 R_2}$

H23-A5

	①	②	③	④	⑤
学習日					
理解度 (○/△/×)					

解説

20 ℃における並列抵抗値は,

$$r_{20}=\frac{R_1R_2}{R_1+R_2}[\Omega]$$

21 ℃における抵抗器 A の抵抗値 R'_1 および抵抗器 B の抵抗値 R'_2 は抵抗温度係数の公式より,

$$R'_1=R_1\{1+\alpha_1(21-20)\}=R_1(1+\alpha_1)$$

$$R'_2=R_2\{1+\alpha_2(21-20)\}=R_2(1+\alpha_2)$$

抵抗器 B の抵抗温度係数 $\alpha_2=0$ より,

$$R'_2=R_2(1+\alpha_2)$$
$$=R_2(1+0)$$
$$=R_2$$

21 ℃における並列抵抗値は,

$$r_{21}=\frac{R'_1R'_2}{R'_1+R'_2}=\frac{R_1R_2(1+\alpha_1)}{R_1(1+\alpha_1)+R_2}[\Omega]$$

したがって抵抗変化率は,

$$\frac{r_{21}-r_{20}}{r_{20}}=\frac{\dfrac{R_1R_2(1+\alpha_1)}{R_1(1+\alpha_1)+R_2}-\dfrac{R_1R_2}{R_1+R_2}}{\dfrac{R_1R_2}{R_1+R_2}}$$

$$=\left\{\frac{R_1R_2(1+\alpha_1)}{R_1(1+\alpha_1)+R_2}-\frac{R_1R_2}{R_1+R_2}\right\}\times\frac{R_1+R_2}{R_1R_2}=\frac{(R_1+R_2)(1+\alpha_1)}{R_1(1+\alpha_1)+R_2}-1$$

$$=\frac{R_1+\alpha_1R_1+R_2+\alpha_1R_2}{R_1+R_2+\alpha_1R_1}-\frac{R_1+R_2+\alpha_1R_1}{R_1+R_2+\alpha_1R_1}$$

$$=\frac{\alpha_1R_2}{R_1+R_2+\alpha_1R_1}$$

ゆえに,(2)が正解。

解答… (2)

ポイント

抵抗の温度変化の公式は

$R_2=R_1\{1+\alpha_1(t_2-t_1)\}$ [Ω]

R_1:温度変化前の抵抗値 R_2:温度変化後の抵抗値

で表されます。

難易度 B

キルヒホッフの法則(1)

教科書 SECTION 04

問題09 図のように，抵抗R_{ab} = 140 Ωのすべり抵抗器に抵抗R_1 = 10 Ω，抵抗R_2 = 5 Ωを接続した回路がある。この回路を流れる電流がI = 9 Aのとき，抵抗R_1を流れる電流はI_1 = 3 Aであった。このときのすべり抵抗器の抵抗比（抵抗R_{ac}：抵抗R_{bc}）の値として，正しいのは次のうちどれか。

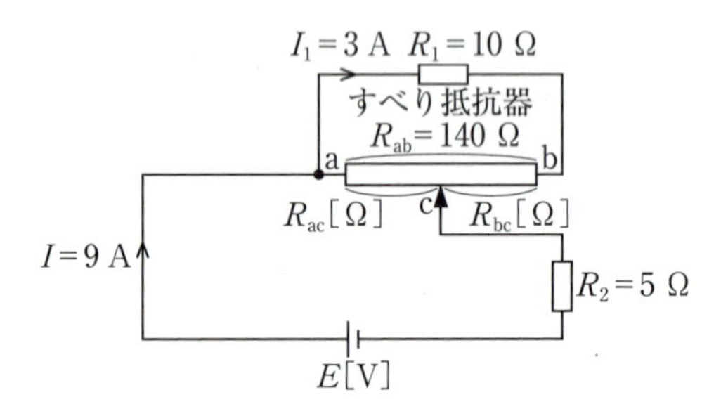

(1)　1：13　　(2)　1：3　　(3)　5：9　　(4)　9：5　　(5)　13：1

H17-A5

	①	②	③	④	⑤
学習日					
理解度 (○/△/×)					

解説

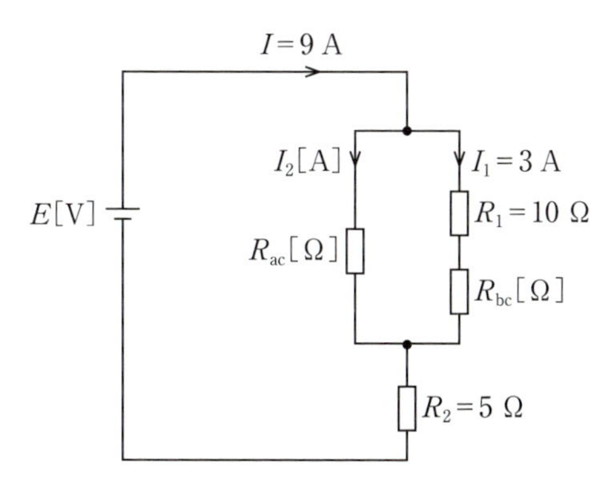

R_{ac}とR_1+R_{bc}に加わる電圧は等しいため，抵抗R_{ac}に流れる電流をI_2[A]とすると，

$$R_{ac}I_2=(R_1+R_{bc})I_1$$

キルヒホッフの第一法則より，

$I_2=I-I_1=9-3=6$ Aとなり，上式に$I_1=3$ A，$I_2=6$ Aを代入すると，

$$6R_{ac}=3\times(10+R_{bc})$$

$R_{ac}+R_{bc}=140$ Ωより$R_{bc}=140-R_{ac}$であるから，これを代入すると，

$$6R_{ac}=3\times(10+140-R_{ac})$$
$$6R_{ac}=3\times(150-R_{ac})$$
$$6R_{ac}=450-3R_{ac}$$
$$9R_{ac}=450$$
$$R_{ac}=50\ \Omega$$

R_{bc}の値は，

$$R_{bc}=140-50=90\ \Omega$$

よって，すべり抵抗器の抵抗比は，

$$R_{ac}:R_{bc}=50:90=5:9$$

ゆえに，(3)が正解。

解答… (3)

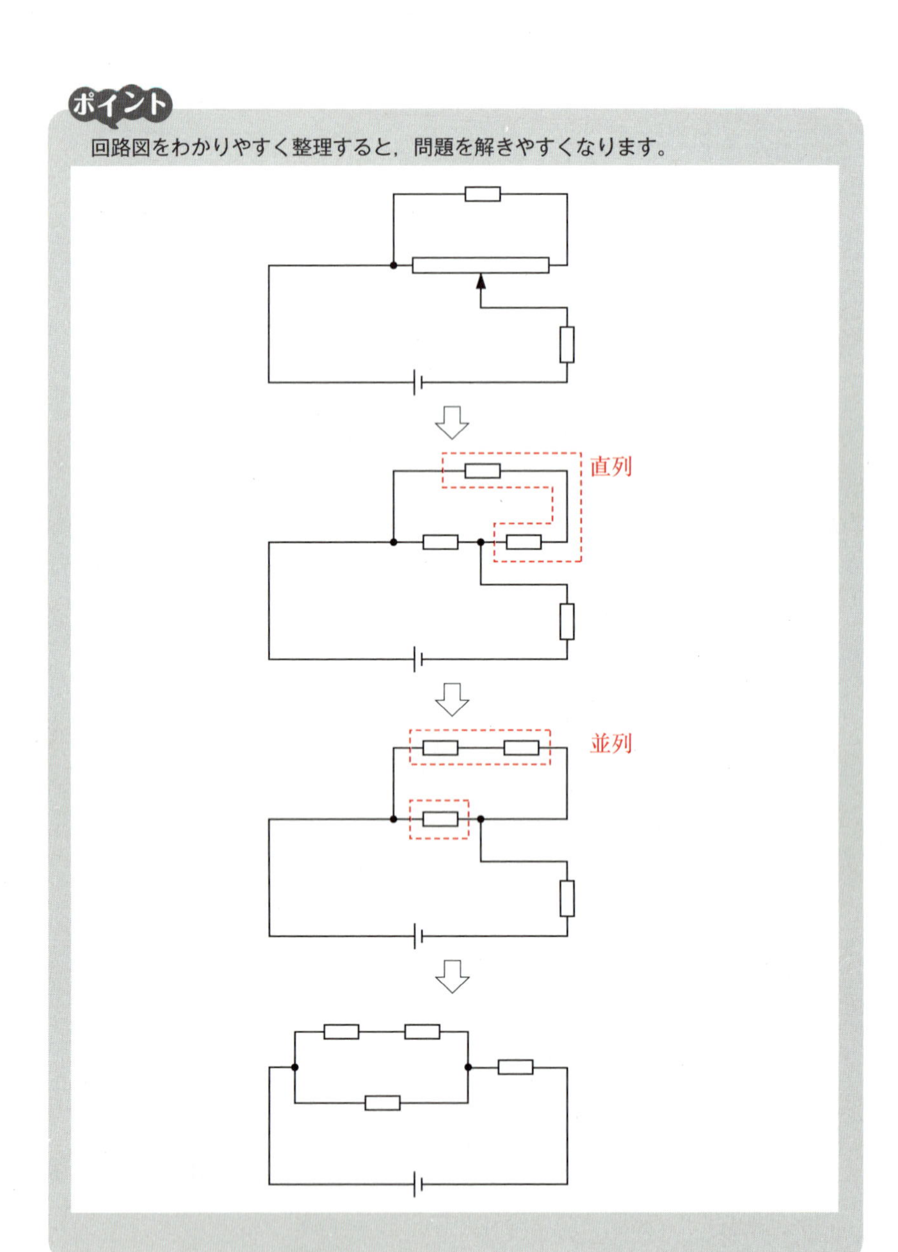
ポイント
回路図をわかりやすく整理すると，問題を解きやすくなります。
直列
並列

難易度 **A**

キルヒホッフの法則(2)

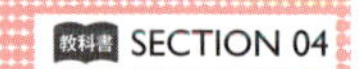

問題10 図のような直流回路において，電源電圧がE[V]であったとき，末端の抵抗の端子間電圧の大きさが1 Vであった。このときの電源電圧E[V]の値として，正しいのは次のうちどれか。

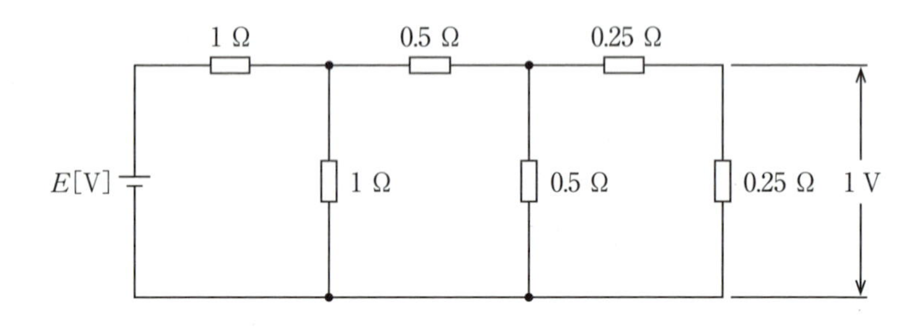

(1) 34　(2) 20　(3) 14　(4) 6　(5) 4

H15-A6

	①	②	③	④	⑤
学習日					
理解度 (○/△/×)					

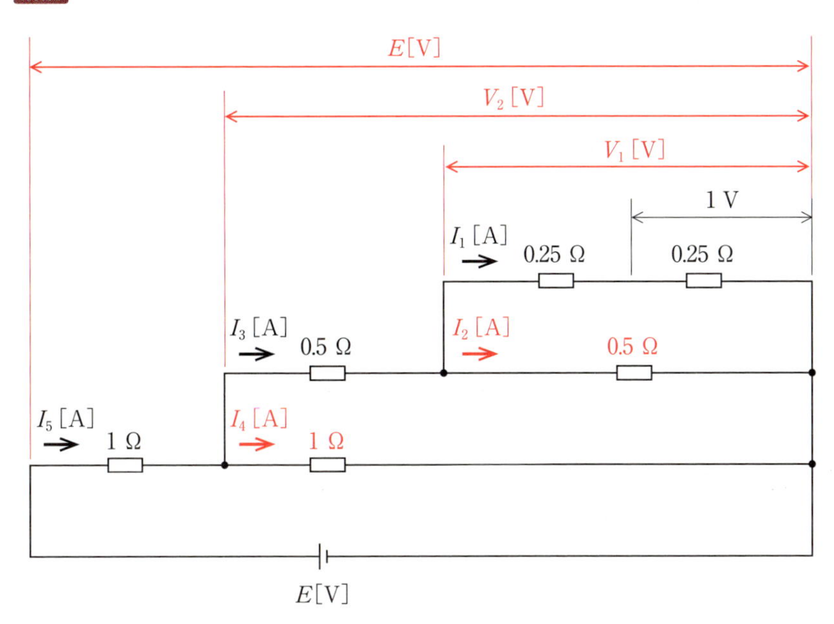

図のように電圧と電流を定めると,

$$I_1 = \frac{1}{0.25} = 4\ \text{A}$$

$$V_1 = (0.25 + 0.25) \times 4 = 2\ \text{V}$$

$$I_2 = \frac{2}{0.5} = 4\ \text{A}$$

$$I_3 = I_1 + I_2 = 4 + 4 = 8\ \text{A}$$

$$V_2 = 0.5 \times 8 + V_1 = 6\ \text{V}$$

$$I_4 = \frac{6}{1} = 6\ \text{A}$$

$$I_5 = I_3 + I_4 = 8 + 6 = 14\ \text{A}$$

以上より電源電圧Eは,

$$E = 1 \times 14 + V_2 = 20\ \text{V}$$

よって,(2)が正解。

解答… (2)

難易度 B

キルヒホッフの法則(3)

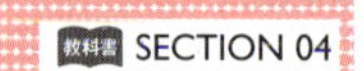

問題11 図のような直流回路において，$2R[\Omega]$の抵抗に流れる電流$I[\mathrm{A}]$の値として，正しいのは次のうちどれか。

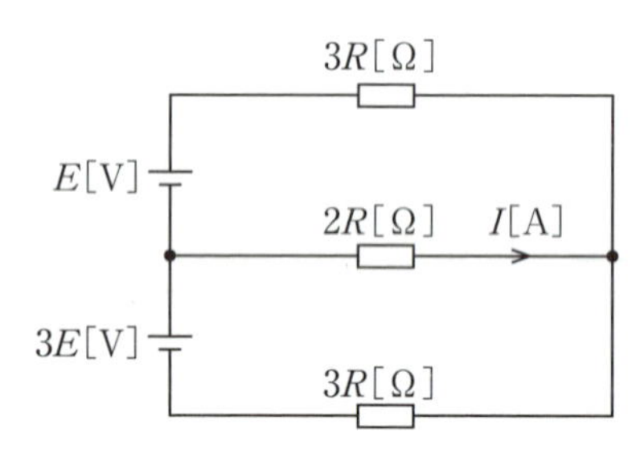

(1) $\dfrac{2E}{7R}$　(2) $\dfrac{5E}{6R}$　(3) $\dfrac{E}{6R}$　(4) $\dfrac{3E}{4R}$　(5) $\dfrac{E}{2R}$

H13-A10

	①	②	③	④	⑤
学習日					
理解度 (○/△/×)					

解説

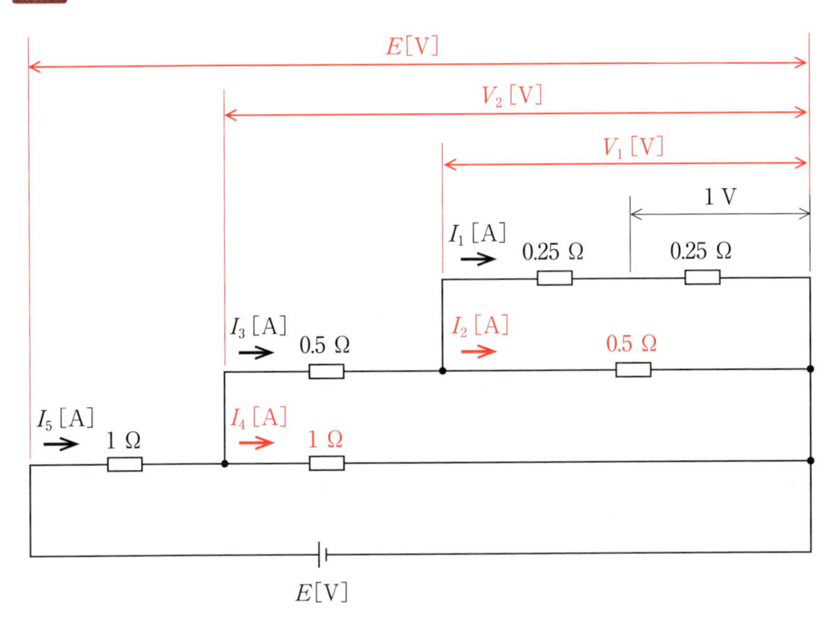

図のように電圧と電流を定めると，

$$I_1 = \frac{1}{0.25} = 4\ \mathrm{A}$$

$$V_1 = (0.25 + 0.25) \times 4 = 2\ \mathrm{V}$$

$$I_2 = \frac{2}{0.5} = 4\ \mathrm{A}$$

$$I_3 = I_1 + I_2 = 4 + 4 = 8\ \mathrm{A}$$

$$V_2 = 0.5 \times 8 + V_1 = 6\ \mathrm{V}$$

$$I_4 = \frac{6}{1} = 6\ \mathrm{A}$$

$$I_5 = I_3 + I_4 = 8 + 6 = 14\ \mathrm{A}$$

以上より電源電圧Eは，

$$E = 1 \times 14 + V_2 = 20\ \mathrm{V}$$

よって，(2)が正解。

解答… (2)

難易度 B

キルヒホッフの法則(3)

問題11 図のような直流回路において，$2R$[Ω]の抵抗に流れる電流I[A]の値として，正しいのは次のうちどれか。

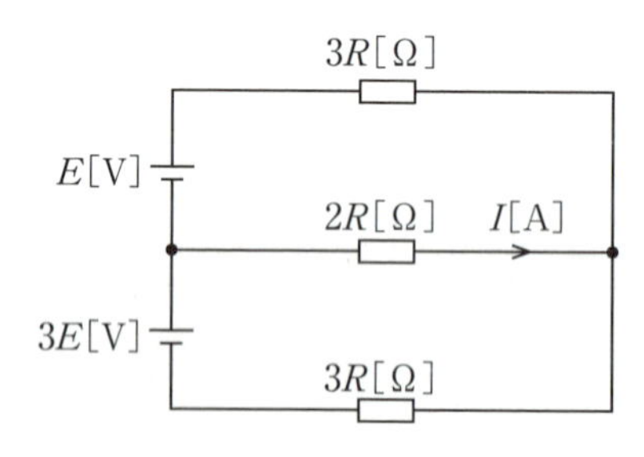

(1) $\dfrac{2E}{7R}$　(2) $\dfrac{5E}{6R}$　(3) $\dfrac{E}{6R}$　(4) $\dfrac{3E}{4R}$　(5) $\dfrac{E}{2R}$

H13-A10

	①	②	③	④	⑤
学習日					
理解度 (○/△/×)					

解説

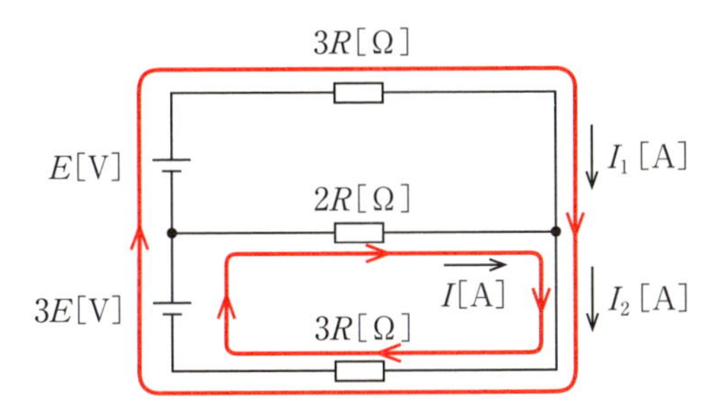

流れる電流の向きを図のように定める。2つの閉回路について**キルヒホッフの第一法則**より式を立てると，$I_2 = I_1 + I$より，

$$3E = 2RI + 3RI_2 = 2RI + 3R(I_1 + I) = 3RI_1 + 5RI \cdots ①$$

$$4E = 3RI_1 + 3RI_2 = 3RI_1 + 3R(I_1 + I) = 6RI_1 + 3RI \cdots ②$$

①式×２－②式でこの連立方程式を解くと，

$$2E = 7RI$$

$$I = \frac{2E}{7R} [\mathrm{A}]$$

よって，(1)が正解。

解答… (1)

ポイント

この問題はテブナンの定理を使っても解くことができます。

難易度 B

合成抵抗(8)

教科書 SECTION 05

問題12 図1の直流回路において，端子a－c間に直流電圧100 Vを加えたところ，端子b－c間の電圧は20 Vであった。また，図2のように端子b－c間に150 Ωの抵抗を並列に追加したとき，端子b－c間の端子電圧は15 Vであった。いま，図3のように端子b－c間を短絡したとき，電流I[A]の値として，正しいのは次のうちどれか。

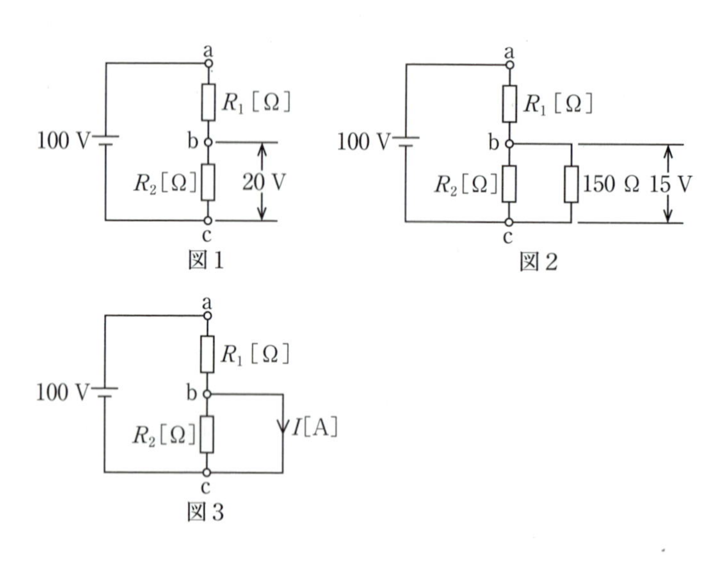

(1) 0　(2) 0.10　(3) 0.32　(4) 0.40　(5) 0.67

H22-A6

	①	②	③	④	⑤
学習日					
理解度 (○/△/×)					

解説

図1において，R_1にかかる電圧は80 Vである。直列接続のとき，流れる電流は同じであるから，オームの法則より$I=\dfrac{V}{R}$となり，

$$\frac{80}{R_1}=\frac{20}{R_2}$$

$$R_1 = 4R_2$$

次に，図2よりR_1にかかる電圧は85 Vであるから，

$$R_1 : \frac{150R_2}{150+R_2}=4R_2 : \frac{150R_2}{150+R_2}=85:15$$

$$60R_2=\frac{12750R_2}{150+R_2}$$

$$150+R_2=\frac{12750}{60}$$

$$R_2=\frac{1275}{6}-150$$

$$R_2 = 62.5\ \Omega$$

抵抗R_1の値は，

$$R_1 = 4R_2 = 4 \times 62.5 = 250\ \Omega$$

したがって，図3の電流Iの値は，

$$I=\frac{100}{250}=0.4\ \text{A}$$

ゆえに，(4)が正解。

解答… (4)

難易度 **B**

合成抵抗(9)

教科書 SECTION 05

問題13 図1のように電圧がE[V]の直流電圧源で構成される回路を，図2のように電流がI[A]の直流電流源（内部抵抗が無限大で，負荷変動があっても定電流を流出する電源）で構成される等価回路に置き替えることを考える。この場合，電流I[A]の大きさは図1の端子a－bを短絡したとき，そこを流れる電流の大きさに等しい。また，図2のコンダクタンスG[S]の大きさは図1の直流電圧源を短絡し，端子a－bからみたコンダクタンスの大きさに等しい。I[A]とG[S]の値を表す式の組合せとして，正しいものを次の(1)～(5)のうちから一つ選べ。

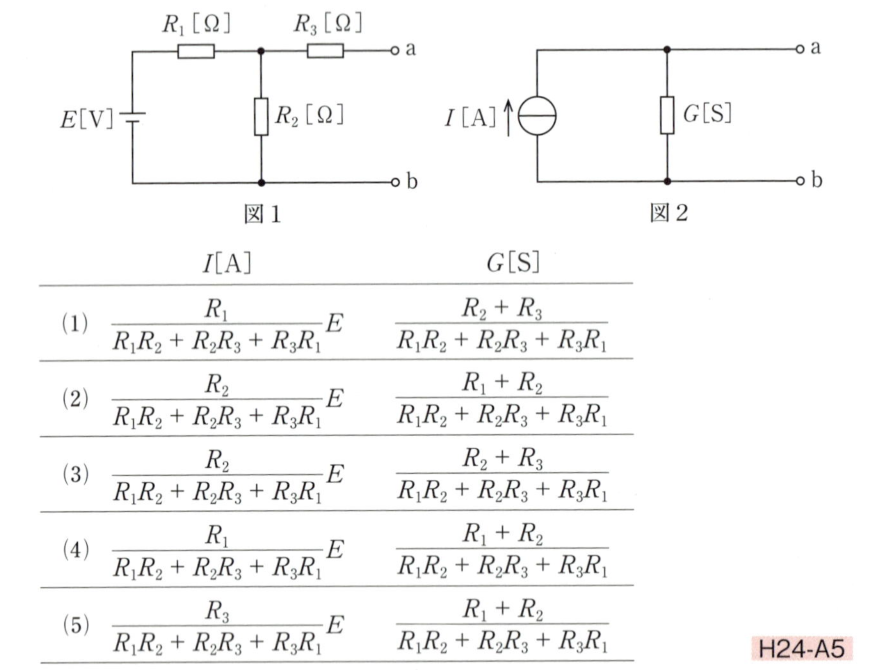

図1　　図2

	I[A]	G[S]
(1)	$\dfrac{R_1}{R_1R_2+R_2R_3+R_3R_1}E$	$\dfrac{R_2+R_3}{R_1R_2+R_2R_3+R_3R_1}$
(2)	$\dfrac{R_2}{R_1R_2+R_2R_3+R_3R_1}E$	$\dfrac{R_1+R_2}{R_1R_2+R_2R_3+R_3R_1}$
(3)	$\dfrac{R_2}{R_1R_2+R_2R_3+R_3R_1}E$	$\dfrac{R_2+R_3}{R_1R_2+R_2R_3+R_3R_1}$
(4)	$\dfrac{R_1}{R_1R_2+R_2R_3+R_3R_1}E$	$\dfrac{R_1+R_2}{R_1R_2+R_2R_3+R_3R_1}$
(5)	$\dfrac{R_3}{R_1R_2+R_2R_3+R_3R_1}E$	$\dfrac{R_1+R_2}{R_1R_2+R_2R_3+R_3R_1}$

H24-A5

	①	②	③	④	⑤
学習日					
理解度 (○/△/×)					

解説

端子a－bを短絡すると回路は次のようになる。

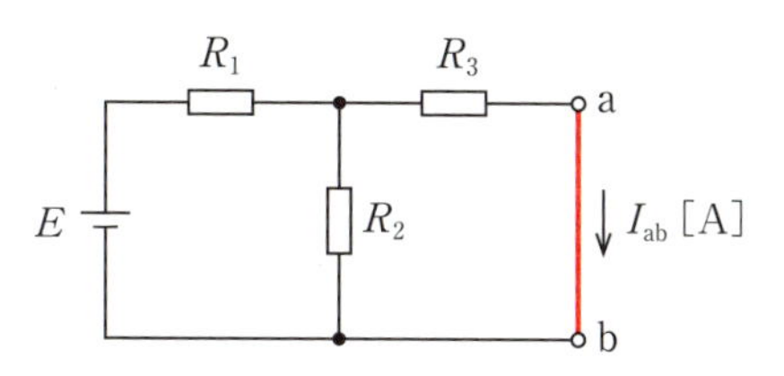

回路の合成抵抗Rが$R = R_1 + \dfrac{R_2R_3}{R_2 + R_3}$[Ω]であることと，並列接続された抵抗に流れる電流は抵抗の逆比に分配されることより，電流I_{ab}は，

$$I_{ab} = \frac{E}{R_1 + \dfrac{R_2R_3}{R_2 + R_3}} \times \frac{R_2}{R_2 + R_3} = \frac{R_2}{R_1R_2 + R_2R_3 + R_3R_1}E\,[\mathrm{A}]$$

電流Iの大きさは電流I_{ab}に等しいから，

$$I = \frac{R_2}{R_1R_2 + R_2R_3 + R_3R_1}E\,[\mathrm{A}]$$

本問の条件より，コンダクタンスGの大きさは下図の端子a－bから見た合成抵抗の逆数に等しいから，

$$G = \frac{1}{\dfrac{R_1R_2}{R_1 + R_2} + R_3} = \frac{1}{\dfrac{R_1R_2 + (R_2R_3 + R_3R_1)}{R_1 + R_2}} = \frac{R_1 + R_2}{R_1R_2 + R_2R_3 + R_3R_1}\,[\mathrm{S}]$$

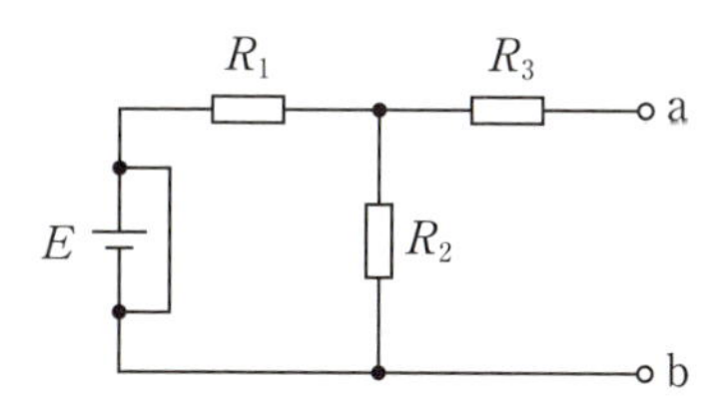

以上より，(2)が正解。

解答…　(2)

ポイント

コンダクタンスは電流の流れやすさを表します。直流回路では電気抵抗の逆数となります。

難易度 B

合成抵抗(10)

問題14 図に示すような抵抗の直並列回路がある。この回路に直流電圧5 V を加えたとき，電源から流れ出る電流I[A]の値として，最も近いものを次の(1)〜(5)のうちから一つ選べ。

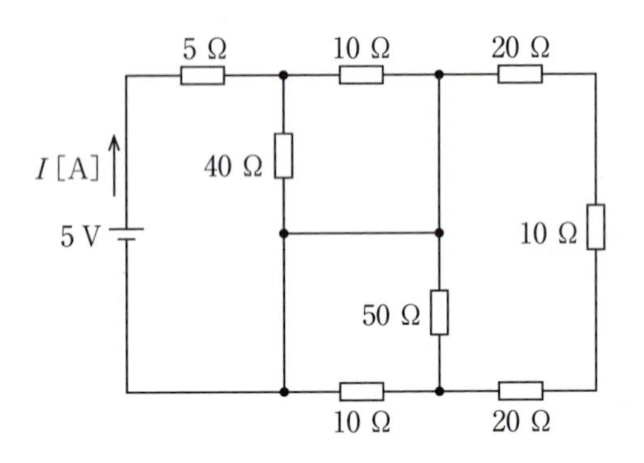

(1) 0.2　(2) 0.4　(3) 0.6　(4) 0.8　(5) 1.0

H25-A8

	①	②	③	④	⑤
学習日					
理解度 (○/△/×)					

解説

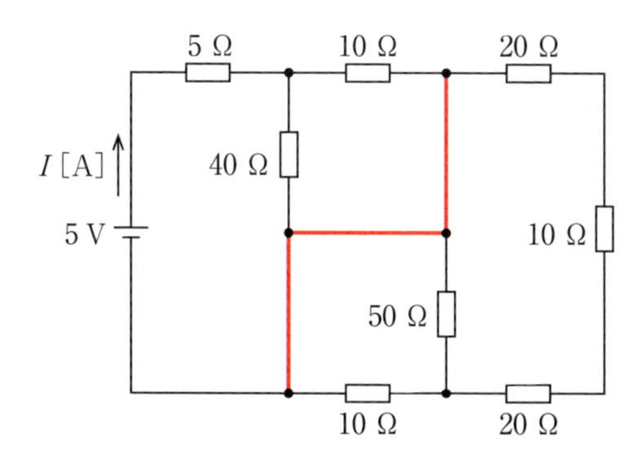

図の赤線で示した部分でこの回路は短絡している。よって，回路の短絡部分より右の抵抗5つは電流の計算から除外する。残った抵抗5 Ω，10 Ω，40 Ωの3つをみると，10 Ωと40 Ωは並列である。これより，3つの抵抗の合成抵抗を求めると，

$$5+\frac{40\times 10}{40+10}=5+\frac{400}{50}=5+8=13\ \Omega$$

この合成抵抗の値を用いて，オームの法則より，電流Iは，

$$I=\frac{5}{13}\fallingdotseq 0.38\ \text{A}$$

解答群のなかから，0.38に最も値が近いのは0.4である。

ゆえに，(2)が正解。

解答… (2)

難易度 **A**

電池の内部抵抗とテブナンの定理(1)

教科書 SECTION 05

問題15 図のように，内部抵抗r[Ω]，起電力E[V]の電池に抵抗R[Ω]の可変抵抗器を接続した回路がある。$R=2.25$ Ωにしたとき，回路を流れる電流は$I=3$ Aであった。次に，$R=3.45$ Ωにしたとき，回路を流れる電流は$I=2$ Aとなった。この電池の起電力E[V]の値として，正しいのは次のうちどれか。

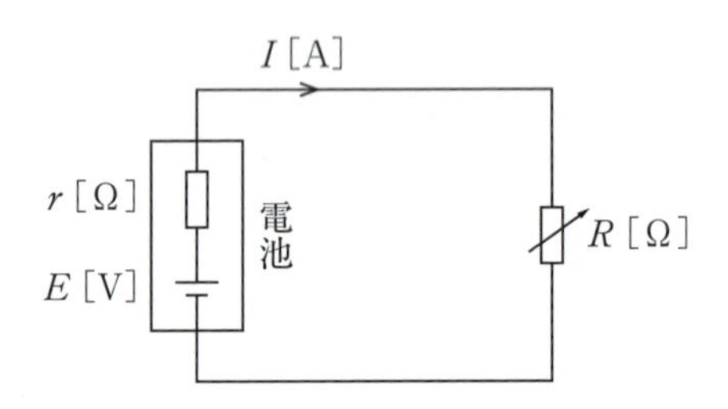

(1)　6.75　　(2)　6.90　　(3)　7.05　　(4)　7.20　　(5)　9.30

H18-A5

	①	②	③	④	⑤
学習日					
理解度 (○/△/×)					

解説

電池の起電力Eは$E=(R+r)I$で表されるから

$$E=(2.25+r)\times 3$$

$$r=\frac{E}{3}-2.25\cdots①$$

$$E=(3.45+r)\times 2$$

$$r=\frac{E}{2}-3.45\cdots②$$

内部抵抗rは等しいから，①式＝②式より

$$\frac{E}{3}-2.25=\frac{E}{2}-3.45$$

$$\frac{E}{6}=1.20$$

$$E=7.20\ \mathrm{V}$$

よって，(4)が正解。

解答… (4)

難易度 A

電池の内部抵抗とテブナンの定理(2)

教科書 SECTION 05

問題16 図の直流回路において，抵抗$R = 10\ \Omega$で消費される電力[W]の値として，最も近いものを次の(1)～(5)のうちから一つ選べ。

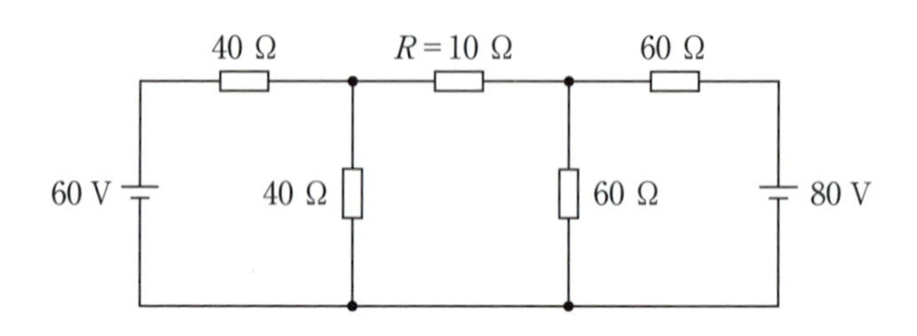

(1) 0.28　(2) 1.89　(3) 3.79　(4) 5.36　(5) 7.62

H25-A6

	①	②	③	④	⑤
学習日					
理解度 (○/△/×)					

解説

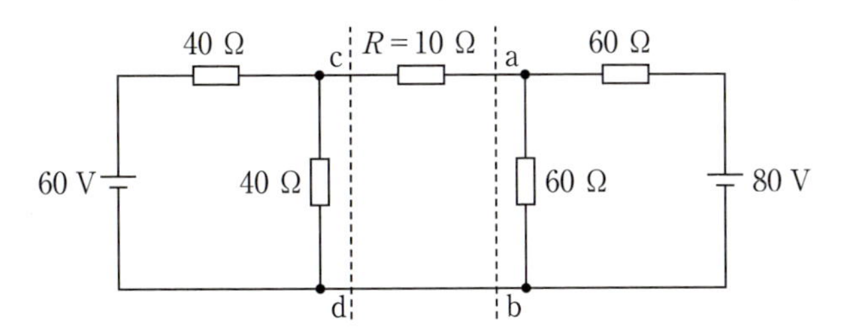

上図において破線abの右側にテブナンの定理を当てはめると，端子電圧E_{ab}と等価抵抗R_{ab}は，

$$E_{ab}=\frac{60}{60+60}\times 80=40\ \text{V},\quad R_{ab}=\frac{60\times 60}{60+60}=30\ \Omega$$

同様に，破線cdの左側の端子電圧E_{cd}と等価抵抗R_{cd}は，

$$E_{cd}=\frac{40}{40+40}\times 60=30\ \text{V},\quad R_{cd}=\frac{40\times 40}{40+40}=20\ \Omega$$

よって以下の回路に書き換えられる。

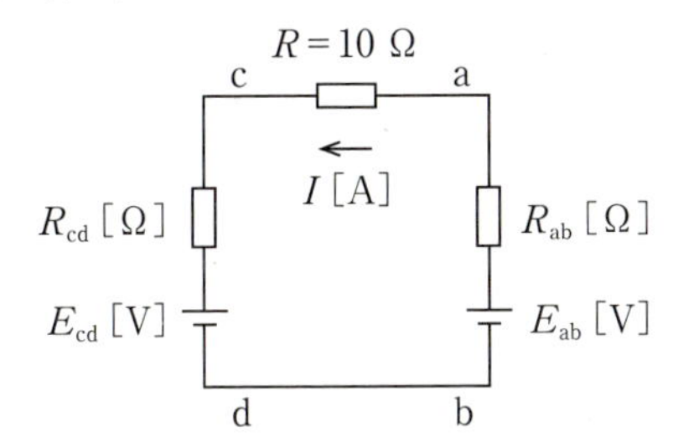

抵抗Rを流れる電流Iは，

$$I=\frac{40-30}{30+20+10}=\frac{1}{6}\ \text{A}$$

よって抵抗Rで消費される電力Pは，

$$P=RI^2=10\times\left(\frac{1}{6}\right)^2\fallingdotseq 0.28\ \text{W}$$

ゆえに，(1)が正解。

解答…　(1)

テブナンの定理は，複雑な電気回路を電源と内部抵抗の直列回路に変換する定理です。任意の抵抗に流れる電流を求めたいときに役立ちます。

難易度 B

定電流源を含む直流回路

教科書 SECTION 05

問題17 図のように，直流電圧E=10 Vの定電圧源，直流電流I=2 Aの定電流源，スイッチS，r=1 ΩとR[Ω]の抵抗からなる直流回路がある。この回路において，スイッチSを閉じたとき，R[Ω]の抵抗に流れる電流I_Rの値[A]がSを閉じる前に比べて2倍に増加した。Rの値[Ω]として，最も近いものを次の(1)〜(5)のうちから一つ選べ。

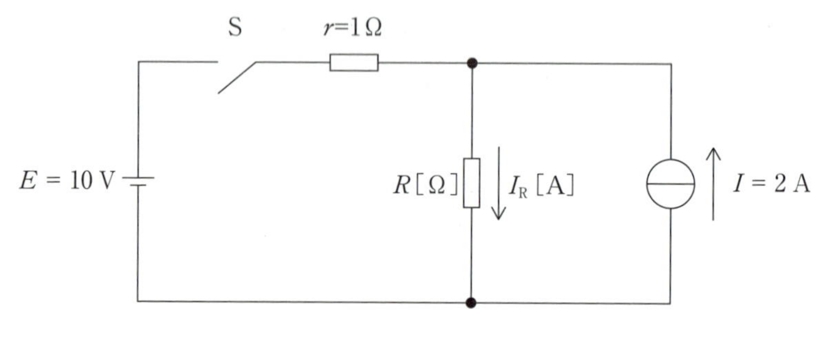

(1) 2　(2) 3　(3) 8　(4) 10　(5) 11

H30-A7

	①	②	③	④	⑤
学習日					
理解度 (○/△/×)					

解説

スイッチSを閉じる前の回路は，図のように定電流源と抵抗R[Ω]で構成される閉回路となる。

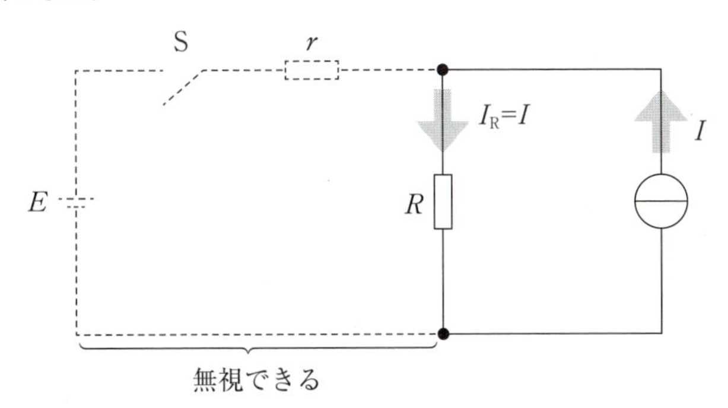

このとき，抵抗R[Ω]に流れる電流は，$I_R = I = 2$ Aとなる。

次に，スイッチSを閉じた状態において，定電流源を開放し，定電圧源のみ接続された回路において，抵抗R[Ω]に流れる電流I'_{R1}[A]は，

$$I'_{R1} = \frac{E}{r+R} = \frac{10}{1+R}$$

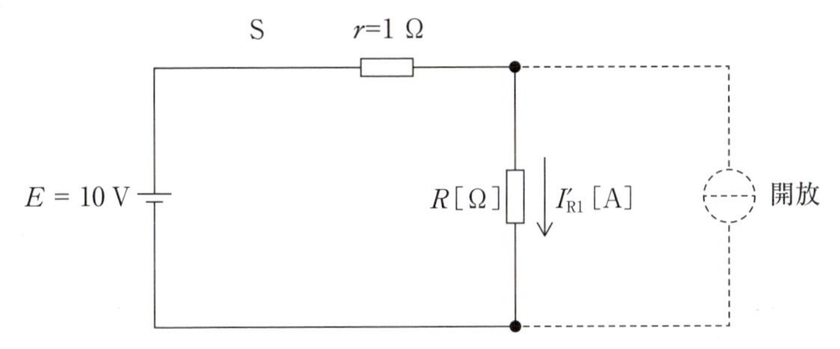

一方，定電圧源を短絡し，定電流源のみ接続された回路において，抵抗R[Ω]に流れる電流I'_{R2}[A]は，

$$I'_{R2} = \frac{r}{r+R} I = \frac{1}{1+R} \times 2 = \frac{2}{1+R}$$

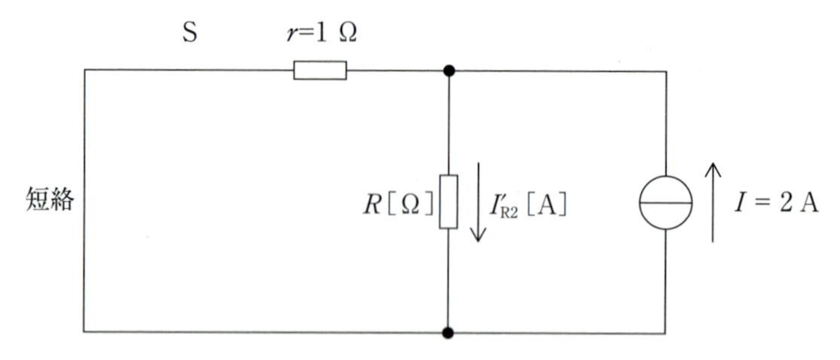

重ね合わせの理より，スイッチSを閉じた状態の回路に流れる電流I'_R[A]は，各電源が単独で存在した場合の電流の和に等しいため，

$$I'_R = I'_{R1} + I'_{R2} = \frac{10}{1+R} + \frac{2}{1+R} = \frac{12}{1+R}$$

問題文に「スイッチSを閉じたとき，抵抗に流れる電流は，スイッチSを閉じる前の2倍になった」とあり，スイッチS開閉前後の電流の関係式は$I'_R = 2I_R$なので，抵抗R[Ω]の値は，

$$\frac{12}{1+R} = 2 \times 2$$

$$1 + R = 3$$

$$\therefore R = 2\ \Omega$$

よって，(1)が正解。

解答…　(1)

難易度 A ブリッジ回路(1)

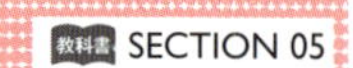

問題18 図のような，抵抗$P=1\ \mathrm{k\Omega}$，抵抗$Q=10\ \Omega$のホイートストンブリッジ回路がある。このブリッジ回路において，抵抗Rは$100\ \Omega$～$2\ \mathrm{k\Omega}$の範囲内にある。このRのすべての範囲でブリッジの平衡条件を満たす可変抵抗Sの値の範囲として，正しいのは次のうちどれか。

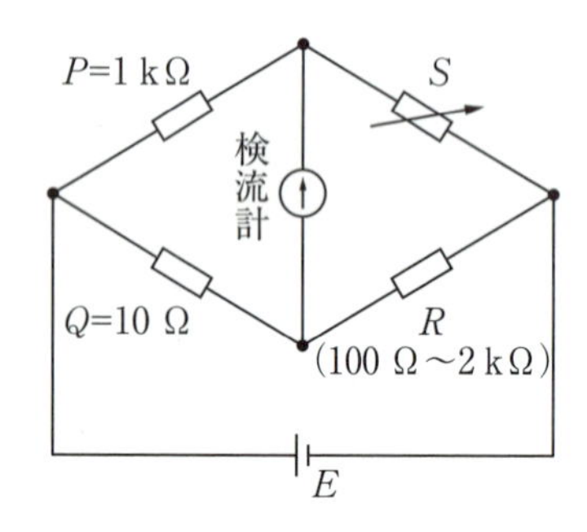

(1) 0.5 Ω ～ 10 Ω

(2) 10 Ω ～200 Ω

(3) 500 Ω ～ 5 kΩ

(4) 10 kΩ～200 kΩ

(5) 500 kΩ～ 1 MΩ

H14-A5

	①	②	③	④	⑤
学習日					
理解度 (○/△/×)					

解説

ブリッジの平衡条件は，**向かい合う抵抗の積が等しくなること**なので，この問題では$PR = QS$となる。したがって$S = \dfrac{PR}{Q}$で求めることができる。

Rの範囲が100 Ω～2 kΩなので，まずRが100 ΩのときのSを求める。

$$S = \frac{PR}{Q} = \frac{1 \times 10^3 \times 100}{10} = 10 \times 10^3\ \Omega = 10\ \mathrm{k\Omega}$$

次に，Rが2 kΩのときのSを求める。

$$S = \frac{PR}{Q} = \frac{1 \times 10^3 \times 2 \times 10^3}{10} = 200 \times 10^3\ \Omega = 200\ \mathrm{k\Omega}$$

ゆえに，(4)が正解。

解答… (4)

難易度 A

ブリッジ回路(2)

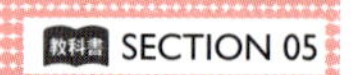

問題19 図のような直流回路において，抵抗3 Ωの端子間の電圧が1.8 Vであった。このとき，電源電圧E[V]の値として，正しいのは次のうちどれか。

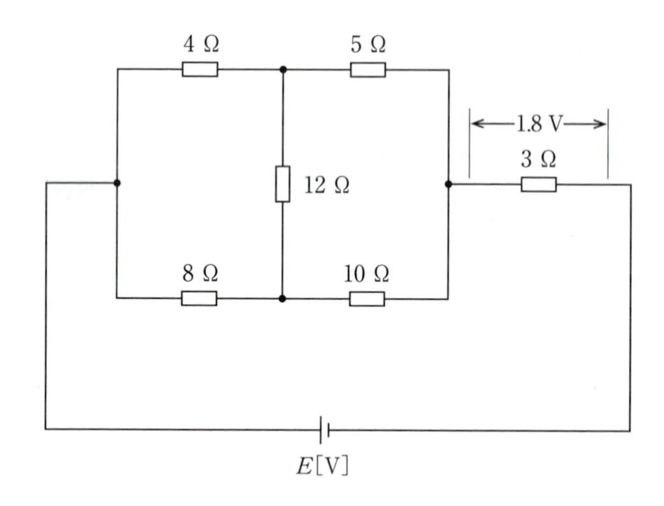

(1) 1.8　(2) 3.6　(3) 5.4　(4) 7.2　(5) 10.4

H16-A5

	①	②	③	④	⑤
学習日					
理解度 (○/△/×)					

解説

3 Ωの抵抗の左側の5つの抵抗において，4 Ω × 10 Ω = 5 Ω × 8 Ωとブリッジが平衡しているため，**真ん中の12 Ωの抵抗**には電流が流れないので，取り除くことができる。

4 Ωと5 Ωの抵抗は直列のため，合成抵抗は，

$$4 + 5 = 9\ \Omega$$

同様に8 Ωと10 Ωの抵抗は直列のため，合成抵抗は，

$$8 + 10 = 18\ \Omega$$

求められた合成抵抗9 Ωと18 Ωは並列のため，合成抵抗は，

$$\frac{9 \times 18}{9 + 18} = 6\ \Omega$$

したがって，この回路は6 Ωと3 Ωの直列回路である。3 Ωの抵抗に流れている電流は，オームの法則より，

$$I = \frac{V}{R} = \frac{1.8}{3} = 0.6\ \mathrm{A}$$

抵抗に流れる電流は等しいため，6 Ωの抵抗の端子間電圧はオームの法則より，

$$V = RI = 6 \times 0.6 = 3.6\ \mathrm{V}$$

よって，電源電圧E[V]は，

$$E = 1.8 + 3.6 = 5.4\ \mathrm{V}$$

ゆえに，(3)が正解。

解答… (3)

難易度 B

ブリッジ回路(3)

教科書 SECTION 05

問題20 図のブリッジ回路を用いて，未知抵抗R_xを測定したい。抵抗R_1＝3 kΩ，R_2＝2 kΩ，R_4＝3 kΩとし，R_3＝6 kΩの滑り抵抗器の接触子の接点Cをちょうど中央に調整したとき（R_{ac}＝R_{bc}＝3 kΩ）ブリッジが平衡したという。次の(a)及び(b)に答えよ。

ただし，直流電圧源は6 Vとし，電流計の内部抵抗は無視できるものとする。

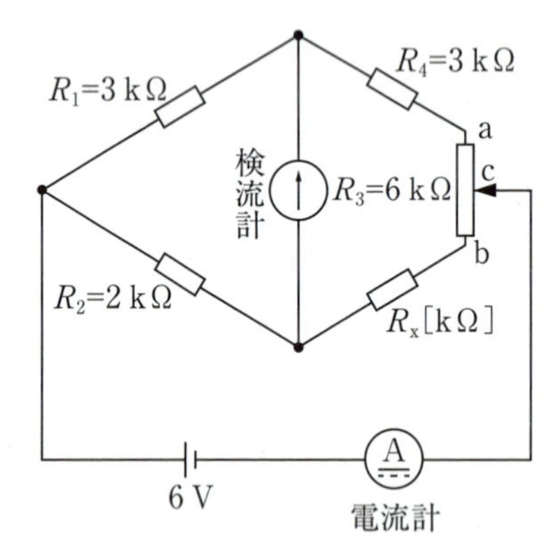

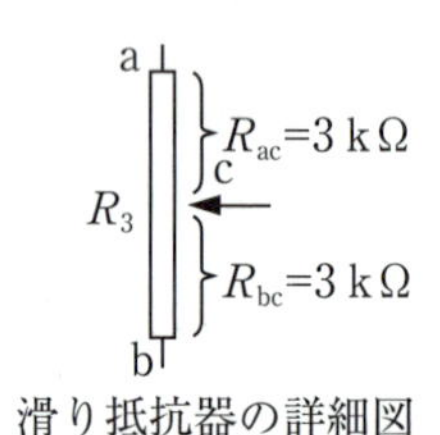

滑り抵抗器の詳細図

(a) 未知抵抗R_x[kΩ]の値として，正しいのは次のうちどれか。

(1) 0.1　(2) 0.5　(3) 1.0　(4) 1.5　(5) 2.0

(b) 平衡時の電流計の指示値[mA]の値として，最も近いのは次のうちどれか。

(1) 0　(2) 0.4　(3) 1.5　(4) 1.7　(5) 2.0

H18-B16

	①	②	③	④	⑤
学習日					
理解度 (○/△/×)					

解説

(a)　滑り抵抗器の接触子を中央に調整したとき，ブリッジが平衡している。すなわち，R_{ac} が R_4 と直列，R_{bc} が R_x と直列であるときにブリッジが平衡した。ブリッジの平衡条件は，向かい合う抵抗の積が等しくなることであるので，この問題では $R_1(R_x + R_{bc}) = R_2(R_4 + R_{ac})$ となる。

等式より，R_x を求める。

$$R_1(R_x + R_{bc}) = R_2(R_4 + R_{ac})$$
$$3(R_x + 3) = 2(3 + 3)$$
$$R_x + 3 = 4$$
$$R_x = 1\ \mathrm{k\Omega}$$

ゆえに，(3)が正解。

(b)　次に，平衡時の電流計の指示値を求める。ブリッジが平衡しているとき，中央の検流計に電流は流れないため，この回路は下図のように簡略化される。

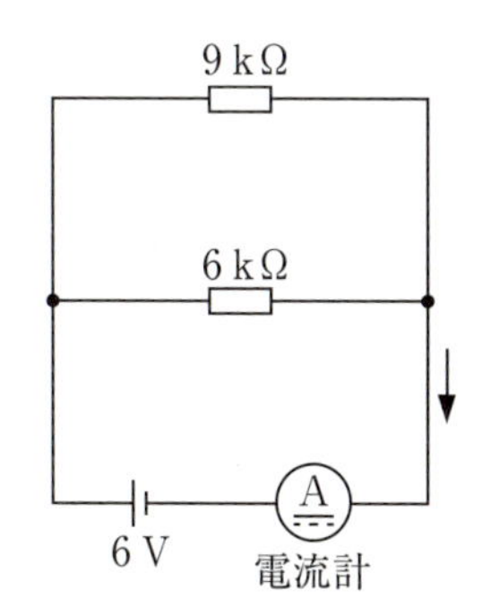

オームの法則より，上の抵抗に流れる電流は，

$$\frac{6\ \mathrm{V}}{9\ \mathrm{k\Omega}} = \frac{2}{3}\ \mathrm{mA}$$

同様にオームの法則より，下の抵抗に流れる電流は，

$$\frac{6\ \mathrm{V}}{6\ \mathrm{k\Omega}} = 1\ \mathrm{mA}$$

電流計に流れる電流は，キルヒホッフの第一法則より，

$$\frac{2}{3} + 1 = \frac{5}{3} \fallingdotseq 1.7\ \mathrm{mA}$$

ゆえに，(4)が正解。

解答… (a)(3)　(b)(4)

難易度 A

ブリッジ回路(4)

教科書 SECTION 05

問題21 図のような直流回路において，スイッチSを閉じても，開いても電流計の指示値は，$\frac{E}{4}$[A]一定である。このとき，抵抗R_3[Ω]，R_4[Ω]のうち小さい方の抵抗[Ω]の値として，正しいのは次のうちどれか。

ただし，直流電圧源はE[V]とし，電流計の内部抵抗は無視できるものとする。

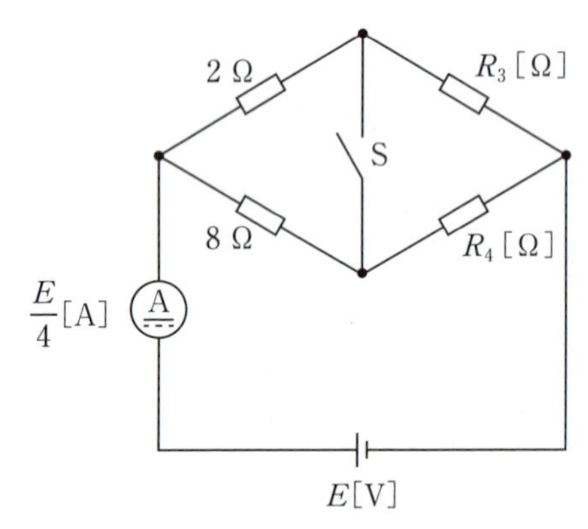

(1) 1　　(2) 2　　(3) 3　　(4) 4　　(5) 8

H19-A6

	①	②	③	④	⑤
学習日					
理解度 (○/△/×)					

解説

スイッチSを閉じても開いても電流計の指示値が変わらないということは，スイッチの開閉前後で合成抵抗が等しいということであり，ブリッジの平衡条件が成立している。ブリッジの平衡条件より $2R_4 = 8R_3$ であり，両辺を2で割ると $R_4 = 4R_3$ となる。よって，$R_4 > R_3$ ということがわかり，小さい方の抵抗 R_3 の値を求める。

オームの法則でこの回路全体の抵抗を求めると，

$$\frac{E}{\frac{E}{4}} = 4\ \Omega$$

また，スイッチを閉じたときの①2 Ωと8 Ωの合成抵抗（並列），② R_3 と R_4 の合成抵抗（並列）を求め，①と②の合成抵抗（直列）を求めると，全抵抗の値となるので，オームの法則で求めた回路全体の抵抗の値とつり合う。

$$\frac{2 \times 8}{2 + 8} + \frac{R_3 R_4}{R_3 + R_4} = 4\ \Omega$$

$R_4 = 4R_3$ を代入すると，

$$\frac{16}{10} + \frac{4{R_3}^2}{5R_3} = 4$$

$$\frac{4}{5}R_3 = \frac{24}{10}$$

$$R_3 = \frac{24}{10} \times \frac{5}{4} = \frac{6}{2} = 3\ \Omega$$

ゆえに，(3)が正解。

解答… (3)

難易度 A

ブリッジ回路(5)

教科書 SECTION 05

問題22 図の直流回路において，200 Vの直流電源から流れ出る電流が25 Aである。16 Ωとr[Ω]の抵抗の接続点aの電位をV_a[V]，8 ΩとR[Ω]の抵抗の接続点bの電位をV_b[V]とする。$V_a = V_b$となるr[Ω]とR[Ω]の値の組合せとして，正しいものを次の(1)～(5)のうちから一つ選べ。

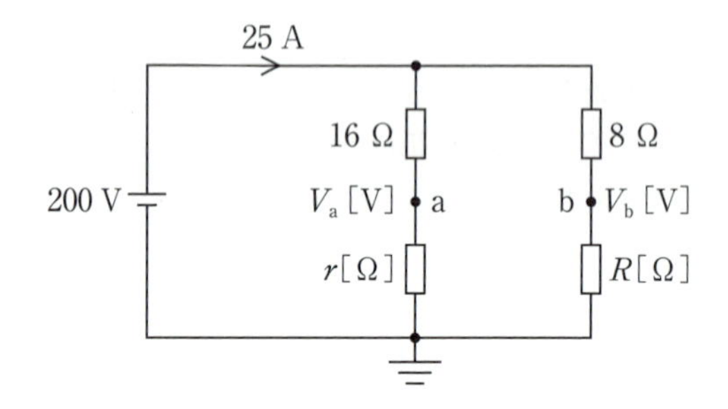

	r	R
(1)	2.9	5.8
(2)	4.0	8.0
(3)	5.8	2.9
(4)	8.0	4.0
(5)	8.0	16

H23-A6

	①	②	③	④	⑤
学習日					
理解度 (○/△/×)					

解説

$V_a = V_b$ということは，ブリッジが平衡しているということであり，ブリッジの平衡条件より$16R = 8r$である。両辺を8で割ると$2R = r$となる。

この回路を流れる電流25 Aは，キルヒホッフの第一法則より，オームの法則によって求めた左側の抵抗を流れる電流と右側の抵抗を流れる電流の和である。これを等式で表すと，

$$25 = \frac{200}{16 + r} + \frac{200}{8 + R}$$

$2R = r$を代入すると，

$$25 = \frac{200}{16 + 2R} + \frac{200}{8 + R}$$

$$25 = \frac{100}{8 + R} + \frac{200}{8 + R}$$

$$25 = \frac{300}{8 + R}$$

$$25 \times (8 + R) = 300$$
$$200 + 25R = 300$$
$$25R = 100$$
$$R = 4\ \Omega$$

$2R = r$より，$r = 8\ \Omega$

ゆえに，(4)が正解。

解答… (4)

難易度 A

抵抗のΔ-Y変換

教科書 SECTION 05

問題23 図の直流回路において，次の(a)及び(b)に答えよ。

ただし，電源電圧E[V]の値は一定で変化しないものとする。

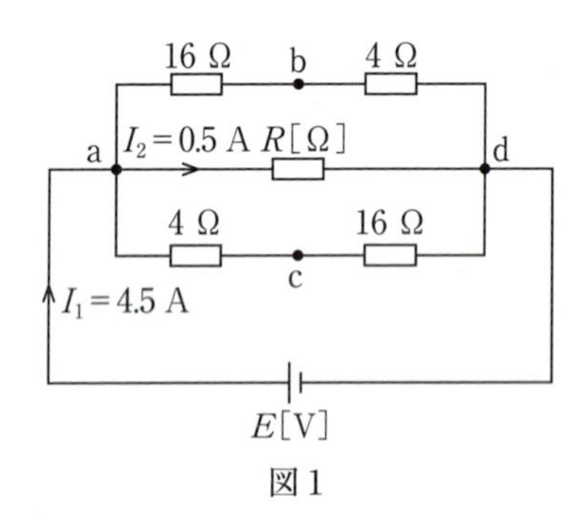

図1

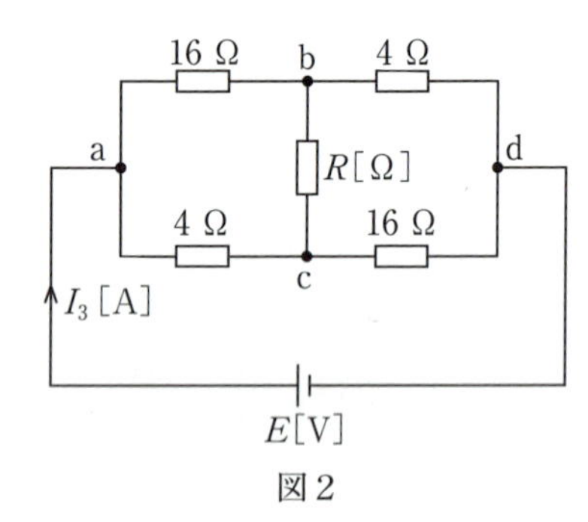

図2

(a)　図1のように抵抗R[Ω]を端子a，d間に接続したとき，$I_1 = 4.5$ A，$I_2 = 0.5$ Aの電流が流れた。抵抗R[Ω]の値として，正しいのは次のうちどれか。

(1)　20　　(2)　40　　(3)　80　　(4)　160　　(5)　180

(b)　図1の抵抗R[Ω]を図2のように端子b，c間に接続し直したとき，回路に流れる電流I_3[A]の値として，最も近いのは次のうちどれか。

(1)　4.0　　(2)　4.2　　(3)　4.5　　(4)　4.8　　(5)　5.5

H17-B15

	①	②	③	④	⑤
学習日					
理解度 (○/△/×)					

解説

(a)　abd間の合成抵抗R_{abd}とacd間の合成抵抗R_{acd}はともに20 Ωであるから，キルヒホッフの第一法則より，abd間を流れる電流とacd間を流れる電流は（4.5 − 0.5）÷ 2 = 2 Aである。したがって，電源電圧Eは，

$$E = RI = 20 \times 2 = 40 \text{ V}$$

ゆえに抵抗Rの値は，

$$R = \frac{V}{I} = \frac{40}{0.5} = 80 \ \Omega$$

よって，(3)が正解。

(b)

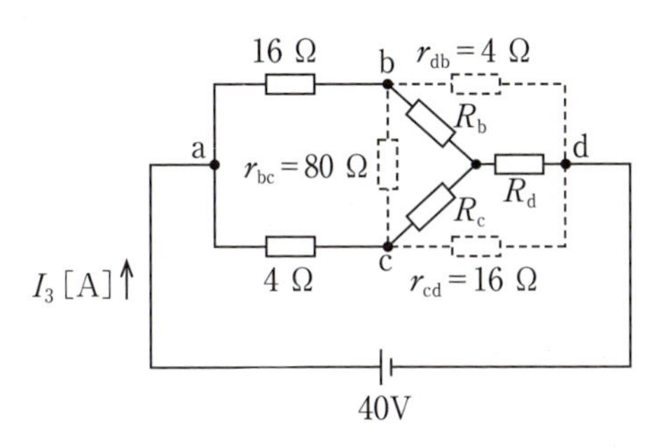

Δ − Y変換をすると，

$$R_b = \frac{r_{bc} r_{db}}{r_{bc} + r_{cd} + r_{db}} = \frac{80 \times 4}{80 + 16 + 4} = 3.2 \ \Omega$$

$$R_c = \frac{r_{bc} r_{cd}}{r_{bc} + r_{cd} + r_{db}} = \frac{80 \times 16}{80 + 16 + 4} = 12.8 \ \Omega$$

$$R_d = \frac{r_{cd} r_{db}}{r_{bc} + r_{cd} + r_{db}} = \frac{16 \times 4}{80 + 16 + 4} = 0.64 \ \Omega$$

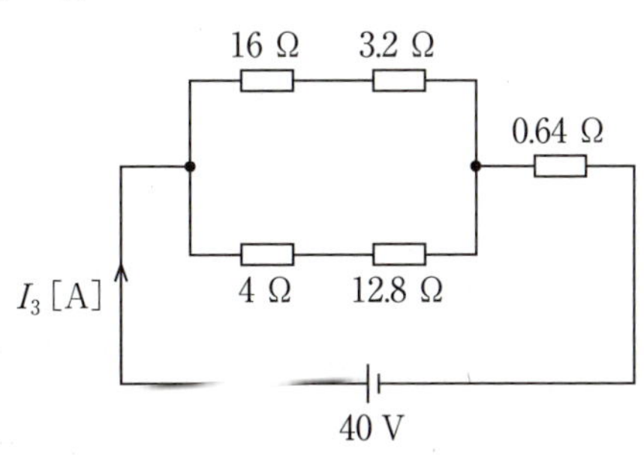

電流I_3の値は，オームの法則より，$I=\dfrac{V}{R}$

$$I_3=\frac{40}{\dfrac{(16+3.2)(4+12.8)}{(16+3.2)+(4+12.8)}+0.64}\fallingdotseq 4.2\ \mathrm{A}$$

よって，(2)が正解。

解答… (a)(3)　(b)(2)

ポイント

Δ－Y変換の公式は次の通りです。

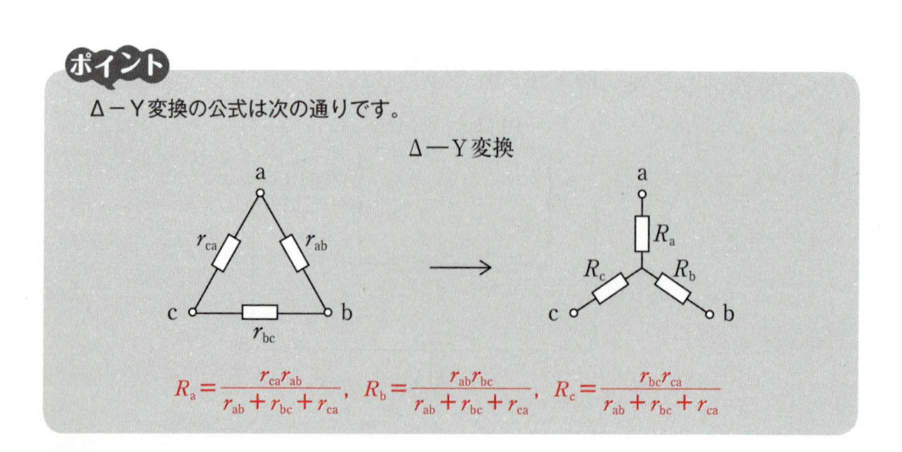

$$R_a=\frac{r_{ca}r_{ab}}{r_{ab}+r_{bc}+r_{ca}},\quad R_b=\frac{r_{ab}r_{bc}}{r_{ab}+r_{bc}+r_{ca}},\quad R_c=\frac{r_{bc}r_{ca}}{r_{ab}+r_{bc}+r_{ca}}$$

難易度 A

電力と電力量

問題24 図の直流回路において，12 Ωの抵抗の消費電力が27 Wである。このとき，抵抗R[Ω]の値として，正しいのは次のうちどれか。

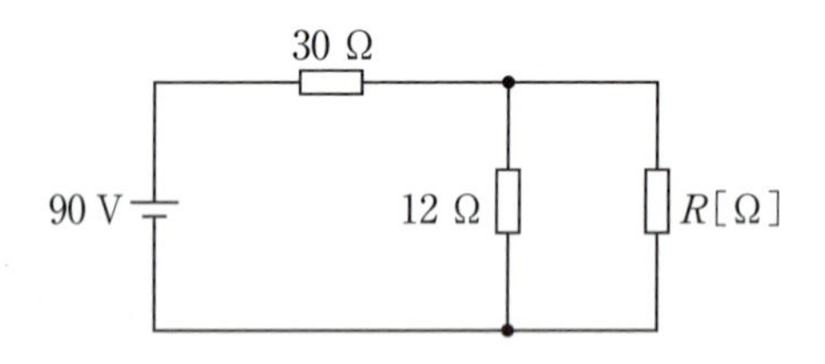

(1) 4.5　(2) 7.5　(3) 8.6　(4) 12　(5) 20

H22-A5

	①	②	③	④	⑤
学習日					
理解度 (○/△/×)					

解説

$P=\frac{V^2}{R}$より，抵抗Rにかかる電圧Vは，

$$27=\frac{V^2}{12}$$

$$V=18\ \mathrm{V}$$

30 Ωの抵抗にかかる電圧は90 − 18 = 72 Vであるから，

$$30:\frac{12R}{12+R}=72:18=4:1$$

$$\frac{48R}{12+R}=30$$

$$\frac{16R}{12+R}=10$$

$$16R=10\times(12+R)$$

$$16R=120+10R$$

$$6R=120$$

$$R=20\ \Omega$$

ゆえに，(5)が正解。

解答… (5)

CHAPTER 02

静電気

難易度 B

静電気に関するクーロンの法則(1)

教科書 SECTION 02

問題25 大きさが等しい二つの導体球A，Bがある。両導体球に電荷が蓄えられている場合，両導体球の間に働く力は，導体球に蓄えられている電荷の積に比例し，導体球間の距離の2乗に反比例する。次の(a)及び(b)に答えよ。

(a) この場合の比例定数を求める目的で，導体球Aに$+2\times10^{-8}$ C，導体球Bに$+3\times10^{-8}$ Cの電荷を与えて，導体球の中心間距離で0.3 m隔てて両導体球を置いたところ，両導体球間に6×10^{-5} Nの反発力が働いた。この結果から求められる比例定数[$N\cdot m^2/C^2$]として，最も近いのは次のうちどれか。

ただし，導体球A，Bの初期電荷は零とする。また，両導体球の大きさは0.3 mに比べて極めて小さいものとする。

(1) 3×10^9　(2) 6×10^9　(3) 8×10^9
(4) 9×10^9　(5) 15×10^9

(b) 上記(a)の導体球A，Bを，電荷を保持したままで0.3 mの距離を隔てて固定した。ここで，導体球A，Bと大きさが等しく電荷を持たない導体球Cを用意し，導体球Cをまず導体球Aに接触させ，次に導体球Bに接触させた。この導体球Cを導体球Aと導体球Bの間の直線上に置くとき，導体球Cが受ける力が釣り合う位置を導体球Aとの中心間距離[m]で表したとき，その距離に最も近いのは次のうちどれか。

(1) 0.095　(2) 0.105　(3) 0.115　(4) 0.124　(5) 0.135

H20-C17

	①	②	③	④	⑤
学習日					
理解度 (○/△/×)					

解説

(a) 比例定数をkとすると，クーロンの法則より，

$$6\times10^{-5}=k\times\frac{2\times10^{-8}\cdot3\times10^{-8}}{0.3^2}$$

$$k=9\times10^9\ \mathrm{N\cdot m^2/C^2}$$

よって，(4)が正解。

(b) 大きさの等しい2つの導体球を接触させると，両方の導体球に蓄えられている電荷が等しくなる。まず，導体球Aと導体球Cを接触させたときの，両導体球に蓄えられている電荷は，

$$\frac{2\times10^{-8}+0}{2}=1\times10^{-8}\ \mathrm{C}$$

次に，導体球Bと導体球Cを接触させると，

$$\frac{3\times10^{-8}+1\times10^{-8}}{2}=2\times10^{-8}\ \mathrm{C}$$

よって，導体球Aの電荷は1×10^{-8} C，導体球B，Cの電荷は2×10^{-8} Cとなる。

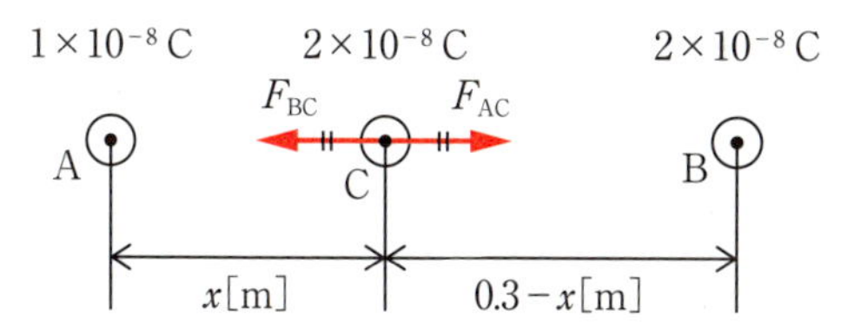

図のように導体球Cを置くとき，導体球Aからの力F_{AC}と導体球Bからの力F_{BC}がつり合う距離x[m]は，

$$9.0\times10^9\times\frac{1\times10^{-8}\times2\times10^{-8}}{x^2}=9.0\times10^9\times\frac{2\times10^{-8}\times2\times10^{-8}}{(0.3-x)^2}$$

$$\frac{1}{x^2}=\frac{2}{(0.3-x)^2}$$

$$(0.3-x)^2=2x^2$$

$$0.3-x=\sqrt{2}x$$

$$0.3=x(1+\sqrt{2})$$

$$\therefore x=\frac{0.3}{1+\sqrt{2}}\fallingdotseq0.124\ \mathrm{m}$$

したがって，(4)が正解。

解答… (a)(4) (b)(4)

難易度 A

静電気に関するクーロンの法則(2)

教科書 SECTION 02

問題26 図のように，真空中の直線上に間隔r[m]を隔てて，点A，B，Cがあり，各点に電気量$Q_A = 4 \times 10^{-6}$ C，Q_B[C]，Q_C[C]の点電荷を置いた。これら三つの点電荷に働く力がそれぞれ零になった。このとき，Q_B[C]及びQ_C[C]の値の組合せとして，正しいものを次の(1)～(5)のうちから一つ選べ。

ただし，真空の誘電率をε_0[F/m]とする。

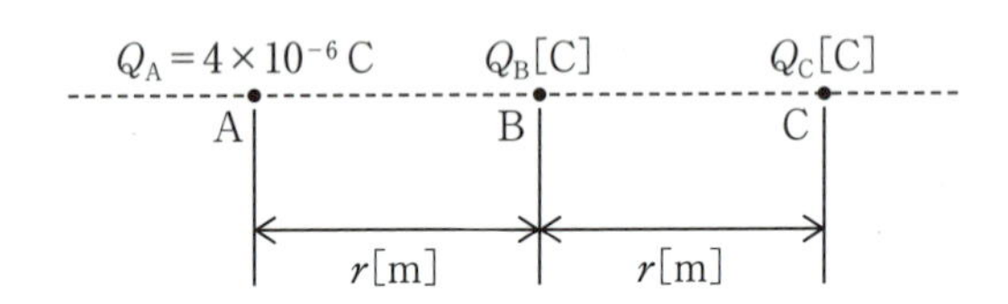

	Q_B	Q_C
(1)	1×10^{-6}	-4×10^{-6}
(2)	-2×10^{-6}	8×10^{-6}
(3)	-1×10^{-6}	4×10^{-6}
(4)	0	-1×10^{-6}
(5)	-4×10^{-6}	1×10^{-6}

H25-A2

	①	②	③	④	⑤
学習日					
理解度 (○/△/×)					

解説

AB間の距離とBC間の距離が等しいから，点Bの電荷に働く力が零になる条件は，

$$Q_A = Q_C$$

よって，

$$Q_C = 4 \times 10^{-6}\,\mathrm{C}$$

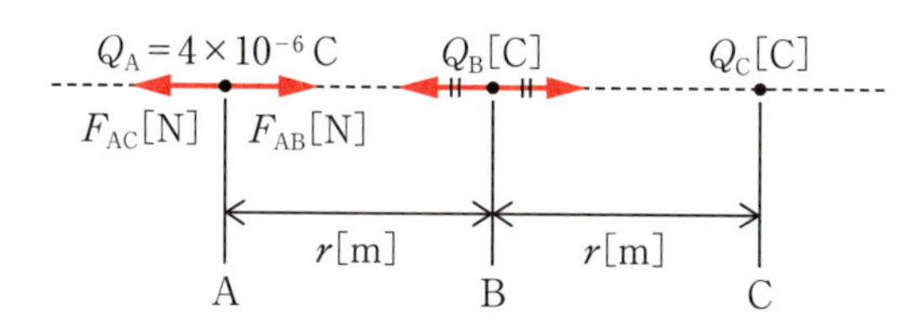

真空中におけるクーロンの法則$F = \dfrac{1}{4\pi\varepsilon_0} \times \dfrac{Q_1 Q_2}{r^2}$より，点Aの電荷$Q_A$には点Cからの斥力$F_{AC}$と点Bからの引力$F_{AB}$が働く。これらの力がつり合っているから，

$$F_{AC} = F_{AB}$$

$$\frac{1}{4\pi\varepsilon_0} \times \frac{4 \times 10^{-6} \cdot 4 \times 10^{-6}}{(2r)^2} = \frac{1}{4\pi\varepsilon_0} \times \frac{4 \times 10^{-6} \cdot Q_B}{r^2}$$

$$Q_B = 1 \times 10^{-6}\,\mathrm{C}$$

また，Q_AとQ_Bの間に働く力は吸引力なので，Q_AとQ_Bは異符号となる。

よって，$Q_B = -1 \times 10^{-6}\,\mathrm{C}$

したがって，(3)が正解。

解答… (3)

ポイント

Q_AとQ_Cは正の点電荷なのでお互いに反発する力が働きます。それを打ち消すように，負の点電荷であるQ_BにはQ_A，Q_Cと引き合う力が働きます。

ここではQ_Aに働く力がゼロであることを考えましたが，Q_Cについて考えても同じ結果になります。

電界

問題27 空気中に半径r[m]の金属球がある。次の(a)及び(b)の問に答えよ。

ただし，$r = 0.01$ m，真空の誘電率を$\varepsilon_0 = 8.854 \times 10^{-12}$ F/m，空気の比誘電率を1.0とする。

(a) この金属球が電荷Q[C]を帯びたときの金属球表面における電界の強さ[V/m]を表す式として，正しいものを次の(1)～(5)のうちから一つ選べ。

(1) $\dfrac{Q}{4\pi\varepsilon_0 r^2}$　(2) $\dfrac{3Q}{4\pi\varepsilon_0 r^3}$　(3) $\dfrac{Q}{4\pi\varepsilon_0 r}$　(4) $\dfrac{Q^2}{8\pi\varepsilon_0 r}$　(5) $\dfrac{Q^2}{2\pi\varepsilon_0 r^2}$

(b) この金属球が帯びることのできる電荷Q[C]の大きさには上限がある。空気の絶縁破壊の強さを3×10^6 V/mとして，金属球表面における電界の強さが空気の絶縁破壊の強さと等しくなるようなQ[C]の値として，最も近いものを次の(1)～(5)のうちから一つ選べ。

(1) 2.1×10^{-10}　(2) 2.7×10^{-9}　(3) 3.3×10^{-8}

(4) 2.7×10^{-7}　(5) 3.3×10^{-6}

H25-C17

	①	②	③	④	⑤
学習日					
理解度 (○/△/×)					

解説

(a)　真空中において，電荷Qを帯びた金属球から生じる電気力線の本数は$\dfrac{Q}{\varepsilon_0}$[本]である。球の表面積は$4\pi r^2$[m^2]であるから電気力線の密度は，

$$\text{電気力線の密度}=\frac{\text{電気力線の本数}}{\text{金属球の表面積}}=\frac{\frac{Q}{\varepsilon_0}}{4\pi r^2}=\frac{Q}{4\pi\varepsilon_0 r^2}$$

電界の強さは電気力線の密度に等しいから，

$$E=\frac{Q}{4\pi\varepsilon_0 r^2}\,[\mathrm{V/m}]\cdots①$$

よって，(1)が正解。

(b)　$E=3\times10^6$ V/mを①の式に代入すると，

$$\frac{Q}{4\pi\times8.854\times10^{-12}\times(10^{-2})^2}=3\times10^6$$

$$Q=3\times10^6\times4\pi\times8.854\times10^{-12}\times10^{-4}$$

$$\fallingdotseq 3.3\times10^{-8}\,\mathrm{C}$$

したがって，(3)が正解。

解答…　(a)(1)　(b)(3)

電界で電荷が受ける力$F=QE$とクーロンの法則$F=\dfrac{1}{4\pi\varepsilon_0}\times\dfrac{Q_1Q_2}{r^2}$から$E$を求めることもできます。

難易度 **A**

静電気に関するクーロンの法則，電界

教科書 SECTION 02

問題28 真空中において，図に示すように，一辺の長さが6 mの正三角形の頂点Aに4×10^{-9} Cの正の点電荷が置かれ，頂点Bに-4×10^{-9} Cの負の点電荷が置かれている。正三角形の残る頂点を点Cとし，点Cより下した垂線と正三角形の辺ABとの交点を点Dとして，次の(a)及び(b)に答えよ。

ただし，クーロンの法則の比例定数を9×10^{9} N·m²/C²とする。

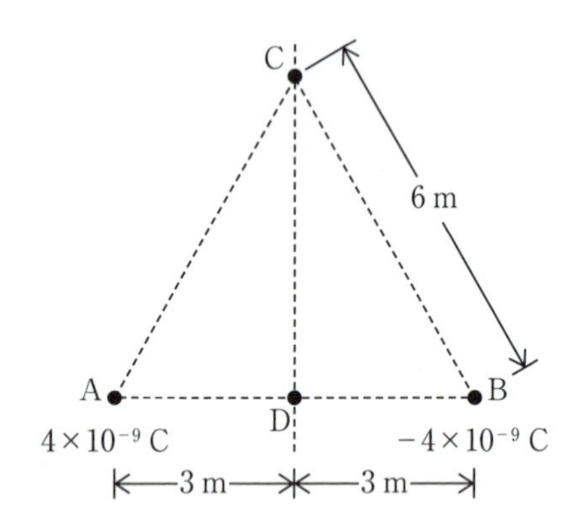

(a) まず，q_0[C]の正の点電荷を点Cに置いたときに，この正の点電荷に働く力の大きさはF_C[N]であった。次に，この正の点電荷を点Dに移動したときに，この正の点電荷に働く力の大きさはF_D[N]であった。力の大きさの比$\dfrac{F_C}{F_D}$の値として，正しいのは次のうちどれか。

(1) $\dfrac{1}{8}$　(2) $\dfrac{1}{4}$　(3) 2　(4) 4　(5) 8

(b) 次に，q_0[C]の正の点電荷を点Dから点Cの位置に戻し，強さが0.5 V/mの一様な電界を辺ABに平行に点Bから点Aの向きに加えた。このとき，q_0[C]の正の点電荷に電界の向きと逆の向きに2×10^{-9} Nの大きさの力が働いた。正の点電荷q_0[C]の値として，正しいのは次のうちどれか。

(1) $\frac{4}{3}\times 10^{-9}$　(2) 2×10^{-9}　(3) 4×10^{-9}

(4) $\frac{4}{3}\times 10^{-8}$　(5) 2×10^{-8}

H22-C17

	①	②	③	④	⑤
学習日					
理解度 (○/△/×)					

解説

(a)

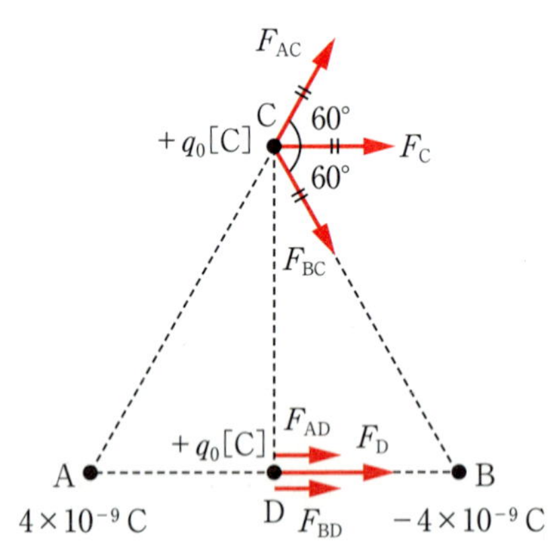

図よりC点の点電荷に働く力の大きさF_CはF_{AC}に等しいから,

$$F_C = 9\times10^9\times\frac{4\times10^{-9}\cdot q_0}{6^2}\text{[N]}$$

一方，D点の点電荷に働く力の大きさF_DはF_{AD}の2倍であるから,

$$F_D = 2\times9\times10^9\times\frac{4\times10^{-9}\cdot q_0}{3^2}\text{[N]}$$

F_CとF_Dの比は,

$$\frac{F_C}{F_D}=\frac{\frac{1}{6^2}}{\frac{2}{3^2}}=\frac{\frac{1}{36}}{\frac{2}{9}}=\frac{1}{8}$$

よって，(1)が正解。

(b)

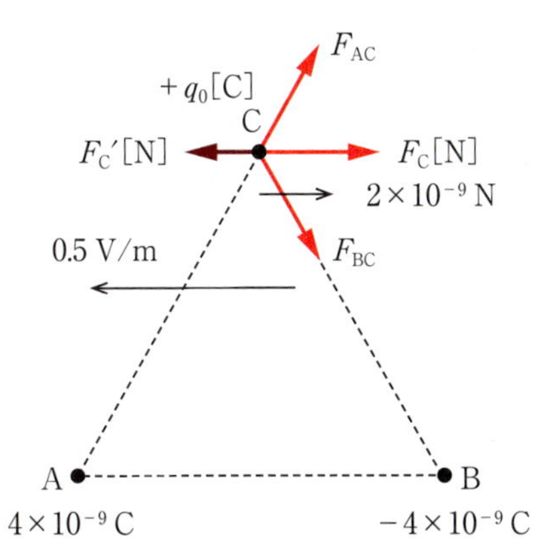

$F=QE$より電界で電荷が受ける力F_C'は，

$$F_C' = q_0 \times 0.5 \text{[N]}$$

F_CとF_C'の合力Fは2×10^{-9} Nであるから，

$$F = F_C - F_C'$$

$$2\times10^{-9} = 9\times10^9\times\frac{4\times10^{-9}\cdot q_0}{6^2} - q_0\times0.5$$

$$2\times10^{-9} = 9\times10^9\times\frac{q_0\times10^{-9}}{9} - 0.5q_0$$

$$2\times10^{-9} = q_0 - 0.5q_0$$

$$q_0 = 4\times10^{-9}\text{ C}$$

よって，(3)が正解。

解答… (a)(1)　(b)(3)

ポイント

q_0は正電荷なので，電界の向きと同じ向きに静電力が働きます。

難易度 C

電気力線と静電力

教科書 SECTION 03

問題29 図のように，平らで十分大きい導体でできた床から高さh[m]の位置に正の電気量Q[C]をもつ点電荷がある。次の(a)及び(b)の問に答えよ。ただし，点電荷から床に下ろした垂線の足を点O，床より上側の空間は真空とし，床の導体は接地されている。真空の誘電率をε_0[F/m]とする。

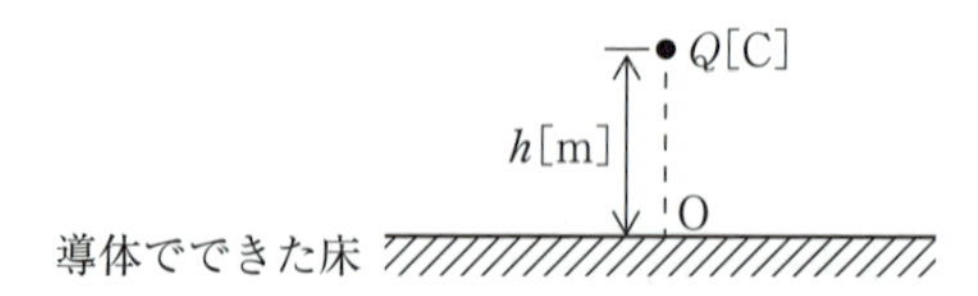

(a) 床より上側の電界は，点電荷のつくる電界と，床の表面に静電誘導によって現れた面電荷のつくる電界との和になる。床より上側の電気力線の様子として，適切なものを次の(1)～(5)のうちから一つ選べ。

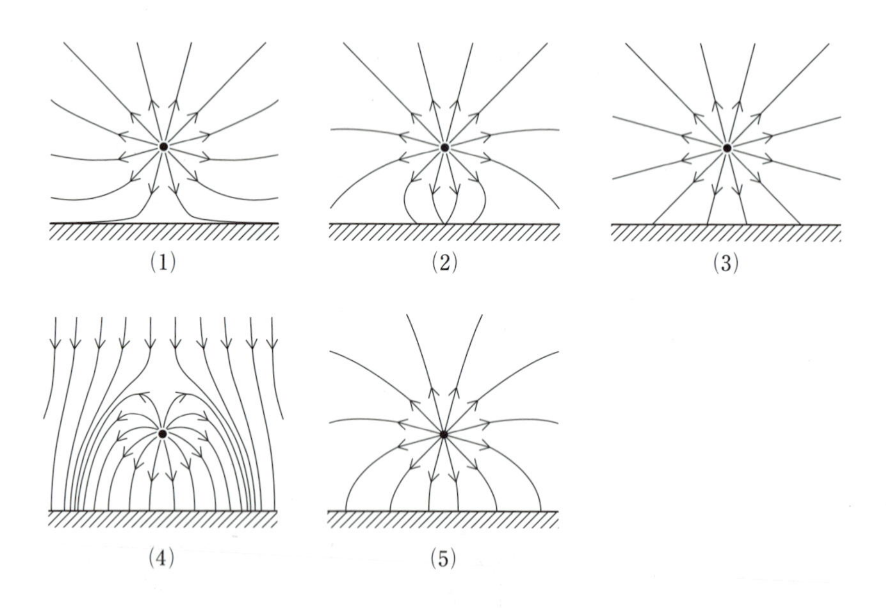

⒝　点電荷は床表面に現れた面電荷から鉛直方向の静電吸引力F[N]を受ける。その力は床のない状態で点Oに固定した電気量$-\dfrac{Q}{4}$[C]の点電荷から受ける静電力に等しい。F[N]に逆らって，点電荷を高さh[m]からz[m]（ただし$h<z$）まで鉛直方向に引き上げるのに必要な仕事W[J]を表す式として，正しいものを次の⑴〜⑸のうちから一つ選べ。

(1) $\dfrac{Q^2}{4\pi\varepsilon_0 z^2}$　(2) $\dfrac{Q^2}{4\pi\varepsilon_0}\left(\dfrac{1}{h}-\dfrac{1}{z}\right)$　(3) $\dfrac{Q^2}{16\pi\varepsilon_0}\left(\dfrac{1}{h}-\dfrac{1}{z}\right)$

(4) $\dfrac{Q^2}{16\pi\varepsilon_0 z^2}$　(5) $\dfrac{Q^2}{\pi\varepsilon_0}\left(\dfrac{1}{h^2}-\dfrac{1}{z^2}\right)$

R1-B15

	①	②	③	④	⑤
学習日					
理解度（○/△/×）					

解説

(a)

問題文より，点電荷は正の電気量をもち，床の表面に静電誘導によって現れた面電荷は負の電気量をもつので，電気力線は点電荷から出て床の表面（面電荷）へ吸い込まれる。かつ，電気力線は床の表面に垂直に出入りする。これらの条件をみたすのは(5)である。

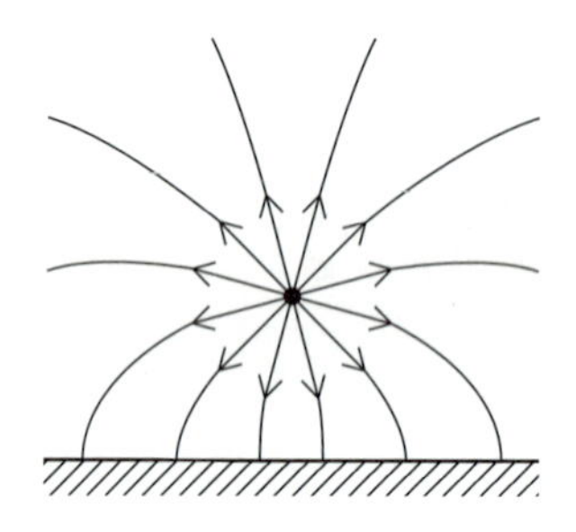

よって，(5)が正解。

(b)

床の点Oからの高さz[m]およびh[m]における電位をそれぞれV_z[V]およびV_h[V]とすると，

$$V_z = \frac{1}{4\pi\varepsilon_0 z}\left(-\frac{Q}{4}\right) = -\frac{Q}{16\pi\varepsilon_0 z}$$

$$V_h = \frac{1}{4\pi\varepsilon_0 h}\left(-\frac{Q}{4}\right) = -\frac{Q}{16\pi\varepsilon_0 h}$$

V_z[V]とV_h[V]の電位差をV_{z-h}[V]とすると，

$$V_{z-h} = V_z - V_h = -\frac{Q}{16\pi\varepsilon_0 z} - \left(-\frac{Q}{16\pi\varepsilon_0 h}\right) = \frac{Q}{16\pi\varepsilon_0}\left(\frac{1}{h} - \frac{1}{z}\right)$$

電位差V_{z-h}[V]は鉛直方向の静電吸引力F[N]に逆らって単位正電荷（＋1 C）を高さh[m]からz[m]まで動かす仕事（位置エネルギーの差）に等しい。したがって，Q[C]の点電荷を引き上げるのに必要な仕事をW[J]とすると，電位差V_{z-h}[V]は，

$$V_{z-h} = \frac{W}{Q}$$

以上より，仕事W[J]は，

$$W = QV_{z-h} = \frac{Q^2}{16\pi\varepsilon_0}\left(\frac{1}{h} - \frac{1}{z}\right)$$

よって，(3)が正解。

解答… (a)(5) (b)(3)

難易度 **A**

コンデンサ(1)

教科書 SECTION 04

問題30 図に示すように，電極板面積と電極板間隔がそれぞれ同一の2種類の平行平板コンデンサがあり，一方を空気コンデンサA，他方を固体誘電体（比誘電率 $\varepsilon_r = 4$）が満たされたコンデンサBとする。両コンデンサにおいて，それぞれ一方の電極に直流電圧 V[V]を加え，他方の電極を接地したとき，コンデンサBの内部電界[V/m]及び電極板上に蓄えられた電荷[C]はコンデンサAのそれぞれ何倍となるか。その倍率として，正しいものを組み合わせたのは次のうちどれか。

ただし，空気の比誘電率を1とし，コンデンサの端効果は無視できるものとする。

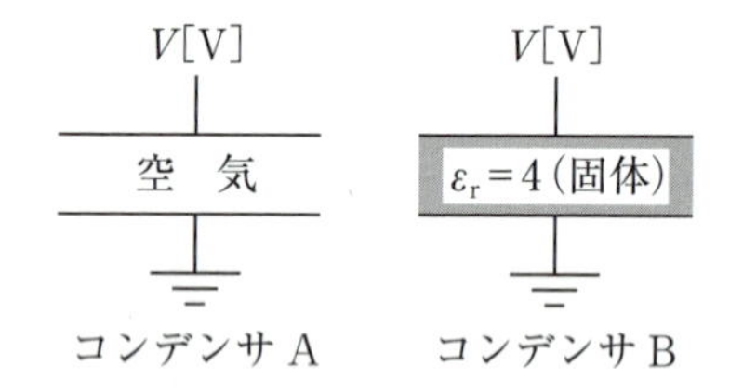

	内部電界	電　荷
(1)	1	4
(2)	4	4
(3)	$\frac{1}{4}$	4
(4)	4	1
(5)	1	1

H22-A2

	①	②	③	④	⑤
学習日					
理解度 (○/△/×)					

解説

コンデンサの内部電界は$E=\dfrac{V}{\ell}$より電圧と電極板間隔で決まり，比誘電率に依存しない。よってコンデンサAとコンデンサBの内部電界は等しく倍率は**1倍**である。

二つのコンデンサの電極板面積をA，電極板間隔をℓとすると，

コンデンサAの静電容量C_{A}は，

$$C_{\mathrm{A}}=\varepsilon_0\frac{A}{\ell}$$

コンデンサBの静電容量C_{B}は，

$$C_{\mathrm{B}}=4\,\varepsilon_0\frac{A}{\ell}$$

電極板上に蓄えられた電荷は$Q=CV$より静電容量に比例するので，コンデンサBの電荷はコンデンサAの**4倍**である。

よって，(1)が正解。

解答… (1)

難易度 A

コンデンサ(2)

教科書 SECTION 04

問題31 極板A－B間が比誘電率 $\varepsilon_r=2$ の誘電体で満たされた平行平板コンデンサがある。極板間の距離はd[m]，極板間の直流電圧はV_0[V]である。極板と同じ形状と大きさをもち，厚さが$\frac{d}{4}$[m]の帯電していない導体を図に示す位置P－Q間に極板と平行に挿入したとき，導体の電位の値[V]として，正しいものを次の(1)〜(5)のうちから一つ選べ。

ただし，コンデンサの端効果は無視できるものとする。

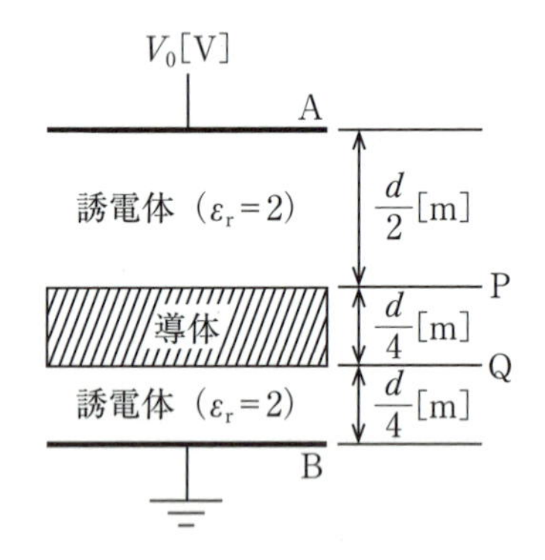

(1) $\frac{V_0}{8}$　(2) $\frac{V_0}{6}$　(3) $\frac{V_0}{4}$　(4) $\frac{V_0}{3}$　(5) $\frac{V_0}{2}$

H26-A1

	①	②	③	④	⑤
学習日					
理解度 (○/△/×)					

解説

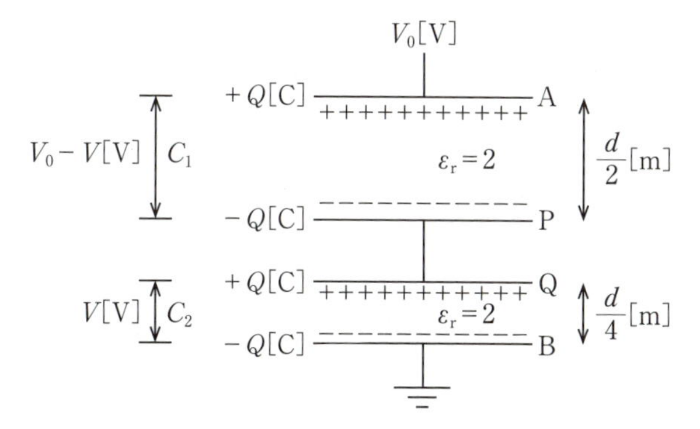

導体が極板間に平行に挿入されたとき，図のようにコンデンサC_1とC_2が直列に接続されていると考えることができる。極板の面積をA[m^2]とすると，C_1とC_2は静電容量$=\dfrac{誘電率\times極板の面積}{極板間の距離}$より，

$$C_1=\frac{2\varepsilon_0\cdot A}{\frac{d}{2}}=\frac{4\varepsilon_0 A}{d}[\mathrm{F}]$$

$$C_2=\frac{2\varepsilon_0\cdot A}{\frac{d}{4}}=\frac{8\varepsilon_0 A}{d}[\mathrm{F}]$$

よって，$C_2=2C_1$

ここで，C_1とC_2に蓄えられる電荷量をQ[C]，導体の電位をV[V]とすると，公式$Q=CV$より，

$$Q=C_1(V_0-V)=C_2V$$

$C_2=2C_1$より，

$$C_1(V_0-V)=2C_1V$$

$$V_0-V=2V$$

$$V_0=3V$$

$$V=\frac{V_0}{3}[\mathrm{V}]$$

よって，(4)が正解。

解答… (4)

難易度 A コンデンサ(3)

教科書 SECTION 04

問題32 図1に示すような，空気中における固体誘電体を含む複合誘電体平行平板電極がある。この下部電極を接地し，上部電極に電圧を加えたときの電極間の等電位線の分布を示す断面図として，正しいのは次のうちどれか。

ただし，誘電体の導電性及び電極と誘電体の端効果は無視できるものとする。

参考までに固体誘電体を取り除いた，空気中平行平板電極の場合の等電位線の分布を図2に示す。

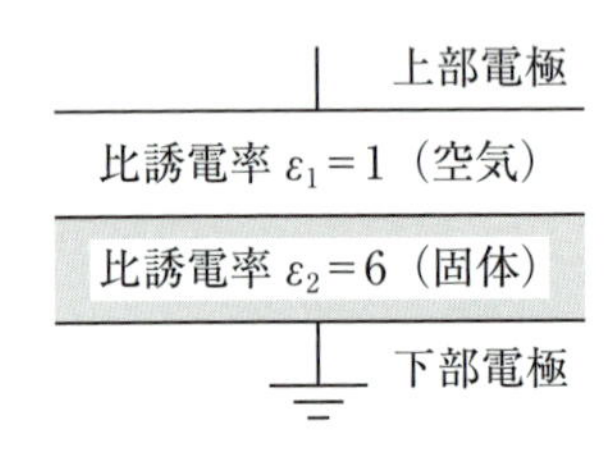

図1　複合誘電体平行平板電極の断面図

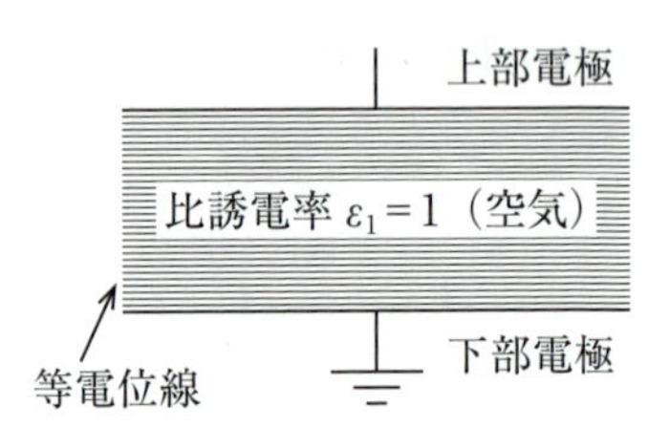

図2　空気中平行平板電極の断面図

(1) (2)

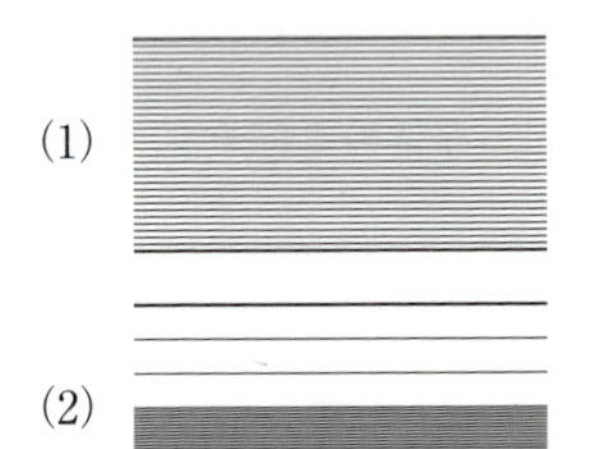

(3)

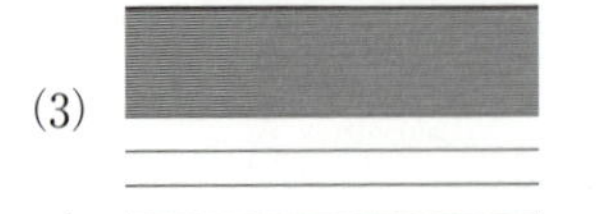

(4)

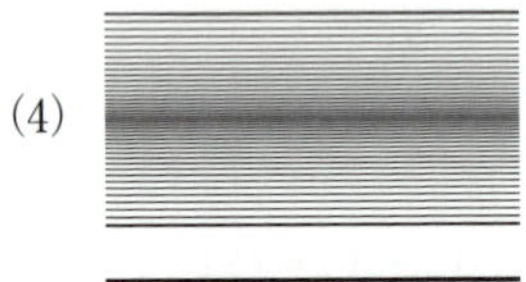

(5)

（注）　図2と同様に下側を接地電極とする。

H18-A2

	①	②	③	④	⑤
学習日					
理解度 (○/△/×)					

解説

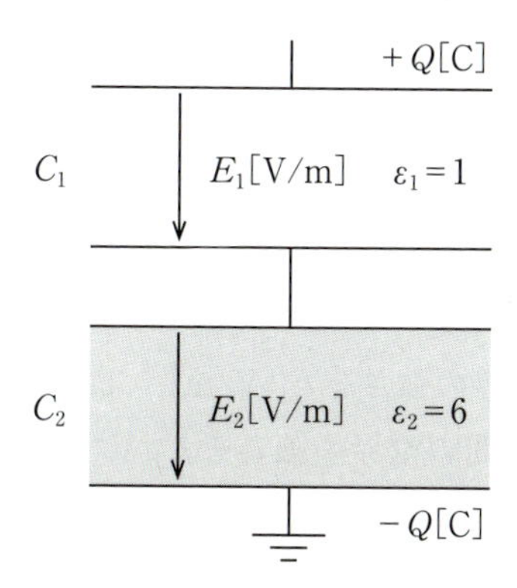

図1のコンデンサは，上図のようにコンデンサC_1，C_2が直列に接続されていると考えることができる。このコンデンサに単位面積あたりQ[C]の電荷が蓄えられるとすると，真空の誘電率ε_0を使って電束密度D[C/m^2]は次のように表される。

$$D = \varepsilon_0 E_1 = 6\varepsilon_0 E_2$$

$$E_1 = 6E_2$$

ここで，コンデンサC_1，C_2で同一電位差V[V]が生じる距離ℓ_1，ℓ_2[m]を平行平板電極内の電界の大きさの公式$E=\dfrac{V}{\ell}$より求めると，

$$\ell_1 = \frac{V}{E_1} = \frac{V}{6E_2}$$

$$6\ell_1 = \frac{V}{E_2}$$

同様に，

$$\ell_2 = \frac{V}{E_2}$$

したがって，$\ell_2 = 6\ell_1$となり，コンデンサC_2の等電位線の間隔はC_1よりも大きくなる。

よって，(3)が正解。

解答… (3)

難易度 A

コンデンサ(4)

教科書 SECTION 04

問題33 電極板面積と電極板間隔が共にS[m^2]とd[m]で，一方は比誘電率がε_{r1}の誘電体からなる平行平板コンデンサC_1と，他方は比誘電率がε_{r2}の誘電体からなる平行平板コンデンサC_2がある。いま，これらを図のように並列に接続し，端子A，B間に直流電圧V_0[V]を加えた。このとき，コンデンサC_1の電極板間の電界の強さをE_1[V/m]，電束密度をD_1[C/m^2]，また，コンデンサC_2の電極板間の電界の強さをE_2[V/m]，電束密度をD_2[C/m^2]とする。両コンデンサの電界の強さE_1[V/m]とE_2[V/m]はそれぞれ (ア) であり，電束密度D_1[C/m^2]とD_2[C/m^2]はそれぞれ (イ) である。したがって，コンデンサC_1に蓄えられる電荷をQ_1[C]，コンデンサC_2に蓄えられる電荷をQ_2[C]とすると，それらはそれぞれ (ウ) となる。

ただし，電極板の厚さ及びコンデンサの端効果は，無視できるものとする。また，真空の誘電率をε_0[F/m]とする。

上記の記述中の空白箇所(ア)，(イ)及び(ウ)に当てはまる式として，正しいものを組み合わせたのは次のうちどれか。

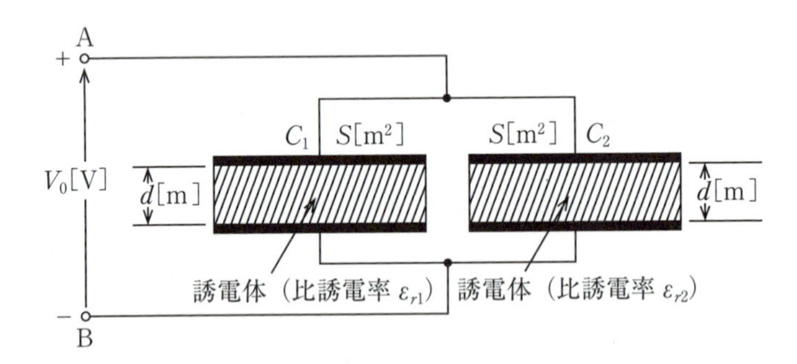

	(ア)	(イ)	(ウ)
(1)	$E_1=\frac{\varepsilon_{r1}}{d}V_0$ $E_2=\frac{\varepsilon_{r2}}{d}V_0$	$D_1=\frac{\varepsilon_{r1}}{d}SV_0$ $D_2=\frac{\varepsilon_{r2}}{d}SV_0$	$Q_1=\frac{\varepsilon_0\varepsilon_{r1}}{d}SV_0$ $Q_2=\frac{\varepsilon_0\varepsilon_{r2}}{d}SV_0$
(2)	$E_1=\frac{\varepsilon_{r1}}{d}V_0$ $E_2=\frac{\varepsilon_{r2}}{d}V_0$	$D_1=\frac{\varepsilon_0\varepsilon_{r1}}{d}V_0$ $D_2=\frac{\varepsilon_0\varepsilon_{r2}}{d}V_0$	$Q_1=\frac{\varepsilon_0\varepsilon_{r1}}{d}SV_0$ $Q_2=\frac{\varepsilon_0\varepsilon_{r2}}{d}SV_0$
(3)	$E_1=\frac{V_0}{d}$ $E_2=\frac{V_0}{d}$	$D_1=\frac{\varepsilon_0\varepsilon_{r1}}{d}SV_0$ $D_2=\frac{\varepsilon_0\varepsilon_{r2}}{d}SV_0$	$Q_1=\frac{\varepsilon_0\varepsilon_{r1}}{d}V_0$ $Q_2=\frac{\varepsilon_0\varepsilon_{r2}}{d}V_0$
(4)	$E_1=\frac{V_0}{d}$ $E_2=\frac{V_0}{d}$	$D_1=\frac{\varepsilon_0\varepsilon_{r1}}{d}V_0$ $D_2=\frac{\varepsilon_0\varepsilon_{r2}}{d}V_0$	$Q_1=\frac{\varepsilon_0\varepsilon_{r1}}{d}SV_0$ $Q_2=\frac{\varepsilon_0\varepsilon_{r2}}{d}SV_0$
(5)	$E_1=\frac{\varepsilon_0\varepsilon_{r1}}{d}SV_0$ $E_2=\frac{\varepsilon_0\varepsilon_{r2}}{d}SV_0$	$D_1=\frac{\varepsilon_0\varepsilon_{r1}}{d}V_0$ $D_2=\frac{\varepsilon_0\varepsilon_{r2}}{d}V_0$	$Q_1=\frac{\varepsilon_0}{d}SV_0$ $Q_2=\frac{\varepsilon_0}{d}SV_0$

H21-A1

	①	②	③	④	⑤
学習日					
理解度 (○/△/×)					

解説

(ア)　平行平板電極内の電界の強さは$E=\dfrac{V}{\ell}$[V/m]より決まる。したがってE_1とE_2はともに$E_1=\dfrac{V_0}{d}$，$E_2=\dfrac{V_0}{d}$である。

(イ)　電束密度と電界の強さには$D=\varepsilon E$[C/m^2]の関係がある。$\varepsilon=\varepsilon_0\varepsilon_r$であるから(ア)より，$D_1=\dfrac{\varepsilon_0\varepsilon_{r1}}{d}V_0$，$D_2=\dfrac{\varepsilon_0\varepsilon_{r2}}{d}V_0$である。

(ウ)　コンデンサに蓄えられる電荷Q[C]を電束密度D[C/m^2]を用いて表すと，電束密度の公式$D=\dfrac{電束}{面積}$[C/m^2]より$Q_1=\dfrac{\varepsilon_0\varepsilon_{r1}}{d}V_0S$，$Q_2=\dfrac{\varepsilon_0\varepsilon_{r2}}{d}V_0S$である。

以上より，正しい組み合わせは(4)である。

解答…　(4)

ポイント

電界の強さは，大きさと向きを持ったベクトル量で，電界の大きさは向きを持たないスカラ量です。電験三種では特に区別する必要はなく，同じと考えてかまいません。

難易度 A

コンデンサ(5)

教科書 SECTION 04

問題34 真空中において，一辺ℓ[m]の正方形電極を間隔d[m]で配置した平行板コンデンサがある。図1はこのコンデンサの電極板間に比誘電率$\varepsilon_r=3$の誘電体を挿入した状態，図2は図1の誘電体を電極面積の$\frac{1}{2}$だけ引き出した状態を示している。図1及び図2の二つのコンデンサの静電容量C_1[F]及びC_2[F]の比（$C_1:C_2$）として，正しいのは次のうちどれか。

ただし，$\ell \gg d$であり，コンデンサの端効果は無視できるものとする。

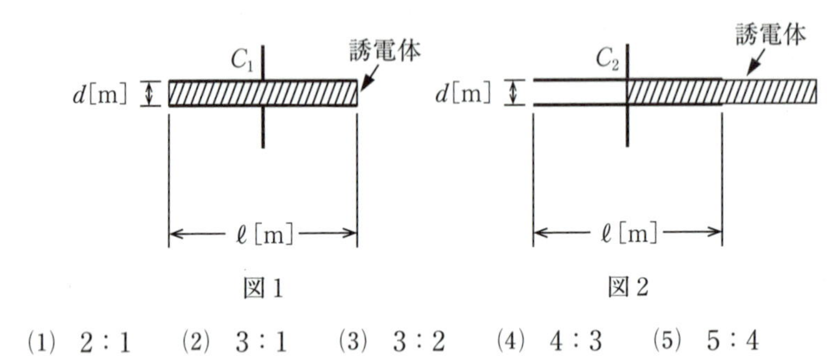

図1　　図2

(1)　2：1　　(2)　3：1　　(3)　3：2　　(4)　4：3　　(5)　5：4

H15-A2

	①	②	③	④	⑤
学習日					
理解度 (○/△/×)					

解説

図1のコンデンサの静電容量C_1は静電容量$=\dfrac{誘電率\times電極面積}{電極板の間隔}$で求められるので，

$$C_1=\frac{3\,\varepsilon_0\cdot\ell^2}{d}[\mathrm{F}]$$

次に，C_2は図のようにコンデンサC_{21}とC_{22}が並列に接続されていると考えることができる。C_{21}とC_{22}を求めると，

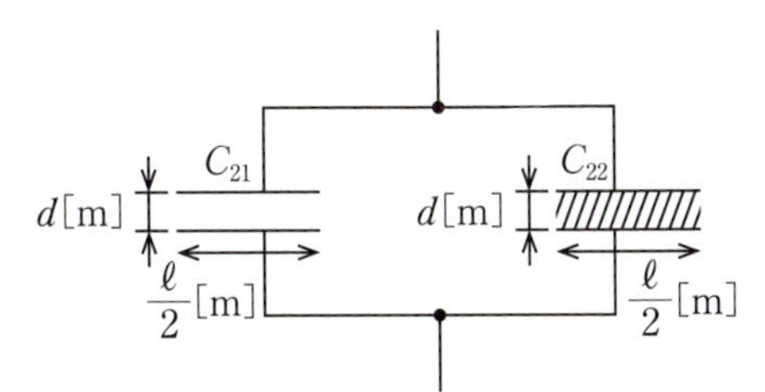

$$C_{21}=\frac{\varepsilon_0\cdot\frac{1}{2}\ell^2}{d}=\frac{1}{2}\cdot\frac{\varepsilon_0\ell^2}{d}[\mathrm{F}]$$

$$C_{22}=\frac{3\,\varepsilon_0\cdot\frac{1}{2}\ell^2}{d}=\frac{3}{2}\cdot\frac{\varepsilon_0\ell^2}{d}[\mathrm{F}]$$

よって，図2のコンデンサの静電容量は，

$$C_2=C_{21}+C_{22}=\frac{1}{2}\cdot\frac{\varepsilon_0\ell^2}{d}+\frac{3}{2}\cdot\frac{\varepsilon_0\ell^2}{d}=\frac{2\,\varepsilon_0\ell^2}{d}[\mathrm{F}]$$

したがって，C_1とC_2の比は，

$$C_1:C_2=\frac{3\varepsilon_0\ell^2}{d}:\frac{2\varepsilon_0\ell^2}{d}=3:2$$

よって，(3)が正解。

解答…　(3)

ポイント

図のように，電気力線がコンデンサの端で外側に膨らむ現象を**コンデンサの端効果**（たんこうか）といいます。コンデンサの端効果が無視できるときは$C=\dfrac{\varepsilon A}{\ell}$の公式が使えます。

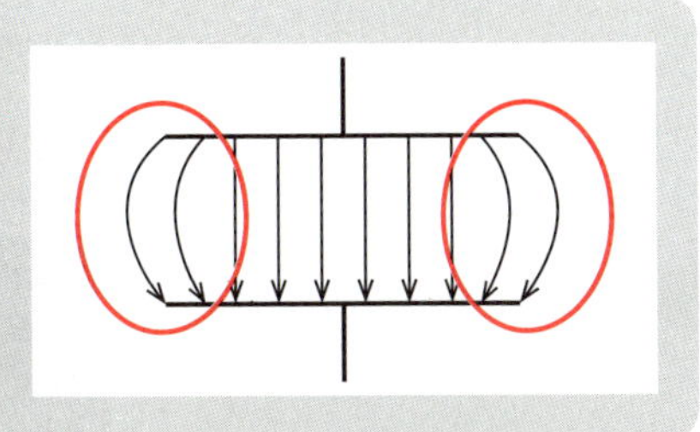

難易度 A

コンデンサ(6)

教科書 SECTION 04

問題35 静電容量がそれぞれ20 μF及び30 μFの二つのコンデンサを図1のように直列に接続し，10 Vの直流電圧を加えて充電した。その後，これらのコンデンサを直流電源から切り離して，同じ極性の端子同士を図2のように接続した。このとき，二つのコンデンサの端子電圧E[V]の値として，正しいのは次のうちどれか。ただし，二つのコンデンサの初期電荷は零とする。

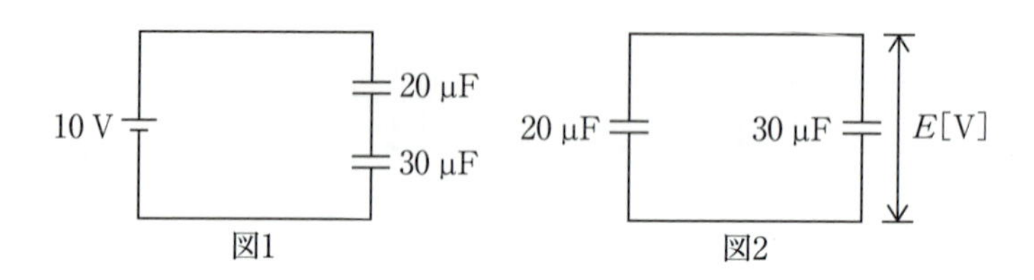

(1) 2.4　(2) 3.6　(3) 4.8　(4) 6.0　(5) 7.2

H13-A8

	①	②	③	④	⑤
学習日					
理解度 (○/△/×)					

解説

図1のコンデンサの合成静電容量C_1は$C_1 = \dfrac{20 \times 30}{20 + 30} = 12\ \mu\mathrm{F}$であるから，蓄えられる電荷量$Q_1$は，

$$Q_1 = C_1 V = 12 \times 10 = 120\ \mu\mathrm{C}$$

一方，図2のコンデンサの合成静電容量C_2は$C_2 = 20 + 30 = 50\ \mu\mathrm{F}$である。また，同じ極性の端子を並列に接続するから，電荷量の合計Q_2は，

$$Q_2 = 120 + 120 = 240\ \mu\mathrm{C}$$

$V = \dfrac{Q}{C}$より端子電圧E[V]は，

$$E = \frac{240}{50} = 4.8\ \mathrm{V}$$

よって，(3)が正解。

解答… (3)

難易度 A

コンデンサ(7)

教科書 SECTION 04

問題36 図のように，静電容量C_1，C_2及びC_3のコンデンサが接続されている回路がある。スイッチSが開いているとき，各コンデンサの電荷は，すべて零であった。スイッチSを閉じると，$C_1 = 5\ \mu F$のコンデンサには3.5×10^{-4} Cの電荷が，$C_2 = 2.5\ \mu F$のコンデンサには0.5×10^{-4} Cの電荷が充電された。静電容量C_3[μF]の値として，正しいのは次のうちどれか。

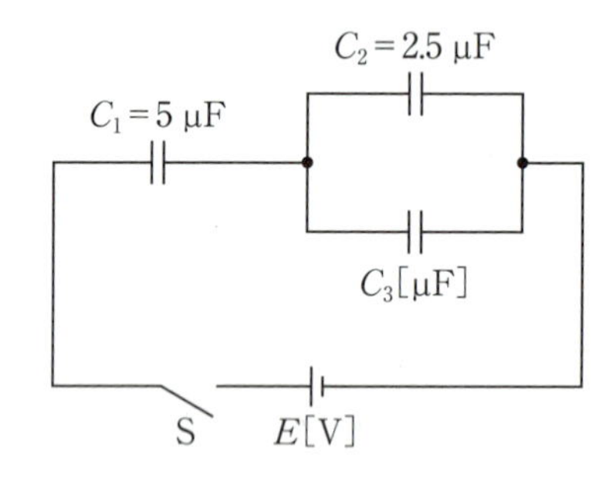

(1) 0.2　(2) 2.5　(3) 5　(4) 7.5　(5) 15

H15-A1

	①	②	③	④	⑤
学習日					
理解度 (○/△/×)					

解説

直列接続されたコンデンサに蓄えられる電荷は等しいので，コンデンサC_2とC_3の並列回路にはコンデンサC_1と同じ3.5×10^{-4} Cの電荷が蓄えられる。また，コンデンサC_2には0.5×10^{-4} Cの電荷が充電されているから，コンデンサC_3の電荷は3.0×10^{-4} Cである。

また，$Q = CV$よりコンデンサC_2にかかる電圧は，

$$V = \frac{Q_2}{C_2} = \frac{0.5 \times 10^{-4}}{2.5 \times 10^{-6}} = 20 \text{ V}$$

C_2とC_3は並列に接続されているので，C_3にかかる電圧も20 Vである。

よって静電容量C_3の値は，

$$C_3 = \frac{Q_3}{V} = \frac{3.0 \times 10^{-4}}{20} = 1.5 \times 10^{-5} \text{ F} = 15 \ \mu\text{F}$$

ゆえに，(5)が正解。

解答… (5)

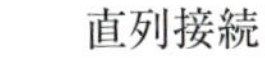

直列接続

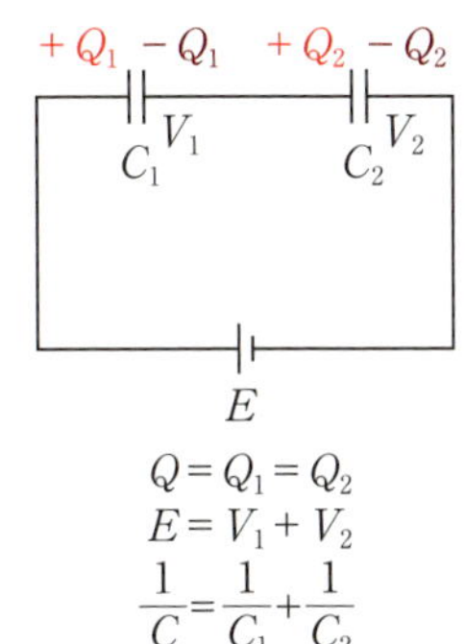

$$Q = Q_1 = Q_2$$
$$E = V_1 + V_2$$
$$\frac{1}{C} = \frac{1}{C_1} + \frac{1}{C_2}$$

並列接続

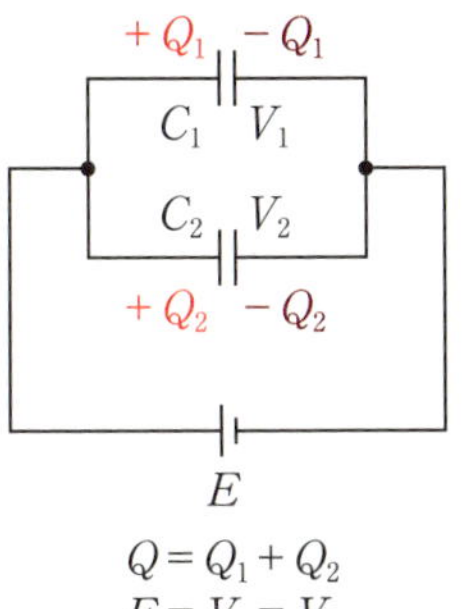

$$Q = Q_1 + Q_2$$
$$E = V_1 = V_2$$
$$C = C_1 + C_2$$

図のようにコンデンサC_1とC_2を直列接続したとき，C_1とC_2に蓄えられる電荷は等しくなります。ただし，これは初期電荷が0（ゼロ）のときに成り立ちます。また，全体にかかる電圧は，C_1にかかる電圧とC_2にかかる電圧を合わせたものとなります。

一方，並列接続したとき全体の電荷は，C_1の電荷とC_2の電荷を足し合わせたものに等しくなります。C_1とC_2にかかる電圧は等しくなります。

教科書 SECTION 04

問題37 図のように，極板間距離d[mm]と比誘電率ε_rが異なる平行板コンデンサが接続されている。極板の形状と大きさは全て同一であり，コンデンサの端効果，初期電荷及び漏れ電流は無視できるものとする。印加電圧を10 kVとするとき，図中の二つのコンデンサ内部の電界の強さE_A及びE_Bの値[kV/mm]の組合せとして，正しいものを次の(1)～(5)のうちから一つ選べ。

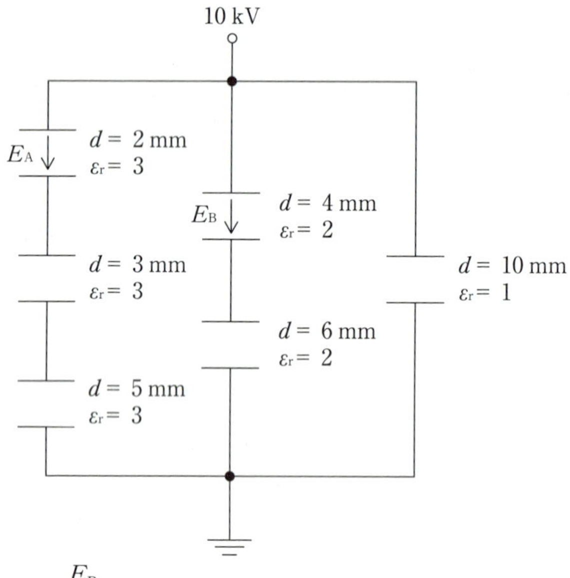

	E_A	E_B
(1)	0.25	0.67
(2)	0.25	1.5
(3)	1.0	1.0
(4)	4.0	0.67
(5)	4.0	1.5

R1-A2

	①	②	③	④	⑤
学習日					
理解度 (○/△/×)					

解説

図のように，各コンデンサの静電容量をC_1～C_6[F]とし，極板間距離をd_1～d_6[mm]とする。

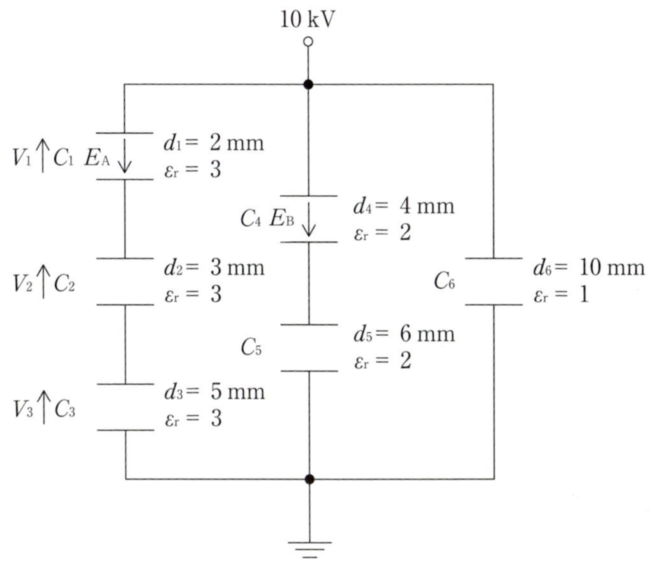

まず，回路左側の3つのコンデンサは直列接続されているため，蓄えられる電荷は等しくなる。このことを各コンデンサにかかる電圧V_1[kV]，V_2[kV]，V_3[kV]および静電容量C_1[F]，C_2[F]，C_3[F]を用いて表すと，

$$C_1V_1 = C_2V_2 = C_3V_3 \cdots ①$$

また問題文の「コンデンサの極板の形状と大きさは全て同一である」という条件から，各コンデンサの極板の面積A[m^2]は等しく，かつ図よりすべてのコンデンサの比誘電率ε_rも等しいことがわかる。

極板間の距離をd[m]とすると，コンデンサの静電容量C[F]は$C = \varepsilon_r\varepsilon_0\dfrac{A}{d}$であるから，①式は，

$$\varepsilon_r\varepsilon_0\frac{A}{d_1}V_1 = \varepsilon_r\varepsilon_0\frac{A}{d_2}V_2 = \varepsilon_r\varepsilon_0\frac{A}{d_3}V_3$$

$$\therefore \frac{V_1}{d_1} = \frac{V_2}{d_2} = \frac{V_3}{d_3} = E_A$$

となり，各コンデンサ内部の電界の強さは全て等しく，E_A[kV/mm]となる。

ここで，端子間の電圧は10 kVであるから，各コンデンサ両端の電圧V_1[kV]，V_2[kV]，V_3[kV]について，次の式が成り立つ。

$$V_1 + V_2 + V_3 = 10$$

$$E_A d_1 + E_A d_2 + E_A d_3 = E_A(d_1 + d_2 + d_3) = 10$$

したがって，電界E_A[kV/mm]は，

$$E_A = \frac{10}{d_1 + d_2 + d_3} = \frac{10}{2 + 3 + 5} = \frac{10}{10} = 1.0 \text{ kV/mm}$$

次に，回路中央のコンデンサは直列接続されているため，蓄えられる電荷は等しくなる。このことを各コンデンサにかかる電圧V_4[kV]，V_5[kV]および静電容量C_4[F]，C_5[F]を用いて表すと，

$$C_4 V_4 = C_5 V_5$$

問題文の「コンデンサの極板の形状と大きさは全て同一である」という条件から，回路の左側のコンデンサの場合と同様に，

$$\frac{V_4}{d_4} = \frac{V_5}{d_5} = E_B$$

端子間の電圧は10 kVであるから，各コンデンサ両端の電圧V_4[kV]，V_5[kV]について，次の式が成り立つ。

$$V_4 + V_5 = 10$$

$$E_B d_4 + E_B d_5 = E_B(d_4 + d_5) = 10$$

したがって，電界E_B[kV/mm]は，

$$E_B = \frac{10}{d_4 + d_5} = \frac{10}{4 + 6} = \frac{10}{10} = 1.0 \text{ kV/mm}$$

よって，(3)が正解。

解答…　(3)

難易度 **A**

コンデンサの並列接続と直列接続(1)

教科書 SECTION 04

問題38 図1に示すように，二つのコンデンサ$C_1 = 4$ μFと$C_2 = 2$ μFが直列に接続され，直流電圧6 Vで充電されている。次に電荷が蓄積されたこの二つのコンデンサを直流電源から切り離し，電荷を保持したまま同じ極性の端子同士を図2に示すように並列に接続する。並列に接続後のコンデンサの端子間電圧の大きさV[V]の値として，正しいのは次のうちどれか。

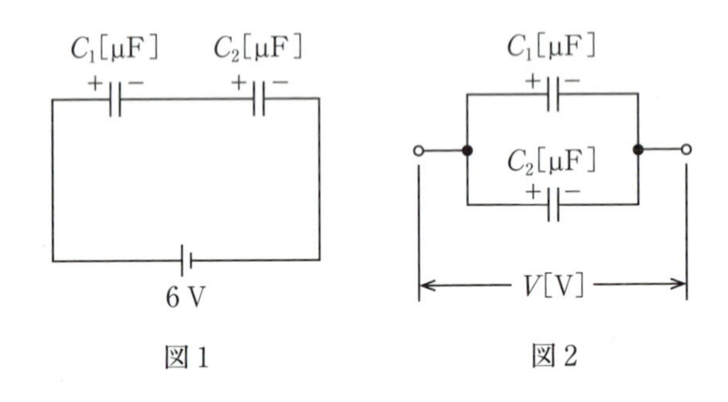

図1　　図2

(1) $\frac{2}{3}$　(2) $\frac{4}{3}$　(3) $\frac{8}{3}$　(4) $\frac{16}{3}$　(5) $\frac{32}{3}$

H20-A5

	①	②	③	④	⑤
学習日					
理解度 (○/△/×)					

解説

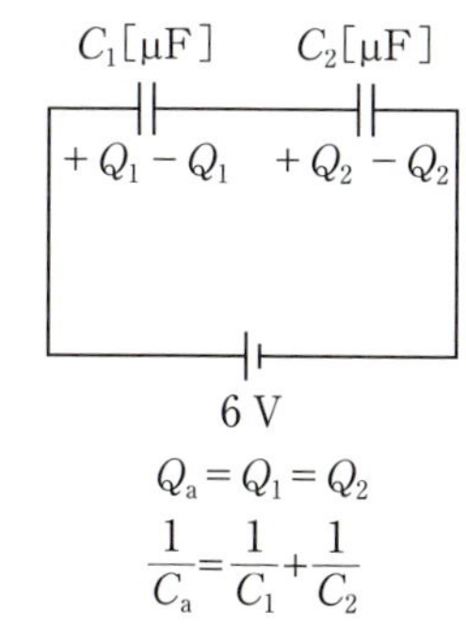

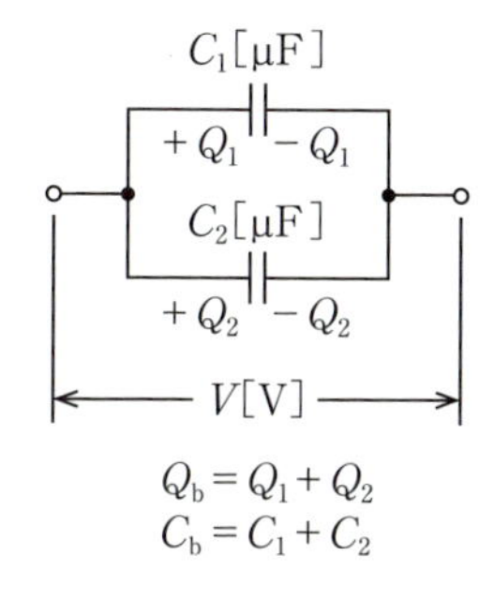

$$Q_a = Q_1 = Q_2$$
$$\frac{1}{C_a} = \frac{1}{C_1} + \frac{1}{C_2}$$

$$Q_b = Q_1 + Q_2$$
$$C_b = C_1 + C_2$$

図1のコンデンサの合成静電容量C_aは,

$$C_a = \frac{C_1C_2}{C_1 + C_2} = \frac{4 \times 2}{4 + 2} = \frac{8}{6} = \frac{4}{3}\ \mu\text{F}$$

コンデンサC_1とC_2は直列に接続されているから，C_1とC_2には同じ量の電荷が蓄えられる。これは合成静電容量に蓄えられる電荷Q_aと等しいから,

$$Q_a = C_aV = \frac{4}{3} \times 6 = 8\ \mu\text{C}$$

よって，C_1とC_2にはそれぞれ8 μCの電荷が蓄積される。

次に，図2の合成静電容量C_bと全体の電荷Q_bを求める。C_1とC_2は並列接続されているから,

$$C_b = C_1 + C_2 = 4 + 2 = 6\ \mu\text{F}$$

電荷は保持されているから,

$$Q_b = Q_1 + Q_2 = 8 + 8 = 16\ \mu\text{C}$$

したがって，コンデンサの端子間電圧の大きさVは,

$$V = \frac{Q_b}{C_b} = \frac{16}{6} = \frac{8}{3}\ \text{V}$$

ゆえに，(3)が正解。

解答…　(3)

ポイント

二つのコンデンサC_1とC_2を直列につなぐと，その合成静電容量C_0は

$$\frac{1}{C_0} = \frac{1}{C_1} + \frac{1}{C_2} = \frac{C_1 + C_2}{C_1C_2}$$

よって，$C_0 = \dfrac{C_1C_2}{C_1 + C_2}$

となります。

難易度 B

コンデンサの並列接続と直列接続(2)

教科書 SECTION 04

問題39 図1及び図2のように，静電容量がそれぞれ4 μFと2 μFのコンデンサC_1及びC_2，スイッチS_1及びS_2からなる回路がある。コンデンサC_1とC_2には，それぞれ2 μCと4 μCの電荷が図のような極性で蓄えられている。この状態から両図ともスイッチS_1及びS_2を閉じたとき，図1のコンデンサC_1の端子電圧をV_1[V]，図2のコンデンサC_1の端子電圧をV_2[V]とすると，電圧比$\left|\frac{V_1}{V_2}\right|$の値として，正しいものを次の(1)～(5)のうちから一つ選べ。

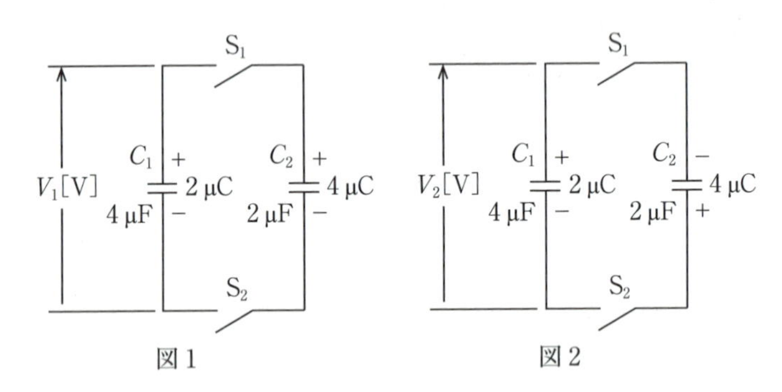

図1　　図2

(1) $\frac{1}{3}$　(2) 1　(3) 3　(4) 6　(5) 9

H24-A1

	①	②	③	④	⑤
学習日					
理解度 (○/△/×)					

解説

コンデンサC_1とC_2は並列接続されているので，合成静電容量は6 μFである。

図1の回路の総電荷量は$Q_1 + Q_2 = 6\ \mu C$であるから，$Q = CV$より，

$$V_1 = \frac{6\ \mu C}{6\ \mu F} = 1\ V$$

一方，図2の回路の総電荷量はコンデンサの極性が図1とは逆なので，

$$Q_1 - Q_2 = -2\ \mu C$$

よってV_2は，

$$V_2 = \frac{-2}{6} = -\frac{1}{3}\ V$$

したがって，電圧比は，

$$\left| \frac{V_1}{V_2} \right| = \left| \frac{1}{-\frac{1}{3}} \right| = 3$$

よって，(3)が正解。

難易度 B

コンデンサの並列接続と直列接続(3)

問題40 図に示すように，面積が十分に広い平行平板電極（電極間距離10 mm）が空気（比誘電率 $\varepsilon_{r1}=1$とする。）と，電極と同形同面積の厚さ4 mmで比誘電率 $\varepsilon_{r2}=4$の固体誘電体で構成されている。下部電極を接地し，上部電極に直流電圧V[kV]を加えた。次の(a)及び(b)に答えよ。

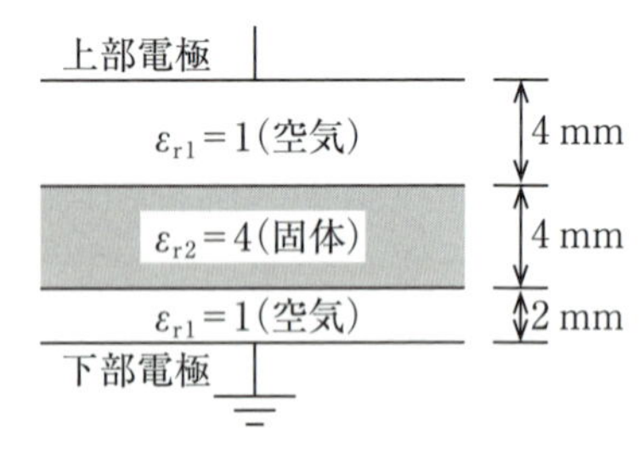

ただし，固体誘電体の導電性及び電極と固体誘電体の端効果は無視できるものとする。

(a) 電極間の電界の強さE[kV/mm]のおおよその分布を示す図として，正しいのは次のうちどれか。

ただし，このときの電界の強さでは，放電は発生しないものとする。また，各図において，上部電極から下部電極に向かう距離をx[mm]とする。

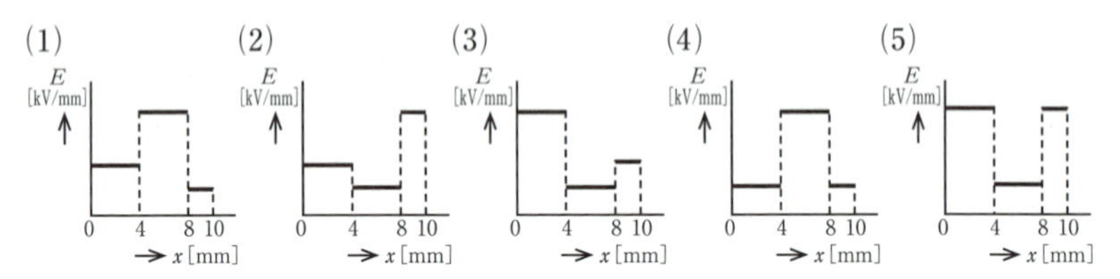

(b) 上部電極に加える電圧V[kV]を徐々に増加し，下部電極側の空気中の電界の強さが2 kV/mmに達したときの電圧V[kV]の値として，正しいのは次のうちどれか。

(1) 11　(2) 14　(3) 20　(4) 44　(5) 56

H21-C17

	①	②	③	④	⑤
学習日					
理解度 (○/△/×)					

解説

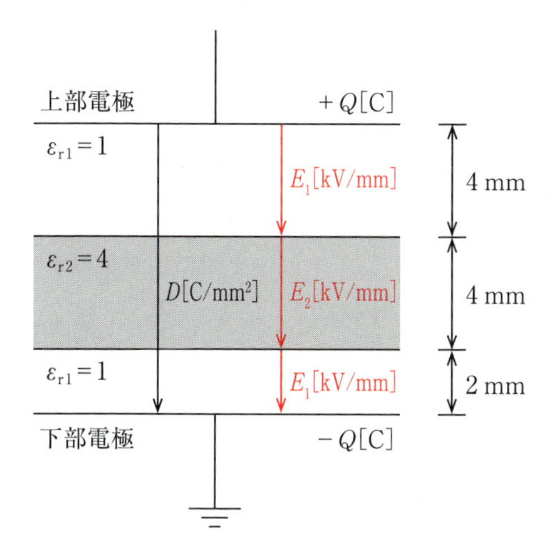

(a) 図に示すように，上部・下部電極に単位面積あたりQ[C]の電荷が蓄えられたとする。

このときの電束密度をD[C/mm^2]とすると，電界の強さE[kV/mm]は電束密度と電界の強さの公式より$E=\dfrac{D}{\varepsilon}$と表されるため，電界の強さは電束密度に比例し，誘電率に反比例する。誘電率の等しい上部・下部の空気部分の電界の強さE_1は等しく，$E_1=\dfrac{D}{\varepsilon_0}$，固体誘電体部分の電界の強さ$E_2$は，$E_2=\dfrac{D}{4\varepsilon_0}$であるため，比誘電率の大きい$E_2$は$E_1$よりも小さくなる。

よって，(5)が正解。

(b) 三つのコンデンサが直列に接続されていると考えると，$V=E\ell$より，電圧V[kV]は$V=E_1\times4+E_2\times4+E_1\times2$で求めることができる。(a)より，$E_2=\dfrac{E_1}{4}$であるから，$E_1=2$ kV/mm，$E_2=0.5$ kV/mmを代入して$V=14$ kVである。

よって，(2)が正解。

解答… (a)(5)　(b)(2)

ポイント

電束密度は「ある面を垂直につらぬく1 m^{2}あたりの電束」と定義され，一般に極板間の電束密度は一定となります。また，極板間に固体誘電体を挿入したとき，比誘電率が等しい部分の電界の強さは同じになります。

難易度 B

コンデンサの並列接続と直列接続(4)

教科書 SECTION 04

問題41 極板A－B間が誘電率 ε_0[F/m]の空気で満たされている平行平板コンデンサの空気ギャップ長をd[m]，静電容量をC_0[F]とし，極板間の直流電圧をV_0[V]とする。極板と同じ形状と面積を持ち，厚さが$\frac{d}{4}$[m]，誘電率 ε_1[F/m]の固体誘電体（$\varepsilon_1 > \varepsilon_0$）を図に示す位置P－Q間に極板と平行に挿入すると，コンデンサ内の電位分布は変化し，静電容量はC_1[F]に変化した。このとき，誤っているものを次の(1)～(5)のうちから一つ選べ。

ただし，空気の誘電率を ε_0，コンデンサの端効果は無視できるものとし，直流電圧V_0[V]は一定とする。

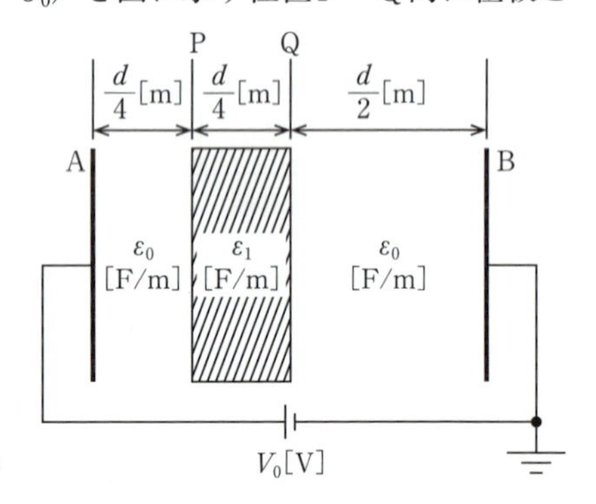

(1) 位置Pの電位は，固体誘電体を挿入する前の値よりも低下する。

(2) 位置Qの電位は，固体誘電体を挿入する前の値よりも上昇する。

(3) 静電容量C_1[F]は，C_0[F]よりも大きくなる。

(4) 固体誘電体を導体に変えた場合，位置Pの電位は固体誘電体又は導体を挿入する前の値よりも上昇する。

(5) 固体誘電体を導体に変えた場合の静電容量C_2[F]は，C_0[F]よりも大きくなる。

H24-A2

	①	②	③	④	⑤
学習日					
理解度 (○/△/×)					

解説

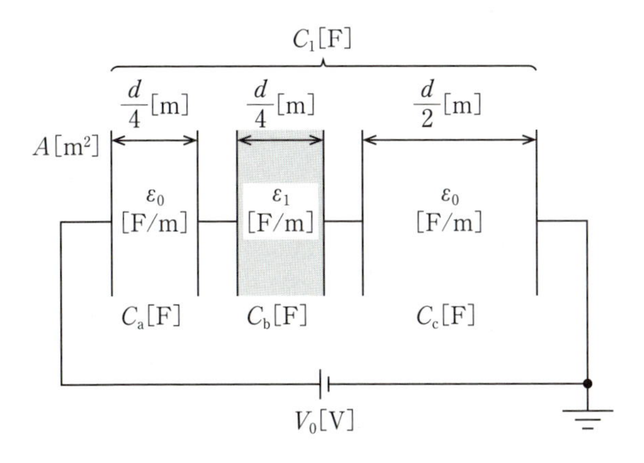

(1) 図のようにコンデンサC_a，C_b，C_cが直列に接続されていると考える。$C=\dfrac{\varepsilon A}{\ell}$

より，

$$C_a=\frac{\varepsilon_0 A}{\dfrac{d}{4}}=\frac{4\varepsilon_0 A}{d}\text{[F]}$$

$$C_b=\frac{\varepsilon_1 A}{\dfrac{d}{4}}=\frac{4\varepsilon_1 A}{d}\text{[F]}$$

$$C_c=\frac{\varepsilon_0 A}{\dfrac{d}{2}}=\frac{2\varepsilon_0 A}{d}\text{[F]}$$

合成容量C_1は，

$$C_1=\frac{1}{\dfrac{1}{C_a}+\dfrac{1}{C_b}+\dfrac{1}{C_c}}=\frac{1}{\dfrac{d}{4\varepsilon_0 A}+\dfrac{d}{4\varepsilon_1 A}+\dfrac{d}{2\varepsilon_0 A}}$$

$$=\frac{1}{\dfrac{d}{4\varepsilon_0 A}+\dfrac{d}{4\varepsilon_1 A}+\dfrac{2d}{4\varepsilon_0 A}}=\frac{1}{\dfrac{d}{4A}\left(\dfrac{1}{\varepsilon_0}+\dfrac{1}{\varepsilon_1}+\dfrac{2}{\varepsilon_0}\right)}$$

$$=\frac{4A}{\left(\dfrac{3}{\varepsilon_0}+\dfrac{1}{\varepsilon_1}\right)d}\text{[F]}$$

電極に蓄えられる電荷をQ_1とすると$Q=CV$より，

$$Q_1 = C_1 V_0 = \frac{4A}{\left(\frac{3}{\varepsilon_0} + \frac{1}{\varepsilon_1}\right)d} V_0 \text{[C]}$$

固体誘電体を挿入後の位置Pの電位 V_{P1} は，

$$V_{P1} = V_0 - \frac{Q_1}{C_a} = V_0 - \frac{\frac{4A}{\left(\frac{3}{\varepsilon_0} + \frac{1}{\varepsilon_1}\right)d} V_0}{\frac{4\varepsilon_0 A}{d}} = V_0 - \frac{V_0}{\left(\frac{3}{\varepsilon_0} + \frac{1}{\varepsilon_1}\right)\varepsilon_0}$$

$$= V_0 - \frac{V_0}{3 + \frac{\varepsilon_0}{\varepsilon_1}} = \left(1 - \frac{1}{3 + \frac{\varepsilon_0}{\varepsilon_1}}\right) V_0 \text{[V]}$$

固体誘電体を挿入する前の位置Pの電位 V_{P0} は $V_{P0} = \frac{3}{4} V_0$[V]であるから，

$\varepsilon_1 > \varepsilon_0$ より，

$$\left(1 - \frac{1}{3 + \frac{\varepsilon_0}{\varepsilon_1}}\right) V_0 < \frac{3}{4} V_0$$

よって，位置Pの電位は固体誘電体を挿入する前より小さくなるので**(1)は正しい。**

(2)　固体誘電体を挿入後の位置Qの電位 V_{Q1} は(1)より，

$$V_{Q1} = \frac{Q_1}{C_c} = \frac{\frac{4A}{\left(\frac{3}{\varepsilon_0} + \frac{1}{\varepsilon_1}\right)d} V_0}{\frac{2\varepsilon_0 A}{d}} = \frac{2}{\left(\frac{3}{\varepsilon_0} + \frac{1}{\varepsilon_1}\right)\varepsilon_0} V_0 = \frac{2}{3 + \frac{\varepsilon_0}{\varepsilon_1}} V_0 \text{[V]}$$

固体誘電体を挿入する前の位置Qの電位 $V_{Q0} = \frac{1}{2} V_0$[V]であるから，

$\varepsilon_1 > \varepsilon_0$ より，

$$\frac{2}{3 + \frac{\varepsilon_0}{\varepsilon_1}} V_0 > \frac{1}{2} V_0$$

よって，位置Qの電位は固体誘電体を挿入する前より大きくなるので**(2)は正しい。**

(3)　固体誘電体を挿入する前のコンデンサの静電容量 C_0 は，

$$C_0 = \frac{\varepsilon_0 A}{d} \text{[F]}$$

一方，挿入後のコンデンサの静電容量C_1は(1)より，

$$C_1=\frac{4A}{\left(\frac{3}{\varepsilon_0}+\frac{1}{\varepsilon_1}\right)d}=\frac{4\,\varepsilon_0 A}{\left(3+\frac{\varepsilon_0}{\varepsilon_1}\right)d}\,[\mathrm{F}]$$

$\varepsilon_1>\varepsilon_0$より，

$$\frac{4\,\varepsilon_0 A}{\left(3+\frac{\varepsilon_0}{\varepsilon_1}\right)d}>\frac{\varepsilon_0 A}{d}$$

よって，静電容量C_1はC_0より大きくなるので**(3)は正しい**。

(4)　固体誘電体を導体に変えた場合のコンデンサの静電容量C_2は，

$$C_2=\frac{\varepsilon_0 A}{\frac{3}{4}d}=\frac{4\,\varepsilon_0 A}{3d}\,[\mathrm{F}]$$

また，そのとき蓄えられる電荷Q_2は，

$$Q_2=C_2V_0=\frac{4\,\varepsilon_0 A}{3d}V_0\,[\mathrm{C}]$$

固体誘電体を導体に変えた場合の位置Pの電位V_{P2}は，

$$V_{\mathrm{P2}}=\frac{Q_2}{C_{\mathrm{c}}}=\frac{\frac{4\,\varepsilon_0 A}{3d}V_0}{\frac{2\,\varepsilon_0 A}{d}}=\frac{2}{3}V_0\,[\mathrm{V}]$$

(1)より$V_{\mathrm{P0}}=\frac{3}{4}V_0$であるから，固体誘電体を導体に変えた場合の位置Pの電位は固体誘電体または導体を挿入する前よりも小さくなる。したがって**(4)は誤り**。

(5)　(3)より$C_0=\frac{\varepsilon_0 A}{d}$，(4)より$C_2=\frac{4\,\varepsilon_0 A}{3d}$である。これより$C_2>C_0$が成り立つから**(5)は正しい**。

以上より，誤っているものは(4)である。

解答…　(4)

ポイント

(1)，(2)固体誘電体を挿入する前の位置P，Qの電位は公式$V=E\ell$から求めます。
(4)コンデンサに導体を挿入したときは，導体の厚さだけ極板間の距離が小さくなると考えることができます。

難易度 **B**

コンデンサの並列接続と直列接続(5)

教科書 SECTION 04

問題42 図のように，コンデンサ3個を充電する回路がある。スイッチS_1及びS_2を同時に閉じてから十分に時間が経過し，定常状態となったとき，a点からみたb点の電圧の値[V]として，正しいものを次の(1)～(5)のうちから一つ選べ。

ただし，各コンデンサの初期電荷は零とする。

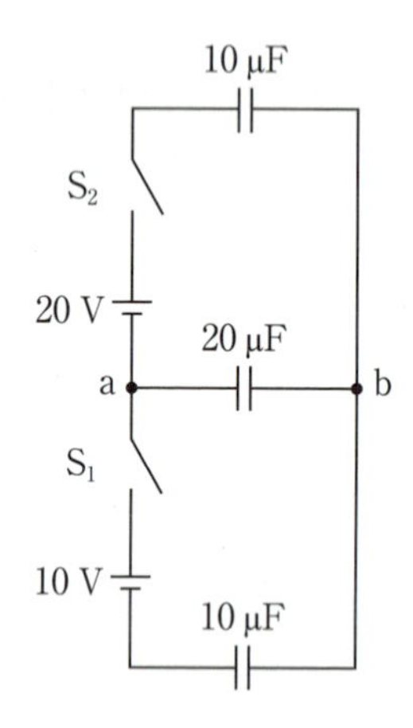

(1) $-\dfrac{10}{3}$　(2) -2.5　(3) 2.5　(4) $\dfrac{10}{3}$　(5) $\dfrac{20}{3}$

H26-A5

	①	②	③	④	⑤
学習日					
理解度 (○/△/×)					

解説

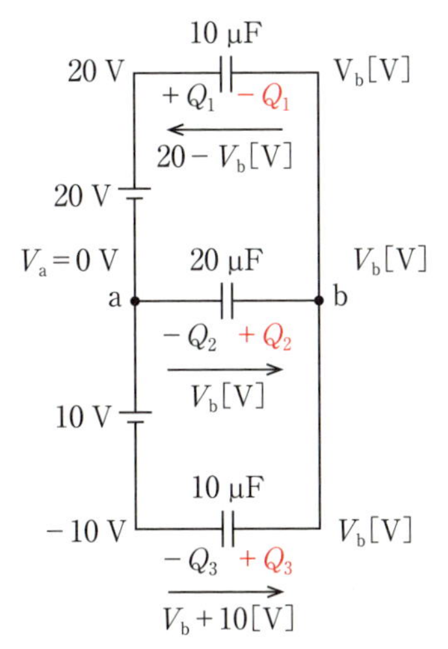

a点の電圧を$V_a=0$ V，b点の電圧をV_b[V]とすると，$Q=CV$より各コンデンサに蓄えられる電荷量には次の式が成り立つ。

$Q_1=10(20-V_b)$ [μC]

$Q_2=20V_b$[μC]

$Q_3=10(V_b+10)$ [μC]

また，図より$-Q_1+Q_2+Q_3=0$である。これに上の式を代入すると，

$$-10(20-V_b)+20V_b+10(V_b+10)=0$$

$$40V_b=100$$

$$V_b=2.5\text{ V}$$

よって，(3)が正解。

解答… (3)

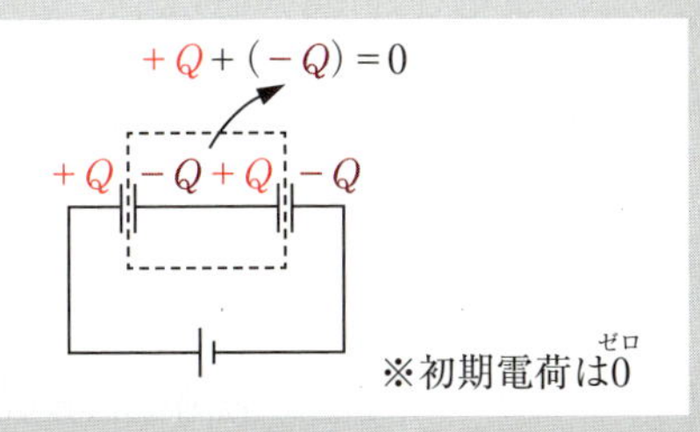

初期電荷がゼロのとき，コンデンサの独立した部分に蓄えられる電荷の合計は互いに打ち消しあいゼロになります。

難易度 **A**

コンデンサの並列接続と直列接続(6)

教科書 SECTION 04

問題43 図のように，三つの平行平板コンデンサを直並列に接続した回路がある。ここで，それぞれのコンデンサの極板の形状及び面積は同じであり，極板間には同一の誘電体が満たされている。なお，コンデンサの初期電荷は零とし，端効果は無視できるものとする。

いま，端子a－b間に直流電圧300 Vを加えた。このとき，次の(a)及び(b)の問に答えよ。

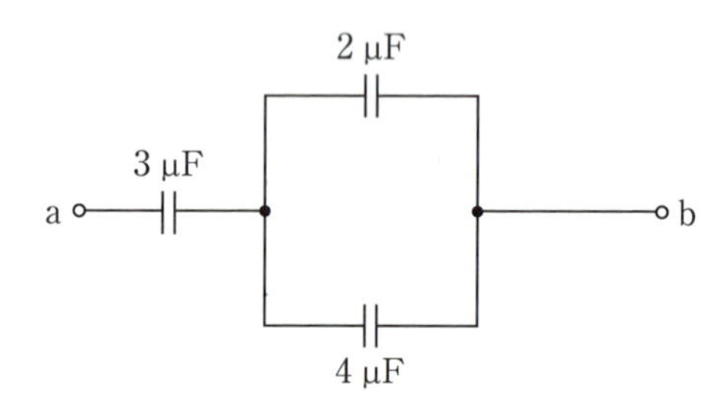

(a) 静電容量が4 μFのコンデンサに蓄えられる電荷Q[C]の値として，正しいものを次の(1)～(5)のうちから一つ選べ。

(1) 1.2×10^{-4}　(2) 2×10^{-4}　(3) 2.4×10^{-4}
(4) 3×10^{-4}　(5) 4×10^{-4}

(b) 静電容量が3 μFのコンデンサの極板間の電界の強さは，4 μFのコンデンサの極板間の電界の強さの何倍か。倍率として，正しいものを次の(1)～(5)のうちから一つ選べ。

(1) $\frac{3}{4}$　(2) 1.0　(3) $\frac{4}{3}$　(4) $\frac{3}{2}$　(5) 2.0

H24-B15

	①	②	③	④	⑤
学習日					
理解度 (○/△/×)					

解説

(a)　2 μFと4 μFのコンデンサは並列に接続されているから，その合成静電容量C_0は，

$$C_0 = 2 + 4 = 6\ \mu\text{F}$$

直列接続されたコンデンサにかかる電圧は静電容量の逆比となるから，4 μFのコンデンサにかかる電圧Vは，

$$V = \frac{3}{3+6} \times 300 = 100\ \text{V}$$

$Q = CV$より，4 μFのコンデンサに蓄えられる電荷Qは，

$$Q = 4 \times 10^{-6} \times 100 = 4 \times 10^{-4}\ \text{C}$$

よって，(5)が正解。

(b)　コンデンサの静電容量Cは$C = \varepsilon \dfrac{A}{\ell}$で決まる。今，コンデンサの極板の面積が同じで，同一の誘電体で満たされているから，静電容量の違いは極板間の距離で決まる。静電容量は極板間の距離に反比例するから，3 μFのコンデンサの極板間距離は4 μFの$\dfrac{4}{3}$倍である。

また，(a)より4 μFのコンデンサにかかる電圧は100 V，3 μFのコンデンサにかかる電圧は200 Vであるから，3 μFのコンデンサにかかる電圧は4 μFのコンデンサにかかる電圧の2倍である。

極板間の電界の強さEは$E = \dfrac{V}{\ell}$より，4 μFのコンデンサの電界の強さE_4を$E_4 = \dfrac{V}{\ell}$[V/m]とすると，3 μFのコンデンサの電界の強さE_3は

$$E_3 = \frac{2V}{\frac{4}{3}\ell} = \frac{3V}{2\ell}\ [\text{V/m}]$$

$$\frac{E_3}{E_4} = \frac{\frac{3V}{2\ell}}{\frac{V}{\ell}} = \frac{3}{2}$$

よって，(4)が正解。

解答…　(a)(5)　(b)(4)

難易度 A

コンデンサの並列接続と直列接続(7)

教科書 SECTION 04

問題44 電極板の間隔がd_0[m]，電極板面積が十分に広い平行板空気コンデンサがある。このコンデンサの電極板間にこれと同形，同面積の厚さd_1[m]，比誘電率ε_rの誘電体を図のように挿入した。いま，このコンデンサの電極A，Bに$+Q$[C]，$-Q$[C]の電荷を与えた。次の(a)及び(b)に答えよ。

ただし，コンデンサの初期電荷は零とし，端効果は無視できるものとする。また，空気の比誘電率は1とする。

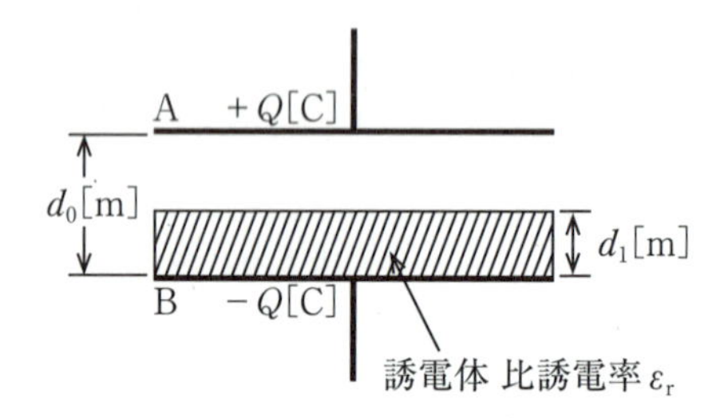

(a) 空げきの電界E_1[V/m]と誘電体中の電界E_2[V/m]の比$\dfrac{E_1}{E_2}$を表す式として，正しいのは次のうちどれか。

(1) ε_r　(2) $\dfrac{\varepsilon_r d_1}{d_0 - d_1}$　(3) $\dfrac{\varepsilon_r d_1^2}{(d_0 - d_1)^2}$　(4) $\dfrac{\varepsilon_r (d_0 - d_1)}{d_1}$　(5) $\dfrac{\varepsilon_r d_1}{d_0}$

(b) 電極板の間隔$d_0 = 1.0 \times 10^{-3}$ m，誘電体の厚さ$d_1 = 0.2 \times 10^{-3}$ m及び誘電体の比誘電率$\varepsilon_r = 5.0$としたとき，空げきの電界$E_1 = 7 \times 10^4$ V/mであった。コンデンサの充電電圧V[V]の値として，正しいのは次のうちどれか。

(1) 100.8　(2) 70.0　(3) 67.2　(4) 58.8　(5) 56.7

H17-C18

	①	②	③	④	⑤
学習日					
理解度 (○/△/×)					

解説

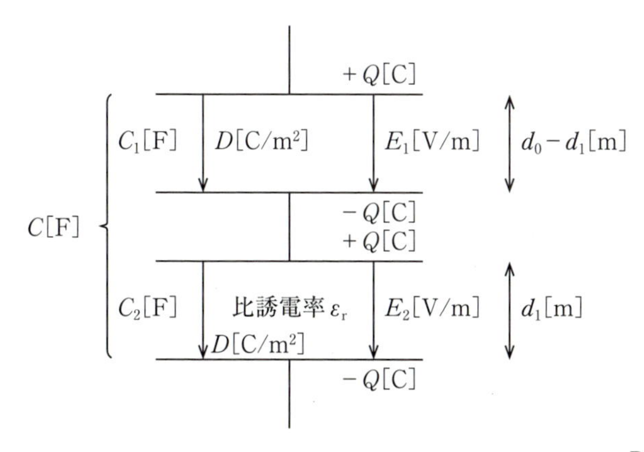

(a) 極板間の電束密度をD[C/m^2]とすると，電界の強さは$E=\dfrac{D}{\varepsilon}$[V/m]で表される。したがって，空げきの電界E_1と誘電体中の電界E_2はそれぞれ$E_1=\dfrac{D}{\varepsilon_0}$，$E_2=\dfrac{D}{\varepsilon_0\varepsilon_r}$であり，その比は$\dfrac{E_1}{E_2}=\varepsilon_r$である。

よって，(1)が正解。

(b) 図のように，コンデンサC_1とC_2が直列に接続されていると考える。

公式$C=\dfrac{\varepsilon A}{\ell}$[F]より$C_1$と$C_2$は，

$$C_1=\frac{\varepsilon_0 A}{d_0-d_1}=\frac{\varepsilon_0 A}{0.8\times10^{-3}}\text{[F]}$$

$$C_2=\frac{\varepsilon_0\varepsilon_r A}{d_1}=\frac{5\,\varepsilon_0 A}{0.2\times10^{-3}}\text{[F]}$$

よって，合成静電容量Cは，

$$C=\frac{1}{\dfrac{1}{C_1}+\dfrac{1}{C_2}}=\frac{1}{\dfrac{0.8\times10^{-3}}{\varepsilon_0 A}+\dfrac{0.2\times10^{-3}}{5\,\varepsilon_0 A}}$$

$$=\frac{1}{\dfrac{4.0\times10^{-3}+0.2\times10^{-3}}{5\,\varepsilon_0 A}}=\frac{5}{4.2}\varepsilon_0 A\times10^3\fallingdotseq1190\,\varepsilon_0 A\text{[F]}$$

また，極板間の電束密度が$D=\dfrac{Q}{A}$[C/m^2]であるとすると，公式$D=\varepsilon E$より，

$Q=\varepsilon EA$

これに空げきの電界$E_1 = 7 \times 10^4$ V/mを代入すると，

$$Q = \varepsilon_0 E_1 A = 7 \times 10^4 \varepsilon_0 A[\mathrm{C}]$$

したがって，$Q = CV$よりコンデンサの充電電圧Vは，

$$V = \frac{Q}{C} = \frac{7 \times 10^4 \varepsilon_0 A}{1190 \varepsilon_0 A} \fallingdotseq 58.8 \text{ V}$$

ゆえに，(4)が正解。

解答… (a)(1)　(b)(4)

難易度 A

コンデンサの静電エネルギー(1)

教科書 SECTION 04

問題45 静電容量2 mFのコンデンサを充電し，その電荷をある抵抗を通してすべて放電させたところ，抵抗で消費されたエネルギーは10 Jであった。放電を開始する直前，コンデンサに蓄えられていた電荷[mC]の値として，正しいのは次のうちどれか。

(1) 100　(2) 124　(3) 141　(4) 173　(5) 200

H12-A3

	①	②	③	④	⑤
学習日					
理解度 (○/△/×)					

解説

静電容量 2×10^{-3} F のコンデンサに電荷 Q[C]が充電されたときのエネルギーは，抵抗で消費されたエネルギーに等しいから，$W = \dfrac{Q^2}{2C}$ より

$$10 = \frac{Q^2}{2 \times 2 \times 10^{-3}}$$

$$Q = \sqrt{40 \times 10^{-3}}$$

$$= 0.2\ \mathrm{C} = 200\ \mathrm{mC}$$

したがって，(5)が正解。

解答… (5)

難易度 A

コンデンサの静電エネルギー(2)

教科書 SECTION 04

問題46 図に示す5種類の回路は，直流電圧E[V]の電源と静電容量C[F]のコンデンサの個数と組み合わせを異にしたものである。これらの回路のうちで，コンデンサ全体に蓄えられている電界のエネルギーが最も小さい回路を示す図として，正しいのは次のうちどれか。

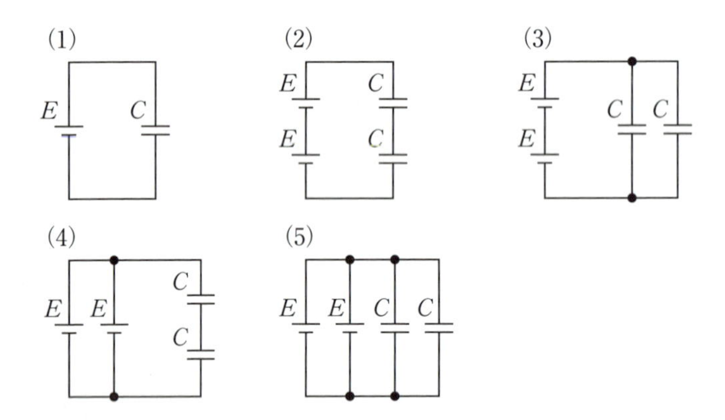

H21-A5

	①	②	③	④	⑤
学習日					
理解度 (○/△/×)					

解説

コンデンサに蓄えられるエネルギーW[J]は，静電容量をC[F]，コンデンサに加わる電圧をV[V]とすると，$W=\frac{1}{2}CV^2$であることを用いて，回路図(1)～(5)の各回路のコンデンサ全体に蓄えられている電界エネルギーW_1，W_2，W_3，W_4およびW_5を求めると以下のようになる。

(1)　$W_1=\frac{1}{2}CE^2$[J]

(2)　合成静電容量$C_2=\frac{C\cdot C}{C+C}=\frac{C}{2}$[F]，$V=E+E=2E$[V]より，

$$W_2=\frac{1}{2}\times\frac{C}{2}\times(2E)^2=CE^2\text{[J]}$$

(3)　合成静電容量$C_3=C+C=2C$[F]より，

$$W_3=\frac{1}{2}\times 2C\times(2E)^2=4CE^2\text{[J]}$$

(4)　$V=E$[V]より，

$$W_4=\frac{1}{2}\times\frac{C}{2}\times E^2=\frac{1}{4}CE^2\text{[J]}$$

(5)　$W_5=\frac{1}{2}\times 2C\times E^2=CE^2$[J]

以上より，(4)が正解。

解答…　(4)

CH 02 静電気

難易度 B

コンデンサの静電エネルギー(3)

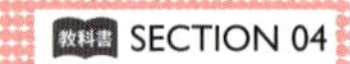

問題47 次の文章は，平行板コンデンサに蓄えられるエネルギーについて述べたものである。

極板間に誘電率 ε [F/m]の誘電体をはさんだ平行板コンデンサがある。このコンデンサに電圧を加えたとき，蓄えられるエネルギーW[J]を誘電率ε[F/m]，極板間の誘電体の体積V[m^3]，極板間の電界の大きさE[V/m]で表現すると，W[J]は，誘電率ε[F/m]の［　(ア)　］に比例し，体積V[m^3]に［　(イ)　］し，電界の大きさE[V/m]の［　(ウ)　］に比例する。

ただし，極板の端効果は無視する。

上記の記述中の空白箇所(ア)，(イ)及び(ウ)に当てはまる語句として，正しいものを組み合わせたのは次のうちどれか。

	(ア)	(イ)	(ウ)
(1)	1乗	反比例	1乗
(2)	1乗	比　例	1乗
(3)	2乗	反比例	1乗
(4)	1乗	比　例	2乗
(5)	2乗	比　例	2乗

H20-A2

	①	②	③	④	⑤
学習日					
理解度 (○/△/×)					

解説

(ア) 本問の平行板コンデンサの極板の面積をA[m^2]，極板の間隔をℓ[m]とし，この平行板コンデンサに電圧v[V]を加えたとする。$C=\varepsilon\dfrac{A}{\ell}$を$W=\dfrac{1}{2}Cv^2$に代入すると，このコンデンサに蓄えられるエネルギーWは，

$$W=\frac{\varepsilon A v^2}{2\ell}[\mathrm{J}]\cdots①$$

と表される。よってWはεの1乗に比例する。

(イ) $v=E\ell$を①の式に代入すると，

$$W=\frac{\varepsilon A(El)^2}{2\ell}=\frac{\varepsilon E^2}{2}A\ell$$

極板間の誘電体の体積は$V=A\ell$[m^3]であるから，

$$W=\frac{\varepsilon E^2}{2}V[\mathrm{J}]$$

よって，Wは体積Vに比例する。

(ウ) (イ)よりWはEの2乗に比例する。

したがって，(4)が正解。

解答… (4)

難易度 **A**

コンデンサの静電エネルギー(4)

教科書 SECTION 04

問題48 静電容量がC[F]と$2C$[F]の二つのコンデンサを図1，図2のように直列，並列に接続し，それぞれにV_1[V]，V_2[V]の直流電圧を加えたところ，両図の回路に蓄えられている総静電エネルギーが等しくなった。この場合，図1のC[F]のコンデンサの端子間の電圧をV_c[V]としたとき，電圧比$\left|\dfrac{V_c}{V_2}\right|$の値として，正しいのは次のうちどれか。

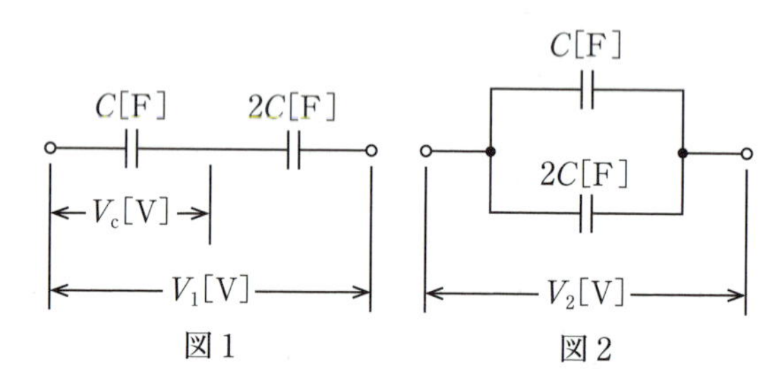

(1) $\dfrac{\sqrt{2}}{9}$　(2) $\dfrac{2\sqrt{2}}{9}$　(3) $\dfrac{1}{\sqrt{2}}$　(4) $\sqrt{2}$　(5) 3.0

H19-A4

	①	②	③	④	⑤
学習日					
理解度 (○/△/×)					

解説

図1のコンデンサの合成静電容量C_1は$C_1=\dfrac{C\times 2C}{C+2C}=\dfrac{2}{3}C$[F]，図2のコンデンサの合成静電容量$C_2$は$C_2=C+2C=3C$[F]である。

また，コンデンサが持つ静電エネルギー$W=\dfrac{1}{2}CV^2$より，コンデンサC_1の静電エネルギーW_1は，

$$W_1=\frac{1}{2}C_1V_1^2=\frac{1}{2}\times\frac{2}{3}CV_1^2=\frac{1}{3}CV_1^2\text{[J]}$$

C_2の静電エネルギーW_2は，

$$W_2=\frac{1}{2}C_2V_2^2=\frac{1}{2}3C\cdot V_2^2=\frac{3}{2}CV_2^2\text{[J]}$$

これが等しいから，

$$\frac{1}{3}CV_1^2=\frac{3}{2}CV_2^2$$

ここで$V_c=\dfrac{2C}{C+2C}V_1=\dfrac{2}{3}V_1$[V]，すなわち$V_1=\dfrac{3}{2}V_c$であるから，これを代入すると，

$$\frac{1}{3}C\left(\frac{3}{2}V_c\right)^2=\frac{3}{2}CV_2^2$$

$$\frac{3}{4}V_c^2=\frac{3}{2}V_2^2$$

$$\left(\frac{V_c}{V_2}\right)^2=2$$

$$\left|\frac{V_c}{V_2}\right|=\sqrt{2}$$

よって，正解は(4)。

解答…　(4)

ポイント

直列接続されたコンデンサにかかる電圧は，その静電容量の逆比となります。

図より$Q=C_1V_1$，$Q=C_2V_2$が成り立ちます。電荷Qは等しいので$C_1V_1=C_2V_2$すなわち$C_1:C_2=V_2:V_1$となります。これを応用すると，

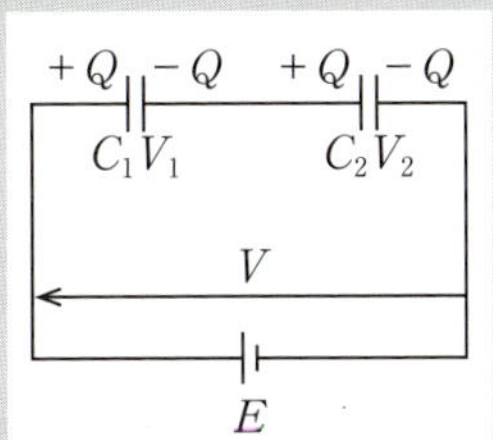

$$Q=C_1V_1,\quad Q=\frac{C_1C_2}{C_1+C_2}V\text{であるから,}$$

$$\frac{C_1C_2}{C_1+C_2}V=C_1V_1$$

よって，$V_1=\dfrac{C_2}{C_1+C_2}V$

となります。本問ではこの考え方を用いてV_cとV_1の関係を表しました。

難易度 A

コンデンサの静電エネルギー(5)

教科書 SECTION 04

問題49 直流電圧1 000 Vの電源で充電された静電容量8 μFの平行平板コンデンサがある。コンデンサを電源から外した後に電荷を保持したままコンデンサの電極間距離を最初の距離の$\frac{1}{2}$に縮めたとき，静電容量[μF]と静電エネルギー[J]の値の組合せとして，正しいものを次の(1)～(5)のうちから一つ選べ。

	静電容量	静電エネルギー
(1)	16	4
(2)	16	2
(3)	16	8
(4)	4	4
(5)	4	2

H23-A2

	①	②	③	④	⑤
学習日					
理解度 (○/△/×)					

解説

$C=\varepsilon\dfrac{A}{\ell}$より静電容量は電極間距離に反比例する。よって距離を最初の距離の$\dfrac{1}{2}$に縮めると静電容量は2倍，すなわち16 μFになる。

静電エネルギーWは$W=\dfrac{1}{2}\dfrac{Q^2}{C}$で求められる。

最初に蓄えられた電荷Qは，

$Q=CV=8\times1000=8000$ μCであるから，

$$W=\frac{1}{2}\times\frac{(\text{最初に蓄えられた電荷}Q[\mathrm{C}])^2}{\text{距離を縮めた後の静電容量}C[\mathrm{F}]}$$

$$=\frac{1}{2}\times\frac{(8\times10^3\times10^{-6})^2}{16\times10^{-6}}$$

$$=\frac{1}{2}\times\frac{64\times10^{-6}}{16\times10^{-6}}$$

$$=2\ \mathrm{J}$$

ゆえに，(2)が正解。

解答… (2)

ポイント

静電エネルギーは$Q=CV$を利用することで

$$W=\frac{1}{2}QV=\frac{1}{2}CV^2=\frac{Q^2}{2C}$$

と変形することができます。

難易度A コンデンサ(9)

総合問題

問題50 極板間が比誘電率 ε_r の誘電体で満たされている平行平板コンデンサに一定の直流電圧が加えられている。このコンデンサに関する記述a～eとして，誤っているものの組合せを次の(1)～(5)のうちから一つ選べ。

ただし，コンデンサの端効果は無視できるものとする。

a. 極板間の電界分布は ε_r に依存する。

b. 極板間の電位分布は ε_r に依存する。

c. 極板間の静電容量は ε_r に依存する。

d. 極板間に蓄えられる静電エネルギーは ε_r に依存する。

e. 極板上の電荷（電気量）は ε_r に依存する。

(1) a, b　(2) a, e　(3) b, c　(4) a, b, d　(5) c, d, e

H25-A1

	①	②	③	④	⑤
学習日					
理解度 (○/△/×)					

解説

a. 平行平板電極内の電界の大きさEは$E=\frac{V}{\ell}$[V/m]で表され，電圧Vに比例し，距離ℓに反比例する。よって，極板間の電界分布はε_rに依存しない。

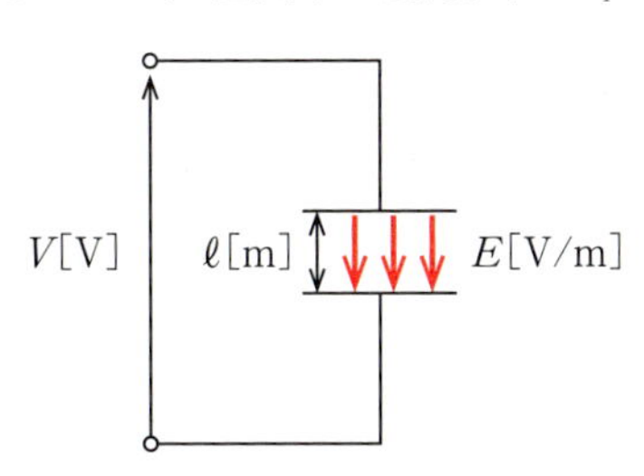

b. 下部電極を電位の基準とし，下部電極からx[m]の点の電位をV_x[V]とすると，極板間の電位分布は$V_x=E\times x$[V]より，電界の大きさEと下部電極からの距離xによって決まる。したがってε_rに依存しない。

下部電極を基準にすると

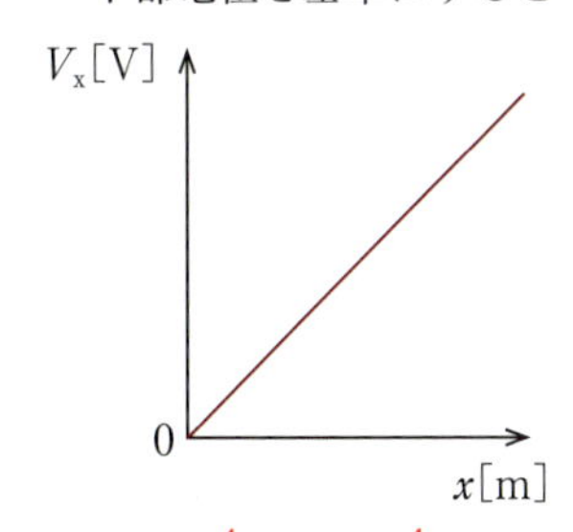

c. 極板間の静電容量は，公式$C=\frac{\varepsilon A}{\ell}=\frac{\varepsilon_0\varepsilon_r A}{\ell}$[F]より，比誘電率$\varepsilon_r$に依存する。

d. 極板間に蓄えられる静電エネルギーは$W=\frac{1}{2}CV^2$[J]より，静電容量Cに比例する。Cはε_rに依存するから，静電エネルギーはε_rに依存する。

e. 極板上に蓄えられる電荷は$Q=CV$[C]より，Cに比例する。ゆえに，ε_rに依存する。

以上より，誤っている記述は**a**と**b**である。よって，(1)が正解。

解答…　(1)

電界分布は極板にかかる電圧と極板間の距離によって決まるので，場所によらず一定です。一方，電位分布は電界の大きさと基準とする極板からの距離によって決まるので，場所によって電位の値が変わります。

CHAPTER 03

電磁力

難易度 B

電流と磁界の大きさ(1)

教科書 SECTION 01

問題51 図のように，点Oを中心とするそれぞれ半径1 mと半径2 mの円形導線の$\frac{1}{4}$と，それらを連結する直線状の導線からなる扇形導線がある。この導線に，図に示す向きに直流電流$I = 8$ Aを流した場合，点Oにおける磁界[A/m]の大きさとして，正しいのは次のうちどれか。

ただし，扇形導線は同一平面上にあり，その巻数は一巻きである。

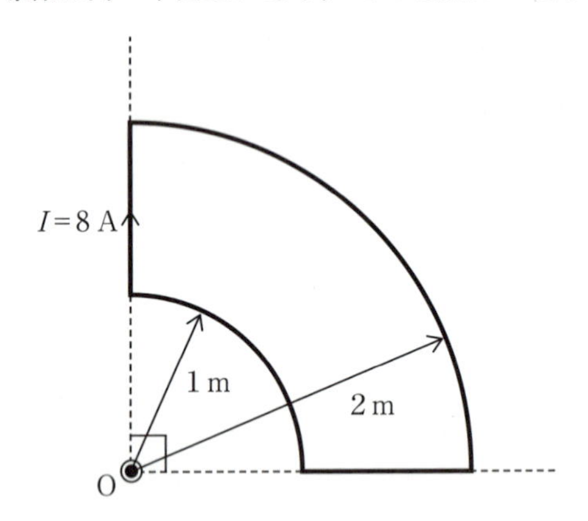

(1) 0.25　(2) 0.5　(3) 0.75　(4) 1.0　(5) 2.0

H21-A4

	①	②	③	④	⑤
学習日					
理解度 (○/△/×)					

解説

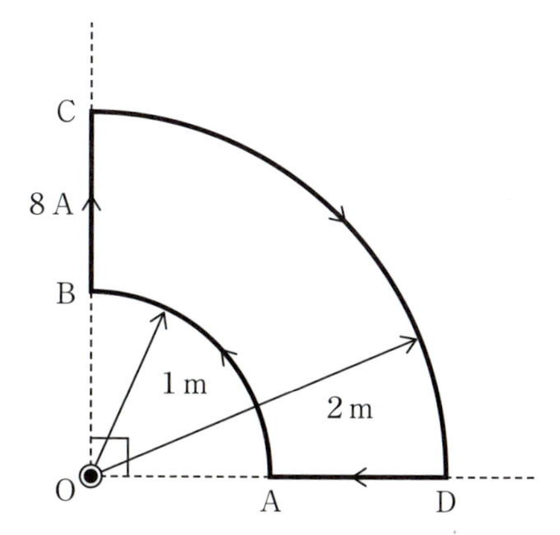

図のようにABCDを定めると$H=\dfrac{NI}{2r}$より，電流が点Oにつくる磁界の大きさは，

$$H_{AB}=\frac{1}{4}\times\frac{8}{2\times1}=1\ \mathrm{A/m}$$

$$H_{CD}=\frac{1}{4}\times\frac{8}{2\times2}=0.5\ \mathrm{A/m}$$

ただし，H_{AB}の向きは紙面に垂直な方向で裏から表向き，H_{CD}の向きは紙面に垂直で表から裏向きである。

H_{BC}，H_{AD}が点Oに作る磁界はともに0であるから，点Oにおける磁界の大きさは，

$$H=H_{AB}-H_{CD}=1-0.5=0.5\ \mathrm{A/m}$$

よって，(2)が正解。

解答…　(2)

難易度 B

電流と磁界の大きさ(2)

教科書 SECTION 01

問題52 図1のように，1辺の長さがa[m]の正方形のコイル（巻数：1）に直流電流I[A]が流れているときの中心点O_1の磁界の大きさをH_1[A/m]とする。また，図2のように，直径a[m]の円形のコイル（巻数：1）に直流電流I[A]が流れているときの中心点O_2の磁界の大きさをH_2[A/m]とする。このとき，磁界の大きさの比$\dfrac{H_1}{H_2}$の値として，最も近いものを次の(1)〜(5)のうちから一つ選べ。

ただし，中心点O_1，O_2はそれぞれ正方形のコイル，円形のコイルと同一平面上にあるものとする。

参考までに，図3のように，長さa[m]の直線導体に直流電流I[A]が流れているとき，導体から距離r[m]離れた点Pにおける磁界の大きさH[A/m]は，$H=\dfrac{I}{4\pi r}(\cos\theta_1+\cos\theta_2)$で求められる（角度$\theta_1$と$\theta_2$の定義は図参照）。

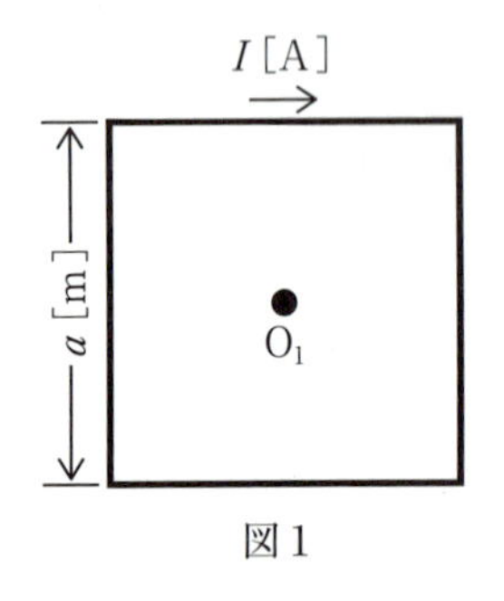

図1

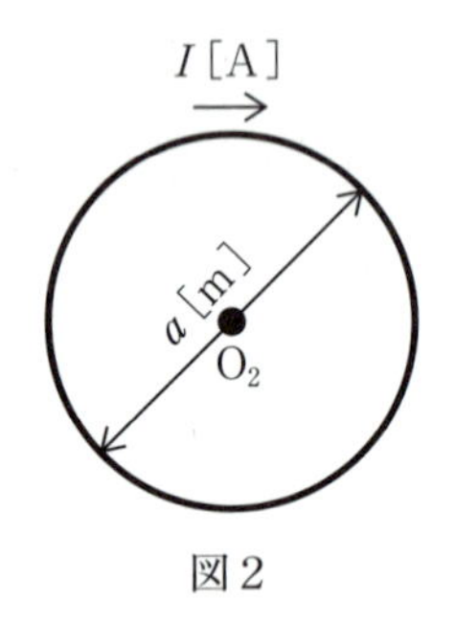

図2

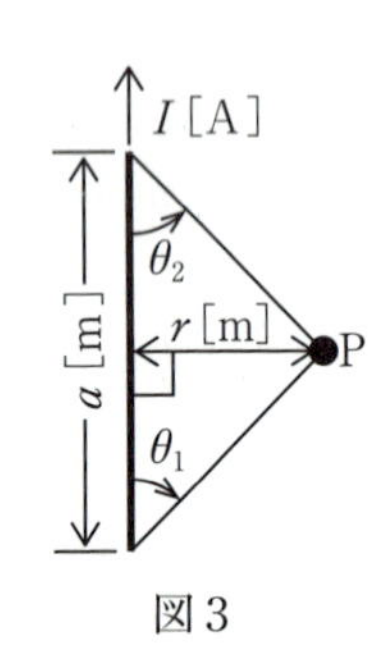

図3

(1) 0.45　(2) 0.90　(3) 1.00　(4) 1.11　(5) 2.22

H23-A4

	①	②	③	④	⑤
学習日					
理解度 (○/△/×)					

解説

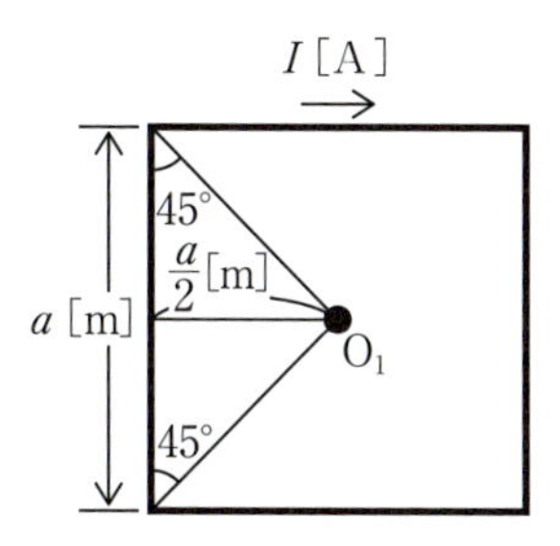

正方形のコイルの一辺を流れる電流Iが中心点O_1につくる磁界H_1'は$H=\dfrac{I}{4\pi r}(\cos\theta_1+\cos\theta_2)$より，

$$H_1'=\frac{I}{4\pi\cdot\dfrac{a}{2}}(\cos 45^\circ+\cos 45^\circ)=\frac{I}{2\pi a}\left(\frac{1}{\sqrt{2}}+\frac{1}{\sqrt{2}}\right)=\frac{I}{\sqrt{2}\pi a}\,[\mathrm{A/m}]$$

$H_1=4H_1'$であるから，

$$H_1=4\times\frac{I}{\sqrt{2}\pi a}=\frac{2\sqrt{2}I}{\pi a}\,[\mathrm{A/m}]$$

円形コイルの中心の磁界H_2は$H=\dfrac{NI}{2r}$より，

$$H_2=\frac{1\cdot I}{2\cdot\dfrac{a}{2}}=\frac{I}{a}\,[\mathrm{A/m}]$$

磁界の大きさの比は，

$$\frac{H_1}{H_2}=\frac{\dfrac{2\sqrt{2}I}{\pi a}}{\dfrac{I}{a}}=\frac{2\sqrt{2}}{\pi}\fallingdotseq 0.90$$

よって，(2)が正解。

解答… (2)

CH 03 電磁力

難易度 A

電流と磁界の大きさ(3)

教科書 SECTION 01

問題53 図1のように，無限に長い直線状導体Aに直流電流I_1[A]が流れているとき，この導体からa[m]離れた点Pでの磁界の大きさはH_1[A/m]であった。一方，図2のように半径a[m]の一巻きの円形コイルBに直流電流I_2[A]が流れているとき，この円の中心点Oでの磁界の大きさはH_2[A/m]であった。$H_1 = H_2$であるときのI_1とI_2の関係を表す式として，正しいのは次のうちどれか。

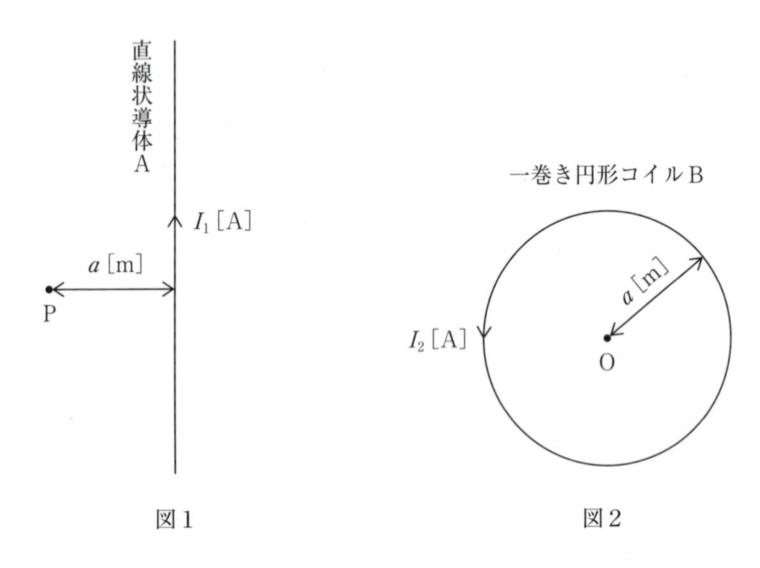

図1　　　図2

(1)　$I_1 = \pi^2 I_2$　　(2)　$I_1 = \pi I_2$　　(3)　$I_1 = \dfrac{I_2}{\pi}$

(4)　$I_1 = \dfrac{I_2}{\pi^2}$　　(5)　$I_1 = \dfrac{2}{\pi} I_2$

H19-A1

	①	②	③	④	⑤
学習日					
理解度 (○/△/×)					

解説

点Pでの磁界の大きさH_1は，直線状導体による磁界の公式$H=\dfrac{I}{2\pi r}$より，

$$H_1=\frac{I_1}{2\pi a}[\mathrm{A/m}]$$

中心点Oでの磁界の大きさH_2は，円形コイルの中心の磁界の公式$H=\dfrac{NI}{2r}$より，

$$H_2=\frac{I_2}{2a}[\mathrm{A/m}]$$

$H_1=H_2$であるとき，

$$\frac{I_1}{2\pi a}=\frac{I_2}{2a}$$

$$I_1=\pi I_2$$

よって，(2)が正解。

解答… (2)

難易度 B

電流と磁界の大きさ(4)

教科書 SECTION 01

問題54 図のように，十分に長い直線状導体A，Bがあり，AとBはそれぞれ直角座標系のx軸とy軸に沿って置かれている。Aには＋x方向の電流I_x[A]が，Bには＋y方向の電流I_y[A]が，それぞれ流れている。$I_x>0$，$I_y>0$とする。このとき，xy平面上でI_xとI_yのつくる磁界が零となる点（x[m]，y[m]）の満たす条件として，正しいものを次の(1)～(5)のうちから一つ選べ。

ただし，$x\neq 0$，$y\neq 0$とする。

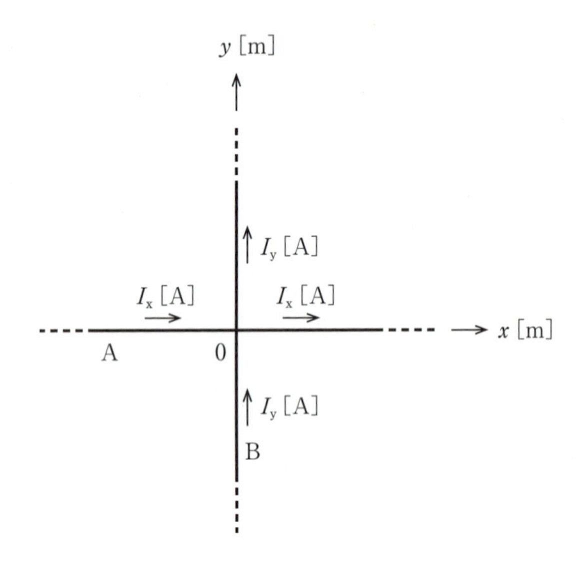

(1)　$y=\dfrac{I_x}{I_y}x$　　(2)　$y=\dfrac{I_y}{I_x}x$　　(3)　$y=-\dfrac{I_x}{I_y}x$

(4)　$y=-\dfrac{I_y}{I_x}x$　　(5)　$y=\pm x$

H26-A4

	①	②	③	④	⑤
学習日					
理解度 (○/△/×)					

解説

磁界の方向はアンペアの右ねじの法則より図のとおりである。

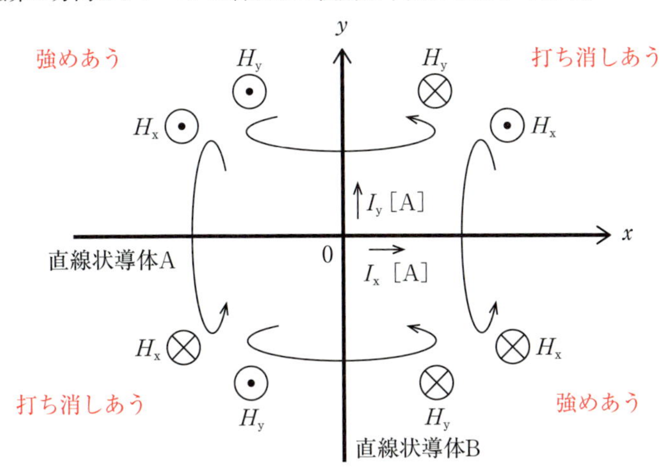

直線状導体Aからy[m]離れた点にI_xがつくる磁界の大きさH_xは,

$$H_x = \frac{I_x}{2\pi y}\,[\mathrm{A/m}]$$

また，直線状導体Bからx[m]離れた点にI_yがつくる磁界の大きさH_yは,

$$H_y = \frac{I_y}{2\pi x}\,[\mathrm{A/m}]$$

これらが互いに打ち消しあうとき磁界はゼロとなる。

$$H_x = H_y$$

$$\frac{I_x}{2\pi y} = \frac{I_y}{2\pi x}$$

$$y = \frac{I_x}{I_y}x$$

よって，(1)が正解。

解答…　(1)

ねじの頭のような記号⊗は紙面の表から裏に進む向きを表す記号です。一方，ねじの先端のように見える⊙は紙面の裏から表に進む向きを表す記号です。

難易度 A

電磁力

教科書 SECTION 02

問題55 次の文章は，磁界中に置かれた導体に働く電磁力に関する記述である。

電流が流れている長さL[m]の直線導体を磁束密度が一様な磁界中に置くと，フレミングの［(ア)］の法則に従い，導体には電流の向きにも磁界の向きにも直角な電磁力が働く。直線導体の方向を変化させて，電流の方向が磁界の方向と同じになれば，導体に働く力の大きさは［(イ)］となり，直角になれば，［(ウ)］となる。力の大きさは，電流の［(エ)］に比例する。

上記の記述中の空白箇所(ア)，(イ)，(ウ)及び(エ)に当てはまる組合せとして，正しいものを次の(1)～(5)のうちから一つ選べ。

	(ア)	(イ)	(ウ)	(エ)
(1)	左　手	最　大	零	2　乗
(2)	左　手	零	最　大	2　乗
(3)	右　手	零	最　大	1　乗
(4)	右　手	最　大	零	2　乗
(5)	左　手	零	最　大	1　乗

H23-A3

	①	②	③	④	⑤
学習日					
理解度 (○/△/×)					

解説

(ア)　左手の人差し指を磁界の向き，中指を電流の向きとしたとき，親指の向きに電磁力が働くことを**フレミングの左手の法則**という。

(イ)　磁束密度（磁界）と電流の向きの角度がθの場合の電磁力の大きさは$F = BI\ell \sin\theta$と表される。電流の方向と磁界の方向が同じとき$\theta = 0°$となるから，$\sin 0° = 0$より導体に働く力の大きさは零（ゼロ）になる。

(ウ)　一方，電流の方向と磁界の方向が直角，すなわち$\theta = 90°$となれば$\sin 90° = 1$より導体に働く力は**最大**となる。

(エ)　$F = BI\ell \sin\theta$より，力の大きさは電流Iの１乗に比例する。

以上より，(5)が正解。

解答…　(5)

難易度 A　電流が磁界から受ける力とフレミングの左手の法則

教科書 SECTION 02

問題56 図のように，透磁率μ_0[H/m]の真空中に無限に長い直線状導体Aと1辺a[m]の正方形のループ状導体Bが距離d[m]を隔てて置かれている。AとBはxz平面上にあり，Aはz軸と平行，Bの各辺はx軸又はz軸と平行である。A，Bには直流電流I_A[A]，I_B[A]が，それぞれ図示する方向に流れている。このとき，Bに加わる電磁力として，正しいものを次の(1)～(5)のうちから一つ選べ。

なお，xyz座標の定義は，破線の枠内の図で示したとおりとする。

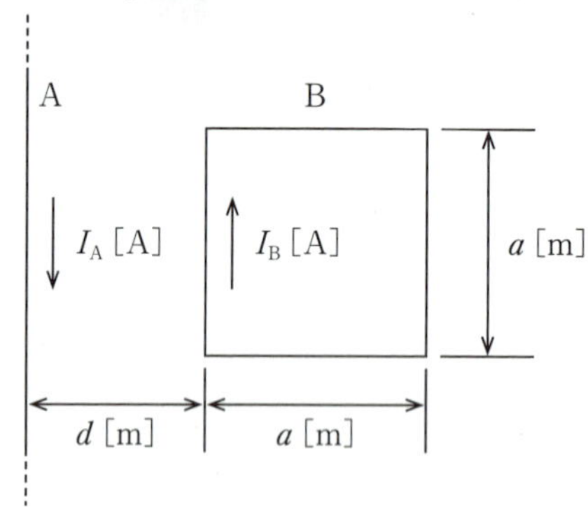

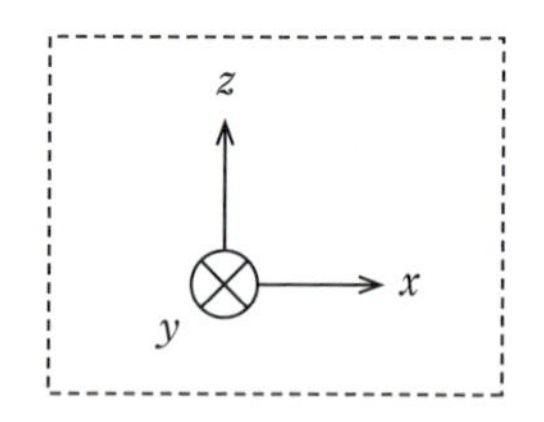

(1)　0Nつまり電磁力は生じない

(2)　$\dfrac{\mu_0 I_A I_B a^2}{2\pi d(a+d)}$[N]の$+x$方向の力

(3)　$\dfrac{\mu_0 I_A I_B a^2}{2\pi d(a+d)}$[N]の$-x$方向の力

(4)　$\dfrac{\mu_0 I_A I_B a(a+2d)}{2\pi d(a+d)}$[N]の$+x$方向の力

(5)　$\dfrac{\mu_0 I_A I_B a(a+2d)}{2\pi d(a+d)}$[N]の$-x$方向の力

H25-A4

	①	②	③	④	⑤
学習日					
理解度 (○/△/×)					

解説

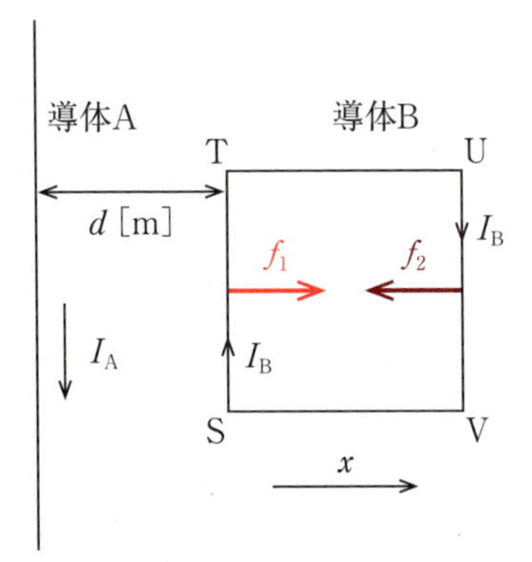

平行導体間に働く1mあたりの電磁力の大きさは公式$f=\dfrac{\mu I_1 I_2}{2\pi r}$で求められる。導体BのSTに働く力$f_1$は，導体Aと逆向きに電流が流れていることから斥力，すなわち$+x$方向の力が働く。導体BのSTと導体Aの距離はd[m]で，1辺の長さがa[m]であるから，f_1の大きさは，

$$f_1=\frac{\mu_0 I_A I_B a}{2\pi d}\,[\mathrm{N}]$$

次にUVに働く力f_2は導体Aと同じ向きに電流が流れていることから引力，すなわち$-x$方向の力で，その大きさは導体BのUVと導体Aの距離は$d+a$[m]であるため，

$$f_2=\frac{\mu_0 I_A I_B a}{2\pi(a+d)}\,[\mathrm{N}]$$

導体Bに加わる電磁力fはf_1とf_2の合力であるから，

$$f=f_1-f_2=\frac{\mu_0 I_A I_B a}{2\pi d}-\frac{\mu_0 I_A I_B a}{2\pi(a+d)}=\frac{\mu_0 I_A I_B a}{2\pi}\left(\frac{1}{d}-\frac{1}{a+d}\right)$$

$$=\frac{\mu_0 I_A I_B a}{2\pi}\left\{\frac{a+d}{d(a+d)}-\frac{d}{d(a+d)}\right\}=\frac{\mu_0 I_A I_B a}{2\pi}\times\frac{a}{d(a+d)}=\frac{\mu_0 I_A I_B a^2}{2\pi d(a+d)}\,[\mathrm{N}]$$

力の方向は$+x$方向である。

よって，(2)が正解。

解答…　(2)

ポイント

2本の長い直線導体があるとき，同じ向きに電流を流すと導体間には引き合う力が働きます。一方，逆向きに電流を流すと導体間には反発する力が働きます。

難易度 A

平行導体間に働く力(1)

教科書 SECTION 02

問題57 真空中に，2本の無限長直線状導体が20 cmの間隔で平行に置かれている。一方の導体に10 Aの直流電流を流しているとき，その導体には1 m当たり1×10^{-6} Nの力が働いた。他方の導体に流れている直流電流I[A]の大きさとして，最も近いものを次の(1)～(5)のうちから一つ選べ。

ただし，真空の透磁率は$\mu_0 = 4\pi \times 10^{-7}$ H/mである。

(1) 0.1　(2) 1　(3) 2　(4) 5　(5) 10

H24-A4

	①	②	③	④	⑤
学習日					
理解度 (○/△/×)					

解説

真空中で平行導体間に働く電磁力の公式$f=\dfrac{\mu_0 I_1 I_2}{2\pi r}$[N/m]より，

$$I_2=\frac{2\pi rf}{\mu_0 I_1}$$

$$=\frac{2\pi\times0.2\times1\times10^{-6}}{4\pi\times10^{-7}\times10}=0.1\text{ A}$$

他方の導体に流れている直流電流Iの大きさは0.1 Aである。

よって，(1)が正解。

CH 03 電磁力

難易度 A

平行導体間に働く力(2)

教科書 SECTION 02

問題58 図に示すように，直線導体A及びBがy方向に平行に配置され，両導体に同じ大きさの電流Iが共に$+y$方向に流れているとする。このとき，各導体に加わる力の方向について，正しいものを組み合わせたのは次のうちどれか。

なお，xyz座標の定義は，破線の枠内の図で示したとおりとする。

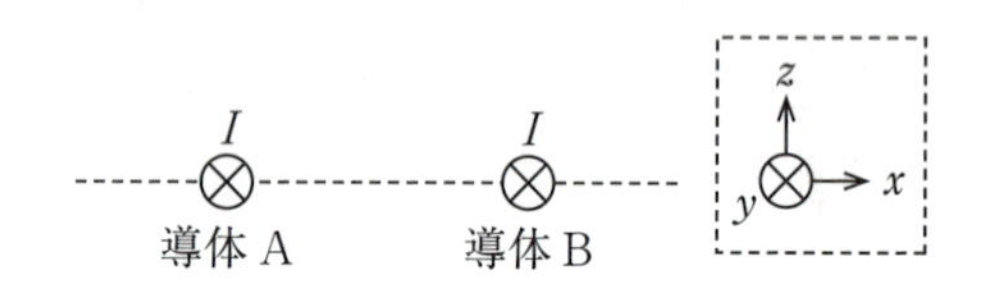

	導体A	導体B
(1)	$+x$方向	$+x$方向
(2)	$+x$方向	$-x$方向
(3)	$-x$方向	$+x$方向
(4)	$-x$方向	$-x$方向
(5)	どちらの導体にも力は働かない。	

H22-A4

	①	②	③	④	⑤
学習日					
理解度 (○/△/×)					

解説

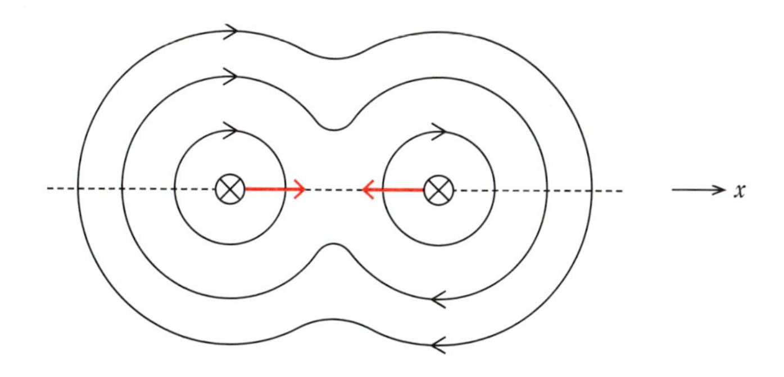

導体Aと導体Bに同じ向きの電流を流すと，磁力線の様子は図のようになり，両導体には吸引力が働く。すなわち，導体Aには$+x$方向の力が，導体Bには$-x$方向の力が働く。

よって，(2)が正解。

解答… (2)

難易度 A

電磁力の知識

教科書 SECTION 02

問題59 磁界及び磁束に関する記述として，誤っているものを次の(1)〜(5)のうちから一つ選べ。

(1) 1m当たりの巻数がNの無限に長いソレノイドに電流I[A]を流すと，ソレノイドの内部には磁界$H = NI$[A/m]が生じる。磁界の大きさは，ソレノイドの寸法や内部に存在する物質の種類に影響されない。

(2) 均一磁界中において，磁界の方向と直角に置かれた直線状導体に直流電流を流すと，導体には電流の大きさに比例した力が働く。

(3) 2本の平行な直線状導体に反対向きの電流を流すと，導体には導体間距離の2乗に反比例した反発力が働く。

(4) フレミングの左手の法則では，親指の向きが導体に働く力の向きを示す。

(5) 磁気回路において，透磁率は電気回路の導電率に，磁束は電気回路の電流にそれぞれ対応する。

H25-A3

	①	②	③	④	⑤
学習日					
理解度 (○/△/×)					

解説

(1) アンペア周回路の法則より，

$$H\ell = NI$$

ここで ℓ は1mとすると，

$$H = NI[\mathrm{A/m}]$$

この式より，磁界の大きさは，ソレノイドの寸法や内部に存在する物質の種類に影響されない。よって，(1)は**正しい**。

(2) フレミングの左手の法則より，

$$F = BI\ell\ [\mathrm{N}]$$

この式より，導体には電流の大きさに比例した力が働くことがわかる。よって，(2)は**正しい**。

(3) このとき導体に働く力のことを電磁力といい，1mあたりに働く電磁力は以下の式で表すことができる。

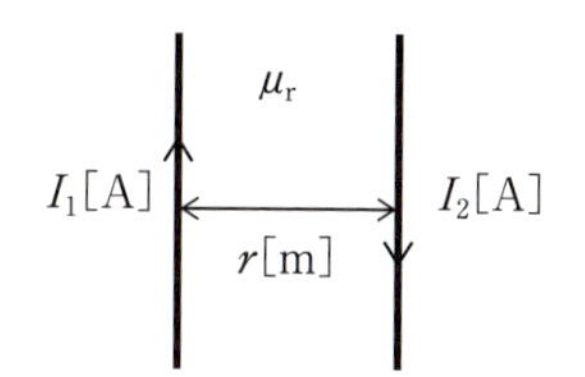

$$F = \mu_r \times \frac{2I_1I_2}{r} \times 10^{-7}$$

この式より，導体には導体間距離に反比例した反発力が働くことがわかる。よって，(3)は**誤っている**。

(4) フレミングの左手の法則では，中指が電流，人差し指が磁界，親指が電磁力を示している。よって，(4)は**正しい**。

(5) 磁気回路と電気回路の対応表を次に示す。

磁気回路		電気回路	
透磁率	μ	導電率	σ
磁束	ϕ	電流	I
起磁力	NI	起電力	E
磁気抵抗	R_m	電気抵抗	R

磁気回路の透磁率は，電気回路の導電率に，磁気回路の磁束は電気回路の電流にそれぞれ対応している。ゆえに，(5)は**正しい**。

したがって，(3)が正解。

解答… (3)

難易度 A

コイルに働くトルク

教科書 SECTION 02

問題60 図のように，空間に一様に分布する磁束密度$B = 0.4$ Tの磁界中に，辺の長さがそれぞれ$a = 15$ cm，$b = 6$ cmで，巻数$N = 20$の長方形のコイルが置かれている。このコイルに直流電流$I = 0.8$ Aを流したとき，このコイルの回転軸OO′を軸としてコイルに生じるトルクT[N·m]の最大値として，最も近いのは次のうちどれか。

ただし，コイルの辺aは磁界と直交し，OO′は辺bの中心を通るものとする。また，コイルの太さは無視し，流れる電流によって磁界は乱されないものとする。

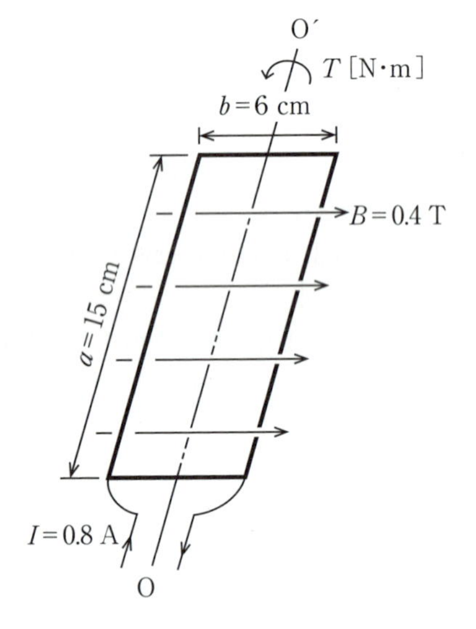

(1) 0.011　(2) 0.029　(3) 0.033　(4) 0.048　(5) 0.058

H14-A4

	①	②	③	④	⑤
学習日					
理解度 (○/△/×)					

解説

長さ$a = 0.15$ mの部分に働く力は，電磁力の大きさの公式$F = BI\ell$と，電磁力の大きさがコイルの巻数に比例することより

$$F = BI\ell \times N$$
$$= 0.4 \times 0.8 \times 0.15 \times 20 = 0.96 \text{ N}$$

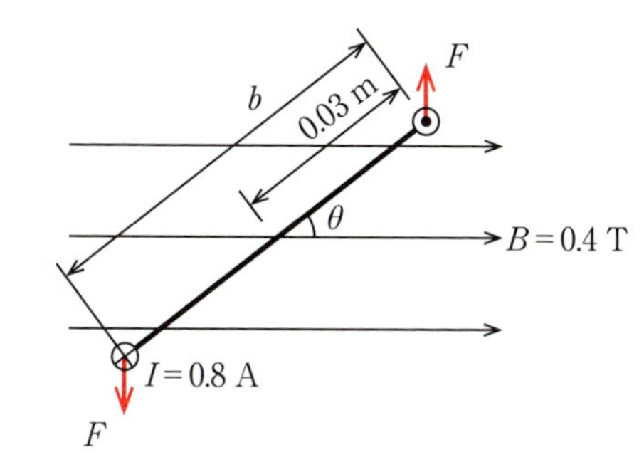

トルクの最大値は$T = F \times D\cos\theta$より$\theta = 0°$となるときであるから，電磁力が2か所に働くことを考慮して，

$$T = \left(F \times \frac{b}{2}\right) \times 2$$

$$= 0.96 \times \frac{0.06}{2} \times 2 \fallingdotseq 0.058 \text{ N·m}$$

ゆえに，(5)が正解。

解答… (5)

ポイント

トルクT[N・m]は回転中心からの力F[N]×距離D[m]で求められます。

$T = F \cdot D$[N·m]

CH 03 電磁力

難易度 C

ヒステリシス曲線

教科書 SECTION 03

問題61 図は積層した電磁鋼板の鉄心の磁化特性（ヒステリシスループ）を示す。図中のB[T]及びH[A/m]はそれぞれ磁束密度及び磁界の強さを表す。この鉄心にコイルを巻きリアクトルを製作し，商用交流電源に接続した。実効値がV[V]の電源電圧を印加すると図中に矢印で示す軌跡が確認された。コイル電流が最大のときの点は［ (ア) ］である。次に，電源電圧実効値が一定に保たれたまま，周波数がやや低下したとき，ヒステリシスループの面積は［ (イ) ］。一方，周波数が一定で，電源電圧実効値が低下したとき，ヒステリシスループの面積は［ (ウ) ］。最後に，コイル電流実効値が一定で，周波数がやや低下したとき，ヒステリシスループの面積は［ (エ) ］。

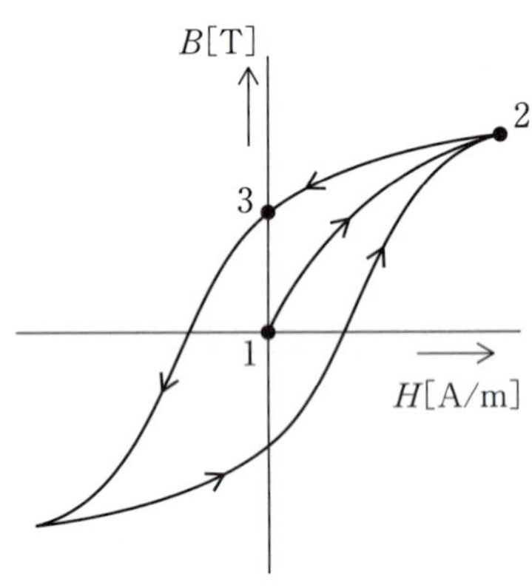

上記の記述中の空白箇所(ア)，(イ)，(ウ)及び(エ)に当てはまる組合せとして，正しいものを次の(1)～(5)のうちから一つ選べ。

	(ア)	(イ)	(ウ)	(エ)
(1)	1	大きくなる	小さくなる	大きくなる
(2)	2	大きくなる	小さくなる	あまり変わらない
(3)	3	あまり変わらない	あまり変わらない	小さくなる
(4)	2	小さくなる	大きくなる	あまり変わらない
(5)	1	小さくなる	大きくなる	あまり変わらない

R1-A3

	①	②	③	④	⑤
学習日					
理解度 (○/△/×)					

解説

(ア) 問題の図の磁化特性（ヒステリシスループ）において，磁界の強さ（磁化力）H[A/m]はコイル電流に比例するため，コイル電流が最大のとき，磁界の強さH[A/m]も最大となる点**2**となる。

(イ) 電源電圧の実効値Vと電流の実効値Iの関係は，コイルの誘導リアクタンス$X_L = 2\pi fL$（fは電源周波数，Lはコイルのインダクタンス）を用いて，次のようになる。

$$V = X_L I = 2\pi fLI \cdots ①$$

①式より，電源電圧の実効値Vが一定値に保たれたまま，電源周波数fがやや低下したとき，コイル電流の実効値Iはやや増加する。このため，磁界の強さH[A/m]の最大値も大きくなり，ヒステリシスループの面積は**大きくなる**。

(ウ) ①式より，電源周波数fが一定で，電源電圧の実効値Vが低下したとき，コイル電流の実効値Iは低下する。このため，磁界の強さH[A/m]の最大値も小さくなり，ヒステリシスループの面積は**小さくなる**。

(エ) ①式より，コイル電流の実効値Iが一定で，電源周波数fがやや低下しても，磁界の強さH[A/m]も一定であるため，ヒステリシスループの面積は**あまり変わらない**。

よって，(2)が正解。

解答… (2)

ポイント

ヒステリシスループの形や面積は，コイルを流れる電流の大きさや磁性体の性質によって決まります。

難易度 A

誘導起電力の大きさ(1)

教科書 SECTION 04

問題62 磁束密度2Tの平等磁界が一様に紙面の上から下へ垂直に加わっており，長さ2mの直線導体が磁界の方向と直角に置かれている。この導体を図のように5m/sの速度で紙面と平行に移動させたとき，導体に発生する誘導起電力[V]の大きさとして，正しいのは次のうちどれか。

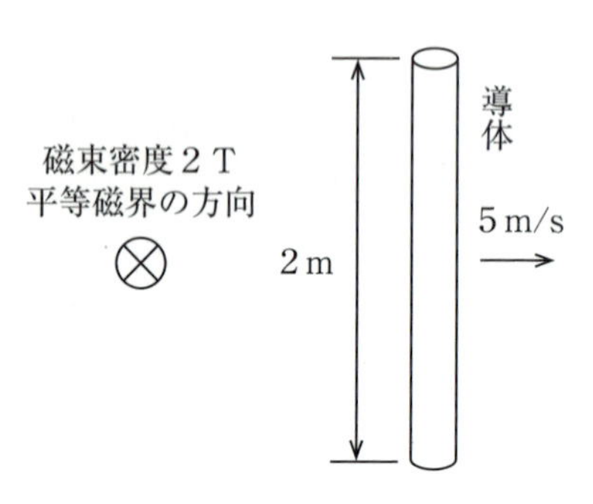

(1) 5　(2) 10　(3) 16　(4) 20　(5) 50

H13-A1

	①	②	③	④	⑤
学習日					
理解度 (○/△/×)					

解説

導体の移動する向きは磁束に対して垂直であるから，$e=B\ell v\sin\theta$ より，

$$e=2\times 2\times 5\sin 90^\circ=20\ \mathrm{V}$$

よって，(4)が正解。

解答… (4)

ポイント

誘導起電力の公式 $e=B\ell v\sin\theta$ の θ は磁束密度 B と速度 v のなす角を表します。磁束密度に対して垂直な方向に導体を移動させると $\theta=90^\circ$ となり，誘導起電力は $e=B\ell v$ となります。一方，磁束密度と同じ方向に導体を移動させると $\theta=0^\circ$ となり，誘導起電力はゼロになります。

難易度 A

誘導起電力の大きさ(2)

教科書 SECTION 04

問題63 図1のように，磁束密度$B=0.02$ Tの一様な磁界の中に長さ0.5 mの直線状導体が磁界の方向と直角に置かれている。図2のようにこの導体が磁界と直角を維持しつつ磁界に対して60°の角度で，矢印の方向に0.5 m/sの速さで移動しているとき，導体に生じる誘導起電力e[mV]の値として，最も近いのは次のうちどれか。

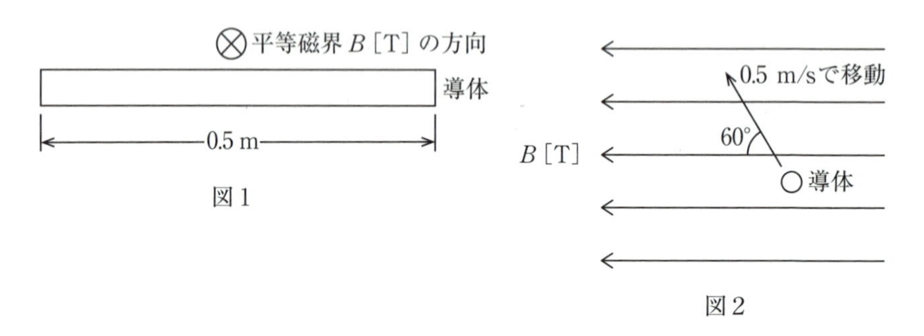

図1　図2

(1) 2.5　(2) 3.0　(3) 4.3　(4) 5.0　(5) 8.6

H16-A3

	①	②	③	④	⑤
学習日					
理解度 (○/△/×)					

解説

導体は磁界に対して60°の角度で0.5 m/sの速さで移動しているから，磁束と垂直な速度成分は次のようになる。

$$v \sin\theta = 0.5 \sin 60° \fallingdotseq 0.43\ \mathrm{m/s}$$

したがって，導体に生じる誘導起電力は$e = B\ell v \sin\theta$より，

$$e = 0.02 \times 0.5 \times 0.43$$
$$= 4.3 \times 10^{-3}\ \mathrm{V} = 4.3\ \mathrm{mV}$$

よって，(3)が正解。

解答… (3)

CH 03 電磁力

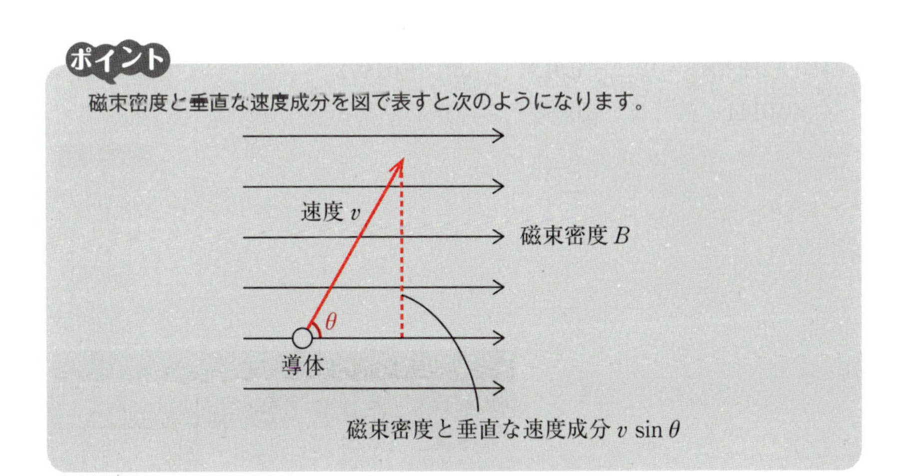

難易度 A

誘導起電力の大きさ(3)

教科書 SECTION 04

問題64 紙面に平行な水平面内において，0.6 mの間隔で張られた2本の直線状の平行導線に10 Ωの抵抗が接続されている。この平行導線に垂直に，図に示すように，直線状の導体棒PQを渡し，紙面の裏側から表側に向かって磁束密度$B=6\times10^{-2}$ Tの一様な磁界をかける。ここで，導体棒PQを磁界と導体棒に共に垂直な矢印の方向に一定の速さ$v=4$ m/sで平行導線上を移動させているときに，10 Ωの抵抗に流れる電流I[A]の値として，正しいのは次のうちどれか。

ただし，電流の向きは図に示す矢印の向きを正とする。また，導線及び導体棒PQの抵抗，並びに導線と導体棒との接触抵抗は無視できるものとする。

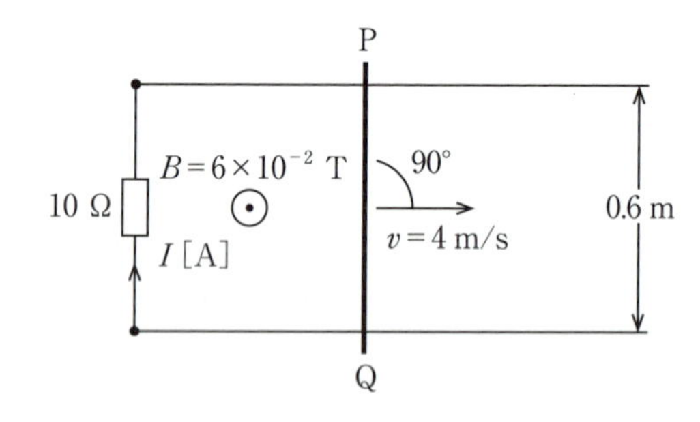

(1)　−0.0278　(2)　−0.0134　(3)　−0.0072
(4)　0.0144　(5)　0.0288

H22-A3

	①	②	③	④	⑤
学習日					
理解度 (○/△/×)					

解説

フレミングの右手の法則より，誘導起電力は正の方向である。

$e = B\ell v \sin\theta$ と**オームの法則**より，

$$IR = B\ell v \sin\theta$$

$$I \times 10 = 6 \times 10^{-2} \times 0.6 \times 4 \sin 90°$$

$$I = 0.0144 \text{ A}$$

よって，(4)が正解。

解答… (4)

CH 03 電磁力

ポイント

平行導線上で右手の親指を導体の運動方向，人差し指を磁界の向きに合わせると，中指の向きに誘導起電力が生じます。

難易度 A

自己誘導と自己インダクタンス

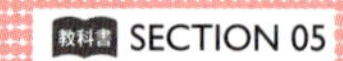

問題65 巻数$N=10$のコイルを流れる電流が0.1秒間に0.6 Aの割合で変化しているとき，コイルを貫く磁束が0.4秒間に1.2 mWbの割合で変化した。このコイルの自己インダクタンスL[mH]の値として，正しいのは次のうちどれか。

ただし，コイルの漏れ磁束は無視できるものとする。

(1) 0.5　　(2) 2.5　　(3) 5　　(4) 10　　(5) 20

H18-A4

	①	②	③	④	⑤
学習日					
理解度 (○/△/×)					

解説

誘導起電力の公式より，

$$e = -L\frac{\Delta I}{\Delta t} = -N\frac{\Delta \phi}{\Delta t}$$

よって，$L\frac{\Delta I}{\Delta t} = N\frac{\Delta \phi}{\Delta t}$

この式をLを求める式に直すと，

$$L = \frac{N\frac{\Delta \phi}{\Delta t}}{\frac{\Delta I}{\Delta t}} = \frac{10 \times \frac{1.2 \times 10^{-3}}{0.4}}{\frac{0.6}{0.1}}$$

$$= 5 \times 10^{-3}\,\mathrm{H} = 5\,\mathrm{mH}$$

よって，(3)が正解。

解答… (3)

難易度 A

環状ソレノイドの自己インダクタンス(1)

教科書 SECTION 05

問題66 環状鉄心に絶縁電線を巻いて作った磁気回路に関する記述として，誤っているものを次の(1)～(5)のうちから一つ選べ。

(1) 磁気抵抗は，磁束の通りにくさを表している。毎ヘンリー[H^{-1}]は，磁気抵抗の単位である。

(2) 電気抵抗が導体断面積に反比例するように，磁気抵抗は，鉄心断面積に反比例する。

(3) 鉄心の透磁率が大きいほど，磁気抵抗は小さくなる。

(4) 起磁力が同じ場合，鉄心の磁気抵抗が大きいほど，鉄心を通る磁束は小さくなる。

(5) 磁気回路における起磁力と磁気抵抗は，電気回路におけるオームの法則の電流と電気抵抗にそれぞれ対応する。

H26-A3

	①	②	③	④	⑤
学習日					
理解度 (○/△/×)					

解説

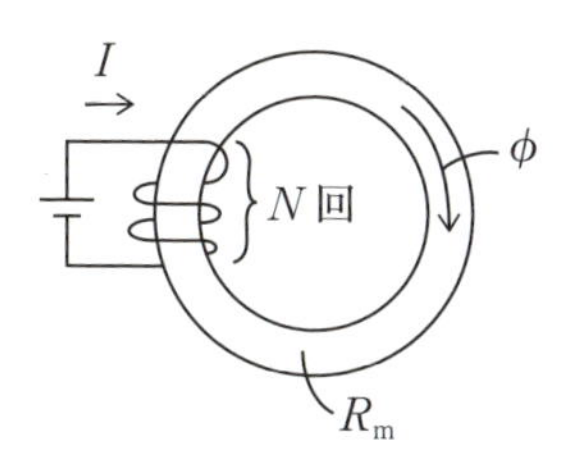

I：電流　N：巻数　ϕ：磁束　R_m：磁気抵抗

(1) 自己インダクタンスの式より，

$$L=\frac{N\phi}{I}\quad\cdots①$$

また，磁束は，磁気回路のオームの法則により起磁力÷磁気抵抗で表すことができる。

$$\phi=\frac{NI}{R_m}\quad\cdots②$$

①式に②式を代入すると，

$$L=\frac{N}{I}\times\frac{NI}{R_m}$$

$$=\frac{N^2}{R_m}$$

磁気抵抗を求める式に直すと，

$$R_m=\frac{N^2}{L}$$

右辺について，Nは巻数であるため単位はなし，Lは自己インダクタンスであるため単位はH，したがって，磁気抵抗R_mの単位は$\frac{1}{\mathrm{H}}=\mathrm{H}^{-1}$と求めることができる。

よって，(1)は**正しい**。

(2) 鉄心の平均磁路長をℓ，透磁率をμとすると磁気抵抗R_mは，

$$R_m=\frac{\ell}{\mu A}$$

と求められる。Aは鉄心断面積であるから，磁気抵抗は鉄心断面積に反比例する。

よって，(2)は**正しい**。

(3)　(2)の式より，透磁率μが大きいほど，磁気抵抗R_mは小さくなる。
よって，(3)は**正しい**。

(4)　(1)②式より，起磁力NIが同じ場合，磁気抵抗R_mが大きいほど，磁束ϕは小さくなる。
よって，(4)は**正しい**。

(5)

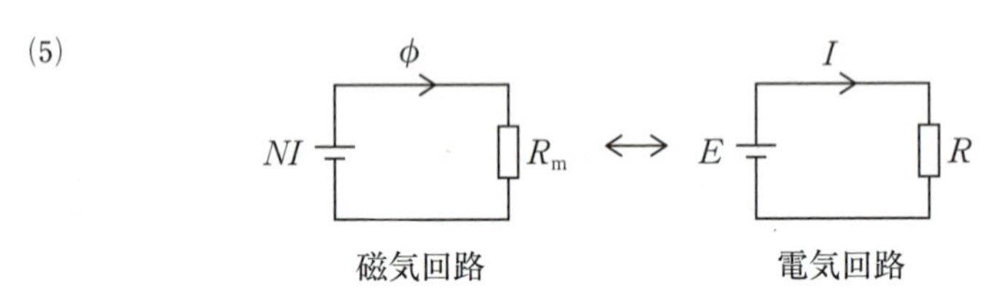

図より，起磁力NIは起電力Eに対応しており，磁気抵抗R_mは電気抵抗Rに対応している。
ゆえに，(5)は**誤っている**。
よって，(5)が正解。

解答…　(5)

電気回路のオームの法則のように，磁気回路でも以下の法則が成り立ちます。

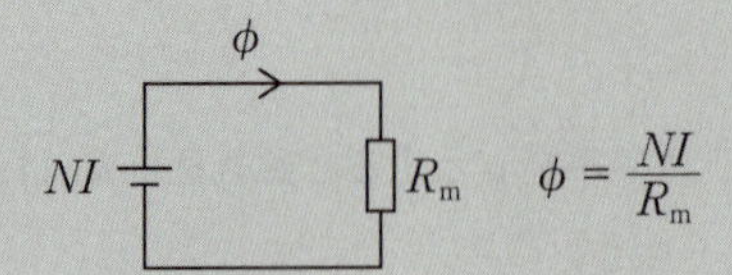

NI：起磁力　ϕ：磁束　R_m：磁気抵抗

難易度 A

環状ソレノイドの自己インダクタンス(2)

教科書 SECTION 05

問題67 図のように，環状鉄心に二つのコイルが巻かれている。コイル1の巻数はNであり，その自己インダクタンスはL[H]である。コイル2の巻数はnであり，その自己インダクタンスは$4L$[H]である。巻数nの値を表す式として，正しいのは次のうちどれか。

ただし，鉄心は等断面，等質であり，コイル及び鉄心の漏れ磁束はなく，また，鉄心の磁気飽和もないものとする。

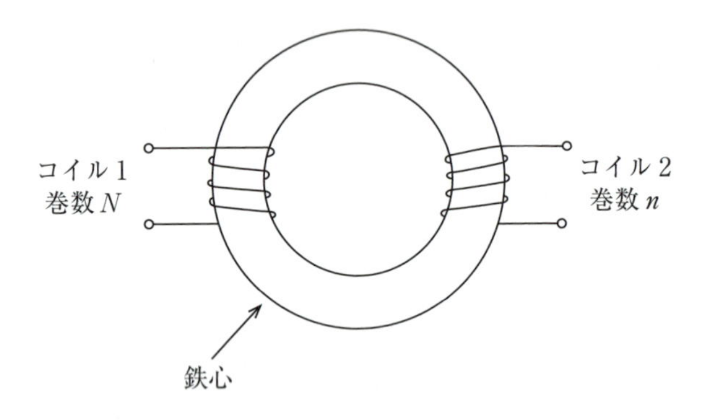

(1) $\dfrac{N}{4}$ (2) $\dfrac{N}{2}$ (3) $2N$ (4) $4N$ (5) $16N$

H20-A4

	①	②	③	④	⑤
学習日					
理解度 (○/△/×)					

解説

自己インダクタンスの式より，

$$L=\frac{N\phi}{I}\quad\cdots①$$

また，磁束は，磁気回路のオームの法則により起磁力÷磁気抵抗で表すことができる。

$$\phi=\frac{NI}{R_\mathrm{m}}\quad\cdots②$$

①式に②式を代入すると，

$$L=\frac{N}{I}\times\frac{NI}{R_\mathrm{m}}$$

$$=\frac{N^2}{R_\mathrm{m}}$$

式より，自己インダクタンスは巻き数の2乗に比例する。

$$L:4L=N^2:n^2$$

$$4LN^2=Ln^2$$

$$n=\sqrt{4N^2}=2N$$

よって，(3)が正解。

解答… (3)

CH 03 電磁力

難易度 A

和動接続と差動接続

教科書 SECTION 05

問題68 次の文章は，コイルのインダクタンスに関する記述である。ここで，鉄心の磁気飽和は，無視するものとする。

均質で等断面の環状鉄心に被覆電線を巻いてコイルを作製した。このコイルの自己インダクタンスは，巻数の［ (ア) ］に比例し，磁路の［ (イ) ］に反比例する。

同じ鉄心にさらに被覆電線を巻いて別のコイルを作ると，これら二つのコイル間には相互インダクタンスが生じる。相互インダクタンスの大きさは，漏れ磁束が［ (ウ) ］なるほど小さくなる。それぞれのコイルの自己インダクタンスをL_1[H]，L_2[H]とすると，相互インダクタンスの最大値は［ (エ) ］[H]である。

これら二つのコイルを［ (オ) ］とすると，合成インダクタンスの値は，それぞれの自己インダクタンスの合計値よりも大きくなる。

上記の記述中の空白箇所(ア)，(イ)，(ウ)，(エ)及び(オ)に当てはまる組合せとして，正しいものを次の(1)～(5)のうちから一つ選べ。

	(ア)	(イ)	(ウ)	(エ)	(オ)
(1)	1乗	断面積	少なく	L_1+L_2	差動接続
(2)	2乗	長　さ	多　く	L_1+L_2	和動接続
(3)	1乗	長　さ	多　く	$\sqrt{L_1L_2}$	和動接続
(4)	2乗	断面積	少なく	L_1+L_2	差動接続
(5)	2乗	長　さ	多　く	$\sqrt{L_1L_2}$	和動接続

H24-A3

	①	②	③	④	⑤
学習日					
理解度 (○/△/×)					

解説

自己インダクタンスの式より，

$$LI = N\phi \quad \cdots ①$$

また，磁束は，磁気回路のオームの法則により起磁力÷磁気抵抗で表すことができる。

$$\phi = \frac{NI}{R_m} \quad \cdots ②$$

①式に②を代入すると，

$$LI = \frac{N^2 I}{R_m}$$

$$L = \frac{N^2}{R_m}$$

磁気抵抗R_mは長さ÷(透磁率×断面積）で求められるから，

$$L = N^2 \div \frac{\ell}{\mu A} = \frac{\mu A N^2}{\ell}$$

よって自己インダクタンスは，巻数の(ア)**2乗**に比例し，磁路の(イ)**長さ**に反比例する。

相互インダクタンスMを求める式より，

$$M = k\sqrt{L_1 L_2}$$

結合係数kの値は漏れ磁束の値によって0から1の間で変化する。漏れ磁束が(ウ)**多く**なるほど結合係数kの値は小さくなり，相互インダクタンスMの値も小さくなる。

相互インダクタンスの式より，結合係数kが最大の1であるとき，相互インダクタンスMの最大値は(エ)$\sqrt{L_1 L_2}$となる。

これら二つのコイルを(オ)**和動接続**すると，合成インダクタンスの値は，それぞれの自己インダクタンスの合計値（$L_1 + L_2$）よりも大きくなる。

よって，(5)が正解。

解答… (5)

難易度 A コイルに蓄えられるエネルギー

教科書 SECTION 05

問題69 次の文章は，コイルの磁束鎖交数とコイルに蓄えられる磁気エネルギーについて述べたものである。

インダクタンス1 mHのコイルに直流電流10 Aが流れているとき，このコイルの磁束鎖交数Ψ_1[Wb]は (ア) [Wb]である。また，コイルに蓄えられている磁気エネルギーW_1[J]は (イ) [J]である。

次に，このコイルに流れる直流電流を30 Aとすると，磁束鎖交数Ψ_2[Wb]と蓄えられる磁気エネルギーW_2[J]はそれぞれ (ウ) となる。

上記の記述中の空白箇所(ア)，(イ)及び(ウ)に当てはまる語句又は数値として，正しいものを組み合わせたのは次のうちどれか。

	(ア)	(イ)	(ウ)
(1)	5×10^{-3}	5×10^{-2}	Ψ_2はΨ_1の3倍，W_2はW_1の9倍
(2)	1×10^{-2}	5×10^{-2}	Ψ_2はΨ_1の3倍，W_2はW_1の9倍
(3)	1×10^{-2}	1×10^{-2}	Ψ_2はΨ_1の9倍，W_2はW_1の3倍
(4)	1×10^{-2}	5×10^{-1}	Ψ_2はΨ_1の3倍，W_2はW_1の9倍
(5)	5×10^{-2}	5×10^{-1}	Ψ_2はΨ_1の9倍，W_2はW_1の27倍

H21-A3

	①	②	③	④	⑤
学習日					
理解度 (○/△/×)					

解説

(ア) 磁束鎖交数$\Psi_1 = N\phi$であるので，

$$N\phi = LI$$

$L = 1\ \mathrm{mH} = 10^{-3}\ \mathrm{H}$，$I = 10\ \mathrm{A}$であるので，

$$LI = 10^{-3} \times 10 = 10^{-2}\ \mathrm{Wb} = \Psi_1$$

(イ) コイルに蓄えられる磁気エネルギーを求める式より，

$$W_1 = \frac{1}{2}LI^2$$

$$= \frac{1}{2} \times 10^{-3} \times 10^2 = 0.5 \times 10^{-1} = 5 \times 10^{-2}\ \mathrm{J}$$

(ウ) 電流$I = 30$ Aはもとの電流の3倍である。磁束鎖交数$\psi = LI$で求められるため，電流が3倍になると，磁束鎖交数Ψ_2ももとの磁束鎖交数Ψ_1の3倍になる。

また，磁気エネルギー$W = \frac{1}{2}LI^2$で求められるため，電流が3倍になると，磁気エネルギーW_2はW_1の9倍になる。

よって，(2)が正解。

解答… (2)

難易度 A

電磁力の知識（単位）

教科書 SECTION 05

問題70 電気及び磁気に関係する量とその単位記号（他の単位による表し方を含む）との組合せとして，誤っているものを次の(1)~(5)のうちから一つ選べ。

	量	単位記号
(1)	導電率	S/m
(2)	電力量	W・s
(3)	インダクタンス	Wb/V
(4)	磁束密度	T
(5)	誘電率	F/m

H23-A14

	①	②	③	④	⑤
学習日					
理解度 (○/△/×)					

解説

(1) 導電率σは$\sigma=\dfrac{1}{\rho}$（ρは抵抗率[Ω·m]）で求められ，単位は[1/Ω·m]=[S/m]である。よって**正しい**。

(2) 電力量の単位は[W·h]または，[W·s]である。よって**正しい**。

(3) インダクタンスは，$LI=N\phi$の式より，$L=\dfrac{N\phi}{I}$で求められ，単位は[Wb/A]である。よって**誤っている**。

(4) 磁束密度Bの単位は[T]である。よって**正しい**。

(5) 誘電率εの単位は[F/m]である。よって**正しい**。

以上から，(3)が正解。

解答… (3)

CHAPTER 04

交流回路

瞬時値，最大値，ピークピーク値

教科書 SECTION 01

問題71 ある回路に，$i = 4\sqrt{2}\sin 120\pi t$[A]の電流が流れている。この電流の瞬時値が，時刻$t = 0$ s以降に初めて4 Aとなるのは，時刻$t = t_1$[s]である。t_1[s]の値として，正しいのは次のうちどれか。

(1) $\dfrac{1}{480}$　(2) $\dfrac{1}{360}$　(3) $\dfrac{1}{240}$　(4) $\dfrac{1}{160}$　(5) $\dfrac{1}{120}$

H21-A9

	①	②	③	④	⑤
学習日					
理解度 (○/△/×)					

解説

$i = 4\sqrt{2}\sin 120\pi t$[A]の電流は，時刻$t_1$[s]で$i = 4$ Aとなるため，

$$4 = 4\sqrt{2}\sin 120\pi t_1$$

$$\sin 120\pi t_1 = \frac{1}{\sqrt{2}}$$

$\dfrac{1}{\sqrt{2}} = \sin\dfrac{\pi}{4}$より，

$$\sin 120\pi t_1 = \sin\frac{\pi}{4}$$

$$120\pi t_1 = \frac{\pi}{4}$$

$$t_1 = \frac{1}{480}\text{ s}$$

よって，(1)が正解。

解答… (1)

難易度 B 位相と位相差

教科書 SECTION 01

問題72 ある回路に電圧 $v = 100\sin\left(100\,\pi t + \dfrac{\pi}{3}\right)$[V]を加えたところ，回路に $i = 2\sin\left(100\,\pi t + \dfrac{\pi}{4}\right)$[A]の電流が流れた。この電圧と電流の位相差 θ[rad]を時間[s]の単位に変換して表した値として，正しいのは次のうちどれか。

(1) $\dfrac{1}{400}$　(2) $\dfrac{1}{600}$　(3) $\dfrac{1}{1\,200}$　(4) $\dfrac{1}{1\,440}$　(5) $\dfrac{1}{2\,400}$

H17-A6

	①	②	③	④	⑤
学習日					
理解度 (○/△/×)					

解説

電圧vと電流iの位相差θ radは，

$$\theta=\frac{\pi}{3}-\frac{\pi}{4}=\frac{\pi}{12}\ \text{rad}$$

位相は1 sで100π rad変化するから，$\frac{\pi}{12}$ rad変化するのにかかる時間t[s]は

$$t=\frac{\frac{\pi}{12}}{100\pi}=\frac{1}{1200}\ \text{s}$$

よって，(3)が正解。

解答… (3)

難易度 A

交流の基礎(1)

教科書 SECTION 01

問題73 図のように，二つの正弦波交流電圧源e_1[V]，e_2[V]が直列に接続されている回路において，合成電圧v[V]の最大値はe_1の最大値の［　(ア)　］倍となり，その位相はe_1を基準として［　(イ)　］[rad]の［　(ウ)　］となる。

上記の記述中の空白箇所(ア)，(イ)及び(ウ)に当てはまる語句，式又は数値として，正しいものを組み合わせたのは次のうちどれか。

$e_1 = E\sin(\omega t + \theta)$ [V]

$e_2 = \sqrt{3}E\sin\left(\omega t + \theta + \frac{\pi}{2}\right)$ [V]

v[V]

	(ア)	(イ)	(ウ)
(1)	$\frac{1}{2}$	$\frac{\pi}{3}$	進み
(2)	$1+\sqrt{3}$	$\frac{\pi}{6}$	遅れ
(3)	2	$\frac{2\pi}{3}$	進み
(4)	$\sqrt{3}$	$\frac{\pi}{6}$	遅れ
(5)	2	$\frac{\pi}{3}$	進み

H18-A8

	①	②	③	④	⑤
学習日					
理解度 (○/△/×)					

解説

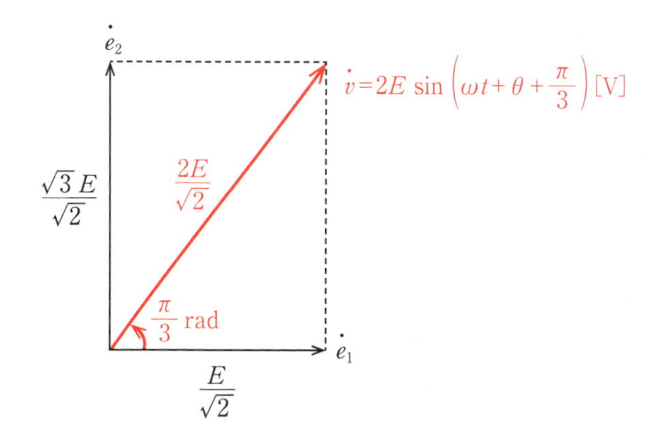

問題文より，e_1を基準としてベクトル図を描くと上図のようになる。

ベクトル図より合成電圧v[V]の最大値はe_1の最大値の2倍となる。また，その位相はe_1を基準とすると$\dfrac{\pi}{3}$ radの進みである。

よって，(5)が正解。

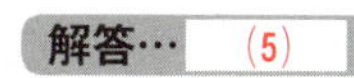

CH 04 交流回路

難易度 B

交流の基礎(2)

教科書 SECTION 02

問題74 図の交流回路において，回路素子は，インダクタンスLのコイル又は静電容量Cのコンデンサである。この回路に正弦波交流電圧$v = 500 \sin(1\,000t)$[V]を加えたとき，回路に流れる電流は，$i = -50 \cos(1\,000t)$[A]であった。このとき，次の(a)及び(b)に答えよ。

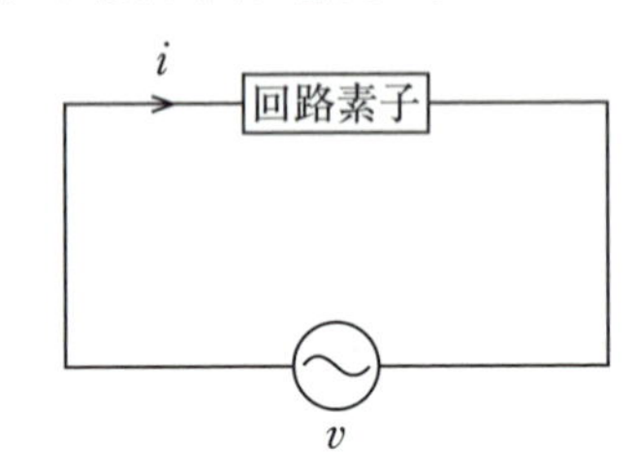

(a) 回路素子の値として，正しいのは次のうちどれか。

(1) $C = 100$ nF　(2) $L = 10$ mH　(3) $L = 100$ mH
(4) $C = 10$ nF　(5) $C = 10$ μF

(b) この回路素子に蓄えられるエネルギーの最大値W_{max}[J]の値として，正しいのは次のうちどれか。

ただし，インダクタンスの場合には$\frac{1}{2}Li^2$の，静電容量の場合には$\frac{1}{2}Cv^2$のエネルギーが蓄えられるものとする。

(1) 125　(2) 25　(3) 12.5　(4) 6.25　(5) 2.5

H17-B16

	①	②	③	④	⑤
学習日					
理解度 (○/△/×)					

解説

(a)

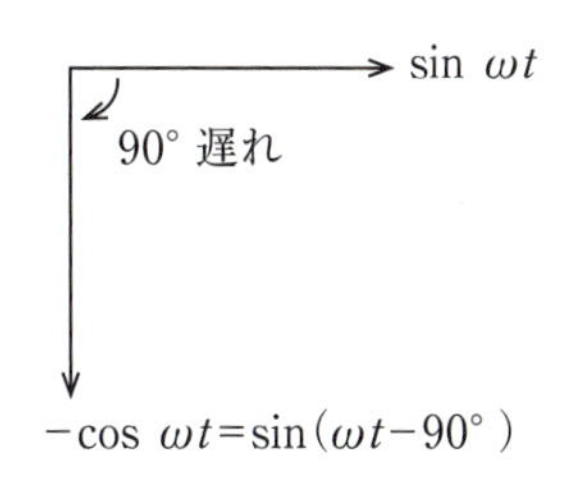

$-\cos\ \omega t=\sin(\omega t-90°)$

$v=500\sin(1000t)$の電圧に対して$i=-50\cos(1000t)$の電流が流れるから，電圧を基準とすると電流の位相は90°遅れている。したがって，回路素子はインダクタンスLのコイルである。

コイルのリアクタンスX_Lは，

$$X_L=\frac{V}{I}=\frac{\frac{500}{\sqrt{2}}}{\frac{50}{\sqrt{2}}}=10\ \Omega$$

よって，インダクタンスLの値は，$X_L=\omega L$より，

$$L=\frac{X_L}{\omega}=\frac{10}{1000}=0.01\ \mathrm{H}=10\ \mathrm{mH}$$

したがって，(2)が正解。

(b) インダクタンスに蓄えられるエネルギーは$w=\frac{1}{2}Li^2$より，

$$w=\frac{1}{2}\times10\times10^{-3}\times50^2\cos^2(1000t)=12.5\cos^2(1000t)\ [\mathrm{J}]$$

エネルギーの最大値は$\cos^2(1000t)=1$のときなので，

$W_{max}=12.5\ \mathrm{J}$

よって，(3)が正解。

解答… (a)(2) (b)(3)

ポイント

交流電圧の式は$v=\sqrt{2}\,V\sin(\omega t+\phi)$ [V]，交流電流の式は$i=\sqrt{2}\,I\sin(\omega t+\phi)$ [A] で表されます。

CH 04 交流回路

難易度 A

インピーダンス

教科書 SECTION 02

問題75 図のように，正弦波交流電圧$E = 200$ Vの電源がインダクタンスL[H]のコイルとR[Ω]の抵抗との直列回路に電力を供給している。回路を流れる電流が$I = 10$ A，回路の無効電力が$Q = 1\,200$ varのとき，抵抗R[Ω]の値として，正しいものを次の(1)～(5)のうちから一つ選べ。

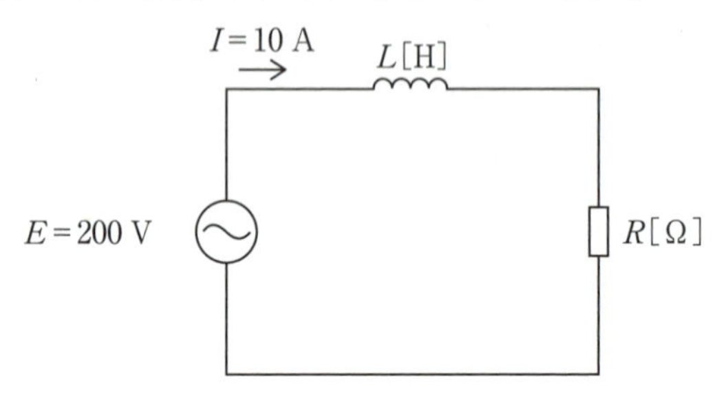

(1) 4　(2) 8　(3) 12　(4) 16　(5) 20

H24-A8

	①	②	③	④	⑤
学習日					
理解度 (○/△/×)					

解説

誘導リアクタンスXは，$Q = XI^2$より，

$$X = \frac{Q}{I^2} = \frac{1200}{10^2} = 12\ \Omega$$

一方，インピーダンスZは，

$$Z = \frac{E}{I} = \frac{200}{10} = 20\ \Omega$$

したがって，抵抗Rの値は，

$$R = \sqrt{Z^2 - X^2} = \sqrt{20^2 - 12^2} = 16\ \Omega$$

よって，(4)が正解。

解答… (4)

無効電力はリアクタンスの部分の電力で，電気エネルギーは消費されません。

難易度 A

R-L-C直列回路(1)

教科書 SECTION 02

問題76 図のような回路において，電源電圧が$e = 200\sin(\omega t + \frac{\pi}{4})$[V]であるとき，回路に流れる電流$i$[A]を表す式として，正しいのは次のうちどれか。

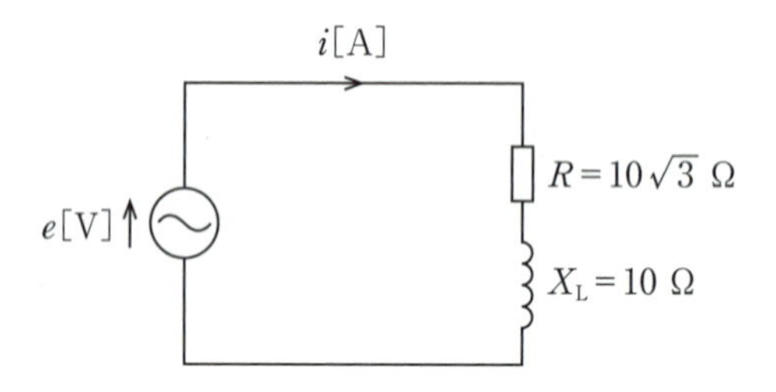

(1) $i = 10\sin\left(\omega t + \frac{\pi}{12}\right)$

(2) $i = 5\sqrt{2}\sin\left(\omega t - \frac{\pi}{6}\right)$

(3) $i = 10\sqrt{2}\sin\left(\omega t + \frac{\pi}{6}\right)$

(4) $i = 5\sqrt{2}\sin\left(\omega t + \frac{\pi}{12}\right)$

(5) $i = 10\sin\left(\omega t - \frac{\pi}{12}\right)$

H12-A9

	①	②	③	④	⑤
学習日					
理解度 (○/△/×)					

解説

RL 直列回路のインピーダンスZは，

$$Z=\sqrt{R^2+X_L^2}=\sqrt{(10\sqrt{3})^2+10^2}=20\ \Omega$$

電流iの実効値は，

$$I=\frac{V}{Z}=\frac{\frac{200}{\sqrt{2}}}{20}=\frac{10}{\sqrt{2}}\ \mathrm{A}$$

よって，電流iの最大値は10 Aとなる。

次に，回路の力率を考えると，

$$\cos\phi=\frac{R}{Z}=\frac{10\sqrt{3}}{20}=\frac{\sqrt{3}}{2}$$

$$\phi=\frac{\pi}{6}$$

コイルに流れる電流の位相は，電圧を基準とすると遅れであるから，

$$\sin\left(\omega t+\frac{\pi}{4}-\frac{\pi}{6}\right)=\sin\left(\omega t+\frac{\pi}{12}\right)$$

したがって，電流は$i=10\sin\left(\omega t+\frac{\pi}{12}\right)$[A]と表される。

よって，(1)が正解。

解答… (1)

難易度 A

R-L-C直列回路(2)

教科書 SECTION 02

問題77 図1のような抵抗R[Ω]と誘導性リアクタンスX[Ω]との直列回路がある。この回路に正弦波交流電圧$E = 100$ Vを加えたとき，回路に流れる電流は10 Aであった。この回路に図2のように，更に抵抗11 Ωを直列接続したところ，回路に流れる電流は5 Aになった。抵抗R[Ω]の値として，最も近いのは次のうちどれか。

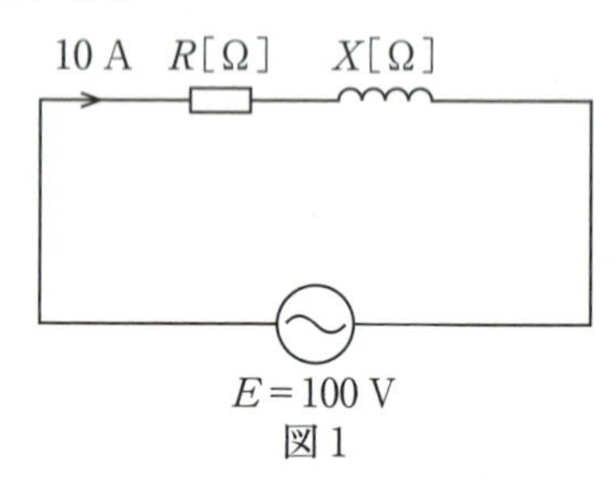

図1

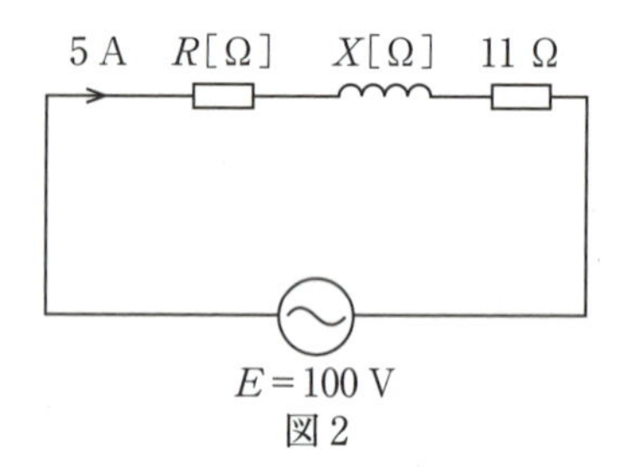

図2

(1) 5.5　(2) 8.1　(3) 8.6　(4) 11.4　(5) 16.7

H16-A8

	①	②	③	④	⑤
学習日					
理解度 (○/△/×)					

解説

図1の回路のインピーダンスZ_1は$Z=\dfrac{V}{I}$より，

$$Z_1=\sqrt{R^2+X^2}=\frac{100}{10}=10\ \Omega$$

$$R^2+X^2=100\cdots①$$

次に，図2の回路のインピーダンスZ_2は，

$$Z_2=\frac{100}{5}=20=\sqrt{(R+11)^2+X^2}\,[\Omega]$$

$$(R+11)^2+X^2=400$$

$$R^2+22R+121+X^2=400\cdots②$$

ここで①式を②式に代入すると，

$$22R+121+100=400$$

$$22R=179$$

よって抵抗Rの値は，

$$R=\frac{179}{22}\fallingdotseq 8.1\ \Omega$$

よって，(2)が正解。

解答… (2)

CH 04 交流回路

難易度 A

R-L-C直列回路(3)

教科書 SECTION 02

問題78 図1のように，抵抗$R_0 = 16\ \Omega$，インピーダンス$\dot{Z}[\Omega]$の誘導性負荷（抵抗$R[\Omega]$，誘導性リアクタンス$X[\Omega]$）を直列に接続した交流回路がある。正弦波交流電圧$\dot{E} = 10\sqrt{3}\ \mathrm{V}$の電源をこの回路に接続したところ，$R_0$の端子間電圧の大きさ，誘導性負荷の端子間電圧の大きさは，それぞれ10 Vであった。次の(a)及び(b)に答えよ。

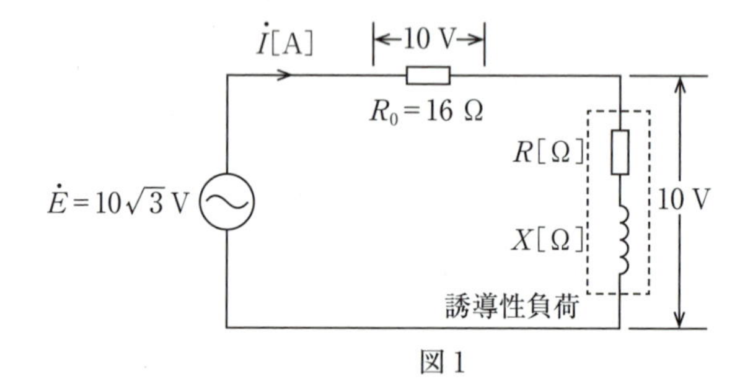

図1

(a) 回路に流れる電流を$\dot{I}[\mathrm{A}]$とすれば，$\dot{E}$，$R_0\dot{I}$，$\dot{Z}\dot{I}$の関係をベクトル図で表すと図2のようになる。電流$\dot{I}[\mathrm{A}]$の大きさの値と，電圧$\dot{E}$と電流$\dot{I}$の位相差$\theta[°]$の値として，正しいものを組み合わせたのは次のうちどれか。

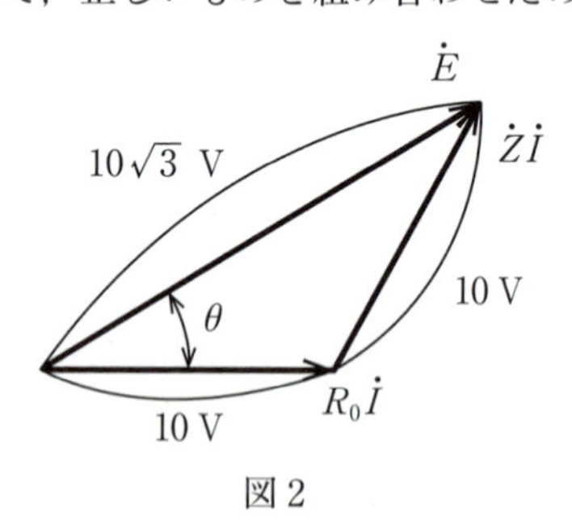

図2

	電流$\dot{I}$［A］の大きさ	位相差θ［°］
(1)	1.73	15
(2)	1.0	30
(3)	1.0	45
(4)	0.625	30
(5)	0.625	45

(b) $\dot{E}$，$(R_0+R)\dot{I}$，$X\dot{I}$の関係をベクトル図で表すと図3のようになる。これより，R[Ω]とX[Ω]の値として，最も近いものを組み合わせたのは次のうちどれか。

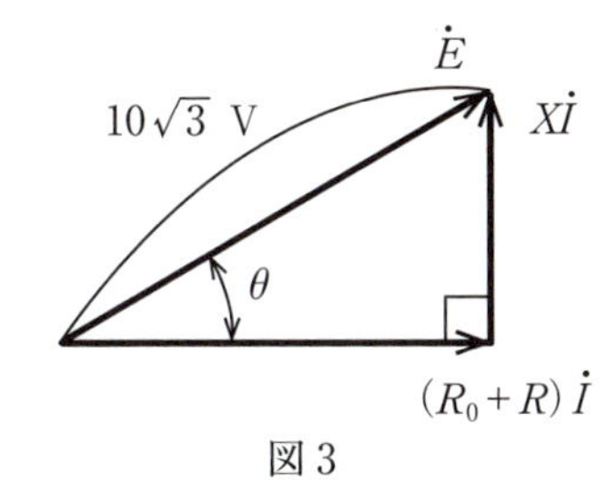

図3

	R[Ω]	X[Ω]
(1)	8	8
(2)	8	13.9
(3)	14	13.9
(4)	14	19.8
(5)	16	50

H15-B16

	①	②	③	④	⑤
学習日					
理解度 (○/△/×)					

解説

(a)　電流$\dot{I}$の大きさは,

$$I=\frac{V}{R_0}=\frac{10}{16}=0.625\ \text{A}$$

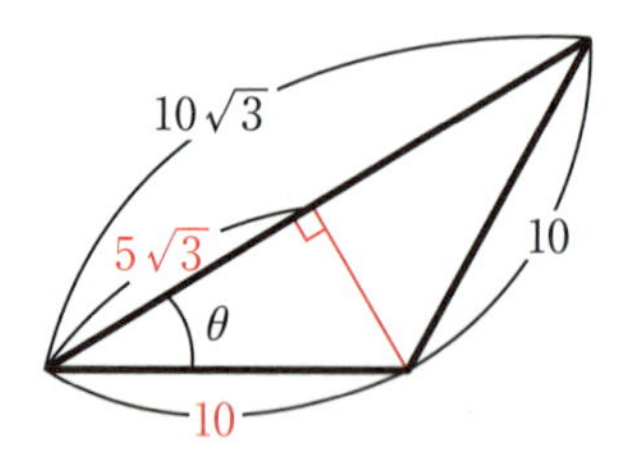

位相差θは,

$$\cos\theta=\frac{5\sqrt{3}}{10}=\frac{\sqrt{3}}{2}$$

$$\theta=30^\circ$$

よって，(4)が正解。

(b)　図3のベクトル図より次の関係が成り立つ。

$$10\sqrt{3}\cos\theta=(R_0+R)I$$

(a)より$I=0.625$ A，$\theta=30^\circ$であるから,

$$10\sqrt{3}\cos30^\circ=15=(16+R)\times0.625$$

$$\therefore R=\frac{15}{0.625}-16=8\ \Omega$$

同様に，Xの値は,

$$10\sqrt{3}\sin30^\circ=5\sqrt{3}=0.625X$$

$$\therefore X=\frac{5\sqrt{3}}{0.625}\fallingdotseq13.9\ \Omega$$

よって，(2)が正解。

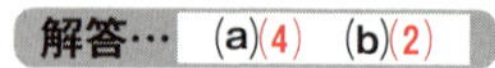

難易度 A

R-L-C直列回路(4)

問題79 図のように，1 000 Ωの抵抗と静電容量C[μF]のコンデンサを直列に接続した交流回路がある。いま，電源の周波数が1 000 Hzのとき，電源電圧$\dot{E}$[V]と電流$\dot{I}$[A]の位相差は$\frac{\pi}{3}$ radであった。このとき，コンデンサの静電容量C[μF]の値として，最も近いものを次の(1)～(5)のうちから一つ選べ。

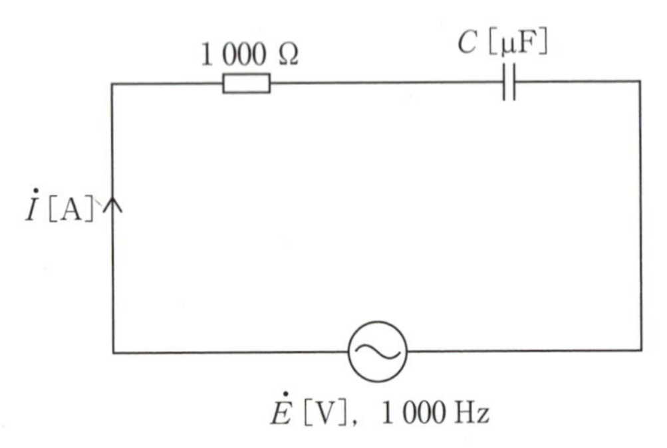

(1) 0.053　(2) 0.092　(3) 0.107　(4) 0.159　(5) 0.258

H23-A9

	①	②	③	④	⑤
学習日					
理解度 (○/△/×)					

解説

電源電圧$\dot{E}$[V]を基準ベクトルにすると電流$\dot{I}$[A]は$\dfrac{\pi}{3}$ rad進み電流になる。抵抗Rを基準としてコンデンサのリアクタンスX_C，回路の合成インピーダンスZについてベクトル図を描くと，

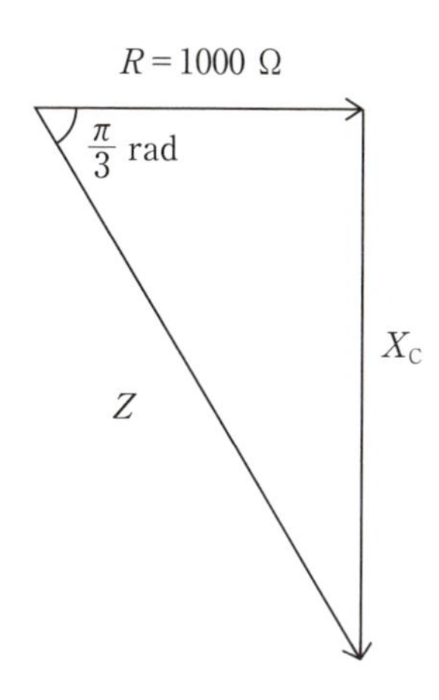

図よりX_Cを計算すると，

$$X_C = R\tan\frac{\pi}{3} = 1000\sqrt{3}\ \Omega$$

$X_C = \dfrac{1}{2\pi fC}$より，

$$C = \frac{1}{2\pi \times 1000 \times 1000\sqrt{3}}$$

$$\fallingdotseq 0.0919 \times 10^{-6}\ \mathrm{F} = 0.0919\ \mu\mathrm{F}$$

よって，(2)が正解。

解答… (2)

難易度 B

R-L-C直列回路(5)

教科書 SECTION 02

問題80 図は，インダクタンスL[H]のコイルと静電容量C[F]のコンデンサ，並びにR[Ω]の抵抗の直列回路に，周波数がf[Hz]で実効値がV（≠0）[V]である電源電圧を与えた回路を示している。この回路において，抵抗の端子間電圧の実効値V_R[V]が零となる周波数f[Hz]の条件を全て列挙したものとして，正しいものを次の(1)～(5)のうちから一つ選べ。

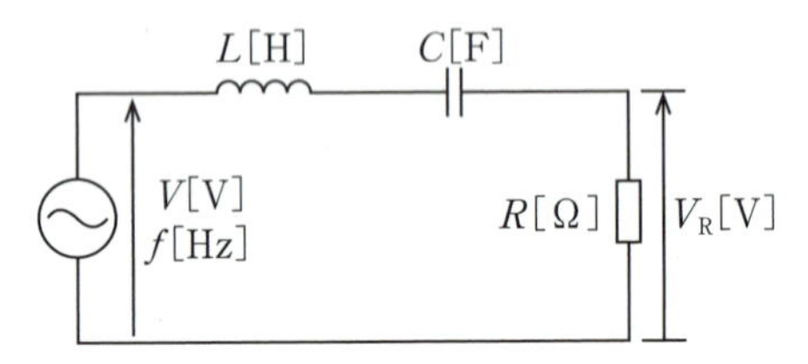

(1) 題意を満たす周波数はない

(2) $f=0$

(3) $f=\dfrac{1}{2\pi\sqrt{LC}}$

(4) $f=0$，$f\to\infty$

(5) $f=\dfrac{1}{2\pi\sqrt{LC}}$，$f\to\infty$

H25-A10

	①	②	③	④	⑤
学習日					
理解度（○/△/×）					

解説

回路に流れる電流Iは，$I=\dfrac{V}{Z}$より，

$$I=\frac{V}{\sqrt{R^2+\left(\omega L-\dfrac{1}{\omega C}\right)^2}}=\frac{V}{\sqrt{R^2+\left(2\pi fL-\dfrac{1}{2\pi fC}\right)^2}}\,[\mathrm{A}]$$

$V_R=0$ Vとなるには$I=0$ Aすなわち，Zの分母が大きくなり，Zが無限大に近づく，つまり$Z\to\infty$ Ωとなればいい。この条件を列挙すると，

① $f=0$のとき

$$2\pi fL=0,\ \frac{1}{2\pi fC}\to\infty \text{ となるから} Z\to\infty\ \Omega$$

② $f\to\infty$ のとき

$$2\pi fL\to\infty,\ \frac{1}{2\pi fC}=0 \text{ となるから } Z\to\infty\ \Omega$$

よって，正解は(4)となる。

解答…　(4)

CH 04 交流回路

ポイント

「→」は「限りなくその値に近づく」という意味で使用される記号です。この問題では$f\to\infty$より，周波数を限りなく大きくするということを意味しています。

難易度 B

R-L-C直列回路(6)

教科書 SECTION 02

問題81 図のように，R[Ω]の抵抗，インダクタンスL[H]のコイル，静電容量C[F]のコンデンサを直列に接続した交流回路がある。この回路において，電源Eは周波数を変化できるものとする。電源周波数を変化させたところ，2種類の異なる周波数f_1[Hz]とf_2[Hz]に対して，この回路の電源からみたインピーダンス[Ω]の大きさは変わらなかった。このときの$f_1 \times f_2$の値として，正しいのは次のうちどれか。

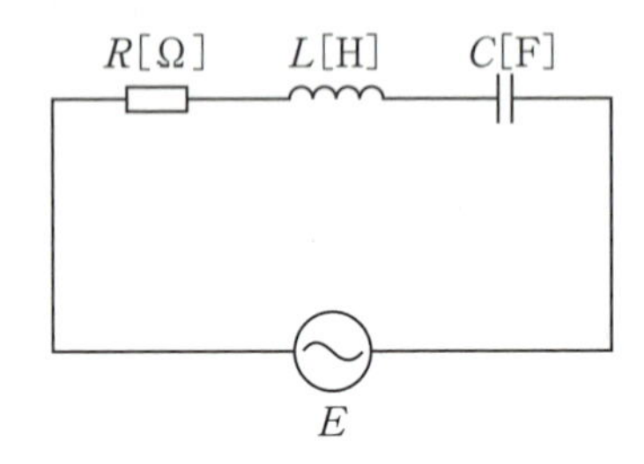

(1) $\dfrac{1}{2\pi\sqrt{LC}}$　(2) $\dfrac{1}{4\pi LC}$　(3) $\dfrac{1}{4\pi^2 LC}$　(4) $\dfrac{1}{4\pi^2 L^2 C^2}$

(5) $\dfrac{1}{2\pi L^2 C^2}$

H16-A6

	①	②	③	④	⑤
学習日					
理解度 (○/△/×)					

解説

周波数f_1に対する角周波数をω_1，周波数f_2に対する角周波数をω_2とすると，それぞれのインピーダンスは，

$$Z_1=\sqrt{R^2+\left(\omega_1 L-\frac{1}{\omega_1 C}\right)^2}\,[\Omega],\quad Z_2=\sqrt{R^2+\left(\omega_2 L-\frac{1}{\omega_2 C}\right)^2}\,[\Omega]$$

$Z_1=Z_2$であるから，

$$\sqrt{R^2+\left(\omega_1 L-\frac{1}{\omega_1 C}\right)^2}=\sqrt{R^2+\left(\omega_2 L-\frac{1}{\omega_2 C}\right)^2}$$

$$\left(\omega_1 L-\frac{1}{\omega_1 C}\right)^2=\left(\omega_2 L-\frac{1}{\omega_2 C}\right)^2$$

$$\omega_1^2 L^2-2\cdot\frac{L}{C}+\frac{1}{\omega_1^2 C^2}=\omega_2^2 L^2-2\cdot\frac{L}{C}+\frac{1}{\omega_2^2 C^2}$$

$$(\omega_1^2-\omega_2^2)L^2=\left(\frac{1}{\omega_2^2}-\frac{1}{\omega_1^2}\right)\frac{1}{C^2}$$

$$(\omega_1^2-\omega_2^2)L^2=\frac{\omega_1^2-\omega_2^2}{\omega_1^2\omega_2^2}\cdot\frac{1}{C^2}$$

$$\omega_1^2\omega_2^2=\frac{1}{L^2C^2}$$

$$\omega_1\omega_2=\frac{1}{LC}$$

$$2\pi f_1\times 2\pi f_2=\frac{1}{LC}$$

$$f_1\times f_2=\frac{1}{4\pi^2 LC}$$

よって，(3)が正解。

解答… (3)

CH 04 交流回路

難易度 A

R-L-C直列回路(7)

教科書 SECTION 02

問題82 4 Ωの抵抗と静電容量がC[F]のコンデンサを直列に接続したRC回路がある。このRC回路に，周波数50 Hzの交流電圧100 Vの電源を接続したところ，20 Aの電流が流れた。では，このRC回路に，周波数60 Hzの交流電圧100 Vの電源を接続したとき，RC回路に流れる電流[A]の値として，最も近いものを次の(1)~(5)のうちから一つ選べ。

(1) 16.7　(2) 18.6　(3) 21.2　(4) 24.0　(5) 25.6

H25-A7

	①	②	③	④	⑤
学習日					
理解度 (○/△/×)					

解説

抵抗Rと容量性リアクタンスX_Cを直列に接続したときのインピーダンスZは，

$$Z=\sqrt{R^2+X_C^2}\,[\Omega]$$

周波数が50 Hzのときのインピーダンスは$Z=\dfrac{V}{I}=\dfrac{100}{20}=5\ \Omega$であるから，容量性リアクタンス$X_C$を計算すると，

$$5=\sqrt{4^2+X_C^2}$$

$$X_C=3\ \Omega$$

周波数が60Hzのときの容量性リアクタンスX'_Cは，容量性リアクタンスが周波数に反比例することを利用して，

$$X'_C:3=\frac{1}{60}:\frac{1}{50}$$

$$\frac{X'_C}{50}=\frac{3}{60}$$

$$X'_C=3\times\frac{50}{60}=2.5\ \Omega$$

このとき，RC回路に流れる電流Iの値は，$I=\dfrac{V}{Z}$より，

$$I=\frac{100}{\sqrt{4^2+2.5^2}}\fallingdotseq 21.2\ \mathrm{A}$$

よって，(3)が正解。

解答… (3)

難易度 B

R-L-C並列回路(1)

教科書 SECTION 03

問題83 図のように，$R=\sqrt{3}\,\omega L$[Ω]の抵抗，インダクタンスL[H]のコイル，スイッチSが角周波数ω[rad/s]の交流電圧$\dot{E}$[V]の電源に接続されている。スイッチSを開いているとき，コイルを流れる電流の大きさをI_1[A]，電源電圧に対する電流の位相差をθ_1[°]とする。また，スイッチSを閉じているとき，コイルを流れる電流の大きさをI_2[A]，電源電圧に対する電流の位相差をθ_2[°]とする。このとき，$\dfrac{I_1}{I_2}$及び$|\theta_1-\theta_2|$[°]の値として，正しいものを組み合わせたのは次のうちどれか。

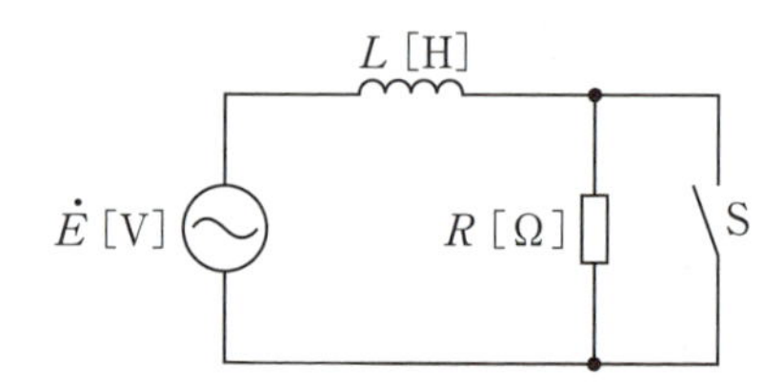

	$\dfrac{I_1}{I_2}$	$\lvert\theta_1-\theta_2\rvert$
(1)	$\dfrac{1}{2}$	30
(2)	$\dfrac{1}{2}$	60
(3)	2	30
(4)	2	60
(5)	2	90

H21-A8

	①	②	③	④	⑤
学習日					
理解度 (○/△/×)					

解説

スイッチを開いているときの電流$\dot{I}_1$は，$\dot{I}_1 = \dfrac{\dot{E}}{\dot{Z}}$より

$$\dot{I}_1 = \frac{\dot{E}}{R + \mathrm{j}\omega L} = \frac{R - \mathrm{j}\omega L}{R^2 + \omega^2 L^2}\dot{E} = \frac{\sqrt{3}\,\omega L - \mathrm{j}\omega L}{3\omega^2 L^2 + \omega^2 L^2}\dot{E} = \frac{\omega L(\sqrt{3} - \mathrm{j})}{4\omega^2 L^2}\dot{E}$$

$$= \frac{\sqrt{3} - \mathrm{j}}{4\omega L}\dot{E} = \frac{\sqrt{3}}{4\omega L}\dot{E} - \mathrm{j}\frac{1}{4\omega L}\dot{E}\,[\mathrm{A}]$$

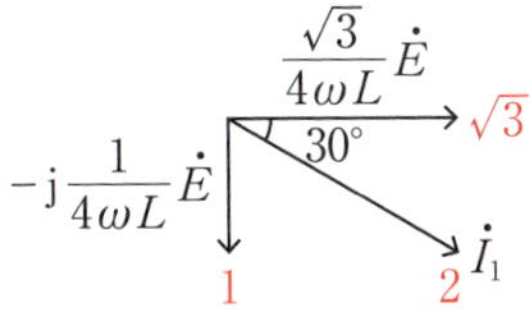

$\frac{\sqrt{3}}{4\omega L}\dot{E}$
30°
$\sqrt{3}$
$-\mathrm{j}\frac{1}{4\omega L}\dot{E}$
1
2
$\dot{I}_1$

その大きさI_1は，ベクトル図より，

$$I_1 = \frac{2}{4\omega L}|\dot{E}| = \frac{|\dot{E}|}{2\omega L}\,[\mathrm{A}]$$

一方，スイッチを閉じているときの電流$\dot{I}_2$は，

$$\dot{I}_2 = \frac{\dot{E}}{\mathrm{j}\omega L} = -\mathrm{j}\frac{\dot{E}}{\omega L}\,[\mathrm{A}]$$

その大きさI_2は，

$$I_2 = \frac{|\dot{E}|}{\omega L}\,[\mathrm{A}]$$

よって$\dfrac{I_1}{I_2}$の値は，

$$\frac{I_1}{I_2} = \frac{\dfrac{|\dot{E}|}{2\omega L}}{\dfrac{|\dot{E}|}{\omega L}} = \frac{1}{2}$$

次に，$|\theta_1 - \theta_2|$について考える。

ベクトル図より，$\theta_1 = -30°$である。

また，インダクタンスのみの回路に交流電圧を加えた場合，電源電圧に対して電流は90°遅れるから，$\theta_2 = -90°$となる。したがって，

$$|\theta_1 - \theta_2| = |-30° - (-90°)|$$
$$= 60°$$

よって，(2)が正解。

解答… (2)

難易度 B

R-L-C並列回路(2)

教科書 SECTION 03

問題84 図1のように，R[Ω]の抵抗，インダクタンスL[H]のコイル，静電容量C[F]のコンデンサからなる並列回路がある。この回路に角周波数ω[rad/s]の交流電圧v[V]を加えたところ，この回路に流れる電流はi[A]であった。電圧v[V]及び電流i[A]のベクトルをそれぞれ電圧$\dot{V}$[V]と電流$\dot{I}$[A]とした場合，両ベクトルの関係を示す図2（ア，イ，ウ）及びv[V]とi[A]の時間t[s]の経過による変化を示す図3（エ，オ，カ）の組合せとして，正しいものを次の(1)～(5)のうちから一つ選べ。

ただし，$R \gg \omega L$及び$\omega L = \dfrac{2}{\omega C}$とし，一切の過渡現象は無視するものとする。

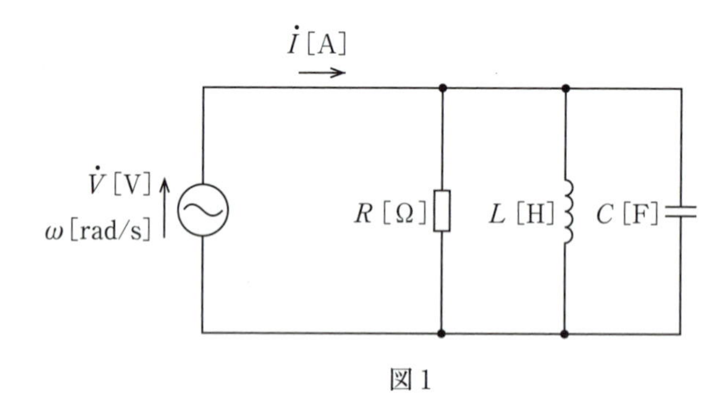

図1

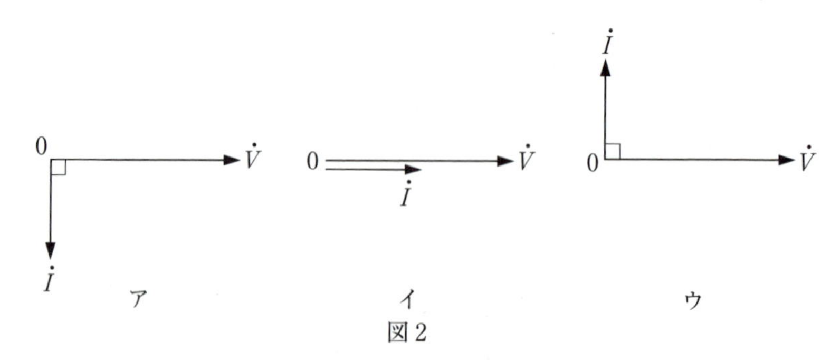

図2

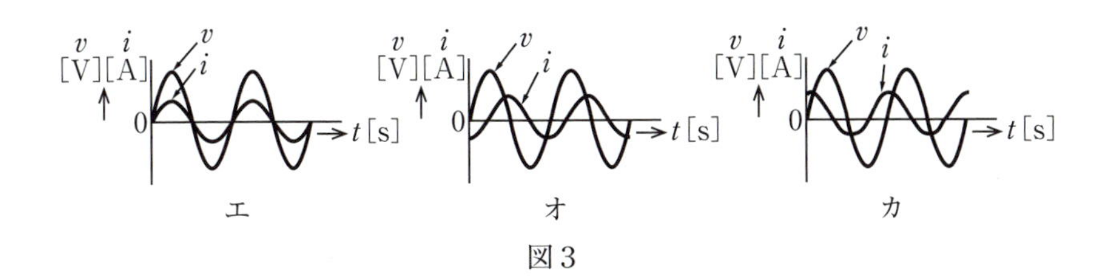

図3

	図2	図3
(1)	ア	オ
(2)	ア	カ
(3)	イ	エ
(4)	ウ	オ
(5)	ウ	カ

H25-A9

	①	②	③	④	⑤
学習日					
理解度 (○/△/×)					

解説

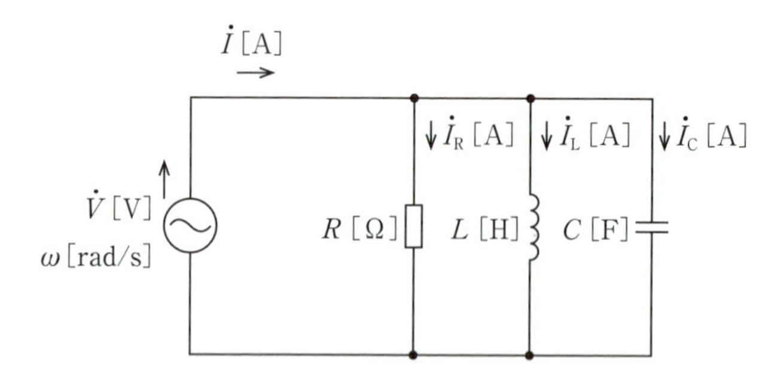

抵抗に流れる電流を$\dot{I}_R$[A]，コイルに流れる電流を$\dot{I}_L$[A]，コンデンサに流れる電流を$\dot{I}_C$[A] とする。まず，$R \gg \omega L$より抵抗に流れる電流I_Rは非常に小さく無視できる。次に，$\omega L = \frac{2}{\omega C}$より$\dot{I}_C$の大きさは$\dot{I}_L$の2倍となる。

$\dot{I}_R$，$\dot{I}_L$，$\dot{I}_C$の関係をベクトル図で表すと次のようになる。

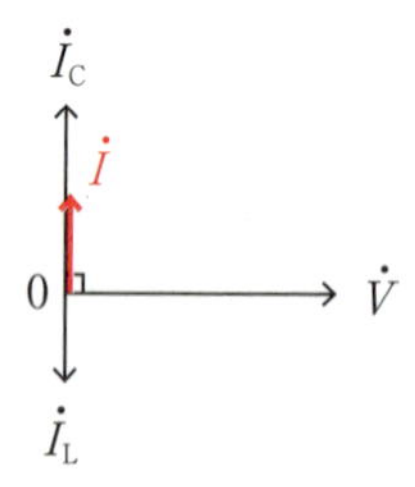

したがって，電流$\dot{I}$は電圧$\dot{V}$よりも90° 進むことになる。よって，正しい図の組み合わせは**ウ**と**カ**である。

よって，(5)が正解。

解答… (5)

ポイント

「≫」「≪」は「ある値がもう一方に対して十分に小さい」という意味の不等号です。値が十分小さいと考えられる式を省略する目的で使用されます。

難易度 B

R-L-C並列回路(3)

教科書 SECTION 03

問題85 図1に示す，R[Ω]の抵抗，インダクタンスL[H]のコイル，静電容量C[F]のコンデンサからなる並列回路がある。この回路に角周波数ω[rad/s]の交流電圧$\dot{E}$[V]を加えたところ，この回路に流れる電流$\dot{I}$[A]，$\dot{I}_R$[A]，$\dot{I}_L$[A]，$\dot{I}_C$[A]のベクトル図が図2に示すようになった。このときのLとCの関係を表す式として，正しいのは次のうちどれか。

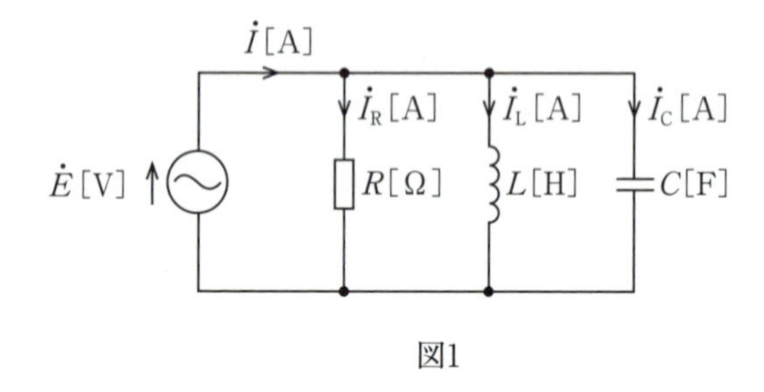

図1

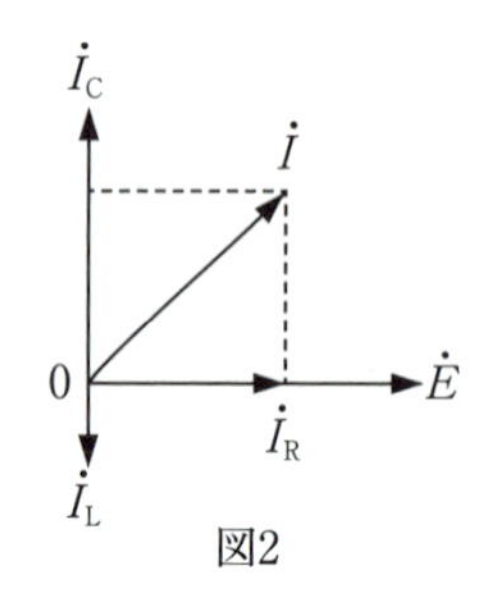

図2

(1) $\omega L < \dfrac{1}{\omega C}$　(2) $\omega L > \dfrac{1}{\omega C}$　(3) $\omega^2 = \dfrac{1}{\sqrt{LC}}$

(4) $\omega L = \dfrac{1}{\omega C}$　(5) $R = \sqrt{\dfrac{L}{C}}$

H19-A9

	①	②	③	④	⑤
学習日					
理解度 (○/△/×)					

解説

ベクトル図より，コンデンサに流れる電流$\dot{I}_C$はコイルに流れる電流$\dot{I}_L$よりも大きい。

$I=\frac{V}{Z}$より，$\dot{I}_C$と$\dot{I}_L$の大きさは$I_L=\frac{E}{\omega L}$[A]，$I_C=\frac{E}{\frac{1}{\omega C}}=\omega CE$[A]と表され，$I_C>I_L$であるから，

$$\omega CE>\frac{E}{\omega L}$$

$$\therefore \omega L>\frac{1}{\omega C}$$

よって，(2)が正解。

解答… (2)

CH 04 交流回路

難易度 C

R-L-C 並列回路(4)

教科書 SECTION 03

問題86 図1は，静電容量C[F]のコンデンサとコイルからなる共振回路の等価回路である。このようにコイルに内部抵抗r[Ω]が存在する場合は，インダクタンスL[H]と抵抗r[Ω]の直列回路として表すことができる。この直列回路は，コイルの抵抗r[Ω]が，誘導性リアクタンスωL[Ω]に比べて十分小さいものとすると，図2のように，等価抵抗R_p[Ω]とインダクタンスL[H]の並列回路に変換することができる。このときの等価抵抗R_p[Ω]の値を表す式として，正しいのは次のうちどれか。

ただし，I_c[A]は電流源の電流を表す。

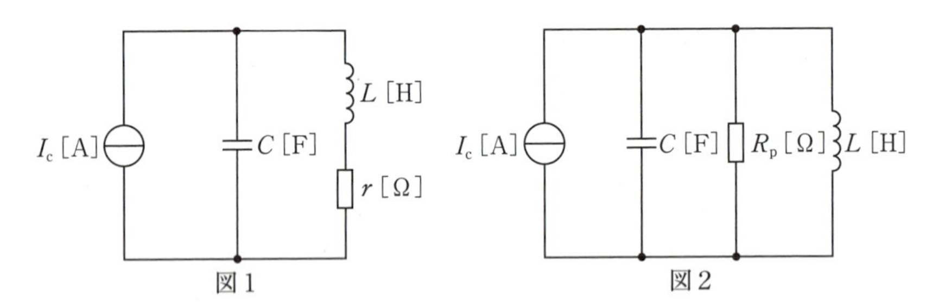

図1　図2

(1) $\dfrac{\omega L}{r}$　(2) $\dfrac{r}{(\omega L)^2}$　(3) $\dfrac{r^2}{\omega L}$　(4) $\dfrac{(\omega L)^2}{r}$　(5) $r(\omega L)^2$

H22-A13

	①	②	③	④	⑤
学習日					
理解度 (○/△/×)					

解説

図1の等価回路の合成アドミタンス $\dot{Y}_1$ は,

$$\dot{Y}_1=\mathrm{j}\omega C+\frac{1}{r+\mathrm{j}\omega L}=\mathrm{j}\omega C+\frac{r-\mathrm{j}\omega L}{(r+\mathrm{j}\omega L)(r-\mathrm{j}\omega L)}=\mathrm{j}\omega C+\frac{r-\mathrm{j}\omega L}{r^2+(\omega L)^2}$$

$r\ll\omega L$ であるから, $r^2\fallingdotseq 0$とみなして,

$$\dot{Y}_1=\mathrm{j}\omega C+\frac{r}{(\omega L)^2}-\mathrm{j}\frac{1}{\omega L}$$

図2の等価回路の合成アドミタンス $\dot{Y}_2$ は,

$$\dot{Y}_2=\mathrm{j}\omega C+\frac{1}{R_{\mathrm{p}}}+\frac{1}{\mathrm{j}\omega L}=\mathrm{j}\omega C+\frac{1}{R_{\mathrm{p}}}-\mathrm{j}\frac{1}{\omega L}$$

図1と図2は等価回路であるから,

$$\dot{Y}_1=\dot{Y}_2$$

$$\mathrm{j}\omega C+\frac{r}{(\omega L)^2}-\mathrm{j}\frac{1}{\omega L}=\mathrm{j}\omega C+\frac{1}{R_{\mathrm{p}}}-\mathrm{j}\frac{1}{\omega L}$$

$$\frac{r}{(\omega L)^2}=\frac{1}{R_{\mathrm{p}}}$$

$$R_{\mathrm{p}}=\frac{(\omega L)^2}{r}\,[\Omega]$$

よって, (4)が正解。

難易度 B

R-L-C並列回路(5)

教科書 SECTION 03

問題87 図の交流回路において，電源電圧を$\dot{E}$ = 140∠0° Vとする。いま，この電源に力率0.6の誘導性負荷を接続したところ，電源から流れ出る電流の大きさは37.5 Aであった。次に，スイッチSを閉じ，この誘導性負荷と並列に抵抗R[Ω]を接続したところ，電源から流れ出る電流の大きさが50 Aとなった。このとき，抵抗R[Ω]の大きさとして，正しいものを次の(1)～(5)のうちから一つ選べ。

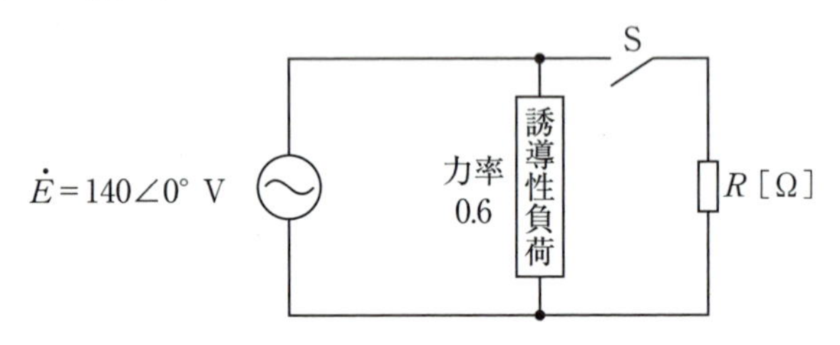

(1) 3.9　(2) 5.6　(3) 8.0　(4) 9.6　(5) 11.2

H23-A8

	①	②	③	④	⑤
学習日					
理解度 (○/△/×)					

解説

スイッチSを閉じる前において，電源から流れ出る電流$\dot{I}_Z$の実部は力率が0.6であることから$37.5 \times 0.6 = 22.5$，虚部は$\sqrt{37.5^2 - 22.5^2} = 30$である。接続したのは誘導性負荷であるから，

$$\dot{I}_Z = 22.5 - j30 \text{ A}$$

次に，スイッチSを閉じたとき抵抗Rに流れる電流をI_Rとすると，

$$\left|\dot{I}_Z + \dot{I}_R\right| = 50$$

$$\sqrt{(22.5 + I_R)^2 + 30^2} = 50$$

$$(22.5 + I_R)^2 + 30^2 = 50^2$$

$$(22.5 + I_R)^2 = 1600$$

$$22.5 + I_R = 40$$

$$I_R = 40 - 22.5 = 17.5 \text{ A}$$

したがって，抵抗Rの値は，

$$R = \frac{E}{I_R} = \frac{140}{17.5} = 8 \ \Omega$$

よって，(3)が正解。

解答… (3)

難易度 B

共振状態(1)

教科書 SECTION 03

問題88 図は，実効値が1 Vで角周波数ω[krad/s]が変化する正弦波交流電源を含む回路である。いま，ωの値がω_1=5 krad/s，ω_2=10 krad/s，ω_3=30 krad/sと3通りの場合を考え，$\omega=\omega_k$（k=1，2，3）のときの電流i[A]の実効値をI_kと表すとき，I_1，I_2，I_3の大小関係として，正しいものを次の(1)～(5)のうちから一つ選べ。

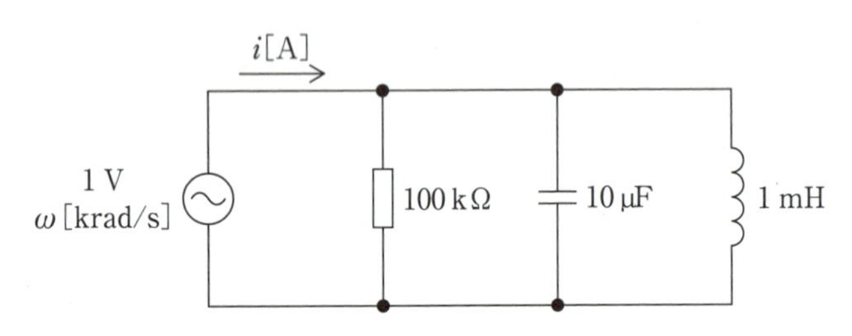

(1)　$I_1 < I_2 < I_3$　　(2)　$I_1 = I_2 < I_3$　　(3)　$I_2 < I_1 < I_3$

(4)　$I_2 < I_1 = I_3$　　(5)　$I_3 < I_2 < I_1$

R1-A9

	①	②	③	④	⑤
学習日					
理解度 (○/△/×)					

解説

問題の回路は$R-L-C$並列回路で，そのアドミタンスY_K[S]は，誘導リアクタンス$X_L=\omega L$[Ω]および容量リアクタンス$X_C=\frac{1}{\omega C}$[Ω]であるから，

$$Y_K=\sqrt{\left(\frac{1}{R}\right)^2+\left(\frac{1}{X_L}-\frac{1}{X_C}\right)^2}=\sqrt{\left(\frac{1}{R}\right)^2+\left(\frac{1}{\omega L}-\omega C\right)^2}$$

また，回路に流れる電流の実効値I_k[A]は，

$$I_k=Y_K\times 1=Y_K$$

であるから，電流の実効値の大きさを比較するために，各角周波数におけるアドミタンスの大きさを比較すればよい。

また，抵抗Rは角周波数によらず一定の値であり，かつそのアドミタンスの大きさはインダクタンスLと静電容量Cによる並列アドミタンスと比較して無視できるほど小さくなる。

以上を考慮して，$\omega_1=5$ krad/s $=5\times 10^3$rad/sにおける回路の並列アドミタンスY_1[S]は，

$$Y_1=\sqrt{\left(\frac{1}{\omega_1 L}-\omega_1 C\right)^2}=\sqrt{\left(\frac{1}{5\times 10^3\times 1\times 10^{-3}}-5\times 10^3\times 10\times 10^{-6}\right)^2}$$

$$=\sqrt{(0.2-0.05)^2}=0.15\text{ S}$$

$\omega_2=10$ krad/s $=10\times 10^3$rad/sにおける回路の並列アドミタンスY_2[S]は，

$$Y_2=\sqrt{\left(\frac{1}{\omega_2 L}-\omega_2 C\right)^2}=\sqrt{\left(\frac{1}{10\times 10^3\times 1\times 10^{-3}}-10\times 10^3\times 10\times 10^{-6}\right)^2}$$

$$=\sqrt{(0.1-0.1)^2}=0\text{ S}$$

このとき，並列回路は共振状態になっている。

$\omega_3=30$ krad/s $=30\times 10^3$rad/sにおける回路の並列アドミタンスY_3[S]は，

$$Y_3=\sqrt{\left(\frac{1}{\omega_3 L}-\omega_3 C\right)^2}=\sqrt{\left(\frac{1}{30\times 10^3\times 1\times 10^{-3}}-30\times 10^3\times 10\times 10^{-6}\right)^2}$$

$$=\sqrt{(0.033-0.3)^2}=0.267\text{ S}$$

したがって，アドミタンスの大小は$Y_2<Y_1<Y_3$となるため，電流の実効値の大小は$I_2<I_1<I_3$となる。

よって，(3)が正解。

解答…　(3)

CH 04 交流回路

難易度 B

共振状態(2)

教科書 SECTION 03

問題89 図のように，二つのLC直列共振回路A，Bがあり，それぞれの共振周波数がf_A[Hz]，f_B[Hz]である。これらA，Bをさらに直列に接続した場合，全体としての共振周波数がf_{AB}[Hz]になった。f_A，f_B，f_{AB}の大小関係として，正しいものを次の(1)～(5)のうちから一つ選べ。

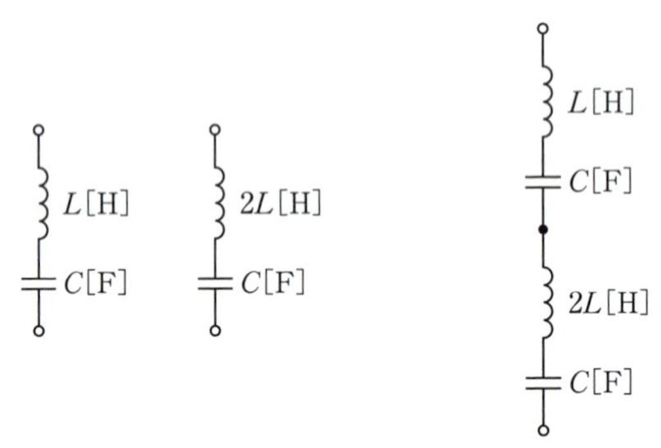

(1) $f_A < f_B < f_{AB}$　(2) $f_A < f_{AB} < f_B$　(3) $f_{AB} < f_A < f_B$

(4) $f_{AB} < f_B < f_A$　(5) $f_B < f_{AB} < f_A$

H26-A9

	①	②	③	④	⑤
学習日					
理解度 (○/△/×)					

解説

共振周波数は$\frac{1}{2\pi\sqrt{LC}}$で表されるから，それぞれの回路の共振周波数を求めると，

$$f_A = \frac{1}{2\pi\sqrt{LC}} \text{[Hz]}$$

$$f_B = \frac{1}{2\pi\sqrt{2LC}} = \frac{1}{\sqrt{2}} \cdot \frac{1}{2\pi\sqrt{LC}} \fallingdotseq 0.71 f_A \text{[Hz]}$$

$$f_{AB} = \frac{1}{2\pi\sqrt{3L \cdot \frac{C}{2}}} = \frac{1}{\sqrt{\frac{3}{2}}} \cdot \frac{1}{2\pi\sqrt{LC}} \fallingdotseq 0.82 f_A \text{[Hz]}$$

したがって，f_A，f_B，f_{AB} の大小関係は $f_B < f_{AB} < f_A$ となる。

よって，(5)が正解。

解答… (5)

CH 04 交流回路

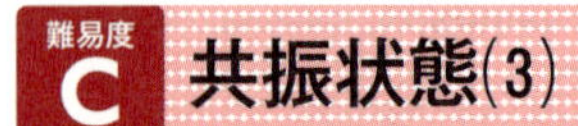

共振状態(3)

教科書 SECTION 03

問題90 図のように，電圧100 Vに充電された静電容量$C = 300\ \mu$Fのコンデンサ，インダクタンス$L = 30$ mHのコイル，開いた状態のスイッチSからなる回路がある。時刻$t = 0$ sでスイッチSを閉じてコンデンサに充電された電荷を放電すると，回路には振動電流i[A]（図の矢印の向きを正とする）が流れる。このとき，次の(a)及び(b)の問に答えよ。

ただし，回路の抵抗は無視できるものとする。

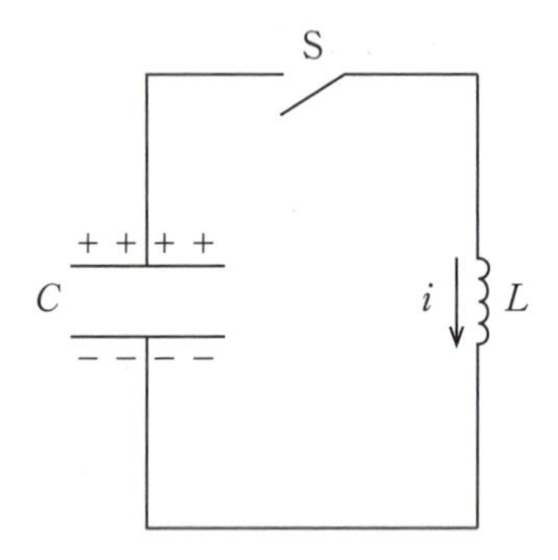

(a) 振動電流i[A]の波形を示す図として，正しいものを次の(1)～(5)のうちから一つ選べ。

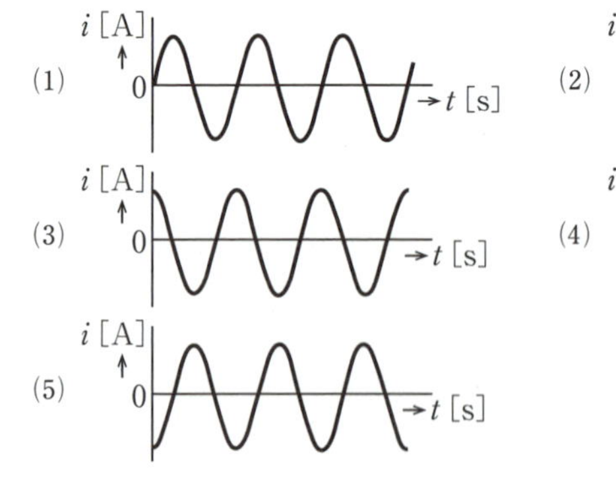

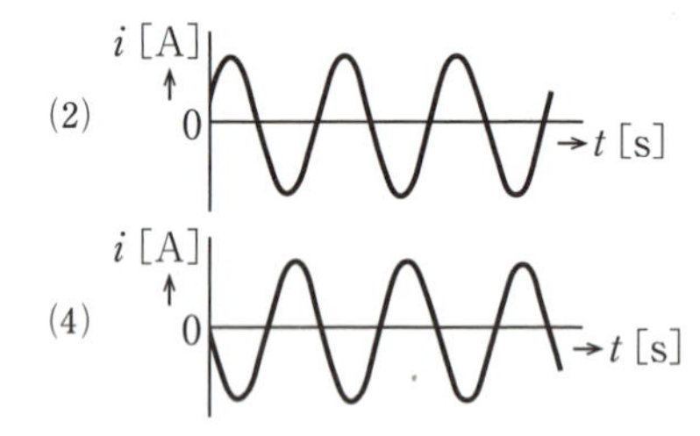

(b)　振動電流の最大値[A]及び周期[ms]の値の組合せとして，最も近いものを次の(1)〜(5)のうちから一つ選べ。

	最大値	周　期
(1)	1.0	18.8
(2)	1.0	188
(3)	10.0	1.88
(4)	10.0	18.8
(5)	10.0	188

H23-B16

	①	②	③	④	⑤
学習日					
理解度 (○/△/×)					

解説

(a)　スイッチははじめ開いているので，$t=0$のときの電流はゼロである。$t=0$のとき，スイッチを閉じると静電エネルギーが放出され正の向きの電流が流れる。
よって，(1)が正解。

(b)　静電エネルギーと電磁エネルギーは等しいため，

$$\frac{1}{2}CV^2=\frac{1}{2}LI^2$$

$$CV^2=LI^2$$

$$I=\sqrt{\frac{C}{L}}\times V$$

$$I=\sqrt{\frac{300\times10^{-6}}{30\times10^{-3}}}\times100=10\ \mathrm{A}$$

また，直列共振の回路であるから周波数fは，

$$f=\frac{1}{2\pi\sqrt{LC}}$$

周期Tは周波数fの逆数であるから，

$$T=2\pi\sqrt{LC}$$
$$=2\pi\sqrt{30\times10^{-3}\times300\times10^{-6}}=2\pi\sqrt{3\times3\times10^{-6}}$$
$$=2\pi\times3\times10^{-3}$$
$$\fallingdotseq18.8\ \mathrm{ms}$$

よって，(4)が正解。

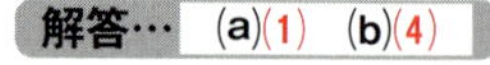
解答… (a)(1)　(b)(4)

難易度 A

共振状態(4)

教科書 SECTION 03

問題91 図のように，正弦波交流電圧$e = E_{\mathrm{m}}\sin\omega t$[V]の電源，静電容量$C$[F]のコンデンサ及びインダクタンス$L$[H]のコイルからなる交流回路がある。この回路に流れる電流i[A]が常に零となるための角周波数ω[rad/s]の値を表す式として，正しいのは次のうちどれか。

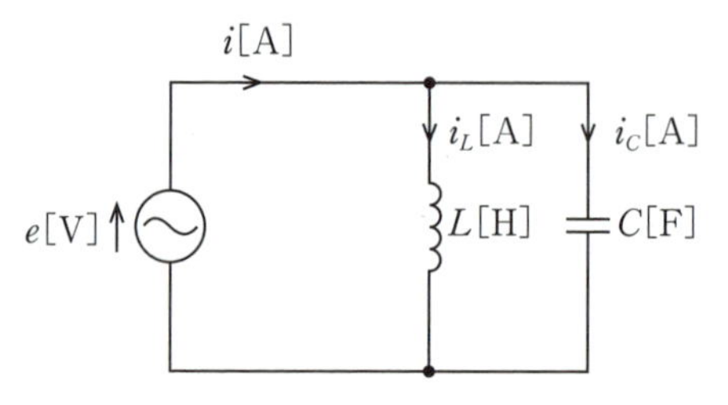

(1) $\dfrac{1}{\sqrt{LC}}$　(2) $\sqrt{LC}$　(3) $\dfrac{1}{LC}$　(4) $\sqrt{\dfrac{L}{C}}$　(5) $\sqrt{\dfrac{C}{L}}$

H20-A8

	①	②	③	④	⑤
学習日					
理解度 (○/△/×)					

解説

LC並列回路が共振状態のとき，電流i[A]はつねに**0**になる。

よって角周波数ωの値は，

$$\omega L = \frac{1}{\omega C}$$

$$\omega^2 = \frac{1}{LC}$$

よって，$\omega = \dfrac{1}{\sqrt{LC}}$[rad/s]

ゆえに，(1)が正解。

並列共振では回路のインピーダンスが最大となります。LC並列回路の場合は流れる電流が0になります。

難易度 A

共振状態(5)

教科書 SECTION 03

問題92 図のようなRLC交流回路がある。この回路に正弦波交流電圧$E=100$ Vを加えたとき，可変抵抗R[Ω]に流れる電流I[A]は零であった。また，可変抵抗R[Ω]の値を変えてもI[A]の値に変化はなかった。このとき，容量性リアクタンスX_C[Ω]の端子電圧V[V]とこれに流れる電流I_C[A]の値として，正しいものを組み合わせたのは次のうちどれか。

ただし，誘導性リアクタンス$X_L=20$ Ωとする。

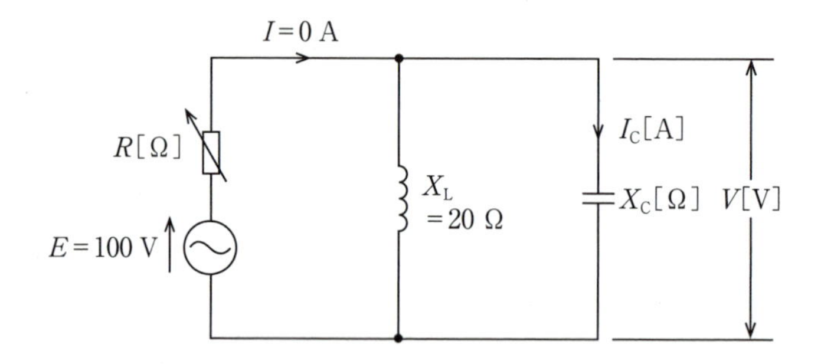

	電圧 V [V]	電流 I_C [A]
(1)	100	0
(2)	50	5
(3)	100	5
(4)	50	20
(5)	100	20

H14-A8

	①	②	③	④	⑤
学習日					
理解度 (○/△/×)					

解説

可変抵抗に流れる電流が0であるから，容量性リアクタンスX_Cの端子電圧は$V = 100$ Vである。また，X_LとX_Cは共振状態になっているからI_Cの値は，X_Lに流れる電流と等しくなる。$I = \dfrac{V}{Z}$より，

$$I_C = \frac{V}{X_C} = \frac{V}{X_L} = \frac{100}{20} = 5\ \mathrm{A}$$

よって，正しい組み合わせは(3)である。

解答…　(3)

共振状態では$X_L = X_C$となります。

難易度 **B**

共振状態(6)

教科書 SECTION 03

問題93 図のように，$R_1 = 20\ \Omega$ と $R_2 = 30\ \Omega$ の抵抗，静電容量 $C = \dfrac{1}{100\,\pi}$ F のコンデンサ，インダクタンス $L = \dfrac{1}{4\,\pi}$ H のコイルからなる回路に周波数 f[Hz]で実効値 V[V]が一定の交流電圧を加えた。$f = 10$ Hz のときに R_1 を流れる電流の大きさを $I_{10\mathrm{Hz}}$[A]，$f = 10$ MHz のときに R_1 を流れる電流の大きさを $I_{10\mathrm{MHz}}$[A]とする。このとき，電流比 $\dfrac{I_{10\mathrm{Hz}}}{I_{10\mathrm{MHz}}}$ の値として，最も近いものを次の(1)～(5)のうちから一つ選べ。

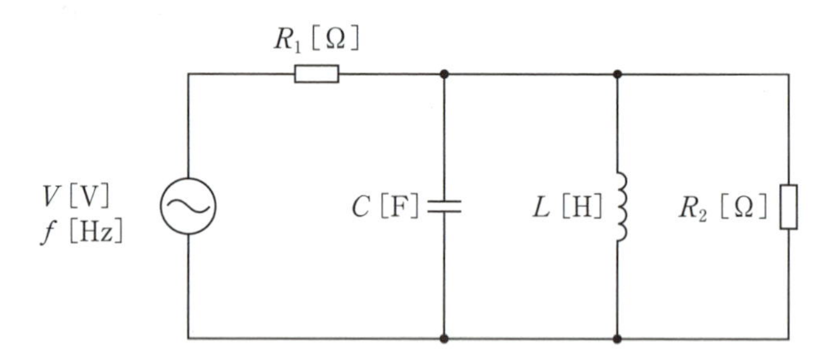

(1) 0.4　　(2) 0.6　　(3) 1.0　　(4) 1.7　　(5) 2.5

H24-A10

	①	②	③	④	⑤
学習日					
理解度 (○/△/×)					

解説

周波数が10 Hzのときの容量リアクタンスX_{C10Hz}と誘導リアクタンスX_{L10Hz}は，

$$X_{C10Hz}=\frac{1}{2\pi fC}=\frac{1}{2\pi\times 10\times\frac{1}{100\pi}}=\frac{100\pi}{2\pi\times 10}=5\ \Omega$$

$$X_{L10Hz}=2\pi fL=2\pi\times 10\times\frac{1}{4\pi}=5\ \Omega$$

$X_{C10Hz}=X_{L10Hz}$より，回路は共振状態となるのでインピーダンスは，

$$\dot{Z}_{10Hz}=R_1+R_2=20+30=50\ \Omega$$

よって，R_1を流れる電流の大きさI_{10Hz}は，

$$I_{10Hz}=\frac{V}{Z_{10Hz}}=\frac{V}{50}[\mathrm{A}]$$

次に，周波数が10 MHzのときの容量リアクタンスX_{C10MHz}と誘導リアクタンスX_{L10MHz}を求めると，

$$X_{C10MHz}=\frac{1}{2\pi fC}=\frac{1}{2\pi\times 10\times 10^6\times\frac{1}{100\pi}}=\frac{100\pi}{2\pi\times 10\times 10^6}=5\times 10^{-6}\ \Omega$$

$$X_{L10MHz}=2\pi fL=2\pi\times 10\times 10^6\times\frac{1}{4\pi}=5\times 10^6\ \Omega$$

ここで，X_{C10MHz}は抵抗R_2に比べて非常に小さいのでコンデンサは短絡とみなすことができる。一方，X_{L10MHz}は抵抗R_2に比べて非常に大きいのでコイルは開放とみなすことができる。よって，電流の大きさI_{10MHz}は，

$$I_{10MHz}=\frac{V}{R_1}=\frac{V}{20}[\mathrm{A}]$$

以上より，電流の比は，

$$\frac{I_{10Hz}}{I_{10MHz}}=\frac{\frac{V}{50}}{\frac{V}{20}}=\frac{20}{50}=0.4$$ よって，(1)が正解。

解答…　(1)

ポイント

コンデンサを短絡して考えるというのは，コンデンサの部分を普通の導線として考えるということです。導線の抵抗値は非常に小さいため，短絡すると0 Ωになると考えることができます。そのため短絡した部分は電流が流れやすくなり，抵抗R_2を流れる電流が0 Aになります。

また，コイルを開放して考えるとは，コイルがある部分の導線が切れていると考えることです。コイルに流れる電流は0 Aとなります。

難易度 **B**

力率(1)

教科書 SECTION 04

問題94 図のように，8 Ωの抵抗と静電容量C[F]のコンデンサを直列に接続した交流回路がある。この回路において，電源E[V]の周波数を50 Hzにしたときの回路の力率は，80 %になる。電源E[V]の周波数を25 Hzにしたときの回路の力率[%]の値として，最も近いのは次のうちどれか。

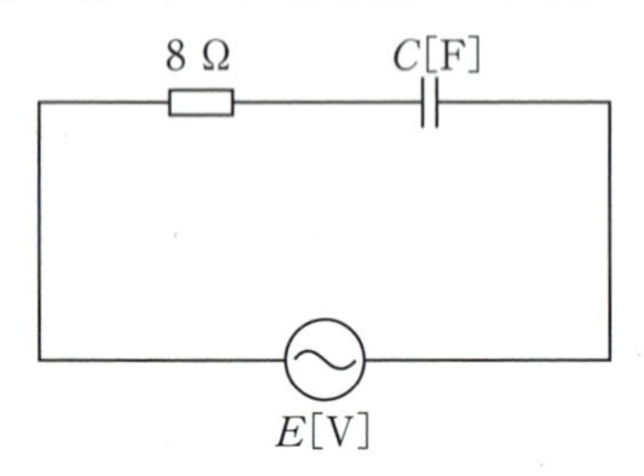

(1) 40　　(2) 42　　(3) 56　　(4) 60　　(5) 83

H19-A8

	①	②	③	④	⑤
学習日					
理解度 (○/△/×)					

解説

力率は $\cos\phi = \dfrac{抵抗R}{インピーダンスZ}$ で表されるから，周波数が50 Hzのときのコンデンサのリアクタンス X_C は，

$$0.8 = \frac{8}{\sqrt{8^2 + X_C^2}}$$

$$8^2 + X_C^2 = 100$$

$$X_C = 6\ \Omega$$

周波数が25 Hzのときのリアクタンス X_C' は，コンデンサのリアクタンスが周波数に反比例することを利用して，

$$X_C' : 6 = \frac{1}{25} : \frac{1}{50}$$

$$\frac{X_C'}{50} = \frac{6}{25}$$

$$X_C' = 6 \times \frac{50}{25} = 12\ \Omega$$

したがって，周波数を25 Hzにしたときの回路の力率の値は，

$$\cos\phi = \frac{8}{\sqrt{8^2 + 12^2}} \fallingdotseq 0.55$$

すなわち，55 %となる。

よって，これに最も近い(3)が正解。

解答… (3)

容量性リアクタンスは $X_C = \dfrac{1}{\omega C} = \dfrac{1}{2\pi fC}$ [Ω]で表されます。

CH 04 交流回路

難易度 A

力率(2)

教科書 SECTION 04

問題95 抵抗R[Ω]と誘導性リアクタンスX_L[Ω]を直列に接続した回路の力率（$\cos\phi$）は，$\frac{1}{2}$であった。いま，この回路に容量性リアクタンスX_C[Ω]を直列に接続したところ，R[Ω]，X_L[Ω]，X_C[Ω]直列回路の力率は，$\frac{\sqrt{3}}{2}$（遅れ）になった。容量性リアクタンスX_C[Ω]の値を表す式として，正しいのは次のうちどれか。

(1) $\frac{R}{\sqrt{3}}$　(2) $\frac{2R}{3}$　(3) $\frac{\sqrt{3}R}{2}$　(4) $\frac{2R}{\sqrt{3}}$　(5) $\sqrt{3}R$

H22-A8

	①	②	③	④	⑤
学習日					
理解度 (○/△/×)					

解説

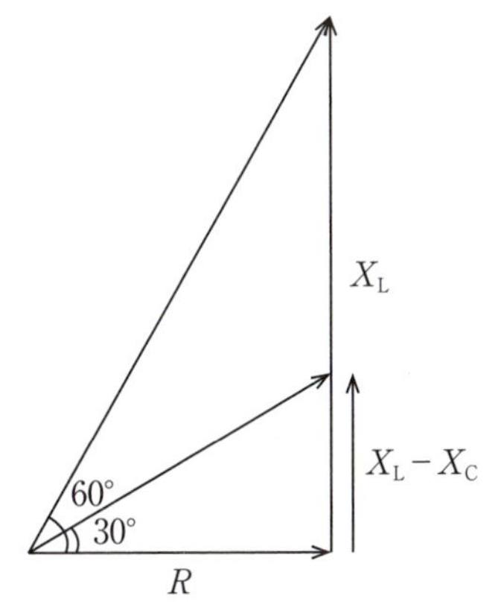

RL 直列回路の力率は $\cos\phi = \dfrac{1}{2} = \dfrac{R}{Z} = \dfrac{R}{\sqrt{R^2 + X_L^2}}$ であるから

$$\frac{1}{2} = \frac{R}{\sqrt{R^2 + X_L^2}}$$

$$\sqrt{R^2 + X_L^2} = 2R$$

$$R^2 + X_L^2 = 4R^2$$

$$X_L^2 = 3R^2$$

$$X_L = \sqrt{3}\,R\,[\Omega]$$

次に，容量性リアクタンス X_C を直列に接続すると $\dfrac{\sqrt{3}}{2} = \dfrac{R}{\sqrt{R^2 + (X_L - X_C)^2}}$ となるから，リアクタンス $X_L - X_C$ は，

$$\frac{\sqrt{3}}{2} = \frac{R}{\sqrt{R^2 + (X_L - X_C)^2}}$$

$$\sqrt{3} \cdot \sqrt{R^2 + (X_L - X_C)^2} = 2R$$

$$3\{R^2 + (X_L - X_C)^2\} = 4R^2$$

$$R^2 + (X_L - X_C)^2 = \frac{4}{3}R^2$$

$$(X_L - X_C)^2 = \frac{4}{3}R^2 - \frac{3}{3}R^2$$

$$X_L - X_C = \frac{1}{\sqrt{3}}R\,[\Omega]$$

したがって，容量性リアクタンス X_C は，

$$X_C = X_L - (X_L - X_C) = \sqrt{3}R - \frac{R}{\sqrt{3}} = \frac{2R}{\sqrt{3}}\,[\Omega]$$

よって，(4)が正解。

解答… (4)

CH 04 交流回路

難易度 A

力率(3)

教科書 SECTION 04

問題96 図のように，抵抗R[Ω]と誘導性リアクタンスX_L[Ω]が直列に接続された交流回路がある。$\dfrac{R}{X_L}=\dfrac{1}{\sqrt{2}}$の関係があるとき，この回路の力率$\cos\phi$の値として，最も近いのは次のうちどれか。

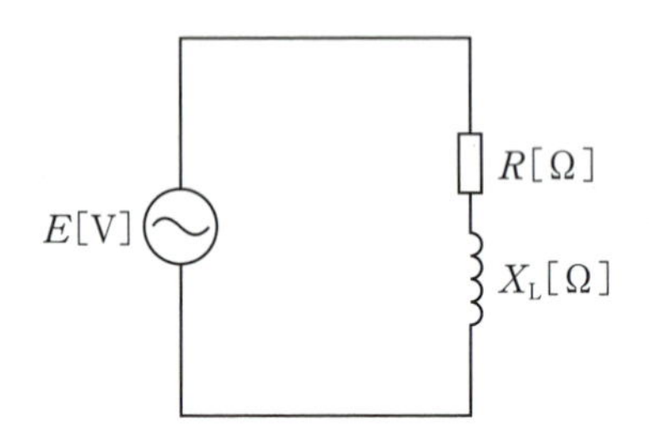

(1) 0.43　(2) 0.50　(3) 0.58　(4) 0.71　(5) 0.87

H14-A6

	①	②	③	④	⑤
学習日					
理解度 (○/△/×)					

解説

RL 直列回路の力率は,

$$\cos\phi = \frac{R}{Z} = \frac{R}{\sqrt{R^2 + X_L^2}} = \frac{1}{\sqrt{1 + \left(\frac{X_L}{R}\right)^2}}$$

$\frac{R}{X_L} = \frac{1}{\sqrt{2}}$ であるから，$\frac{X_L}{R} = \sqrt{2}$ を上の式に代入すると，

$$\cos\phi = \frac{1}{\sqrt{1 + (\sqrt{2})^2}} = \frac{1}{\sqrt{3}} \fallingdotseq 0.58$$

よって，(3)が正解。

解答… (3)

CH 04 交流回路

難易度 A

交流電力(1)

教科書 SECTION 04

問題97 図のように，周波数f[Hz]の交流電圧E[V]の電源に，R[Ω]の抵抗，インダクタンスL[H]のコイルとスイッチSを接続した回路がある。スイッチSが開いているときに回路が消費する電力[W]は，スイッチSが閉じているときに回路が消費する電力[W]の$\frac{1}{2}$になった。このとき，L[H]の値を表す式として，正しいのは次のうちどれか。

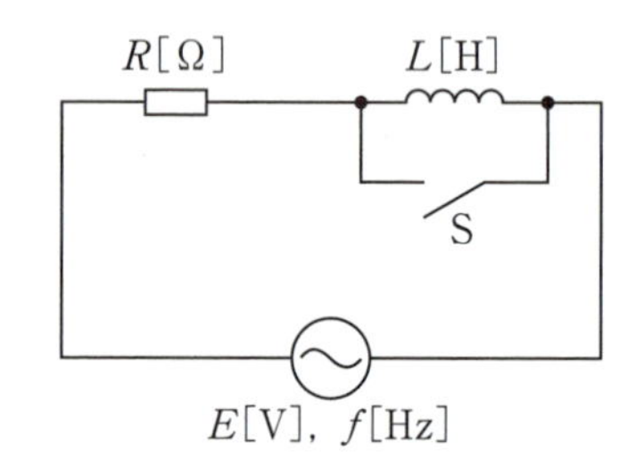

(1) $2\pi fR$　(2) $\dfrac{R}{2\pi f}$　(3) $\dfrac{2\pi f}{R}$　(4) $\dfrac{(2\pi f)^2}{R}$　(5) $(2\pi f)^2R$

H20-A9

	①	②	③	④	⑤
学習日					
理解度 (○/△/×)					

解説

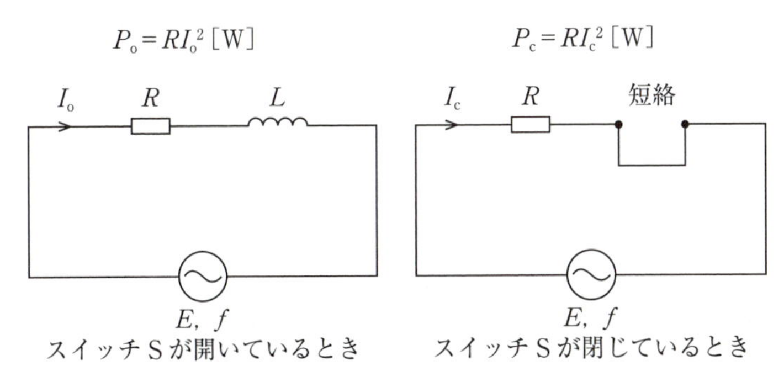

スイッチが開いているときの電流の大きさI_oと閉じているときの電流の大きさI_cは，それぞれ，

$$I_c = \frac{E}{R} \text{[A]} \qquad I_o = \frac{E}{\sqrt{R^2+(\omega L)^2}} \text{[A]}$$

スイッチが開いているときに消費する電力P_oと，閉じているときに消費する電力P_cはそれぞれ，$P=RI^2$より，

$$P_o = R\left\{\frac{E}{\sqrt{R^2+(\omega L)^2}}\right\}^2 \text{[W]} \qquad P_c = R\left(\frac{E}{R}\right)^2 \text{[W]}$$

スイッチが開いているときに消費する電力P_oは閉じているときに消費する電力P_cの$\frac{1}{2}$なので，

$$\frac{1}{2}P_c = P_o$$

$$\frac{1}{2} \times R\left(\frac{E}{R}\right)^2 = R\left\{\frac{E}{\sqrt{R^2+(\omega L)^2}}\right\}^2$$

$$\frac{1}{2} \times \frac{E^2}{R^2} = \frac{E^2}{R^2+(\omega L)^2}$$

$$R^2+(\omega L)^2 = 2R^2$$

$$(\omega L)^2 = 2R^2 - R^2$$

$$\omega L = R$$

$$L = \frac{R}{\omega} = \frac{R}{2\pi f} \text{[H]}$$

よって，(2)が正解。

解答… (2)

CH 04 交流回路

難易度 A 交流電力(2)

教科書 SECTION 04

問題98 図のようなRC交流回路がある。この回路に正弦波交流電圧E[V]を加えたとき，容量性リアクタンス6 Ωのコンデンサの端子間電圧の大きさは12 Vであった。このとき，E[V]と図の破線で囲んだ回路で消費される電力P[W]の値として，正しいものを組み合わせたのは次のうちどれか。

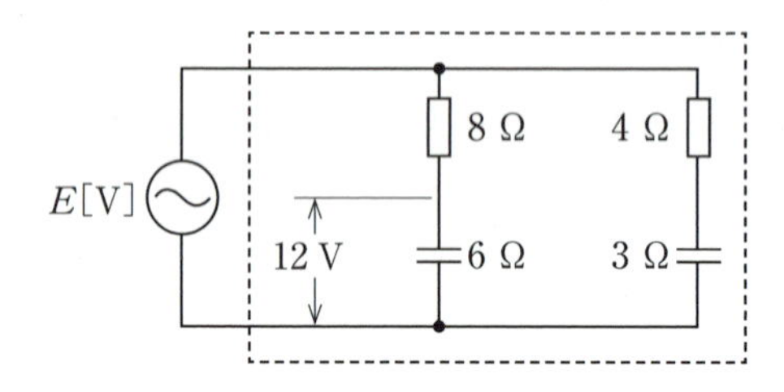

	E［V］	P［W］
(1)	20	32
(2)	20	96
(3)	28	120
(4)	28	168
(5)	40	309

H16-A7

	①	②	③	④	⑤
学習日					
理解度（○/△/×）					

解説

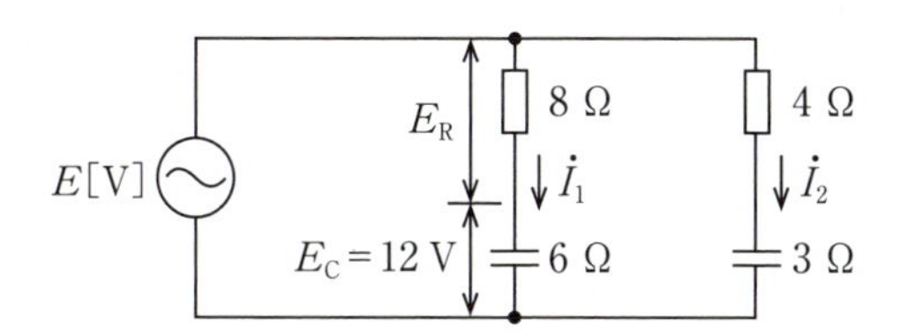

図のように電流$\dot{I}_1$，$\dot{I}_2$を定める。$I=\dfrac{V}{Z}$より，$\dot{I}_1$の大きさは$I_1=\dfrac{12}{6}=2$ Aであるから，抵抗Rにかかる電圧の大きさE_Rは$E_R=8\times2=16$ Vである。よって，交流電圧の大きさEは，

$$E=\sqrt{E_R^2+E_C^2}=\sqrt{16^2+12^2}=20\ \text{V}$$

次に，電流$\dot{I}_2$の大きさは，

$$I_2=\frac{E}{\sqrt{R^2+X_C^2}}=\frac{20}{\sqrt{4^2+3^2}}=4\ \text{A}$$

したがって，回路の消費電力は$P=RI^2$より，

$$P=8\times2^2+4\times4^2=96\ \text{W}$$

よって，(2)が正解。

解答… (2)

難易度 A

交流電力(3)

教科書 SECTION 04

問題99 図の交流回路において，抵抗R_2で消費される電力[W]の値として，正しいのは次のうちどれか。

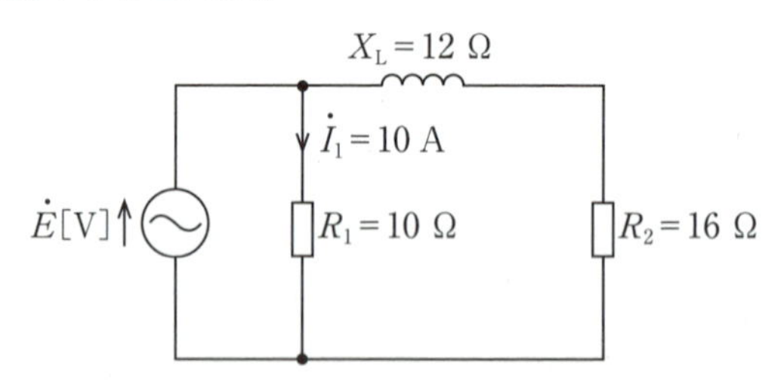

(1) 80　(2) 200　(3) 400　(4) 600　(5) 1 000

H13-A4

	①	②	③	④	⑤
学習日					
理解度 (○/△/×)					

解説

電源電圧$\dot{E}$の大きさは，

$$|\dot{E}| = |\dot{I}_1|R = 10 \times 10 = 100 \text{ V}$$

また，R_2X_L直列回路の合成インピーダンス$\dot{Z}$の大きさは，

$$|\dot{Z}| = \sqrt{R_2^2 + X_L^2}$$

$$= \sqrt{16^2 + 12^2} = \sqrt{400} = 20 \ \Omega$$

抵抗R_2に流れる電流$\dot{I}_2$の大きさは，

$$|\dot{I}_2| = \frac{|\dot{E}|}{|\dot{Z}|} = \frac{100}{20} = 5 \text{ A}$$

したがって，抵抗R_2で消費される電力Pの値は，

$$P = R_2|\dot{I}_2|^2$$

$$= 16 \times 5^2 = 400 \text{ W}$$

よって，(3)が正解。

解答… (3)

CH 04 交流回路

難易度 A

交流電力(4)

教科書 SECTION 04

問題100 図のような回路において電力を測定したところ，電力計の指示は，320 W であった。この場合，次の(a)及び(b)に答えよ。

ただし，電力計の損失は無視するものとする。

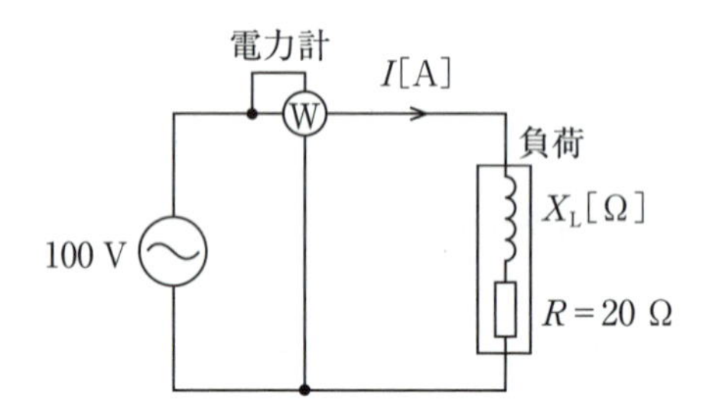

(a) 負荷電流 I[A]の値として，正しいのは次のうちどれか。

(1) 1　(2) 2　(3) 3　(4) 4　(5) 5

(b) 負荷の誘導性リアクタンス X_L[Ω]の値として，正しいのは次のうちどれか。

(1) 15　(2) 20　(3) 25　(4) 30　(5) 35

H12-C12

	①	②	③	④	⑤
学習日					
理解度 (○/△/×)					

解説

(a) 有効に消費される電力Pは抵抗で消費される電力である。$P=RI^2$ より，負荷電流Iの値は，

$$I=\sqrt{\frac{P}{R}}=\sqrt{\frac{320}{20}}=4\ \text{A}$$

よって，(4)が正解。

(b) 回路のインピーダンスZは，

$$\frac{V}{I}=\frac{100}{4}=25\ \Omega$$

誘導性リアクタンスX_Lは$X_L=\sqrt{Z^2-R^2}$より，

$$X_L=\sqrt{25^2-20^2}=15\ \Omega$$

よって，(1)が正解。

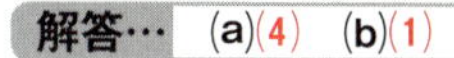

CH 04 交流回路

難易度 A

交流電力(5)

教科書 SECTION 04

問題101 抵抗$R = 4\ \Omega$と誘導性リアクタンス$X = 3\ \Omega$が直列に接続された負荷を，図のように線間電圧$\dot{V}_{ab} = 100\angle 0°$ V，$\dot{V}_{bc} = 100\angle 0°$ Vの単相3線式電源に接続した。このとき，これらの負荷で消費される総電力P[W]の値として，正しいのは次のうちどれか。

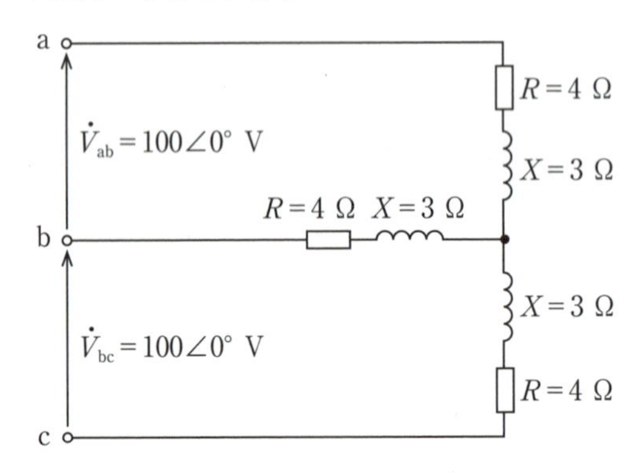

(1) 800　(2) 1 200　(3) 3 200　(4) 3 600　(5) 4 800

H22-A7

	①	②	③	④	⑤
学習日					
理解度 (○/△/×)					

解説

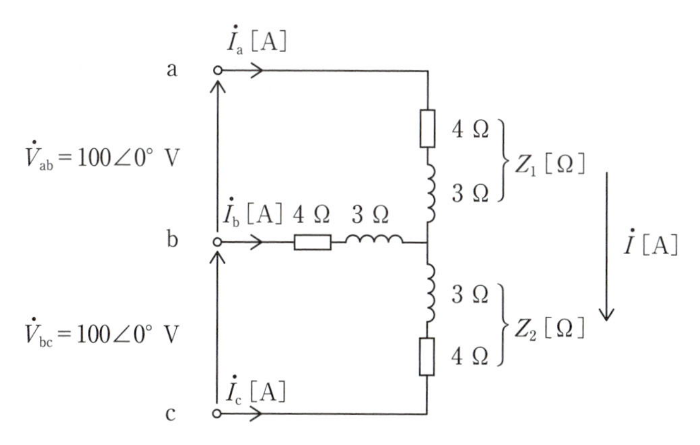

図のように電流を定めると，Z_1とZ_2の負荷が平衡しているため$I_b = 0$となる。

電流Iの大きさは，$I = \dfrac{V}{Z}$より，

$$I = \frac{V}{\sqrt{R^2 + X^2}} = \frac{200}{\sqrt{(4+4)^2 + (3+3)^2}} = 20 \text{ A}$$

よって，負荷で消費される総電力Pは，

$$P = RI^2$$
$$= (4+4) \times 20^2 = 3200 \text{ W}$$

ゆえに，(3)が正解。

解答… (3)

ポイント

単相3線式の回路で負荷が平衡しているとき，b相に流れる電流は0となります。

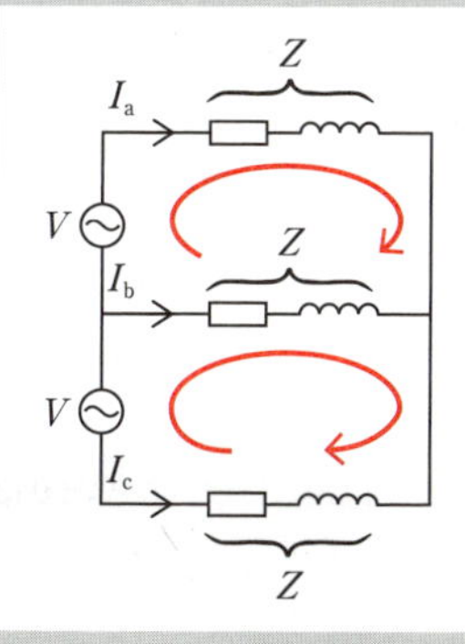

難易度 A

交流電力(6)

教科書 SECTION 04

問題102 図のように，正弦波交流電圧E[V]の電源が誘導性リアクタンスX[Ω]のコイルと抵抗R[Ω]との並列回路に電力を供給している。この回路において，電流計の指示値は12.5 A，電圧計の指示値は300 V，電力計の指示値は2 250 Wであった。

ただし，電圧計，電流計及び電力計の損失はいずれも無視できるものとする。次の(a)及び(b)の問に答えよ。

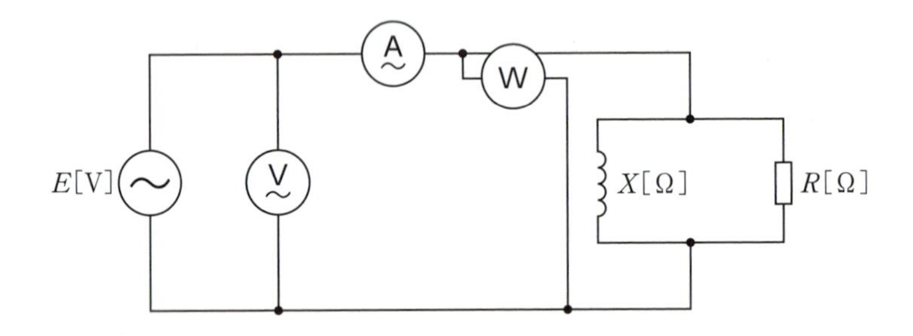

(a) この回路における無効電力Q[var]として，最も近いQの値を次の(1)～(5)のうちから一つ選べ。

(1) 1 800　(2) 2 250　(3) 2 750　(4) 3 000　(5) 3 750

(b) 誘導性リアクタンスX[Ω]として，最も近いXの値を次の(1)～(5)のうちから一つ選べ。

(1) 16　(2) 24　(3) 30　(4) 40　(5) 48

H26-B15

	①	②	③	④	⑤
学習日					
理解度 (○/△/×)					

解説

(a)　皮相電力Sは，

$$S = VI = 300 \times 12.5 = 3750 \text{ V}\cdot\text{A}$$

有効電力Pは2 250Wなので，無効電力Qは，

$$Q = \sqrt{S^2 - P^2} = \sqrt{3750^2 - 2250^2} = 3000 \text{ var}$$

よって，(4)が正解。

(b)　誘導性リアクタンスXに流れる電流I_Lは$\sin\phi = \dfrac{Q}{S} = \dfrac{3000}{3750} = 0.8$より，

$$I_L = 12.5 \times 0.8 = 10 \text{ A}$$

よってXの値は$Q = XI^2$より，

$$X = \frac{Q}{I_L^2} = \frac{3000}{10^2} = 30 \ \Omega$$

よって，(3)が正解。

解答… (a)(4)　(b)(3)

ポイント

有効電力を$P = RI^2$で求められるのと同様に，無効電力や皮相電力も$Q=XI^2$および$S = ZI^2$で求めることができます。

交流回路の知識

問題103 交流回路に関する記述として，誤っているものを次の(1)～(5)のうちから一つ選べ。

ただし，抵抗R[Ω]，インダクタンスL[H]，静電容量C[F]とする。

(1) 正弦波交流起電力の最大値をE_m[V]，平均値をE_a[V]とすると，平均値と最大値の関係は，理論的に次のように表される。

$$E_a = \frac{2E_m}{\pi} \fallingdotseq 0.637E_m \text{[V]}$$

(2) ある交流起電力の時刻t[s]における瞬時値が，$e = 100\sin 100\pi t$[V]であるとすると，この起電力の周期は20 msである。

(3) RLC直列回路に角周波数ω[rad/s]の交流電圧を加えたとき，$\omega L > \frac{1}{\omega C}$の場合，回路を流れる電流の位相は回路に加えた電圧より遅れ，$\omega L < \frac{1}{\omega C}$の場合，回路を流れる電流の位相は回路に加えた電圧より進む。

(4) RLC直列回路に角周波数ω[rad/s]の交流電圧を加えたとき，$\omega L = \frac{1}{\omega C}$の場合，回路のインピーダンス$Z$[Ω]は，$Z = R$[Ω]となり，回路に加えた電圧と電流は同相になる。この状態を回路が共振状態であるという。

(5) RLC直列回路のインピーダンスZ[Ω]，電力P[W]及び皮相電力S[V·A]を使って回路の力率$\cos\theta$を表すと，$\cos\theta = \frac{R}{Z}$，$\cos\theta = \frac{S}{P}$の関係がある。

H26-A10

	①	②	③	④	⑤
学習日					
理解度 (○/△/×)					

解説

(1) 平均値は最大値の$\dfrac{2}{\pi}$倍，実効値は最大値の$\dfrac{1}{\sqrt{2}}$倍である。

(2) 角周波数をω，周波数をfとすると，

$$\omega = 2\pi f\,[\mathrm{rad/s}]$$

$e = 100\sin 100\pi t\,[\mathrm{V}]$の角周波数は$100\pi$ rad/sであるため，

$$2\pi f = 100\pi$$

$$f = 50\ \mathrm{Hz}$$

周期Tは$T = \dfrac{1}{f} = \dfrac{1}{50} = 20 \times 10^{-3}\ \mathrm{s} = 20\ \mathrm{ms}$となる。

(3), (4) 問題文のとおり

(5) RLC直列回路のインピーダンスを$Z\,[\Omega]$，有効電力を$P\,[\mathrm{W}]$，皮相電力を$S\,[\mathrm{V\cdot A}]$とすると，回路の力率は次のように表される。

$$\cos\phi = \frac{R}{Z} = \frac{P}{S}$$

よって，誤った記述は(5)である。

解答… (5)

ポイント

電圧×電流で表される見かけの電力を皮相電力といいます。皮相電力のうち，有効に作用したものを有効電力といい，その割合を力率といいます。

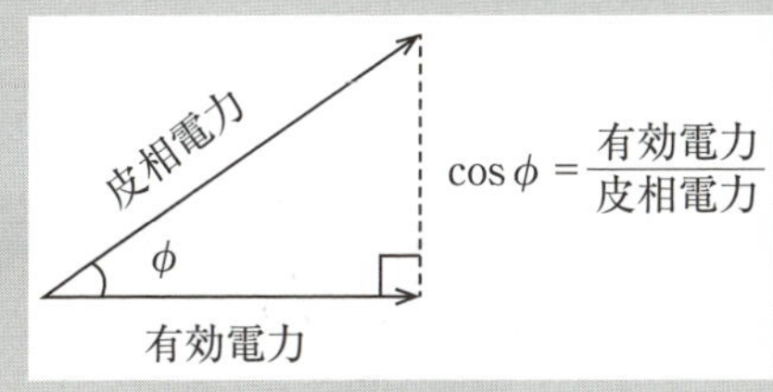

難易度 A

記号法による交流回路の取り扱い(1)

教科書 SECTION 05

問題104 図1のように，R[Ω]の抵抗，インダクタンスL[H]のコイル及び静電容量C[F]のコンデンサを並列に接続した回路がある。この回路に正弦波交流電圧e[V]を加えたとき，この回路の各素子に流れる電流i_R[A]，i_L[A]，i_C[A]とe[V]の時間変化はそれぞれ図2のようで，それぞれの電流の波高値は10 A，15 A，5 Aであった。回路に流れる電流i[A]の電圧e[V]に対する位相として，正しいのは次のうちどれか。

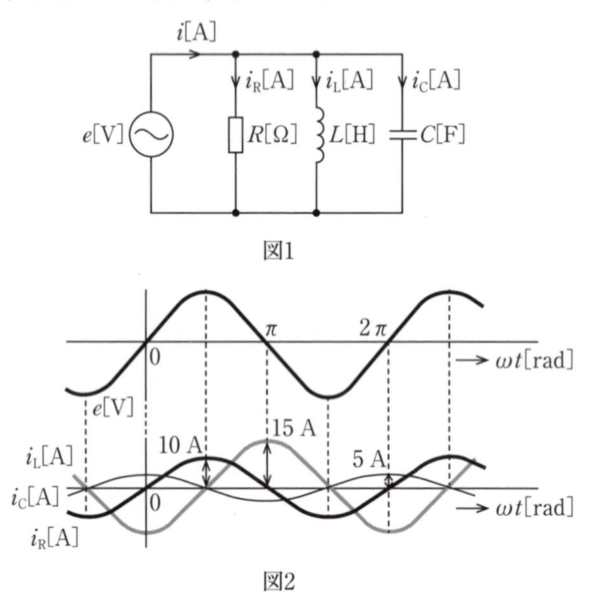

図2

(1) 30° 遅れる　(2) 30° 進む　(3) 45° 遅れる

(4) 45° 進む　(5) 90° 遅れる

H15-A8

	①	②	③	④	⑤
学習日					
理解度 (○/△/×)					

解説

各素子に流れる電流の実効値$\dot{I}_R$，$\dot{I}_L$，$\dot{I}_C$は交流電圧$\dot{E}$を基準ベクトルとすると，

$\dot{I}_R = \dfrac{10}{\sqrt{2}}$ A，$\dot{I}_L = -j\dfrac{15}{\sqrt{2}}$ A，$\dot{I}_C = j\dfrac{5}{\sqrt{2}}$ A

と表すことができる。$\dot{I}_R$，$\dot{I}_L$，$\dot{I}_C$の関係をベクトル図で表すと，

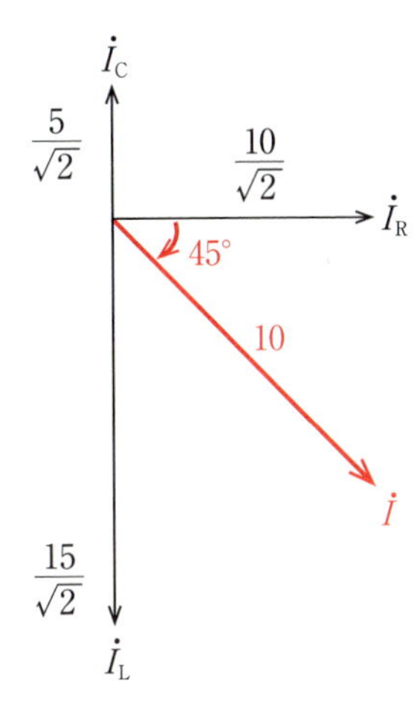

したがって$\dot{I} = 10\angle -45°$ Aとなる。

よって，(3)が正解。

解答…　(3)

ポイント

回路に流れる電流Iは次のように計算することもできます。

$$\dot{I} = \dot{I}_R + \dot{I}_L + \dot{I}_C = \frac{10}{\sqrt{2}} - j\frac{15}{\sqrt{2}} + j\frac{5}{\sqrt{2}}$$

$$= 10\left(\frac{1}{\sqrt{2}} - j\frac{1}{\sqrt{2}}\right) = 10(\cos 45° - j\sin 45°) = 10\angle -45° \text{ A}$$

難易度 A　記号法による交流回路の取り扱い(2)　教科書 SECTION 05

問題105 図のような回路において，抵抗R_2に流れる電流$\dot{I}_2$の値が5Aであるとき，次の(a)及び(b)に答えよ。

($15^2 = 225$，$25^2 = 625$，$35^2 = 1\,225$)

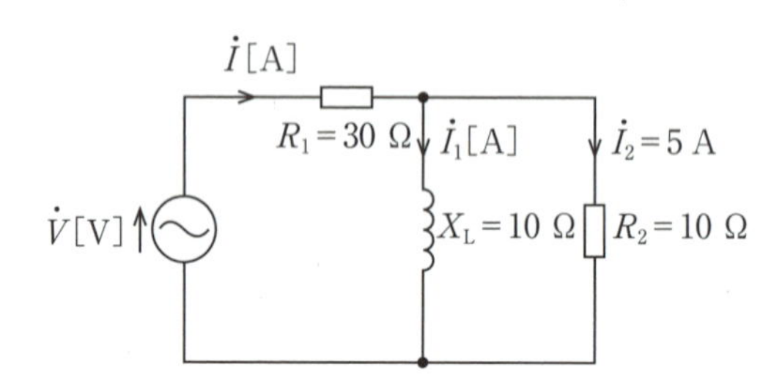

(a) 抵抗R_1に流れる電流$\dot{I}$[A]の値として，正しいのは次のうちどれか。ただし，$\dot{I}_2$を基準ベクトルとする。

(1) 5 + j5　　(2) 5 − j5　　(3) 10 + j5

(4) 10 + j10　　(5) 10 − j10

(b) この回路の電源電圧$\dot{V}$の大きさ$|\dot{V}|$[V]の値として，正しいのは次のうちどれか。

(1) 100　(2) 150　(3) 200　(4) 250　(5) 350

H12-B11

	①	②	③	④	⑤
学習日					
理解度 (○/△/×)					

解説

(a)　$X_L = 10\ \Omega$，$R_2 = 10\ \Omega$より$\dot{I}_1$の大きさは$\dot{I}_2$と同じく5 Aである。コイルに流れる電流の位相は，抵抗に流れる電流と比べて90°遅れであるから，抵抗R_1に流れる電流は,

$$\dot{I} = 5 - \mathrm{j}5\ \mathrm{A}$$

よって，(2)が正解。

(b)　抵抗R_1にかかる電圧$\dot{V}_1$は,

$$\dot{V}_1 = \dot{I}R_1$$
$$= (5 - \mathrm{j}5) \times 30 = 150 - \mathrm{j}150\ \mathrm{V}$$

また，抵抗R_2にかかる電圧$\dot{V}_2$は,

$$\dot{V}_2 = \dot{I}_2 R_2 = 5 \times 10 = 50\ \mathrm{V}$$

したがって，電源電圧$\dot{V}$は$\dot{V} = \dot{V}_1 + \dot{V}_2 = 200 - \mathrm{j}150\ \mathrm{V}$となり，その大きさは,

$$|\dot{V}| = \sqrt{200^2 + 150^2} = 250\ \mathrm{V}$$

よって，(4)が正解。

解答… (a)(2)　(b)(4)

難易度 B

記号法による交流回路の取り扱い(3)

教科書 SECTION 05

問題106 図の交流回路において，電源を流れる電流I[A]の大きさが最小となるように静電容量C[F]の値を調整した。このときの回路の力率の値として，最も近いものを次の(1)～(5)のうちから一つ選べ。

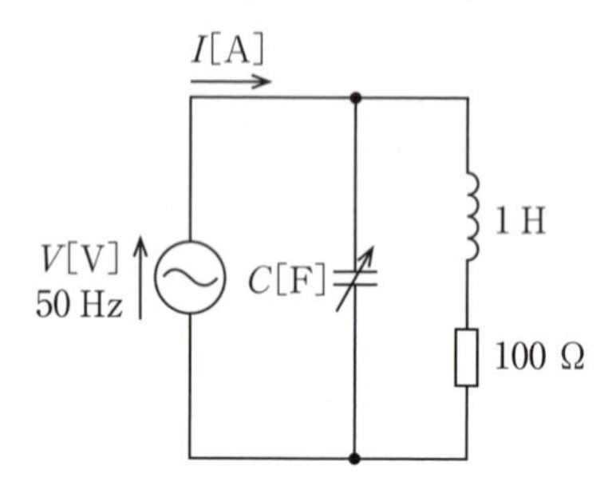

(1) 0.11　(2) 0.50　(3) 0.71　(4) 0.87　(5) 1

H26-A8

	①	②	③	④	⑤
学習日					
理解度 (○/△/×)					

解説

回路の合成アドミタンス$\dot{Y}$は，

$$\dot{Y}=\mathrm{j}\omega C+\frac{1}{R+\mathrm{j}\omega L}$$

$$=\mathrm{j}\omega C+\frac{R-\mathrm{j}\omega L}{R^2+\omega^2L^2}$$

$$=\frac{R}{R^2+\omega^2L^2}+\mathrm{j}\left(\omega C-\frac{\omega L}{R^2+\omega^2L^2}\right)$$

流れる電流は$\dot{I}=\frac{\dot{E}}{\dot{Z}}=\dot{Y}\dot{E}$と表される。大きさが最小となるのは$C=\frac{L}{R^2+\omega^2L^2}$となるとき，すなわち，虚数部が0となるときであるから電流Iと電圧Vは同相となる。

したがって，電源を流れる電流Iの大きさが最小となるときの回路の力率は1である。

よって，(5)が正解。

解答…　(5)

ポイント

アドミタンス$\dot{Y}$はインピーダンス$\dot{Z}$の**逆数**です。おもに交流の並列回路で用いられます。

	抵抗R	インダクタンスL	静電容量C
インピーダンス	$\dot{Z}_R=R$	$\dot{Z}_L=\mathrm{j}\omega L$	$\dot{Z}_C=\frac{1}{\mathrm{j}\omega C}$
アドミタンス	$\dot{Y}_R=\frac{1}{R}$	$\dot{Y}_L=\frac{1}{\mathrm{j}\omega L}$	$\dot{Y}_C=\mathrm{j}\omega C$

難易度 **B**

記号法による交流回路の取り扱い(4)

教科書 SECTION 05

問題107 図のように，角周波数ω[rad/s]の交流電源と力率$\dfrac{1}{\sqrt{2}}$の誘導性負荷$\dot{Z}$[Ω]との間に，抵抗値R[Ω]の抵抗器とインダクタンスL[H]のコイルが接続されている。$R=\omega L$とするとき，電源電圧$\dot{V}_1$[V]と負荷の端子電圧$\dot{V}_2$[V]との位相差の値[°]として，最も近いものを次の(1)～(5)のうちから一つ選べ。

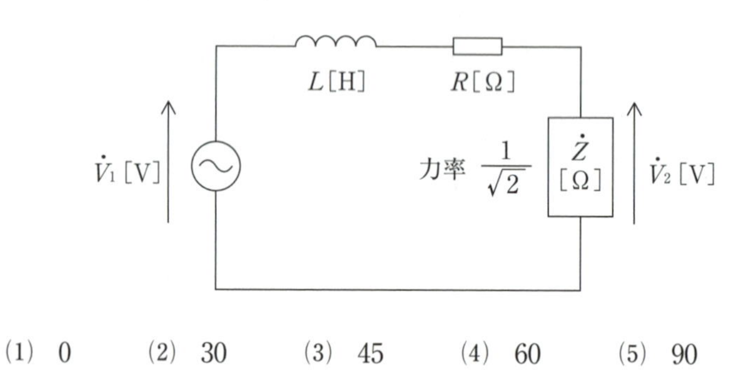

(1) 0　　(2) 30　　(3) 45　　(4) 60　　(5) 90

H30-A8

	①	②	③	④	⑤
学習日					
理解度 (○/△/×)					

解説

まず，抵抗R[Ω]とインダクタンスL[H]による電圧降下$\dot{v}$[V]は，次のベクトル図で表される。

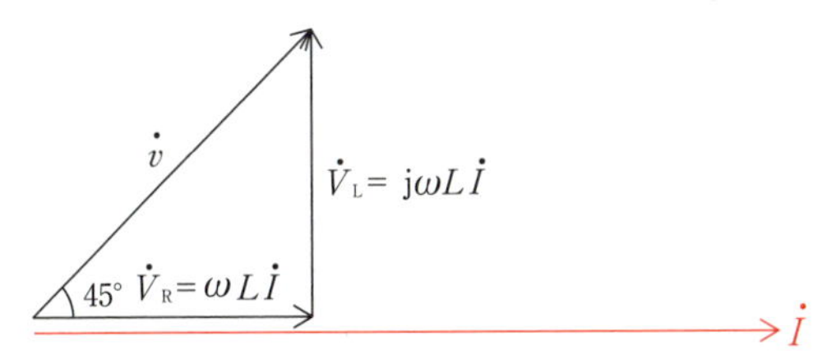

$R = \omega L$の条件より，抵抗R[Ω]による電圧降下$\dot{V}_R = R\dot{I} = \omega L\dot{I}$[V]とインダクタンス$L$[H]による電圧降下$\dot{V}_L = j\omega L\dot{I}$[V]は同じ大きさとなるため，ベクトル図のように直角二等辺三角形をつくる。

したがって，これらの和である電圧降下$\dot{v}$[V]は，電流$\dot{I}$[A]に対して位相が45°進む。

また，力率$\frac{1}{\sqrt{2}} = \cos 45°$の誘導性負荷にかかる電圧$\dot{V}_2$[V]の位相は，電流$\dot{I}$[A]に対し45°進む。

キルヒホッフの電圧則より，電源電圧$\dot{V}_1$[V]と各電圧降下$\dot{v}$[V]および$\dot{V}_2$[V]との関係は，

$$\dot{V}_1 = \dot{v} + \dot{V}_2$$

であり，$\dot{v}$[V]，$\dot{V}_2$[V]ともに電流$\dot{I}$より位相が45°進むことから，その和である$\dot{V}_1$[V]も電流$\dot{I}$より位相が45°進む。

すなわち，$\dot{V}_1$[V]と$\dot{V}_2$[V]の位相差は0である。

よって，(1)が正解。

解答…　(1)

CHAPTER 05

三相交流回路

難易度 **B**

三相交流回路(1)

教科書 SECTION 01

問題108 図のように，三つの交流電圧源から構成される回路において，各相の電圧$\dot{E}_a$[V]，$\dot{E}_b$[V]及び$\dot{E}_c$[V]は，それぞれ次のように与えられる。

ただし，式中の∠ϕは，($\cos\phi + j\sin\phi$)を表す。

$$\dot{E}_a = 200\angle 0\ \mathrm{V}$$

$$\dot{E}_b = 200\angle -\frac{2\pi}{3}\ \mathrm{V}$$

$$\dot{E}_c = 200\angle \frac{\pi}{3}\ \mathrm{V}$$

このとき，図中の線間電圧$\dot{V}_{ca}$[V]と$\dot{V}_{bc}$[V]の大きさ（スカラ量）の値として，正しいものを組み合わせたのは次のうちどれか。

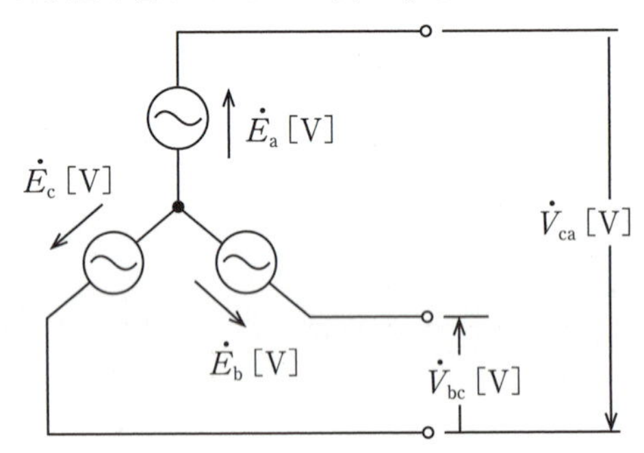

	線間電圧$\dot{V}_{ca}$ [V] の大きさ	線間電圧$\dot{V}_{bc}$ [V] の大きさ
(1)	200	0
(2)	$200\sqrt{3}$	$200\sqrt{3}$
(3)	$200\sqrt{2}$	$400\sqrt{2}$
(4)	$200\sqrt{3}$	400
(5)	200	400

H14-A7

	①	②	③	④	⑤
学習日					
理解度 (○/△/×)					

解説

相電圧$\dot{E}_a$を基準ベクトルとして$\dot{E}_b$および$\dot{E}_c$をベクトル図で表すと，

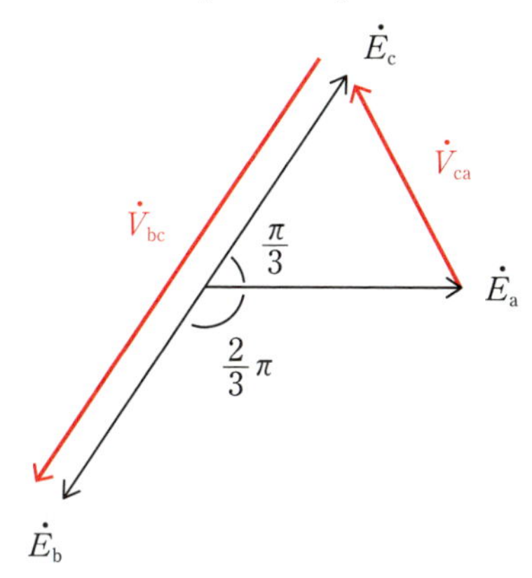

線間電圧$\dot{V}_{ca}$と$\dot{V}_{bc}$はそれぞれ，

$$\dot{V}_{ca}=\dot{E}_c-\dot{E}_a$$

$$\dot{V}_{bc}=\dot{E}_b-\dot{E}_c$$

上図より$\dot{V}_{ca}$と$\dot{V}_{bc}$の大きさは，

$$\left|\dot{V}_{ca}\right|=200\ \mathrm{V},\quad \left|\dot{V}_{bc}\right|=400\ \mathrm{V}$$

よって，(5)が正解。

解答… (5)

難易度 **B**

三相交流回路(2)

教科書 SECTION 01

問題109 図のように，相電圧200 Vの対称三相交流電源に，複素インピーダンス$\dot{Z}=5\sqrt{3}+\mathrm{j}5\ \Omega$の負荷がY結線された平衡三相負荷を接続した回路がある。次の(a)及び(b)の問に答えよ。

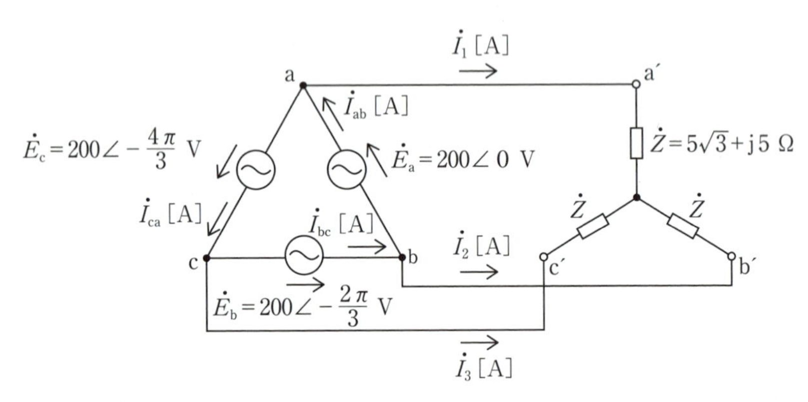

(a) 電流$\dot{I}_1$[A]の値として，最も近いものを次の(1)~(5)のうちから一つ選べ。

(1) $20.00\angle-\frac{\pi}{3}$　(2) $20.00\angle-\frac{\pi}{6}$　(3) $16.51\angle-\frac{\pi}{6}$

(4) $11.55\angle-\frac{\pi}{3}$　(5) $11.55\angle-\frac{\pi}{6}$

(b) 電流$\dot{I}_{ab}$[A]の値として，最も近いものを次の(1)~(5)のうちから一つ選べ。

(1) $20.00\angle-\frac{\pi}{6}$　(2) $11.55\angle-\frac{\pi}{3}$　(3) $11.55\angle-\frac{\pi}{6}$

(4) $6.67\angle-\frac{\pi}{3}$　(5) $6.67\angle-\frac{\pi}{6}$

H24-B16

	①	②	③	④	⑤
学習日					
理解度 (○/△/×)					

解説

負荷をY－Δ変換すると，インピーダンス$\dot{Z}_\Delta$は，

$$\dot{Z}_\Delta = 3\dot{Z} = 15\sqrt{3} + \mathrm{j}15 = 30\left(\frac{\sqrt{3}}{2} + \mathrm{j}\frac{1}{2}\right) = 30\angle\frac{\pi}{6}\ \Omega$$

負荷をY－Δ変換した回路図は次のようになる。

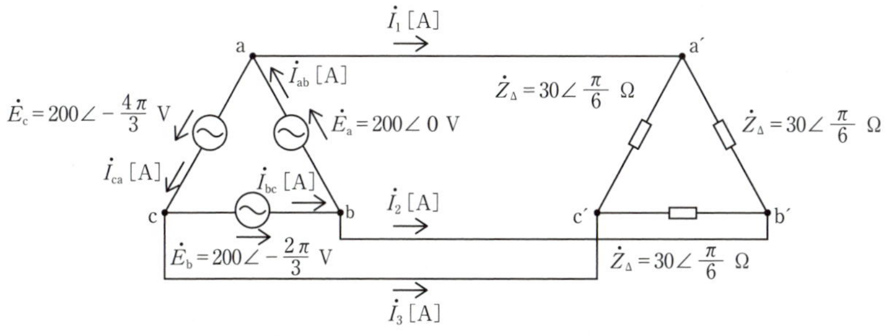

オームの法則より，電流$\dot{I}_{ab}$は，

$$\dot{I}_{ab} = \frac{\dot{E}_a}{\dot{Z}_\Delta} = \frac{200\angle 0}{30\angle\frac{\pi}{6}} \fallingdotseq 6.67\angle-\frac{\pi}{6}\ \mathrm{A}$$

Δ－Δ結線のとき，線電流$\dot{I}_1$の大きさは相電流$\dot{I}_{ab}$の$\sqrt{3}$倍となり，位相は$\frac{\pi}{6}$ rad遅れとなるので，

$$\dot{I}_1 = \sqrt{3}\times 6.67\angle\left(-\frac{\pi}{6}-\frac{\pi}{6}\right) \fallingdotseq 11.55\angle-\frac{\pi}{3}\ \mathrm{A}$$

以上より，

(a)　電流$\dot{I}_1$の値は$11.55\angle-\frac{\pi}{3}$ Aとなるので，(4)が正解。

(b)　電流$\dot{I}_{ab}$の値は $6.67\angle-\frac{\pi}{6}$ Aとなるので，(5)が正解。

解答… (a)(4)　(b)(5)

ポイント

Δ－Δ結線では，線電流$\dot{I}_l$は相電流$\dot{I}_p$に対して，大きさが$\sqrt{3}$倍，位相は$\frac{\pi}{6}$ rad遅れとなります。

ポイント

足し算・引き算は複素数表示，掛け算・割り算では極座標表示を用いると楽に解けることが多いです。

三相交流回路(3)

問題110 平衡三相回路について，次の(a)及び(b)に答えよ。

(a) 図1のように，抵抗RとコイルLからなる平衡三相負荷に，線間電圧200 V，周波数50 Hzの対称三相交流電源を接続したところ，三相負荷全体の有効電力は$P = 2.4$ kWで，無効電力は$Q = 3.2$ kvarであった。負荷電流I[A]の値として，最も近いのは次のうちどれか。

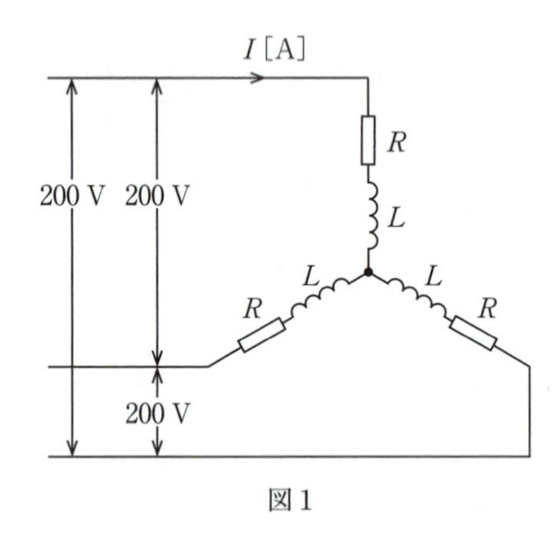

図1

(1) 2.3　(2) 4.0　(3) 6.9　(4) 9.2　(5) 11.5

(b) 図1に示す回路の各線間に同じ静電容量のコンデンサCを図2に示すように接続した。このとき，三相電源からみた力率が1となった。このコンデンサCの静電容量[μF]の値として，最も近いのは次のうちどれか。

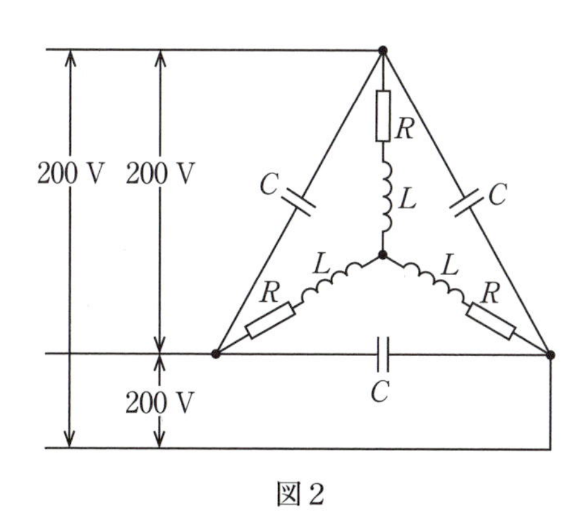

図2

(1) 48.8　(2) 63.4　(3) 84.6　(4) 105.7　(5) 146.5

H19-B15

	①	②	③	④	⑤
学習日					
理解度 (○/△/×)					

解説

(a)　三相の皮相電力Sは，

$$S=\sqrt{P^2+Q^2}$$
$$=\sqrt{2.4^2+3.2^2}=4\ \mathrm{kV \cdot A}$$

また，$S=\sqrt{3}\,V_\ell I_\ell$であるから，負荷電流$I$は，

$$I=\frac{S}{\sqrt{3}\,V_\ell}$$
$$=\frac{4\times10^3}{\sqrt{3}\times200}\fallingdotseq 11.5\ \mathrm{A}$$

よって，(5)が正解。

(b)　力率が1となるから，コンデンサCの進み無効電力Q_Cは3.2 kvarである。また，Δ接続されたコンデンサCの静電容量をC_Δとし，これをΔ－Y変換すると，コンデンサCの静電容量は$3C_\Delta$[F]となるので，コンデンサの無効電力の大きさQ_C[var]は次のように表すことができる。

$$Q_\mathrm{C}=3\times\frac{V_\mathrm{p}^2}{X_\mathrm{C}}$$
$$=3\times\frac{V_\mathrm{p}^2}{\dfrac{1}{2\pi f\cdot 3C_\Delta}}=18\pi\times50\times C_\Delta\times\left(\frac{200}{\sqrt{3}}\right)^2[\mathrm{var}]$$

よって，コンデンサCの静電容量C_Δは，

$$C_\Delta=\frac{3.2\times10^3}{18\pi\times50\times\left(\dfrac{200}{\sqrt{3}}\right)^2}$$
$$=\frac{3.2\times10^3\times3}{18\pi\times5\times4\times10^5}$$
$$=\frac{9600}{36\pi}\times10^{-6}$$
$$\fallingdotseq 8.49\times10^{-5}\ \mathrm{F}=84.9\ \mu\mathrm{F}$$

よって，最も値が近い(3)が正解。

解答…　(a)(5)　(b)(3)

難易度 C

三相交流回路(4)

問題111 図のように，R[Ω]の抵抗，静電容量C[F]のコンデンサ，インダクタンスL[H]のコイルからなる平衡三相負荷に線間電圧V[V]の対称三相交流電源を接続した回路がある。次の(a)及び(b)の問に答えよ。

ただし，交流電源電圧の角周波数はω[rad/s]とする。

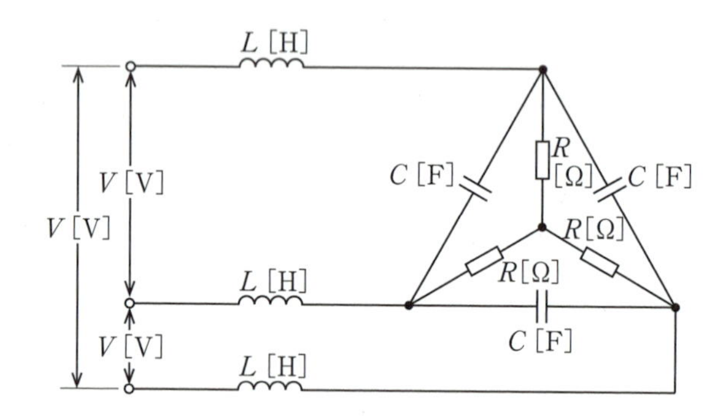

(a) 三相電源からみた平衡三相負荷の力率が1になったとき，インダクタンスL[H]のコイルと静電容量C[F]のコンデンサの関係を示す式として，正しいものを次の(1)～(5)のうちから一つ選べ。

(1) $L=\dfrac{3C^2R^2}{1+9(\omega CR)^2}$　　(2) $L=\dfrac{3CR^2}{1+9(\omega CR)^2}$

(3) $L=\dfrac{3C^2R}{1+9(\omega CR)^2}$　　(4) $L=\dfrac{9CR^2}{1+9(\omega CR)^2}$

(5) $L=\dfrac{R}{1+9(\omega CR)^2}$

(b) 平衡三相負荷の力率が1になったとき，静電容量C[F]のコンデンサの端子電圧[V]の値を示す式として，正しいものを次の(1)～(5)のうちから一つ選べ。

(1) $\sqrt{3}V\sqrt{1+9(\omega CR)^2}$ (2) $V\sqrt{1+9(\omega CR)^2}$

(3) $\dfrac{V\sqrt{1+9(\omega CR)^2}}{\sqrt{3}}$ (4) $\dfrac{\sqrt{3}V}{\sqrt{1+9(\omega CR)^2}}$

(5) $\dfrac{V}{\sqrt{1+9(\omega CR)^2}}$

H23-B15

	①	②	③	④	⑤
学習日					
理解度 (○/△/×)					

解説

(a) 以下のように回路図を等価変換する。Δ結線されたコンデンサをΔ－Y変換すると，1相あたりの静電容量は$3C$[F]となる。

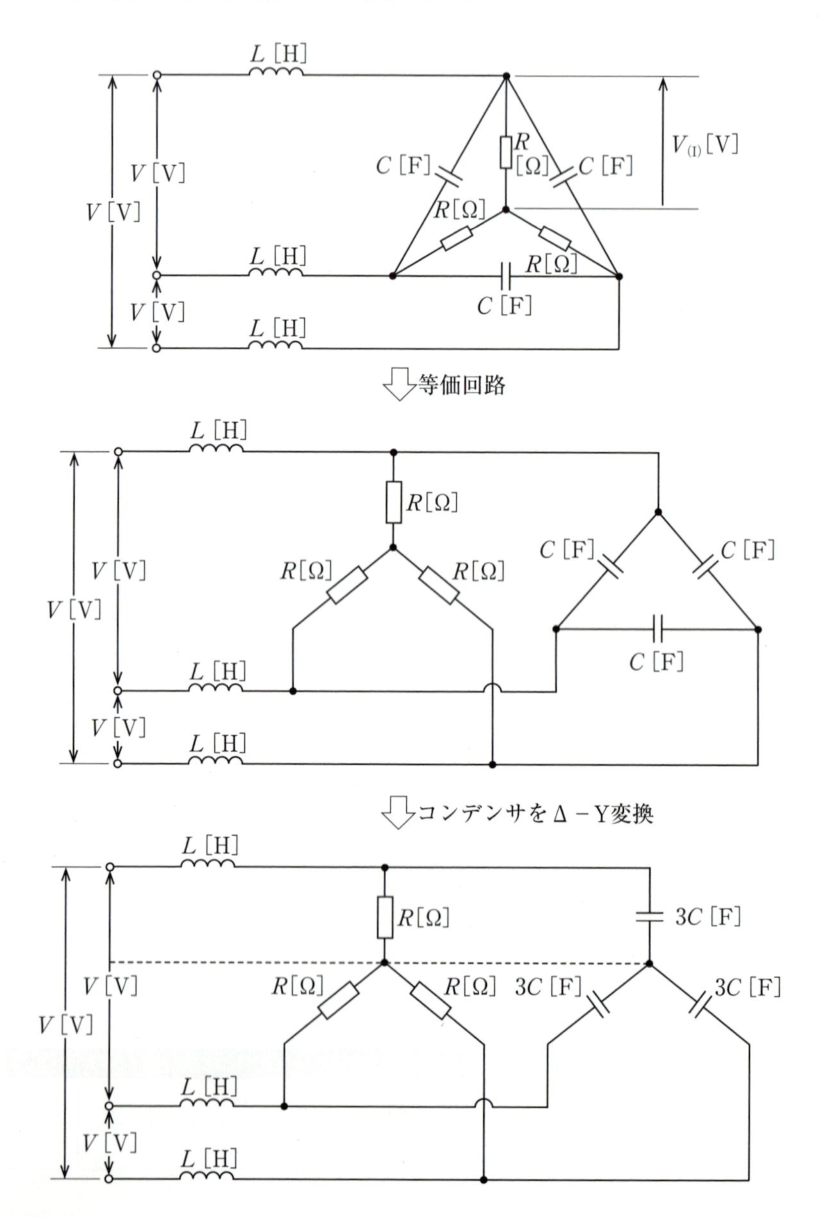

⇩1相あたりの等価回路

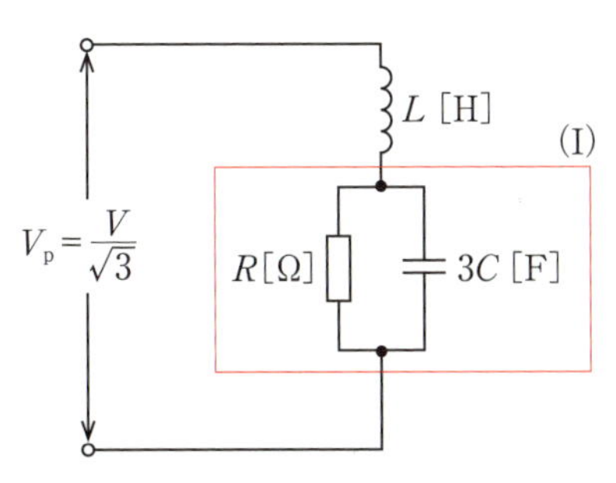

(I)部分の，並列につながれたRと$3C$の合成アドミタンス$\dot{Y}_{(I)}$[S]は，

$$\dot{Y}_{(I)} = \frac{1}{R} + j3\omega C = \frac{1 + j3\omega CR}{R} \text{[S]}$$

よって，(I)の合成インピーダンス$\dot{Z}_{(I)}$[Ω]は，

$$\dot{Z}_{(I)} = \frac{1}{\dot{Y}} = \frac{R}{1 + j3\omega CR} [\Omega]$$

1相全体の合成インピーダンス$\dot{Z}$[Ω]は，

$$\dot{Z} = j\omega L + \frac{R}{1 + j3\omega CR} = j\omega L + \frac{R}{1 + j3\omega CR} \times \frac{1 - j3\omega CR}{1 - j3\omega CR}$$

$$= j\omega L + \frac{R - j3\omega CR^2}{1 + 9(\omega CR)^2} = j\omega L + \frac{R}{1 + 9(\omega CR)^2} - j\frac{3\omega CR^2}{1 + 9(\omega CR)^2}$$

$$= \frac{R}{1 + 9(\omega CR)^2} + j\left\{\omega L - \frac{3\omega CR^2}{1 + 9(\omega CR)^2}\right\}$$

力率が1のとき，インピーダンス$\dot{Z}$の虚部は0なので，

$$\omega L - \frac{3\omega CR^2}{1 + 9(\omega CR)^2} = 0$$

$$\omega L = \frac{3\omega CR^2}{1 + 9(\omega CR)^2}$$

$$L = \frac{3CR^2}{1 + 9(\omega CR)^2}$$

よって，(2)が正解。

(b) 直列接続において，電圧の比はインピーダンスの大きさの比に等しいので (I)に加わる電圧 $V_{(I)}$ は,

$$V_{(I)} = \frac{\text{(I)の合成インピーダンスの大きさ}}{\text{全体の合成インピーダンスの大きさ}} \times V_p$$

力率が1のとき虚部＝0なので，(a)より，

$$\dot{Z} = \frac{R}{1+9(\omega CR)^2}$$

$$V_{(I)} = \left| \frac{\dfrac{R}{1+j3\omega CR}}{\dfrac{R}{1+9(\omega CR)^2}} \right| \times \frac{V}{\sqrt{3}} = \left| \frac{1+9(\omega CR)^2}{1+j3\omega CR} \right| \times \frac{V}{\sqrt{3}}$$

$$= \left| \frac{(1+j3\omega CR)(1-j3\omega CR)}{1+j3\omega CR} \right| \times \frac{V}{\sqrt{3}} = |1-j3\omega CR| \times \frac{V}{\sqrt{3}}$$

$$= \frac{V\sqrt{1+9(\omega CR)^2}}{\sqrt{3}}$$

図より，求めるコンデンサの端子電圧 V_c は線間電圧で，$V_{(I)}$ は相電圧なので，

$$V_c = \sqrt{3} \times V_{(I)} = \sqrt{3} \times \frac{V\sqrt{1+9(\omega CR)^2}}{\sqrt{3}}$$

$$V_c = V\sqrt{1+9(\omega CR)^2}$$

よって，(2)が正解。

解答… (a)(2) (b)(2)

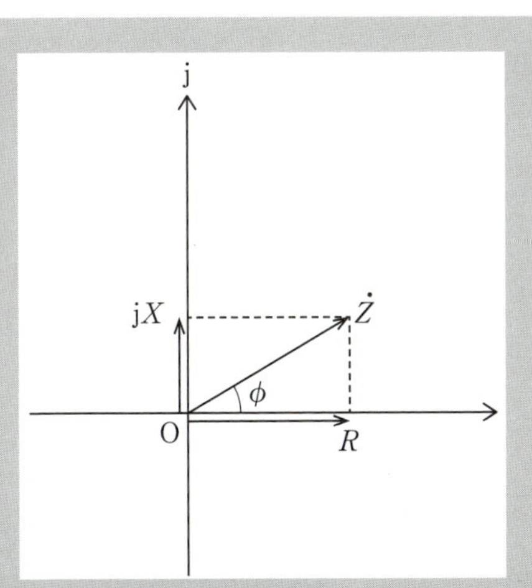

$\dot{Z}$を複素数表示で表すと$\dot{Z}=R+\mathrm{j}X$となり，Rを実部，Xを虚部といいます。

力率を$\cos\phi$と表し，$\cos\phi=\dfrac{R}{Z}=1$のとき，虚部は0となります。

難易度 A

三相交流回路(5)

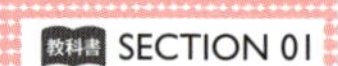

問題112 図のような平衡三相回路において，負荷の全消費電力[kW]の値として，正しいのは次のうちどれか。

図中の$\angle\frac{\pi}{6}$は，$\left[\cos\frac{\pi}{6}+\mathrm{j}\sin\frac{\pi}{6}\right]$を表す。

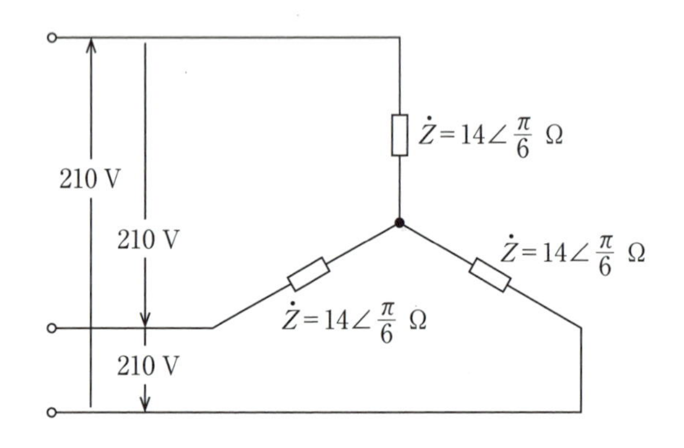

(1) 1.58　(2) 1.65　(3) 2.73　(4) 2.86　(5) 4.73

H11-A9

	①	②	③	④	⑤
学習日					
理解度 (○/△/×)					

解説

負荷に流れる電流の大きさIは，相電圧V_pが$\dfrac{210}{\sqrt{3}}$ Vであるから，

$$I=\frac{V_p}{|\dot{Z}|}=\frac{\frac{210}{\sqrt{3}}}{14}=5\sqrt{3}\ \mathrm{A}$$

負荷の全消費電力Pは，線間電圧をV_l，線電流をI_lとすると，

$$P=\sqrt{3}\,V_l I_l\cos\phi$$

$$=\sqrt{3}\times210\times5\sqrt{3}\times\cos\frac{\pi}{6}\fallingdotseq2730\ \mathrm{W}=2.73\ \mathrm{kW}$$

よって，(3)が正解。

解答…　(3)

Y－Y結線では，電源電圧をEとすると相電圧の大きさ$V_p=E$に対して線間電圧は$V_l=\sqrt{3}E$となります。また，相電流I_pと線電流I_lは等しくなります。

難易度 A

三相交流回路(6)

教科書 SECTION 01

問題113 抵抗R[Ω]，誘導性リアクタンスX[Ω]からなる平衡三相負荷（力率80 %）に対称三相交流電源を接続した交流回路がある。次の(a)及び(b)に答えよ。

(a) 図1のように，Y結線した平衡三相負荷に線間電圧210 Vの三相電圧を加えたとき，回路を流れる線電流Iは$\dfrac{14}{\sqrt{3}}$ Aであった。負荷の誘導性リアクタンスX[Ω]の値として，正しいのは次のうちどれか。

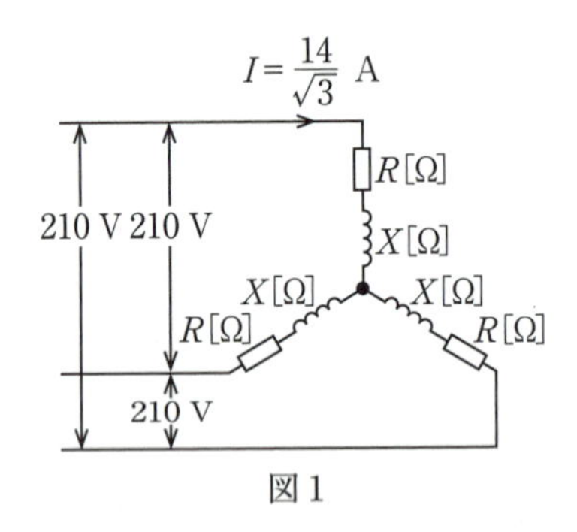

図1

(1) 4　(2) 5　(3) 9　(4) 12　(5) 15

(b) 図1の各相の負荷を使ってΔ結線し，図2のように相電圧200 Vの対称三相電源に接続した。この平衡三相負荷の全消費電力[kW]の値として，正しいのは次のうちどれか。

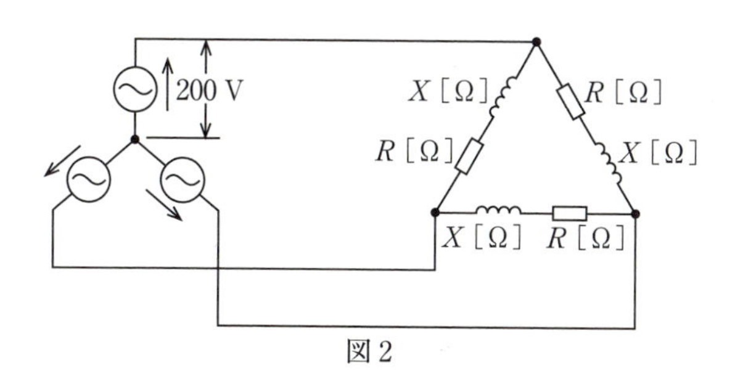

図 2

(1) 8　(2) 11.1　(3) 13.9　(4) 19.2　(5) 33.3

H18-B15

	①	②	③	④	⑤
学習日					
理解度 (○/△/×)					

解説

(a)　平衡三相負荷1相のインピーダンスZは，線間電圧が210 V，相電圧が$\dfrac{210}{\sqrt{3}}$ V，線電流が$\dfrac{14}{\sqrt{3}}$ Aであるから，$Z=\dfrac{E}{I}$より，

$$Z=\frac{\dfrac{210}{\sqrt{3}}}{\dfrac{14}{\sqrt{3}}}=15\ \Omega$$

したがって，求める誘導性リアクタンスXは力率が80 %であるから，

$$X=Z\sin\phi=15\times\sqrt{1-0.8^2}=9\ \Omega$$

よって，(3)が正解。

(b)　抵抗Rの値は力率が80 %であるから，

$$R=Z\cos\phi=15\times0.8=12\ \Omega$$

また，相電圧が200 Vで線間電圧が$200\sqrt{3}$ Vであるから，インピーダンス$Z=15\ \Omega$に流れる電流Iは，$I=\dfrac{V}{Z}$より，

$$I=\frac{200\sqrt{3}}{15}\fallingdotseq23.09\ \text{A}$$

したがって，平衡三相負荷の全消費電力Pは，

$$P=3RI^2=3\times12\times23.09^2\fallingdotseq19200\ \text{W}=19.2\ \text{kW}$$

よって，(4)が正解。

解答… (a)(3)　(b)(4)

難易度 **A**

三相交流回路(7)

教科書 SECTION 01

問題114 図のように，相電圧10 kVの対称三相交流電源に，抵抗R[Ω]と誘導性リアクタンスX[Ω]からなる平衡三相負荷を接続した交流回路がある。平衡三相負荷の全消費電力が200 kW，線電流$\dot{I}$[A]の大きさ（スカラ量）が20 Aのとき，R[Ω]とX[Ω]の値として，正しいものを組み合わせたのは次のうちどれか。

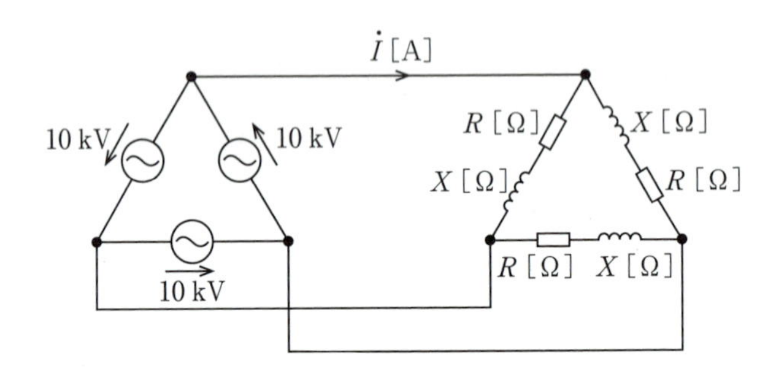

	R [Ω]	X [Ω]
(1)	50	$500\sqrt{2}$
(2)	100	$100\sqrt{3}$
(3)	150	$500\sqrt{2}$
(4)	500	$500\sqrt{2}$
(5)	750	$100\sqrt{3}$

H17-A7

	①	②	③	④	⑤
学習日					
理解度 (○/△/×)					

解説

Δ－Δ結線のまま，1相分を抜き出すと，

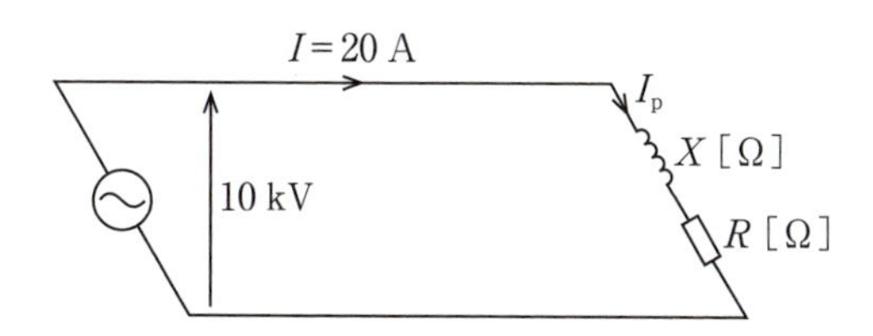

線電流$\dot{I}$の大きさが20 Aであるから，抵抗Rを流れる相電流I_pは，

$$I_p=\frac{20}{\sqrt{3}}\ \text{A}$$

ここで，平衡三相負荷の全消費電力Pが200 kWであるから$P=3RI_p^2$より抵抗Rの値を求めると，

$$R=\frac{200\times10^3}{3\times\left(\frac{20}{\sqrt{3}}\right)^2}=\frac{200\times10^3}{400}=500\ \Omega$$

また，1相のインピーダンスZは，$Z=\frac{V_p}{I_p}$より，

$$Z=\frac{10\times10^3}{I_p}=\frac{10\times10^3}{\frac{20}{\sqrt{3}}}=500\sqrt{3}\ \Omega$$

よって，誘導性リアクタンスXの値は，$Z^2=R^2+X^2$より，

$$X=\sqrt{Z^2-R^2}$$

$$=\sqrt{(500\sqrt{3})^2-500^2}=\sqrt{500^2(3-1)}=500\sqrt{3-1}=500\sqrt{2}\ \Omega$$

以上より，(4)が正解。

解答… (4)

難易度 B

三相交流回路(8)

教科書 SECTION 01

問題115 図のように200 Vの対称三相交流電源に抵抗R[Ω]からなる平衡三相負荷を接続したところ，線電流は1.73 Aであった。いま，電力計の電流コイルをc相に接続し，電圧コイルをc－a相間に接続したとき，電力計の指示P[W]として，最も近いPの値を次の(1)～(5)のうちから一つ選べ。

ただし，対称三相交流電源の相回転はa，b，cの順とし，電力計の電力損失は無視できるものとする。

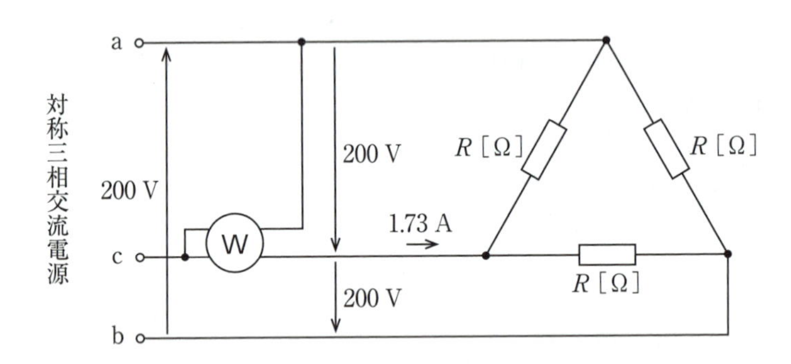

(1) 200 (2) 300 (3) 346 (4) 400 (5) 600

H26-A14

	①	②	③	④	⑤
学習日					
理解度 (○/△/×)					

解説

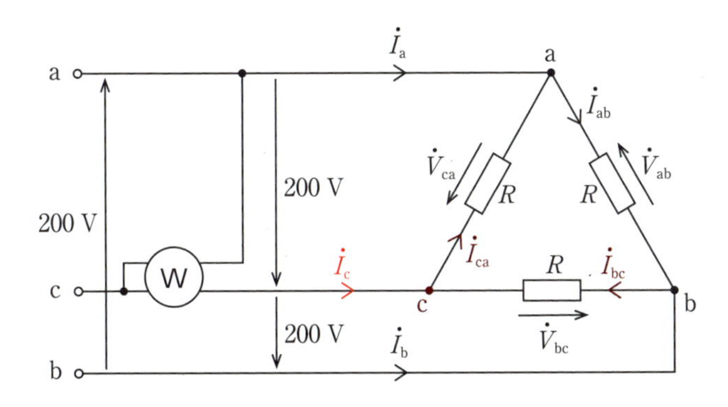

電力計の指示する値P[W]は有効電力である。有効電力を求める公式$P = VI\cos\phi$[W]より，電力計で計測している電圧$\dot{V}_{ca}$と電流$\dot{I}_c$のほかに$\dot{V}_{ca}$と$\dot{I}_c$の位相差を知る必要がある。位相差はベクトル図によって求める。

(1)　$\cos\phi$について

まず，各抵抗Rに流れる電流$\dot{I}_{ab}$, $\dot{I}_{bc}$, $\dot{I}_{ca}$と$\dot{V}_{ab}$, $\dot{V}_{bc}$, $\dot{V}_{ca}$はそれぞれ同相である。…①

次に，c点にキルヒホッフの第一法則をあてはめると，

$$\dot{I}_c + \dot{I}_{bc} = \dot{I}_{ca}$$

$$\dot{I}_c = \dot{I}_{ca} - \dot{I}_{bc} \cdots②$$

$\dot{V}_{ab}$を基準としたベクトル図は，①と②より，

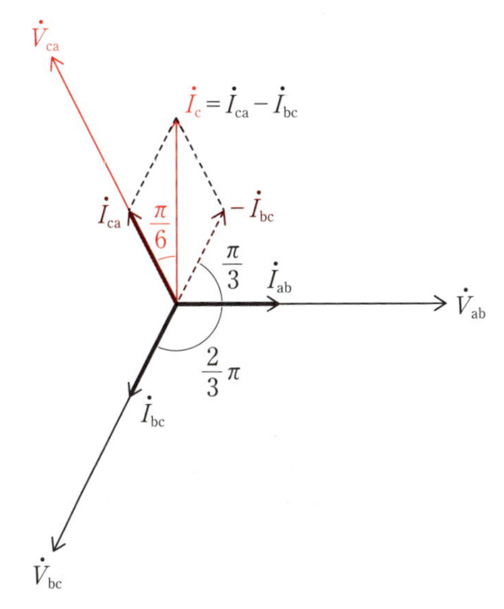

ベクトル図より，$\dot{V}_{ca}$と$\dot{I}_c$の位相差ϕは$\frac{\pi}{6}$ rad

(2) Vについて

Δ結線において線間電圧と相電圧は等しいので，

$$V = |\dot{V}_{ca}| = 200\ \mathrm{V}$$

(3) Iについて

問題文より線電流$\dot{I}_c$の大きさは，

$$|\dot{I}_c| = 1.73\ \mathrm{A}$$

以上(1)，(2)，(3)より，電力計の指示P[W]は，

$$P = VI\cos\phi = |\dot{V}_{ca}||\dot{I}_c|\cos\frac{\pi}{6}$$

$$= 200 \times 1.73 \times \frac{\sqrt{3}}{2} \fallingdotseq 300\ \mathrm{W}$$

よって，(2)が正解。

解答… (2)

難易度 A

三相交流回路(9)

教科書 SECTION 01

問題116 図のように，抵抗6 Ωと誘導性リアクタンス8 ΩをY結線し，抵抗r[Ω]をΔ結線した平衡三相負荷に，200 Vの対称三相交流電源を接続した回路がある。抵抗6 Ωと誘導性リアクタンス8 Ωに流れる電流の大きさをI_1[A]，抵抗r[Ω]に流れる電流の大きさをI_2[A]とするとき，次の(a)及び(b)に答えよ。

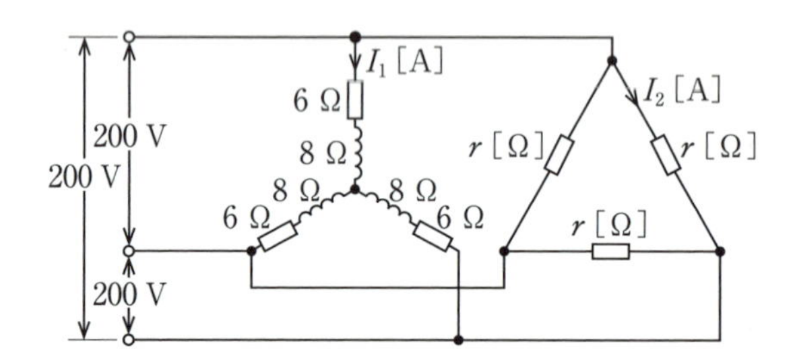

(a) 電流I_1[A]と電流I_2[A]の大きさが等しいとき，抵抗r[Ω]の値として，最も近いのは次のうちどれか。

(1) 6.0　(2) 10.0　(3) 11.5　(4) 17.3　(5) 19.2

(b) 電流I_1[A]と電流I_2[A]の大きさが等しいとき，平衡三相負荷が消費する電力[kW]の値として，最も近いのは次のうちどれか。

(1) 2.4　(2) 3.1　(3) 4.0　(4) 9.3　(5) 10.9

H20-B15

	①	②	③	④	⑤
学習日					
理解度 (○/△/×)					

解説

(a) 線間電圧が200 Vより相電圧は$\dfrac{200}{\sqrt{3}}$ Vであるから，電流I_1の大きさは，$I=\dfrac{V}{Z}$より，

$$I_1=\frac{\dfrac{200}{\sqrt{3}}}{\sqrt{6^2+8^2}}=\frac{20}{\sqrt{3}}\ \text{A}$$

$I_1=I_2$のとき，抵抗rの値は，$r=\dfrac{V}{I}$より，

$$r=\frac{200}{\dfrac{20}{\sqrt{3}}}=10\sqrt{3}\fallingdotseq 17.3\ \Omega$$

よって，(4)が正解。

(b) 平衡三相負荷が消費する電力Pは$P=3RI^2$より，

$$P=3\times 6\times\left(\frac{20}{\sqrt{3}}\right)^2+3\times 10\sqrt{3}\times\left(\frac{20}{\sqrt{3}}\right)^2\fallingdotseq 2400+6900=9300\ \text{W}=9.3\ \text{kW}$$

よって，(4)が正解。

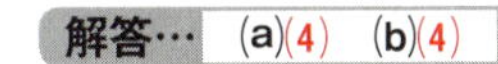
解答… (a)(4) (b)(4)

難易度 A

三相交流回路(10)

教科書 SECTION 01

問題117 図の平衡三相回路について，次の(a)及び(b)に答えよ。

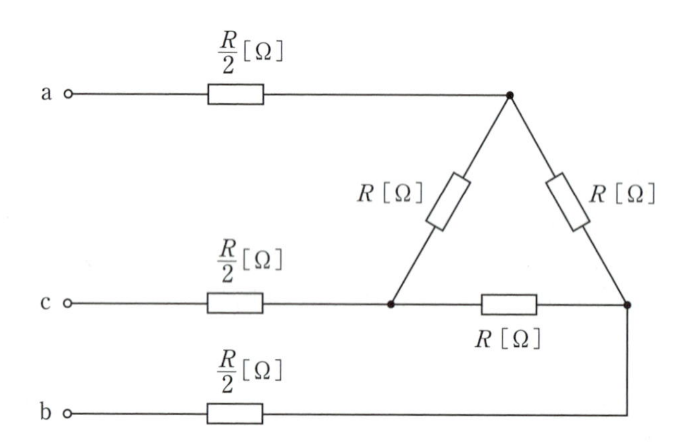

(a) 端子a，cに100 Vの単相交流電源を接続したところ，回路の消費電力は200 Wであった。抵抗R[Ω]の値として，正しいのは次のうちどれか。

(1) 0.30　(2) 30　(3) 33　(4) 50　(5) 83

(b) 端子a，b，cに線間電圧200 Vの対称三相交流電源を接続したときの全消費電力[kW]の値として，正しいのは次のうちどれか。

(1) 0.48　(2) 0.80　(3) 1.2　(4) 1.6　(5) 4.0

H22-B15

	①	②	③	④	⑤
学習日					
理解度 (○/△/×)					

解説

(a) 問題文より，端子bには何も接続されておらず，閉回路ができていないため，端子bは取り除いて考えることができる。そのため，等回路で表すと，

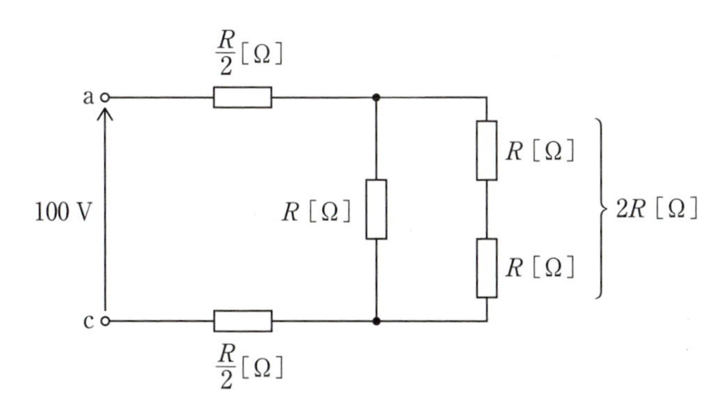

回路の合成抵抗R_0は，$P=\frac{V^2}{R_0}$より，

$$R_0=\frac{100^2}{200}=50\ \Omega$$

$$R_0=\frac{R}{2}+\frac{2R^2}{R+2R}+\frac{R}{2}=\frac{5}{3}R$$

抵抗Rの値は，

$$R=\frac{3}{5}\times 50=30\ \Omega$$

よって，(2)が正解。

(b)　Δ接続された抵抗RをΔ－Y変換すると，1相あたりの抵抗R_Yは$\frac{R}{3}$[Ω]となる。

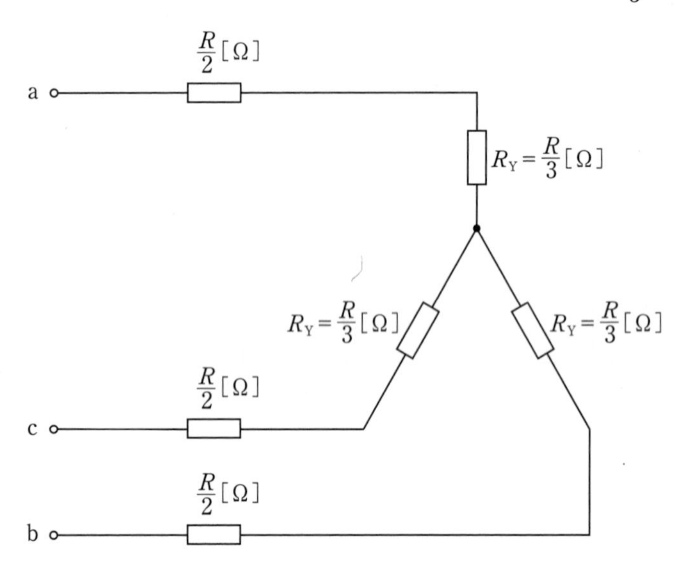

1相分の等価回路を抜き出すと次の図のようになる。

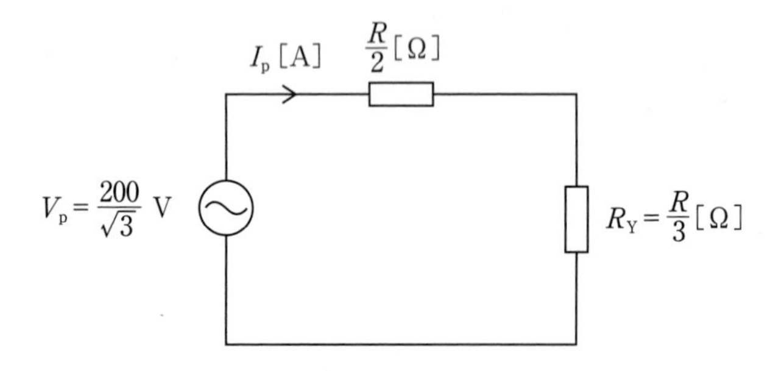

相電流I_pは(a)より$R=30$ Ωであるから，$I_p=\frac{V_p}{R_0}$より，

$$I_p=\frac{V_p}{\frac{R}{2}+\frac{R}{3}}=\frac{\frac{200}{\sqrt{3}}}{25}=\frac{8}{\sqrt{3}}\text{ A}$$

したがって，全消費電力Pは，

$$P = 3V_{\mathrm{p}}I_{\mathrm{p}}$$

$$= 3 \times \frac{200}{\sqrt{3}} \times \frac{8}{\sqrt{3}} = 1600\ \mathrm{W} = 1.6\ \mathrm{kW}$$

よって，(4)が正解。

解答… (a)(2)　(b)(4)

ポイント

Y結線の負荷$\dot{Z}_{\mathrm{Y}}$をY－Δ変換すると負荷は$3\dot{Z}_{\mathrm{Y}}$となります。一方，Δ結線の負荷$\dot{Z}_{\Delta}$をΔ－Y変換すると負荷は$\frac{1}{3}\dot{Z}_{\Delta}$になります。

難易度 B

三相交流回路(11)

問題118 図1のように，周波数50 Hz，電圧200 Vの対称三相交流電源に，インダクタンス7.96 mHのコイルと6 Ωの抵抗からなる平衡三相負荷を接続した交流回路がある。次の(a)及び(b)の問に答えよ。

(a) 図1において，三相負荷が消費する有効電力P[W]の値として，最も近いものを次の(1)～(5)のうちから一つ選べ。

(1) 1 890　(2) 3 280　(3) 4 020　(4) 5 680　(5) 9 840

(b) 図2のように，静電容量C[F]のコンデンサをΔ結線し，その端子a′，b′及びc′をそれぞれ図1の端子a，b及びcに接続した。その結果，三相交流電源からみた負荷の力率が1になった。静電容量C[F]の値として，最も近いものを次の(1)～(5)のうちから一つ選べ。

(1) 6.28×10^{-5}　(2) 8.88×10^{-5}　(3) 1.08×10^{-4}

(4) 1.26×10^{-4}　(5) 1.88×10^{-4}

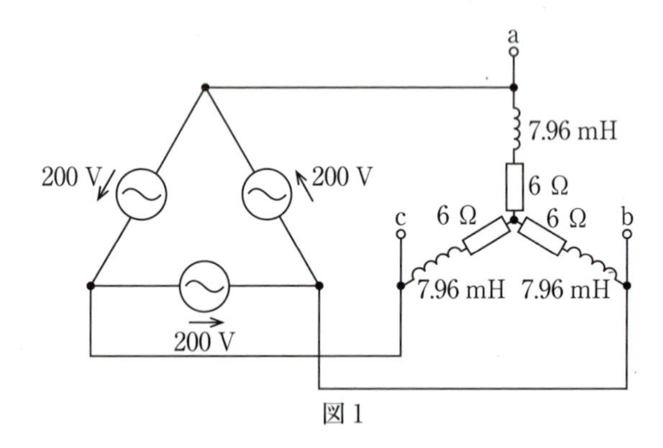

図1

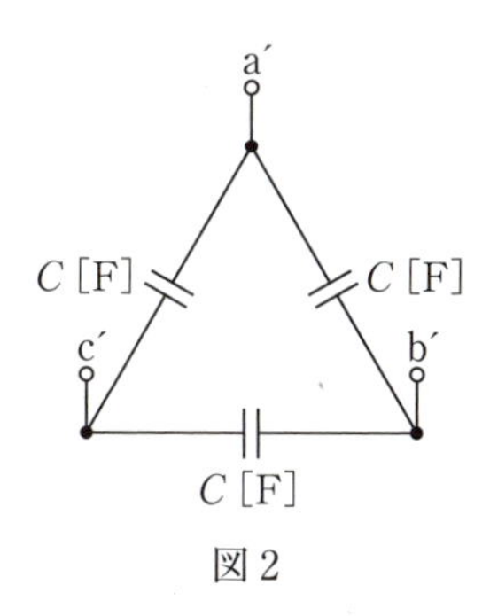

図 2

H25-B15

	①	②	③	④	⑤
学習日					
理解度 (○/△/×)					

解説

(a)　1相分の等価回路は図のようになる。

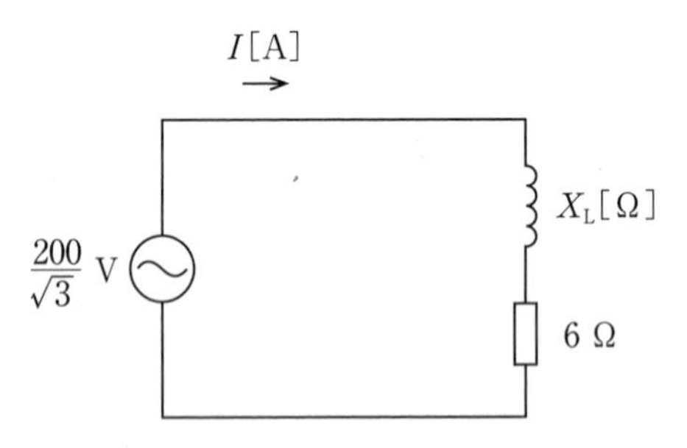

コイルの誘導性リアクタンスX_Lは，

$$X_L = 2\pi fL = 2\pi \times 50 \times 7.96 \times 10^{-3} \fallingdotseq 2.5\ \Omega$$

回路のインピーダンスZは，

$$Z = \sqrt{R^2 + X_L^2} = \sqrt{6^2 + 2.5^2} = 6.5\ \Omega$$

抵抗に流れる電流Iは，

$$I = \frac{E}{Z} = \frac{\frac{200}{\sqrt{3}}}{6.5} \fallingdotseq 17.76\ \text{A}$$

1相分の有効電力をP_1とすると，三相負荷が消費する電力Pは，

$$P = 3P_1 = 3RI^2 = 3 \times 6 \times 17.76^2 \fallingdotseq 5680\ \text{W}$$

よって，(4)が正解。

(b)　Δ結線されたコンデンサをΔ－Y変換すると，1相分の等価回路は図のようになる。

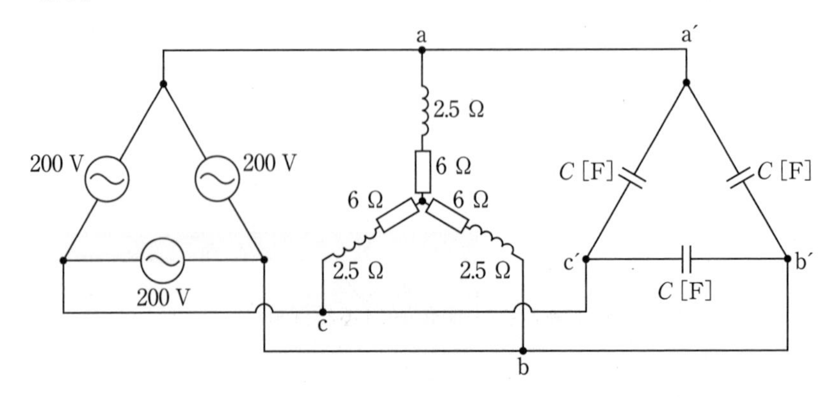

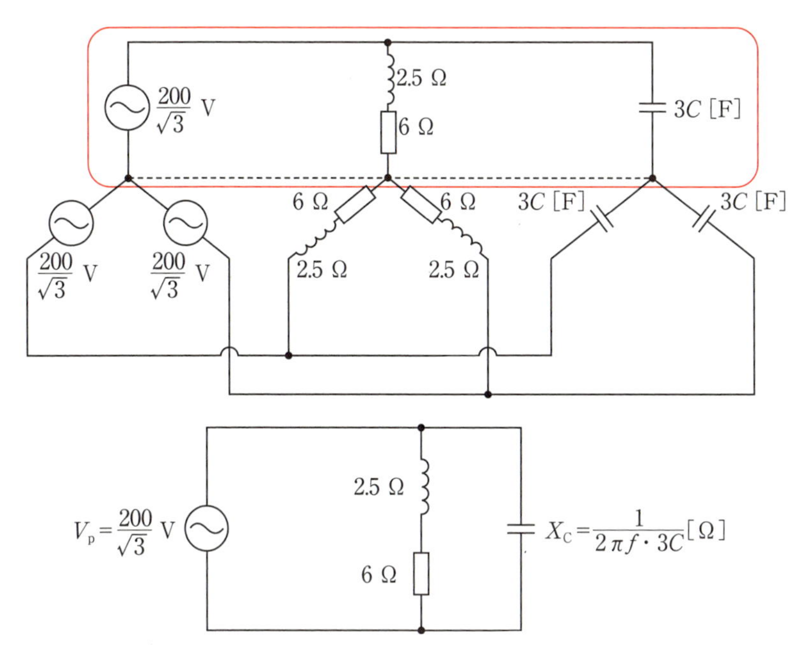

問題文の図1において無効電力Qは，

$$Q = 3X_{\mathrm{L}}I^2 = 3 \times 2.5 \times 17.76^2 \fallingdotseq 2370\ \mathrm{var}$$

また，コンデンサの無効電力Q_{C}は，1相分の無効電力の3倍であるため，

$$Q_{\mathrm{C}} = 3 \times \frac{V_{\mathrm{p}}^2}{X_{\mathrm{C}}} = 3 \times \frac{V_{\mathrm{p}}^2}{\dfrac{1}{2\pi f \cdot 3C}} = 18\pi f C V_{\mathrm{p}}^2$$

力率が1となるのは，容量リアクタンスX_{C}による進み無効電力Q_{C}と誘導リアクタンスX_{L}による遅れ無効電力Qが互いに打ち消し合った結果，無効電力が0となるときなので，$Q_{\mathrm{C}} = Q$となる。静電容量Cの値は，

$$C = \frac{Q_{\mathrm{C}}}{18\pi f V_{\mathrm{p}}^2} = \frac{2370}{18\pi \times 50 \times \left(\dfrac{200}{\sqrt{3}}\right)^2} = \frac{2370 \times 3}{18\pi \times 5 \times 4 \times 10^5} = \frac{237 \times 3}{18\pi \times 2} \times 10^{-5}$$

$$\fallingdotseq 6.28 \times 10^{-5}\ \mathrm{F}$$

よって，(1)が正解。

解答… (a)(4)　(b)(1)

ポイント

平衡三相負荷をΔ－Y変換してY－Y結線にすると，1相分を取り出すことができ，計算が楽になります。

難易度 **B**

三相交流回路⑿

教科書 SECTION 01

問題119 図1のように，線間電圧200 V，周波数50 Hzの対称三相交流電源に1 Ωの抵抗と誘導性リアクタンス$\frac{4}{3}$ Ωのコイルとの並列回路からなる平衡三相負荷（Y結線）が接続されている。また，スイッチSを介して，コンデンサC（Δ結線）を接続することができるものとする。次の(a)及び(b)の問に答えよ。

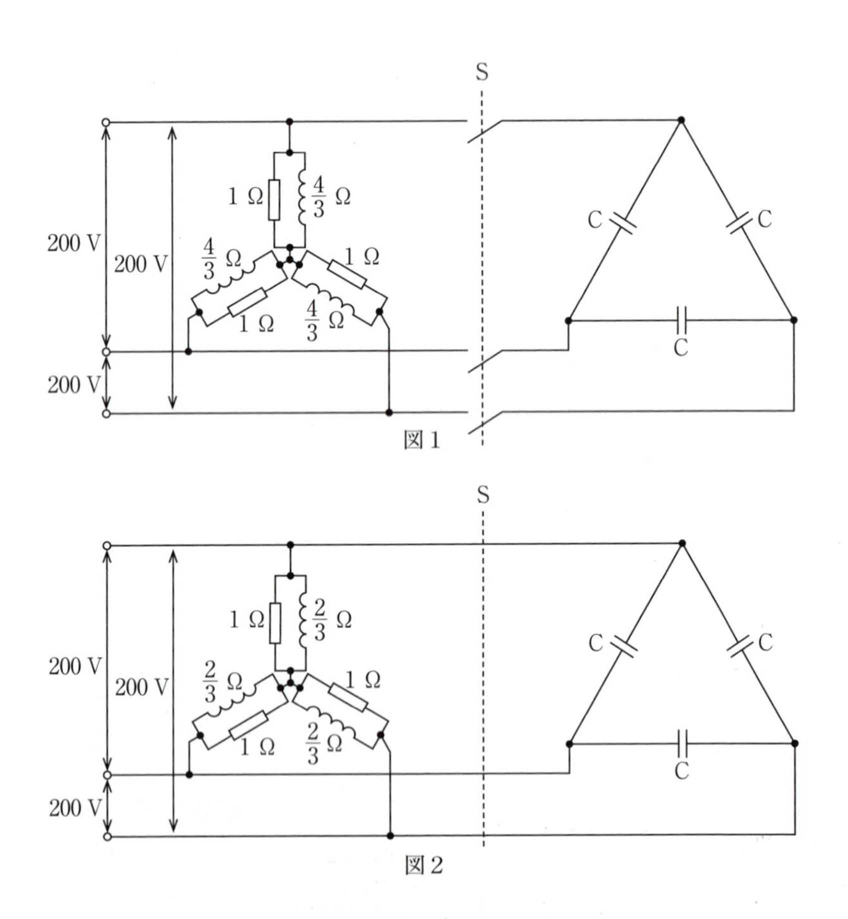

図1

図2

(a) スイッチSが開いた状態において，三相負荷の有効電力Pの値[kW]と無効電力Qの値[kvar]の組合せとして，正しいものを次の(1)～(5)のうちから一つ選べ。

	P	Q
(1)	40	30
(2)	40	53
(3)	80	60
(4)	120	90
(5)	120	160

(b) 図2のように三相負荷のコイルの誘導性リアクタンスを$\frac{2}{3}$Ωに置き換え，スイッチSを閉じてコンデンサCを接続する。このとき，電源からみた有効電力と無効電力が図1の場合と同じ値となったとする。コンデンサCの静電容量の値[μF]として，最も近いものを次の(1)～(5)のうちから一つ選べ。

(1) 800　(2) 1 200　(3) 2 400　(4) 4 800　(5) 7 200

H26-B16

	①	②	③	④	⑤
学習日					
理解度 (○/△/×)					

解説

(a) 相電圧をV_p，線電流をI_pとすると，有効電力Pは$P=3V_pI_p=3\times\frac{V_p^2}{R}$より，

$$P=3\times\frac{\left(\frac{200}{\sqrt{3}}\right)^2}{1}=40000\ \text{W}=40\ \text{kW}$$

誘導性リアクタンスをX_Lとすると，無効電力Qは$Q=3\times\frac{V_p^2}{X_L}$より，

$$Q=3\times\frac{\left(\frac{200}{\sqrt{3}}\right)^2}{\frac{4}{3}}=30000\ \text{var}=30\ \text{kvar}$$

よって，(1)が正解。

(b) 誘導性リアクタンスを$\frac{2}{3}$ Ωに置き換えたときの無効電力Q_Lは，

$$Q_L=3\times\frac{\left(\frac{200}{\sqrt{3}}\right)^2}{\frac{2}{3}}=60000\ \text{var}=60\ \text{kvar}$$

であるから，コンデンサの無効電力Q_Cは，

$$Q_C=Q_L-Q=60-30=30\ \text{kvar}$$

また，コンデンサCの静電容量をC_1とし，線間電圧をV_1とすると，コンデンサの無効電力には次の式が成り立つ。

$$Q_C=3\times\frac{V_1^2}{X_C}=3\times\frac{V_1^2}{\frac{1}{2\pi fC_1}}=6\pi fC_1V_1^2$$

したがって，コンデンサCの静電容量C_1は，

$$C_1=\frac{Q_C}{6\pi fV_1^2}=\frac{30\times10^3}{6\pi\times50\times200^2}=\frac{5\times10^3}{\pi\times5\times4\times10^5}=\frac{2500}{\pi}\times10^{-6}\fallingdotseq800\ \mu\text{F}$$

よって，(1)が正解。

解答… (a)(1) (b)(1)

難易度 B

三相交流回路(13)

教科書 SECTION 01

問題120 図のように，起電力$\dot{E}_a$[V]，$\dot{E}_b$[V]，$\dot{E}_c$[V]をもつ三つの定電圧源に，スイッチS_1，S_2，$R_1 = 10\,\Omega$及び$R_2 = 20\,\Omega$の抵抗を接続した交流回路がある。次の(a)及び(b)の問に答えよ。

ただし，$\dot{E}_a$[V]，$\dot{E}_b$[V]，$\dot{E}_c$[V]の正の向きはそれぞれ図の矢印のようにとり，これらの実効値は100 V，位相は$\dot{E}_a$[V]，$\dot{E}_b$[V]，$\dot{E}_c$[V]の順に$\frac{2}{3}\pi$ radずつ遅れているものとする。

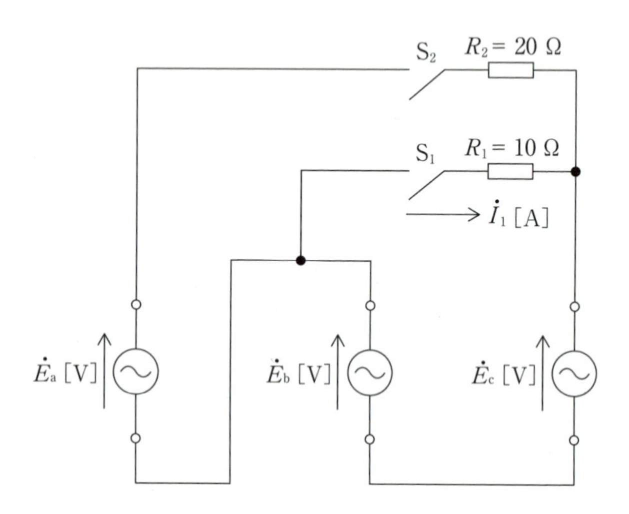

(a) スイッチS_2を開いた状態でスイッチS_1を閉じたとき，R_1[Ω]の抵抗に流れる電流$\dot{I}_1$の実効値[A]として，最も近いものを次の(1)～(5)のうちから一つ選べ。

(1) 0　(2) 5.77　(3) 10.0　(4) 17.3　(5) 20.0

(b) スイッチS_1を開いた状態でスイッチS_2を閉じたとき，R_2[Ω]の抵抗で消費される電力の値[W]として，最も近いものを次の(1)～(5)のうちから一つ選べ。

(1) 0　(2) 500　(3) 1 500　(4) 2 000　(5) 4 500

H30-B15

	①	②	③	④	⑤
学習日					
理解度 (○/△/×)					

解説

(a)

スイッチS_1のみを閉じたとき，抵抗R_1[Ω]に加わる電圧は問題の回路図より，$\dot{E}_b$[V]と$\dot{E}_c$[V]の向きが逆であるため，$\dot{E}_1 = \dot{E}_b - \dot{E}_c$[V]である。$\dot{E}_1$[V]をベクトルで表すと下図のようになる。

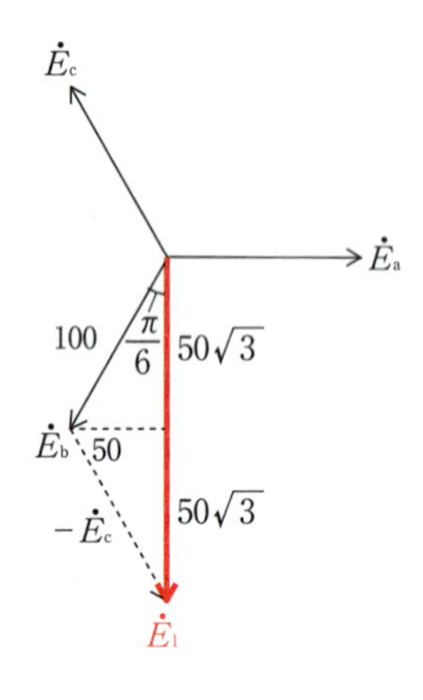

図1

図1より，$\dot{E}_1$の実効値E_1[V]は，

$$E_1 = 2 \times 50\sqrt{3} = 100\sqrt{3}\ \text{V}$$

したがって，抵抗R_1[Ω]を流れる電流$\dot{I}_1$の実効値はI_1[A]，

$$I_1 = \frac{E_1}{R_1} = \frac{100\sqrt{3}}{10} \fallingdotseq 17.3\ \text{A}$$

よって，(4)が正解。

(b)

スイッチS_2のみを閉じたとき，抵抗R_2[Ω]に加わる電圧は問題の回路図より，$\dot{E}_c$[V]のみ$\dot{E}_a$[V]および$\dot{E}_b$[V]と向きが逆であるため，$\dot{E}_2 = \dot{E}_a + \dot{E}_b - \dot{E}_c$[V]である。$\dot{E}_2$[V]をベクトルで表すと図2のようになる。

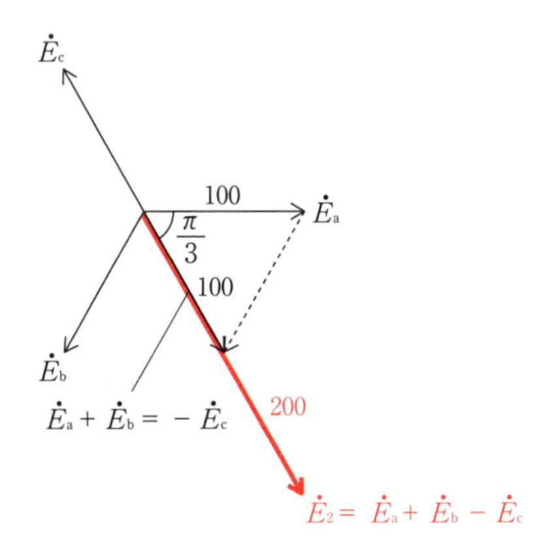

図2

図2より，$\dot{E}_2$の実効値E_2[V]は，

$$E_2 = 2 \times 100 = 200\ \text{V}$$

したがって，抵抗R_2[Ω]で消費される電力P[W]は，

$$P = \frac{E_2^2}{R_2} = \frac{200^2}{20} = 2000\ \text{W}$$

よって，(4)が正解。

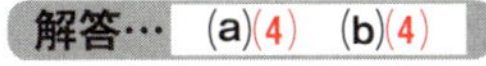

CHAPTER 06

過渡現象とその他の波形

難易度 **B**

過渡現象(1)

教科書 SECTION 02

問題121 図のような回路において，スイッチSを①側に閉じて，回路が定常状態に達した後で，スイッチSを切り換え②側に閉じた。スイッチS，抵抗R_2及びコンデンサCからなる閉回路の時定数の値として，正しいのは次のうちどれか。

ただし，抵抗R_1 = 300 Ω，抵抗R_2 = 100 Ω，コンデンサCの静電容量 = 20 μF，直流電圧E = 10 Vとする。

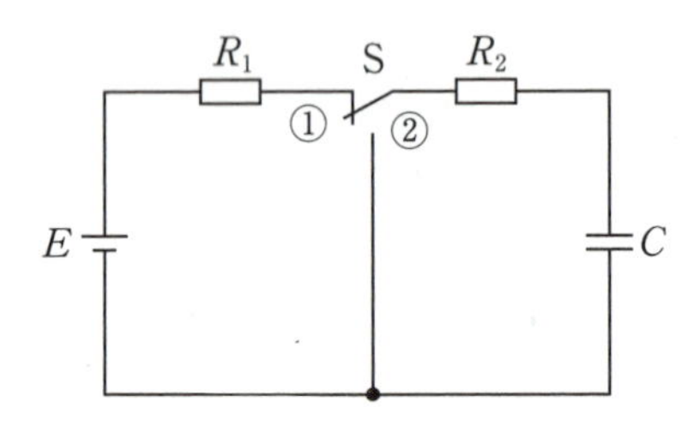

(1) 0.05 μs　(2) 0.2 μs　(3) 1.5 ms

(4) 2.0 ms　(5) 8.0 ms

H18-A10

	①	②	③	④	⑤
学習日					
理解度 (○/△/×)					

解説

RC直列回路の時定数は $\tau = RC$ より,

$$\tau = R_2C$$
$$= 100 \times 20 \times 10^{-6} = 2.0 \times 10^{-3}\ \mathrm{s} = 2.0\ \mathrm{ms}$$

よって,(4)が正解。

解答… (4)

難易度 **A**

過渡現象(2)

教科書 SECTION 02

問題122 図の回路において，スイッチSを閉じた瞬間（時刻$t=0$）に抵抗R_1に流れる電流をI_0[A]とする。また，スイッチSを閉じた後，回路が定常状態に達したとき，同じ抵抗R_1に流れる電流をI_∞[A]とする。

上記の電流I_0及びI_∞の値の組合せとして，正しいのは次のうちどれか。

ただし，コンデンサCの初期電荷は零とする。

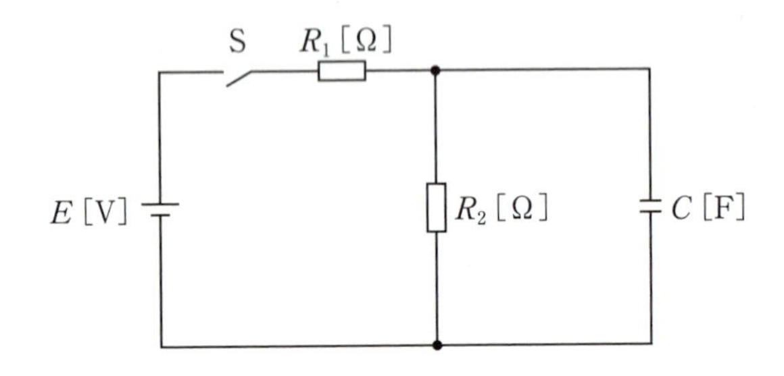

(1) $I_0=\dfrac{E}{R_1+R_2}$ $I_\infty=\dfrac{E}{R_2}$

(2) $I_0=\dfrac{E}{R_1}$ $I_\infty=\dfrac{E}{R_2}$

(3) $I_0=\dfrac{E}{R_1+R_2}$ $I_\infty=\dfrac{E}{R_1}$

(4) $I_0=\dfrac{E}{R_1}$ $I_\infty=\dfrac{E}{R_1+R_2}$

(5) $I_0=\dfrac{E}{R_2}$ $I_\infty=\dfrac{E}{R_1+R_2}$

H13-A5

	①	②	③	④	⑤
学習日					
理解度 (○/△/×)					

解説

スイッチSを閉じた瞬間，コンデンサCの電荷は0であるから，電流はすべてコンデンサCに流れる。すなわち，抵抗R_2に流れる電流は0であるから，

$$I_0 = \frac{E}{R_1} \text{[A]}$$

次に，回路が定常状態に達したとき，コンデンサCは完全に充電された状態であるから，電流はすべて抵抗R_2に流れる。このとき，抵抗R_1に流れる電流I_∞は，

$$I_\infty = \frac{E}{R_1 + R_2} \text{[A]}$$

よって，正しい組み合わせは(4)である。

解答… (4)

ポイント

コイルLとコンデンサCの過渡現象をまとめると，下の表のようになります。

	初期状態	定常状態
RC回路	Cを短絡して考える	Cを開放して考える
RL回路	Lを開放して考える	Lを短絡して考える

難易度 B

過渡現象(3)

教科書 SECTION 02

問題123 図の回路において，スイッチSが開いているとき，静電容量C_1 = 0.004 Fのコンデンサには電荷Q_1 = 0.3 Cが蓄積されており，静電容量C_2 = 0.002 Fのコンデンサの電荷はQ_2 = 0 Cである。この状態でスイッチSを閉じて，それから時間が十分に経過して過渡現象が終了した。この間に抵抗R[Ω]で消費された電気エネルギー[J]の値として，正しいのは次のうちどれか。

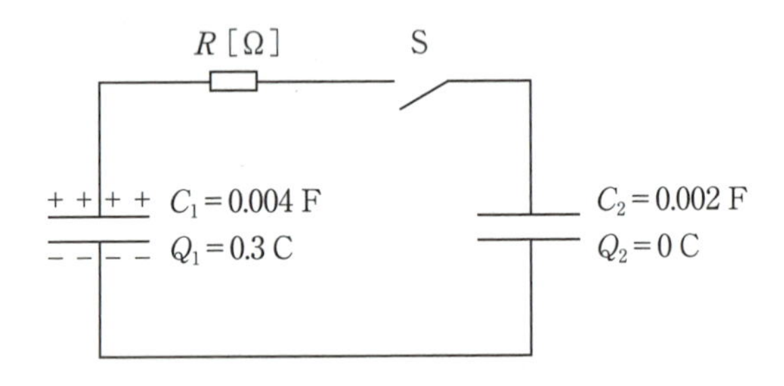

(1) 2.50　(2) 3.75　(3) 7.50　(4) 11.25　(5) 13.33

H14-A9

	①	②	③	④	⑤
学習日					
理解度 (○/△/×)					

解説

スイッチSを閉じる前に，コンデンサC_1に蓄えられていた静電エネルギーWは$W=\dfrac{1}{2}\dfrac{Q^2}{C}$より，

$$W=\frac{Q_1^2}{2C_1}=\frac{0.3^2}{2\times 0.004}=11.25\ \mathrm{J}$$

次に，スイッチSを閉じた後コンデンサC_1に蓄えられている電荷の一部がコンデンサC_2に移動するが，コンデンサC_1，C_2に蓄えられている電荷の総量はQ_1[C]のままである。

スイッチSを閉じた後の静電エネルギーW'は，

$$W'=\frac{Q_1^2}{2(C_1+C_2)}=\frac{0.3^2}{2\times(0.004+0.002)}=7.5\ \mathrm{J}$$

抵抗Rで消費された電気エネルギーの値はスイッチSを閉じる前と閉じた後のエネルギー差ΔWに等しいから，

$$\Delta W=W-W'=11.25-7.5=3.75\ \mathrm{J}$$

よって，(2)が正解。

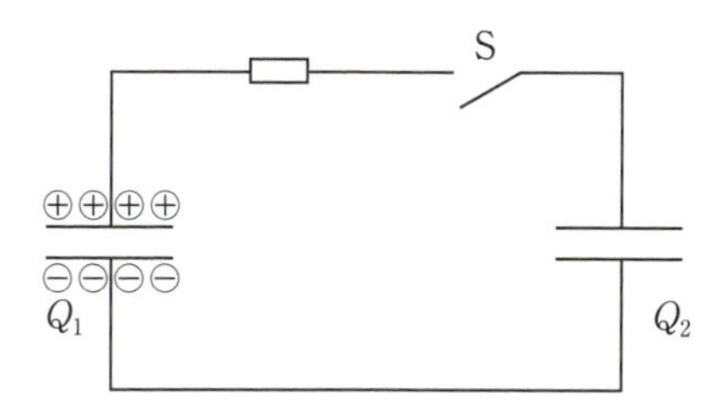

【スイッチSが開いているとき】

⇩ スイッチSを閉じる

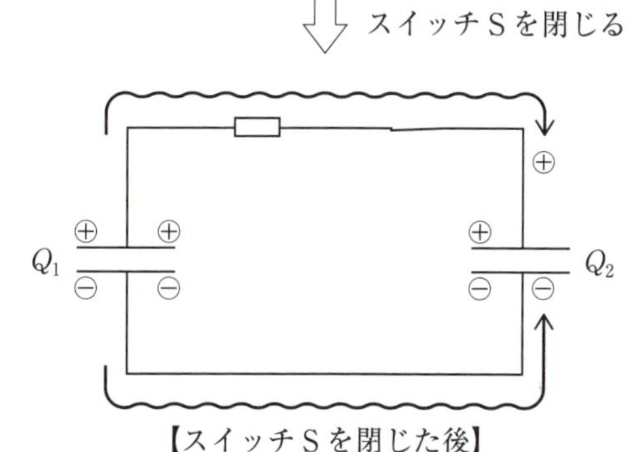

【スイッチSを閉じた後】

電荷が移動するだけなので電荷の総量Q_1+Q_2は変化しない（電荷保存の法則）

解答… (2)

難易度 B

過渡現象(4)

教科書 SECTION 02

問題124 図のように，直流電圧E[V]の電源が2個，R[Ω]の抵抗が2個，静電容量C[F]のコンデンサ，スイッチS_1とS_2からなる回路がある。スイッチS_1とS_2の初期状態は，共に開いているものとする。電源の内部インピーダンスは零とする。時刻$t = t_1$[s]でスイッチS_1を閉じ，その後，時定数CR[s]に比べて十分に時間が経過した時刻$t = t_2$[s]でスイッチS_1を開き，スイッチS_2を閉じる。このとき，コンデンサの端子電圧v[V]の波形を示す図として，最も近いものを次の(1)〜(5)のうちから一つ選べ。

ただし，コンデンサの初期電荷は零とする。

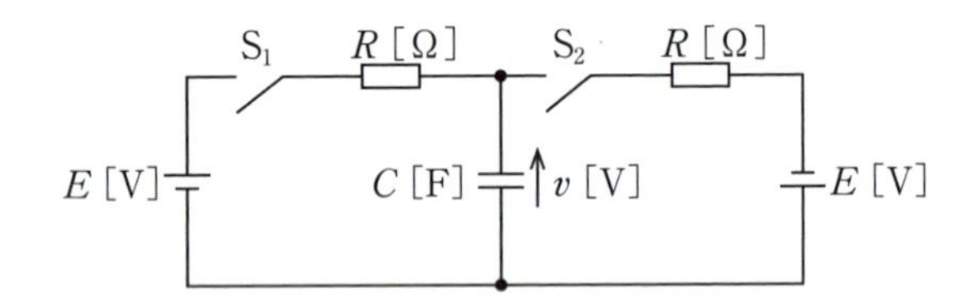

(1)

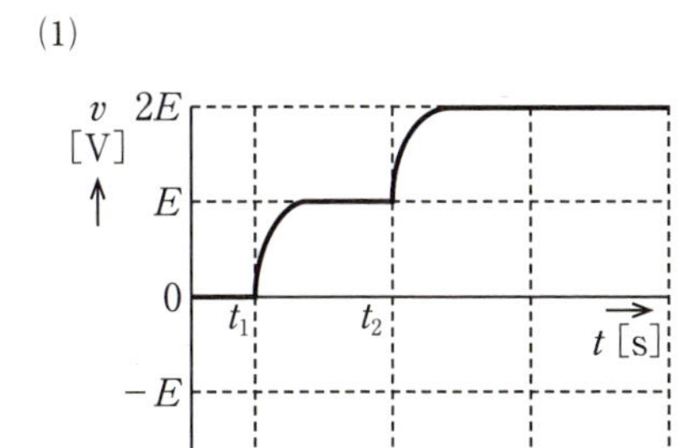

(2)

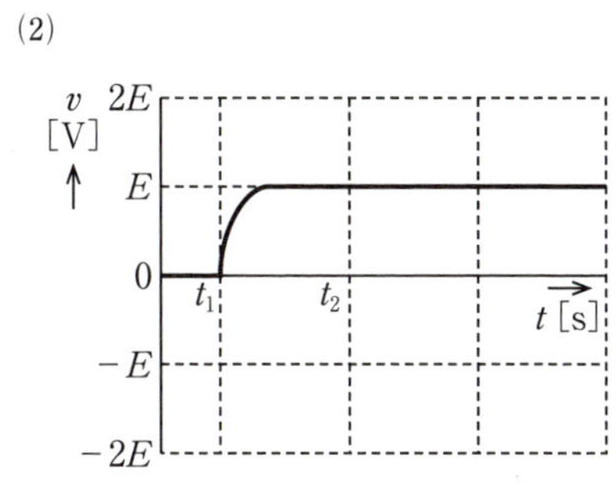

(3)

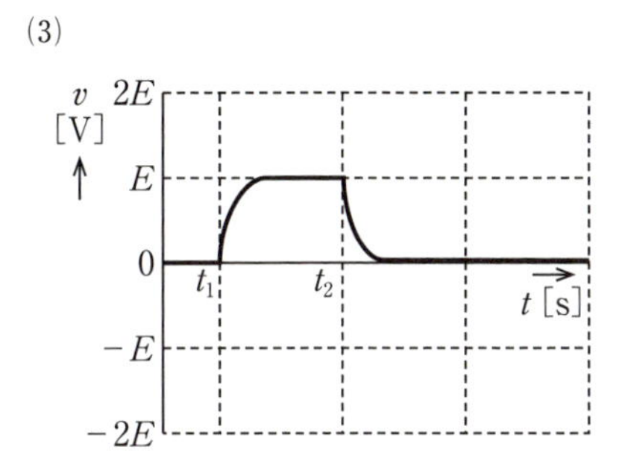

(4)

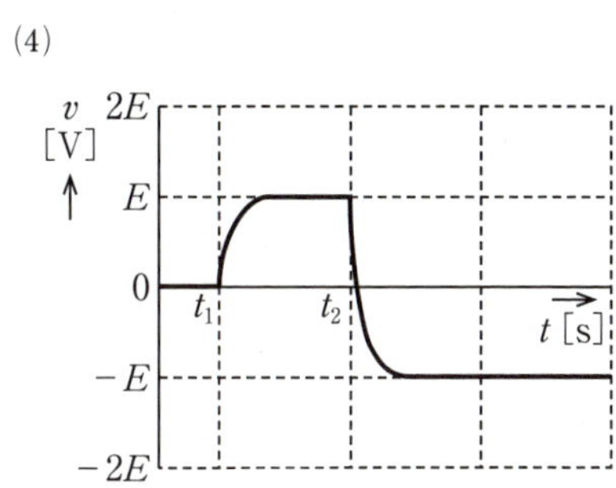

(5)

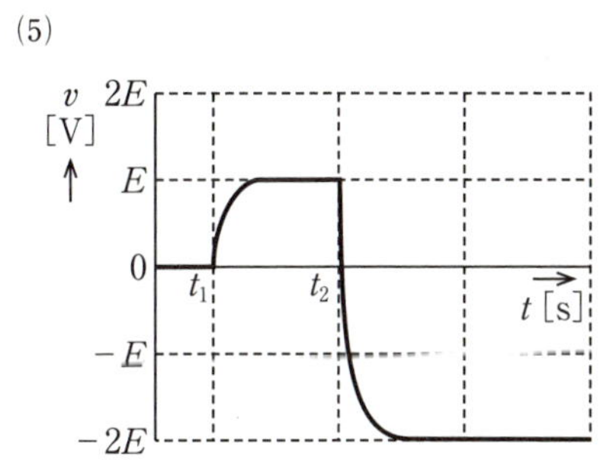

H26-A11

	①	②	③	④	⑤
学習日					
理解度 (○/△/×)					

解説

①スイッチS_1を閉じたとき，

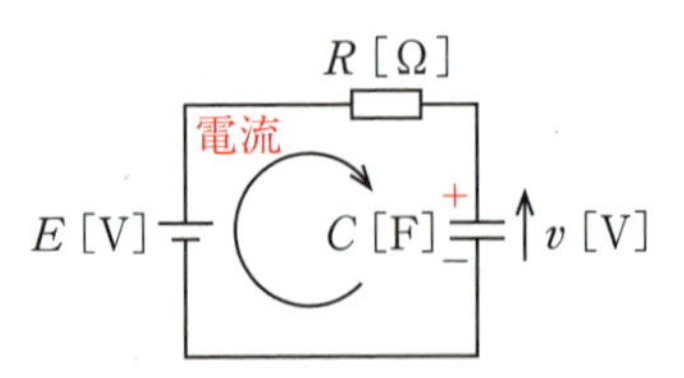

回路は図のようになり，コンデンサCは端子電圧が$v = E$[V]になるまで充電される。

②スイッチS_1を開いて，スイッチS_2を閉じた直後，

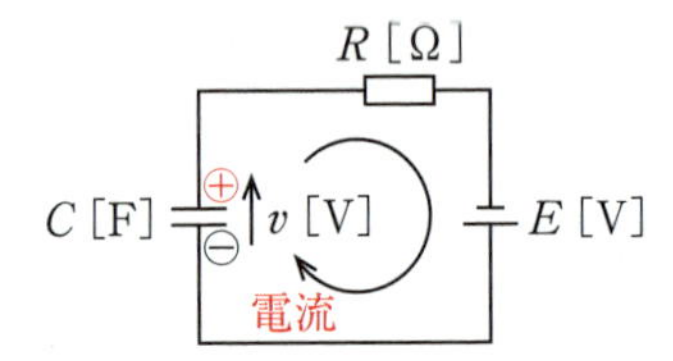

コンデンサCに蓄えられた電荷は放電され，Cの端子電圧は0になる。その後，コンデンサCは電源電圧Eによって逆方向に充電される。

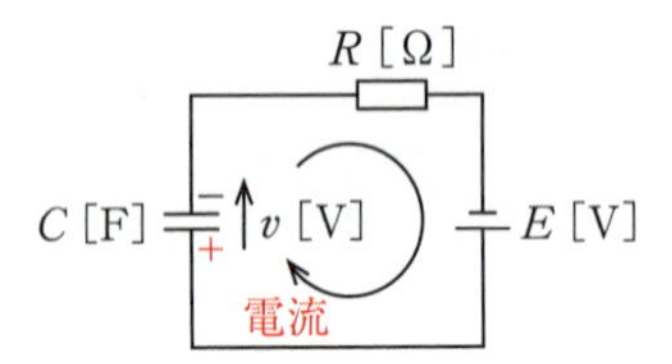

よって，端子電圧は$v = -E$[V]となる。

よって，(4)が正解。

解答… (4)

難易度 A

過渡現象(5)

教科書 SECTION 02

問題125 図1から図5に示す5種類の回路は，R[Ω]の抵抗と静電容量C[F]のコンデンサの個数と組み合わせを異にしたものである。コンデンサの初期電荷を零として，スイッチSを閉じたときの回路の過渡的な現象を考える。そのとき，これら回路のうちで時定数が最も大きい回路を示す図として，正しいのは次のうちどれか。

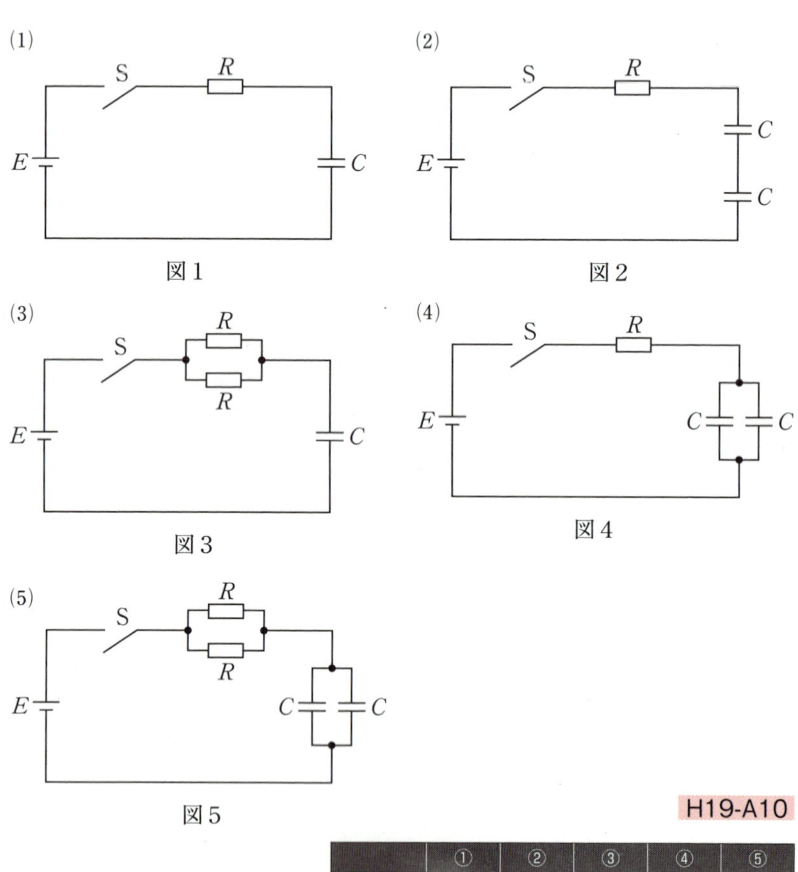

H19-A10

	①	②	③	④	⑤
学習日					
理解度 (○/△/×)					

解説

RC直列回路の時定数は$\tau = RC$[s]より，

$$\tau_1 = RC\,[\mathrm{s}]$$

$$\tau_2 = R \cdot \frac{C}{2} = \frac{1}{2}RC\,[\mathrm{s}]$$

$$\tau_3 = \frac{R}{2} \cdot C = \frac{1}{2}RC\,[\mathrm{s}]$$

$$\tau_4 = R \cdot 2C = 2RC\,[\mathrm{s}]$$

$$\tau_5 = \frac{R}{2} \cdot 2C = RC\,[\mathrm{s}]$$

以上より，時定数が最も大きい回路は(4)である。

解答…　(4)

ポイント

2つの同じ抵抗Rを**並列**に接続すると，合成抵抗R_0は

$$R_0 = \frac{R \cdot R}{R + R} = \frac{R}{2}\,[\Omega]$$

となります。また，2つの同じコンデンサCを**直列**に接続すると，合成静電容量C_0は

$$C_0 = \frac{C \cdot C}{C + C} = \frac{C}{2}\,[\mathrm{F}]$$

となります。

難易度 B

過渡現象(6)

教科書 SECTION 02

問題126 図のように，2種類の直流電源，R[Ω]の抵抗，静電容量C[F]のコンデンサ及びスイッチSからなる回路がある。この回路において，スイッチSを①側に閉じて回路が定常状態に達した後に，時刻$t=0$ sでスイッチSを①側から②側に切り換えた。②側への切り換え以降の，コンデンサから流れ出る電流i[A]の時間変化を示す図として，正しいものを次の(1)〜(5)のうちから一つ選べ。

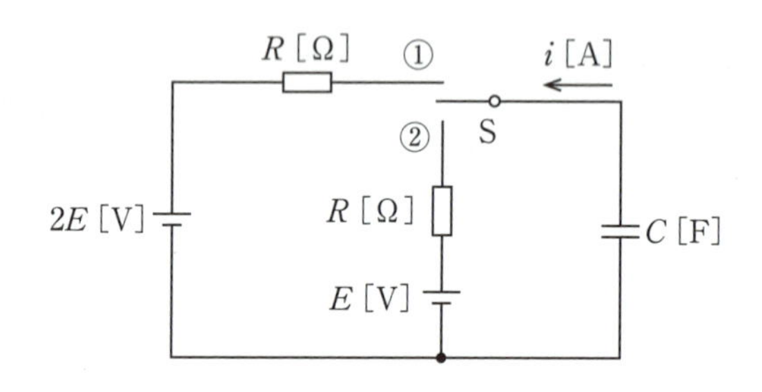

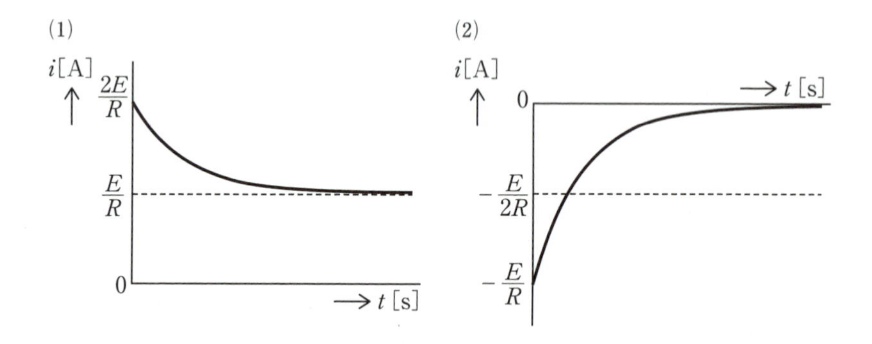

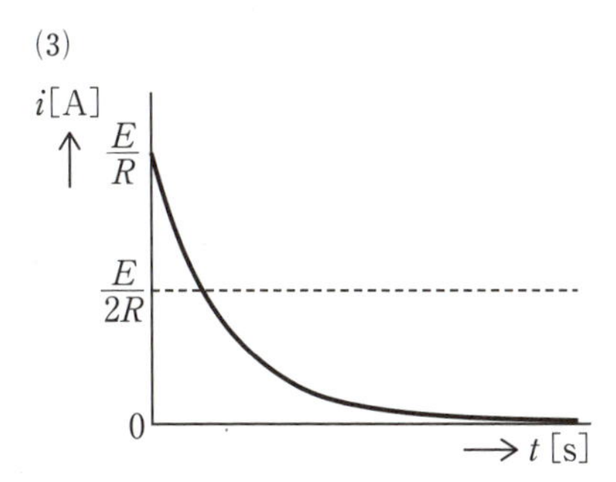

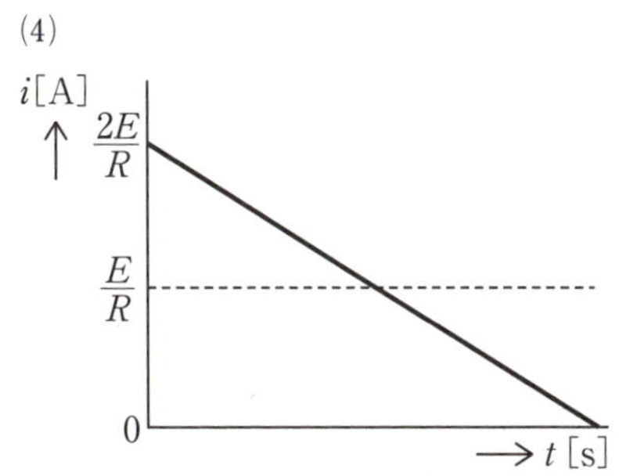

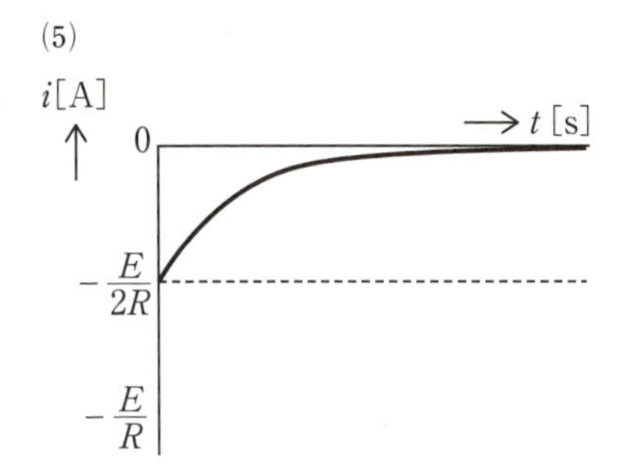

H23-A10

	①	②	③	④	⑤
学習日					
理解度 (○/△/×)					

解説

スイッチSを①側に閉じたとき

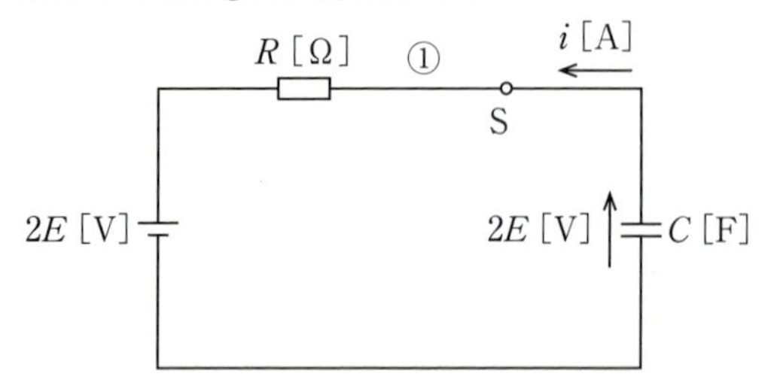

コンデンサCには$Q=CV$より，$q=2CE$[C]の電荷が蓄えられる。

スイッチを②側に切り替えると

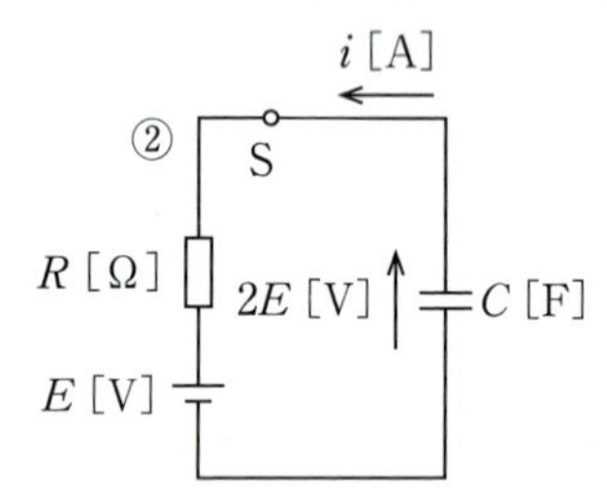

$I=\dfrac{V}{R}$より，

$$i=\frac{\dfrac{2CE}{C}-E}{R}=\frac{E}{R}\ [\mathrm{A}]$$

の電流が流れ出る。コンデンサの電荷は徐々に減少していき，コンデンサの電圧が電源電圧E[V]と等しくなると電流は0になる。

よって，(3)が正解。

解答… (3)

難易度 A

過渡現象(7)

教科書 SECTION 02

問題127 図のように，抵抗RとインダクタンスLのコイルを直列に接続した回路がある。この回路において，スイッチSを時刻$t=0$で閉じた場合に流れる電流及び各素子の端子間電圧に関する記述として，誤っているのは次のうちどれか。

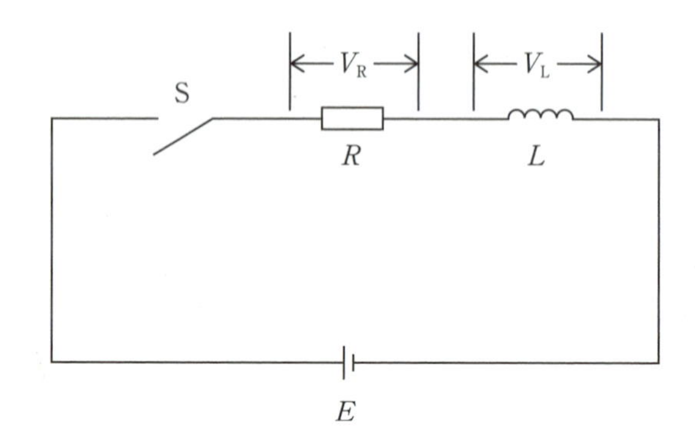

(1) この回路の時定数は，Lの値に比例している。

(2) Rの値を大きくするとこの回路の時定数は，小さくなる。

(3) スイッチSを閉じた瞬間（時刻$t=0$）のコイルの端子間電圧V_Lの大きさは，零である。

(4) 定常状態の電流は，Lの値に関係しない。

(5) 抵抗Rの端子間電圧V_Rの大きさは，定常状態では電源電圧Eの大きさに等しくなる。

H17-A9

	①	②	③	④	⑤
学習日					
理解度 (○/△/×)					

解説

(1) RL 直列回路の時定数は$\dfrac{L}{R}$となるから，回路の時定数は**Lに比例**する。

(2) $\tau = \dfrac{L}{R}$より，Rを大きくすると時定数は**小さく**なる。

(3) スイッチを閉じた瞬間は回路に流れる電流が0 Aである。よって，抵抗Rの端子間電圧は0 Vとなるから，コイルの端子間電圧 V_Lの大きさはEである。

(4) 定常状態ではコイルを短絡して考える。よって，電流は**Lに関係しない**。

(5) 定常状態において，コイルは短絡状態であるため，コイルは導線とみなせる。よって，$V_L \fallingdotseq 0$と考えられる。キルヒホッフの第二法則より，起電力の和＝逆起電力の和

$$E = V_R$$

が成り立つ。

以上より，誤っているのは**(3)**。

解答…　(3)

難易度 B

過渡現象(8)

教科書 SECTION 02

問題128 図のように，直流電圧E[V]の電源，R[Ω]の抵抗，インダクタンスL[H]のコイル，スイッチS_1とS_2からなる回路がある。電源の内部インピーダンスは零とする。時刻$t = t_1$[s]でスイッチS_1を閉じ，その後，時定数$\frac{L}{R}$[s]に比べて十分に時間が経過した時刻$t = t_2$[s]でスイッチS_2を閉じる。このとき，電源から流れ出る電流i[A]の波形を示す図として，最も近いものを次の(1)～(5)のうちから一つ選べ。

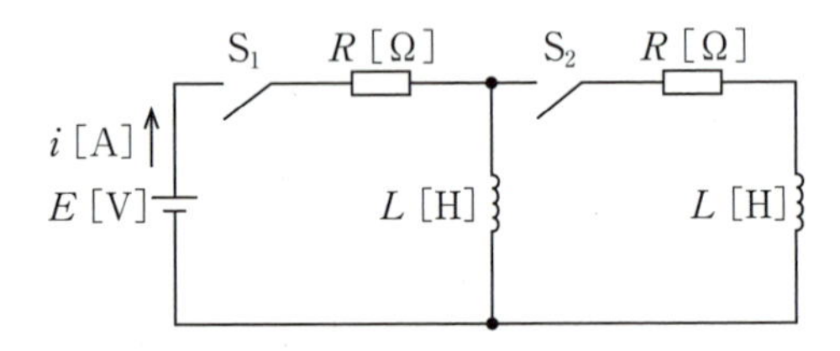

(1)

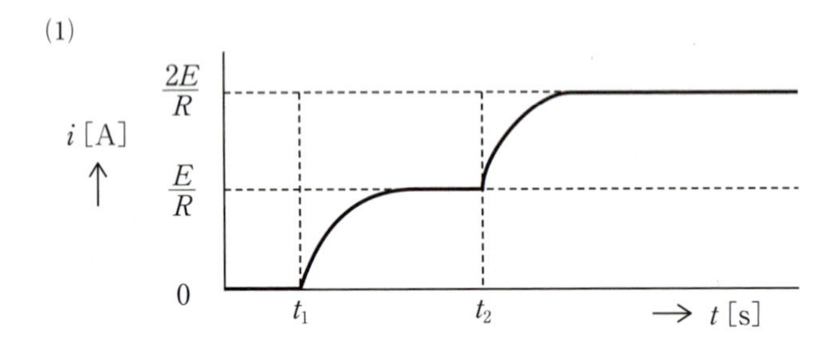

(2)

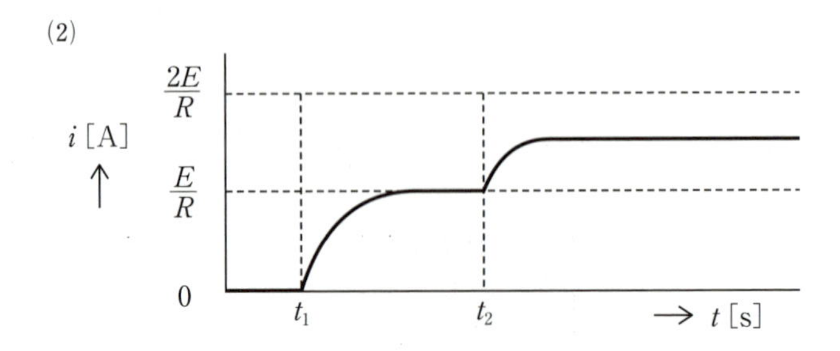

(3)

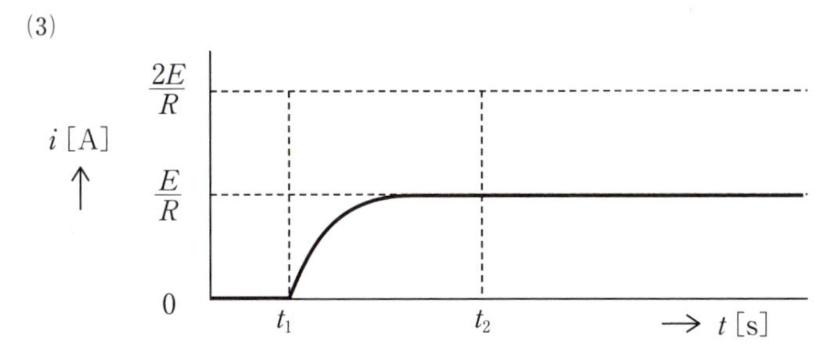

(4)

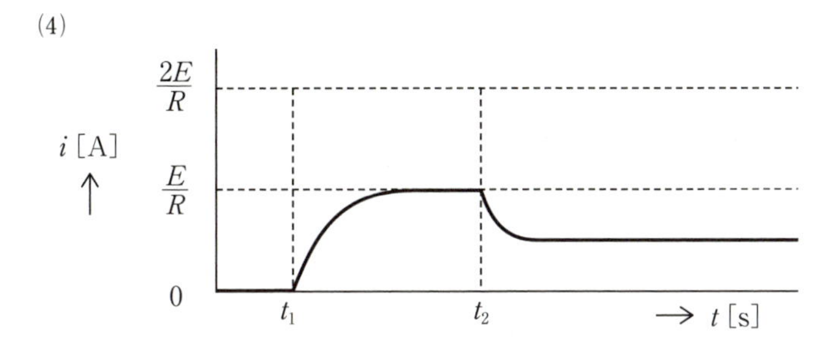

(5)

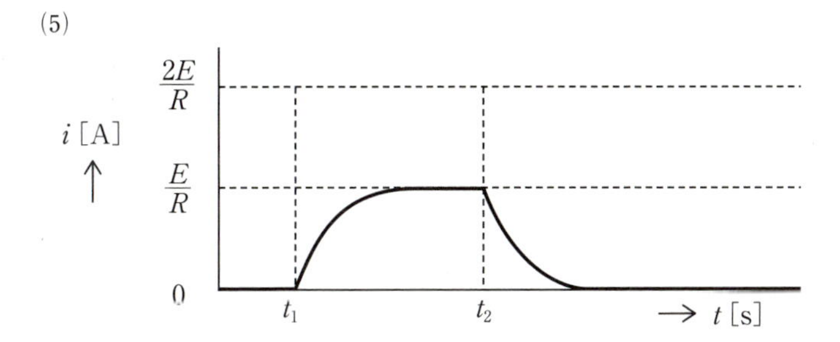

H24-A9

	①	②	③	④	⑤
学習日					
理解度 (○/△/×)					

解説

時刻$t = t_1$[s]でスイッチS_1を閉じた後，$\dfrac{L}{R}$[s]に比べて十分に時間が経過した定常状態のコイルのインピーダンスは0とみなせる。よってコイルによる電圧降下は生じず，$i = \dfrac{E}{R}$[A]の電流が流れている。

$t = t_2$[s]のときスイッチS_2を閉じても，コイルは短絡していると考えることができるので電流i[A]に変化はない。

よって，(3)が正解。

解答…　(3)

過渡現象(9)

問題129 図の回路において，十分に長い時間開いていたスイッチSを時刻$t=0$ msから時刻$t=15$ msの間だけ閉じた。このとき，インダクタンス20 mHのコイルの端子間電圧v[V]の時間変化を示す図として，最も近いものを次の(1)〜(5)のうちから一つ選べ。

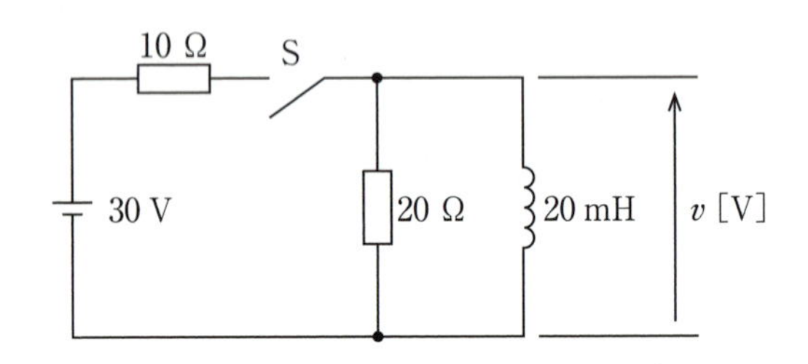

(1)

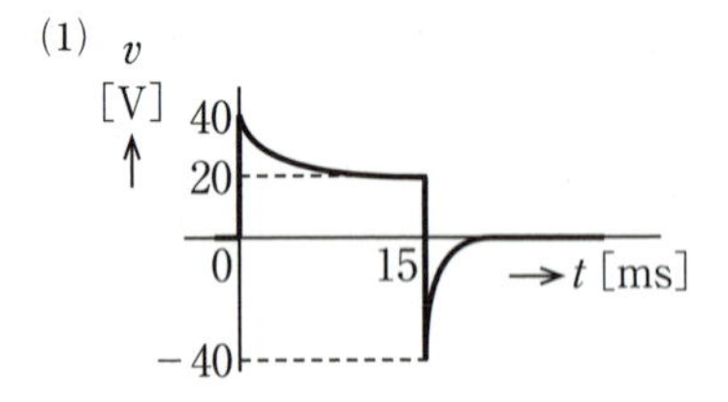

(2)

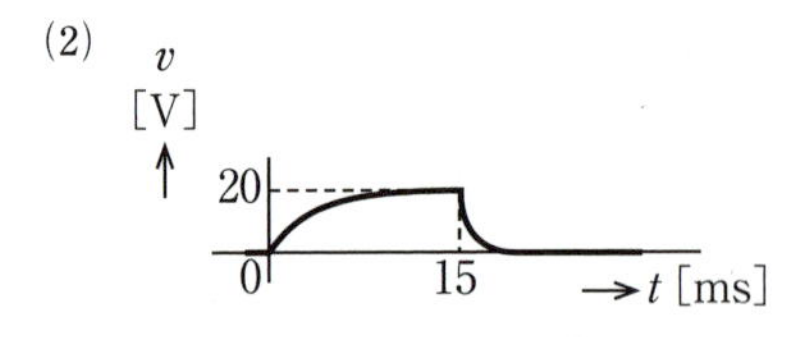

(3)

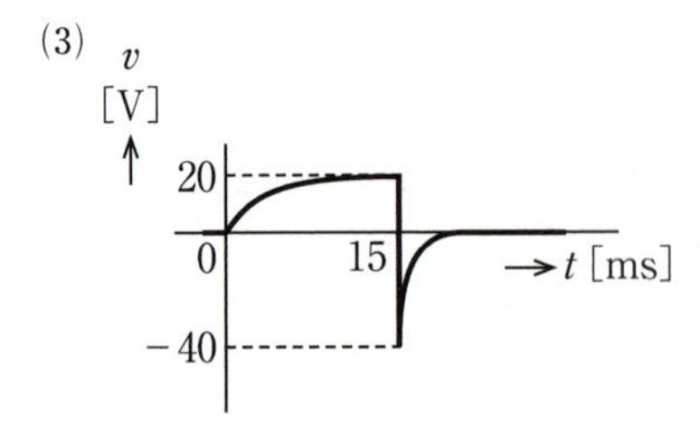

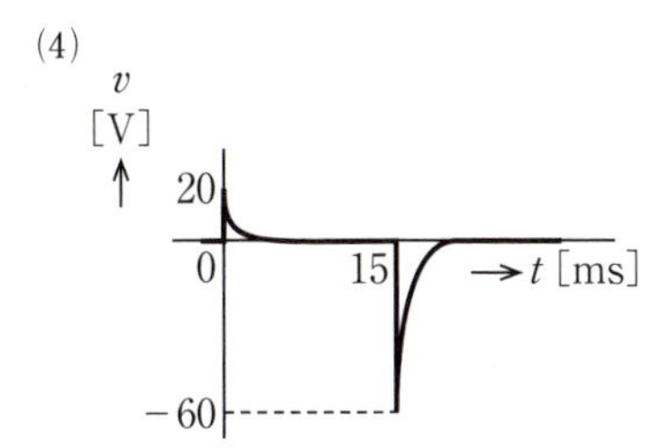

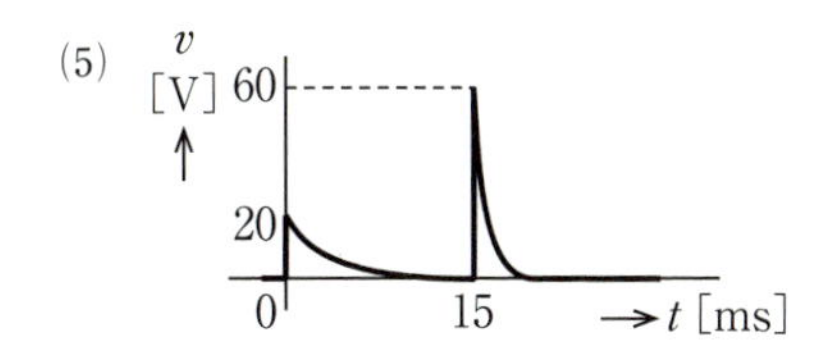

H25-A12

	①	②	③	④	⑤
学習日					
理解度 (○/△/×)					

解説

t=0でスイッチを閉じると，閉じた瞬間はコイルに電流が流れないので，20 Ωの抵抗にかかる電圧は，抵抗の比に分配され$\frac{20}{10+20}\times 30=20$ Vとなる。よって，並列に接続されたコイルの端子間電圧も20 Vである。

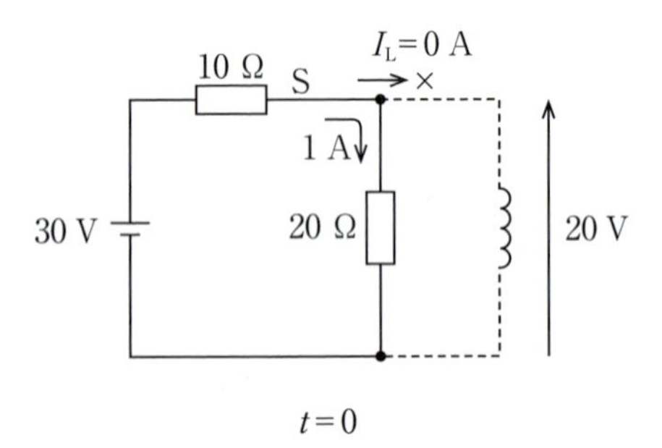

t=0

スイッチを開く直前，コイルは短絡状態となっていて抵抗20 Ωには電流が流れないので，コイルには$I=\frac{V}{R}=\frac{30}{10}=3$ Aの電流が流れていることになる。

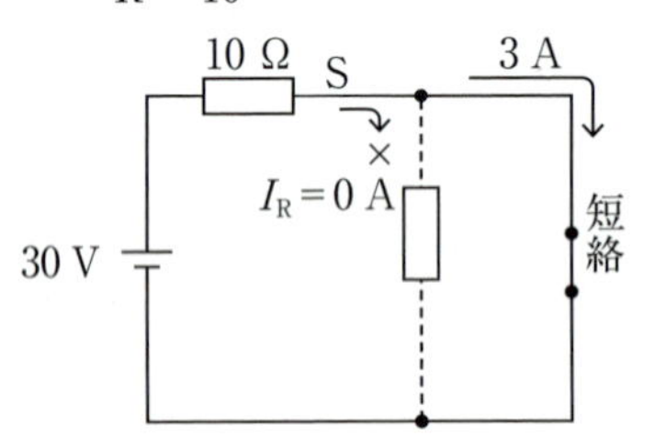

0<t<15 ms（定常状態）

スイッチを開いた瞬間，コイルに蓄えられた電磁エネルギーがあるため，コイルは電流変化を打ち消す方向に起電力を生じる。よって，電流はすぐには0にならず，抵抗20 Ωには$V_R=RI=20\times 3=60$ Vの電圧がかかる。

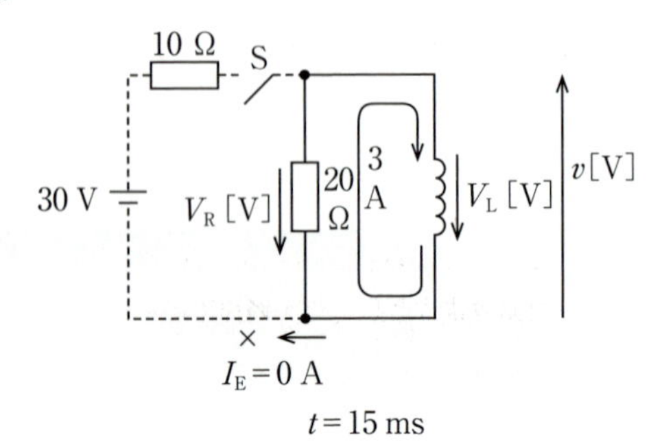

t=15 ms

キルヒホッフの第二法則より，

$$V_{\mathrm{L}}=V_{\mathrm{R}}$$
$$=60\ \mathrm{V}$$
$$v=-V_{\mathrm{L}}$$
$$=-60\ \mathrm{V}$$

よって，(4)が正解。

解答…　(4)

ポイント

コイルには電流の変化を妨げようとし，その時点での電流の大きさを保とうとする性質があります。

教科書 SECTION 03

問題130 図1のようなインダクタンスL[H]のコイルとR[Ω]の抵抗からなる直列回路に，図2のような振幅E[V]，パルス幅T_0[s]の方形波電圧v_i[V]を加えた。このときの抵抗R[Ω]の端子間電圧v_R[V]の波形を示す図として，正しいのは次のうちどれか。

ただし，図1の回路の時定数$\dfrac{L}{R}$[s]はT_0[s]より十分小さく（$\dfrac{L}{R} \ll T_0$），方形波電圧v_i[V]を発生する電源の内部インピーダンスは0 Ωとし，コイルに流れる初期電流は0 Aとする。

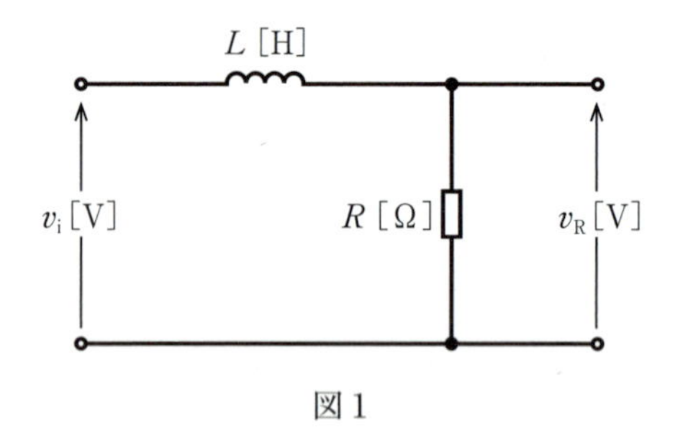

図1

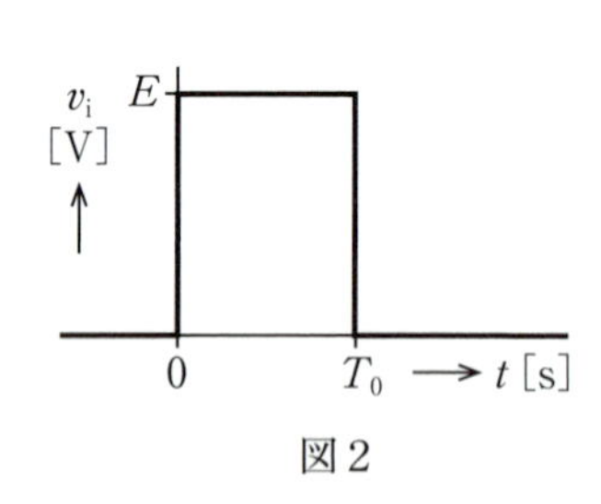

図2

(1)

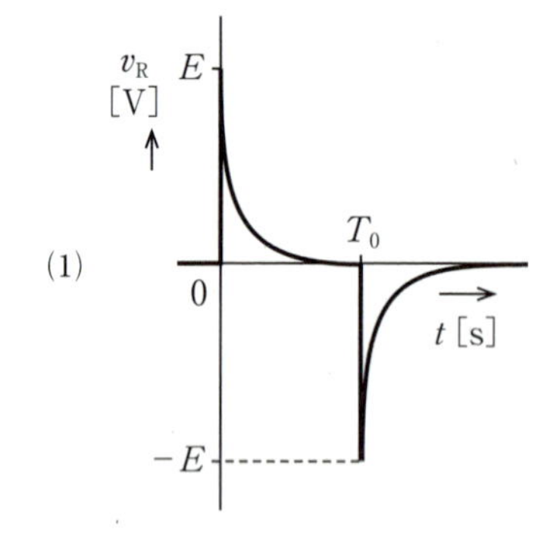

(2)

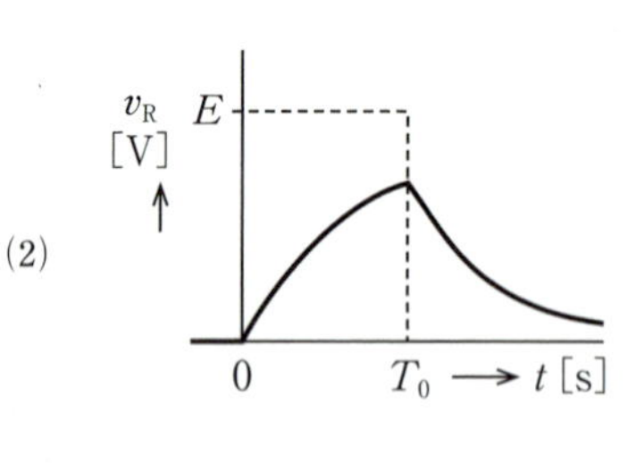

(3)

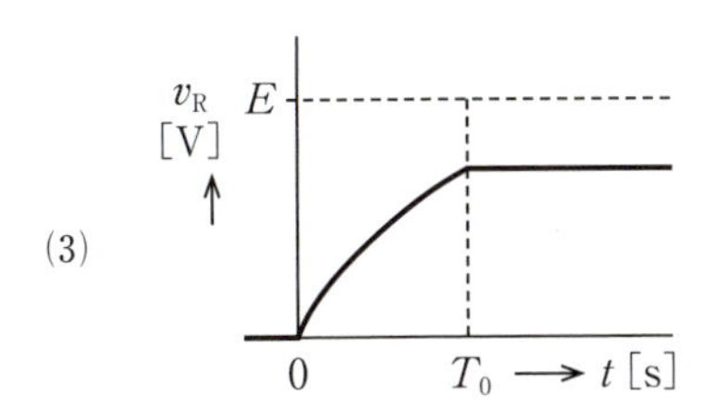

(4)

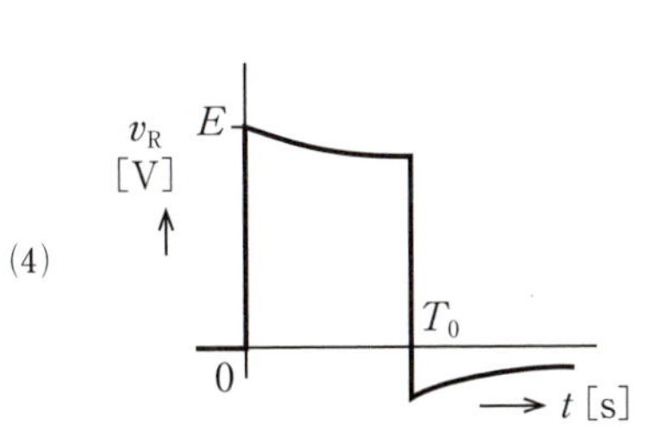

(5)

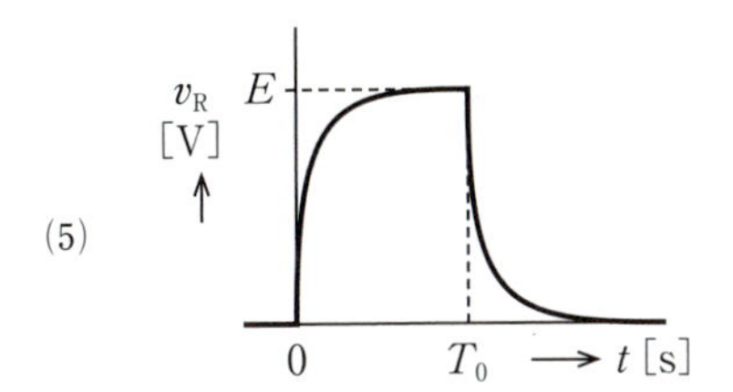

H21-A10

	①	②	③	④	⑤
学習日					
理解度 (○/△/×)					

解説

コイルは電流の変化を嫌う性質があるため，時刻$t=0$のとき電流はゼロ，すなわち抵抗Rの端子間電圧v_Rは**ゼロ**となる。その後，電圧は徐々に上昇し，時定数$\dfrac{L}{R}$はT_0よりも十分に小さいので，電圧は$V_R = E$[V]となる。時刻$t = T_0$のとき，方形波電圧はゼロとなるが，先ほどと同様に，電流はいきなりゼロにはならず，徐々に減少してゼロとなる。

よって，正解は(5)。

解答… (5)

ポイント

時定数は最終値の63.2％に達する時間です。時定数が小さいと応答が速くなります。

CHAPTER 07

電子理論

難易度 A 半導体(1)

教科書 SECTION 01

問題131 極めて高い純度に精製されたけい素（Si）の真性半導体に，微量のほう素（B）又はインジウム（In）などの［(ア)］価の元素を不純物として加えたものを［(イ)］形半導体といい，このとき加えた不純物を［(ウ)］という。

上記の記述中の空白箇所(ア)，(イ)及び(ウ)に当てはまる語句又は数値として，正しいものを組み合わせたのは次のうちどれか。

	(ア)	(イ)	(ウ)
(1)	5	n	ドナー
(2)	3	p	アクセプタ
(3)	3	n	ドナー
(4)	5	n	アクセプタ
(5)	3	p	ドナー

H18-A11

	①	②	③	④	⑤
学習日					
理解度 (○/△/×)					

解説

シリコン（Si）の真性半導体に，ホウ素（B）やインジウム（In）などの(ア)**3**価の元素を不純物としてごく微量添加したものを(イ)**p**形半導体といい，このとき加えた不純物を(ウ)**アクセプタ**という。

よって，(2)が正解。

解答… (2)

難易度 A

半導体(2)

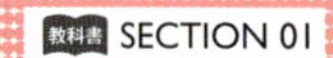

問題132 半導体に関する記述として，誤っているのは次のうちどれか。

(1) シリコン（Si）やゲルマニウム（Ge）の真性半導体においては，キャリヤの電子と正孔の数は同じである。

(2) 真性半導体に微量のⅢ族又はⅤ族の元素を不純物として加えた半導体を不純物半導体といい，電気伝導度が真性半導体に比べて大きくなる。

(3) シリコン（Si）やゲルマニウム（Ge）の真性半導体にⅤ族の元素を不純物として微量だけ加えたものをp形半導体という。

(4) n形半導体の少数キャリヤは正孔である。

(5) 半導体の電気伝導度は温度が下がると小さくなる。

H21-A11

	①	②	③	④	⑤
学習日					
理解度 (○/△/×)					

解説

シリコン（Si）やゲルマニウム（Ge）などの真性半導体にインジウム（In），ホウ素（B），ガリウム（Ga）などのⅢ族の元素を不純物として添加したものを**p形半導体**という。

一方，ヒ素（As），リン（P），アンチモン（Sb）などのⅤ族の元素を添加したものを**n形半導体**という。

よって，(3)が誤り。

解答… (3)

難易度 A

ダイオード(1)

教科書 SECTION 02

問題133 次の文章は，p形半導体とn形半導体の接合面におけるキャリヤの働きについて述べたものである。

a. 図1のように，p形半導体とn形半導体が接合する接合面付近では，拡散により，p形半導体内のキャリヤ（△印）はn形半導体の領域内に移動する。また，n形半導体内のキャリヤ（□印）はp形半導体の領域内に移動する。

b. 接合面付近では，図2のように拡散したそれぞれのキャリヤが互いに結合して消滅し，[　(ア)　]と呼ばれるキャリヤのない領域が生じる。

c. その結果，[　(ア)　]内において，p形半導体内の接合面付近に[　(イ)　]が，n形半導体内の接合面付近に[　(ウ)　]が現れる。

d. それにより，接合面付近にはキャリヤの移動を妨げる[　(エ)　]が生じる。その方向は，図2中の矢印[　(オ)　]の方向である。

上記の記述中の空白箇所(ア)，(イ)，(ウ)，(エ)及び(オ)に当てはまる語句として，正しいものを組み合わせたのは次のうちどれか。

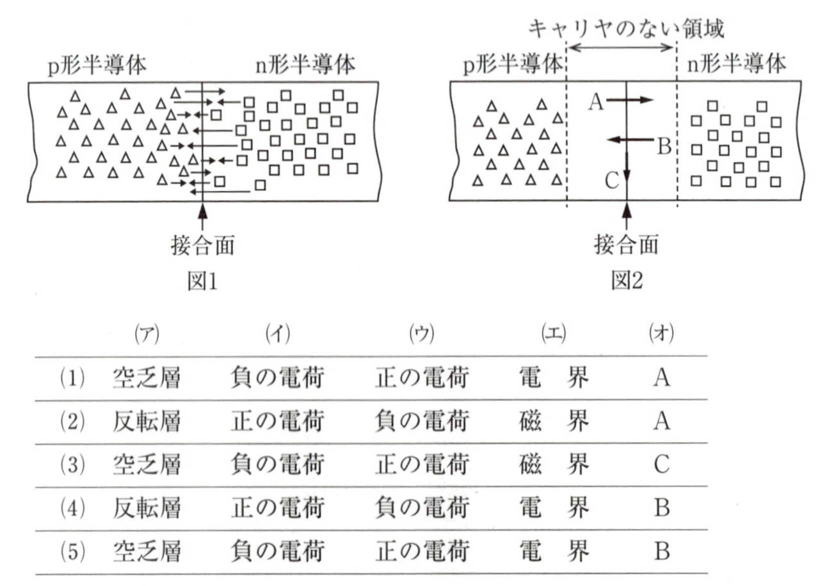

図1　図2

	(ア)	(イ)	(ウ)	(エ)	(オ)
(1)	空乏層	負の電荷	正の電荷	電　界	A
(2)	反転層	正の電荷	負の電荷	磁　界	A
(3)	空乏層	負の電荷	正の電荷	磁　界	C
(4)	反転層	正の電荷	負の電荷	電　界	B
(5)	空乏層	負の電荷	正の電荷	電　界	B

H14-A10

解説

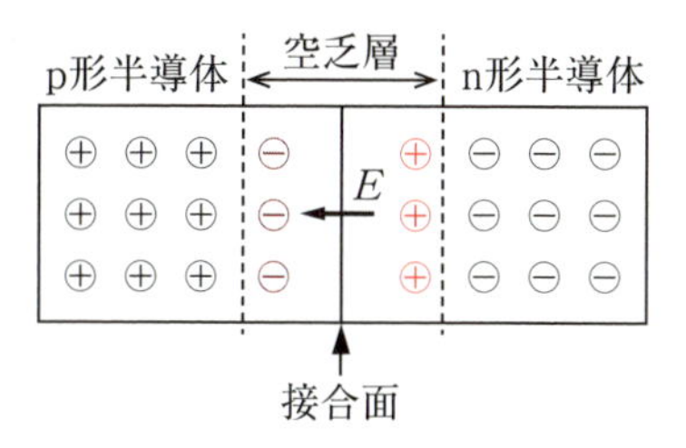

b. 接合面付近では，図2のように拡散したそれぞれのキャリヤが互いに結合して消滅し，(ア)**空乏層**と呼ばれるキャリヤのない領域が生じる。

c. その結果，(ア)**空乏層**内において，p形半導体内の接合面付近に(イ)**負の電荷**がn形半導体内の接合面付近に(ウ)**正の電荷**が現れる。

d. それにより，接合面付近にはキャリヤの移動を妨げる(エ)**電界**が生じる。その方向は，図2中の矢印(オ)**B**の方向である。

以上より，(5)が正解。

解答… (5)

ポイント

ドナーとアクセプタの結合により，ドナーは電子を失い正の電荷を帯びたドナーイオンとなり，アクセプタは正孔を失い負の電荷を帯びたアクセプタイオンとなります。

	①	②	③	④	⑤
学習日					
理解度 (○/△/×)					

難易度 A

ダイオード(2)

教科書 SECTION 02

問題134 図は，抵抗R_1[Ω]とダイオードからなるクリッパ回路に負荷となる抵抗R_2[Ω]（$=2R_1$[Ω]）を接続した回路である。入力直流電圧V[V]とR_1[Ω]に流れる電流I[A]の関係を示す図として，最も近いものを次の(1)～(5)のうちから一つ選べ。

ただし，順電流が流れているときのダイオードの電圧は，0 Vとする。また，逆電圧が与えられているダイオードの電流は，0 Aとする。

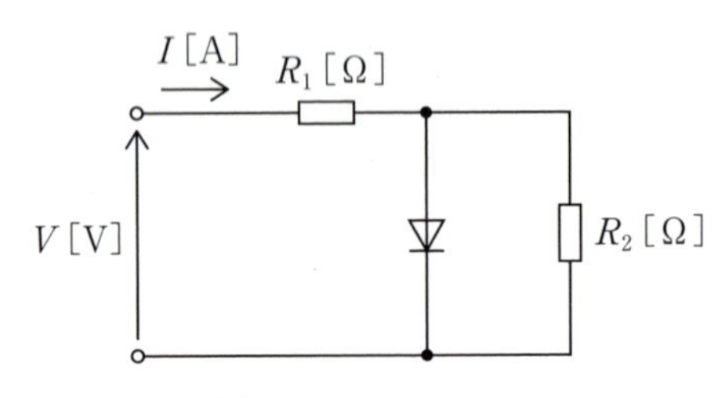

(1)

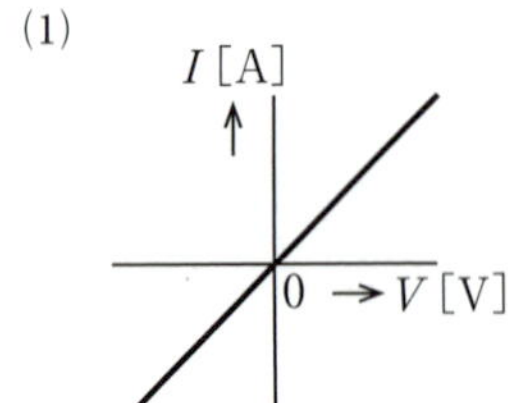

(2)

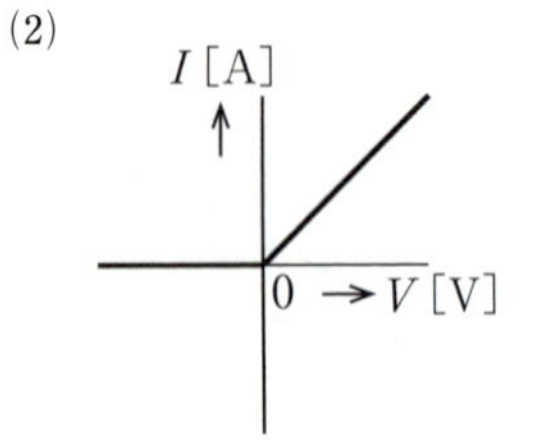

(3)

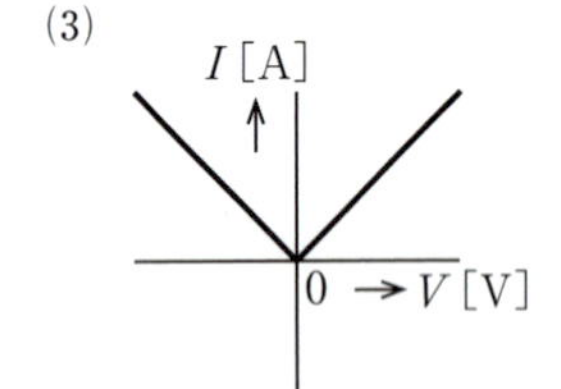

(4)

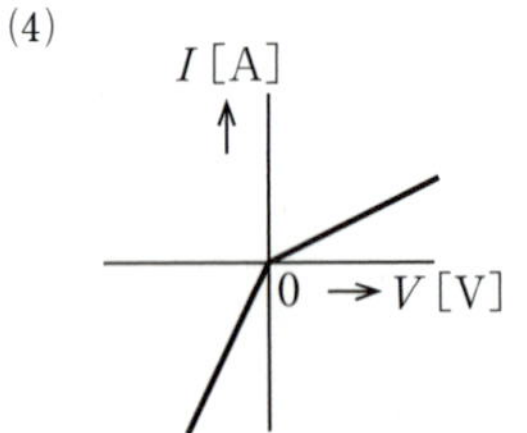

(5)

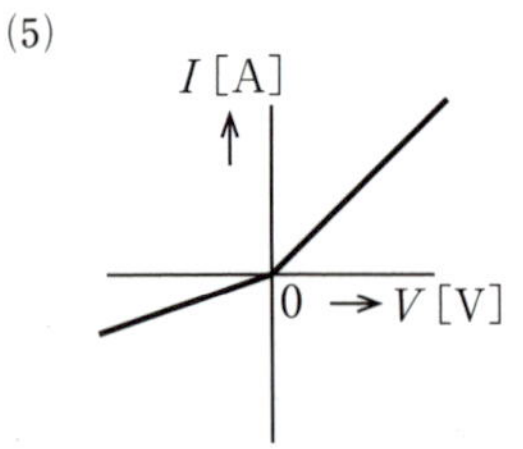

H24-A13

	①	②	③	④	⑤
学習日					
理解度 (○/△/×)					

解説

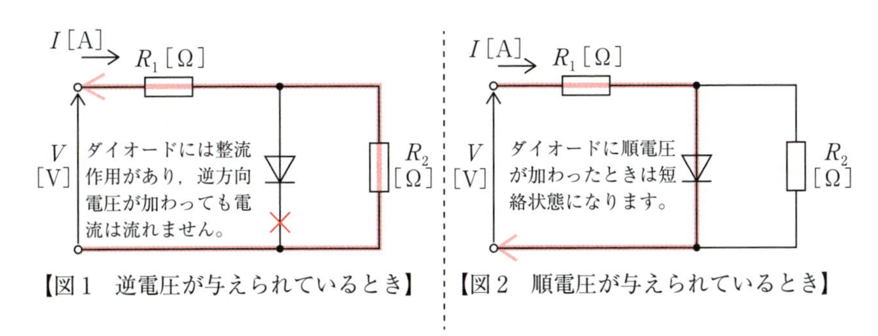

【図1　逆電圧が与えられているとき】　【図2　順電圧が与えられているとき】

逆電圧が与えられているとき，図1のように負方向の電流が流れる。また，ダイオードの電流は0 Aなので，電流Iは，

$$I=\frac{V}{R_1+R_2}[\mathrm{A}]$$

一方，順電圧が与えられているとき，図2のように正方向の電流が流れる。また，ダイオードの電圧は0 Vとなり，抵抗R_2には電流が流れないから，

$$I=\frac{V}{R_1}[\mathrm{A}]$$

傾きは，$\frac{1}{R_1+R_2}<\frac{1}{R_1}$なので，順電圧が与えられているときの方が大きくなる。

よって，(5)が正解。

解答…　(5)

難易度 B

ダイオード(3)

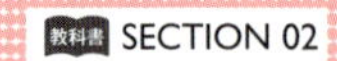

問題135 発光ダイオード（LED）に関する次の記述のうち，誤っているのはどれか。

(1) 主として表示用光源及び光通信の送信部の光源として利用されている。

(2) 表示用として利用される場合，表示用電球より消費電力が小さく長寿命である。

(3) ヒ化ガリウム（GaAs），リン化ガリウム（GaP）等を用いた半導体のpn接合部を利用する。

(4) 電流を順方向に流した場合，pn接合部が発光する。

(5) 発光ダイオードの順方向の電圧降下は，一般に0.2 V程度である。

H13-A6

	①	②	③	④	⑤
学習日					
理解度 (○/△/×)					

解説

発光ダイオードの順方向の電圧降下は一般のダイオードに比べて大きく，一般に約2 V程度である。

よって，(5)が誤り。

解答…　(5)

発光ダイオードの順方向の電圧降下の値は発光色によって異なります。赤色の場合は約2.1 V，青色の場合は約3.5 Vです。

難易度 A

ダイオード(4)

問題136 次の文章は，それぞれのダイオードについて述べたものである。

a. 可変容量ダイオードは，通信機器の同調回路などに用いられる。このダイオードは，pn接合に［ (ア) ］電圧を加えて使用するものである。

b. pn接合に［ (イ) ］電圧を加え，その値を大きくしていくと，降伏現象が起きる。この降伏電圧付近では，流れる電流が変化しても接合両端の電圧はほぼ一定に保たれる。定電圧ダイオードは，この性質を利用して所定の定電圧を得るようにつくられたダイオードである。

c. レーザダイオードは光通信や光情報機器の光源として利用され，pn接合に［ (ウ) ］電圧を加えて使用するものである。

上記の記述中の空白箇所(ア)，(イ)及び(ウ)に当てはまる語句として，正しいものを組み合わせたのは次のうちどれか。

	(ア)	(イ)	(ウ)
(1)	逆方向	順方向	逆方向
(2)	順方向	逆方向	順方向
(3)	逆方向	逆方向	逆方向
(4)	順方向	順方向	逆方向
(5)	逆方向	逆方向	順方向

H19-A11

	①	②	③	④	⑤
学習日					
理解度 (○/△/×)					

解説

a. 可変容量ダイオードは(ア)**逆方向**電圧を加えて，接合容量を変化させて使用する。

b. 定電圧ダイオードは，(イ)**逆方向**電圧を大きくすると生じる降伏現象を利用している。

c. レーザダイオードは，(ウ)**順方向**に電圧を加えるとレーザ光を発する。

よって，(5)が正解。

解答…　(5)

可変容量ダイオードは逆電圧をかけ，空乏層の幅を変化させることで，接合容量（静電容量）を変化させることができます。接合容量は空乏層の幅に反比例します。

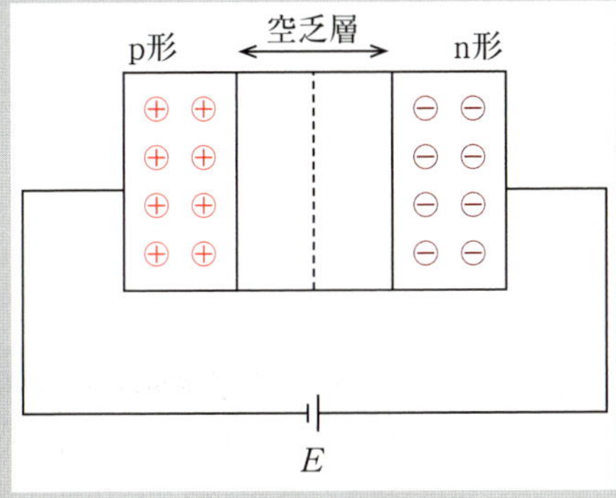

難易度 B ダイオード(5)

教科書 SECTION 02

問題137 半導体のpn接合を利用した素子に関する記述として，誤っているものを次の(1)〜(5)のうちから一つ選べ。

(1) ダイオードにp形が負，n形が正となる電圧を加えたとき，p形，n形それぞれの領域の少数キャリヤに対しては，順電圧と考えられるので，この少数キャリヤが移動することによって，極めてわずかな電流が流れる。

(2) pn接合をもつ半導体を用いた太陽電池では，そのpn接合部に光を照射すると，電子と正孔が発生し，それらがpn接合部で分けられ電子がn形，正孔がp形のそれぞれの電極に集まる。その結果，起電力が生じる。

(3) 発光ダイオードのpn接合領域に順電圧を加えると，pn接合領域でキャリヤの再結合が起こる。再結合によって，そのエネルギーに相当する波長の光が接合部付近から放出される。

(4) 定電圧ダイオード（ツェナーダイオード）はダイオードにみられる順電圧・電流特性の急激な降伏現象を利用したものである。

(5) 空乏層の静電容量が，逆電圧によって変化する性質を利用したダイオードを可変容量ダイオード又はバラクタダイオードという。逆電圧の大きさを小さくしていくと，静電容量は大きくなる。

H26-A12

	①	②	③	④	⑤
学習日					
理解度（○/△/×）					

解説

定電圧ダイオード（ツェナーダイオード）はダイオードにみられる**逆**電圧・電流特性の急激な降伏現象を利用したものである。

よって，(4)が誤り。

解答… (4)

ポイント

定電圧ダイオードはダイオードの電圧・電流特性のうち①の領域（電流に関わらず電圧が一定）を使います。

ちなみに，②の領域を利用したものが可変容量ダイオード，③の領域を利用したのが発光ダイオードです。

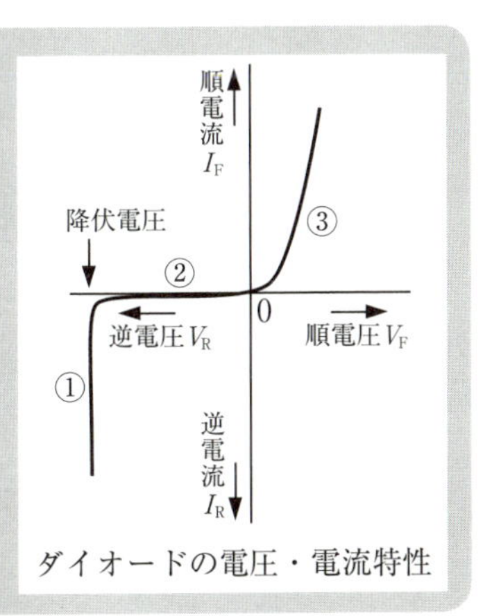

ダイオードの電圧・電流特性

難易度 B

トランジスタ（バイポーラトランジスタ）

教科書 SECTION 03

問題138 図のように，トランジスタを用いた非安定（無安定）マルチバイブレータ回路の一部分がある。ここで，Sはトランジスタの代わりの動作をするスイッチ，R_1，R_2，R_3は抵抗，Cはコンデンサ，V_{CC}は直流電源電圧，V_bはベースの電圧，V_cはコレクタの電圧である。

この回路において，初期条件としてコンデンサCの初期電荷は零，スイッチSは開いている状態と仮定する。

a. スイッチSが開いている状態（オフ）のときは，トランジスタTrのベースには抵抗R_2を介して［(ア)］の電圧が加わるので，トランジスタTrは［(イ)］となっている。ベースの電圧V_bは電源電圧V_{CC}より低いので，電流iは図の矢印“右”の向きに流れてコンデンサCは充電されている。

b. 次に，スイッチSを閉じる（オン）と，その瞬間はコンデンサCに充電されていた電荷でベースの電圧は負となるので，コレクタの電圧V_cは瞬時に高くなる。電流iは矢印“［(ウ)］”の向きに流れ，コンデンサCは［(エ)］を始め，やがてベースの電圧は［(オ)］に変化し，コレクタの電圧V_cは下がる。

上記の記述中の空白箇所(ア)，(イ)，(ウ)，(エ)及び(オ)に当てはまる組合せとして，正しいものを次の(1)～(5)のうちから一つ選べ。

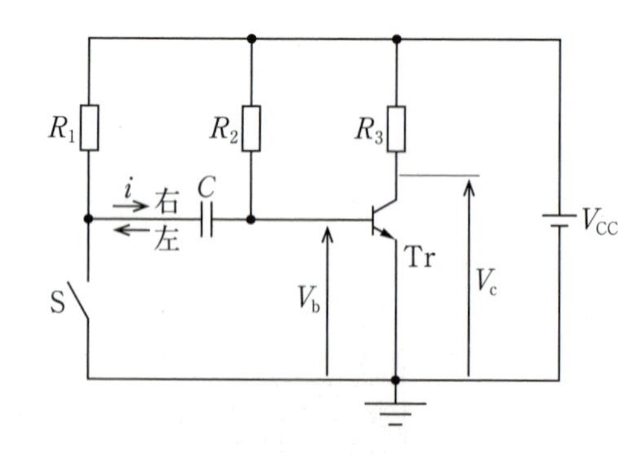

	(ア)	(イ)	(ウ)	(エ)	(オ)
(1)	正	オ ン	左	放 電	負から正
(2)	負	オ フ	右	充 電	正から負
(3)	正	オ ン	左	充 電	正から零
(4)	零	オ フ	左	充 電	負から正
(5)	零	オ フ	右	放 電	零から正

H23-A13

	①	②	③	④	⑤
学習日					
理解度 (○/△/×)					

解説

(a)　コンデンサは直流を通さないため，スイッチSがオフのとき，

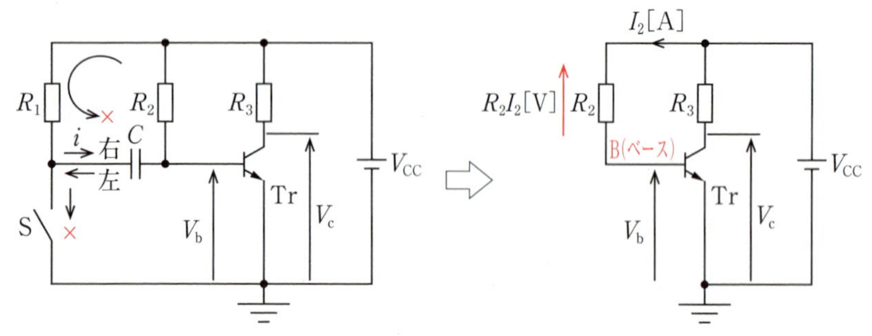

V_{CC}からR_2に流れる電流をI_2とすると，キルヒホッフの第二法則より，

$V_{CC} = R_2I_2 + V_b$[V]

よって，V_bは(ア)**正**の電圧で，ベースにI_2[A]流れるので，トランジスタTrは(イ)**オン**になる。

(b)

①　スイッチSをオンにした瞬間

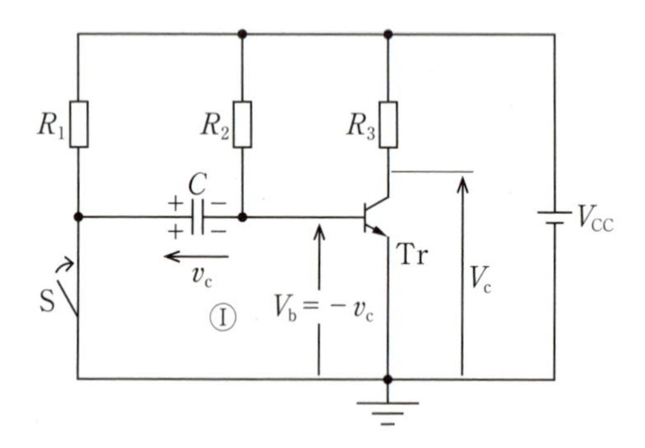

コンデンサCとトランジスタTrでつくられた閉回路Ⅰ部分にキルヒホッフ第二法則をあてはめると，

$V_b = -v_c$

電圧V_bは本問イラスト中の矢印と逆方向であるため，**負**の電圧となる。

よって，電流iは矢印“(ウ)**左**”の向きに流れ，コンデンサCは(エ)**放電**を始める。

② スイッチを閉じ時間が経過したとき

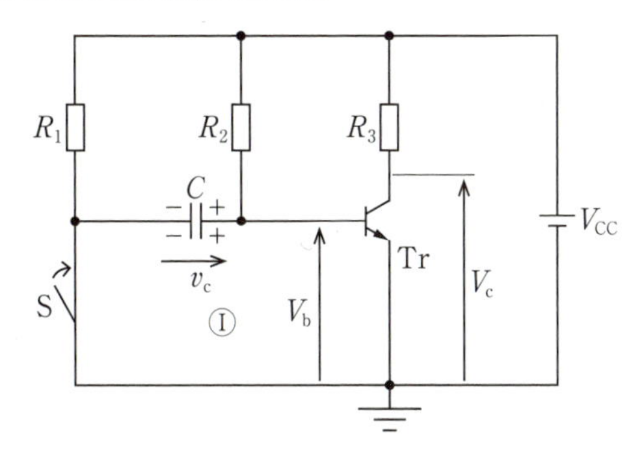

V_{CC}からR_2へ電流が流れ込み，コンデンサCの右側の電極にプラスの電荷が蓄えられる。

①と同様に閉回路①部分にキルヒホッフの第二法則をあてはめると，

$$v_c = V_b$$

電圧V_bは本問イラスト中の矢印と同方向であるため，**正**の電圧となり，ベースの電圧は(オ)**負から正**に変化する。

よって，(1)が正解。

解答… (1)

難易度 A

トランジスタとFET

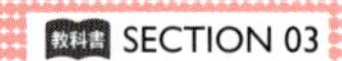

問題139 バイポーラトランジスタと電界効果トランジスタ（FET）に関する記述として，誤っているのは次のうちどれか。

(1) バイポーラトランジスタは，消費電力がFETより大きい。

(2) バイポーラトランジスタは電圧制御素子，FETは電流制御素子といわれる。

(3) バイポーラトランジスタの入力インピーダンスは，FETのそれよりも低い。

(4) バイポーラトランジスタのコレクタ電流は自由電子及び正孔の両方が関与し，FETのドレーン電流は自由電子又は正孔のどちらかが関与する。

(5) バイポーラトランジスタは，静電気に対してFETより破壊されにくい。

H15-A10

	①	②	③	④	⑤
学習日					
理解度 (○/△/×)					

解説

バイポーラトランジスタはベース電流によってコレクタ電流を制御する**電流制御素子**である。一方，FETはゲート電圧でドレーン電流を制御する**電圧制御素子**である。

よって，(2)が誤り。

解答… (2)

難易度 A 電界効果トランジスタ(1)

教科書 SECTION 03

問題140 電界効果トランジスタ（FET）に関する記述として，誤っているのは次のうちどれか。

(1) 接合形とMOS形に分類することができる。

(2) ドレーンとソースとの間の電流の通路には，n形とp形がある。

(3) MOS形はデプレション形とエンハンスメント形に分類できる。

(4) エンハンスメント形はゲート電圧に関係なくチャネルができる。

(5) ゲート電圧で自由電子又は正孔の移動を制御できる。

H16-A10

	①	②	③	④	⑤
学習日					
理解度 (○/△/×)					

解説

エンハンスメント形は，ゲート電圧をかけてキャリヤの通り道であるチャネルを広げるので，ゲート電圧を加えないとチャネルが形成されない。

よって，(4)が誤り。

解答… (4)

ポイント

デプレション形は，製造工程であらかじめチャネルをつくっておき，ゲート電圧によってチャネルをせまくします。そのため，ゲート電圧がゼロでも電流を流すことができます。

難易度 A

電界効果トランジスタ(2)

教科書 SECTION 03

問題141 FETは，半導体の中を移動する多数キャリアを［ (ア) ］電圧により生じる電界によって制御する素子であり，接合形と［ (イ) ］形がある。次の図記号は接合形の［ (ウ) ］チャネルFETを示す。

上記の記述中の空白個所(ア)，(イ)及び(ウ)に記入する字句として，正しいものを組み合わせたのは次のうちどれか。

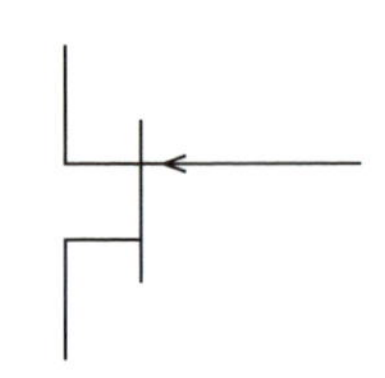

	(ア)	(イ)	(ウ)
(1)	ゲート	MOS	n
(2)	ドレイン	MSI	p
(3)	ソース	DIP	n
(4)	ドレイン	MOS	p
(5)	ゲート	DIP	n

H11-A3

	①	②	③	④	⑤
学習日					
理解度 (○/△/×)					

解説

FETは(ア)ゲート電圧を加えることで，半導体のなかを移動する多数キャリヤを制御する素子で，接合形と(イ)MOS形がある。図は接合形の(ウ)nチャネルFETを表す。

よって，(1)が正解。

解答… (1)

ポイント

nチャネルFET（接合形）とpチャネルFET（接合形）の図記号は次のように表されます。

G D S

nチャネルFET
（接合形）

G D S

pチャネルFET
（接合形）

難易度 A

電界効果トランジスタ(3)

教科書 SECTION 03

問題142 次の文章は，電界効果トランジスタに関する記述である。

図に示すMOS電界効果トランジスタ（MOSFET）は，p形基板表面にn形のソースとドレーン領域が形成されている。また，ゲート電極は，ソースとドレーン間のp形基板表面上に薄い酸化膜の絶縁層（ゲート酸化膜）を介して作られている。ソースSとp形基板の電位を接地電位とし，ゲートGにしきい値電圧以上の正の電圧V_{GS}を加えることで，絶縁層を隔てたp形基板表面近くでは，［(ア)］が除去され，チャネルと呼ばれる［(イ)］の薄い層ができる。これによりソースSとドレーンDが接続される。このV_{GS}を上昇させるとドレーン電流I_Dは［(ウ)］する。

また，このFETは［(エ)］チャネルMOSFETと呼ばれている。

上記の記述中の空白箇所(ア)，(イ)，(ウ)及び(エ)に当てはまる組合せとして，正しいものを次の(1)～(5)のうちから一つ選べ。

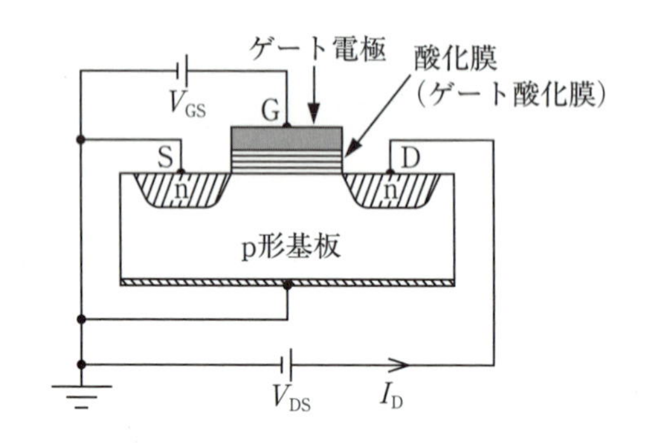

	(ア)	(イ)	(ウ)	(エ)
(1)	正　孔	電　子	増　加	n
(2)	電　子	正　孔	減　少	p
(3)	正　孔	電　子	減　少	n
(4)	電　子	正　孔	増　加	n
(5)	正　孔	電　子	増　加	p

H23-A11

解説

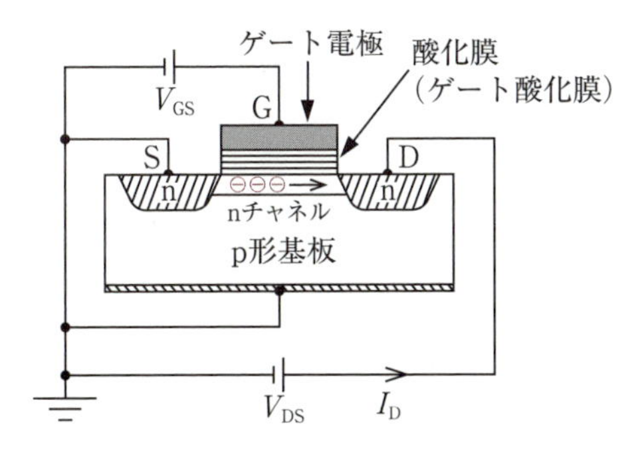

図のFETはエンハンスメント形の(エ)**n**チャネルMOSFETである。

ゲートGに電圧V_{GS}を加えると，p形基板表面近くの(ア)**正孔**が除去され，(イ)**電子**の薄い層ができる。V_{GS}を上昇させると，電子の通り道は広くなるので，ドレーン電流I_Dは(ウ)**増加**する。

よって，(1)が正解。

解答… (1)

	①	②	③	④	⑤
学習日					
理解度 (○/△/×)					

CH 07 電子理論

難易度 B

電子理論の知識

教科書 SECTION 03

問題143 半導体素子に関する記述として，誤っているのは次のうちどれか。

(1) サイリスタは，p形半導体とn形半導体の4層構造を基本とした素子である。

(2) 可変容量ダイオードは，加えている逆方向電圧を変化させると静電容量が変化する。

(3) 演算増幅器の出力インピーダンスは，極めて小さい。

(4) pチャネルMOSFETの電流は，ドレーンからソースに流れる。

(5) ホトダイオードは，光が照射されると，p側に正電圧，n側に負電圧が生じる素子である。

H17-A10

	①	②	③	④	⑤
学習日					
理解度 (○/△/×)					

解説

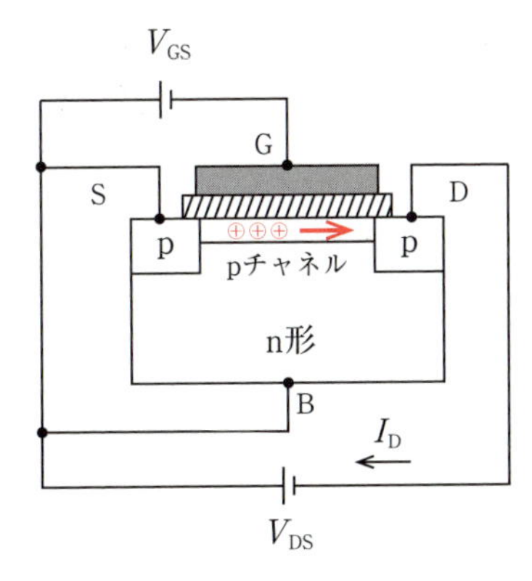

pチャネルMOSFETの電流は，ソースからドレーンに流れる。
よって，(4)が誤り。

解答…(4)

⊖によるチャネルをnチャネル，⊕によるチャネルをpチャネルといいます。

難易度 A

電子放出の種類

教科書 SECTION 04

問題144 次の文章は，金属などの表面から真空中に電子が放出される現象に関する記述である。

a. タンタル（Ta）などの金属を熱すると，電子がその表面から放出される。この現象は［ (ア) ］放出と呼ばれる。

b. タングステン（W）などの金属表面の電界強度を十分に大きくすると，常温でもその表面から電子が放出される。この現象は［ (イ) ］放出と呼ばれる。

c. 電子を金属又はその酸化物・ハロゲン化物などに衝突させると，その表面から新たな電子が放出される。この現象は［ (ウ) ］放出と呼ばれる。

上記の記述中の空白箇所(ア)，(イ)及び(ウ)に当てはまる語句として，正しいものを組み合わせたのは次のうちどれか。

	(ア)	(イ)	(ウ)
(1)	熱電子	電　界	二次電子
(2)	二次電子	冷陰極	熱電子
(3)	電　界	熱電子	二次電子
(4)	熱電子	電　界	光電子
(5)	光電子	二次電子	冷陰極

H22-A12

	①	②	③	④	⑤
学習日					
理解度 (○/△/×)					

解説

a. (ア)**熱電子**放出は，タンタル（Ta）などの金属を熱すると，熱エネルギーによって電子が放出される現象である。

b. (イ)**電界**放出は，タングステン（W）などの金属表面に強い電界をかけると，常温でも電子が放出される現象である。

c. (ウ)**二次電子**放出は，電子を金属やその酸化物・ハロゲン化物などに衝突させると，そのエネルギーによって，表面から新たな電子が放出される現象である。

よって，(1)が正解。

解答…　(1)

ポイント

物質に光をあてると，光エネルギーによって物質内の電子が表面から外に放出される現象を光電子放出といいます。

難易度 A

電界中の電子の運動(1)

教科書 SECTION 04

問題145 図のように，真空中に電極間隔d[m]の平行板電極があり，陰極板上に電子を置いた。陽極板に電圧V[V]を加えたとき，この電子に加わる力F[N]の式として，正しいのは次のうちどれか。

ただし，電子の質量をm[kg]，電荷の絶対値をe[C]とする。また，電極板の端効果は無視できるものとする。

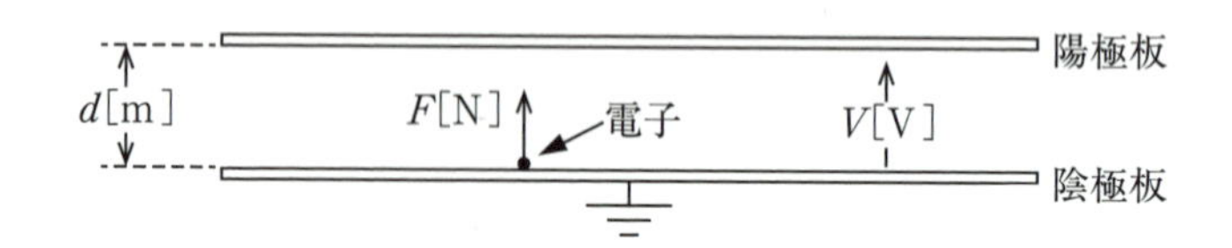

(1) $\dfrac{V^2}{d}e$　(2) $\dfrac{V}{d^2}em$　(3) $\dfrac{V}{d^2}\dfrac{m}{e}$　(4) $\dfrac{V}{d^2}e$　(5) $\dfrac{V}{d}e$

H15-A11

	①	②	③	④	⑤
学習日					
理解度 (○/△/×)					

解説

平行板電極間の電界の大きさE[V/m]は,

$$E = \frac{V}{d}\,[\mathrm{V/m}]$$

よって, 電子に加わる力F[N]は,

$$F = eE = e\frac{V}{d} = \frac{V}{d}e\,[\mathrm{N}]$$

ゆえに, (5)が正解。

CH 07
電子理論

難易度 A

電界中の電子の運動(2)

教科書 SECTION 04

問題146 次の文章は，真空中における電子の運動に関する記述である。

図のように，x軸上の負の向きに大きさが一定の電界E[V/m]が存在しているとき，x軸上に電荷が$-e$[C]（eは電荷の絶対値），質量m_0[kg]の1個の電子を置いた場合を考える。x軸の正方向の電子の加速度をa[m/s^2]とし，また，この電子に加わる力の正方向をx軸の正方向にとったとき，電子の運動方程式は

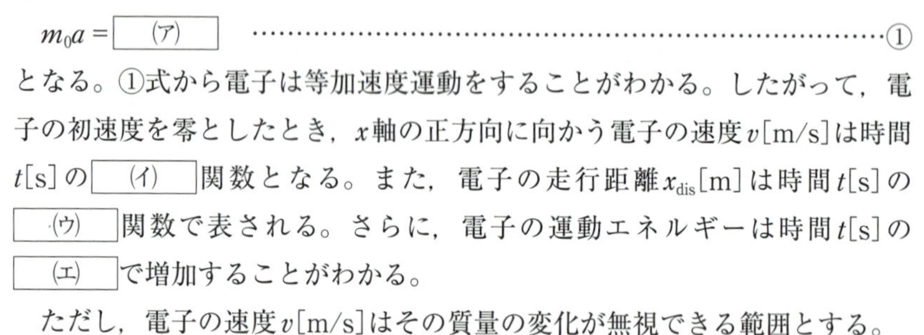

$m_0a=$ (ア) ……………………………………①

となる。①式から電子は等加速度運動をすることがわかる。したがって，電子の初速度を零としたとき，x軸の正方向に向かう電子の速度v[m/s]は時間t[s]の (イ) 関数となる。また，電子の走行距離x_{dis}[m]は時間t[s]の (ウ) 関数で表される。さらに，電子の運動エネルギーは時間t[s]の (エ) で増加することがわかる。

ただし，電子の速度v[m/s]はその質量の変化が無視できる範囲とする。

上記の記述中の空白箇所(ア)，(イ)，(ウ)及び(エ)に当てはまる組合せとして，正しいものを次の(1)〜(5)のうちから一つ選べ。

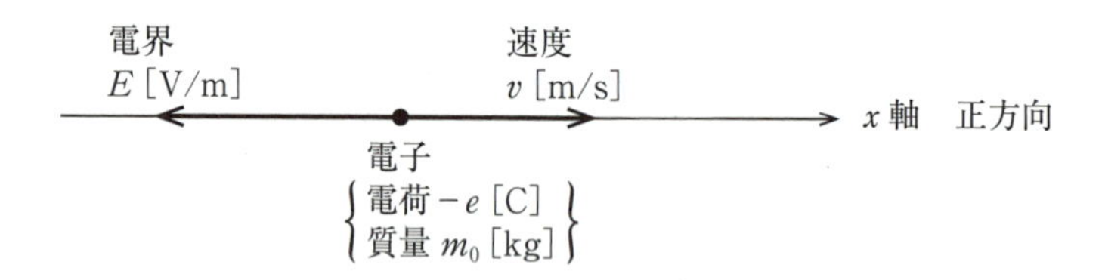

	(ア)	(イ)	(ウ)	(エ)
(1)	eE	一　次	二　次	1乗
(2)	$\frac{1}{2}eE$	二　次	一　次	1乗
(3)	eE^2	一　次	二　次	2乗
(4)	$\frac{1}{2}eE$	二　次	一　次	2乗
(5)	eE	一　次	二　次	2乗

H23-A12

	①	②	③	④	⑤
学習日					
理解度 (○/△/×)					

解説

(ア) ニュートンの運動方程式より，

$F = m_0 a$[N]

また，電荷 $-e$[C]の電子を電界 E[V/m]に置いた場合に働く力 F[N]は，

$F = eE$[N]

よって，電子の運動方程式は，

$m_0 a = eE$

(イ) 速度 v は初速度を v_0[m/s]とすると $v = v_0 + at$[m/s]で表される。電子の初速度を0とすると $v = at$[m/s]より，時間 t の**一次**関数となる。

(ウ) 距離 x は $x = v_0 t + \frac{1}{2}at^2$[m]で表される。$v_0 = 0$ m/s より，電子の走行距離 x_{dis} は時間 t の**二次**関数となる。

(エ) 電子の運動エネルギー W[J]は

$$W = \frac{1}{2}m_0 v^2 = \frac{1}{2}m_0 a^2 t^2 \text{[J]}$$

となるから，時間 t の**2乗**で増加する。

以上より，(5)が正解。

解答… (5)

ポイント

等加速度直線運動では，変位 x と速度 v について，次の公式があります。

$$x = v_0 t + \frac{1}{2}at^2$$

$$v = v_0 + at$$

ここで，$t = 0$ s での速度が v_0 です。

難易度 A

電界中の電子の運動(3)

教科書 SECTION 04

問題147 真空中において，電子の運動エネルギーが400 eVのときの速さが1.19×10^7 m/sであった。電子の運動エネルギーが100 eVのときの速さ[m/s]の値として，正しいのは次のうちどれか。

ただし，電子の相対性理論効果は無視するものとする。

(1)　2.98×10^6　(2)　5.95×10^6　(3)　2.38×10^7

(4)　2.98×10^9　(5)　5.95×10^9

H20-A12

	①	②	③	④	⑤
学習日					
理解度 (○/△/×)					

解説

電子の運動エネルギーをW[J]，質量をm[kg]，速さをv[m/s]とすると，$W=\frac{1}{2}mv^2$[J]より，

$$v=\sqrt{\frac{2W}{m}}$$

電子の速さは運動エネルギーの平方根に比例する。

求める電子の速さv[m/s]は，

$$v=1.19\times10^7\times\sqrt{\frac{100}{400}}=5.95\times10^6\ \mathrm{m/s}$$

ゆえに，(2)が正解。

解答… (2)

ポイント

eVはエレクトロンボルトといい，電位差１Ｖで加速された１つの電子が得られるエネルギーを１eVといいます。

難易度 **A**

電界中の電子の運動(4)

教科書 SECTION 04

問題148 真空中において，図のように電極板の間隔が6 mm，電極板の面積が十分広い平行平板電極があり，電極K，P間には2 000 Vの直流電圧が加えられている。このとき，電極K，P間の電界の強さは約［　(ア)　］[V/m]である。電極Kをヒータで加熱すると表面から［　(イ)　］が放出される。ある1個の電子に着目してその初速度を零とすれば，電子が電極Pに達したときの運動エネルギーWは［　(ウ)　］[J]となる。

ただし，電極K，P間の電界は一様とし，電子の電荷$e = -1.6 \times 10^{-19}$ Cとする。

上記の記述中の空白箇所(ア)，(イ)及び(ウ)に当てはまる語句又は数値として，正しいものを組み合わせたのは次のうちどれか。

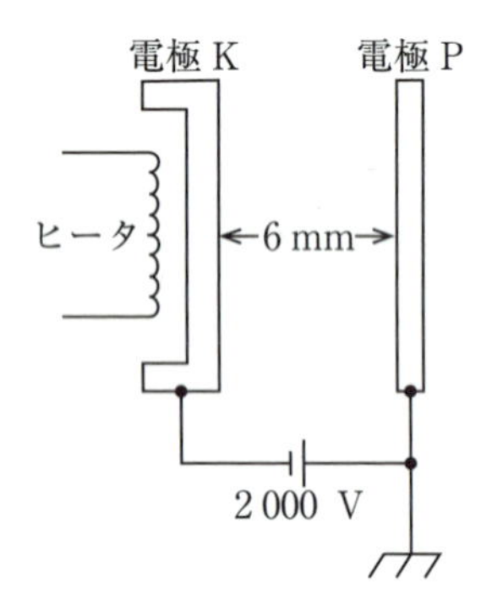

	(ア)	(イ)	(ウ)
(1)	3.3×10^{2}	光電子	1.6×10^{-16}
(2)	3.3×10^{5}	熱電子	3.2×10^{-16}
(3)	3.3×10^{2}	光電子	3.2×10^{-16}
(4)	3.3×10^{2}	熱電子	1.6×10^{-16}
(5)	3.3×10^{5}	熱電子	1.6×10^{-16}

H18-A12

解説

(ア) 電極K，P間の電界の強さE[V/m]は，

$$E=\frac{V}{d}=\frac{2000}{6\times10^{-3}}\fallingdotseq 3.3\times10^{5}\ \text{V/m}$$

(イ) 電極Kをヒーターで加熱すると，熱エネルギーによって，**熱電子**が放出される。

(ウ) 電子の運動エネルギーW[J]は，電界中のエネルギー保存の法則より，

$$W=\frac{1}{2}mv^{2}=eV=1.6\times10^{-19}\times2000=3.2\times10^{-16}\ \text{J}$$

以上より，(2)が正解。

解答… (2)

	①	②	③	④	⑤
学習日					
理解度 (○/△/×)					

難易度 B

電界中の電子の運動(5)

教科書 SECTION 04

問題149 図のように，極板間の距離d[m]の平行板導体が真空中に置かれ，極板間に強さE[V/m]の一様な電界が生じている。質量m[kg]，電荷量q（>0）[C]の点電荷が正極から放出されてから，極板間の中心$\frac{d}{2}$[m]に達するまでの時間t[s]を表す式として，正しいものを次の(1)～(5)のうちから一つ選べ。

ただし，点電荷の速度は光速より十分小さく，初速度は0 m/sとする。また，重力の影響は無視できるものとし，平行板導体は十分大きいものとする。

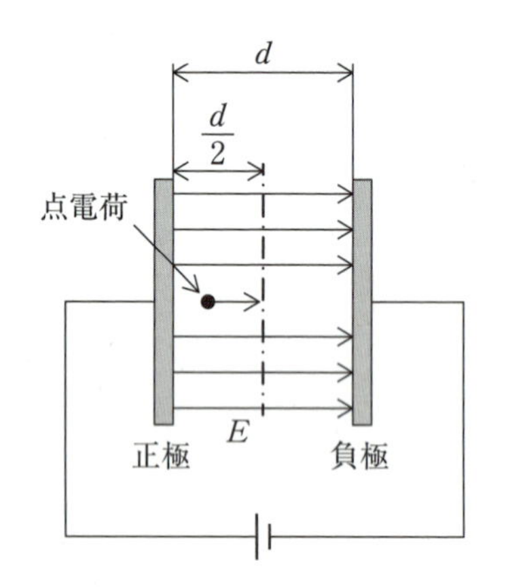

(1) $\sqrt{\dfrac{md}{qE}}$　(2) $\sqrt{\dfrac{2md}{qE}}$　(3) $\sqrt{\dfrac{qEd}{m}}$

(4) $\sqrt{\dfrac{qE}{md}}$　(5) $\sqrt{\dfrac{2qE}{md}}$

R1-A12

	①	②	③	④	⑤
学習日					
理解度 (○/△/×)					

解説

極板間の電界の大きさがE[V/m]だから正極と極板間の中心$\frac{d}{2}$[m]の電位差は$\frac{d}{2}E$[V]となる。

点電荷が極板間の中心に達した瞬間の速さをv[m/s]とすると，力学的エネルギー保存の法則から，

$$q\frac{d}{2}E=\frac{1}{2}mv^2$$

$$v^2=\frac{qdE}{m}$$

$$v=\sqrt{\frac{qdE}{m}}\,[\mathrm{m/s}]$$

ここで点電荷の加速度をa[m/s^2]，点電荷に働く力をF[N]とすると運動方程式から，

$$F=ma$$

$$a=\frac{F}{m}$$

静電力$F=qE$[N]から，

$$a=\frac{qE}{m}\,[\mathrm{m/s^2}]$$

また$v=at$より，

$$t=\frac{v}{a}$$

$$=\frac{\sqrt{\frac{qdE}{m}}}{\frac{qE}{m}}$$

$$=\sqrt{\frac{md}{qE}}\,[\mathrm{s}]$$

よって，(1)が正解。

解答… (1)

難易度 A

磁界中の電子の運動(1)

教科書 SECTION 04

問題150 電流が流れている導体を磁界中に置くと，フレミングの［　(ア)　］の法則に従う電磁力を受ける。これは導体中を移動している電子が磁界から力を受け，結果として導体に力が働くと考えられる。

また，強さが一定の一様な磁界中に，磁界の方向と直角に電子が突入した場合は，電子の運動方向と常に［　(イ)　］方向の力を受け，結果として等速［　(ウ)　］運動をすることになる。このような力を［　(エ)　］という。

上記の記述中の空白箇所(ア)，(イ)，(ウ)及び(エ)に当てはまる語句として，正しいものを組み合わせたのは次のうちどれか。

	(ア)	(イ)	(ウ)	(エ)
(1)	左　手	直　角	円	ローレンツ力
(2)	右　手	同	円	マクスウェルの引張り応力
(3)	左　手	直　角	直　線	ローレンツ力
(4)	左　手	同	直　線	マクスウェルの引張り応力
(5)	右　手	直　角	直　線	ローレンツ力

H16-A11

	①	②	③	④	⑤
学習日					
理解度 (○/△/×)					

解説

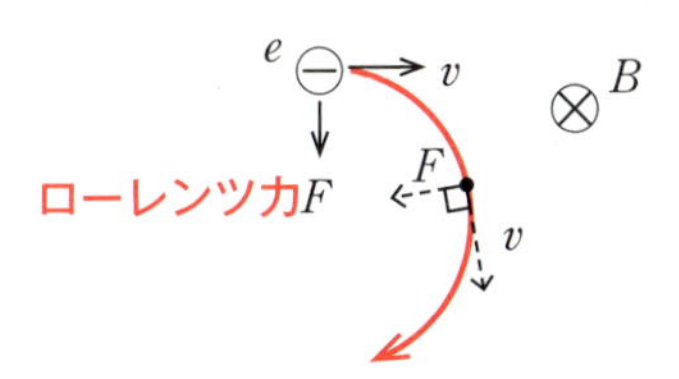

磁束密度B[T]の磁界中に電子e[C]がv[m/s]の速度で突入すると，フレミングの(ア)**左手**の法則によって，(エ)**ローレンツカ**Fが電子の運動方向と常に(イ)**直角**な方向に働くから，電子は(ウ)**円**運動をする。

よって，(1)が正解。

解答…　(1)

ポイント

電子は電流の逆向きに移動するので，フレミングの左手の法則を使うときは，電子の移動する方向の逆向きを電流の向き（中指）にします。

難易度 B

磁界中の電子の運動(2)

教科書 SECTION 04

問題151 次の文章は，磁界中の電子の運動に関する記述である。

図のように，平等磁界の存在する真空かつ無重力の空間に，電子をx方向に初速度v[m/s]で放出する。平等磁界はz方向であり磁束密度の大きさB[T]をもつとし，電子の質量をm[kg]，素電荷の大きさをe[C]とする。ただし，紙面の裏側から表側への向きをz方向の正とし，vは光速に比べて十分小さいとする。このとき，電子の運動は[(ア)]となり，時間T=[(イ)][s]後に元の位置に戻ってくる。電子の放出直後の軌跡は破線矢印の[(ウ)]のようになる。

一方，電子を磁界と平行なz方向に放出すると，電子の運動は[(エ)]となる。

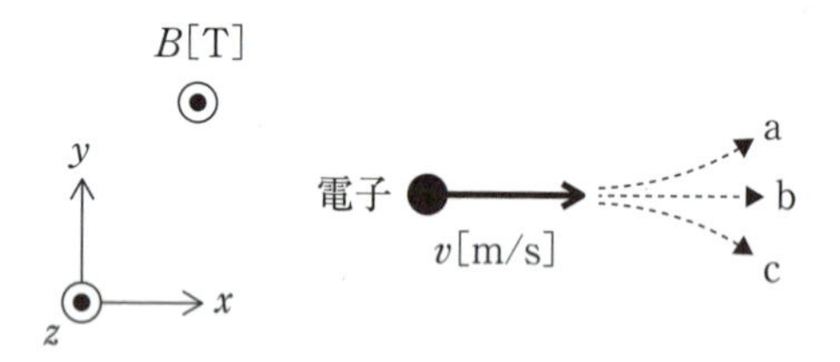

上記の記述中の空白箇所(ア)，(イ)，(ウ)及び(エ)に当てはまる組合せとして，正しいものを次の(1)〜(5)のうちから一つ選べ。

	(ア)	(イ)	(ウ)	(エ)
(1)	単振動	$\dfrac{m}{eB}$	a	等加速度運動
(2)	単振動	$\dfrac{m}{2\pi eB}$	b	らせん運動
(3)	等速円運動	$\dfrac{m}{eB}$	c	等速直線運動
(4)	等速円運動	$\dfrac{2\pi m}{eB}$	c	らせん運動
(5)	等速円運動	$\dfrac{2\pi m}{eB}$	a	等速直線運動

H30-A12

解説

(ア) 一様な磁界中を移動する電子には，速度の方向と垂直に一定のローレンツ力が働く。

このローレンツ力が電子に対して中心に向かう向心力として働くことにより，電子の軌道は**等速円運動**になる。これをサイクロトロン運動という。

(イ) この等速円運動では，中心に向かおうとする向心力$F_1 = evB$[N]と中心から遠ざかろうとする遠心力$F_2 = m\frac{v^2}{r}$[N]（ただし，r[m]は等速円運動の半径）とがつり合っている。

このことから，円運動の速度v[m/s]は，

$$evB = m\frac{v^2}{r}$$

$$\therefore v = \frac{reB}{m}\text{[m/s]}$$

電子が円を1周して元の位置に戻ってくるまでの時間T[s]は，円周$2\pi r$[m]を速度v[m/s]で割って求められるため，

$$T = \frac{2\pi r}{v} = \frac{2\pi r}{\frac{reB}{m}} = \frac{2\pi m}{eB}\text{[s]}$$

(ウ) 電子の放出直後は，中心に向かう向心力であるローレンツ力が働く。$+z$方向に一様な磁界中を$+x$方向に移動する電子には，電子の運動方向と電流の流れる方向が逆であることに注意すると，フレミングの左手の法則よりローレンツ力は$+y$方向にはたらく。したがって，放出直後の電子の軌跡はaのようになる。

(エ) 磁界と平行に移動する電子には，ローレンツ力は働かない。このとき，電子は初速度のみの**等速直線運動**をする。

よって，(5)が正解。

解答… (5)

	①	②	③	④	⑤
学習日					
理解度 (○/△/×)					

難易度 **A**

磁界中の電子の運動(3)

問題152 真空中において磁束密度B[T]の平等磁界中に，磁界の方向と直角に初速v[m/s]で入射した電子は，電磁力$F=$ (ア) [N]によって円運動をする。

その円運動の半径をr[m]とすれば，遠心力と電磁力とが釣り合うので，円運動の半径は，$r=$ (イ) [m]となる。また，円運動の角速度は$\omega=\dfrac{v}{r}$[rad/s]であるから，円運動の周期は$T=$ (ウ) [s]となる。

ただし，電子の質量をm[kg]，電荷の大きさをe[C]とし，重力の影響は無視できるものとする。

上記の記述中の空白箇所(ア)，(イ)及び(ウ)に当てはまる式として，正しいものを組み合わせたのは次のうちどれか。

	(ア)	(イ)	(ウ)
(1)	$Bmev$	$\dfrac{mv}{Be}$	$\dfrac{2\pi m}{Be}$
(2)	Bev	$\dfrac{mv}{Be}$	$\dfrac{2\pi m}{Be}$
(3)	$Bmev$	$\dfrac{v}{Be}$	$\dfrac{2\pi m}{Be}$
(4)	Bev	$\dfrac{mv}{Be}$	$\dfrac{2\pi}{Be}$
(5)	$Bmev$	$\dfrac{v}{Be}$	$\dfrac{2\pi}{Be}$

H19-A13

	①	②	③	④	⑤
学習日					
理解度 (○/△/×)					

解説

(ア) 電磁力（ローレンツ力）Fは$F = Bev$[N]である。

(イ) 遠心力F'は$F' = m\dfrac{v^2}{r}$[N]であり，これが電磁力とつり合うから，

$$evB = \frac{mv^2}{r}$$

$$r = \frac{mv}{Be}\text{[m]}$$

(ウ) 電子の円運動の角速度ω[rad/s]は，

$$\omega = \frac{v}{r} = v \cdot \frac{Be}{mv} = \frac{Be}{m}\text{[rad/s]}$$

であるから，円運動の周期T[s]は，周波数をf[Hz]とすると，

$$T = \frac{1}{f}$$

$\omega = 2\pi f$より，

$$\omega = 2\pi f$$

$$\frac{1}{f} = \frac{2\pi}{\omega}$$

$T = \dfrac{1}{f}$，$\omega = \dfrac{Be}{m}$より，

$$T = \frac{2\pi}{\dfrac{Be}{m}} = \frac{2\pi m}{Be}\text{[s]}$$

よって，(2)が正解。

解答… (2)

難易度 **B**

磁界中の電子の運動(4)

教科書 SECTION 04

問題153 次の文章は，図に示す「磁界中における電子の運動」に関する記述である。

真空中において，磁束密度B[T]の一様な磁界が紙面と平行な平面の［(ア)］へ垂直に加わっている。ここで，平面上の点aに電荷$-e$[C]，質量m_0[kg]の電子をおき，図に示す向きに速さv[m/s]の初速度を与えると，電子は初速度の向き及び磁界の向きのいずれに対しても垂直で図に示す向きの電磁力F_A[N]を受ける。この力のために電子は加速度を受けるが速度の大きさは変わらないので，その方向のみが変化する。したがって，電子はこの平面上で時計回りに速さv[m/s]の円運動をする。この円の半径をr[m]とすると，電子の運動は，磁界が電子に作用する電磁力の大きさ$F_A = Bev$[N]と遠心力$F_B = \dfrac{m_0}{r}v^2$[N]とが釣り合った円運動であるので，その半径は$r =$［(イ)］[m]と計算される。したがって，この円運動の周期は$T =$［(ウ)］[s]，角周波数は$\omega =$［(エ)］[rad/s]となる。

ただし，電子の速さv[m/s]は，光速より十分小さいものとする。また，重力の影響は無視できるものとする。

上記の記述中の空白箇所(ア)，(イ)，(ウ)及び(エ)に当てはまる組合せとして，正しいものを次の(1)～(5)のうちから一つ選べ。

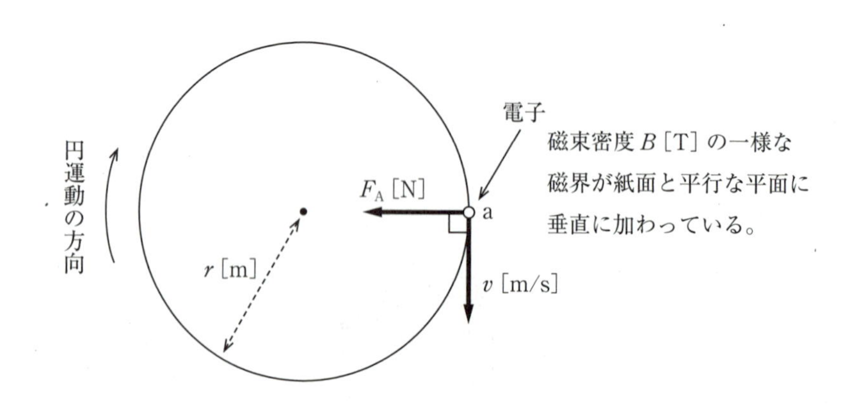

	(ア)	(イ)	(ウ)	(エ)
(1)	裏からおもて	$\dfrac{m_0 v}{eB^2}$	$\dfrac{2\pi m_0}{eB}$	$\dfrac{eB}{m_0}$
(2)	おもてから裏	$\dfrac{m_0 v}{eB}$	$\dfrac{2\pi m_0}{eB}$	$\dfrac{eB}{m_0}$
(3)	おもてから裏	$\dfrac{m_0 v}{eB}$	$\dfrac{2\pi m_0}{e^2 B}$	$\dfrac{2e^2 B}{m_0}$
(4)	おもてから裏	$\dfrac{2m_0 v}{eB}$	$\dfrac{2\pi m_0}{eB^2}$	$\dfrac{eB^2}{m_0}$
(5)	裏からおもて	$\dfrac{m_0 v}{2eB}$	$\dfrac{\pi m_0}{eB}$	$\dfrac{eB}{m_0}$

H24-A12

	①	②	③	④	⑤
学習日					
理解度 (○/△/×)					

解説

(ア) フレミングの左手の法則より，電子の初速度の逆向きに中指を合わせると，人差し指の向きが磁界の向きとなる。よって，磁束密度Bは**おもてから裏**向きである。

(イ) $F_A = F_B$より，

$$Bev = \frac{m_0}{r}v^2$$

$$r = \frac{m_0 v}{eB}\,[\mathrm{m}]$$

(ウ) 周期T[s]は$T = \frac{2\pi r}{v}$で表されるから，

$$T = \frac{2\pi}{v} \cdot \frac{m_0 v}{eB} = \frac{2\pi m_0}{eB}\,[\mathrm{s}]$$

(エ) 角速度ω[rad/s]は，

$$\omega = \frac{2\pi}{T} = 2\pi \cdot \frac{eB}{2\pi m_0} = \frac{eB}{m_0}\,[\mathrm{rad/s}]$$

よって，(2)が正解。

解答… (2)

ポイント

円周の長さ$2\pi r$[m]を速度v[m/s]で割ると，円運動の周期T[s]が求められます。また，周期T[s]は$360° = 2\pi$ radを角速度ω[rad/s]で割っても求めることができます。

$$T = \frac{2\pi r}{v} = \frac{2\pi}{\omega}\,[\mathrm{s}]$$

難易度 B

電子の運動

教科書 SECTION 04

問題154 図1のように，真空中において強さが一定で一様な磁界中に，速さ v[m/s]の電子が磁界の向きに対して θ[°]の角度（0°＜θ[°]＜90°）で突入した。この場合，電子は進行方向にも磁界の向きにも [(ア)] 方向の電磁力を常に受けて，その軌跡は，[(イ)] を描く。

次に，電界中に電子を置くと，電子は電界の向きと [(ウ)] 方向の静電力を受ける。また，図2のように，強さが一定で一様な電界中に，速さ v[m/s]の電子が電界の向きに対して θ[°]の角度（0°＜θ[°]＜90°）で突入したとき，その軌跡は，[(エ)] を描く。

上記の記述中の空白箇所(ア)，(イ)，(ウ)及び(エ)に当てはまる語句として，正しいものを組み合わせたのは次のうちどれか。

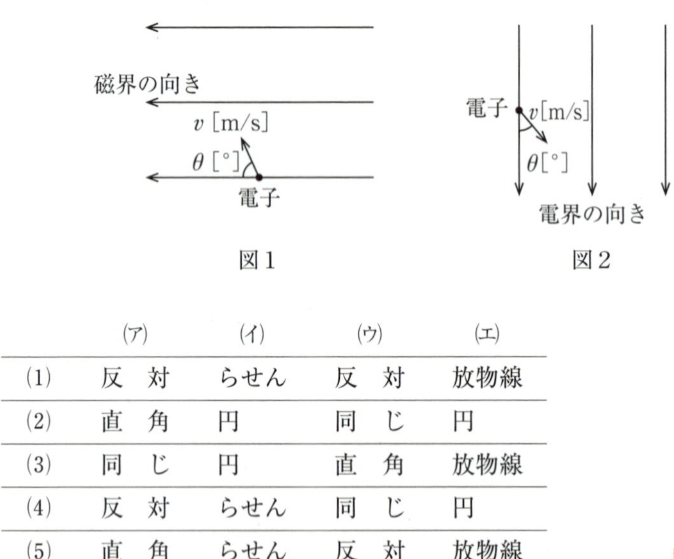

図1　図2

	(ア)	(イ)	(ウ)	(エ)
(1)	反　対	らせん	反　対	放物線
(2)	直　角	円	同　じ	円
(3)	同　じ	円	直　角	放物線
(4)	反　対	らせん	同　じ	円
(5)	直　角	らせん	反　対	放物線

H21-A12

	①	②	③	④	⑤
学習日					
理解度 (○/△/×)					

解説

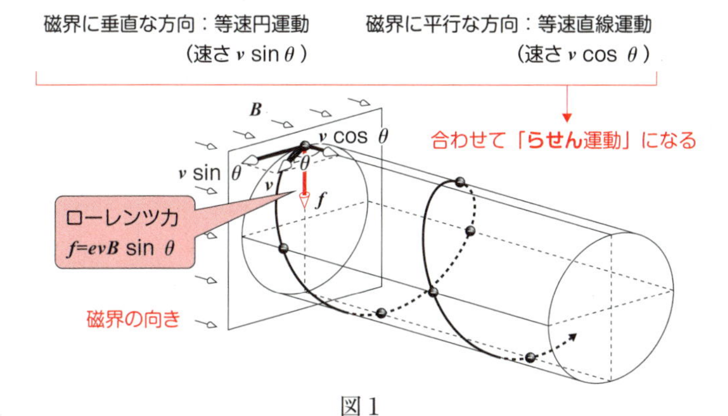

図1

図1のとき，電子は進行方向にも磁界の向きにも**直角**方向の電磁力を受け，軌跡は**らせん**を描く。

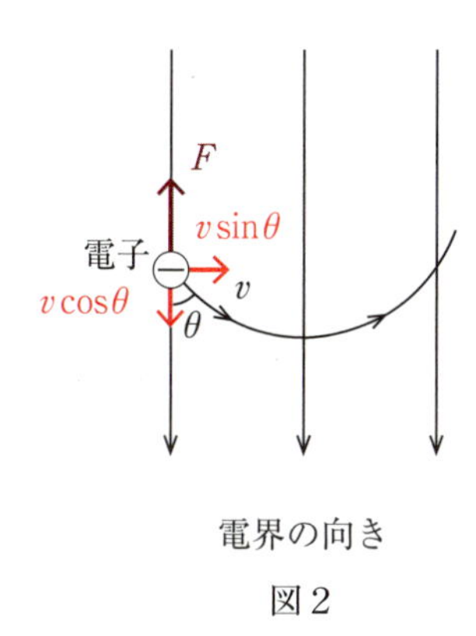

図2

図2のとき，電子は電界の向きと**反対**方向の静電力を受け，軌跡は**放物線**を描く。よって，(5)が正解。

解答… (5)

ポイント

図1において，$\theta = 90^\circ$ で電子が突入すると，下図のような円運動をします。

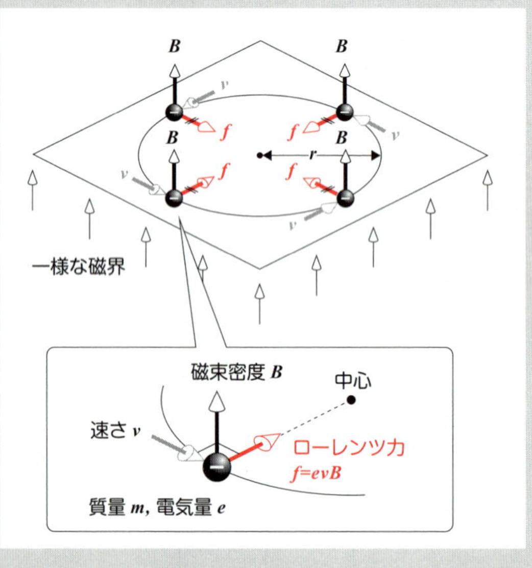

ポイント

電子 $-e$[C]は磁界中において $F = evB$[N]，電界中において $F = eE$[N]の力を受けます。

難易度 B

トランジスタの増幅度と利得（ゲイン）

教科書 SECTION 05

問題155 図1のトランジスタによる小信号増幅回路について，次の(a)及び(b)の問に答えよ。

ただし，各抵抗は，$R_A = 100\ \mathrm{k\Omega}$，$R_B = 600\ \mathrm{k\Omega}$，$R_C = 5\ \mathrm{k\Omega}$，$R_D = 1\ \mathrm{k\Omega}$，$R_o = 200\ \mathrm{k\Omega}$である。$C_1$，$C_2$は結合コンデンサで，$C_3$はバイパスコンデンサである。また，$V_{CC} = 12\ \mathrm{V}$は直流電源電圧，$V_{be} = 0.6\ \mathrm{V}$はベース－エミッタ間の直流電圧とし，$v_i$[V]は入力小信号電圧，$v_o$[V]は出力小信号電圧とする。

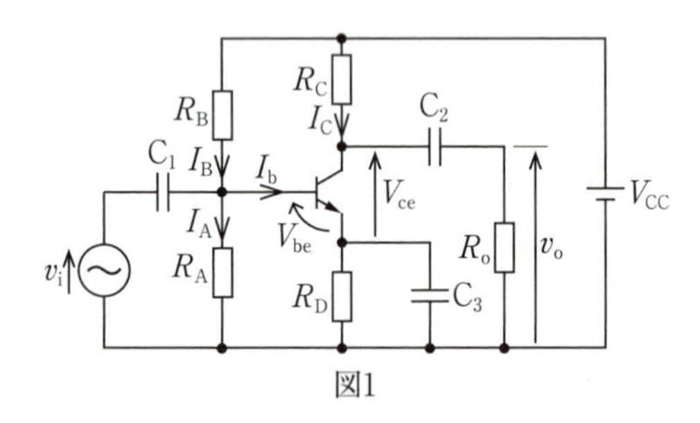

図1

(a) 小信号増幅回路の直流ベース電流I_b[A]が抵抗R_A，R_Cの直流電流I_A[A]やI_C[A]に比べて十分に小さいものとしたとき，コレクタ－エミッタ間の直流電圧V_{ce}[V]の値として，最も近いものを次の(1)～(5)のうちから一つ選べ。

(1) 1.1　(2) 1.7　(3) 4.5　(4) 5.3　(5) 6.4

(b) 小信号増幅回路の交流等価回路は，結合コンデンサ及びバイパスコンデンサのインピーダンスを無視することができる周波数において，一般に，図2の簡易等価回路で表される。

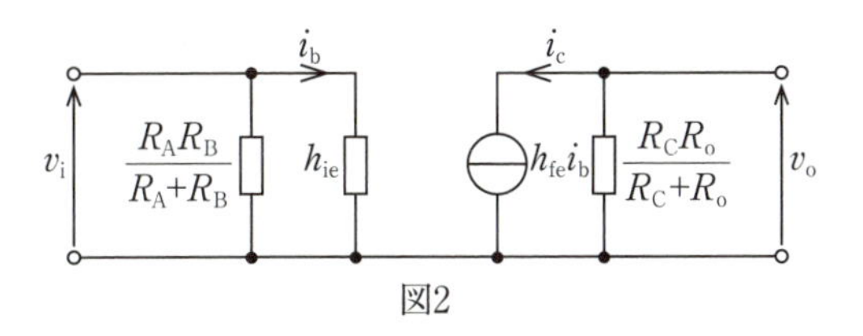

図2

ここで，i_b[A]はベースの信号電流，i_c[A]はコレクタの信号電流で，この回路の電圧増幅度A_{v0}は下式となる。

$$A_{v0} = \left| \frac{v_o}{v_i} \right| = \frac{h_{fe}}{h_{ie}} \cdot \frac{R_C R_o}{R_C + R_o} \quad \cdots\cdots\cdots ①$$

また，コンデンサC_1のインピーダンスの影響を考慮するための等価回路を図3に示す。

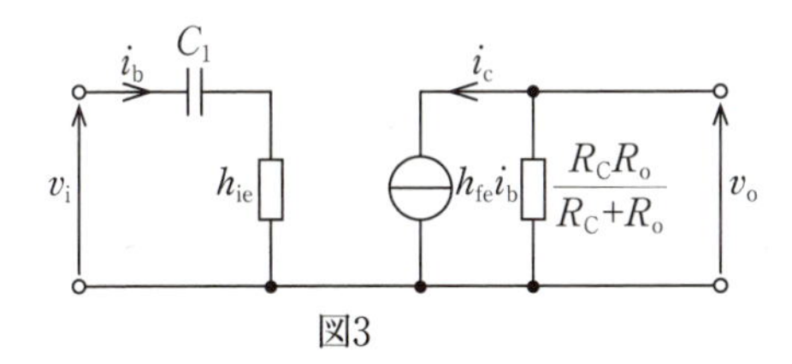

図3

このとき，入力小信号電圧のある周波数において，図3を用いて得られた電圧増幅度が①式で示す電圧増幅度の$\frac{1}{\sqrt{2}}$となった。この周波数[Hz]の大きさとして，最も近いものを次の(1)～(5)のうちから一つ選べ。

ただし，エミッタ接地の小信号電流増幅率$h_{fe} = 120$，入力インピーダンス$h_{ie} = 3 \times 10^3\ \Omega$，コンデンサ$C_1$の静電容量$C_1 = 10\ \mu F$とする。

(1) 1.2　(2) 1.6　(3) 2.1　(4) 5.3　(5) 7.9

H23-C18

	①	②	③	④	⑤
学習日					
理解度 (○/△/×)					

解説

(a)　エミッタ電流をI_Eとすると，$I_b \ll I_C$より$I_C \fallingdotseq I_E$である。コレクターエミッタ間の直流電圧V_{ce}は$V = RI$より，

$$V_{ce} = V_{CC} - R_C I_C - R_D I_E \fallingdotseq V_{CC} - R_C I_E - R_D I_E = V_{CC} - (R_C + R_D) I_E$$

で求めることができる。

$I_b \ll I_A$より$I_B \fallingdotseq I_A$であるから，抵抗R_Aにかかる電圧は，

$$R_A I_A \fallingdotseq \frac{R_A}{R_A + R_B} V_{CC} = \frac{100}{100 + 600} \times 12 \fallingdotseq 1.71 \text{ V}$$

抵抗R_Dにかかる電圧は，

$$R_D I_E = R_A I_A - V_{be} = 1.71 - 0.6 = 1.11 \text{ V}$$

であるから，エミッタ電流I_Eは，

$$I_E = \frac{R_D I_E}{R_D} = \frac{1.11}{1 \times 10^3} = 1.11 \text{ mA}$$

よってV_{ce}の値は，

$$V_{ce} = V_{CC} - (R_C + R_D) I_E$$
$$= 12 - (5 + 1) \times 1.11 \fallingdotseq 5.3 \text{ V}$$

ゆえに，(4)が正解。

(b)　図3の回路において，コンデンサC_1のリアクタンスをX_C[Ω]とすると入力側のインピーダンスは$\sqrt{X_C^2 + h_{ie}^2}$であるため，入力電圧v_iは，

$$v_i = i_b \times \sqrt{X_C^2 + h_{ie}^2} \text{[V]}$$

出力側の端子電圧v_oは$h_{fe} = \dfrac{i_c}{i_b}$より，

$$v_o = -i_c \times \frac{R_C R_o}{R_C + R_o} = -h_{fe} i_b \times \frac{R_C R_o}{R_C + R_o} \text{[V]}$$

電圧増幅度A_{v0}'は，

$$A_{v0}' = \left| \frac{v_o}{v_i} \right| = \frac{|v_o|}{|v_i|}$$
$$= \frac{h_{fe} i_b \times \dfrac{R_C R_o}{R_C + R_o}}{i_b \times \sqrt{X_C^2 + h_{ie}^2}} = \frac{h_{fe}}{\sqrt{X_C^2 + h_{ie}^2}} \times \frac{R_C R_o}{R_C + R_o} \cdots ②$$

本問文中「図3を用いて得られた電圧増幅度が①式で示す電圧増幅度の$\dfrac{1}{\sqrt{2}}$となった」より，

$$\frac{②}{①}=\frac{1}{\sqrt{2}}$$

$$①=\sqrt{2}\times②$$

$$\frac{h_{\mathrm{fe}}}{h_{\mathrm{ie}}}\cdot\frac{R_{\mathrm{C}}R_{\mathrm{o}}}{R_{\mathrm{C}}+R_{\mathrm{o}}}=\sqrt{2}\times\frac{h_{\mathrm{fe}}}{\sqrt{X_{\mathrm{C}}^{2}+h_{\mathrm{ie}}^{2}}}\times\frac{R_{\mathrm{C}}R_{\mathrm{o}}}{R_{\mathrm{C}}+R_{\mathrm{o}}}$$

$$\frac{1}{h_{\mathrm{ie}}}=\frac{\sqrt{2}}{\sqrt{X_{\mathrm{C}}^{2}+h_{\mathrm{ie}}^{2}}}=\sqrt{\frac{2}{X_{\mathrm{C}}^{2}+h_{\mathrm{ie}}^{2}}}$$

$$\frac{1}{h_{\mathrm{ie}}^{2}}=\frac{2}{X_{\mathrm{C}}^{2}+h_{\mathrm{ie}}^{2}}$$

$$X_{\mathrm{C}}^{2}+h_{\mathrm{ie}}^{2}=2h_{\mathrm{ie}}^{2}$$

$$X_{\mathrm{C}}^{2}=h_{\mathrm{ie}}^{2}$$

$$X_{\mathrm{C}}=h_{\mathrm{ie}}$$

入力信号電圧のある周波数f[Hz]は，$X_{\mathrm{c}}=\dfrac{1}{2\pi fC_{1}}$より，

$$\frac{1}{2\pi fC_{1}}=h_{\mathrm{ie}}$$

$$f=\frac{1}{2\pi C_{1}h_{\mathrm{ie}}}=\frac{1}{2\pi\times10\times10^{-6}\times3\times10^{3}}=\frac{100}{6\pi}\fallingdotseq5.3\ \mathrm{Hz}$$

よって，(4)が正解。

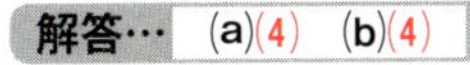

難易度 **B**

演算増幅器

教科書 SECTION 05

問題156 図のような，演算増幅器を用いた能動回路がある。直流入力電圧 V_{in}[V]が3 Vのとき，出力電圧 V_{out}[V]として，最も近い V_{out} の値を次の(1)～(5)のうちから一つ選べ。

ただし，演算増幅器は，理想的なものとする。

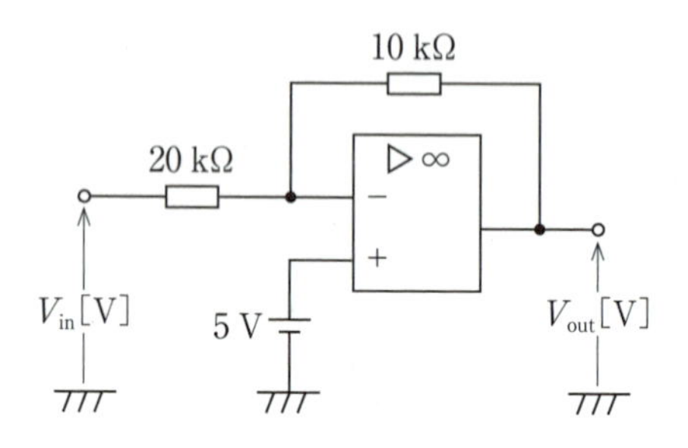

(1) 1.5　(2) 5　(3) 5.5　(4) 6　(5) 6.5

H26-A13

	①	②	③	④	⑤
学習日					
理解度 (○/△/×)					

解説

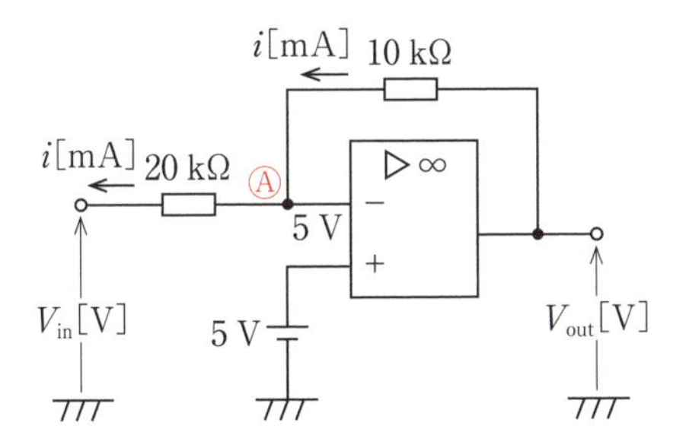

理想的な演算増幅器は＋端子と－端子の入力電圧が等しいため，－端子も＋5 V となる。

V_{in}が3 Vのとき，20 kΩに流れる電流iは$I=\dfrac{V}{R}$より，

$$i=\frac{5-V_{in}}{20\times10^{3}}=\frac{5-3}{20}\times10^{-3}$$

$$=0.1\times10^{-3}\ \mathrm{A}=0.1\ \mathrm{mA}$$

理想的な演算増幅器の入力インピーダンスは無限大であるため，－端子側には電流が流れ込まない。よって，A点において分流しないため10 kΩと20 kΩに流れる電流は等しい。

したがって，出力電圧V_{out}[V]は，$V=RI$より，

$$V_{out}=10\times0.1+5=6\ \mathrm{V}$$

よって，(4)が正解。

解答…　(4)

CHAPTER 08

電気測定

難易度 A

電気測定の知識

問題157 電気計測に関する記述として，誤っているものを次の(1)～(5)のうちから一つ選べ。

(1) ディジタル指示計器（ディジタル計器）は，測定値が数字のディジタルで表示される装置である。

(2) 可動コイル形計器は，コイルに流れる電流の実効値に比例するトルクを利用している。

(3) 可動鉄片形計器は，磁界中で磁化された鉄片に働く力を応用しており，商用周波数の交流電流計及び交流電圧計として広く普及している。

(4) 整流形計器は感度がよく，交流用として使用されている。

(5) 二電力計法で三相負荷の消費電力を測定するとき，負荷の力率によっては，電力計の指針が逆に振れることがある。

H24-A14

	①	②	③	④	⑤
学習日					
理解度 (○/△/×)					

解説

可動コイル形計器は直流用であり，コイルに流れる電流の平均値に比例するトルクを利用している。

よって，(2)が誤り。

解答… (2)

難易度 B

電気測定総合問題

問題158 可動コイル形計器について，次の(a)及び(b)に答えよ。

(a) 次の文章は，可動コイル形電流計の原理について述べたもので，図はその構造を示す原理図である。

計器の指針に働く電流によるトルクは，その電流の［(ア)］に比例する。これに脈流を流すと可動部の［(イ)］モーメントが大きいので，指針は電流の［(ウ)］を指示する。

この計器を電圧計として使用する場合，［(エ)］を使う。

上記の記述中の空白箇所(ア)，(イ)，(ウ)及び(エ)に当てはまる語句として，正しいものを組み合わせたのは次のうちどれか。

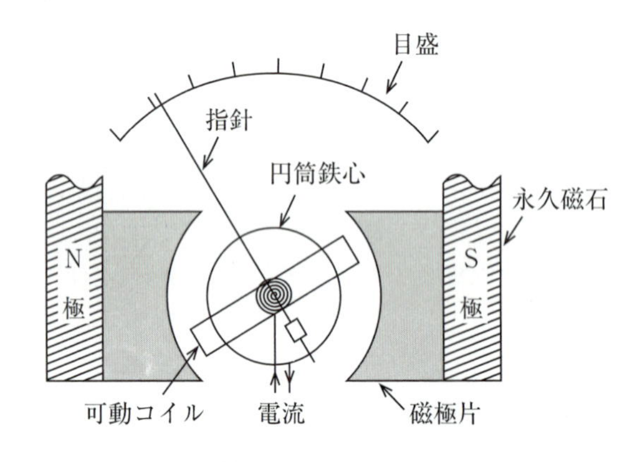

	(ア)	(イ)	(ウ)	(エ)
(1)	1乗	慣性	平均値	倍率器
(2)	1乗	回転	平均値	分流器
(3)	1乗	回転	瞬時値	倍率器
(4)	2乗	回転	実効値	分流器
(5)	2乗	慣性	実効値	倍率器

(b) 内部抵抗$r_a = 2\ \Omega$，最大目盛$I_m = 10\ \text{mA}$の可動コイル形電流計を用いて，最大150 mAと最大1 Aの直流電流を測定できる多重範囲の電流計を作りたい。そこで，図のような二つの－端子を有する多重範囲の電流計を考えた。抵抗R_1[Ω]，R_2[Ω]の値として，最も近いものを組み合わせたのは次のうちどれか。

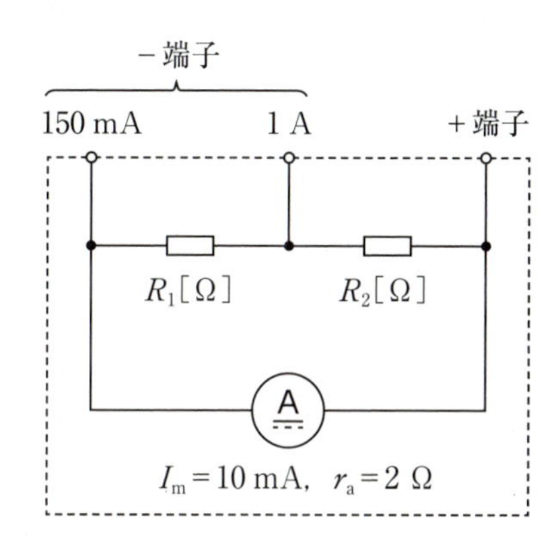

	R_1[Ω]	R_2[Ω]
(1)	0.12	0.021
(2)	0.12	0.042
(3)	0.14	0.021
(4)	0.24	0.012
(5)	0.24	0.042

H19-B16

	①	②	③	④	⑤
学習日					
理解度 (○/△/×)					

解説

(a)

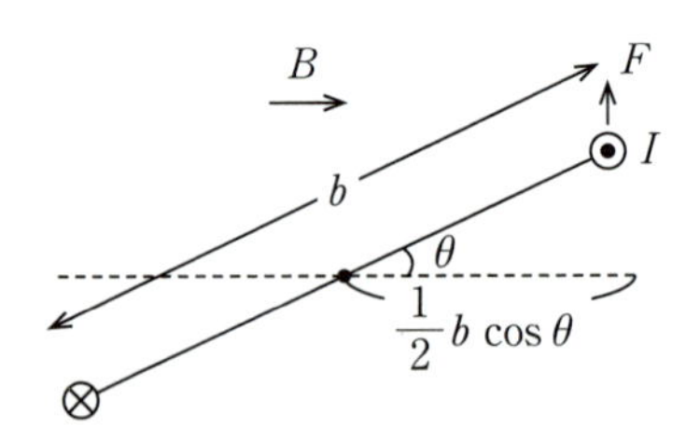

長さaのコイル辺に働く力Fはフレミングの左手の法則より$F=BIa$であるから，トルクTは，

$$T=2\cdot F\cdot\frac{b}{2}\cos\theta=BIab\cos\theta$$

で表される。したがって，トルクは電流の(ア)**1乗**に比例する。また，可動コイル形計器に脈流を流すと，可動部の(イ)**慣性**モーメントによりコイルは脈流の変化に追従できないので，指針は電流の(ウ)**平均値**を指示する。電圧計として可動コイル形計器を使用する場合は(エ)**倍率器**を使う。

よって，(1)が正解。

(b) 150 mAの－端子と接続すると，次の図のようになる。

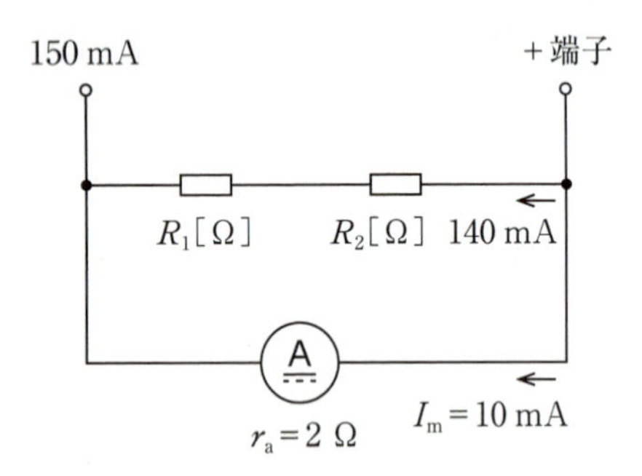

r_aとR_1+R_2に加わる電圧が等しいことから，$V=RI$より，

$$(R_1+R_2)\times140=2\times10$$

$$R_1+R_2=\frac{1}{7}\quad\cdots①$$

また，1 Aの－端子と接続した場合の回路は，次の図のように表される。

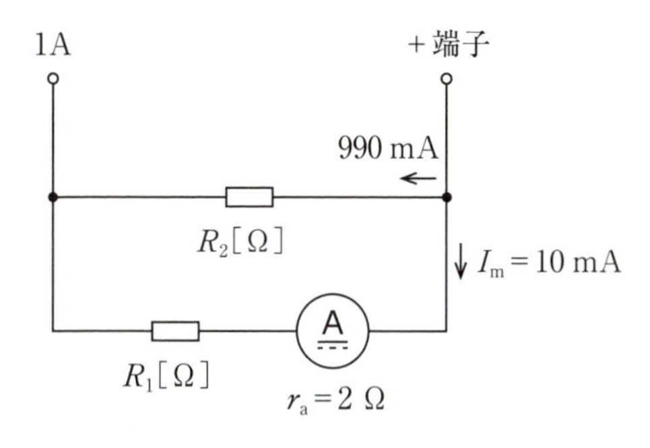

$$(R_1 + 2) \times 10 = R_2 \times 990$$

$$R_1 - 99R_2 = -2 \cdots ②$$

①－②より，

$$\begin{array}{r} R_1 + R_2 = \dfrac{1}{7} \\ -\big) R_1 - 99R_2 = -2 \\ \hline 100R_2 = \dfrac{15}{7} \end{array}$$

$$\therefore R_2 = \frac{15}{700} \fallingdotseq 0.021 \ \Omega$$

①より，$R_1 + \dfrac{15}{700} = \dfrac{1}{7}$

$$R_1 = \frac{85}{700} \fallingdotseq 0.12 \ \Omega$$

よって，(1)が正解。

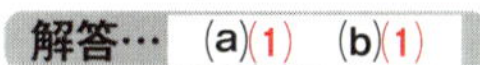

CH 08 電気測定

難易度 **B**

電気計器(1)

教科書 SECTION 01

問題159 図は，[(ア)]の可動鉄片形計器の原理図で，この計器は構造が簡単なのが特徴である。固定コイルに電流を流すと可動鉄片及び固定鉄片が[(イ)]に磁化され，駆動トルクが生じる。指針軸は渦巻きばね（制御ばね）の弾性によるトルクと釣り合うところまで回転し停止する。この計器は，鉄片のヒステリシスや磁気飽和，渦電流やコイルのインピーダンスの変化などで誤差が生じるので，一般に[(ウ)]の電圧，電流の測定に用いられる。

上記の記述中の空白箇所(ア)，(イ)及び(ウ)に記入する語句として，正しいものを組み合わせたのは次のうちどれか。

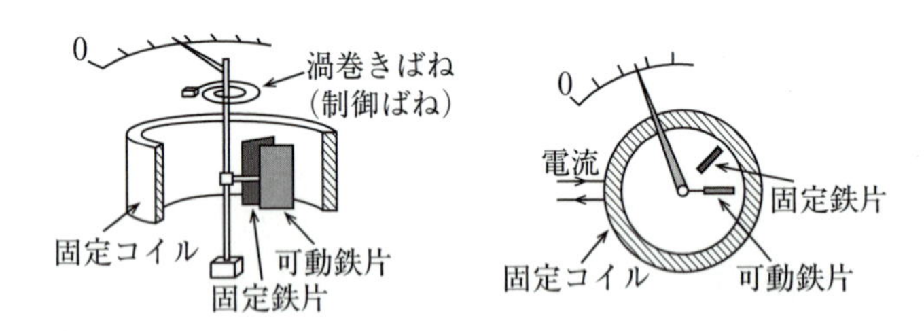

	(ア)	(イ)	(ウ)
(1)	反発形	同一方向	商用周波数
(2)	吸引形	逆方向	直　流
(3)	反発形	逆方向	商用周波数
(4)	吸引形	同一方向	高周波及び商用周波数
(5)	反発形	逆方向	直　流

H17-A14

	①	②	③	④	⑤
学習日					
理解度 (○/△/×)					

解説

図は，(ア)**反発形**の可動鉄片形計器の原理図である。この計器は固定コイルに電流が流れると，可動鉄片と固定鉄片が(イ)**同一方向**に磁化され，二つの鉄片が反発し合うことで，駆動トルクが生じる。可動鉄片形計器は，一般に50 Hzや60 Hzの(ウ)**商用周波数**で広く使われる。

よって，(1)が正解。

解答… (1)

ポイント

可動鉄片形計器で直流を測定すると，鉄片のヒステリシス特性によって誤差が生じるので，この計器は直流では使いません。

難易度 **A**

電気計器(2)

教科書 SECTION 01

問題160 可動コイル形直流電流計 A_1 と可動鉄片形交流電流計 A_2 の2台の電流計がある。それぞれの電流計の性質を比較するために次のような実験を行った。

図1のように A_1 と A_2 を抵抗100 Ωと電圧10 Vの直流電源の回路に接続したとき，A_1 の指示は100 mA，A_2 の指示は［　(ア)　］mAであった。

また，図2のように，周波数50 Hz，電圧100 Vの交流電源と抵抗500 Ωに A_1 と A_2 を接続したとき，A_1 の指示は［　(イ)　］mA，A_2 の指示は200 mAであった。

ただし，A_1 と A_2 の内部抵抗はどちらも無視できるものであった。

上記の記述中の空白箇所(ア)及び(イ)に当てはまる最も近い値として，正しいものを組み合わせたのは次のうちどれか。

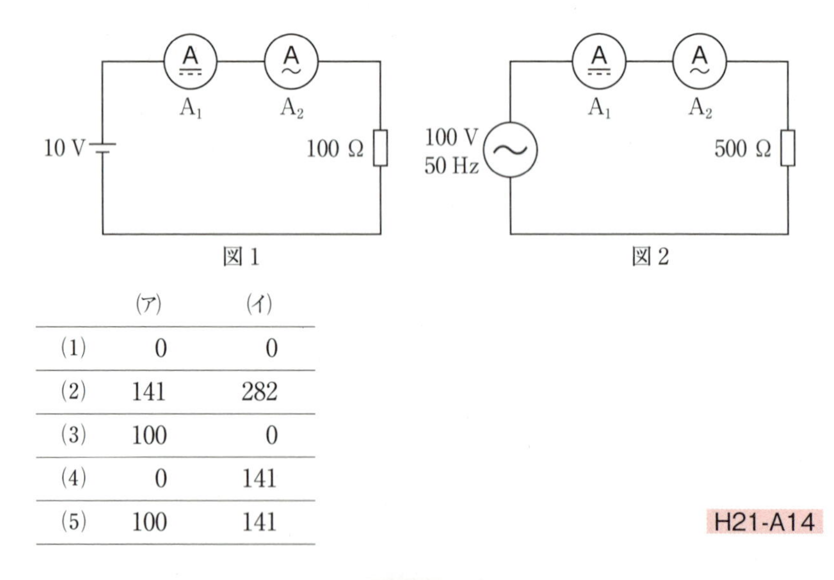

図1　　図2

	(ア)	(イ)
(1)	0	0
(2)	141	282
(3)	100	0
(4)	0	141
(5)	100	141

H21-A14

	①	②	③	④	⑤
学習日					
理解度 (○/△/×)					

解説

可動コイル形直流電流計は電流の平均値を指示し，可動鉄片形交流電流計は電流の実効値を指示する。

(ア) A_1の指示が100 mAであるから，図1の回路には100 mAの直流電流が流れている。よって電流の実効値も100 mAとなるから，A_2の指示値は100 mAである。

(イ) 図2の回路には交流電流が流れるので，電流の平均値は0 mAである。よってA_1の指示値は0 mAとなる。

以上より，(3)が正解。

CH 08 電気測定

難易度 B

電気計器(3)

教科書 SECTION 01

問題161 図の破線で囲まれた部分は，固定コイルA及びC，可動コイルBから構成される［ (ア) ］電力計の原理図で，一般に［ (イ) ］の電力の測定に用いられる。

図中の負荷の電力を測定するには各端子間をそれぞれ［ (ウ) ］のように配線する必要がある。

上記の記述中の空白箇所(ア)，(イ)及び(ウ)に当てはまる語句として，正しいものを組み合わせたのは次のうちどれか。

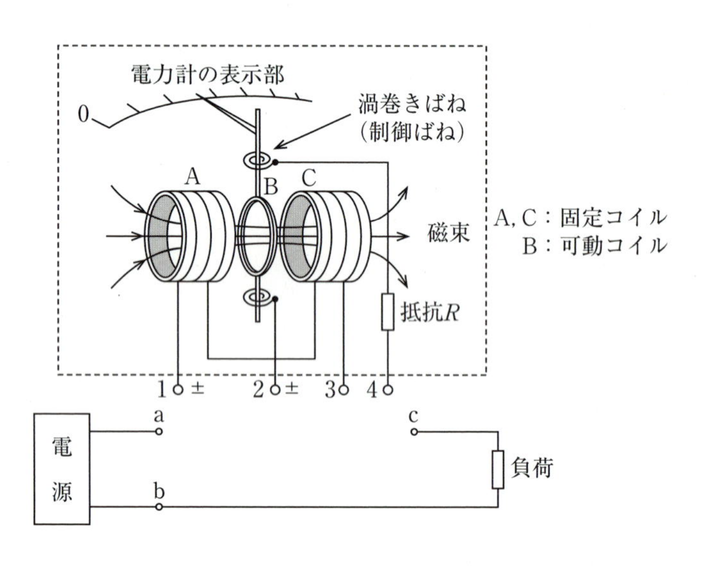

	(ア)	(イ)	(ウ)
(1)	電流力計形	交流及び直流	aと1，aと2，bと4，cと3
(2)	可動コイル形	交流及び直流	aと1，aと4，bと2，cと3
(3)	熱電形	高周波	aと2，bと3，bと4，cと1
(4)	電流力計形	高周波	aと3，aと4，cと1，cと2
(5)	可動コイル形	商用周波数	aと1，aと2，bと4，cと3

H18-A14

解説

図の破線で囲まれた部分は，(ア)**電流力計形**電力計の原理図である。電流力計形計器の指示は実効値で，(イ)**交流及び直流**回路に用いられる。配線の様子は以下のとおりである。

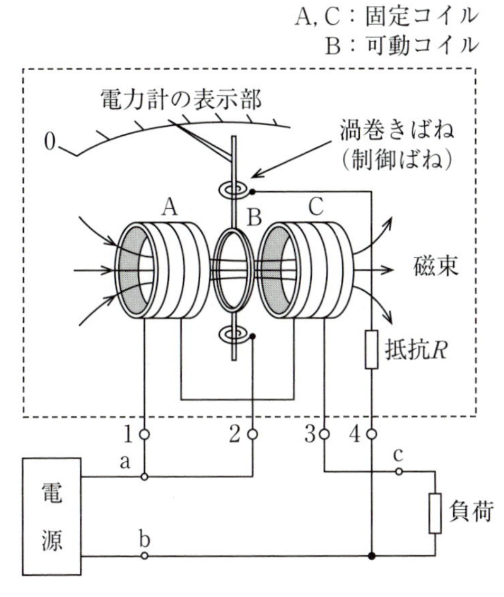

よって，(1)が正解。

解答…(1)

	①	②	③	④	⑤
学習日					
理解度 (○/△/×)					

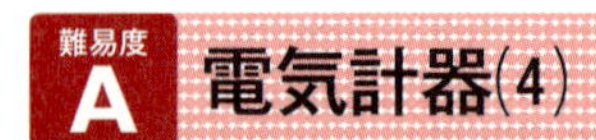

難易度A 電気計器(4)

教科書 SECTION 01

問題162 直動式指示電気計器の種類，JISで示される記号及び使用回路の組合せとして，正しいものを次の(1)～(5)のうちから一つ選べ。

	種　類	記　号	使用回路
(1)	永久磁石可動コイル形		直流専用
(2)	空心電流力計形		交流・直流両用
(3)	整流形		交流・直流両用
(4)	誘導形		交流専用
(5)	熱電対形（非絶縁）		直流専用

R1-A14

	①	②	③	④	⑤
学習日					
理解度 (○/△/×)					

解説

(1) 永久磁石可動コイル形は，直流用であり，指示値は平均値を示す。
永久磁石可動コイル形の記号は，U磁石にコイルが挟まっている様子を示す◯である。選択肢の記号は誘導形にあたるので(1)は誤り。

(2) 空心電流力計形は，交流にも直流にも利用可能であり，指示値は実効値を示す。
空心電流力計形の記号は，可動コイル１つと，固定コイル２つを示す╪である。
よって，**(2)は正しい**。

(3) 整流形は，交流用であり，整流器と永久磁石可動コイル形計器を組み合わせた計器をいう。永久磁石可動コイル形計器は直流用だが，整流器で交流を直流に変換することで測定できる。整流形の記号は，整流器と永久磁石可動コイル形を組み合わせた→⊢◯である。
よって，整流形は直流では使用できないため，(3)は誤り。

(4) 誘導形は，交流用であり，アラゴの円板の原理を利用したものである。
誘導形の記号はアラゴの円板を示したような⊙である。
選択肢の記号は熱電対形にあたるので，(4)は誤り。

(5) 熱電対形は，交流にも直流にも利用可能であり，指示値は実効値を示す。
熱電対形の記号は，熱線と２種類の金属と永久磁石可動コイル形計器を組み合わせた⋁◯である。
選択肢の記号は永久磁石可動コイル形にあたり，かつ熱電対形は交流でも使用可能なため(5)は誤り。

以上より，(2)が正解。

解答… (2)

難易度 A 電気計器(5)

問題163 直流電流から数十MHz程度の高周波電流まで測定できる指示電気計器の種類として，正しいのは次のうちどれか。

(1) 誘導形計器　(2) 電流力計形計器　(3) 静電形計器
(4) 可動鉄片形計器　(5) 熱電形計器

H12-A1

	①	②	③	④	⑤
学習日	7/20				
理解度 (○/△/×)	4				

難易度 A 電気計器(6)

問題164 交流の測定に用いられる測定器に関する記述として，誤っているのは次のうちどれか。

(1) 静電形計器は，低い電圧では駆動トルクが小さく誤差が大きくなるため，高電圧測定用の電圧計として用いられる。
(2) 可動鉄片形計器は，丈夫で安価であるため商用周波数用に広く用いられている。
(3) 振動片形周波数計は，振れの大きな振動片から交流の周波数を知ることができる。
(4) 電流力計形電力計は，交流及び直流の電力を測定できる。
(5) 整流形計器は，測定信号の波形が正弦波形よりひずんでも誤差を生じない。

H16-A14

	①	②	③	④	⑤
学習日					
理解度 (○/△/×)					

解説

熱電形計器は交直両用で，高い周波数の測定ができ，直流から数十MHz程度の高周波電流まで測定することができる。

ゆえに，(5)が正解。

解答…　(5)

解説

整流形計器は交流用で，目盛りは正弦波交流の実効値を指示するように換算されている。したがって，ひずみ波を測定すると誤差は大きくなる。

ゆえに，誤っているのは(5)。

解答…　(5)

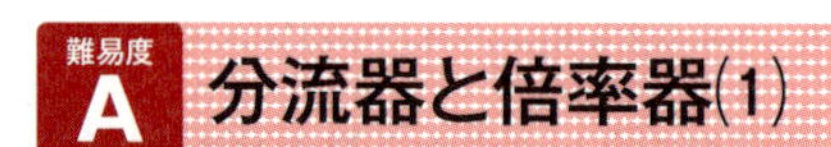

教科書 SECTION 01

問題165 内部抵抗3 kΩ，最大目盛1 Vの電圧計を使用して最大100 Vまで測定できるようにするために必要な倍率器の抵抗[kΩ]として，正しい値は次のうちどれか。

(1) 290　(2) 297　(3) 300　(4) 303　(5) 330

H11-A4

	①	②	③	④	⑤
学習日					
理解度 (○/△/×)					

解説

倍率器の抵抗値は$R_m = r_v(m - 1)$で求めることができる。内部抵抗は$r_v = 3$ kΩ，倍率は$m = 100$であるから，

$$R_m = 3 \times (100 - 1) = 297 \text{ k}\Omega$$

よって，(2)が正解。

解答… (2)

ポイント

倍率器の抵抗値をR_m［Ω］，電圧計の内部抵抗をr_v［Ω］，倍率器の倍率をmとすると倍率器の公式は$R_m = r_v(m - 1)$となります。

難易度A 分流器と倍率器(2)

教科書 SECTION 01

問題166 次の文章は，直流電流計の測定範囲拡大について述べたものである。

内部抵抗$r = 10$ mΩ，最大目盛0.5 Aの直流電流計Mがある。この電流計と抵抗R_1[mΩ]及びR_2[mΩ]を図のように結線し，最大目盛が1 Aと3 Aからなる多重範囲電流計を作った。この多重範囲電流計において，端子3 Aと端子＋を使用する場合，抵抗 (ア) [mΩ]が分流器となる。端子1 Aと端子＋を使用する場合には，抵抗 (イ) [mΩ]が倍率 (ウ) 倍の分流器となる。また，3 Aを最大目盛とする多重範囲電流計の内部抵抗は (エ) mΩとなる。

上記の記述中の空白箇所(ア)，(イ)，(ウ)及び(エ)に当てはまる式又は数値として，正しいものを組み合わせたのは次のうちどれか。

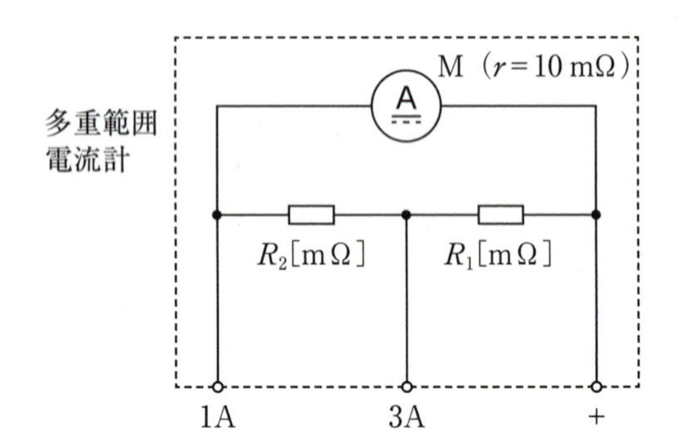

	(ア)	(イ)	(ウ)	(エ)
(1)	R_2	R_1	$\dfrac{10+R_2}{R_1}+1$	$\dfrac{20}{3}$
(2)	R_1	R_1+R_2	$\dfrac{10+R_2}{R_1}$	$\dfrac{25}{9}$
(3)	R_2	R_1+R_2	$\dfrac{10}{R_1+R_2}+1$	5
(4)	R_1	R_2	$\dfrac{10}{R_1+R_2}$	$\dfrac{10}{3}$
(5)	R_1	R_1+R_2	$\dfrac{10}{R_1+R_2}+1$	$\dfrac{25}{9}$

H22-A14

	①	②	③	④	⑤
学習日					
理解度 (○/△/×)					

解説

端子3 Aと端子＋を使用すると，回路は次の図のようになる。

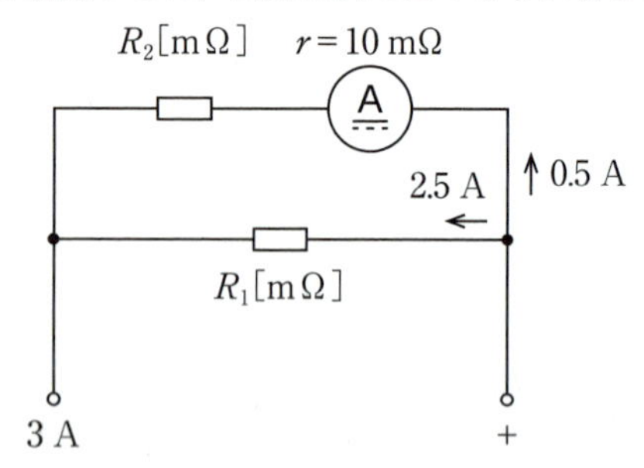

よって抵抗(ア)R_1が分流器となる。ここで，抵抗R_1とR_2には次の関係がある。

$$0.5\times(10+R_2)=2.5R_1$$

$$5R_1-R_2=10\cdots①$$

また，端子1 Aと端子＋を使用すると，回路は次の図のようになる。

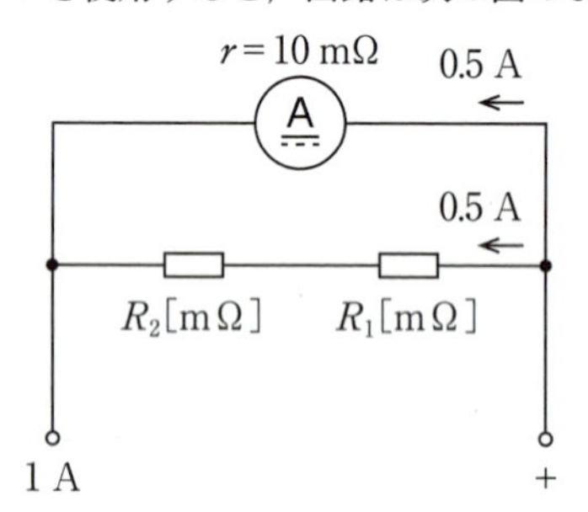

分流器は抵抗(イ)R_1+R_2となる。倍率mは$R_s=\dfrac{r_a}{m-1}$より，

$$m=\frac{10}{R_1+R_2}+1\cdots(ウ)$$

直流電流計と抵抗R_1+R_2に流れる電流は同じなので，

$$0.5\times(R_1+R_2)=0.5\times10$$

$$R_1+R_2=10\cdots②$$

①式＋②式より，

$$6R_1=20$$

$$R_1=\frac{10}{3}\ \text{m}\Omega,\quad R_2=\frac{20}{3}\ \text{m}\Omega$$

したがって，3 Aを最大目盛とする多重範囲電流計の内部抵抗rは，

$$r = \frac{R_1(R_2 + 10)}{R_1 + R_2 + 10}$$

$$= \frac{\frac{10}{3} \times \left(\frac{20}{3} + 10\right)}{\frac{10}{3} + \frac{20}{3} + 10} = \frac{25}{9}\ \mathrm{m\Omega} \cdots (エ)$$

以上より，(5)が正解。

解答…　(5)

ポイント

分流器の抵抗値をR_s [Ω]，電流計の内部抵抗をr_a [Ω]，分流器の倍率をmとすると分流器の公式は$R_s = \frac{r_a}{m-1}$となります。

CH 08 電気測定

難易度 B

分流器と倍率器(3)

教科書 SECTION 01

問題167 直流電圧計について，次の(a)及び(b)の問に答えよ。

(a) 最大目盛1 V，内部抵抗r_v = 1 000 Ωの電圧計がある。この電圧計を用いて最大目盛15 Vの電圧計とするための，倍率器の抵抗R_m[kΩ]の値として，正しいものを次の(1)～(5)のうちから一つ選べ。

(1) 12　(2) 13　(3) 14　(4) 15　(5) 16

(b) 図のような回路で上記の最大目盛15 Vの電圧計を接続して電圧を測ったときに，電圧計の指示[V]はいくらになるか。最も近いものを次の(1)～(5)のうちから一つ選べ。

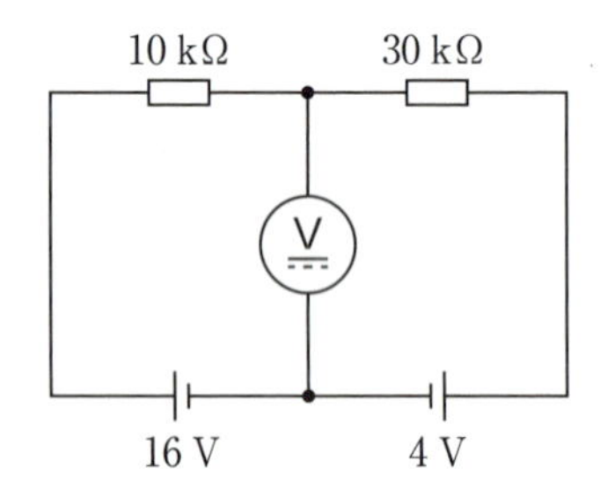

(1) 7.2　(2) 8.7　(3) 9.4　(4) 11.3　(5) 13.1

H24-C17

	①	②	③	④	⑤
学習日					
理解度 (○/△/×)					

解説

(a)　倍率器の抵抗R_mは，公式$R_m = r_v(m-1)$より，

$$R_m = 1000 \times (15-1) = 14000\ \Omega = 14\ \mathrm{k}\Omega$$

よって，(3)が正解。

(b)　最大目盛15 Vの電圧計の内部抵抗は(a)より，15 kΩとなる。

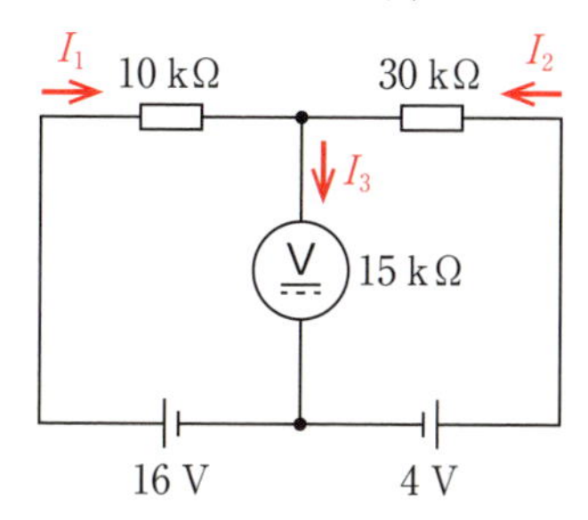

キルヒホッフの第一法則より，

$I_3 = I_1 + I_2$…①

キルヒホッフの第二法則より，

$16 = 10I_1 + 15I_3$…②

$4 = 30I_2 + 15I_3$…③

①式を②式に代入すると，

$16 = 10I_3 - 10I_2 + 15I_3 = -10I_2 + 25I_3$…④

③式＋④式×3より，

$52 = 90I_3$

$I_3 \fallingdotseq 0.578\ \mathrm{mA}$

したがって電圧計の指示値Vは，

$V = r_v \times I_3 = 15 \times 0.578 \fallingdotseq 8.7\ \mathrm{V}$

よって，(2)が正解。

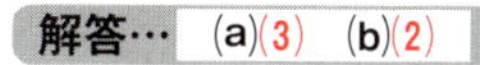
解答…　(a)(3)　(b)(2)

難易度 A 抵抗の測定

教科書 SECTION 01

問題168 図1のように，定格電流1 mA，内部抵抗R_m = 23 Ωの電流計と抵抗R_s[Ω]の抵抗器で構成された定格電圧5 Vの電圧計がある。次の(a)及び(b)に答えよ。

ただし，電圧計として用いる電流計の目盛0〜1 mAは，0〜5 Vに読み替えるものとし，電圧計の端子aは正極とする。

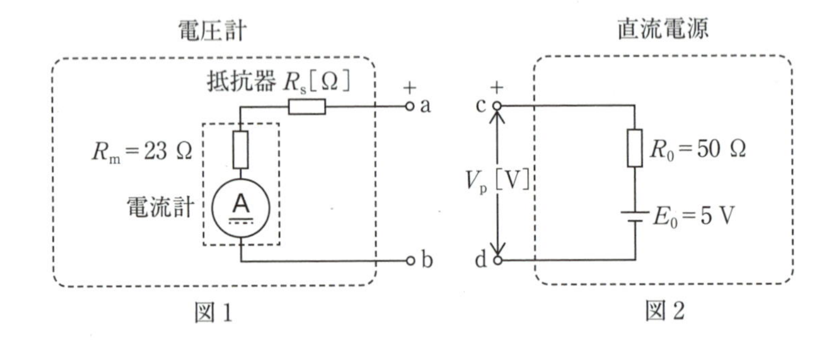

図1　　図2

(a) この抵抗器のR_s[Ω]の値として，正しいのは次のうちどれか。

(1) 4 947　(2) 4 960　(3) 4 977　(4) 5 000　(5) 5 023

(b) 図2のような電圧E_0 = 5 V，内部抵抗R_0 = 50 Ωの直流電源の端子c，dに，この電圧計の端子a，bをそれぞれ接続し，電圧V_p[V]を測定した。電圧計が指示したV_p[V]の値として，最も近いのは次のうちどれか。

(1) 4.90　(2) 4.95　(3) 4.97　(4) 5.00　(5) 5.02

H15-C17

	①	②	③	④	⑤
学習日					
理解度 (○/△/×)					

解説

(a) 電圧が5 Vのときに電流が1 mAとなる抵抗を考えると，オームの法則 $V=RI$ より，

$$5=(23+R_s)\times 1\times 10^{-3}$$

$$R_s=4977\ \Omega$$

よって，(3)が正解。

(b) 電流計に流れる電流I[mA]は，$I=\dfrac{E}{R}$より，

$$I=\frac{E_0}{R_m+R_s+R_0}$$

$$=\frac{5}{23+4977+50}\fallingdotseq 9.90\times 10^{-4}\ \mathrm{A}=0.990\ \mathrm{mA}$$

電圧計の指示値V_p[V]は，$V=RI$より，

$$V_p=(23+4977)\times 0.990\times 10^{-3}=4.95\ \mathrm{V}$$

ゆえに，(2)が正解。

解答… (a)(3) (b)(2)

難易度 C

電気計器，電力と電力量の測定

教科書 SECTION 01

問題169 電力計について，次の(a)及び(b)の問に答えよ。

(a) 次の文章は，電力計の原理に関する記述である。

図1に示す電力計は，固定コイルF1，F2に流れる負荷電流$\dot{I}$[A]による磁界の強さと，可動コイルMに流れる電流$\dot{I}_M$[A]の積に比例したトルクが可動コイルに生じる。したがって，指針の振れ角θは (ア) に比例する。

このような形の計器は，一般に (イ) 計器といわれ， (ウ) の測定に使用される。

負荷$\dot{Z}$[Ω]が誘導性の場合，電圧$\dot{V}$[V]のベクトルを基準に負荷電流$\dot{I}$[A]のベクトルを描くと，図2に示すベクトル①，②，③のうち (エ) のように表される。ただし，φ[rad]は位相角である。

上記の記述中の空白箇所(ア)，(イ)，(ウ)及び(エ)に当てはまる組合せとして，正しいものを次の(1)〜(5)のうちから一つ選べ。

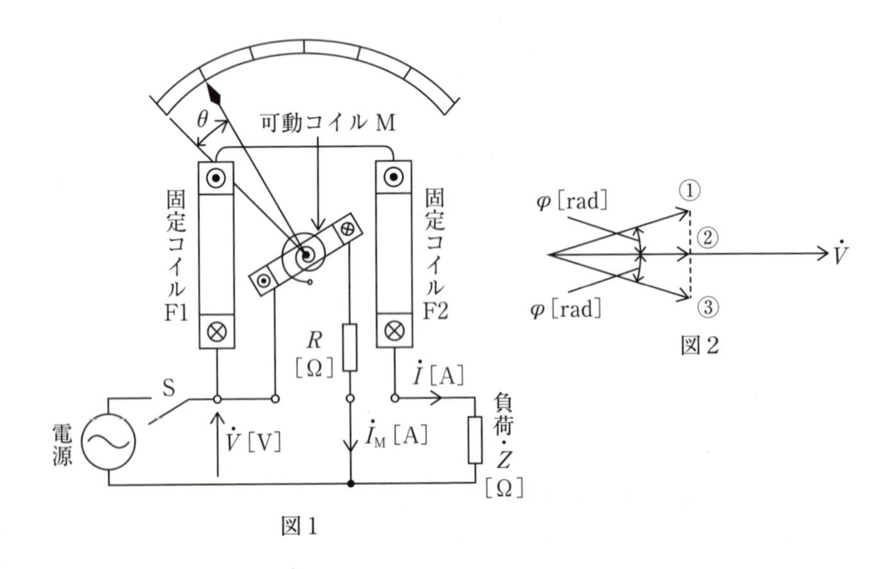

図1

図2

	(ア)	(イ)	(ウ)	(エ)
(1)	負荷電力	電流力計形	交　流	③
(2)	電力量	可動コイル形	直　流	②
(3)	負荷電力	誘導形	交流直流両方	①
(4)	電力量	可動コイル形	交流直流両方	②
(5)	負荷電力	電流力計形	交流直流両方	③

(b) 次の文章は，図1で示した単相電力計を2個使用し，三相電力を測定する2電力計法の理論に関する記述である。

図3のように，誘導性負荷$\dot{Z}$を3個接続した平衡三相負荷回路に対称三相交流電源が接続されている。ここで，線間電圧を$\dot{V}_{ab}$[V]，$\dot{V}_{bc}$[V]，$\dot{V}_{ca}$[V]，負荷の相電圧を$\dot{V}_a$[V]，$\dot{V}_b$[V]，$\dot{V}_c$[V]，線電流を$\dot{I}_a$[A]，$\dot{I}_b$[A]，$\dot{I}_c$[A]で示す。

この回路で，図のように単相電力計W_1とW_2を接続すれば，平衡三相負荷の電力が，2個の単相電力計の指示の和として求めることができる。

単相電力計W_1の電圧コイルに加わる電圧$\dot{V}_{ac}$は，図4のベクトル図から$\dot{V}_{ac}=\dot{V}_a-\dot{V}_c$となる。また，単相電力計$W_2$の電圧コイルに加わる電圧$\dot{V}_{bc}$は$\dot{V}_{bc}=$ (オ) となる。

それぞれの電流コイルに流れる電流$\dot{I}_a$，$\dot{I}_b$と電圧の関係は図4のようになる。図4におけるϕ[rad]は相電圧と線電流の位相角である。

線間電圧の大きさを$V_{ab}=V_{bc}=V_{ca}=V$[V]，線電流の大きさを$I_a=I_b=I_c=I$[A]とおくと，単相電力計W_1及びW_2の指示をそれぞれP_1[W]，P_2[W]とすれば，

$P_1=V_{ac}I_a\cos$ ((カ)) [W]

$P_2=V_{bc}I_b\cos$ ((キ)) [W]

したがって，P_1とP_2の和P[W]は，

$P=P_1+P_2=VI$ ((ク)) $\cos\phi=\sqrt{3}VI\cos\phi$ [W]

となるので，2個の単相電力計の指示の和は三相電力に等しくなる。

上記の記述中の空白箇所(オ)，(カ)，(キ)及び(ク)に当てはまる組合せとして，正しいものを次の(1)～(5)のうちから一つ選べ。

CH 08 電気測定

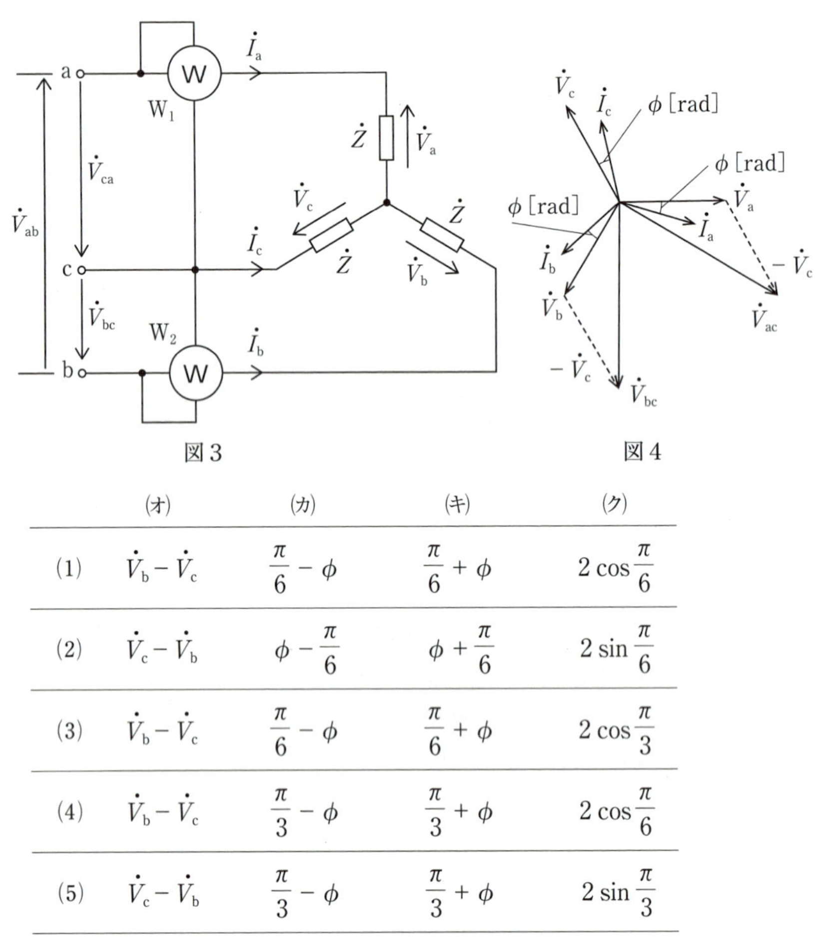

図3　　　　図4

	(オ)	(カ)	(キ)	(ク)
(1)	$\dot{V}_b - \dot{V}_c$	$\frac{\pi}{6} - \phi$	$\frac{\pi}{6} + \phi$	$2\cos\frac{\pi}{6}$
(2)	$\dot{V}_c - \dot{V}_b$	$\phi - \frac{\pi}{6}$	$\phi + \frac{\pi}{6}$	$2\sin\frac{\pi}{6}$
(3)	$\dot{V}_b - \dot{V}_c$	$\frac{\pi}{6} - \phi$	$\frac{\pi}{6} + \phi$	$2\cos\frac{\pi}{3}$
(4)	$\dot{V}_b - \dot{V}_c$	$\frac{\pi}{3} - \phi$	$\frac{\pi}{3} + \phi$	$2\cos\frac{\pi}{6}$
(5)	$\dot{V}_c - \dot{V}_b$	$\frac{\pi}{3} - \phi$	$\frac{\pi}{3} + \phi$	$2\sin\frac{\pi}{3}$

H23-C17

	①	②	③	④	⑤
学習日					
理解度 (○/△/×)					

解説

(a)　(イ)**電流力計形**電力計は(ウ)**交直両用**であり，指針の振れ角は測定する(ア)**負荷電力**に比例する。負荷電力Pは$P = VI\cos\varphi$で表され，負荷が誘導性の場合，電圧の位相を基準とすると電流の位相は(エ)**遅れ**となる。
よって，(5)が正解。

(b)　図4のベクトル図より，電圧$\dot{V}_{bc}$は$\dot{V}_{bc} =$(オ)$\dot{V}_b - \dot{V}_c$である。また，$\dot{V}_{ac}$と$\dot{V}_a$の位相差及び$\dot{V}_{bc}$と$\dot{V}_b$の位相差は$\frac{\pi}{6}$であるから，図4より，

$$P_1 = |\dot{V}_{ac}||\dot{I}_a|\cos\angle(\dot{V}_{ac}\text{と}\dot{I}_a\text{の位相差}) = VI\cos\left((\text{カ})\frac{\pi}{6} - \phi\right)$$

$$P_2 = |\dot{V}_{bc}||\dot{I}_b|\cos\angle(\dot{V}_{bc}\text{と}\dot{I}_b\text{の位相差}) = VI\cos\left((\text{キ})\frac{\pi}{6} + \phi\right)$$

加法定理よりP_1とP_2の和Pは，

$$P = VI\cos\left(\frac{\pi}{6} - \phi\right) + VI\cos\left(\frac{\pi}{6} + \phi\right)$$

$$= VI\cos\frac{\pi}{6}\cos\phi + VI\sin\frac{\pi}{6}\sin\phi + VI\cos\frac{\pi}{6}\cos\phi - VI\sin\frac{\pi}{6}\sin\phi$$

$$= (\text{ク})\,2VI\cos\frac{\pi}{6}\cos\phi = \sqrt{3}\,VI\cos\phi$$

よって，(1)が正解。

解答… (a)(5)　(b)(1)

CH 08 電気測定

ポイント

加法定理の公式は覚えておくと便利です。

$\cos(\alpha \pm \beta) = \cos\alpha\cos\beta \mp \sin\alpha\sin\beta$

難易度 **B**

オシロスコープとリサジュー図形(1)

教科書 SECTION 01

問題170 振幅 V_m[V]の交流電源の電圧 $v = V_m \sin \omega t$[V]をオシロスコープで計測したところ，画面上に図のような正弦波形が観測された。次の(a)及び(b)の問に答えよ。

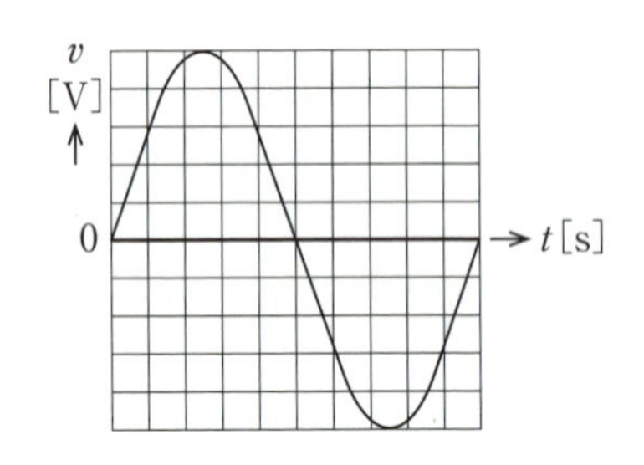

ただし，オシロスコープの垂直感度は5 V/div，掃引時間は2 ms/divとし，測定に用いたプローブの減衰比は1対1とする。

(a) この交流電源の電圧の周期[ms]，周波数[Hz]，実効値[V]の値の組合せとして，最も近いものを次の(1)～(5)のうちから一つ選べ。

	周期	周波数	実効値
(1)	20	50	15.9
(2)	10	100	25.0
(3)	20	50	17.7
(4)	10	100	17.7
(5)	20	50	25.0

(b) この交流電源をある負荷に接続したとき，$i = 25\cos\left(\omega t - \frac{\pi}{3}\right)$[A]の電流が流れた。この負荷の力率[%]の値として，最も近いものを次の(1)～(5)のうちから一つ選べ。

(1) 50　(2) 60　(3) 70.7　(4) 86.6　(5) 100

H25-B16

	①	②	③	④	⑤
学習日					
理解度 (○/△/×)					

解説

(a) 5 V/div および 2 ms/div は 1 目盛あたり 5 V，2 ms であることを表す。

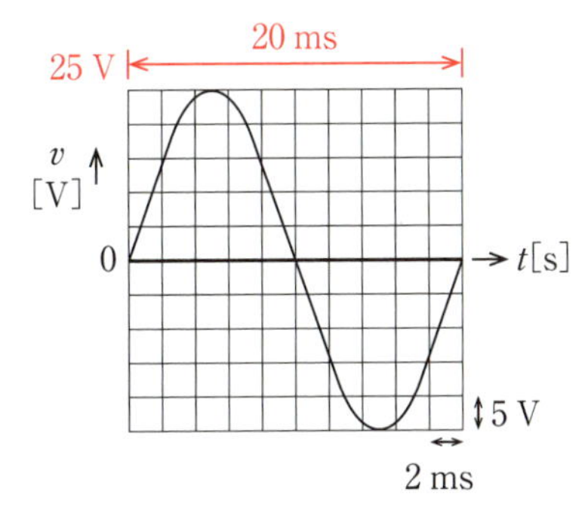

周期 T は，

$$T = 2\ \mathrm{ms} \times 10 = 20\ \mathrm{ms}$$

周波数 f は，

$$f = \frac{1}{T} = \frac{1}{0.02\ \mathrm{s}} = 50\ \mathrm{Hz}$$

実効値 V は，最大値の $\frac{1}{\sqrt{2}}$ 倍となるため，

$$V = \frac{V_{\mathrm{m}}}{\sqrt{2}} = \frac{5\ \mathrm{V} \times 5}{\sqrt{2}} \fallingdotseq 17.7\ \mathrm{V}$$

よって，(3)が正解。

(b) 電流を sin の形に変換すると

$$i = 25\cos\left(\omega t - \frac{\pi}{3}\right) = 25\sin\left(\omega t - \frac{\pi}{3} + \frac{\pi}{2}\right) = 25\sin\left(\omega t + \frac{\pi}{6}\right)\ [\mathrm{A}]$$

電圧と電流の位相差は $\phi = \frac{\pi}{6}$ rad である。よって力率の値は，

$$\cos\phi = \cos\frac{\pi}{6} = \frac{\sqrt{3}}{2} \fallingdotseq 0.866$$

% 表示にすると，0.866 × 100 = 86.6 %

よって，(4)が正解。

解答… (a)(3)　(b)(4)

ポイント

div は分割（division）のことで「1 目盛あたり」を意味します。

難易度 B オシロスコープとリサジュー図形(2)

教科書 SECTION 01

問題171 ブラウン管オシロスコープは，水平・垂直偏向電極を有し，波形観測ができる。次の(a)及び(b)に答えよ。

(a) 垂直偏向電極のみに，正弦波交流電圧を加えた場合は，蛍光面に［(ア)］のような波形が現れる。また，水平偏向電極のみにのこぎり波電圧を加えた場合は，蛍光面に［(イ)］のような波形が現れる。また，これらの電圧をそれぞれの電極に加えると，蛍光面に［(ウ)］のような波形が現れる。このとき波形を静止させて見るためには，垂直偏向電極の電圧の周波数と水平偏向電極の電圧の繰返し周波数との比が整数でなければならない。

上記の記述中の空白箇所(ア)，(イ)及び(ウ)に当てはまる語句として，正しいものを組み合わせたのは次のうちどれか。

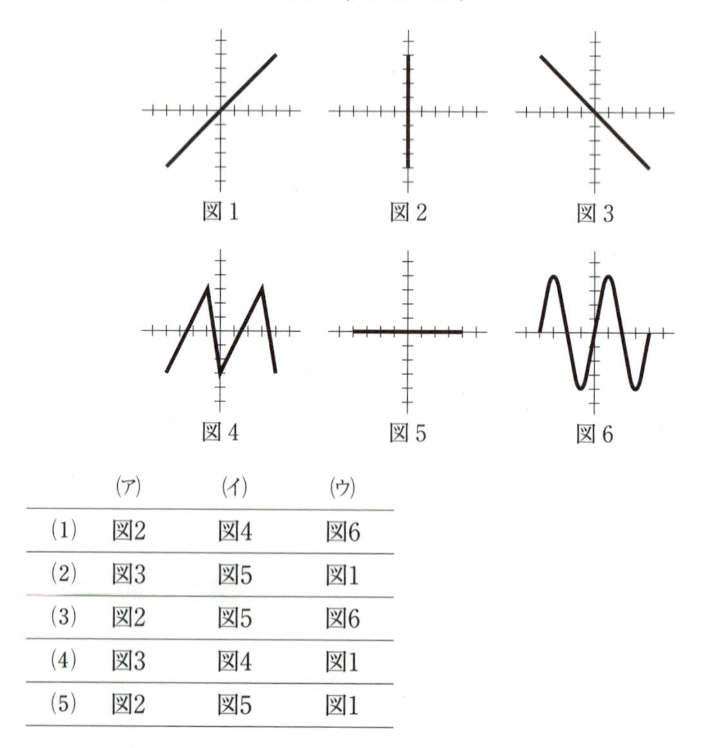

図1　図2　図3

図4　図5　図6

	(ア)	(イ)	(ウ)
(1)	図2	図4	図6
(2)	図3	図5	図1
(3)	図2	図5	図6
(4)	図3	図4	図1
(5)	図2	図5	図1

(b) 正弦波電圧v_a及びv_bをオシロスコープで観測したところ，蛍光面に図7に示すような電圧波形が現れた。同図から，v_aの実効値は[　(ア)　][V]，v_bの周波数は[　(イ)　][kHz]，v_aの周期は[　(ウ)　][ms]，v_aとv_bの位相差は[　(エ)　][rad]であることが分かった。

ただし，オシロスコープの垂直感度は0.1 V/div，掃引時間は0.2 ms/divとする。

上記の記述中の空白箇所(ア)，(イ)，(ウ)及び(エ)に当てはまる最も近い値として，正しいものを組み合わせたのは次のうちどれか。

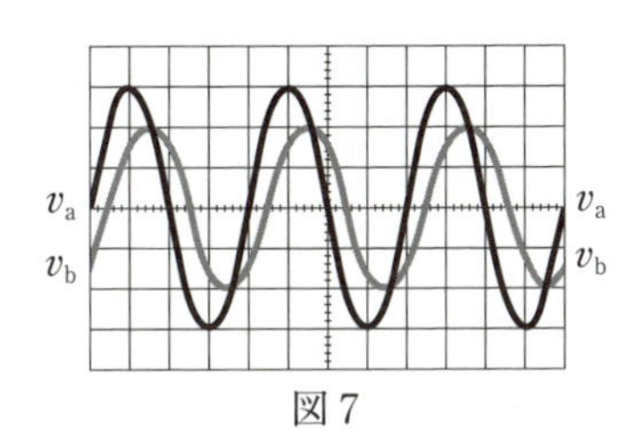

図7

	(ア)	(イ)	(ウ)	(エ)
(1)	0.21	1.3	0.8	$\frac{\pi}{4}$
(2)	0.42	1.3	0.4	$\frac{\pi}{3}$
(3)	0.42	2.5	0.4	$\frac{\pi}{3}$
(4)	0.21	1.3	0.4	$\frac{\pi}{4}$
(5)	0.42	2.5	0.8	$\frac{\pi}{2}$

H20-B16

	①	②	③	④	⑤
学習日					
理解度 (○/△/×)					

解説

(a) オシロスコープは，水平偏向電極に加えられた電圧をx，垂直偏向電極に加えられた電圧をyとしたxy座標の点の軌跡で観測波形を表示する。

(ア) 垂直偏向電極のみに正弦波交流電圧を加えた場合は，**図2**のようにy軸上を往復する波形が表示される。

(イ) 水平偏向電極のみにのこぎり波電圧を加えた場合は，**図5**のようにx軸上を往復する波形となる。

(ウ) 垂直偏向電極に正弦波交流電圧，水平偏向電極にのこぎり波電圧を加えると，**図6**のような波形を表示することができる。

よって，(3)が正解。

(b)

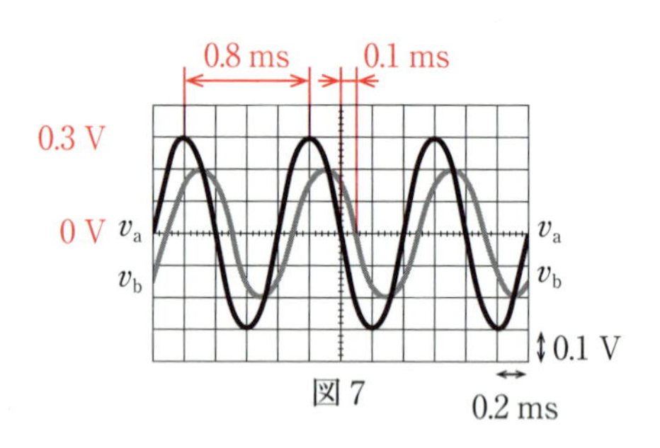

図 7

v_aの実効値V_aは，

$$V_a = \frac{V_m}{\sqrt{2}} = \frac{0.3}{\sqrt{2}} \fallingdotseq \text{(ア)}0.21\ \text{V}$$

v_aの周期T_aとv_bの周期T_bは等しく，

$$T_a = T_b = \text{(ウ)}0.8\ \text{ms}$$

v_bの周波数f_bは，

$$f_b = \frac{1}{T_b} = \frac{1}{0.8 \times 10^{-3}} = 1250\ \text{Hz} \fallingdotseq \text{(イ)}1.3\ \text{kHz}$$

v_aとv_bの位相差は，v_aとv_bが0になる時間差が図7より0.1 msであることから，位相差ϕは，

$$\phi = 2\pi \times \frac{0.1}{0.8} = \text{(エ)}\frac{\pi}{4}\ \text{rad}$$

以上より，(1)が正解。

解答… (a)(3)　(b)(1)

難易度 C

ディジタル計器

問題172 ディジタル計器に関する記述として，誤っているものを次の(1)～(5)のうちから一つ選べ。

(1) ディジタル交流電圧計には，測定入力端子に加えられた交流電圧が，入力変換回路で直流電圧に変換され，次のＡ－Ｄ変換回路でディジタル信号に変換される方式のものがある。

(2) ディジタル計器では，測定量をディジタル信号で取り出すことができる特徴を生かし，コンピュータに接続して測定結果をコンピュータに入力できるものがある。

(3) ディジタルマルチメータは，スイッチを切り換えることで電圧，電流，抵抗などを測ることができる多機能測定器である。

(4) ディジタル周波数計には，測定対象の波形をパルス列に変換し，一定時間のパルス数を計数して周波数を表示する方式のものがある。

(5) ディジタル直流電圧計は，アナログ指示計器より入力抵抗が低いので，測定したい回路から計器に流れ込む電流は指示計器に比べて大きくなる。

H25-A14

	①	②	③	④	⑤
学習日					
理解度 (○/△/×)					

解説

アナログ計器は可動部の駆動エネルギーを電流から得るため，入力抵抗を小さくしてある。一方，ディジタル計器は可動部がないので，入力抵抗をできるだけ大きくすることで測定器の安定性を高めている。

よって，誤った記述は(5)。

解答…　(5)